TECHNISCHE
UNIVERSITÄT
DRESDEN
Institut für Bauklimatik

Schriftenreihe | Publication Series

Alexander Kahnt

Die Gebäudehülle der Zukunft – Entwicklung einer Textilbetonfassade vom Baustoff bis zum Raumklima

Fraunhofer IRB Verlag

Herausgeber:
Technische Universität Dresden
Prof. Dr.-Ing. John Grunewald

01062 Dresden
Telefon +49 351 463 35259
Telefax +49 351 463 32627
URL http://tu-dresden.de/die_tu_dresden/fakultaeten/fakultaet_architektur/ibk

Bibliografische Information der Deutschen Nationalbibliothek:
Die Deutsche Nationalbibliothek verzeichnet diese Publikation in der Deutschen Nationalbibliografie; detaillierte bibliografische Daten sind im Internet über www.dnb.de abrufbar.

ISSN: 2365-9084
ISBN (Print): 978-3-7388-0699-1
ISBN (E-Book): 978-3-7388-0700-4

DE 2239
Zugl.: Dresden, TU, Diss., 2021

Umschlaggestaltung: Martin Kjer
Druck: BoD – Books on Demand, Norderstedt

Fraunhofer-Informationszentrum Raum und Bau IRB
Nobelstraße 12, 70569 Stuttgart
Telefon +49 711 970-2500
Telefax +49 711 970-2508
E-Mail irb@irb.fraunhofer.de
URL www.baufachinformation.de

Die Gebäudehülle der Zukunft - Entwicklung einer Textilbetonfassade vom Baustoff bis zum Raumklima

The building envelope of the future - Development of a textile reinforced-concrete facade

Zur Erreichung des akademischen Grades

Doktoringenieur (Dr.-Ing.)
an der Fakultät Architektur
der Technischen Universität Dresden

die Dissertation wurde vorgelegt von

Dipl.-Ing. (FH) Alexander Kahnt

geboren am 3. März 1982 in Meißen, Deutschland

am 02.11.2020

Gutachter: Prof. Dr.-Ing. John Grunewald
Prof. Dr.-Ing. Klaus Holschemacher

Diese Dissertation wurde durch den Europäischen Sozialfonds und den Freistaat Sachsen mit einem Promotionsstipendium gefördert.

Danksagung

Diese Dissertationsschrift entstand während meiner Tätigkeit am Institut für Betonbau an der Hochschule für Technik, Wirtschaft und Kultur Leipzig. Sie wurde in einem kooperativen Promotionsverfahren an der Fakultät Architektur der Technischen Universität Dresden durchgeführt.

Mein herzlicher Dank gilt Prof. Dr.-Ing. John Grunewald für die Betreuung sowie gutachterliche Bewertung meiner Arbeit. Durch seinen Gesamtüberblick im Bereich des klimagerechten Bauens bis hin zu Simulationswerkzeugen war er für mich der wichtigste Anlaufpunkt, um meine Ideen in die richtigen Bahnen zu lenken.

Mein weiterer Dank gilt Prof. Dr.-Ing. Klaus Holschemacher für die Betreuung und Zweitbegutachtung dieser Arbeit. Die Unterstützung mit seinem umfangreichen Know-how im Bereich des Betonbaus war für mich essentiell. Ihm gilt besonderer Dank, da er an seinem Institut für Betonbau die Entwicklung unserer Forschungsgruppe Nachhaltiges Bauen ermöglicht hat.

Zudem möchte ich mich bei Prof. Dipl.-Ing. Frank Hülsmeier bedanken, da er den Impuls zu dieser Arbeit gegeben hat und wir die Grundidee des leichten Bauens gemeinsam entwickeln konnten.

Unterstützt haben mich während des Erstellungsprozesses dieser Arbeit meine Kollegen und Freunde aus der Forschungsgruppe Nachhaltiges Bauen. Bei ihnen möchte ich mich herzlich bedanken. Ausdrücklich hervorhaben möchte ich die Kollegen, die mit mir die Forschungsgruppe aufgebaut haben: Matthias Tietze, Otto Grauer, Susanne Kirmse und Emanuel Lägel. Sie standen immer für fachliche Diskussionen zur Verfügung und konnten mich durch ihre Persönlichkeiten motivieren.

Bedanken möchte ich mich auch bei den Mitarbeitern des Instituts für Bauklimatik, die mich bei der Erstellung der Arbeit unterstützt haben. Besonders hervorheben möchte ich Dr.–Ing. Rudolf Plagge, der leider während der Bearbeitung dieser Arbeit unerwartet verstorben ist. Mein Dank gilt auch Frank Meißner, Jianhua Zhao und Anita Morandell Meissner.

Von ganzen Herzen möchte ich meiner Familie danken, allen voran meinen Eltern und meinem Bruder, welche mich bei meinen beruflichen Entscheidungen mit maximaler Freiheit unterstützt haben. Mein besonderer Dank gilt aber meiner Nadja und meinem Sohn Otto. Meine Frau hat mich von Anfang an unterstützt und angespornt. Insbesondere in der Endphase waren viele private Entbehrungen nötig, um meine Dissertation abzuschließen. Ihr Vertrauen in mich waren und sind meine Motivation.

Kurzfassung

Leichtbaukonstruktionen stehen im Verdacht, bauphysikalisch und bauklimatisch nicht die Leistungsfähigkeit wie massive Baukonstruktionen aufzuweisen.

Ziel dieser Arbeit ist es aufzuzeigen, dass leichte Gebäudehüllen aus Textilbeton hygrothermisch mindestens gleichwertig zu konventionellen Gebäudehüllen sind. Nachteilige Aspekte des Leichtbaus auf das Raum- und Oberflächenklima oder die Dauerhaftigkeit sollen damit widerlegt werden. Zudem soll übergeordnet geklärt werden, ob Textilbetonfassaden einen Beitrag zum nachhaltigen Bauen leisten können.

In der vorliegenden Arbeit wird die deduktive Forschungsmethode verwendet, da bereits Erfahrungen aus anderen Untersuchungen vorliegen. Darauf aufbauend wurden Forschungsfragen formuliert und daraus Hypothesen. Zum Nachweis dieser Hypothesen wurden Textilbetonplatten im Labor charakterisiert und in die Software DELPHIN eingepflegt. Unter Nutzung dieser und weiterer vorhandener Baustoffdaten wurden innovative Baukonstruktionen aus Textilbeton und konventionelle Baukonstruktionen entworfen, simuliert, ausgewertet und optimiert.

Es wurde eine Textilbetonfassade entwickelt, die in den meisten bauphysikalischen Eigenschaften konventionellen Baukonstruktionen überlegen oder mindestens gleichwertig ist. Dabei wurden ausgewählte Anforderungen an die Bauphysik und Architektur untersucht und mit denen konventioneller Baukonstruktionen verglichen. Es hat sich herausgestellt, dass Leichtbaukonstruktionen aus Textilbeton den Beitrag zum sommerlichen Wärmeschutz im Vergleich zu konventionellen Baukonstruktionen in den meisten Fällen übertreffen. Zudem weisen Baukonstruktionen aus Textilbeton kaum Kapillarporen auf und sind damit dauerhafter als die meisten konventionellen Wandkonstruktionen. Des Weiteren senken leichte Textilbetonkonstruktionen die Bedingungen zur Pilz- und Algenbildung auf gedämmten Fassaden durch ihren hohen Absorptionsgrad und ihrer diffusionsoffenen Oberfläche. Im Hinblick auf die Ökologie und die Architektur weisen die Textilbetonkonstruktionen deutliche Vorteile gegenüber den aufgeführten konventionellen Baukonstruktionen auf.

Die vorliegenden Ergebnisse bilden die Grundlage, Fassaden zukünftig wesentlich leichter und damit architektonisch ansprechender auszuführen, als es mit konventionellen Baukonstruktionen der Fall wäre, ohne dabei die bauphysikalischen und bauklimatischen Eigenschaften des Bauwerks zu beeinträchtigen.

Abstract

Regarding building physics and building climate, lightweight constructions are assumed of not having the same performance as massive constructions.

In this thesis the deductive research method is used because there is already experience from other studies. Based on this, research questions were formulated and hypotheses were derived.

Textile-reinforced concrete panels were characterized in the laboratory to prove these hypotheses and entered into the DELPHIN software. Using this and other existing building material data, innovative building structures made of textile-reinforced concrete and conventional building structures were designed, simulated, evaluated and optimized.

It was possible to create a textile-reinforced concrete facade with superior or at least equivalent aspects to conventional building constructions in most of the physical properties of the building. Selected requirements for building physics and architecture were examined and compared to those of conventional building structures. It was shown that lightweight structures made of textile-reinforced concrete exceed the contribution to summer heat protection compared to conventional building structures in most cases. In addition, textile-reinforced concrete constructions have hardly any capillary pores and are therefore more lasting than most conventional wall constructions. Furthermore, light textile-reinforced concrete constructions lower the conditions for fungus or algae growth on insulated facades because of their high absorption coefficient and their surface without a diffusion barrier. In terms of ecology and architecture, textile-reinforced concrete has a clear advantage over conventional building structures.

The results of this thesis form the basis for future ways of building facades. They will be much lighter and thus architecturally more appealing without deteriorating the physical and climatic properties of the building.

Inhaltsverzeichnis

Abkürzungsverzeichnis

abZ	allgemeine bauaufsichtliche Zulassung
AR-Glas	alkaliresistentes Glas
BIP	Bruttoinlandsprodukt
CEM I	Portlandzement
CEM II	Portlandzement mit Zumahlstoffen
CEM III	Hochofenzement
CO_2	Kohlenstoffdioxid
CS	Calciumsilikat
CSH–Phasen	Calciumsilikathydrate
DIN	Deutsches Institut für Normung
EEWärme	Erneuerbare-Energien-Wärmegesetz
EN	Euro Norm
EPS	Expandiertes Polystyrol
EU	Europäische Union
FTSW	Frost-Tausalz-Widerstand
FTW	Frost-Tau-Widerstand
GFK	Glasfaserverstärkter Kunststoff
GWP	global warming potential (Treibhauspotential)
HDF	Hochdichte Faserplatte
HOAI	Honorarordnung für Architekten und Ingenieure
ISO	International Organization for Standardization (Int. Organisation für Normung)
LP-Bildner	Luftporenbildner
M.	Masse
MW	Mineralwolle
NF-Ziegel	Normalformat-Ziegel
NZEB	Nearly Zero-Energy Buildings (Niedrigstenergiegebäude)
OSB	oriented structural board (Grobspanplatte)
PA	Polyamid
PCM	phase-change material (Latentwärmespeichermaterial)
PU	Polyurethan
PZ-Klinker	Portlandzementklinker
SG	Schaumglas
TB	Textilbeton
TRY	Test Reference Year (Testreferenzjahr)
UK	Unterkonstruktion
VIP	Vakuum-Isolations-Paneel

Vol.	Volumen
VTT-Modell	Viitanen-Modell zum Pilzwachstum
w/z-Wert	Wasser/Zement-Wert
WDVS	Wärmedämmverbundsystem
XPS	Extrudiertes Polystyrol
ZiE	Zustimmung im Einzelfall

Aufbau der Arbeit und roter Faden

Tabelle 1: Untersuchungsdesign

1. Kapitel Einführung	2. Kapitel Grundlagen	3. Kapitel Baustoffe	4. Kapitel Baukonstruktionen	5. Kapitel Diskussion
Wissenschaftliche Ebenen:				
Definition und Klassifikation	Stand von Wissenschaft und Technik	Methoden und Ergebnisteil	Methoden und Ergebnisteil	Ausblick und Zusammenfassung
Inhalt Allgemein:				
Hinführung zum Thema und Abgrenzung.	Erklärung von bestehendem Wissen.	Textilbetonmatrices werden hergestellt, hygrothermisch charakterisiert und konventionellen Baustoffen gegenübergestellt und ausgewertet.	Entwicklung neuer Baukonstruktionen aus Textilbeton und Vergleich mit konventionellen Baukonstruktionen sowie Optimierung dieser. Vorschlag einer finalen Variante.	Ausblick auf weiterführende Themen und Kooperationen und Zusammenfassung der erzielten Ergebnisse.
Inhalt:				
Einführung in die Problemstellung, Motivation und sich daraus ergebende Forschungsfragen und Hypothesen.	Grundlagen zu Fassade, Textilbeton, verwendeten Wetterdatensatz, Struktur mineralischer Baustoffe (Porenarten und -größen), wirksame Speichermasse, Dauerhaftigkeit, biologisches Wachstum werden beschrieben. Umfassende bauphysikalische Berechnungsgrundlagen stehen in „Wärme- und Feuchteschutz“ der Holschemacher Entwurfs- und Berechnungstafeln von Grunewald & Kahnt, 2019 (100 Seiten).	Erklärt werden die charakterisierten Textilbetone mit eingesetzten textilen Bewehrungen. Diese werden dann im Vergleich zu konventionellen Baustoffen bewertet. Aufgezeigt werden folgende Eigenschaften: Trockenrohdichte, Wärmeleitfähigkeit, Wärmekapazität, Wärmeeindringkoeffizient, Feuchtetransport und die Feuchtespeicherung der Baustoffe.	Erklärt werden die neu entwickelten Baukonstruktionen aus Textilbeton sowie die konventionellen Konstruktionen, die als Vergleich dienen. Die drei untersuchten hygrothermischen Eigenschaften (Wirksame Speichermasse, Dauerhaftigkeit und biologisches Wachstum) stellen Schlüsseleigenschaften von leichten Bauweisen dar und können somit die Leistungsfähigkeit dieser belegen.	Im Diskussionsteil wird eine Ökobilanz der verglichenen Baukonstruktionen aufgezeigt sowie mögliche Oberflächengestaltungsmöglichkeiten und Anwendungen diskutiert. Schließlich wird das auf dieser Grundlage erstellte Modellgebäude vorgestellt. Im Anschluss werden die erzielten Ergebnisse zusammengefasst.

Zeit	Baukonstruktion	Arbeitsschritte
Stand der Technik	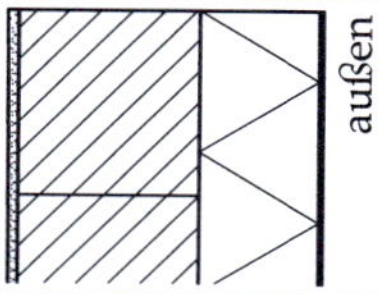	Erkennen der relevanten hygrothermischen Eigenschaften, um diese Weiterentwickeln zu können ➔ Siehe Kapitel 2
Gebäudehülle der Zukunft - Schritt 1	Ergebnis: Bewertete Baustoffe und Baukonstruktionen im Raumklima 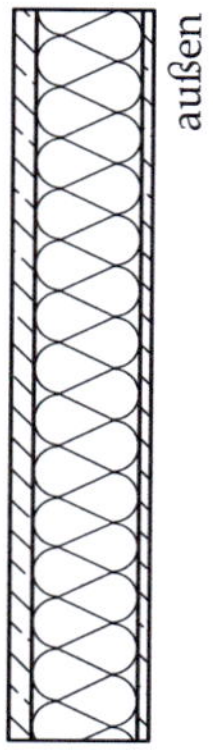 Ergebnis: Bewertete Baustoffe und Baukonstruktionen im Außenklima	**Entwurf einer innovativen Baukonstruktion** Vergleich der üblichsten am Markt verfügbaren Baustoffe sowie Baukonstruktionen, um das Potential für die Gebäudehülle der Zukunft eingrenzen zu können Auswahl, Herstellung und Charakterisierung von Textilbetonmischungen und hygrothermische Potentialanalyse ➔ Siehe Kapitel 3 Entwicklung von Baukonstruktionen der Zukunft auf der Grundlage bestehender Baustoffe und charakterisierter Textilbetonmischungen ➔ Siehe Kapitel 4
Gebäudehülle der Zukunft - Schritt 2 (nach Optimierung der Eigenschaften)	Ergebnis: Raumklimaoptimierte Textilbetonmischung und -baukonstruktion 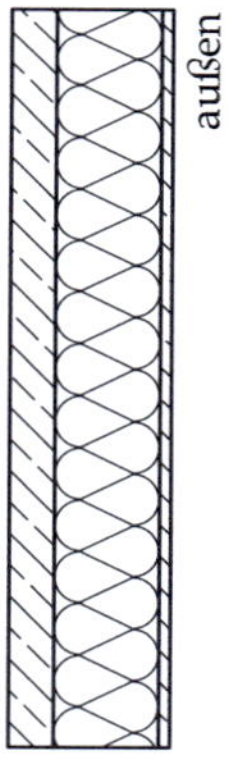 Ergebnis: Außenklimaoptimierte Textilbetonmischung und -baukonstruktion	**Variantenbetrachtung zur Optimierung** **Wirksame Speichermasse:** Design idealer Plattengeometrie, um Speicherfähigkeit zu verbessern ➔ Siehe Kapitel 4.2.3 **Dauerhaftigkeit:** Porendesign, um Kapillarporen zu reduzieren und die Dauerhaftigkeit zu verbessern ➔ Siehe Kapitel 4.3.3 **Biologisches Wachstum:** Design Absorptionsgrad, Oberflächenbehandlung, um die Wachstumsbedingungen zu verschlechtern ➔ Siehe Kapitel 4.4.2.12 und ➔ Kapitel 4.4.2.13 Vorschlag einer finalen Variante
Modellgebäude		**1:1-Umsetzung** Modellgebäude: Nachweis der Leistungsfähigkeit am Wohnhaus Tietze ➔ Siehe Kapitel 5.1.3

1 Einführung

1.1 Problemstellung und Motivation

Bevölkerungswachstum und Anstieg von Emissionen

Seit 4,5 Mio. Jahren wächst die Zahl der Menschen auf der Erde und hat den aktuellen Stand von 7,7 Mrd. (2019) erreicht. Dabei wurde die Schwelle zur ersten Million erst etwa 1832 erreicht. 130 Jahre später waren es schon drei Mrd. und nach nur weiteren 35 Jahren im Jahr 2000 bereits sechs Mrd. Menschen. Vorerst wird sich das exponentielle Wachstum weiter behaupten können. Voraussichtlich wird dabei die Zahl der Menschen Mitte des 21. Jahrhunderts auf 10 Mrd. ansteigen. Allein in Indien und China werden dann 1,5 Mrd. Menschen leben, was der Weltbevölkerung von 1960 entspricht. In den letzten 10.000 Jahren ist die Bevölkerung um den Faktor 2000 gewachsen. Damit hat auch das Konsumniveau stark zugenommen, das sich grob am Energieverbrauch messen lässt. Aus diesen beiden Faktoren lässt sich eine Zunahme der Gesamtbelastung für unseren Planeten berechnen. Sie stieg in den vergangenen 10.000 Jahren um den Faktor 1 Million. Die Technologie hat in der Vergangenheit unsere Entwicklung immer wieder vorangetrieben und stellt eine längere Lebensdauer der Menschen sicher. Technologische Entwicklungen wie z. B. der Computer vollziehen sich in hyperbolischen Kurven immer schneller. Innovationen werden dabei in immer kürzeren Zeitabschnitten notwendig. Wachstum wird zur Bedingung. (Radermacher & Beyers, 2007)

John Fouriers Schrift von 1824 wird als erste Ausarbeitung zum Klimawandel betrachtet. Die erste korrekte Beschreibung des Treibhauseffektes gab 1838 Claude S. M. Poillet. Im Jahr 1896 veröffentlichte der Chemiker und Physiker Svante Arrhenius eine Schrift, die den Zusammenhang zwischen Erwärmung und Kohlenstoffdioxid (CO_2) belegt. Dabei konnte er bereits auf frühere Schriften aus den Jahren 1824 von John Fouriers, 1838 von Claude S. M. Poillet und 1859 von John Tyndall zurückgreifen. Damit war Arrhenius zwar nicht der Entdecker der Treibhaustheorie, aber der erste, der alle bis dahin vorhandenen Daten zusammengefasst und kommentiert hat. Im Jahr 1896 wurden weltweit 1,7 Mrd. Tonnen CO_2 emittiert. Heute sind es dagegen 36 Mrd. Tonnen pro Jahr (2019). Zu seiner Zeit konnte Arrhenius die Auswirkungen durch den Menschen noch nicht erahnen. Er vermutete, dass Vulkane die Hauptemittenten von CO_2 sind. Im Jahr 1938 stellte Guy S. Callendar durch Messungen fest, dass die CO_2-Konzentration in den vergangenen 100 Jahren um 10 % gestiegen ist. Alle Forscher fanden zu dieser Zeit noch nichts Bedrohliches am Klimawandel. Im Gegenteil dachten sie an Verbesserungen, die sich dadurch ergeben würden. Die globale Durchschnittstemperatur liegt momentan bei ca. 15 °C. Ohne den Treibhauseffekt läge sie etwa 33 K tiefer, also bei etwa -18 °C, wenn zwischen der wärmestrahlenden Sonne und der Erde als Wärmeempfänger ein Vakuum herrschen würde. Diese Temperatur wäre für die allermeisten Lebewesen, die heute den Planeten bewohnen, zu niedrig. In den vergangenen Jahrtausenden war die Erdtemperatur ständig Schwankungen unterworfen. Es herrschten Eiszeiten mit einer globalen Schneebedeckung und Warmzeiten mit einem völlig eisfreien Nordpolarmeer. Im Mittel begünstigten jedoch die Durchschnittsbedingungen die Evolution z. B. des Homo sapiens. (Voss, 2010)

Urbanisierung

In den nächsten Jahrzehnten ist gerade in Städten, unabhängig vom Kontinent, mit einem Bauboom zu rechnen. Dabei spielen zwei Faktoren eine Rolle: zum einen die weiter stark wachsende Weltbevölkerung und zum anderen der Urbanisierungstrend. Als Konsequenz besteht in den Städten ein wachsender Bedarf an Grundstücksflächen, was wiederum die Grundstückspreise in die Höhe treibt. An dieser Stelle muss das Bauwesen Lösungen für flächeneffizientere Bauweisen zur Verfügung stellen. (Kahnt, Kirmse, & Holschemacher, 2014; Kahnt, Lägel, & Holschemacher, 2015)

Der Urbanisierungsgrad beschreibt das Verhältnis zwischen Stadt- und Landbevölkerung. Während die Urbanisierung 1950 in Deutschland bereits sehr weit fortgeschritten war, hatte diese in Indien und China gerade erst begonnen. Während sich der Urbanisierungsgrad in Deutschland bis zum Jahr 2050 voraussichtlich nur noch um 8 % gegenüber 2010 verändern wird, sieht diese Entwicklung in China und Indien ganz anders aus. Indien könnte dabei einen relativen Zuwachs von 21 % und China sogar von 28 % verzeichnen. In diesen Schwellenländern eröffnet sich ein sehr großer Markt für das Bauwesen.

Heute erleben fast alle Länder eine starke Urbanisierung, da ca. 80 % des weltweiten Bruttoinlandsproduktes in Städten erwirtschaftet wird. (Hülsmeier et al., 2013)

Absolut gesehen verschärft sich die Situation der Urbanisierung weiter und erst im Vergleich wird das wirkliche Potential sichtbar. Während in Deutschland die Stadtbevölkerung im Jahr 2050 um etwa eine halbe Million Menschen gegenüber 2010 anwachsen wird, sind es im selben Zeitraum in China 341 Mio. Menschen, die in die Städte ziehen. (Hülsmeier et al., 2013; United Nations, 2012)

Das enorme Bevölkerungswachstum führt zu einem stark wachsenden Bedarf an Nahrungsmitteln. Prognosen gehen von einer Verdopplung des Lebensmittelbedarfs im Jahr 2050 aus, da neben der Bevölkerung auch der Lebensstandard steigt.

Dadurch werden mehr landwirtschaftliche Nutzflächen, speziell für die Nahrungsmittelproduktion benötigt. In Deutschland beispielsweise konkurrieren diese wiederum mit den Flächen, die für Biokraftstoffe und für die stoffliche Nutzung z. B. als Baumaterial benötigt werden. Eine zunehmende Bodenversiegelung durch Bau- und Verkehrsflächen schränken die landwirtschaftlichen Nutzflächen weiter ein. Daher strebte die Bundesregierung an, die Flächenversiegelung bis zum Jahr 2020 auf 30 ha pro Tag zur begrenzen. Dieses Ziel wird jedoch deutlich verfehlt werden. Im Jahr 2018 waren es immerhin noch 56 ha pro Tag (Statistisches Bundeamt, 2020). Im Jahr 2010 betrug diese Fläche im Vergleich noch 87 ha pro Tag. Stark angestiegen ist dabei die Siedlungsfläche, die von privaten Haushalten beansprucht wird. Dies ist auf den steigenden Wohnflächenbedarf zurückzuführen, der im Zeitraum von 1993 bis 2006 von 36 auf 43 m^2 pro Kopf angestiegen ist. (Deutschland, 2012; Hülsmeier et al., 2013)

Die wachsende Weltbevölkerung mit steigendem Energie-, Lebensmittel- und Raumbedarf in Verbindung mit dem globalen Urbanisierungstrend erzeugt einen Bedarf an energieeffizienten, ressourcenschonenden und flächeneffizienten städtischen Bauweisen. (Curbach, Schladitz, & Kahnt, 2014)

Energie- und Klimaschutzpolitik

Ebenso geben Energie- und Klimaschutzpolitik den Anstoß für eine Weiterentwicklung von Gebäudehüllen zugunsten einer optimierten Energieeffizienz und Ökobilanz.

Deutschland hat sich verpflichtet, bis zum Jahr 2050 50 % energieeffizienter gegenüber 1990 zu werden sowie 60 % der nötigen Bruttoendenergie und 80 % des Bruttostromverbrauchs aus erneuerbaren Energiequellen zu beziehen. Damit sollen mindestens 80 bis 95 % der Treibhausgasemissionen eingespart werden. (BMWi & BMU, 2010)

Das Pariser Klimaabkommen hat im Jahr 2015 übereinstimmend festgelegt, dass bis zum Jahr 2050 eine weitgehende Treibhausgasneutralität erreicht werden soll. Diese Ziele entsprechen auch den nationalen Zielen. Deutschland hat sich dabei die Zwischenziele gesetzt, bis zum Jahr 2030 die Treibhausgasemissionen um 55 % und bis zum Jahr 2040 um 70 % zu senken. Hier sind die Treibhausgasemissionen ausgehend vom Jahr 2015 gegenüber dem Referenzjahr 1990 bereits um 27,2 % auf 908 Mio. t CO_2-Äquivalente gesunken. Des Weiteren wird im Klimaschutzplan beschrieben, dass die Herausforderung des Klimawandels als umfassendes Investitions- und Modernisierungsprogramm begriffen werden muss. 2015 betrugen die Investitionen in Umweltschutz- und Effizienztechnologien global 2,5 Bill. €. Bis zum Jahr 2025 soll sich diese Zahl auf 5 Bill. € erhöhen. Dies soll durch Forschung und Entwicklung sowie den daraus erwachsenden Innovationen erreicht werden. (BMU, 2016)

Die Europäische Union (EU) definiert ebenfalls das Ziel, bis zum Jahr 2050 ein dekarbonatisiertes Energiesystems zu entwickeln. Dazu wurden verschiedene Richtlinien erlassen:

In der Richtlinie 2010/31/EU des europäischen Parlamentes und des Rates über die Gesamtenergieeffizienz von Gebäuden hat sich die EU dazu verpflichtet, dass ab dem 1. Januar 2021 in allen Mitgliedsstaaten alle neuen Gebäude als Niedrigstenergiegebäude (engl. Nearly Zero-Energy Buildings (NZEB)) erstellt werden sollen. Dieses wird definiert als: „[…] ein Gebäude, das eine sehr hohe […] Gesamtenergieeffizienz aufweist. Der fast bei Null liegende oder sehr geringe Energiebedarf sollte zu einem ganz wesentlichen Teil durch Energie aus erneuerbaren Quellen — einschließlich Energie aus erneuerbaren Quellen, die am Standort oder in der Nähe erzeugt wird — gedeckt werden.“ (Richtlinie 2010/31/EU, 2010)

In der Richtlinie (EU) 2018/844 formuliert das Europäische Parlament und der Rat das Ziel, bis zum Jahr 2050 mind. 80 % bis 95 % der Treibhausgasemissionen im Gebäudebestand gegenüber dem Jahr 1990 einzusparen. Zudem wird der Intelligenzfähigkeitsindikator eingeführt, der Aussage über den Automatisierungsgrad des Gebäudes geben soll. Die Einführung des Faktors soll zur Einsparung von Energie führen, indem er die Nutzung von intelligenten Geräten und deren Vernetzung ausdrückt. (Richtlinie (EU) 2018/844, 2018)

Die Umsetzung der Richtlinie 2010/31/EU wurde in Deutschland primär über die Energieeinsparverordnung (EnEV 2014, 2014) geleistet, die den Weg zum Niedrigstenergiegebäude aufzeigt. Ebenfalls erfolgte eine Anpassung der Berechnungsmethode in der (DIN V 18599), um zukünftig eine größere Anzahl an erneuerbaren Energieträgern integrieren zu können. Zudem wird die Quote an erneuerbaren Energiemengen durch das Erneuerbare-Energien-Wärmegesetz (EEWärmeG, 2008) gesteuert.

Demzufolge werden u. a. tiefgreifende Energieeinsparungen, eine verantwortungsvolle Ressourcenentnahme und nachhaltige Ressourceneffizienz angestrebt, die von einer neuen Bauteilintelligenz katalysiert werden. Um dieser Direktive gerecht zu werden und gleichzeitig einer tendenziellen Gewichts- und Volumenzunahme der Baukonstruktionen inkl. Dämmpaketen entgegenzuwirken, bedarf es extrem leistungsfähigen Baustoffe für die Gebäudehülle. (Tietze, Schladitz, Kahnt, & Curbach, 2016)

Vorläuferprojekt und Schwerpunkt der vorliegenden Dissertation

Als Vorläuferprojekt für diese Dissertation ist das Zukunft Bau Forschungsvorhaben „Vakuumgedämmte Fassadenelemente aus Textilbeton, kurz vaku^{tex}" zu nennen. Es ist das erste Demonstrationsvorhaben, das durch das Bündnis von Textilbeton und Vakuumisolationsdämmung den Einsatz des Baustoffes Textilbeton exemplarisch belegt. Es zeigt auf, dass durch die Kombination von Textilbeton, Vakuumisolationspaneelen (VIP), Latentwärmespeichermaterialien (PCM) und glasfaserverstärktem Kunststoff (GFK) eine minimale Bauteilstärke von 11 cm erreicht werden kann (siehe Abbildung 1). (Hülsmeier et al., 2013)

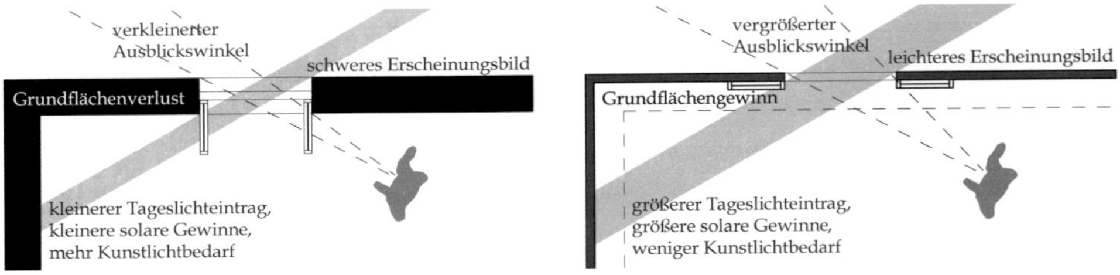

Abbildung 1: Potentiale einer schlanken Baukonstruktion, links: Stand der Technik, rechts: Gebäudehülle der Zukunft (Hülsmeier et al., 2013)

Im Unterschied zum Forschungsprojekt liegt der Schwerpunkt der Dissertation nicht auf der grundsätzlichen baukonstruktiven Kombination der Elemente, sondern auf den hygrothermischen Eigenschaften dieser Elemente. Diese verantworten die Einhaltung der Gebäudeenergiebilanz, die für die Erreichung der Klimaschutzziele verantwortlich ist. Um jedoch den steigenden Anforderungen nachzukommen, ist ein Anstieg des Konstruktionsvolumens unvermeidbar. Wenn immer mehr Menschen auf dem gleichen Raum Platz finden sollen, müssen die Baukonstruktionen möglichst schlank ausgeführt werden. Beide gegenläufigen Anforderungen - die Verbesserung der Energieeffizienz und die Reduzierung der versiegelten Fläche - sind nur durch innovative, hochleistungsfähige Baustoffe umzusetzen. Konkret müssen die Schichten der Baukonstruktion schlanker und gleichzeitig die Anforderungen, z. B. an den Wärmedurchgang oder die Wärmespeicherfähigkeit, verbessert werden.

In der vorliegenden Dissertation wird untersucht, inwiefern schlanke Fassadenelemente aus Textilbeton die herkömmlichen Gebäudehüllen perspektivisch ersetzen und ob sie den Anforderungen und Ansprüchen aus Bauphysik und Architektur gerecht werden können. Besonderes Augenmerk liegt hierbei auf den bauklimatischen Aspekten, unter deren Einfluss sich ein Fassadenelement in seiner Funktion als Bindeglied zwischen Gebäude bzw. Raum und Umwelt befindet.

Relevanz neuer Werkstoffe wie Textilbeton

Die Forderung nach Ressourceneinsparungen und Nachhaltigkeit richtet sich insofern besonders an das Bauwesen, da Beton der derzeit meistverwendete Baustoff der Welt ist. Durch die schrittweise Entwicklung von eisenbewehrtem Beton vor mehr als 100 Jahren wuchsen das Verständnis und Fertigungsgeschick für Bauteile, auf denen Druck und enorme Kräfte einwirken. Durch die Kombination der Komponenten Beton und Stahl konnten im Bauwesen eine hohe Zug- und Druckfestigkeit gewährleistet werden. Jedoch müssen aufgrund der Korrosionsanfälligkeit des Stahls und der damit verbundenen Mindestüberdeckung erschwerte Transport-, Lagerungs- und Montagebedingungen erduldet werden.

Die Herstellung von Textilbeton mit dem Potenzial, in naher Zukunft eine bedeutende Rolle innerhalb des Bauwesens einzunehmen, geht auf den Bedarf nach dünnen, leichten und zugleich hochtragfähigen Bauteilen zurück, die ohne die bisher eingesetzte, korrosionsanfällige Stahlbewehrung auskommen. Textilbeton verfügt im Vergleich zu herkömmlichem Stahlbeton über einen hochfesten Feinbeton und ein textiles Bewehrungsgelege. Beide Komponenten gewährleisten damit im Bauwesen eine erhöhte Tragfähigkeit und Flexibilität.

Die textile Bewehrungsschicht besteht aus Textilien wie z. B. alkaliresistentem Glas (AR-Glas) oder Carbon, die korrosionsfrei (ausgenommen Oberflächenkorrosion bei AR-Glas) sind und im Gegensatz zur Stahlbewehrung auf ein basisches Milieu als Korrosionsschutz verzichten können. Die Mindestabdeckung von bis zu 5 cm Überdeckung (je nach Expositionsklasse), die den Stahl vor Oxidation und Rost schützt, kann bei der Fertigung von Textilbetonbauteilen deutlich reduziert werden, wodurch eine Bauteilstärke von wenigen Zentimetern realisierbar wird. Fassadenplatten mit einer Stärke von 2 cm können so die herkömmlichen 7 cm bis 10 cm starken Stahlbetonplatten für den Bereich Fassadebau ablösen. Eine Optimierung dieser Art macht einen vielseitigen Einsatz z. B. auch durch filigran geformte Fassadenbauteile möglich und begünstigt zudem die meisten Kriterien des gesamten Lebenszyklus.

Um in Hinblick auf die Wertschöpfungskette die Unterschiede und Vorteile verglichen mit einer herkömmlichen Wertschöpfungskette herauszustellen, ist es erforderlich, den Energieverbrauch nicht nur während der primären Nutzung der Baukonstruktion, sondern auch während der Rohstoffgewinnung, der Herstellung, des Einbaus- und Rückbaus sowie der Wiederverwertung ebensolcher Bauelemente zu betrachten.

Bereits heute sind Wissenschaft und Forschung in der Lage, eine verbindliche Auskunft über das enorme Einsparpotenzial zu geben, dass aus der Nutzung von Textilbetonbauteilen anstelle von gleichwertigen Bauteilen aus Stahlbeton resultiert. Sowohl die Rohstoffmenge als auch die graue Energie können durch den Einsatz von Textilbetonbauteilen im Vergleich zu gleichwertigen Bauteilen aus Stahlbeton stark reduziert werden. Das hat wiederum positive Auswirkungen auf das Gewicht der Bauteile und die Treibhausemissionen, denn der Primärenergiebedarf und das Versauerungspotenzial können in allen betreffenden Lebenszyklusphasen stark verringert werden. Eine geringere Mindestüberdeckung der Bewehrung kann den gesamten Transportprozess optimieren und führt gleichzeitig zur Entlastung des Gebäudetragwerkes. (Hülsmeier et al., 2013)

Dennoch herrscht in Hinblick auf neuartige Baustoffe häufig Skepsis. Diese Hemmnisse bremsen den Einsatz im Bauwesen aus trotz steigender Bedürfnisse seitens der Bauherren, Unternehmer und Nutzer. Bisherige Bemühungen zur Verschlankung von Fassadenbauteilen bzw. hin zu größeren Dämmschichten stellten jedoch oftmals eine unökologische Alternative dar, z. B. expandiertes Polystyrol (EPS) als Wärmedämmverbundsystem (WDVS). Diese Modifikationen können zwar die kurzfristigen Ziele erreichen, stellen jedoch keine nachhaltige, ressourcenschonende Alternative in Hinblick auf die Ökobilanz, den gesamten Lebenszyklus oder gar den Rückbau dar.

Aufgrund der schlanken Ausführung und der höheren Anforderungen müssen alle Komponenten dieser neuartigen Baustoff-Symbiose sehr gut aufeinander abgestimmt sein. Ein junger Baustoff wie Textilbeton, der sich perspektivisch u. a. für den Fassadenbau etablieren soll, bedarf daher einem sehr guten, auch bauphysikalischen Verständnis. Die Grundlagen dafür soll diese Arbeit legen.

1.2 Forschungsfragen

Auf Grundlage der Einleitung wurden folgende Forschungsfragen formuliert.

Die übergeordnete Forschungsfrage lautet:

- Können Textilbetonfassaden einen Beitrag zum nachhaltigen Bauen leisten?

Die vorliegende Arbeit soll unter Berücksichtigung des Innen- und Außenraumklimas die gesamte Kette vom Baustoff über die Baukonstruktion bis hin zum fertigen Bauwerk aufzeigen.

Im Rahmen dieser Dissertation wird untersucht, inwiefern eine Textilbetonfassade die herkömmlichen Gebäudehüllen perspektivisch ersetzen und ob sie unter den Anforderungen und Ansprüchen aus Bauphysik und Architektur bestehen können. Besonderes Augenmerk liegt hierbei auf den bauklimatischen Aspekten, unter deren Einfluss sich ein Fassadenelement in seiner Funktion als wesentliche Membran zwischen Raum und Umwelt befindet.

Das Kapitel 3 „Baustoff" untersucht die Forschungsfrage:

- Sind die hygrothermischen Eigenschaften von Textilbeton mit denen konventioneller Baustoffe vergleichbar?

Die zunehmende Verschärfung der Anforderungen und Maßgaben an eine Gebäudefassade stellt u. a. für Planer ein Problem dar und führt zu einer kontinuierlichen Vergrößerung der Baukonstruktionsdicke. Neue Verbundwerkstoffe wie Textilbeton, aber auch neuartige Dämmstoffe wie VIP oder Aerogele ermöglichen die Herstellung sehr schlanker Konstruktionen und wirken damit der Tendenz einer Verdickung von Gebäudehüllen entgegen.

Das Kapitel 4 „Baukonstruktion" untersucht die Forschungsfragen:

- Leisten Leichtbaukonstruktionen aus Textilbeton einen ähnlichen Beitrag zum sommerlichen Wärmeschutz wie konventionelle Baukonstruktionen?
- Sind Baukonstruktionen aus Textilbeton ähnlich dauerhaft wie konventionelle, massive Wandkonstruktionen?
- Erreichen leichte Textilbetonkonstruktionen ähnliche Bedingungen zur Pilz- und Algenbildung auf der Oberfläche wie massive Baukonstruktionen?

Die hohen hygrothermischen Anforderungen an Baukonstruktionen müssen durch die leichten Fassadenelemente aus Textilbeton erfüllt werden. Diese Forschungsfragen sollen die Antwort liefern.

Das Kapitel 5 „Diskussion" untersucht die Forschungsfragen:

- Sind leichte Baukonstruktionen aus Textilbeton ökologischer als konventionelle Baukonstruktionen?
- Können mit Textilbeton vielfältige Fassadenoberflächen realisiert werden?
- Können die in dieser Arbeit entwickelten Baukonstruktionen aus Textilbeton automatisiert produziert und montiert werden?

Neben den hygrothermischen Anforderungen an eine Gebäudehülle gibt es auch eine Reihe weiterer Eigenschaften, welche ebenfalls betrachtet werden müssen, um die Baukonstruktionen erfolgreich einsetzen zu können. Erst dann wird es möglich wirklich die Baukultur nachhaltig zu verändern.

1.3 These und Hypothesen

These:

Gebäudehüllen aus Textilbeton sind leichter als massive, konventionelle Baukonstruktionen, besitzen aber mindestens die gleiche hygrothermische Leistungsfähigkeit. Nachteilige Aspekte des Leichtbaus auf das Raum- oder Oberflächenklima oder die Dauerhaftigkeit können damit widerlegt werden.

Hypothese 1

Mittels integraler Gebäudeplanung unter Einsatz von Fassadenelementen aus Textilbeton können die Primärenergiemengen in der Betriebsphase reduziert werden. So kann im mitteleuropäischen Klima vollständig auf Kühlenergie in der Nutzung verzichtet werden.

- Wie der Zusammenhang verifiziert werden soll, kann im Kapitel 4.2.1.1 nachgelesen werden.
- Die Antwort wird im Kapitel 4.2.4 „Zusammenfassung wirksame Speichermasse" gegeben.

Hypothese 2

Unter Verwendung angepasster Textilbetonmatrices kann die Dauerhaftigkeit der leichten Baukonstruktionen gesteigert und damit die Lebensdauer verlängern werden. Eine Strukturschädigung durch Frost-Tau-Wechsel kann in diesen Baukonstruktionen ausgeschlossen werden.

- Wie der Zusammenhang verifiziert werden soll, kann im Kapitel 4.3.1.1 nachgelesen werden.
- Die Antwort wird im Kapitel 4.3.5 „Zusammenfassung Dauerhaftigkeit" gegeben.

Hypothese 3

Durch den Einsatz von Leichtbaukonstruktionen aus Textilbeton kann die Bildung von biologischem Wachstum auf Außenoberflächen verringert werden. Damit kann das Wachstum von Algen, Pilzen und Flechten über die Nutzungsdauer (auch ohne Verwendung von Algiziden) ausgeschlossen werden.

Wie der Zusammenhang verifiziert werden soll, kann im Kapitel 4.4.1.1 nachgelesen werden.

- Die Antwort wird im Kapitel 4.4.3 „Zusammenfassung Biologisches Wachstum" gegeben.

1.4 Gesamtmethodik

Induktion und Deduktion im wissenschaftlichen Erkenntnisprozess

Für den wissenschaftlichen Erkenntnisgewinn eignen sich sowohl die induktive als auch die deduktive Forschungsmethode. Beide Methoden unterscheiden sich in ihren Grundannahmen, die zum Erkenntnisgewinn führen.

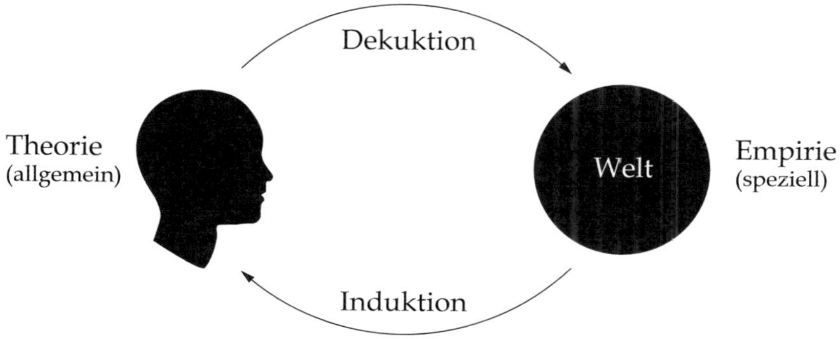

Abbildung 2: Induktion und Deduktion (Töpfer, 2009)

Die induktive Forschungsmethode ist die originäre wissenschaftliche Methode, die aus einer Summe von Einzelfällen einen übergeordneten Wirkmechanismus (übergeordnete Regelmäßigkeit) erkennen lässt (siehe Abbildung 2). Es können allgemeine Aussagen über empirische Beobachtungen getroffen werden. Dabei wird von einer vorgefundenen Tatsache auf eine übergeordnete Theorie geschlossen. Ein Induktionsproblem ist beispielsweise die Beobachtung von weißen Schwänen. Hat man bisher nur weiße Schwäne gesehen, geht man von der übergeordneten Theorie aus, dass alle Schwäne weiß sind. Beim Auftreten eines schwarzen Schwanes wird diese Theorie ungültig (Töpfer, 2009).

Bei der deduktiven Forschungsmethode wird auf besehenden und empirisch überprüften Theorien aufgebaut (Vielzahl induktiver Ergebnisse liegt bereits vor, siehe Abbildung 2). Dabei besteht der Kern darin, durch innovative Theorien (Hypothesen) als Ursachen-Wirkungs-Beziehungen zu neuen Erkenntnismustern oder Erkenntnissen zu gelangen (Töpfer, 2009). Es können spezielle Aussagen über Ergebnisse getroffen werden. Dabei wird von einer übergeordneten Theorie auf eine Tatsache geschlossen. Der hypothetisch-deduktive Forschungsansatz bezieht sich auf klare Ja-Nein-Entscheidungen im Hinblick auf die Beobachtungsresultate.

Anwendung in dieser Arbeit

In der vorliegenden Arbeit wird die deduktive Methode verwendet, da bereits Erfahrungen vorliegen und Materialien sowie Methoden zusammengefasst und weiterentwickelt werden müssen.

1. Zunächst wird das aus Forschungssicht interessante Problem aus dem Phänomenbereich betrachtet.

Übergeordnete Forschungsfrage:

- Gebäudehüllen werden immer massiver, da die Anforderungen an sie zunehmen (z. B. verbesserter Wärmeschutz). Neue Baustoffe und Baukonstruktionen können eine ähnliche Leistungsfähigkeit erreichen wie konventionelle Baustoffe, allerdings in leichterer und ressourcenschonender Bauweise. Daher lautet die Frage: Können Textilbetonfassaden einen Beitrag zum nachhaltigen Bauen leisten?

2. Hierüber werden eine oder mehrere Hypothesen oder die Ansätze einer ganzen Theorie aufgestellt, um das Phänomen zu erklären und das Problem zu lösen.

These:

- Gebäudehüllen aus Textilbeton sind leichter als massive, konventionelle Baukonstruktionen, besitzen aber mindestens die gleiche hygrothermische Leistungsfähigkeit. Nachteilige Aspekte des Leichtbaus auf das Raum- oder Oberflächenklima oder die Dauerhaftigkeit können damit widerlegt werden.

  z. B. Hypothese 1:

  - Mittels integraler Gebäudeplanung unter Einsatz von Fassadenelementen aus Textilbeton können die Primärenergiemengen in der Betriebsphase reduziert werden. So kann im mitteleuropäischen Klima vollständig auf Kühlenergie in der Nutzung verzichtet werden.

3. Aus der Theorie werden Aussagen über beobachtbare Phänomene abgeleitet, mit denen die Gültigkeit der Hypothese anhand des in der Realität beobachteten Sachverhaltes bzw. Zusammenhangs getestet werden kann.

  z. B. für Hypothese 1:

  - Aufstellen einer Auswertungsmethodik, um die Leistungsfähigkeit des sommerlichen Wärmeschutzes der neuen Textilbetonkonstruktionen nachzuweisen und mit konventionellen Gebäudehüllen zu verglichen. Durchführen von Simulationsrechnungen auf der Grundlage der Laboruntersuchungen.

4. Im Zeitablauf können die tatsächlich beobachteten Phänomene mit den theoretisch fundierten Vorhersagen verglichen werden. (Töpfer, 2009)

  z. B. für Hypothese 1:

  - Es erfolgt eine Validierung in Form eines Monitorings am Gebäude im Realklima (Wohnhaus Tietze).

2 Grundlagen

2.1 Fassade

Die Fassade ist die „Haut“ eines Gebäudes. Sie trennt den Innenraum klimatisch nach außen ab. In der visuellen Wahrnehmung eines Gebäudes spielt sie eine zentrale Rolle und übernimmt Image- und Repräsentationsaufgaben. In der Architekturgeschichte bezeichnet sie die Straßenseite bzw. die Hauptansichtsseite eines Gebäudes. Bei Kirchenbauten ist dies die Westseite, denn ihr wird die größte Aufmerksamkeit gewidmet. Zu den Elementen in der Fassade zählen z. B. Fenster oder Blendsäulen. Durch die typologische Einordnung in Gestaltung, Material, Konstruktion und Funktion lässt sich das wesentliche Prinzip der Gebäudehülle erklären. (Hülsmeier et al., 2013)

Geschichtliche Entwicklung

Die Gebäudehüllen haben sich in den letzten Jahrhunderten mit dem kulturellen Entwicklungsgrad der Menschheit kontinuierlich verändert (siehe Abbildung 3). Dabei diente die Gebäudehülle primär zum Schutz gegen klimatische Einflüsse, zum Schutz der Privatsphäre und z. T. auch zur Präsentation des Status. Die Gründe für die Veränderungen der Gebäudehülle liegen zum einen im vermehrten Zugewinn an Wissen, aber auch an technologischen Entwicklungen, die es ermöglichen, neue Werkstoffe herzustellen. Bis zur Einführung der ersten Wärmeschutzverordnung im Jahr 1977 hat sich das deutsche Bauwesen auf technologische Entwicklungen im statischen Bereich wie z. B. Stahlbetonbau konzentriert. Danach wurde die Betriebsenergieeinsparung weiter in den Vordergrund gerückt. Auch zukünftig wird es hier eine weitere Verschärfung geben. Daher kommt es zur kontinuierlichen Verdickung der Wandaufbauten. Durch diese Verschärfung der Anforderungen wird aber auch mehr Herstellungsenergie (Graue Energie) für die Gebäudehülle notwendig. Neue Verbundwerkstoffe wie Textilbeton ermöglichen eine Einsparung an Grauer Energie durch die Verschlankung des Wandaufbaus. Es wird erwartet, dass dieser schlanke Verbundwerkstoff in den nächsten Jahren in den Baustandard übergehen werden (Curbach et al., 2014). Der nächste Entwicklungsschritt im Bereich der Gebäudehülle muss eine weitere Reduktion der Ressourcen durch bionisches Bauen mit intelligenten Baustoffen sein.

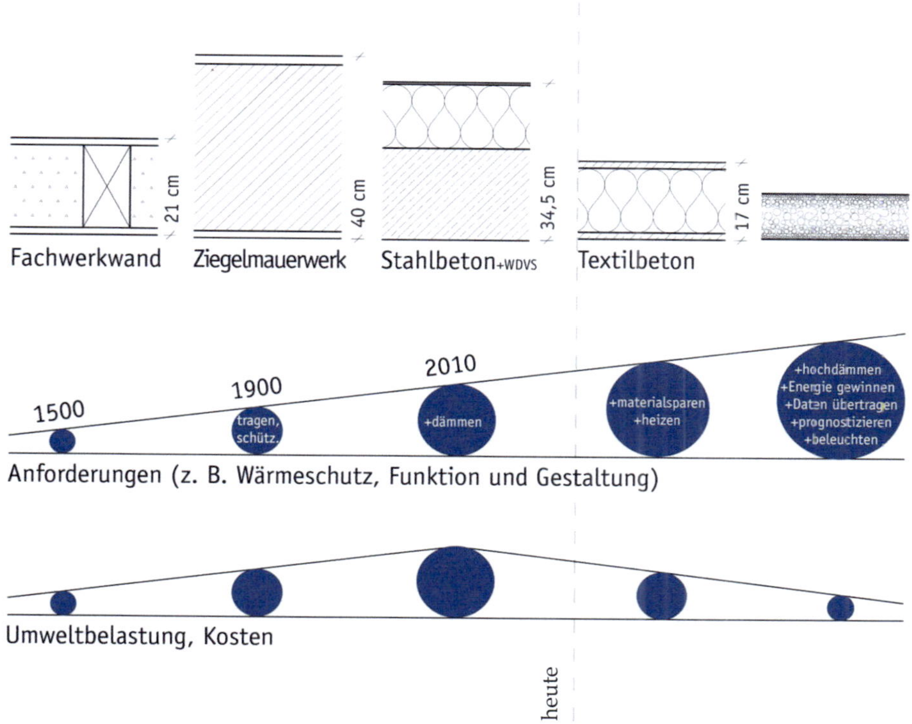

Abbildung 3: Entwicklung der Fassade bis heute und in Zukunft

Marktsituation

Sehr geringe Zuwächse im Bauvolumen, eine Verschärfung des Wettbewerbs, Verteuerung der Rohstoffe und zunehmende Konkurrenz durch Mitbewerber aus dem europäischen Ausland stellt die deutsche Bauwirtschaft in den nächsten Jahren vor enormen Herausforderungen. Dabei zeichnet sich seit 1995 ab, dass sich die Entwicklung der Bauwirtschaft signifikant vom Wachstum des Bruttoinlandsprodukts (BIP) abgekoppelt hat, nun aber langsam, wenn auch auf einem wesentlich niedrigeren Niveau, wieder in einen synchronen Rhythmus zurückfindet. (Schober, K., Siever, G., Schmitt, P., Walter G., 2011) Der Hochbau ist durch die Systematik der (DIN 276:2018-12) und (DIN 277-1:2016-01) in Kostengruppen und Gewerken sehr kleinteilig. Hierbei kommt dem Architekten die Rolle zu, diese Vielzahl an Gewerken zu harmonisieren. Jedoch werden alle Teilnehmer nur an den tatsächlichen oder kalkulierten Baukosten gemessen und nach Honorarordnung für Architekten und Ingenieure (HOAI) entsprechend vergütet. Um zukunftsweisenden Gebäude zu erstellen, muss neben der Erstellungsphase ebenso die Betriebs-, Instandsetzungs- und Rückbauphase in den Prozess der Gebäudeplanung und Kalkulation einfließen. Die Nachfrageseite in Form von Großinvestoren und Projektentwicklungsgesellschaften verlangt solche Lösungen in Zukunft. (König, 2009)

In Abbildung 4 ist die Marktgröße im Wohnungs- und Nichtwohnungsbau nach System bzw. Produkt und der letzten nach außen abschließenden Schicht dargestellt. Der Gesamtmarkt betrug dabei im Jahr 2010 138,7 Mio. m² Fassadenfläche. (Kötter, Storm-Hering, & Dahlke, 2012)

Das Fassadenmaterial Beton hatte im Jahr 2010 in Deutschland einen Marktanteil von 10 %. Weitere Marktanteile können in einem optisch ähnlichen Bereich der Materialen Putz (39 %), Faserzement (2 %), Ton (1 %) und Kunststoff (2 %) erschlossen werden. Das ergibt zusammen über 50 % Marktanteil, der über normale Innovationen abgebildet werden kann. Das entspricht etwa 70 Mio. m² im Jahr. (Kötter et al., 2012)

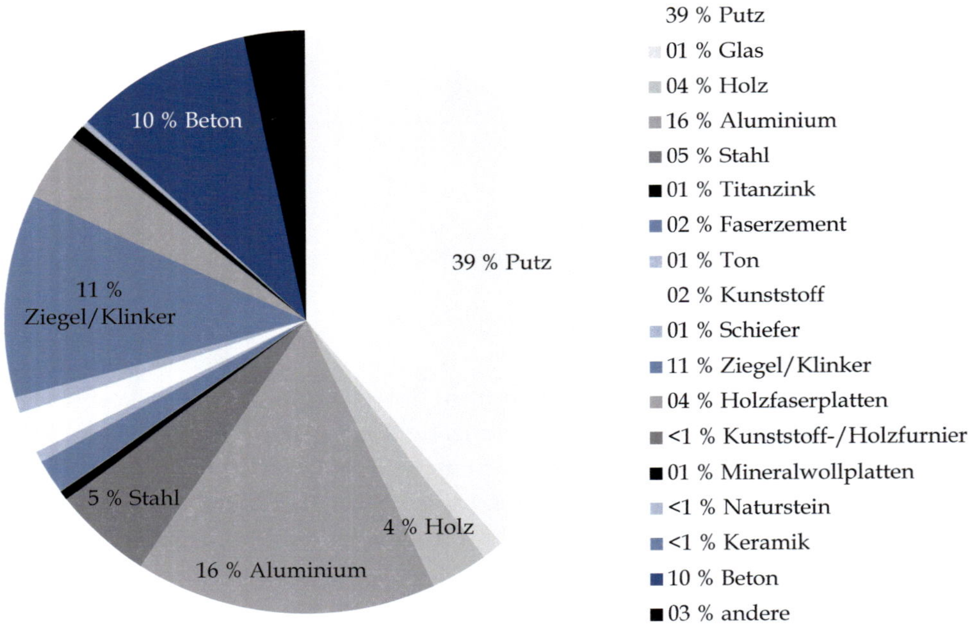

Abbildung 4: Marktgröße im Wohnung- und Nichtwohnungsbau (Kötter et al., 2012)

Aufgaben der Fassade

Neben Gestaltung und Repräsentation stellen Umwelteinflüsse weitere Anforderungen an die Gebäudehülle wie z. B. Wärme- und Kälteresistenz, Wind- und Wasserdichtheit sowie Schall- und Feuerwiderstandsfähigkeit.

Optimale Hausentwürfe berücksichtigen bereits in der Planung alle sogenannten passiven Maßnahmen, um die Energieeffizienz in der Nutzung zu steigern und mit einer reduzierten Heiztechnik (aktive Maßnahmen) auszukommen. Solche passiven Maßnahmen sind der Formfaktor eines Gebäudes selbst (A/V-Verhältnis = Oberflächen/Volumen-Verhältnis), der Dämmstandard, die Luftdichtheit der Gebäudehülle, die Gebäudeorientierung, der Fensterflächenanteil, der Sonnenschutz und die thermische Speichermasse. (Hülsmeier et al., 2013)

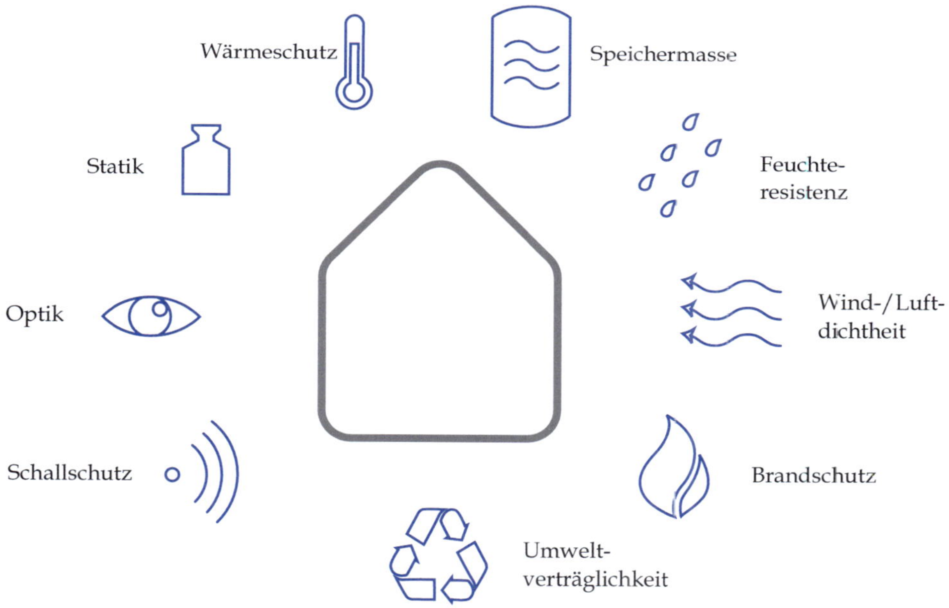

Abbildung 5: Anforderungen an eine Fassade (Hülsmeier et al., 2013)

Alle Anforderungen an eine leichte Gebäudefassaden unter Berücksichtigung der aktuellen Normen und Verordnungen stellen große Herausforderungen an die eingesetzten Baustoffe. Insbesondere die hygrothermischen Anforderungen stehen im Verdacht, nicht die gewünschte Leistungsfähigkeit aufzuweisen.

2.2 Textilbeton

Textilbeton ist ein Material, das aus Stoffelementen wie z. B. Zement (Bindemittel), Mikrosilika, Flugasche (Betonzusatzstoffe), Gesteinskörnungen (Betonzuschlag), Wasser, Fließmittel (Betonzusatzmittel) und textilen Bewehrungsschichten aus AR-Glas oder Carbon besteht. Diese textilen Gelege aus gewebten Filamentgarnen besitzen wesentlich höhere Festigkeiten als die Stahlbewehrung. Zudem benötigen sie kein basisches Milieu als Korrosionsschutz, sodass die Mindestüberdeckung entfällt. Der Verbundwerkstoff kann dadurch mit einer Bauteildicke von wenigen Millimetern realisiert werden. (Kahnt, Schladitz, Tietze, Scheerer, & Curbach, 2016a, 2016b)

1993 gelang es den Forschern des Institutes für Textil- und Bekleidungstechnik der Technischen Universität Dresden (TU Dresden) erstmals, aus den bis dato als nicht textil verarbeitbar geltenden Schneidrovings (Bündeln von endlosen, gestreckten Fasern) textile Strukturen für Bewehrungszwecke herzustellen, die am Lehrstuhl für Baustoffe auf Eignung untersucht wurden. Aufgrund des erkannten hohen Innovations- und Leistungspotentials des neuen Verbundbaustoffes wurden das Textilinstitut der Rheinisch-Westfälischen Technischen Hochschule Aachen (RWTH Aachen) und das Sächsische Textilforschungsinstitut Chemnitz in die Forschungstätigkeit einbezogen.

Gegenwärtig werden an der TU Dresden einzelne, spezielle Verfahrens- und Erzeugnisentwicklungen für Anwendungen des textilbewehrten Betons bearbeitet. Von 1999 bis 2011 haben die Sonderforschungsbereiche 528 „Textile Bewehrungen zur bautechnischen Verstärkung und Instandsetzung“ und 532 „Textilbewehrter Beton – Grundlagen für die Entwicklung einer neuen Technologie“ mit Förderung durch die Deutsche Forschungsgemeinschaft Grundlagen für eine breite Nutzung des Verbundwerkstoffes erarbeitet. (Hülsmeier et al., 2013)

Parallel zu dieser Arbeit läuft das deutschlandweit größte Bauforschungsvorhaben Carbon Concrete Composite, kurz C^3. In diesem Konsortium sind ca. 160 Partner aus der Wirtschaft und aus der Forschung involviert, um den Textilbeton mit einer Carbonbewehrung zu einem markfähigen Produkt zu entwickeln.

Aufbau

Die Tragfähigkeit von Beton kann durch Einlegen von textilen Gelegen verbessert werden. Eine solche textile Bewehrung aus Carbon oder AR-Glas kann sehr genau innerhalb des Bauteils positioniert werden und auch oberflächennah zum Einsatz kommen.

Für einen Roving, auch Garn genannt, werden mehrere hundert Einzelfilamente zu einem Bündel zusammengeführt. Eine wässrige Dispersion sorgt für die Lagesicherung zwischen den Filamenten. Die Rovings werden dann von Spulen textiltechnisch zu flächigen Strukturen verarbeitet. Sind die Rovings entsprechend der Belastung im Bauteil ausgerichtet, wird im Vergleich zu einem Kurzfaserbeton mit gleichem Fasergehalt eine deutlich höhere Tragfähigkeit erzielt. Kostenintensiveres Fasermaterial kann dadurch eingespart werden. Bei der Verarbeitung als Gelege ergibt sich eine zweidimensionale (biaxiale) Ausrichtung. Es kann aber auch eine multiaxiale Ausrichtung der Gelegestruktur realisiert werden. Diese Gelege werden nicht gewebt, sondern mithilfe der Nähwirktechnik hergestellt. In einem finalen Arbeitsschritt werden die textilen Gelege noch mit einer Beschichtung aus z. B. Epoxidharz versehen, um eine entsprechende Steifigkeit herzustellen und den Verbund zwischen Beton und Roving zu verbessern. (Hülsmeier et al., 2013) (Tietze et al., 2018)

Eigenschaften

Textilbewehrter Beton zeigt ein sehr duktiles Verhalten. Ein Versagen solcher Bauteile kündigt sich also durch entsprechend große Verformungen an und tritt nicht plötzlich auf. Durch das Ausbleiben eines Korrosionsvorganges werden die beim Stahlbeton notwendigen dicken Betondeckschichten entbehrlich. Die Bauteile können wesentlich schlanker und leichter ausgeführt werden. Die Positionierung der textilen Bewehrungsstrukturen kann an den Stellen geschehen, an denen die Belastungen wie Spannungen tatsächlich auftreten. Dadurch ist es möglich, in verschiedenen Bereichen unterschiedliche Lasten aufzunehmen. Die textilen Bewehrungen können somit auf den jeweiligen Belastungsfall ausgelegt werden. Durch die textile Bewehrung kann eine sehr gute Rissverteilung erreicht werden (viele kleine Risse statt wenige große), was sich für die Dichtigkeit und Dauerhaftigkeit als sehr vorteilhaft erweist. (Hülsmeier et al., 2013)

Anwendung

Potentielle Anwendungsfelder für Textilbeton sind sowohl die Verstärkung und Instandsetzung vorhandener Bausubstanz als auch die Entwicklung von neuen, schlanken und leichten Konstruktionen. Beispiele sind die Verstärkung von Stahl- und Spannbetonmasten, Mauerwerks- und Betonbauteilen sowie die Entwicklung, Herstellung und Anwendung von Fassaden-, Dach- und Balkonbauteilen, Lärmschutzwänden oder Stadtmöblierungen. Im Behälter- und Rohrleitungsbau findet textilbewehrter Beton bereits Anwendung. (Hülsmeier et al., 2013)

2.3 Verwendeter Wetterdatensatz

Die Bundesrepublik Deutschland wurde in 15 sogenannte TRY-Regionen (TRY = Test Reference Year, Testreferenzjahre) eingeteilt. Diese Regionen mit jeweils einer Repräsentanzstation spiegeln die charakteristischen Klimaverhältnisse der Region wieder. Als Basiszeitraum dient die Periode 1988 bis 2007. Dieser Zeitraum bildet die Grundlage der Testreferenzjahre. Die TRY sind Datensätze ausgewählter meteorologischer Werte für alle 8.760 Stunden eines Jahres für unterschiedliche Regionen. Die Testreferenzjahre werden aus realen Witterungsabschnitten aus dem gesamten Basiszeitraum derart zusammengesetzt, dass Mittel und Streuung primär der Lufttemperatur sehr nah an den langjährigen monatlichen und jahreszeitlichen Mittelwerten der jeweiligen Repräsentanzstation liegen. Mittels Interpolationsverfahren und Glättungen werden die einzelnen Abschnitte aneinander angeglichen.

Als grundlegender Wetterdatensatz wurde die Testreferenzjahr-Region (TRY-Region) Potsdam ausgewählt. Dieser repräsentiert das deutsche Referenzklima in der mitteleuropäischen/gemäßigten Klimazone. Diese Klimazone umfasst auch einen Teil Sachsens, zu dem auch Leipzig und Dresden gehören.

Die ausgewählte Repräsentanzstation Potsdam liegt in einer Höhe von 81 m, einem nördlichen Breitengrad vom 52° und 23 Winkelminuten (52,38° [Dezimalgrad]) und einem östlichen Längengrad von 13° und 4 Winkelminuten (13,07° [Dezimalgrad]) (1 Winkelminute = 1°/60 = 0,01667°). Der Standort der Station liegt außerhalb von Potsdam auf einem Westhang mit dichtem Baumbewuchs. In weiterer Umgebung befinden sich eine lockere Bebauung und Bewaldung sowie größere Wasserflächen. Die Messhöhe des Windmessers befindet sich in 39 m. Die Höhenquoten der gesamten TRY-Region variieren von 5 m bis 200 m. Nur im Harzvorland erreichen sie bis zu 400 m.

Das Klima ist im Winter kühl und trocken und im Sommer warm und trocken. Bei südlichen bis nordwestlichen Wetterlagen ist es gemäßigt. Bei nördlichen bis südöstlichen Wetterlagen kommt der kontinentale Einfluss zum Tragen. Dieser führt häufig zu warmen und trockenen Sommern sowie kalten und trockenen Wintern. Dieser kontinentale Einfluss kommt vor allem im Osten der Region zum Tragen. Damit sind die Regionen zwischen Halle und Magdeburg und dem Oderbruch die niederschlagsärmsten Gebiete Deutschlands.

Als Referenzzeit wird einheitlich sowohl in der hygrothermischen Software DELPHIN als auch in der raumklimatischen Software DesignBuilder/EnergyPlus das Jahr 2001 verwendet.

2.4 Beschreibung des Gruppenbüros inkl. Nutzungsdaten

Als Modellraum wurde eine Nutzung mit hohen internen Wärmelasten in den Tagestunden und hohen Anforderungen an die Behaglichkeit gewählt: die Büronutzung. (Ausschuss für Arbeitsstätten, 2010)

Als Typologie wird das Gruppenbüro exemplarisch ausgewählt, da es im mitteleuropäischen Klima die häufigste Büroform darstellt. Die Definition als Gruppenbüro erfolgt nach DIN V 18599-10:2016-10, wobei es in abgebildeter Form typologisch eher dem Zellenbüro oder einem Kombibüro zuzuordnen ist (Staniek & Staniek, 2011).

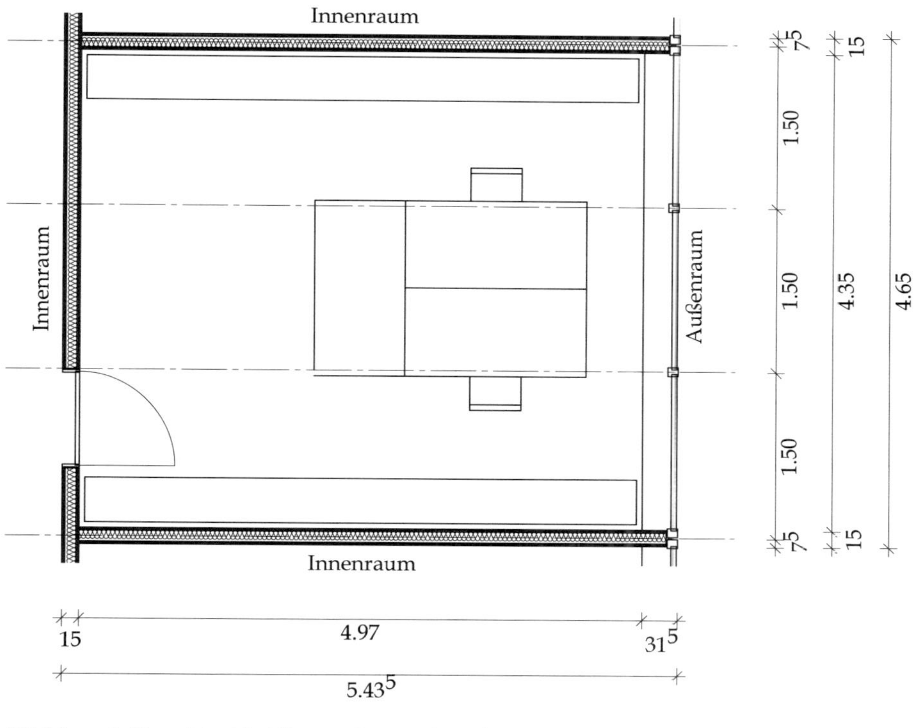

Abbildung 6: Grundriss Modellraum Gruppenbüro für zwei Personen

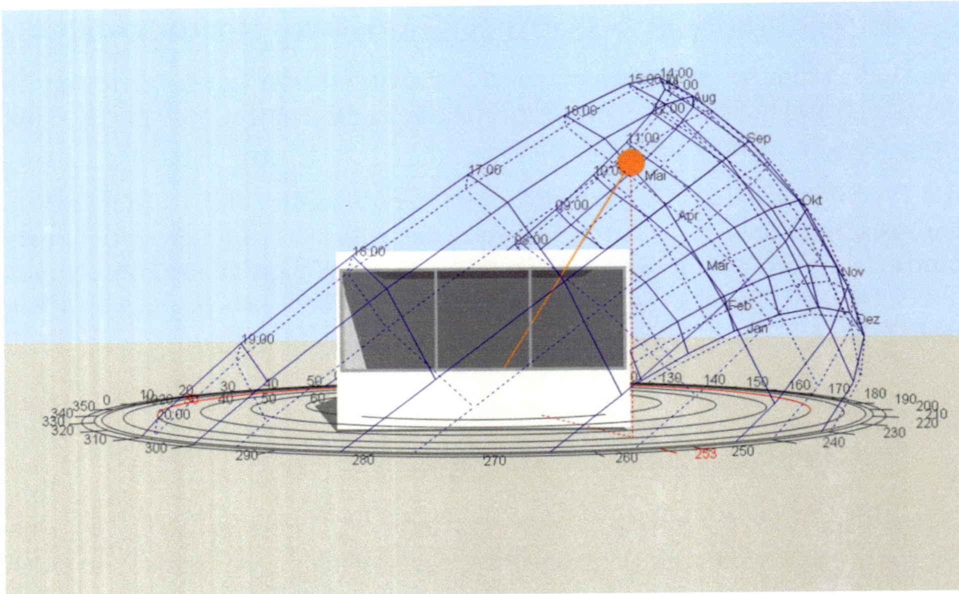

Abbildung 7: Westansicht Modellraum Gruppenbüro, Sonnenstand: 16. August, 16 Uhr (Quelle: DesignBuilder/EnergyPlus)

Abbildung 8: Außenraumperspektive Modellraum Gruppenbüro, Sonnenstand: 16. August, 16 Uhr (Quelle: DesignBuilder/EnergyPlus)

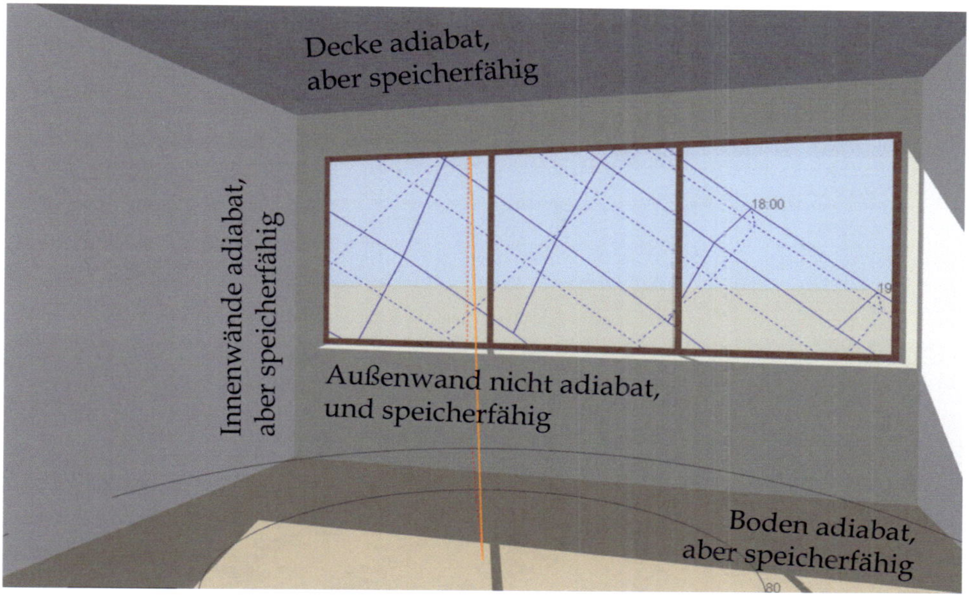

Abbildung 9: Innenraumperspektive Modellraum Gruppenbüro, Sonnenstand: 16. August, 16 Uhr (Quelle: DesignBuilder/EnergyPlus)

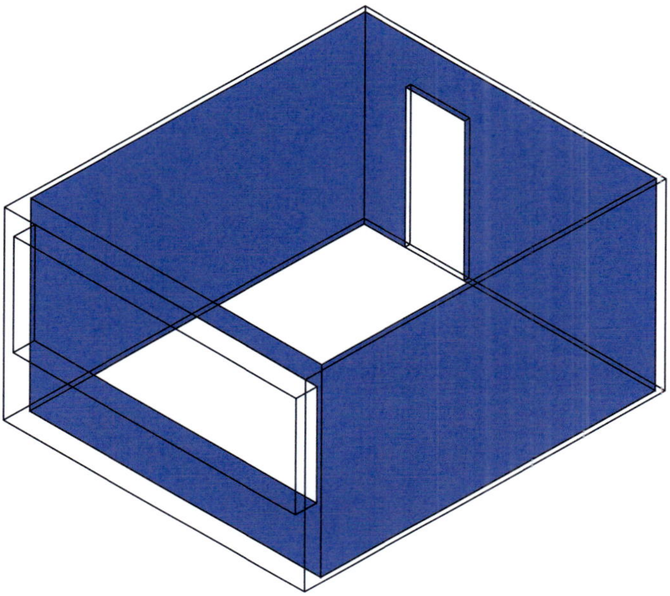

Abbildung 10: Perspektive Modellraum Gruppenbüro, Innenwandflächen für Simulationen, 43,21 m²

Tabelle 2: Lichte Flächen Modellraum Gruppenbüro

lichte Raumbreite	4,35	m^2
lichte Raumtiefe	4,97	m^2
lichte Raumfläche (Decke und Boden)	21,62	m^2
lichte Raumhöhe	2,80	m^2
Raumvolumen	60,54	m^3
Wandflächen (gesamt)	51,38	m^2
Wandflächen (nur Innenwände ohne Tür)	**38,09**	**m^2**
Innentür	1,91	m^2
Wandfläche (nur West mit Fenster)	12,18	m^2
Wandfläche (nur Außenwand ohne Fenster)	**5,12**	**m^2**
Wandflächen gesamt, für alle Vergleiche	**43,21**	**m^2**
Fensterfläche (58 % der Wandfläche [inkl. Rahmen]) (4,28 m x 1,65 m)	7,06	m^2
• Glasfläche (50 % der Wandfläche [exkl. Rahmen])	6,09	m^2
• nur Rahmenfläche	0,97	m^2

Tabelle 3: Referenzkonstruktionen Modellraum Gruppenbüro

Innenwände (adiabat aber Speichervermögen genutzt):		
Gipsplatten (2x 1,25 cm)	2,5	cm
Ständerwerk mit 8 cm Mineralwolle	10,0	cm
Gipsplatten (2x 1,25 cm)	2,5	cm
Summe	15,0	cm
Außenwand:		
Dreischichtplatte Fichte	2,0	cm
Luftraum mit Konterlattung Fichte	2,4	cm
Holzfaserplatte	2,0	cm
Mineralwolle	16,0	cm
OSB-Platte	2,0	cm
Luftraum mit Lattung Fichte	4,8	cm
Dreischichtplatte Fichte	2,0	cm
Summe	31,2	cm

Tabelle 3: Referenzkonstruktionen Modellraum Gruppenbüro (Fortsetzung)

Zwischendecken (adiabat aber Speichervermögen genutzt):		
Linoleum	0,5	cm
Estrich	6,5	cm
Trittschalldämmung Polystyrol	4,0	cm
Normalbeton	20,0	cm
Luftspalt mit Unterkonstruktion der Abhangdecke	5,0	cm
Gipsplatten (2x 1,25 cm)	2,5	cm
Summe	38,5	cm
Verglasung:		
Wärmedurchgangskoeffizient der Verglasung (48 mm [6 mm | 16 mm | 6 mm | 14 mm | 6 mm], Dreifachverglasung) U_g - Wert	0,62	W/(m²·K)
Lichttransmissionsgrad τ - Wert	0,73	[-]
Gesamtenergiedurchlassgrad g - Wert	0,62	[-]
Wärmedurchgangskoeffizient Rahmen inkl. Verschraubung (Glaseinbaudicke 48 mm ohne ψ-Wert der Verglasung) U_f – Wert	0,92 mit Dämmblock/ 2,07 ohne Dämmblock	W/(m²·K)
Längenbezogene Wärmedurchgangskoeffizient (mit Kunststoffrandverbund) ψ-Wert	0,029	W/(m·K)
Gasfüllung im Scheibenzwischenraum	Argon	[-]
Innen- und Außenscheibe mit Low-E-Beschichtung, Mittelscheibe ohne Beschichtung		
Abminderungsfaktor F_C des innenliegenden Sonnenschutzes, weiß nach DIN 4108-2:2013-02	0,7	[-]
Gesamtenergiedurchlassgrad der Verglasung inkl. Sonnenschutz $g_{tot} = g \cdot F_C$ nach DIN 4108-2:2013-02	0,43	[-]
Verschattung:		
Konstruktion	Raffstore	
Position	innenliegend	
Orientierung Lamellen	horizontal	
Lamellenbreite	2,5	cm
Lamellendicke	0,1	mm
Reflexionsgrad (kurzwellig)	0,8	[-]
Emissionsgrad (langwellig)	0,9	[-]
Steuerungsart	solar	
Solarer Sollwert	150	W/m²
Verschattungsmonate	Apr. bis Sep.	

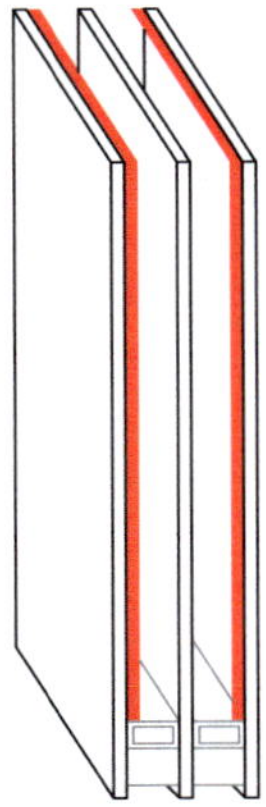

Bei Low-E-Beschichtungen wird im Herstellungsprozess eine metalloxidische Schicht auf die Innenseite der Scheibe oder im Kathodenstrahlverfahren in mehreren Schichten nach dem Herstellprozess aufgebracht (siehe Abbildung 11, rot). Die Low-E-Beschichtung lässt kurzwellige Strahlung in den Innenraum, reflektiert jedoch langwellige Strahlung aus dem Innenraum (Infrarotstrahlung) an der Scheibe.

Abbildung 11: Dreifachverglasung mit zwei Low-E-Beschichtungen (rot)

Nutzungsdaten

Tabelle 4: Nutzungsdaten Nachtlüftung freie Eingabe Modellraum angelehnt an DIN 4108-2:2013-02

Nachtlüftung:		
Luftwechselrate (erhöhte Nachtlüftung)	2	1/h
Lüftungsmonate	Apr. bis Sep.	m
tägliche Betriebszeit	18:00 bis 7:00	Uhr
Limit Außentemperatur	8	°C

Tabelle 5: Nutzungsdaten Betriebszeiten von Heizung und Kühlung freie Eingabe Modellraum

Heiz- und Kühlzeiten:	
Kühlungsbetrieb	Mai. bis Sep.
Heizungsbetrieb	ohne Unterbrechung

Tabelle 6: Nutzungsdaten (Auszugsweise) Modellraum Gruppenbüro nach DIN V 18599-10:2016-10

Nutzungszeiten:			
Tägliche Nutzungszeit	von 7:00	bis 18:00	Uhr
Tägliche Betriebszeit Raumlufttechnische Anlage (RLT), Kühlung und Heizung	von 5:00	bis 18:00	Uhr
Raumkonditionierung (Raumlufttemperaturen):			
Raum-Solltemperatur Heizung		21	°C
Raum-Solltemperatur Kühlung (in Änderung zur DIN V 18599-10:2016-10 entspricht max. Auslegungstemperatur)		26	°C

Tabelle 6: Nutzungsdaten (Auszugsweise) Modellraum Gruppenbüro nach DIN V 18599-10:2016-10 (Fortsetzung)

Mindestaußenvolumenstrom:			
Personenbezogen		40	m³ je Stunde und Person
Flächenbezogen	gewählt	4	m³/(h·m²)
Wärmerückgewinnung (WRG) der Lüftungsanlage:			
nur WRG ohne Feuchteanforderung nach DIN V 18599-3:2016-10		60	%
Beleuchtung:			
Beleuchtungsstärke		500	Lux
Höhe der Nutzebene		80	cm
Minderungsfaktor für die beleuchtete Fläche	Nur 92 % der Grundfläche müssen voll ausgeleuchtet sein	0,92	[-]
Elektrische Beleuchtungsleistung nach DIN V 18599-4:2016-10	LED mit weiteren Raumfaktoren	5,1	W/m²
Anwesenheit: (gilt für Mindestaußenvolumenstrom und Beleuchtung gleichermaßen)			
Minderungsfaktor Gebäudebetriebszeit	Durch z. B. Urlaub und Krankheit befinden sich nur zu 70 % der Arbeitstage Personen im Büro	0,7	[-]
Relative Abwesenheit	Durch z. B. Pausen und Besprechungen wird die Anwesenheit um weitere 30 % gemindert	0,3	[-]

Tabelle 6: Nutzungsdaten (Auszugsweise) Modellraum nach DIN V 18599-10:2016-10 (Fortsetzung)

Personenbelegung:			
max. Belegungsdichte	gering	18	m^2 je Person
	mittel	14	m^2 je Person
	hoch (gewählt)	10	m^2 je Person
Belegungsdichte		0,1	Person je m^2
Interne Wärmequellen:			
Personen (70 W je Person)			
= 70 W/18 m^2 = 3,9 W/m^2	tief	3,9	W/m^2
= 70 W/14 m^2 = 5,0 W/m^2	mittel	5,0	W/m^2
= 70 W/10 m^2 = 7,0 W/m^2	hoch (gewählt)	7,0	W/m^2
Arbeitshilfen:			
= 50 W je Person/ 18 m^2 = 2,8 W/m^2	tief	2,8	W/m^2
= 100 W je Person/14 m^2 = 7,1 W/m^2	mittel (gewählt)	7,1	W/m^2
= 150 W je Person/10 m^2 = 15,0 W/m^2	hoch	15,0	W/m^2

Lasten

Tabelle 7: Kühl- und Heizlasten bei unterschiedlichen Szenarien im Modellraum Gruppenbüro

Kühlen	Heizen	Verschattung (außen)	Nachtlüftung
2,66 kWh/(m^2·a)	6,17 kWh/(m^2·a)	ja	ja
30,04 kWh/(m^2·a)	6,04 kWh/(m^2·a)	nein	ja
21,57 kWh/(m^2·a)	6,03 kWh/(m^2·a)	ja	nein
60,62 kWh/(m^2·a)	6,03 kWh/(m^2·a)	nein	nein

Tabelle 8: Kühl- und Heizlasten bei unterschiedlichen Sonnenschutzpositionen im Modellraum Gruppenbüro

Kühlen	Heizen	Verschattung	Nachtlüftung	Sonnenschutz
2,66 kWh/(m^2·a)	6,17 kWh/(m^2·a)	ja	ja	außenliegend
17,83 kWh/(m^2·a)	6,05 kWh/(m^2·a)	ja	ja	innenliegend

Bürobelegung

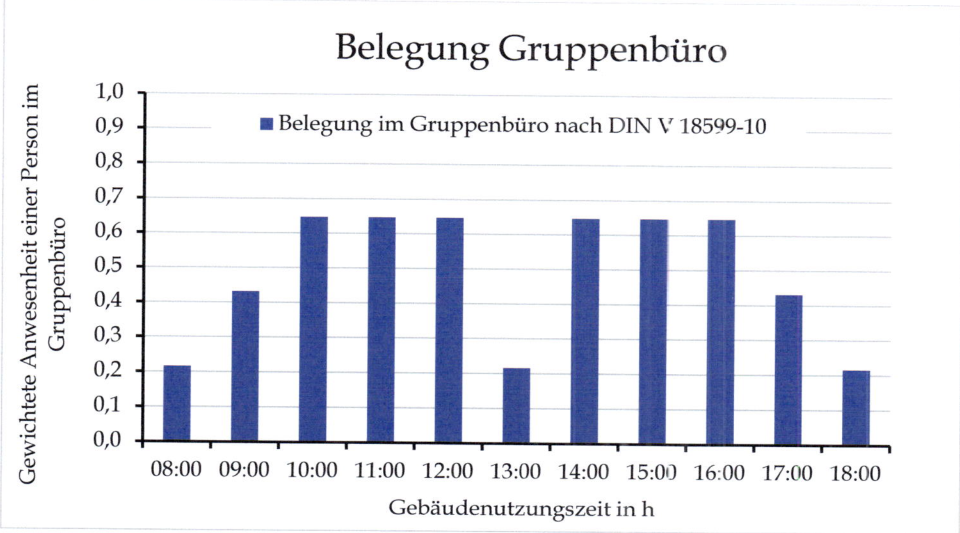

Abbildung 12: Nutzerprofil im Modellraum Gruppenbüro nach DIN V 18599-10:2016-10

Die Gebäudenutzung beginnt um 7 Uhr und endet um 18 Uhr. Damit werden täglich 11 h Nutzungszeit für ein Gruppenbüro festgelegt. Von dieser Gebäudebetriebszeit wird ein Minderungsfaktor von 0,7 [-] für (Urlaub, Krankheit etc.) abgezogen, d. h. die Mitarbeiter sind an 30 % der Wochentage (Montag bis Freitag) nicht am Arbeitsplatz. Zusätzlich wurde auch die relative Abwesenheit (Pausen, Besprechung, etc.) von 0,3 [-] berücksichtigt, d. h. die Mitarbeiter sind in 30 % der Nutzungszeit z. B. zur Mittagspause, im Besprechungsraum oder anderweitig nicht im Büroraum.

Schließlich wird diese durchschnittliche Anwesenheit von 0,49 [-] auf die 11 h der Gebäudebetriebszeit gewichtet verteilt, da die Anwesenheit in den Morgenstunden und Abendstunden sowie am Mittag geringer ausfallen wird.

2.5 Porenarten und -größen

Den größten Einfluss auf die Entwicklung der Porengrößen hat der w/z-Wert. Wenn dieser beispielsweise 0,5 beträgt, kann das eine Gesamtporosität von 46 Vol.-% bewirken. Mit zunehmenden Wassergehalt entstehen mehr Kapillarporen und damit eine erhöhte Gesamtporosität. In Abbildung 13 zeigt sich, dass w/z-Werte von < 0,4 kaum Kapillarporen aufweisen. Bei einem höheren w/z-Wert bis 0,6 nimmt der Anteil im Bereich der Kapillarporen zu.

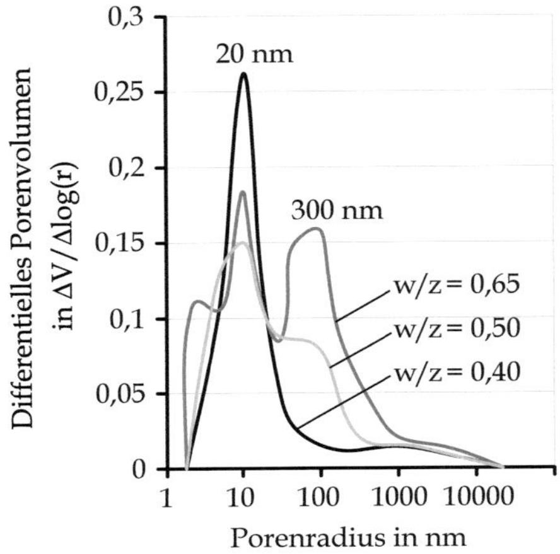

Abbildung 13: Porenverhältnisse im Zementstein in Abhängigkeit vom w/z-Wert (Stark & Wicht, 2000)

Gelporosität (Gel- und Schrumpfporen): 0,5 bis 30 nm

Gelporen (1 nm bis 10 nm) werden mit Herstellung des Zementgels gebildet und gehören von Anfang an zum Raum, den die Gelmasse einnimmt. Die Gelporen sind unter Normalbedingungen stets mit Porenlösung gefüllt. Dieses Porenwasser ist durch Adhäsion physikalisch gebunden. Sie sind praktisch undurchlässig für Gase. Ein Wassermolekül ist näherungsweise eine Kugel und hat einen Durchmesser von 0,3 nm. (Stark & Wicht, 2000)

Schrumpfporen (ca. 10 nm, teilweise auch 0,5 nm bis 30 nm) entstehen durch die Volumenkontraktion während der Hydratation. Dabei wird freies Wasser in das Kristallgitter eingebaut und chemisch gebunden. Dadurch verringert sich das Volumen. Oft werden Gel- und Schrumpfporen als Gelporosität zusammengefasst. (Stark & Wicht, 2000)

Kapillarporen: 30 nm bis 100 µm

Kapillarporen entstehen durch überschüssiges Wasser im Zementleim, das weder chemisch noch physikalisch gebunden werden kann. Die Kapillarporen sind unregelmäßig geformte Hohlräume, die primär für die Transportvorgänge von Flüssigwasser zuständig sind. Bei vollständiger Hydratation (w/z-Wert von 0,36 bis 0,38) sollten praktisch keine Kapillarporen vorliegen. Bis zu einem Anteil von 25 Vol.-% sind die Kapillarporen nicht untereinander verbunden. Damit ist der Wassertransport stark reduziert. (Stark & Wicht, 2000)

Luftporen: 1 µm bis 1 mm

Luftporen sind zum Teil mit bloßem Auge sichtbar und haben meist ein kugelförmiges Aussehen. Sie werden beim Anmachen des Zementleims eingeführt und können durch Verdichtung reduziert, aber nie restlos ausgetrieben werden. Diese Poren sind nötig, um den Frost-Tauwiderstand bzw. Frost-Tausalz-Widerstand zu erhöhen. Zudem sind sie zusammen mit den Verdichtungsporen für den Dampftransport und die Feuchtepufferung verantwortlich. Zur Erhöhung dieses Porenanteils können gezielt Luftporenbildner (LP-Mittel) eingebracht werden. Diese künstlichen Luftporen sollten im Bereich < 0,3 mm liegen (Stark & Wicht, 2000). Porenfraktionen mit Durchmessern > 0,05 mm nehmen am Feuchtetransport nur eingeschränkt teil. Von einer dichten, feinporigen Matrix umschlossen, beeinflussen die Poren primär den Dampftransport und die Feuchtepufferung (Plagge, Scheffler, & Grunewald, 2005).

Verdichtungsporen: > 1 mm

Verdichtungsporen sind unregelmäßig geformt. Sie entstehen durch eine unvollständige Verdichtung (Stark & Wicht, 2000).

2.6 Wirksame Speichermasse

Die wirksame Speichermasse beschreibt die Fähigkeit einer Baukonstruktion aus Baustoffen, instationär Energie aufzunehmen und wieder abzugeben. Im Falle der in dieser Arbeit untersuchten sommerlichen Überhitzung ist dabei die Periodendauer von einem Tag maßgebend.

Für Neubauten muss ein Nachweis nach DIN 4108-2:2013-02 für den sommerlichen Wärmeschutz erbracht werden. Sanierungen sind von der Nachweispflicht ausgenommen. Der Nachweis ist für mind. den Raum mit den höchsten Anforderungen an den sommerlichen Wärmeschutz zu führen. (Grunewald & Kahnt, 2019)

Nach DIN 4108-2:2013-02 erfolgt eine Einstufung in leichte, mittlere und schwere Bauart nach vorgegebenen Bauweisen. Die wirksame Speichermasse kann aber auch nach DIN EN ISO 13786:2018-04 bestimmt werden. Dieses Vorgehen ist genauer und wird unter Kapitel 2.6.2 beschrieben. Dennoch ist dies ein vereinfachtes Verfahren. Eine exakte wirksame Speicherfähigkeit kann nur mit einer instationären Simulation nachgewiesen werden.

2.6.1 Periodische Eindringtiefe der Wärmewelle

Berechnungsformel periodischen Eindringtiefe einer Wärmewelle in einen Stoff nach DIN EN ISO 13786:2018-04

$$\delta = \sqrt{\frac{\lambda \cdot t_{\text{Periode,T}}}{\pi \cdot \rho \cdot c_{\text{p}}}} \tag{2.1}$$

δ	periodische Eindringtiefe einer Wärmewelle in einen Baustoff in m
λ	Wärmeleitfähigkeit in W/(m·K)
$t_{\text{Periode,T}}$	Periodendauer der Temperaturschwankungen in s Praktische Periodendauern: - 1 Tag: 86 400 s zur Untersuchung periodischer Tag-/Nachtschwankungen - 1 Woche: 604 800 s zur Untersuchung periodischer Wochenschwankungen
ρ	Trockenrohdichte in kg/m³
c_{p}	spezifische Wärmekapazität bei konstantem Druck in J/(kg·K)

Beispiel Textilbetonwand 2.0 (Mischung siehe A.6)

1 Tag

$$\delta = \sqrt{\frac{0{,}745\,\frac{\text{W}}{\text{m}^2 \cdot \text{K}} \cdot 86400\ \text{s}}{\pi \cdot 1906\,\frac{\text{kg}}{\text{m}^3} \cdot 880\,\frac{\text{J}}{\text{kg} \cdot \text{K}}}} = 0{,}111\ \text{m} = 11{,}1\ \text{cm}$$

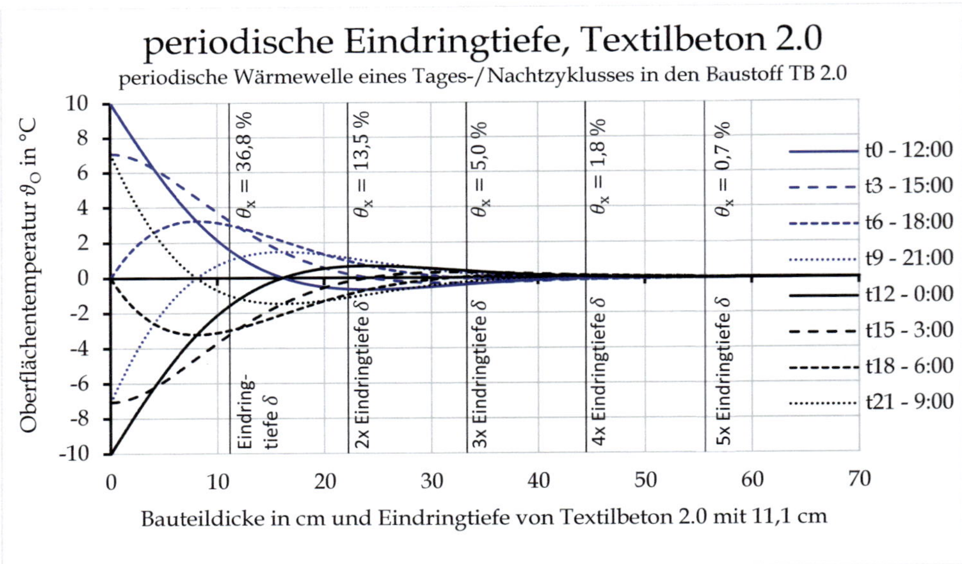

Abbildung 14: Periodische Eindringtiefe von Textilbeton 2.0 im Tages-/Nachtzyklus

In Abbildung 14 wird die periodische Eindringtiefe einer Wärmewelle im Tages-/Nachtzyklus in den Baustoff Textilbeton 2.0 auf der Abszisse dargestellt. Die Betonmischung Textilbeton 2.0 wird in dieser Arbeit häufig als Referenzbetonmischung für die Baukonstruktionen herangezogen. Sie ist unter A.6 im Anhang beschrieben. Die periodische Temperaturschwankung über 20 K auf der Ordinate innerhalb von 24 h hat dabei nur eine exemplarische Bedeutung. Dargestellt sind acht periodisch in den Baustoff eindringende Wärmewellen jeweils in einem zeitlichen Abstand von 3 h. Beginnend beim Zeitpunkt „t0 – 12:00", was bedeutet, dass 0 h vergangen sind und die Tageszeit 12:00 Uhr beträgt (siehe blaue Volllinie). Danach sinkt die Temperatur bis zum Zeitpunkt „t12 – 0.00" ab, also 12 h später zur Tageszeit 0.00 (schwarze Volllinie). Auf diesem Weg dringt die Wärmewelle zeitverzögert in den Baustoff Textilbeton 2.0 ein. Dabei entstehen zeit- oder phasenversetzte Wärmewellen, die in den Baustoff eindringen. Ein Beispiel dafür ist die Wärmewelle „t6 – 18:00" (schmal gestrichelte blaue Linie). Hier beträgt zum angegebenen Zeitpunkt an der Oberfläche die Temperatur 0 °C, in einer Tiefe von 8 cm noch ca. 3,5 °C. An dieser Stelle kommt die Temperaturänderung, die vor 6 h begonnen hat, dann erst allmählich an. In größerer Tiefe ist die Veränderung kaum noch erkennbar.

Die Temperaturschwankung von 20 K ist von untergeordneter Bedeutung, da die Abnahme der Temperatur nach einfacher Eindringtiefe immer 36,8 % vom Ausgangswert der Oberflächentemperatur beträgt. Hier sind es 3,68 °C bei 11,1 cm, der einfachen Eindringtiefe. Bei der doppelten Eindringtiefe bei 22,2 cm beträgt die Temperatur 1,35 °C (13,5 % der Ausgangsoberflächentemperatur. von 10 °C). Bei der dreifachen Eindringtiefe 33,3 cm beträgt die Temperatur nur noch 0,5 °C (5 % der Ausgangsoberflächentemperatur). Die Temperaturabnahme beträgt für jedes Material immer 36,8 % in der Tiefe der einfachen Eindringtiefe. Dieser Zusammenhang wird in der Berechnung (siehe Gleichung 2.1) deutlich.

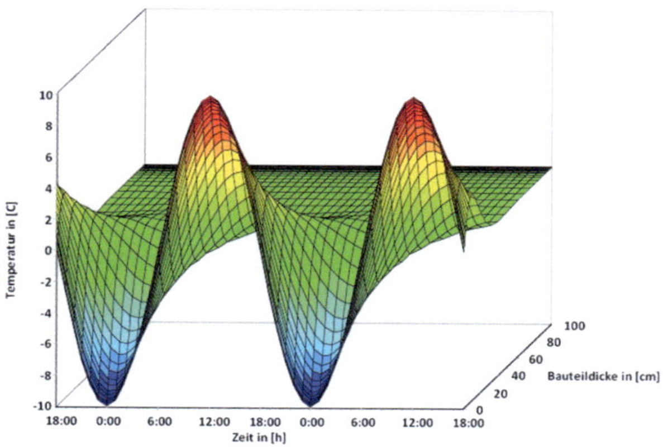

Abbildung 15: periodische Eindringtiefe von Textilbeton 2.0 im Tages-/Nachtzyklus

Abbildung 15 stellt den Zusammenhang der Eindringtiefe bei dem Baustoff Textilbeton 2.0 dreidimensional über einen Zeitraum von zwei Tagen (48 h) dar. Es ist gut erkennbar, dass ab einer größeren Tiefe keine instationären Temperaturänderungen mehr erkennbar sind. Ab einer vierfachen Eindringtiefe (44,4 cm) beträgt die Temperatur nur noch 0,18 °C (1,8 % der Ausgangsoberflächentemperatur). Diese Änderung ist im dreidimensionalen Wärmewellendiagramm kaum noch erkennbar.

Berechnungsformel Abnahme der Temperatur nach periodischer Eindringtiefe nach DIN EN ISO 13786:2018-04

$$\Delta T_{\mathrm{x}} = \Delta T_{\mathrm{O}} \cdot e^{-\frac{x}{\delta}} \qquad (2.2)$$

ΔT_{x}	resultierende Temperaturdifferenz an der Position x durch die Wärmewelle in K
ΔT_{O}	Temperaturdifferenz auf der Oberfläche (halbe Periode der Wärmewelle) in K
x	Tiefe im Baustoff in m
δ	periodische Eindringtiefe einer Wärmewelle in einen Baustoff in m

Beispiel Textilbetonwand 2.0

Einfache Eindringtiefe

$$\Delta T_{\mathrm{x}} = 10\ \mathrm{K} \cdot e^{-\frac{0{,}111\ \mathrm{m}}{0{,}111\ \mathrm{m}}}$$

$$\Delta T_{\mathrm{x}} = 3{,}68\ \mathrm{K}$$

Nach einer einfachen periodischen Eindringtiefe resultiert eine Temperatur, die genau 36,8 % des periodischen Hochpunktes entspricht (siehe Abbildung 14 – Position 11,1 cm und 3,68 °C).

Zweifache Eindringtiefe

$$\Delta T_{\mathrm{x}} = 10\ \mathrm{K} \cdot e^{-\frac{0{,}222\ \mathrm{m}}{0{,}111\ \mathrm{m}}}$$

$$\Delta T_{\mathrm{x}} = 1{,}35\ \mathrm{K}$$

Nach einer doppelten periodischen Eindringtiefe resultiert eine Temperatur, die genau 13,5 % des periodischen Hochpunktes entspricht (siehe Abbildung 14 – Position 22,2 cm und 1,35 °C).

Dreifache Eindringtiefe

$$\Delta T_x = 10\ \mathrm{K} \cdot e^{-\frac{0,333\ \mathrm{m}}{0,111\ \mathrm{m}}}$$

$$\Delta T_x = 0,5\ \mathrm{K}$$

Nach einer dreifachen periodischen Eindringtiefe resultiert eine Temperatur, die genau 5 % des periodischen Hochpunktes entspricht (siehe Abbildung 14 – Position 33,3 cm und 0,5 °C). Tiefere Bereiche können daher als unveränderlich von der Oberflächentemperatur angenommen werden.

1 Woche

$$\delta = \sqrt{\frac{0,745\ \frac{\mathrm{W}}{\mathrm{m^2 \cdot K}} \cdot 604800\ \mathrm{s}}{\pi \cdot 1906\ \frac{\mathrm{kg}}{\mathrm{m^3}} \cdot 880\ \frac{\mathrm{J}}{\mathrm{kg \cdot K}}}} = 0,292\ \mathrm{m} = 29,2\ \mathrm{cm}$$

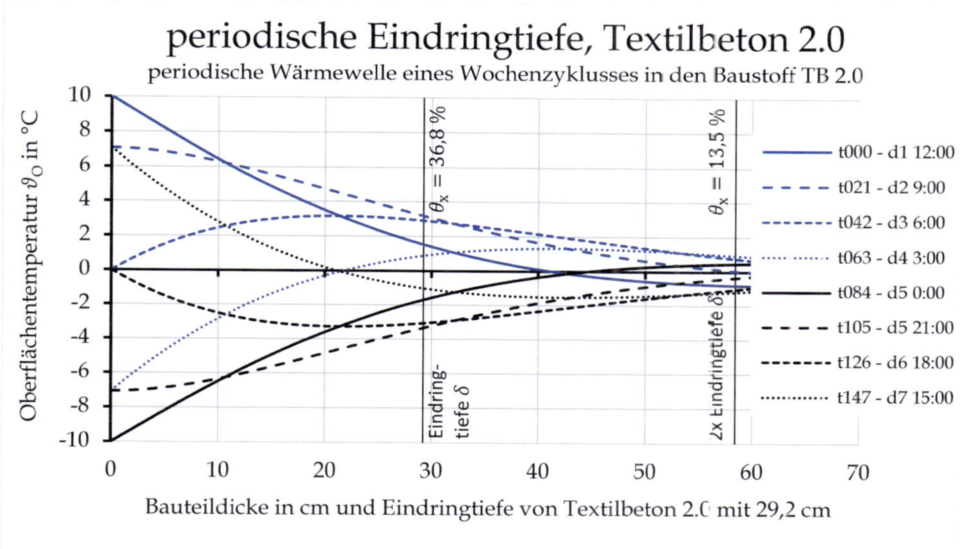

Abbildung 16: periodische Eindringtiefe von Textilbeton 2.0 im Wochenzyklus

In Abbildung 16 wird die periodische Eindringtiefe einer Wärmewelle im Wochenzyklus in den Baustoff Textilbeton 2.0 auf der Abszisse dargestellt. Dabei gibt es die 20 K umfassende periodische Temperaturänderung nicht innerhalb von 24 h, sondern innerhalb von 168 h, also einer Woche.

Im Vergleich zur Abbildung 14 (24 h Tages-/Nachtzyklus) erhöht sich die periodische Eindringtiefe von Textilbeton 2.0 auf 29,2 cm. Dies liegt an der längeren

Zeitspanne, in der sich die Wärmewellen in dem hier „halbunendlich“ dargestellten Baustoff ausbreiten können. Im stationären Zustand (ohne zeitliche Temperaturänderungen an der Oberfläche) wäre keine Exponentialfunktion sichtbar, sondern eine ausgeglichene gerade Linie z. B. bei 10 °C. Der charakteristische periodische Verlauf stellt sich nur durch die definierte zeitliche Temperaturänderung an der Oberfläche ein.

Es wird deutlich, dass bei einem ansteigenden Zyklus wie z. B. eine Woche die periodische Eindringtiefe einer Wärmewelle zunimmt und damit die Temperaturen in größeren Tiefen gespeichert werden. Dickere Baukonstruktionen können dann z. B. einer Überhitzung etwa von Westräumen in den Spätsommertagen entgegenwirken, indem sie die kühleren Temperaturen aus der Vorwoche in tieferen Bauteilschichten zwischenspeichern.

Beispiel Gipskartonwand

1 Tag

$$\delta = \sqrt{\frac{0{,}177 \, \frac{\mathrm{W}}{\mathrm{m^2 \cdot K}} \cdot 86400 \, \mathrm{s}}{\pi \cdot 745 \, \frac{\mathrm{kg}}{\mathrm{m^3}} \cdot 1826 \, \frac{\mathrm{J}}{\mathrm{kg \cdot K}}}} = 0{,}06 \, \mathrm{m} = 6 \, \mathrm{cm}$$

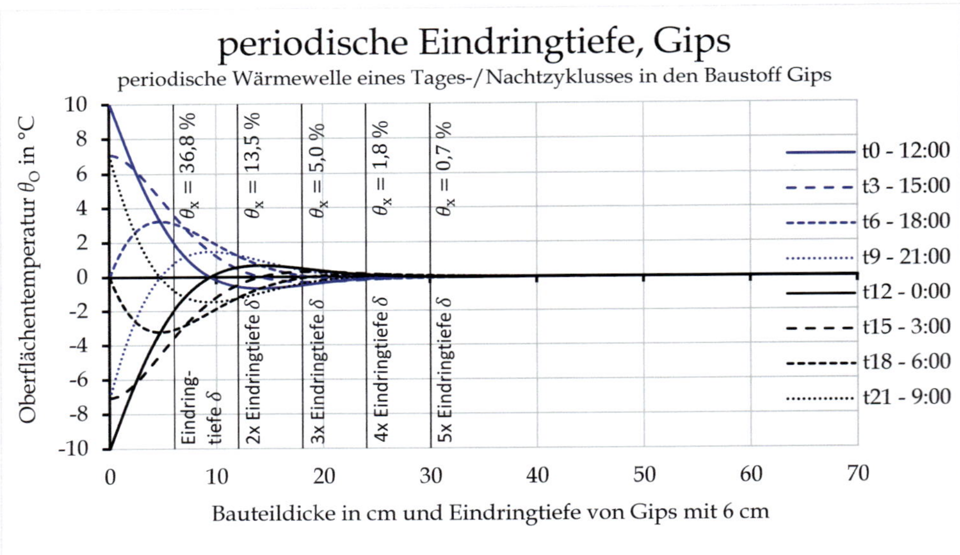

Abbildung 17: periodische Eindringtiefe von Gips im Tages-/Nachtzyklus

In Abbildung 17 wird die periodische Eindringtiefe einer Wärmewelle im Tages-/Nachtzyklus in den Baustoff Textilbeton 2.0 auf der Abszisse dargestellt. Die periodische Temperaturschwankung über 20 K auf der Ordinate innerhalb von 24 h hat dabei nur eine exemplarische Bedeutung.

Im Gegensatz zum Textilbeton 2.0 beträgt die periodische Eindringtiefe von Gips nur 6 cm im Tages-/Nachtzyklus anstelle 11,1 cm wie beim Textilbeton 2.0. Aus diesem Grund kann sich die Wärmewelle im Baustoff auch nicht so gut ausbreiten. Im Vergleich zum Textilbeton 2.0 kann dadurch die volumetrische Wärmespeichermasse (Addition aus Dichte und spezifischer Wärmekapazität) nicht in dem Maß ausgenutzt werden, wie es beim Textilbeton möglich ist.

1 Woche

$$\delta = \sqrt{\frac{0{,}177\ \frac{\mathrm{W}}{\mathrm{m}^2 \cdot \mathrm{K}} \cdot 604800\ \mathrm{s}}{\pi \cdot 745\ \frac{\mathrm{kg}}{\mathrm{m}^3} \cdot 1826 \frac{\mathrm{J}}{\mathrm{kg} \cdot \mathrm{K}}}} = 0{,}158\ \mathrm{m} = 15{,}8\ \mathrm{cm}$$

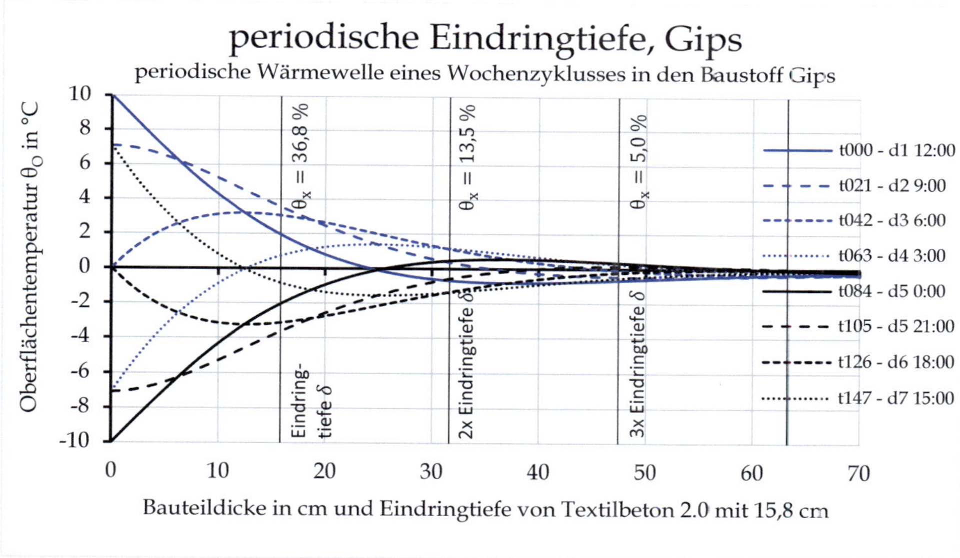

Abbildung 18: periodische Eindringtiefe von Textilbeton 2.0 im Wochenzyklus

In Abbildung 18 wird die periodische Eindringtiefe einer Wärmewelle im Wochenzyklus in den Baustoff Textilbeton 2.0 auf der Abszisse gezeigt. Dabei gibt es die 20 K umfassende periodische Temperaturänderung nicht innerhalb von 24 h, sondern innerhalb von 168 h, also einer Woche.

Im Vergleich zur Abbildung 17 (24 h Zyklus) dringen die periodischen Wärmewellen tiefer in den Baustoff Gips ein. Dies hat nur Auswirkungen bei sehr dicken Gipsbauteilen, die durch tiefere Temperaturen aus der Vorwoche die Tages-/Nachschwankungen aus dem hinteren Wandbereich abpuffern, also im Sommer aus dem hinteren Wandquerschnitt passiv kühlen.

2.6.2 Flächenbezogene Wärmekapazität (vereinfacht)

Es handelt sich dabei um eine vereinfachte Berechnung nach Anhang C der DIN EN ISO 13786:2018-04.

Kleine Schichtdicken

Besitzt eine homogene, erste Bauteilschicht eine Dicke, die kleiner als die halbe periodische Eindringtiefe ist und die direkt vor einer Wärmedämmung liegt, so kann die flächenbezogene Wärmekapazität nach Gleichung 2.3 berechnet werden.

Berechnungsformel flächenbezogene Wärmekapazität kleiner Bauteildicken nach DIN EN ISO 13786:2018-04

$$\kappa = d \cdot \rho \cdot c_{\mathrm{p}} \tag{2.3}$$

κ	flächenbezogene Wärmekapazität in J/(m²·K)
d	Dicke der Baustoffschicht in m
ρ	Trockenrohdichte des Baustoffes in kg/m³
c_{p}	spezifische Wärmekapazität des Baustoffes in J/(kg·K)

Große Schichtdicken

Besitzt eine homogene, erste Bauteilschicht eine Dicke, die größer als die doppelte periodische Eindringtiefe ist, so kann die flächenbezogene Wärmekapazität nach Gleichung 2.4 berechnet werden.

Berechnungsformel flächenbezogene Wärmekapazität großer Bauteildicken nach DIN EN ISO 13786:2018-04

$$\kappa = \frac{\delta \cdot \rho \cdot c_{\mathrm{p}}}{\sqrt{2}} \tag{2.4}$$

κ	flächenbezogene Wärmekapazität in J/(m²·K)
δ	periodische Eindringtiefe einer Wärmewelle in einen Baustoff in m
ρ	Trockenrohdichte des Baustoffes in kg/m³
c_{p}	spezifische Wärmekapazität des Baustoffes in J/(kg·K)

Normale Schichtdicken

Besitzt eine homogene, erste Bauteilschicht eine Dicke, die größer als die halbe und kleiner als die doppelte periodische Eindringtiefe ist, so kann die flächenbezogene Wärmekapazität nach Gleichung 2.5 berechnet werden.

Berechnungsformel flächenbezogene Wärmekapazität normaler Bauteildicken nach DIN EN ISO 13786:2018-04

$$\kappa = d \cdot \rho \cdot c_\mathrm{p} \; mit \; d = d_\mathrm{T} \tag{2.5}$$

κ	flächenbezogene Wärmekapazität in J/(m²·K)
d	Dicke der Baustoffschicht in m
ρ	Trockenrohdichte des Baustoffes in kg/m³
c_p	spezifische Wärmekapazität des Baustoffes in J/(kg·K)

Die wirksame Dicke (d_T) ist dabei der kleinste der folgenden Werte:

a) die Hälfte der Gesamtdicke des Bauteils

b) die Dicke von Stoffen zwischen der betrachteten Oberfläche und der ersten Wärmedämmschicht

c) die berechnete Dicke, die von der Periodendauer der Schwankungen und den thermischen Eigenschaften der an der betreffenden Oberfläche angrenzenden Schicht

$$d_\mathrm{T} = \sqrt{\frac{1}{2}} \cdot \delta \tag{2.6}$$

δ	periodische Eindringtiefe einer Wärmewelle in einen Baustoff in m
d_T	wirksame Dicke in m

Beispiel Gipskartonwand

Für die Gipskartonwand kann das Berechnungsverfahren für kleine Schichtdicken gewählt werden, da die periodische Eindringtiefe für die Gipsplatten 6 cm beträgt (Tag/Nacht-Untersuchung; siehe Kapitel 3.4 Wärmeeindringkoeffizient) und damit die doppelte Beplankung mit 2,5 cm unter der halben periodischen Eindringtiefe liegt. Es wird noch Gleichung 2.3 gerechnet.

Wirksame Wärmekapazität Bauteil

$$\kappa = 0{,}025\ \mathrm{m} \cdot 1826\ \frac{\mathrm{J}}{\mathrm{kg} \cdot \mathrm{K}} \cdot 745\ \frac{\mathrm{kg}}{\mathrm{m}^3}$$

$$\kappa = 34009{,}25\ \frac{\mathrm{J}}{\mathrm{m}^2 \cdot \mathrm{K}} = 9{,}45 \frac{\mathrm{Wh}}{\mathrm{m}^2 \cdot \mathrm{K}}$$

Folgende Wärmemenge wäre für einen Temperaturanstieg von 5 K notwendig:

$$Q_O = \kappa \cdot T \tag{2.7}$$

$$Q_O = 9{,}45\ \frac{\mathrm{Wh}}{\mathrm{m}^2 \cdot \mathrm{K}} \cdot 5\ \mathrm{K}$$

$$Q_O = 47{,}25\ \frac{\mathrm{Wh}}{\mathrm{m}^2}$$

Q_O Wärmemenge die vom Bauteil aufgenommen/abgegeben wird in J/m² oder Wh/m²

κ flächenbezogene Wärmekapazität in J/(m²·K) oder Wh/(m²·K)

ΔT Temperaturanstieg in K

Vereinfachend kann bei diesem dünnen Bauteil die gesamte Dicke von 2,5 cm der Gipskartonplatten angerechnet werden, auch wenn der überschlagene Berechnungswert nicht genau auf dem hygrothermisch simulierten Wert von 57,55 Wh/m² liegt.

Wirksame Wärmekapazität Raum/Gebäude

In Anlehnung an die DIN 4108-2:2013-02 kann ein Raum- oder Gebäudevolumen wie folgt eingestuft werden:

- leichte Bauart liegt vor, wenn: κ/A_G < 50 Wh/(m²·K)
- mittlere Bauart liegt vor, wenn: 50 Wh/(m²·K) ≤ κ/A_G ≤ Wh/(m²·K)
- schwere Bauart liegt vor, wenn: κ/A_G > 130 Wh/(m²·K)

$$\kappa_T = \sum_i \kappa_i \cdot A_i \tag{2.8}$$

κ_T wirksame Wärmekapazität in J/(m²·K) oder Wh/(m²·K)

κ flächenbezogene Wärmekapazität in J/(m²·K) oder Wh/(m²·K)

A_G Nettogrundfläche in m²

Beispiel: Alle Umfassungsflächen haben den gleichen Wertstoff (Gipskartonplatten) und die Fenster- und Türflächen bleiben unberücksichtigt.

$$\kappa_T = \kappa \cdot (A_{G,\text{Wände}} + A_{G,\text{Decke}} + A_{G,\text{Boden}})$$

$$\kappa_T = 9{,}45 \frac{\text{Wh}}{\text{m}^2 \cdot \text{K}} \cdot (43{,}21 \text{ m}^2 + 21{,}62 \text{ m}^2 + 21{,}62 \text{ m}^2)$$

$$\kappa_T = 816{,}95 \frac{\text{Wh}}{\text{K}}$$

$$\frac{\kappa_T}{A_G} = \frac{816{,}95 \frac{\text{Wh}}{\text{K}}}{21{,}62 \text{ m}^2} = 37{,}79 \frac{\text{Wh}}{\text{m}^2 \cdot \text{K}}$$

$$37{,}79 \frac{\text{Wh}}{\text{m}^2 \cdot \text{K}} < 50 \frac{\text{Wh}}{\text{m}^2 \cdot \text{K}}$$

Damit ist der Modellraum mit der Referenzkonstruktion aus Gipskarton als leichte Bauart zu bezeichnen und z. B. beim sommerlichen Wärmeschutz entsprechend anzusetzen.

2.7 Dauerhaftigkeit

Die Dauerhaftigkeit einer Baukonstruktion beschreibt die Eigenschaft des Gefüges eines Baustoffes, schädigungsfrei Frost-Tau-Wechselzyklen zu überstehen. In dieser Arbeit wird dabei das Augenmerk auf die Porenstruktur und deren Optimierung gelegt.

2.7.1 Gefrierpunkterniedrigung

Unter Normaldruck auf Meereshöhe gefriert makroskopisches Wasser bei 0 °C. Bei dieser Temperatur schmelzen die makroskopischen Eiskristalle. Bei 0 °C ist die freie Reaktionsenthalpie von Wasser und Eis identisch (Gleichgewichtstemperatur). Beide Phasen können damit nebeneinander existieren. Unterhalb von 0 °C weist Eis eine kleinere Reaktionsenthalpie auf und stellt damit die stabilere Phase dar. Oberhalb von 0 °C ist dies für Wasser der Fall.

Zur Verringerung der Gleichgewichtstemperatur und somit der Gefrierpunkterniedrigung kann führen:

- Wirkung von Oberflächenkräften in den Poren (in kapillarporösen Baustoffen immer vorhanden)
- gelöste Stoffe in der Porenflüssigkeit (z. B. Salze)
- hohe Drücke in der Porenflüssigkeit (z. B. drückendes Wasser)

Die Unterschreitung der Gleichgewichtstemperatur (Gefrierpunkterniedrigung) ohne Eisbildung wird Unterkühlung genannt.

Im mitteleuropäischen Klima führen diese Faktoren dazu, dass bei -20 °C max. 30 Vol.-% des Porenwassers gefroren sind. (Stark & Wicht, 2013)

Gefrierpunkterniedrigung durch Oberflächenkräfte

Die Zementsteinmatrix beeinflusst durch ihre große innere Oberfläche (ca. 200 m^2/g) die Porenflüssigkeit, auch Porenlösung genannt, maßgeblich. Dort, wo der Porenradius sehr klein wird, herrschen hohe Oberflächenkräfte vor, die in der Folge das chemische Potential der Porenwasser beeinflussen und eine Gefrierpunkterniedrigung erzeugen. In kleinen Poren steigt das Oberfläche/Volumen-Verhältnis stark an und damit die auf das Porenwasser einwirkenden Oberflächenkräfte. Über einem hydraulischen Porenradius von 100 nm wird das Porenwasser kaum noch von den Oberflächenkräften beeinflusst (siehe Abbildung 19, Abszisse: 1E-7). (Stark & Wicht, 2013)

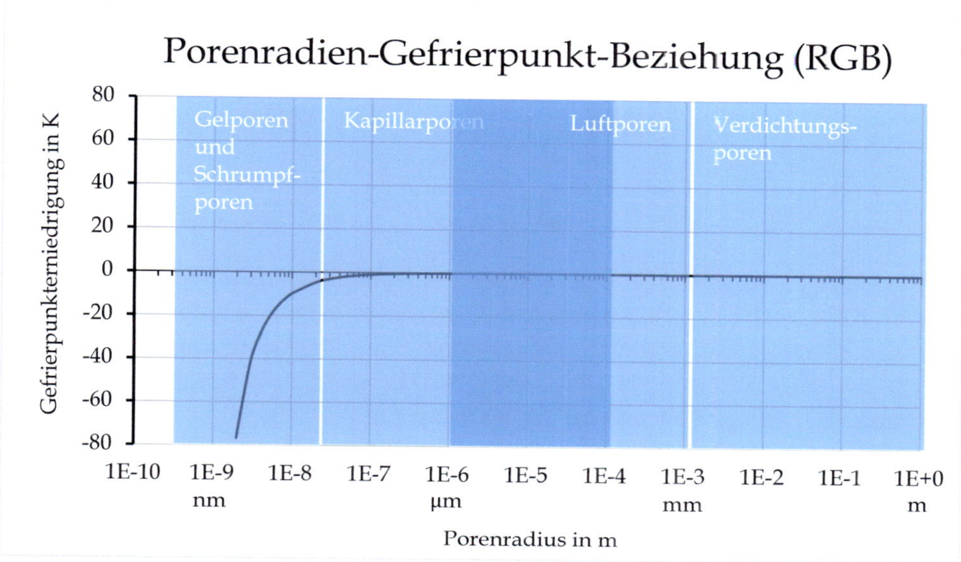

Abbildung 19: Gefrierpunkterniedrigung in Abhängigkeit zum Porenradius nach (Stockhausen, 1981)

Abgebildet ist die Gefrierpunkterniedrigung in Abhängigkeit von den Oberflächenkräften in den Poren nach Stockhausen (1981). Damit kann jedem Porenradius eine Gefrierpunkterniedrigung zugeordnet werden.

Für hydraulische Poren gilt demnach:

$$r_{\mathrm{h}} = \frac{A}{b} \tag{2.9}$$

r_{h}	hydraulischer Porenradius in m
A	Porenquerschnittsfläche in m^2
b	begrenzende Randlinie der Porenquerschnittsfläche in m

Die Porenradien-Gefrierpunkt-Beziehung (RGB) berechnet sich nach Stockhausen (1981) wie folgt:

$$r_{\mathrm{h}} = \frac{0{,}33}{\ln\left(\frac{T_0}{T}\right)} + 1 \tag{2.10}$$

T_0	Gefriertemperatur des Wassers über freiem Wasserspiegel in K = 273,15 K (0 °C)
T	Gefriertemperatur des Wassers in der Pore mit dem Radius (r_{h}) in K

Umgestellt für die Darstellung in Abbildung 19:

$$T = \frac{T_0}{e^{\frac{0{,}33}{r_h - 1}}} \tag{2.11}$$

Gefrierpunkterniedrigung durch gelöste Stoffe in der Porenflüssigkeit

Durch die Auflösung von Stoffen in Wasser entstehen dissoziierte Ionen mit einer Wasserhülle, auch Solvathülle genannt. Diese Ionen verringern den Dampfdruck über der Flüssigkeitsoberfläche, was zu einer Siedepunkterhöhung und einer Gefrierpunkterniedrigung führt. Die Gefrierpunkterniedrigung hängt von der Konzentration des gelösten Stoffes im Porenwasser ab.

Normale Porenlösung im Beton oder anderen Baustoffen mit mineralischer Matrix beinhaltet eine Reihe gelöster Stoffe wie z. B. Alkalien, Erdalkalien oder Sulfate. Daher liegt der Gefrierpunkt bereits ohne zusätzlichen Eintrag von Taumitteln unterhalb von 0 °C.

Bei Wasser sinkt der Gefrierpunkt um 1,86 K, sobald 1 mol Teilchen (unabhängig von welchem Stoff) in einem kg Wasser gelöst werden. Die für Wasser charakteristische Konstante wird kryoskopische Konstante genannt.

Salze dissoziieren in wässrigen Lösungen, d. h., sie zerfallen. Kochsalz (NaCl) zerfällt z. B. in Na^+- und Cl^--Ionen. Damit ist die Gefriertemperaturerniedrigung doppelt so hoch wie erwartet. Daher kommt bei Kochsalz der Dissoziationsgrad von 2 hinzu.

Werden 33 g NaCl mit 100 g Wasser vermischt, entsteht eine gesättigte Lösung. Diese wird auch eutektisches Gemisch bezeichnet. An diesem Punkt beträgt die Gefriertemperaturerniedrigung ca. -21 °C. Bei höheren Konzentrationen in der übersättigten Lösung steigt die Gefrierpunktserniedrigung wieder an.

Die Gefrierpunkterniedrigung berechnet sich aus:

$$\Delta T = E \cdot \frac{m_2 \cdot 1000 \cdot z}{M_2 \cdot m_1} \tag{2.12}$$

ΔT	Gefrierpunkterniedrigung in K	
E	kryoskopische Konstante in K·kg/mol	z. B. Wasser = -1,86 K·kg/mol
m_2	Masse des gelösten Stoffes in g	z. B. NaCl
z	Dissoziationsgrad des gelösten Stoffes [-]	z. B. NaCl od. $CaCl_2$ = 2 [-]
M_2	molare Masse des gelösten Stoffes in g	z. B. NaCl = 58,5 g/mol
m_1	Masse des Lösungsmittels in g	z. B. Wasser

Beispiel

Beginn des Gefriervorgangs bei einer 5 % NaCl-Lösung.

$$\Delta T = -1{,}86\ \mathrm{K} \cdot \mathrm{kg/mol} \cdot \frac{5\ \mathrm{g} \cdot 1000 \cdot 2}{58{,}5\ \mathrm{g/mol} \cdot 95\ \mathrm{g}}$$

$$\Delta T = -3{,}35\ \mathrm{K}$$

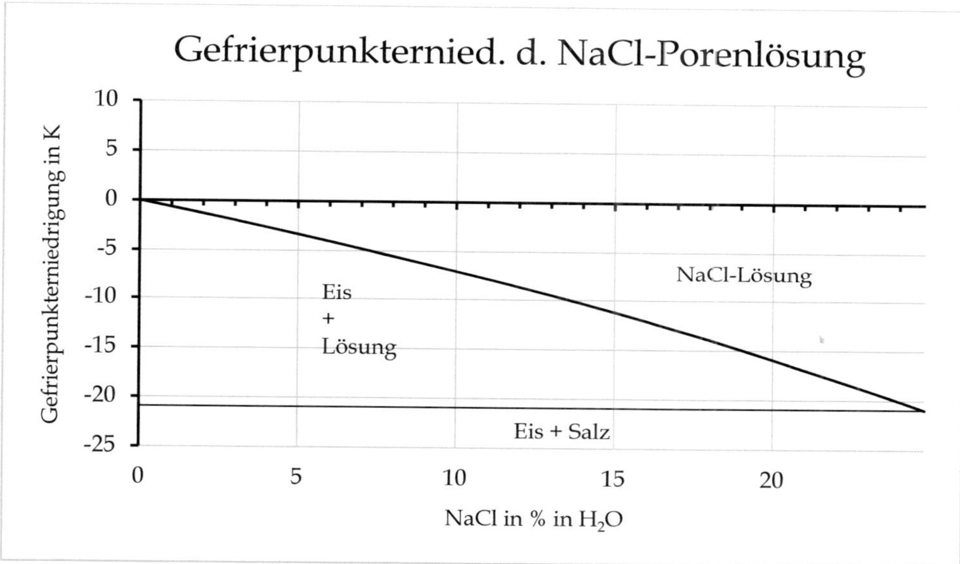

Abbildung 20: Gefrierpunkterniedrigung durch NaCl nach Stockhausen (1981)

Gefrierpunkterniedrigung durch hohe Drücke

Eine Gefrierpunktserniedrigung durch hohe Drücke kann für mikroporöse Baustoffe vernachlässigt werden, da erhebliche Drücke dafür nötig wären. Das Baustoffgefüge würde bei hohen Drücken nicht standhalten, Risse bilden und dadurch den Druck schnell abbauen. (Stark & Wicht, 2013)

2.7.2 Einflussgrößen

Die Schädigungsmechanismen durch den Frost-Tau- und Frost-Tausalz-Wechsel sind komplex und können nicht nur auf die Volumenausdehnung von Eis reduziert werden. Die wichtigsten Einflussgrößen sind in Tabelle 9 dargestellt.

Tabelle 9: Einflussgrößen auf den Frost- und Frost-Tausalz-Widerstand (Stark & Wicht, 2013)

Betonzusammensetzung	**Technologische Einflüsse**	**Äußere Einflüsse**
w/z-Wert, Kapillarporen	Nachbehandlung	Feuchtigkeitsangebot
Zuschlag	Verdichtung & Transport	Temperaturverhältnisse
Zusatzmittel, LP-Bildner	Oberflächenschutzmaßnahmen	Taumittel
Zement		

2.7.2.1 Betonzusammensetzung

w/z-Wert und Kapillarporen

Der Frost-Tau- und der Frost-Tausalz-Wechsel hängen sehr stark mit dem Kapillarporensystem zusammen. Es werden ca. 25 Vol.-% des Anmachwassers chemisch und ca. 15 Vol.-% physikalisch gebunden. Daraus ergibt sich ein w/z-Wert von 0,4, der für die Hydratation erforderlich ist. Durch die Forderung nach guter Verarbeitbarkeit des Betons werden häufig die w/z-Werte erhöht (> 0,4). Dies führt dazu, dass die Anmachwassermenge, die weder chemisch noch physikalisch gebunden wird, aus der Frischbetonmatrix verdunstet. Dabei werden Kapillarporen gebildet. (Stark & Wicht, 2013)

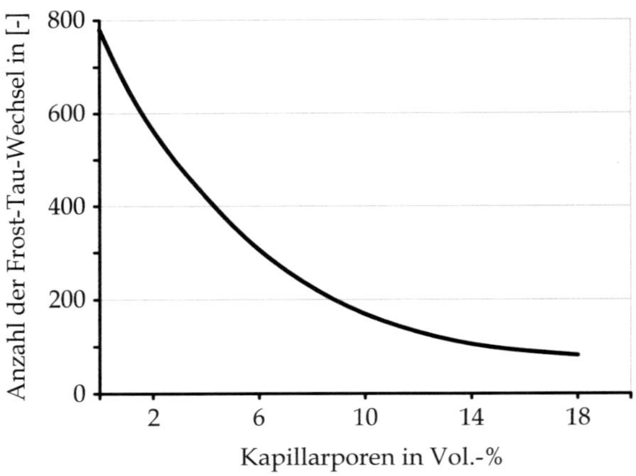

In Abbildung 21 ist der Zusammenhang zwischen Kapillarporenanteil in Vol.-% sowie der Anzahl der Frost-Tau-Wechsel erkennbar. Der dargestellte Graph definiert dabei die Anzahl der Frost-Tau-Wechsel bis zum 50 %-igen Abfall des dynamischen E-Moduls (Stark & Wicht, 2000).

Abbildung 21: Zusammenhang zwischen Frostwiderstand und der Kapillarporosität (Stark & Wicht, 2013)

Im Porensystem gefriert Wasser ausschließlich in dem Porenanteil der Kapillarporen. Das gefrierende Wasser in den Kapillarporen bestimmt die Dauerhaftigkeit bei FTW/FTSW. Der Wassertransport (Flüssig- und Dampftransport) erfolgt primär über das Kapillarporensystem. Damit definiert dieser Porenanteil die Wasserdurchlässigkeit des Betons. Starker Wassertransport besteht, wenn die Kapillarporen untereinander verbunden sind, was bei einem Kapillarporenanteil von 25 Vol.-% der Fall ist. Dabei spricht man von Kontinuität (lückenloser Zusammenhang). Bis zu dem Kapillarporenanteil von 25 Vol.-% wird von einer Diskontinuität (räumliche Unterbrechungen) gesprochen. Um die 25 Vol.-%-Grenze zu unterschreiten und ein diskontinuierliches Gefüge herzustellen, muss der w/z-Wert < 0,6 bei vollständiger Hydratation liegen. Unter praxisnahen Bedingungen wird jedoch kaum eine 100-prozentige Hydratation erreicht. Bei Portlandzementen kann von einem Hydratationsgrad von 80 % bis 90 % ausgegangen werden. Aus diesem Grund sollte ein w/z-Wert von 0,5 möglichst nicht überschritten werden.

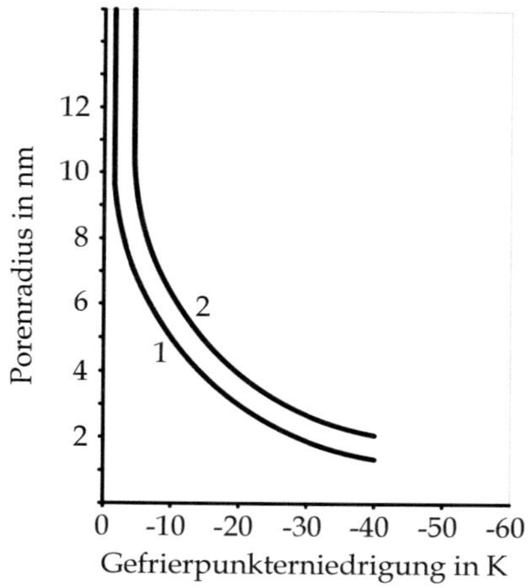

Abbildung 22: Radiusgefrierpunktbeziehung für Wasser in zylindrischen Poren, 1: nach Brun, 2: nach Stockhausen (Beddoe & Setzer, 1990)

Die Gefriertemperatur von Wasser zu Eis liegt unter atmosphärischen Bedingungen bei 0 °C. Durch hohe Drücke, gelöste Stoffe in der Porenlösung und die Wirkung von Oberflächenkräften kann diese Temperatur abgesenkt werden. Drücke können sich in der Zementmatrix gut entspannen. Eine Absenkung der Gefrierpunkttemperatur durch gelöste Stoffe kann durch eine Natriumchlorid- oder Calciumchloridlösung erfolgen. Diese Gefrierpunkterniedrigung kann nur bei z. B. Anwendungen mit Tausalzbelastung vorliegen. Verschiebungen des Gefrierpunktes durch Oberflächenkräfte, die durch den Porenradius definiert werden, liegen immer vor.

Abbildung 22 verdeutlicht diesen Zusammenhang von Porengröße und Gefrierpunkterniedrigung. Daran wird ersichtlich, dass der Bereich der Gelporen (< 10 nm) im mitteleuropäischen Klima durch die hohen Oberflächenkräfte äußerst selten gefriert und damit auch kaum einen Einfluss auf die Dauerhaftigkeit hat (Stark & Wicht, 2013).

Abschließend kann festgestellt werden, dass der Bereich der Gel- und Schrumpfporen im Jahresgang kaum Eiskristalle bildet und somit die Kapillarporen hauptverantwortlich für mögliche Frostschäden sind. Ziel muss es demnach sein, den Kapillarporenanteil zu reduzieren. Dies kann primär durch einen optimierten w/z-Wert, einen hohen Hydratationsgrad und einen geringen Zementanteil im Beton erreicht werden. Dies führt zu einer hohen Dauerhaftigkeit der Betonmartix.

Zuschlag

Zu sogenannten Popouts kann es durch frostempfindliche Zuschläge kommen, falls diese oberflächennah angeordnet sind und eine hohe Sättigung aufweisen (siehe Abbildung 23).

Meist übersteigt die Zugfestigkeit der Zuschläge die des Zementleims deutlich. Auch wenn es dadurch nicht zur Frostschädigung kommt, können Popouts auftreten. Dies liegt dann an der thermischen Dehnung der Zuschläge, die bei Temperaturänderung das Abheben der ersten Betonschicht verursachen.

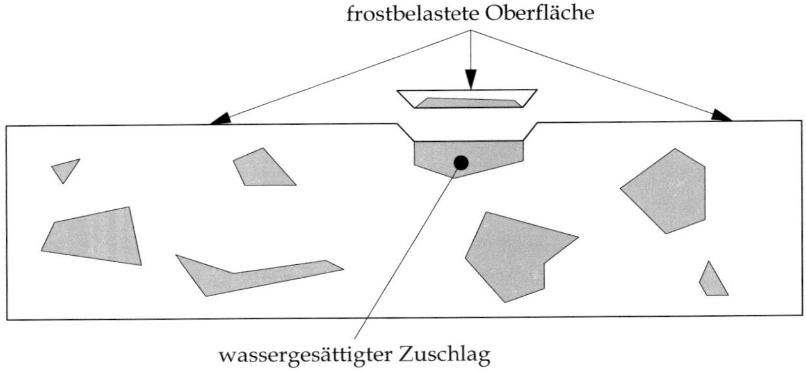

Abbildung 23: Lokale Abplatzung durch Popout (Stark & Wicht, 2013)

In diesem Zusammenhang gibt es auch noch das gefügezerstörende D-cracking. Dabei dringen an den geometrischen Kanten hohe Feuchtigkeitsmengen in das Bauteil ein und zerstören große Mengen des Zuschlages in Folge von Frost-Tau-Wechsel (siehe Abbildung 24). Dies ist ein Schaden, der häufig an Betonfahrbahndecken auftritt.

Folgende Faktoren sind bei Frost-Tau-Wechsel oder Frost-Tausalz-Wechsel-Schäden durch Zuschläge dominierend: Sättigungsgrad, Gesamtporosität, Porenvolumenverteilung, Festigkeit, Korngröße und die Zusammensetzung der mineralischen Matrix. Zuschläge mit hoher Gesamtporosität und geringen mittleren Porenradius sind besonders problematisch. Dieser Zusammenhang ist in Abbildung 25 dargestellt.

Hohe Festigkeiten von Gesteinen wirken sich sehr günstig auf die Frostbeständigkeit aus. Zuschläge aus Gesteinen mit einer Mindestdruckfestigkeit von 150 N/mm² haben in der Regel ausreichend Widerstand gegenüber Frost-Tau- und Frost-Tausalz-Angriff.

Ob die Zuschlagkorngröße Einfluss auf die Frostbeständigkeit hat, ist umstritten. Dort sollen sich größere hydraulische Drücke aufbauen als in kleineren Zuschlägen. Es konnte dagegen nachgewiesen werden, dass auch kleine Korngrößen mit geringer Frostbeständigkeit die Festigkeit nach FTW und FTSW stark herabsetzen kann.

Verunreinigungen am Zuschlag wie z. B. Glimmer, Tonmineralien, Feldspäte und dolomitische Bestandteile können die Frostbeständigkeit ebenfalls stark beeinflussen. (Stark & Wicht, 2013)

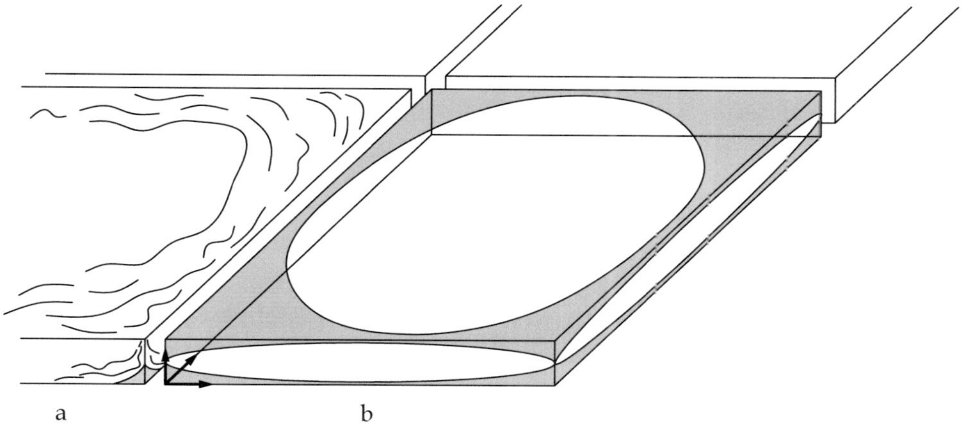

Abbildung 24: D-cracking - a) horizontale Risse im Plattenrand, b) Ausbreitungsrichtung von Plattenkannten (Stark & Wicht, 2013)

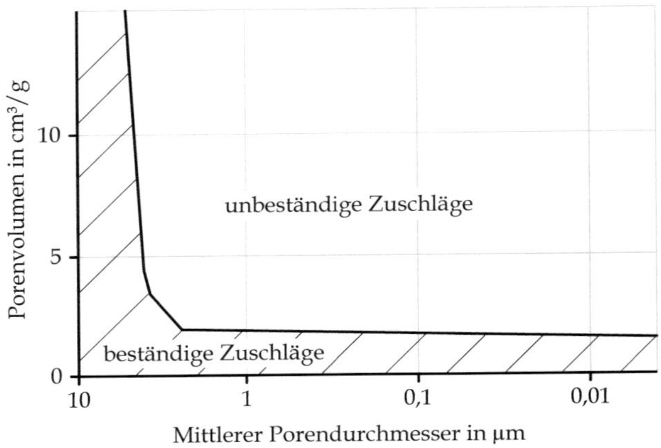

Abbildung 25: Frostwiderstand des Zuschlages in Abhängigkeit von Gesamtporosität und mittleren Porendurchmesser (Kaneuji, Winslow, & Dolch, 1980)

Künstliche Luftporen

Bereits 20 v. Chr. empfahl der römische Architekt Vitruv in seinen zehn Büchern zur Architektur die Verwendung von Öl zur Herstellung von frostgefährdeten Kalk-Estrichen. Dieses Öl wirkte als Luftporenbildner. Vor 200 Jahren wurden Ziegel in erster Linie danach beurteilt, wie sie dem Frostangriff standhielten.

Infolge der Dichteanomalie des Wassers dehnt sich dieses beim Phasenübergang zu Eis um ca. 9 % aus. Angrenzendes Wasser wird verdrängt. Steht kein Ausweichraum für dieses Wasser zur Verfügung (wasserfreie Poren, Oberfläche), entsteht ein Innendruck, der als hydraulischer Druck bezeichnet wird. Der Frostschaden tritt ein, wenn der hydraulische Druck die Zugfestigkeit des Betons überschreitet. Der hydraulische Druck definiert sich primär durch die Weglänge bis zum nächsten Ausdehnungsraum. Zudem hängt der hydraulische Druck von der verfügbaren Wassermenge und der Abkühlgeschwindigkeit beim Phasenübergang ab. Große Drücke entstehen bei einem ausgeprägten Kapillarporensystem, einer hohen Wassersättigung und einer hohen Abkühlungsgeschwindigkeit. Dies ist darauf zurückzuführen, dass die großen Porenräume als erstes gefrieren. Kommt es infolge weiterer Temperaturabsenkung zum Gefrieren der kleineren Poren, kann das freie Wasser nicht mehr verdrängt werden. Bei vollständiger Behinderung könnte so ein hydraulischer Druck von bis zu 200 N/mm² entstehen. In Realität sind die Drücke jedoch erheblich geringer, da die Eisbildung nie schlagartig eintritt, sondern immer in mehreren Temperaturstufen. Lokal kann es aber bei verschlossenen Kapillarporen zu hohen Drücken kommen. (Stark & Wicht, 2013)

Der hydraulische Druck und der kapillare Effekt sind die beiden wesentlichen Schadensursachen für Frostschäden im mikroskopischen Bereich.

Um diese Schadensursachen zu vermeiden, können künstliche Luftporen eingebracht werden. Diese Luftporen können zusätzlichen Ausdehnungsraum für verdrängtes Wasser bereitstellen (hydraulischer Druck) sowie Expansionsraum für aufwachsendes Eis bilden (kapillarer Effekt).

Bei dem Einsatz von LP-Bildner entstehen während des Mischens fein verteilte, kleine, kugelförmige Luftporen im Zementleim bzw. Mörtel. Durch den Einsatz der LP-Bildner wird auch die Verarbeitung verbessert. LP-Bildner bestehen meist aus organischen Verbindungen. Dabei gibt es eine hydrophile polare Gruppe, die die Oberflächenenergie das Wassers herabsetzt, d. h. verflüssigend wirkt, und eine hydrophobe unpolare Gruppe, die das Auseinanderdrängen der Wassermoleküle und damit die Bildung der Luftbläschen hervorruft (siehe Abbildung 26). Dabei ist der hydrophobe Teil der Luft und der hydrophile Teil dem Wasser zugewandt.

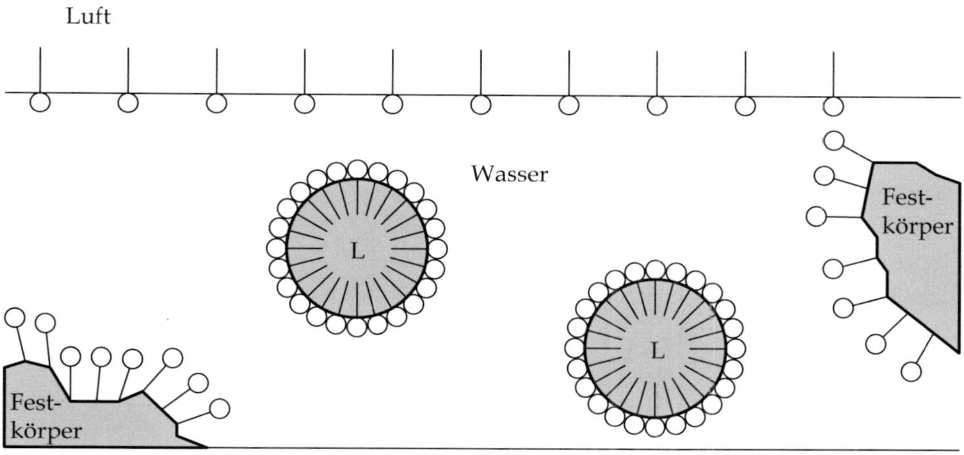

Abbildung 26: Schematische Darstellung der LP-Bildung (Stark & Wicht, 2013)

Die Druckfestigkeit der Betonmatrix fällt etwa um 1,5 bis 2 N/mm² je Prozent Luftporenbildner in der Matrix ab. Dies kann durch niedrigere w/z-Werte abgefangen werden, da der LP-Bildner verflüssigend wirkt.

Der LP-Bildner unterbricht das Netzwerk an Kapillarporen und bietet zusätzlichen Expansionsraum zum Abbau des hydraulischen Druckes. Dazu müssen notwendige Abstände eingehalten werden, da der Effekt sonst nicht durchgängig genutzt werden kann und die Matrix dennoch geschädigt würde.

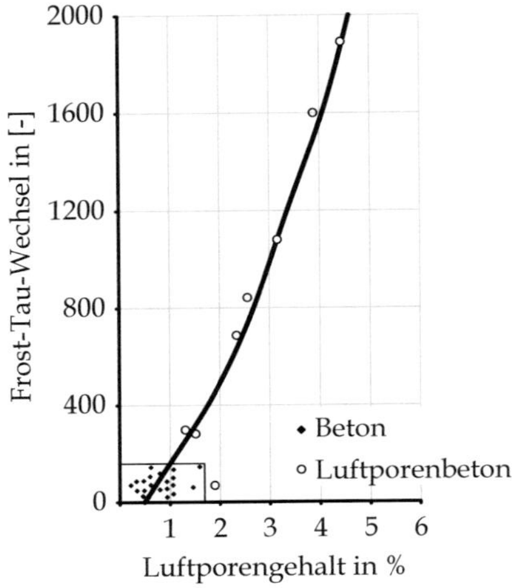

Abbildung 27: Betone mit unterschiedlichem Luftporengehalt bei 50 % resultierendem E-Modul (Verbeck & Klieger, 1957)

Um ein System mit LP-Bildner beurteilen zu können, wurden die Kriterien Gesamtluftporengehalt L, Mikroluftporengehalt L_{300} und der Abstandsfaktor AF eingeführt. Dabei ist der Gesamtluftporengehalt die Gesamtheit an vorhandenen Luftporen (1 µm bis 1 mm). Der Mikroluftporengehalt beschreibt Poren mit einem Radius bis 150 µm. Sie sind für einen hohen Frostwiderstand maßgebend. Der Abstandsfaktor kennzeichnet den Mittelwert eines Punktes im Zementstein bis zur nächsten Luftpore (siehe Abbildung 28). Im Rahmen der Zulassungsprüfung des LP-Bildners muss ein Nachweis über folgende Kriterien gegeben werden. Es muss ein Gesamtporenraum von 3,5 Vol.-% bis 4,0 Vol.-% vorliegen. Der Abstandsfaktor darf nur $\leq$ 0,2 mm und der Mikroluftporengehalt muss $\geq$ 1,5 Vol.-% sein. (Stark & Wicht, 2013)

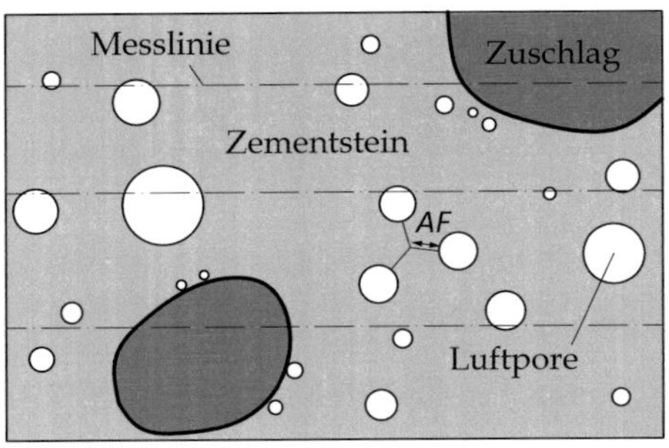

Abbildung 28: Betongefüge mit Luftporenbildner (Jungwirth, Beyer, & Grübl, 1986)

Zement

Durch den LP-Bildner verliert der Einfluss des Zements an Bedeuteung. (Stark & Wicht, 2013) Daher wird er auch in dieser Arbeit nicht betrachtet.

2.7.2.2 Technologische Einflüsse

Nachbehandlung

Die Nachbehandlung ist der wichtigste technologische Parameter, um den FTW und FTSW zu verbessern. Die Aufgabe besteht darin, das Voranschreiten der für die Hydratation erforderlichen Feuchtigkeitsgehaltes zur Verfügung zu stellen. Folgende Nachbehandlungsverfahren sind typisch: Belassen in der Schalung, Aufbringen wasserhaltender Abdeckungen (z. B. Folien), Aufbringen von Nachbehandlungsmitteln oder kontinuierliches Besprühen mit Wasser.

Werden diese Nachbehandlungsverfahren nicht angewandt, kommt es zum frühzeitigen Flüssigkeitsverlust. Damit kann nur noch ein geringer Hydratationsgrad erreicht werden, da Wasser als Reaktionspartner fehlt. Gerade bei hochfesten Betonen mit w/z-Werten unter 0,4 ist dies ein Problem. Es führt zum Festigkeitsverlust und zur Erhöhung der Porosität im oberflächennahen Bereich. Die dort vorliegenden Kapillarporen führen dann zur Verringerung der Dauerhaftigkeit. Bei Portlandzement ist eine kurze Nachbehandlungszeit nötig, wohingegen bei Hochofenzementen oder Flugaschezementen längere Nachbehandlungszeiträume einzuplanen sind. Ihre Hydratation dauert deutlich länger. Die Nachbehandlungszeiträume stehen auch in Abhängigkeit von klimatischen Bedingungen im Werk oder auf der Baustelle sowie der Betontemperatur. Werden alle Einflussgrößen berücksichtigt, kann die Nachbehandlungsdauer von einem Tag bis zu zehn Tagen variieren. (Stark & Wicht, 2013)

Verdichtung und Transport

Beide technologischen Einflüsse wirken sich auf die Luftporenbildung und Luftporenstabilität aus. Beton mit Luftporenbildnern kann einen Teil der Poren während der Verdichtung und des Transportes einbüßen, da diese entweichen können. Eine mangelhafte Verdichtung kann Kiesnester, Wassersäcke unter Grobzuschlägen oder Zementmörtelanreicherungen verursachen, die wiederum die Frostbeständigkeit verschlechtern. (Jungwirth et al., 1986)

Oberflächenschutzmaßnahmen

Diese Maßnahmen werden notwendig, wenn die bestehende Betonrezeptur nicht für die Ansprüche der Nutzung und für die vorliegen FTW-/FTSW-Anforderung ausgelegt ist. Dazu zählt z. B. ein zu hoher w/z-Wert oder das Fehlen künstlicher Luftporen. Es stehen Hydrophobierungen, Imprägnierungen und Beschichtungen zur Verfügung. Bei einigen Anwendungen wie z. B. Parkhausdecken wird bereits im Neubau eine Beschichtung aufgebracht, da hier erhöhte Anforderungen an das Eindringen von Tausalz oder anderen Stoffen besteht. (Stark & Wicht, 2013)

2.7.2.3 Äußere Einflüsse

Feuchtigkeitsangebot

Damit die Parameter zur Betonzusammensetzung und der technologischen Einflüsse zum Tragen kommen, muss die Gefahr für FTW/FTSW durch das Vorhandensein von Feuchte in Form von Flüssigwasser (wie Regen oder Tauwasser) oder hoher Luftfeuchtigkeit gegeben sein. Wird dabei die kritische Wassersättigung von 90 % der Betonmatix/mineralischen Matrix unterschritten, besteht meist keine Gefahr für Frostschäden. Oberhalb dieser kritischen Sättigung kann die Matrix bereits nach wenigen FTW/FTSW geschädigt werden. Diese hohe Sättigung ist mit einem ausgeprägten Kapillarporennetz verbunden. Hochfeste Betone können durch die erhöhten Zugfestigkeiten auch bei höheren Sättigungsgraden unbeschädigt bleiben. Sie erreichen die hohen Sättigungsgrade durch ein ausgeprägtes Gel- und Schrumpfporenvolumen. Das Feuchtigkeitsangebot ist der bestimmende äußere Einfluss für Frostschäden.

Temperaturverhältnisse

Das Bauteil muss klimatischen Bedingungen unter 0 °C ausgesetzt sein. Dies trifft für alle Außenbauteile im mitteleuropäischen Klima zu. Dabei sind die Einflüsse der Minimaltemperatur im Jahresgang, die Abkühlgeschwindigkeit und die Anzahl der FTW maßgebend.

Durch die Gefrierpunkterniedrigung sowie die bereits ohne Tausalze vorhandenen gelösten Stoffe wie z. B. Alkalien in der Porenflüssigkeit erfolgen die wesentlichen Gefriervorgänge im Kapillarwasser erst ab einer Temperatur unterhalb von -10 °C bis -20 °C. Schwankt die Minimaltemperatur, wirkt sich das sehr stark auf die Frostbeständigkeit aus. So konnte Stark & Wicht (2013) eine Verringerung der Abwitterungsmenge bei FTSW von 50 % bei einer Verringerung der minimalen Außentemperatur von -20 °C auf -15 °C feststellen. Oberhalb von -20 °C Minimaltemperatur (Außentemperatur) nahm die Abwitterungsmenge allerdings nur geringfügig zu. Bei Minimaltemperaturen unter -40 °C kommt es nochmal zu einer erheblichen Erhöhung der Abwitterungsmenge, da auch das Wasser der Gelporen gefriert. (Stark & Wicht, 2013)

Die Abkühlgeschwindigkeit spielt im mitteleuropäischen Klima eine untergeordnete Rolle, da die Änderungen in großen Zeitabständen erfolgen. In anderen Klimaregionen sieht das anders aus. Dieser Einflussfaktor kommt zum Tragen, wenn die Temperaturspannungen über den Querschnitt sehr groß sind oder die entlastende Wasserumverteilung im Querschnitt durch schnelles Gefrieren stark eingeschränkt werden. (Stark & Wicht, 2013) Sogar bei der Verwendung von Tausalzen, die geschwindigkeitsbeschleunigend wirken, konnte nur eine Temperaturänderung von ca. 1 K/min in der Matrix gemessen werden. (Wenger & Harnik, 1977)

In Deutschland treten in Betonplatten jährlich zwischen 25 und 90 FTW auf. Dies ist je nach Regionalklima unterschiedlich. Um die Beständigkeit von Betonbauteilen zu messen, sind die FTW/FTSW eine gute Größe, da sie simuliert oder im Labor beschleunigt durchlaufen werden können. Eine Voraussage über die Dauerhaftigkeit ist damit gut möglich.

Die Temperaturverhältnisse sind nach dem Feuchtigkeitsangebot beeinflussend für Frostschäden. Die Anzahl der FTW wird in dieser Arbeit als Faktor zur Bewertung der Konstruktionen herangezogen.

Taumittel

Taumittel verschärfen die Schäden durch Frost erheblich. Sie senken zwar den Gefrierpunkt der Porenlösung, verstärken jedoch die kapillare Steighöhe der Porenflüssigkeit, da sich der Randwinkel bzw. die Kräfte an der Porenwand verändert und damit die Sättigung der Matrix mit Porenflüssigkeit erhöht. Zudem erschweren sie die Abgabe von Feuchtigkeit an die Umwelt durch ihre hygroskopische Wirkung, wodurch das Bauteil länger eine höhere Feuchte behält. Zudem senkt Natriumchlorid (NaCl) die Oberflächentemperatur beim Schmelzen, was die Temperatur der mineralischen Matrix zusätzlich senkt.

Damit verschärfen Taumittel fast alle mikroskopischen und makroskopischen Schadensmechanismen. NaCl wird hauptsächlich vom Winterdienst zum Enteisen der Straßen eingesetzt. Aber es wird auch Calciumchlorid ($CaCl_2$) und Magnesiumchlorid ($MgCl_2$) rein und als Mischsalz eingesetzt. Chloridhaltige Salze führen nicht nur zur Verstärkung von Frostschäden, sondern auch zur Metallkorrosion z. B. an Bewehrungsstählen von Stahlbeton. (Stark & Wicht, 2013)

2.7.3 Zerstörungsmechanismen

Die im Folgenden beschriebenen Effekte erklären die grundsätzlichen Zusammenhänge der Schädigungsprozesse in mineralischen Matrices. Simuliert wurden nur die hygrothermischen Aspekte. Auf die mechanischen Aspekte können nur Rückschlüsse gezogen werden. Dabei wird deutlich, warum die ausgewählten Zielkriterien eine gute Aussage über eine mögliche Dauerhaftigkeit liefern können.

Es muss zwischen zwei bisher bekannten Mechanismen unterschieden werden (Stark & Wicht, 2013):

- Makroskopische Zerstörungsmechanismen: Sie ziehen makroskopische Spannungen zwischen z. B. Zementstein und Zuschlag nach sich.
- Mikroskopische Zerstörungsmechanismen: Sie ziehen mikroskopische Spannungen innerhalb des Zementsteingefüges nach sich.

2.7.3.1 Makroskopische Zerstörungsmechanismen

Ungleiche Temperaturausdehnungskoeffizienten

Unterschiedliche Temperaturdehnungskoeffizienten von Zementstein und Zuschlag können das Gefüge schädigen. Mögliche Differenzen sind auf unterschiedliche Feuchtigkeitszustände des Zementsteins sowie die Art des Zuschlags zurückzuführen.

Tabelle 10: Temperaturausdehnungskoeffizienten von Zementstein und Zuschlag (Stark & Wicht, 2013)

Zementstein		
	Hochofenzement α_T in 10^{-6}/K	Portlandzement α_T in 10^{-6}/K
trocken, 30 % r. F.	9,0 ... 10,6	9,4 ... 10,5
lufttrocken, 65 % r. F.	15,8 ... 17,3	20,7 ... 24,4
wassergesättigt, 100 % r. F.	9,3 ... 10,0	10,2 ... 11,0
Zuschlag		
Kalkstein		3,5 ... 6,5
Quarz		10,0 ... 12,5
Andere		
Eis		50,0

Bei großen Temperaturdifferenzen ergeben sich thermischen Spannungen, die über denen der Betonzugfestigkeit liegen können. Bspw. können bei Temperaturdifferenzen von 40 K Zugspannungen von > 6 N/mm² entstehen. Noch wichtiger sind die Spannungen zwischen Zementstein und Eis in den Kapillarporen. Rechnerisch führen Temperaturdifferenzen von 15 K zu Zugspannungen, die über denen von Beton liegen können. Bei Frostschäden spielen die Temperaturdehnungen zwischen Zementstein und Eis eine nicht unerhebliche Rolle. Durch reinen Frostangriff kann es zu schichtweisem Gefrieren des Betons kommen, was Abplatzungen hervorruft. Ursache ist die Inhomogenität im Werkstoff (w/z-Wert, Porosität, Festigkeit, E-Modul, Temperaturdehnungskoeffizient usw.). Verstärkt wird diese Eigenschaft des schichtweisen Gefrierens durch zusätzlich eingetragene Tausalze. Diese senken die Gefriertemperatur der tieferen Schichten stark, wodurch hohe Spannungen entstehen. (Stark & Wicht, 2013)

Im makroskopischen Bereich wurden die unterschiedlichen thermischen Dehnungen zwischen Zementstein und Eis als Hauptschädigungsursache ausgemacht.

Schichtweises Gefrieren

Bei Beton oder einem anderen mineralischen Baustoff kann es zum Gefrieren einzelner Schichten kommen (siehe Abbildung 29). Dabei müssen zwei Mechanismen betrachtet werden: das Temperaturgefälle von der Bauteiloberfläche zum Kern und die Gefrierpunkterniedrigung durch Tausalze. Im ersten Fall ist die Oberfläche bei einem Temperaturabfall kälter als der Kern, beim letzteren liegt der Gefrierpunkt an der Oberfläche am tiefsten, da hier das meiste Tauwasser vorliegt. Zum Kern hin nimmt diese Konzentration ab und die Temperatur nähert sich wieder der 0 °C-Marke. Da sich beide Mechanismen überlagern, kann es dazu kommen, dass die Oberfläche und der Kern gefrieren, die Zwischenschicht aber nicht. Grund ist die exponentiell verlaufende Kältewelle von außen nach innen. Dieser Temperaturverlauf überschreitet in der Zwischenschicht die Linie der Gefrierpunkterniedrigung. Diese Schicht bleibt damit ungefroren. Gefriert diese Zwischenschicht durch weitere Abkühlung, kann es durch die unterschiedlichen Temperaturausdehnungskoeffizienten zum Absprengen der äußeren Betonlage kommen.

Auch bei reinem Frostangriff ohne Tausalzeinwirkung sind schichtweise Absprengen möglich. Neben dem oben erwähnten Temperaturgefälle sind hierfür fertigungsbedingte Unterschiede im Randbereich verantwortlich. Dabei konzentriert sich die Feuchtigkeit durch die Inhomogenität im Gefüge nicht gleichmäßig. Das Gefüge kann dabei z. B. im w/z-Wert, der Porosität, der Festigkeit, dem E-Modul oder dem Temperaturausdehnungskoeffizienten durch unterschiedliche Herstellungsverfahren variieren. **Schichtenweises Gefrieren ist keine Hauptschädigungsursache.**

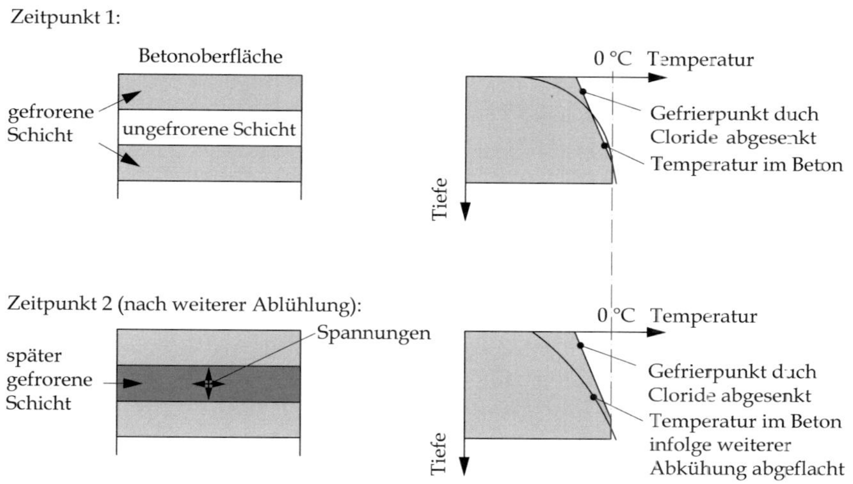

Abbildung 29: Schichtenweises Gefrieren infolge Temperaturgradient und Tausalzeinwirkung (Blümel & Springenschmid, 1970)

Temperatursturz

Beim Temperatursturz handelt es sich um einen Temperaturgradienten zwischen der äußeren Betonoberfläche und dem Kern. Innere Druck- und Zugspannungen entstehen, die zunehmen, wenn der Temperaturgradient (infolge eines Temperatursturzes) besonders groß ist.

Ein Temperatursturz entsteht immer dort, wo wechselndes Außenklima auf die Bauteilflächen trifft. Dabei sind im Normalklima keine problematischen Spannungen durch den Einfluss von Eis auf der Oberfläche zu erwarten. Dies wird selbst von Betonen niedriger Festigkeit eingehalten.

Höhere Anforderungen werden an die Spannungen bei einem Temperatursturz unter Einsatz von Tausalz gestellt. Beim Auftauen von schnee- und eisbedeckten Flächen werden Tausalze eingesetzt, die zum Auftauen Wärme benötigen, welche dem Bauteil zusätzlich entzogen wird (z. B. bei Natriumclorid (NaCl)).

Berechnungsformel Näherung zu den auftretenden max. Zugspannungen durch den Temperatursturz (Stark & Wicht, 2013)

$$\sigma_{\text{max}} = 0{,}24 \cdot \Delta T \tag{2.13}$$

σ_{max} max. auftretende Zugspannungen in N/mm²

ΔT Temperaturdifferenz zwischen der Oberfläche und unterer Bauteilschicht infolge des Temperatursturzes in K

Die Tausalze geben bei diesem Prozess unterschiedliche Lösungswärme ab. Calciumchlorid ($CaCl_2$) und Magnesiumchlorid ($MgCl_2$) geben zusätzliche Schmelzwärme für das Abtauen von Eis ab (+356 J/g und +70 J/g) und verringern damit den Temperatursturz (bzw. bremsen diesen) ein, wohingegen NaCl weitere Wärme für diesen Prozess benötigt (-83 J/g) und damit den Temperatursturz vergrößert. In Versuchen konnte beim Abtauen mit NaCl in eutektischer Konzentration einer 2 mm dicken Eisschicht ein Temperatursturz von 14 K gemessen werden. (Stark & Wicht, 2013) Für die meisten Betone ist dieser hohe Temperatursturz kein Problem.

Damit kann der Temperatursturz als primäre Schadensursache für eine Frost-Tausalz-Schädigung ausgeschlossen werden. (Stark & Wicht, 2013)

2.7.3.2 Mikroskopische Zerstörungsmechanismen

Hydraulischer Druck

Beim Phasenübergang von Wasser zu Eis kommt es durch die Dichteanomalie zur Volumenausdehnung von ca. 9 %, d. h., dort, wo sich Eis bildet, muss Wasser verdrängt werden. Es entsteht ein Innendruck, falls kein Ausweichraum durch wasserfreie Poren oder die Oberfläche zur Verfügung steht. Dieser Druck wird hydraulischer Druck genannt. (Stark & Wicht, 2013)

Der hydraulische Druck wird nach Powers (1954) von der Weglänge des verdrängten Wassers bis zum nächsten Ausgleichsraum beschrieben. Daraufhin wurde der max. Abstand von Luftporen berechnet, um eine Überschreitung der max. Zugfestigkeit zu verhindern.

Mit großen hydraulischen Drücken ist zu rechnen, wenn der Beton als mineralischer Baustoff ein ausgeprägtes Kapillarporensystem, einen hohen Wassersättigungsgrad und eine hohe Eisbildungsgeschwindigkeit aufweist. Damit sind die Wassermenge und die Abkühlgeschwindigkeit hoch. Nach Powers (1954) gefrieren zuerst die großen Poren und die kleinen Poren bleiben durch die Gefrierpunktserniedrigung noch ungefroren (siehe Abbildung 19). Gefrieren die kleineren Poren dann durch eine weitere Temperaturabsenkung, so kann sich das Eis nicht mehr ausdehnen, da die großen Poren bereits verschlossen sind. Damit können theoretische Drücke von 200 N/mm^2 erreicht werden.

Es kommt zum Frostschaden, wenn der hydraulische Druck die Zugfestigkeit des Betons mit seiner mineralischen Matrix überschreitet.

Unter den mikroskopischen Zerstörungsmechanismen ist der hydraulische Druck einer der bedeutendsten Faktoren, die zu Schäden infolge von Frost-Tau-Wechsel-Zyklen oder Frost-Tausalz-Wechsel-Zyklen führen können (Stark & Wicht, 2013)

Kapillarer Effekt

Eis beginnt zuerst in den großen Kapillarporen des mineralischen Baustoffes zu gefrieren. Innerhalb der kleineren Gelporen gefriert das Wasser nicht (siehe Abbildung 19). Dabei ist der Dampfdruck über Eis größer als über Wasser und es entsteht ein thermodynamisches Ungleichgewicht. Der Dampf über dem Wasser strömt somit innerhalb der Kapillarporen in Richtung der Eisschicht, d. h. in den Poren oder an der Oberfläche des Bauteils. Dort wächst das Eis durch den zuströmenden Dampf stätig weiter an und erhöht den Druck auf das Baustoffgefüge.

In Abbildung 30 ist gut ersichtlich, dass der Dampfdruck bei gleicher Temperatur über dem unterkühlten Wasser höher ist als über dem Eis. Somit wird immer Wasser in der Dampfphase in Richtung der Eisfläche transportiert. Dies geschieht vorzugsweise in verbundenen Kapillarporen.

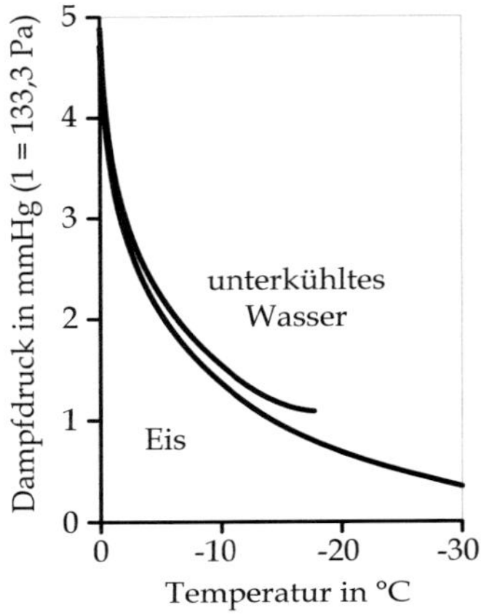

Abbildung 30: Temperaturabhängiger Dampfdruck von unterkühltem Wasser und Eis (Litvan, 1972)

Der kapillare Effekt ist die zweite wesentliche Schadensursache für Frostschäden im mikroskopischen Bereich neben dem hydraulischen Druck.

Ob der hydrostatische Druck oder der kapillare Effekt primär für die Frostschäden verantwortlich ist, konnte bisher nicht eindeutig geklärt werden. Beide mikroskopische Schadensmechanismen sind stark von den Randbedingungen der Abkühlgeschwindigkeit, dem Volumen der Gelporen und dem Ablauf der Diffusionsprozesse abhängig. (Stark & Wicht, 2013)

Diffusion und Osmose

In der Porenflüssigkeit befinden sich Stoffe aus der Zementmatrix wie z. B. Alkalien, Erdalkalien, Sulfate und ggf. auch Tausalze in einer definierten Konzentration im Gleichgewicht. Bis zum Gefrieren fallen Eiskristalle aus, die dadurch die Konzentration in der flüssigen Restporenlösung erhöhen. Da die größeren Poren zuerst gefrieren, herrscht dort eine höhere Konzentration der Porenflüssigkeit vor als in den kleineren Poren, wo sich noch kein Eis gebildet hat. In dieser Folge entsteht ein Diffusionsprozess, der in die gleiche Richtung gerichtet ist wie der kapillaren Effekt (in Richtung der größeren Poren mit Eiskristallen). Damit wird der kapillare Effekt durch diese Diffusion verstärkt.

Zu einer Bildung von osmotischem Druckes kann es kommen, wenn die Porenlösungen mit unterschiedlichen Konzentrationen durch eine semipermeable Scheidewand ablaufen. Die in diesem Prozess entstehenden resultieren Drücke sind allerdings sehr gering.

Als primäre Schadensurasche kann der osmotische Druck ausgeschlossen werden. (Stark & Wicht, 2013)

Mikrolinsenpumpe (Oberflächenspannungen)

Der Effekt der Mikrolinsenpumpe berücksichtigt die Wirkung von Oberflächenkräften auf die Zerstörung der Matrix. In den Kapillarporen verbleibt auch beim und nach dem Gefrieren eine adsorbierte, dünne, flüssigkeitsähnliche Schicht auf der Porenwandung. In dieser sehr feinen, flüssigen Schicht bilden sich neue Oberflächenspannungen. Dadurch entsteht in den vereisten Kapillarporen Druck und in der umgebenden Zementmatrix mit Gelporen Unterdruck. Dieser Unterdruck steigt mit abnehmendem Porenradius an. Die Grenzschicht gefriert dabei nicht, da die Oberflächenkräfte den Gefrierpunkt ebenfalls absenken.

Durch diesen Unterdruck wird das unterkühlte Porenwasser der Gelporen zum Eis in den Kapillarporen transportiert. Dies erfolgt entweder durch Verdunsten der Porenflüssigkeit oder durch direkten Flüssigkeitstransport zum nächsten anschließenden Eispartikel. Dabei schrumpfen die Gelporen zusammen ähnlich dem Austrocknen des Zementgels. Beim Auftauen nimmt der Unterdruck wieder ab. Das Wasser kann jedoch noch nicht durch die Kapillarporen zurückfließen, da diese gefrorenen sind. Im Bereich der Betonoberfläche fließt das Wasser durch die Matrix und nicht durch die Kapillarporen in die Gelporen zurück. Diese Phasen werden im Folgenden Abschnitt genauer beschrieben.

In der Abbildung 31 sind drei unterschiedliche Phasen der Eisbildung im Bereich der Gel- zur Kapillarporen dargestellt.

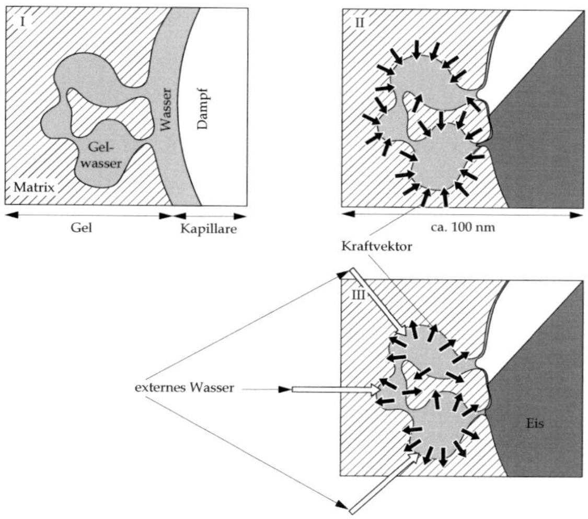

Abbildung 31: Schädigungsmechanismus Oberflächenkräfte (Setzer, 2000)

In der Phase I (Ausgleichsklima) ist die wassergefüllte Gelpore im Übergangsbereich zur Kapillarporen bei 20 °C abgebildet. Die Kapillarpore ist dabei mono- oder multimolekular mit Wasser bedeckt oder bildet bereits einen Sorptionsfilm.

In der Phase II (Gefrieren) bildet sich makroskopisches Eis in den Kapillarporen. Sobald die Porenlösung die Gelporen bedeckt, bildet sich mit jedem Kelvin Temperaturabsenkung ein Unterdruck von 1,22 M·Pa/K = N/(mm²·K). Das wären bei einer Unterschreitung von z. B. 20 K = 24,4 N/mm² Druck in Richtung der Eisfläche. Das unterkühlte Porenwasser aus den Gelporen ist also bestrebt, in Richtung des Eises zu fließen. Der Unterdruck entsteht durch die Oberflächenkräfte der flüssigen Grenzschicht zwischen Eis und Porenwandung in den Kapillarporen. Dabei zieht es die Zementmatrix mit. Dieser Prozess des Schwindens in den Gelporen wird Gefrierschwinden genannt. Dabei wird das Wasser wie bei einem Schwamm herausgedrückt und die Matrix zieht sich zusammen (Pfeile in der Abbildung 31). Dabei wächst das Eis in die Gelporen hinein.

In der Phase III (Auftauen) schmilzt das Eis an der Bauteiloberfläche aber noch nicht in den Kapillarporen. Dabei lässt der Unterdruck in den Gelporen nach und die Porenwände der Gelporen expandieren wieder (Pfeile in der Abbildung 31). Wasser fließt dabei nur über die äußere, bereits aufgetaute Bauteiloberfläche (Bildrand links von Abbildung 31, externes Wasser) durch die Matrix in die Gelporen, da das Eis in der Kapillarporen noch gefroren ist.

Jeder FTW ist damit eine sehr effiziente Pumpe, die wie ein Kolben wirkt. Bei Temperaturabsenkung werden die Gelporen zusammengedrückt und beim Auftauen expandieren sie wieder. Kann Wasser von außen nachfließen, wie es bei Frostprüfungen gegeben ist, wird das Porengefüge der Makrokapillar-, Luft- (> 30 µm) und Grobporen (Verdichtungsporen > 1 mm) Stück für Stück gesättigt. Diese können sich nicht aus eigener Kraft vollsaugen, da der Porenradius zu groß ist. Der nach Stark & Wicht (2013) als „Mikropumpe Zementsteingefüge" benannter Effekt führt unabhängig vom Anteil an Kapillarporen oder von ihrer Permeabilität zu einer kritischen Sättigung und damit zur Schädigung des (mineralischen) Betongefüges.

Die Spannungen werden erst durch Mikrorisse wieder abgebaut. Wiederholte FTW vergrößern dabei die Rissweite bis zum Abbrechen von Teilen der Matrix. Wiederkehrende FTW führen dabei zum Trocknen der Kernschicht und zum Sättigen der oberflächennahen Schichten, da alles Porenwasser aus dem Kern oder freies Wasser von der Bauteiloberfläche in Richtung der gefrorenen Schichten transportiert wird. (Stark & Wicht, 2013)

Der kritische Sättigungsgrad liegt nach Fagerlund (1977) bei 90 % und wurde durch die Messung an unterschiedlich gesättigten Betonproben ermittelt. Der kritische Bereich beginnt dort, wo der E-Modul stark abfällt (siehe Abbildung 32).

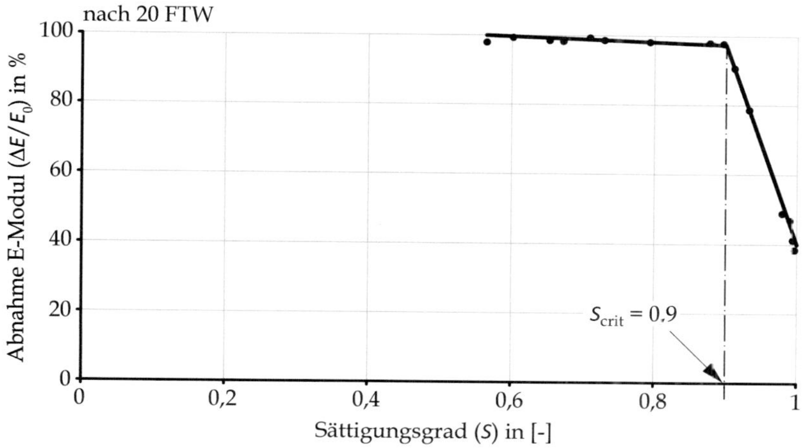

Abbildung 32: Abfall des E-Moduls mit zunehmenden Sättigungsgrad (Fagerlund, 1977)

Als Hauptschädigungsmechanismus wird der Effekt der Mikrolinsenpumpe allerdings ausgeschlossen.

Kristallisationsdruck

Unter dem Kristallisationsdruck ist der Vorgang zu verstehen, bei dem es zur Kristallisation von gelösten Stoffen im Porenwasser kommt. Reicht dabei die Porengeometrie nicht aus, entsteht Druck. Dazu gehören z. B. auch die Eisbildung infolge entstehenden hydrostatischer Druck und der Kristallisationsdruck infolge Hydratation. Auf diese wird an dieser Stelle allerdings nicht weiter eingegangen.

2.8 Biologisches Wachstum

Das biologische Wachstum beschreibt die Wachstumsbedingungen von Algen, Pilzen oder Flechten. In dieser Arbeit werden die hygrothermischen Bedingungen auf der Oberfläche von Fassaden betrachtet und wie diese wachstumsfördernden Bedingungen über eine optimierte Baukonstruktion reduziert werden können.

Algen produzieren organische Kohlenstoffverbindungen, die von Pilzen wieder abgebaut werden können. Durch die Photosynthese erzeugen Algen Sauerstoff und binden Kohlenstoffdioxid CO_2 aus der Luft. Pilze dagegen zersetzen abgestorbene Pflanzenteile und lassen daraus Kohlenstoffdioxid CO_2 entstehen. (Büchli & Raschle, 2015)

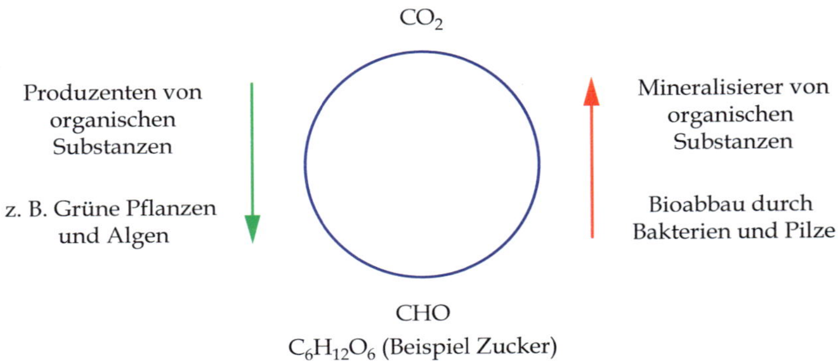

Abbildung 33: Vereinfachter Kohlenstoffkreislauf in der Natur (aerob, mit Luftsauerstoff) (Büchli & Raschle, 2015)

Die meisten Algen leben nur im Wasser und in ständig feuchter Erde. Nur sogenannte Luftalgen sind in der Lage, an der Grenzschicht von stark gesättigten Baustoffoberflächen und der Umgebungsluft zu leben. Ein Teil dieser Luftalgen kommt an Oberflächen von Bauwerken primär als grüne Algen, Grünalgen und Blaugrünalgen vor. Da am Anfang auf anorganischen Fassadenoberflächen kein organisches Material vorhanden ist, sind sie oft die Pioniere an diesen Flächen. (Büchli & Raschle, 2015)

Von den Pilzen leben nur wenige im Wasser, obwohl sie wie alle Mikroorganismen viel davon benötigen. Zu viel Wasser stört allerdings ihr Wachstum. Sie bevorzugen eine Umgebung mit hoher Luftfeuchtigkeit. Ein gutes Beispiel dafür sind Pfahlgründungen im Wasser. Sie sind durch den ständigen Wasserkontakt vor mikrobieller Zerstörung geschützt. Problematisch sind die Übergangsstellen zwischen Wasseroberfläche und Luft. Hier vermodert das Holz durch auf der Oberfläche sitzende Pilze. Sie bauen Stück für Stück die organische Substanz des Holzes ab. Für diesen Prozess sind sie auf Sauerstoff angewiesen.

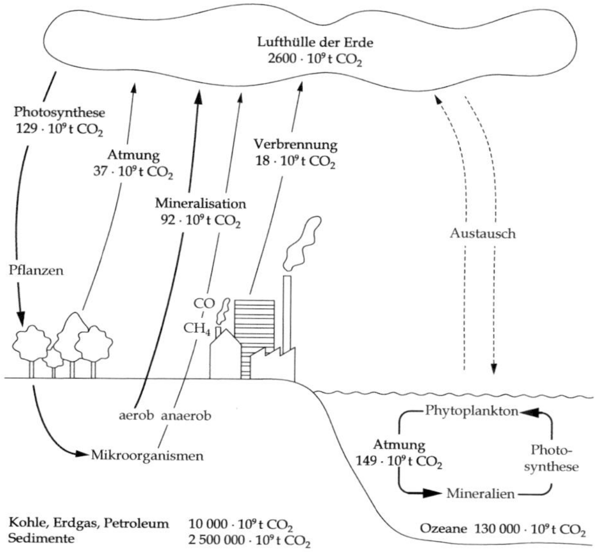

Abbildung 34: Kohlenstoffkreislauf (Fuchs, Schlegel, & Eitinger, 2007)

Die Fotosynthese bildet mit der Atmung und der Mineralisierung einen geschlossenen Kreislauf (siehe Abbildung 34). Algen und Pilze sind ein wichtiger Teil dieses Kreislaufes. Bei der Verbrennung von fossile Brennstoffen entsteht CO_2, welches den Kreislauf aus dem Gleichgewicht bringt und die Atmosphäre zusätzlich anreichert.

Fotosynthese (Lebensgrundlage von Algen)

Bei der Fotosynthese werden unter Verwendung von anorganischen Molekülen (z. B. CO_2) mit der Energie des Lichtes organische Substanzen wie z. B. Zucker (Glucose, $C_6H_{12}O_6$) gebildet. Für den Umwandlungsprozess werden 2875 kJ Energie benötigt. (Lucius et al., 2005)

$$6\,CO_2 + 6\,H_2O + Lichtenergiezufuhr\ (+2875\ \text{kJ}) = C_6H_{12}O_6 + 6\,O_2 \tag{2.14}$$

CO_2	Kohlenstoffdioxid
H_2O	Wasser
$C_6H_{12}O_6$	Zucker (Glucose)
O_2	Sauerstoff (eigentlich Disauerstoff, da es auch aus zwei Sauerstoffatomen besteht)

Mineralisierung (Lebensgrundlage von Pilzen)

Die Mineralisierung zerlegt, ähnlich wie bei der Atmung, die organischen Substanzen. Jedoch können aus den organischen Substanzen neben Kohlenstoffdioxid und Wasser auch andere anorganische, mineralische Verbindungen entstehen. Zu den weiteren Substanzen zählen: Stickstoff, Methan, Schwefel, Ammonium, Phosphat, Nitrit, Nitrat und weitere anorganische Verbindungen. Besonders können Pilze und Bakterien komplexe Verbindungen wie Lignin, Zellulose und Chitin (polymere Verbindungen) oder Ausscheidungsprodukte von Tieren zersetzen, die höhere Organismen nicht zersetzen können. Pilze und Bakterien sind für etwa 90 % der Zersetzung von tierischen und pflanzlichen Substanzen verantwortlich, die übrigen 10 % entfallen auf Verbrennungsprozesse und andere Organismen.

Die vorgenannten grundlegenden Lebensprozesse der Fotosynthese sowie der Mineralisierung bilden die Grundlage für das Wachstum von Algen und Pilzen auf der Fassade. Im Folgenden werden Algen, Pilze und Flechten, die sich auf Fassaden ansiedeln können, kurz beschrieben.

2.8.1 Algen, Pilze und Flechten

Algen

Algen produzieren Biomasse durch Fotosynthese. Dabei nutzen sie das Sonnenlicht als Energiequelle, um aus anorganischen Verbindungen organische Verbindungen zu entwickeln. Algen pflanzen sich vegetativ (durch Zellteilung) oder sexuell (gleichgeschlechtlich oder getrenntgeschlechtlich) fort. Weltweit sind ca. 80.000 Algenarten bekannt. Es soll aber fünfmal so viele geben. Sie benötigen für diesen Prozess Assimilationspigmente wie z. B. Chlorophyll, das den Algen die grüne Färbung verleiht. Chlorophyll ermöglicht es, Sonnenenergie zu absorbieren und in den Lichtreaktionen in nutzbare chemische Energie umzuwandeln. (Spektrum Akademischer Verlag, 2011) Zudem benötigen Algen Salze und Spurenelemente aus Nitrat- und Phosphorverbindungen zum Wachsen. Es können folgende Hauptgruppen unterschieden werden: Grünalgen, Gelbgrünalgen, Rotalgen, Braunalgen und Blaugrünalgen (auch Blaualgen). Blaualgen (Cyanobakterien) zählen dabei zu den grün pigmentierten Bakterien, jedoch werden sie für eine praktische Beurteilung zu den Algen gezählt. Für Bauwerke außerhalb des Meerwassers sind nur die Grünalgen, die Blaualgen und die Gelbgrünalgen relevant. Diese Algen leben einzellig, fädig oder koloniebildend an einer Bauteiloberfläche, an der ausreichend Tageslicht zur Fotosynthese vorhanden ist.

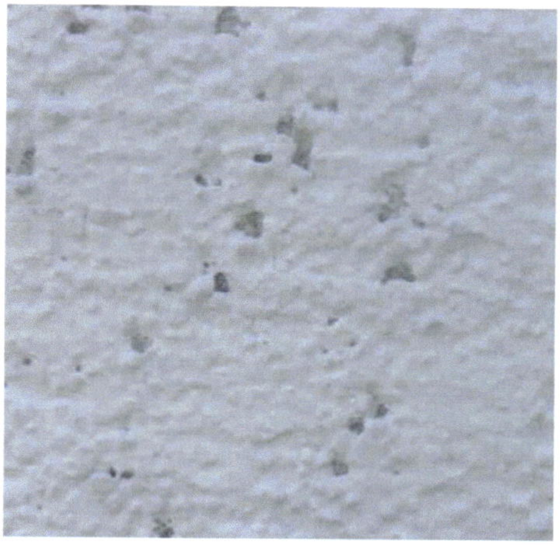

Abbildung 35: Algenaufwuchs an der Fassade, Putz: Mineralisch glatt (Körnung 1-2mm), Beschichtung: Silikonharzfarbe, Objekt ID 646 (Krueger, Schwed, & Hofbauer, 2016)

An Außenbereichen mit unzureichendem Tageslicht können sich keine Algen bilden (z. B. Durchgänge). Bereiche, die starken Temperaturwechseln ausgesetzt sind wie z. B. Südfassaden sind nicht so stark von Algenbildung betroffen, da die Mikroorganismen sehr temperaturempfindlich sind. Die am Bauwerk lebenden Algen sind äußerst empfindlich gegen Austrocknung. Dennoch reicht ihnen ein leichter Wasserfilm zum Leben, wie in groben Putzstrukturen (siehe *Abbildung 35*). Daher verbinden sich die Mikroalgen an der Fassade oft mit anderen Mikroorganismen, um einen feuchten Biofilm zu bilden, der sie gegen Chemikalien und Austrocknung schützt. (Büchli & Raschle, 2015) Am Ende einer Feuchteperiode ist der Algenbewuchs an der Fassade oft deutlich erkennbar, wohingegen er in der Trockenperiode nicht sichtbar sein kann. So können z. B. Grünalgen der Gattung Trentepohlia in der Feuchteperiode einen leuchtend roten Algenteppich bilden, der nach dem Austrocken völlig sein Aussehen verändern kann (leicht gräulich oder komplett unsichtbar). Trifft wieder Wasser auf die Fläche, bildet sich der Teppich rasch durch Osmose aus. Das auftreffende Wasser diffundiert durch die semipermeable Zellwand der Algen, die sehr schnell das wässrige Milieu im Zellinneren herstellen und die Lebensprozesse wieder aufnehmen können. Der osmotische Druck sorgt für den Ausgleich zwischen geringer Wasserkonzentration (niedriger Wasserdampfteildruck) im Zellinneren und hoher Wasserkonzentration (größerer Wasserdampfteildruck) außen. Erfolgt dieser Prozess von trockenem Zellinneren zu feuchtem Zellinneren, erwachen die Algen aus der Ruhephase und die Wachstumsphase setzt ein.

Cyanobakterien (auch Blaualgen genannt)

Sie werden den fototropen Bakterien zugeordnet. Vorläufer der Cyanobakterien waren vor 2,7 Mrd. Jahren vermutlich die ersten Lebewesen, die auf der Erde Sauerstoff produzierten. Es sind etwa 2000 Arten bekannt. Sie unterscheiden sich von Algen und Pilzen, weil sie keinen Zellkern besitzen. Die Vermehrung erfolgt über Zellteilung. Einige Arten können sich fortbewegen, um Substrate (Baustoffe) mit günstigen Lebensbedingungen zu besiedeln. Cyanobakterien sind ein- bis vielzellig. Mehrzellige Cyanobakterien sind in langen Fäden hintereinander angeordnet, manche vernetzen sich aber auch zu flächigen oder sogar räumlichen Strukturen. Sie werden oft den Algen zugeordnet, obwohl sie nicht zu diesen gehören.

Pilze

Pilze leben von der Zersetzung von Biomasse. Sie nutzen die Energie, die in den organischen Substanzen steckt, und setzen sie durch Mineralisierung frei. Heute sind 120.000 Pilzarten bekannt, doch weltweit soll es 300.000 geben. Pilze können sich gleichgeschlechtlich oder ungeschlechtlich durch Sporen fortpflanzen. (Spektrum Akademischer Verlag, 2011) Die im Bauwesen vorkommenden Pilze sind echte Pilze (siehe Abbildung 36 und Abbildung 37). Dazu gehören die Hutpilze, die Schwärzepilze und die sogenannten Schimmelpilze. Sie ernähren sich wie der Mensch von organischen Substanzen. Die Mikroorganismen sind auf eine hohe Feuchtigkeit angewiesen, um zu keimen und zu wachsen. Die Sporen dienen der Verbreitung des Pilzes. In dieser Form können Pilze längere Trockenperioden überstehen.

Abbildung 36: Pilzaufwuchs an der Fassade, Putz: Silikonharzputz (Kratzputz) mit einer Körnung von 1,5 mm ohne weitere Beschichtung, Objekt ID 294 (Krueger et al., 2016)

Abbildung 37: Pilzaufwuchs an Fassade, Putz: Spezial-Kalk-Zementputz in drei Schichten (Grundputz, MW-DP, Edelputz), Beschichtung: Sumpfkalk oder gelöschter Kalk, Objekt ID 595 (Krueger et al., 2016)

Flechten

Flechten sind eine symbiotische Gemeinschaft zwischen einem Pilz (Mykobiont) und einem photosynthetischen Organismus einer Alge (Photobiont) (siehe Abbildung 38). Bei dem Mykobiont handelt es sich meist um Schlauchpilze (Ascomycota), zu dieser Gruppe z. B. die Schimmelpilze gehören. Bei dem Photobiont handelt es sich oft um Grünalgen oder Cyanobakterien (Blaualgen). Weltweit gibt es ca. 25.000 bekannte Flechtenarten. Der Photobiont versorgt den Mykobiont mit organischen Substanzen wie Glucose, die bei der Fotosynthese gewonnen werden. Der Mykobiont sorgt für eine Umgebung aus kontrolliert hoher Luftfeuchtigkeit, um dem Photobiont ideale Lebensbedingungen zu ermöglichen. Es entsteht eine ideale Lebensgemeinschaft. (Fritsche, 2016) Nur bei den Flechten bildet der Mykobiont sogenannte Flechtensäuren, die z. B. Gestein oder Beton angreifen können. Dazu zählen die Usninsäuren, die Shikimisäuren und die Mevalonsäuren.

Abbildung 38: Flechtenaufwuchs an einer Fassade, Oberputz und Beschichtung unbekannt, Objekt ID 16 (Krueger et al., 2016)

Wachstumsbedingungen von Algen und Pilzen

Tabelle 11: Unterschiedliche Wachstumsbedingungen von Algen und Pilzen (quick-mix Gruppe GmbH & Co. KG, 2016) und (Ackerbauer, 2017; Fritsche, 2016)

	Algen	**Pilze**	**Cyanobakterien**
Temperatur-Lebensbereich	ca. -7 °C bis ca. 70 °C	ca. 0 °C bis ca. 50 °C	ca. 5 °C bis ca. 40 °C
Temperatur-optimum	ca. 20 °C variiert nach Art	ca. 20 °C bis 35 °C variiert nach Art	ca. 20 °C
Grenztemperatur für Hitzeschäden	40 °C bis 50 °C (Luftalgen an feucht-kühlen Standorten)	75 °C bis 100 °C (trockene Sporen über 100 °C)	nahe 100 °C
rel. Luftfeuchtigkeit, Lebensbereich	70 % bis 100 %	70 % bis 100 %	100 %
rel. Luftfeuchtigkeit, Optimum	ab 98 %	80 % bis 98 % variiert nach Art	100 %
pH-Wert-Lebensbereich	5 bis ca. 10	2 bis 12	5 bis 11
pH-Wert-Optimum	7 bis 8 variiert nach Art	variiert nach Art	9 bis 11 Gattung Spirulina
Lebensgrundlage	CO_2 – Kohlenstoffdioxid als Kohlenstoff-Quelle, Licht, Salze und Spurenelemente (Nitrat und Phosphat), Aerosole	z. B. $C_6H_{12}O_6$ – Zucker (Glucose) als Kohlenstoff-Quelle, Sauerstoff, Stickstoffquellen (org. und anorg.), Salze und Spurenelemente	CO_2 – Kohlenstoffdioxid als Kohlenstoff-Quelle, Licht, Stickstoffquellen (org. und anorg.), Salze und Spurenelemente
Licht	Erforderlich für Fotosynthese	Nicht erforderlich	Erforderlich für Fotosynthese
Wachstumsbereich	nur oberflächlich	dringt über Myzel in den Untergrund und Zwischenräume ein	dringt auch in den Untergrund und Zwischenräume ein

Die sehr einfachen und ähnlichen Wachstumsbedingungen lassen alle Mikroorganismen auf vergleichbaren Untergründen wachsen (siehe Tabelle 11).

2.8.2 Risikofaktoren

Risikofaktoren für Pilz- und Algenbefall von Bauwerken (Stahr, 2017):

Regionale Gegebenheiten

- **Klima & Topografie:** Temperatur, Wind, Regen, rel. Luftfeuchte, Berg- oder Tallage, Gewässernähe
- **Luftverunreinigungen:** Stadt- oder Landregion, Industrie

Bauwerksplanung

- **Flächenausrichtung und konstruktive Detailausbildung:** Himmelsrichtung, waagerecht, schräg, senkrecht, Verschattung, Dachüberstand, Ablaufbleche/Abdeckungen
- **Lage des Gebäudes:** Verschattung, Belüftung
- **Gebäudenahe Vegetation:** Art, Nähe zum Gebäude, Verschattung, pflanzliche Ausscheidungen

Baukonstruktions-/Baustoffplanung

- Organische oder anorganische Bestandteile, pH-Wert der Oberfläche, Dämmstandard, wirksame Speichermasse, Wasserdampfdiffusion über die Oberfläche und Gesamtwasseraufnahme der äußeren Fassadenschicht, Flüssigwasseraufnahme über die Oberfläche sowie Absorptionskoeffizient im kurzwelligen Strahlungsbereich durch die Globalstrahlung, Emissionskoeffizient im langwelligen Strahlungsbereich gegen den Nachthimmel

2.8.2.1 Regionale Gegebenheiten

Klima und Topografie

Das Klima spielt die wichtigste Rolle beim Wachstum von Pilz- und Algenwachstum an der Fassade. In den letzten Jahren sind die Winter milder und die Sommer feuchter geworden, was die Wachstumsbedingungen im deutschen Klima enbegünstigt. Zudem können die regional unterschiedlichen Niederschlagsmengen das Wachstumsrisiko erhöhen. (Quick-mix Gruppe GmbH & Co. KG, 2016)

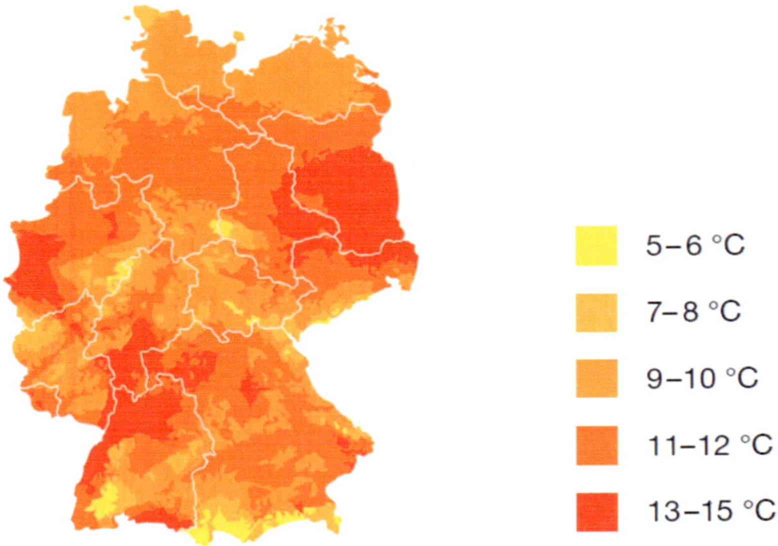

Abbildung 39: Durchschnittliche Temperaturverteilung in Deutschland (quick-mix Gruppe GmbH & Co. KG, 2016)

Die Temperaturverteilung variiert je nach geografischer Lage. Die Temperatur fällt bspw. in Bergregionen stärker ab, da der Druck mit der Höhe abnimmt und sich die warme Luft ausdehnt. Für diesen Prozess ist Energie nötig, was zum Abfallen der Temperatur mit der Höhe führt (ca. 0,5 °C auf 100 Höhenmetern). Diese kühleren Bergregionen sind in Abbildung 39 deutlich in Gelb sichtbar, z. B. die Alpenregion.

Zudem verändert sich der Zenitwinkel der Sonne, was die Intensität der Sonnenstrahlung und der absorbierten Wärmemenge auf der Erdoberfläche erhöht. Ein deutlicher Verlauf ist hier von Nord nach Süd zu erkennen.

Der kontinentale Einfluss ist in Ostdeutschland zu erkennen. Die spezielle Wetterlage führt zu warmen Sommern.

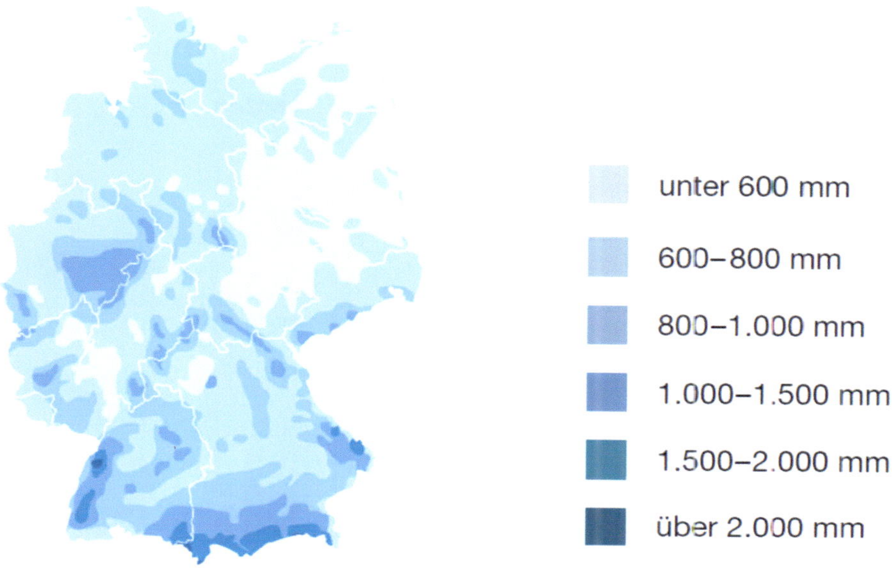

Abbildung 40: Jährliche Niederschlagsmengen in Deutschland (quick-mix Gruppe GmbH & Co. KG, 2016)

Wie die Temperatur variiert auch die jährliche Niederschlagsmenge regional. In Abbildung 40 wird deutlich, dass sich Berglagen mit den höchsten Niederschlagsmengen abzeichnen. Das liegt an den Wolken, die den Berg passieren möchten. Dazu müssen sie weiter aufsteigen. Dabei kühlt sich die Luft ab, bis der Wasserdampf gesättigt ist und Regen ausfällt. Die Regionen von Baden-Baden bis Lörrach und die Alpen verzeichnen die meisten Niederschläge. In der Region Baden-Baden bis Lörrach verzeichnen sich außerdem hohe Temperaturen, was den starken Befall von Pilzen und Algen an Häuserfassaden erklärt. (Quick-mix Gruppe GmbH & Co. KG, 2016)

Auch der kontinentale Einfluss in Ostdeutschland ist auf der Niederschlagskarte zu erkennen. Die spezielle Wetterlage führt zu warmen, trockenen Sommern und kalten, trockenen Wintern. Zwischen Halle und Magdeburg liegt daher auch das trockenste Gebiet Deutschlands. Dieser Bereich wird dem Klimadatensatz Potsdam zugeordnet.

Luftverunreinigungen: Pilzsporen in der Außenluft

Tabelle 12: Konzentration unterschiedlicher Pilzsporen in der Außenluft nach Jahreszeit (quick-mix Gruppe GmbH & Co. KG, 2016)

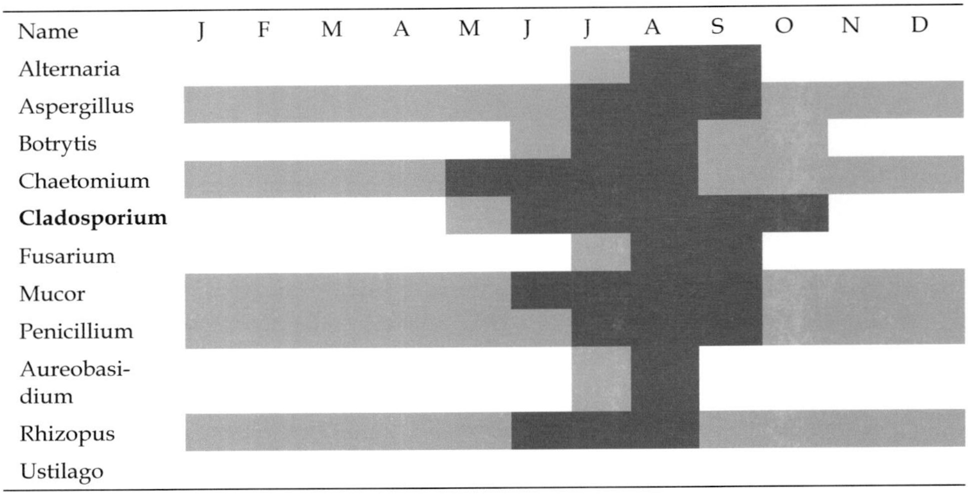

Durch den verringerten Biozidinsatz in der Landwirtschaft kommt es zu einer höheren Sporenkonzentration in den Sommer- und Herbstmonaten (siehe Tabelle 12). In diesen Monaten wird häufig Cladosporium, der sogenannte Getreidepilz nachgewiesen. Er gehört zur Gruppe der Schimmelpilze. In den Monaten Juni bis Oktober macht er etwa 75 % der Sporenbelastung in der Außenluft aus. In den Wintermonaten ist er dagegen nicht in der Außenluft vorhanden. Das Auftreten dieses Getreidepilzes ist damit primär auf die Landwirtschaft zurückzuführen. Ein Gebäude in Nähe von landwirtschaftlichen Nutzflächen ist damit stärker vom Cladosporium betroffen als eines in der Großstadt. Ähnlich sind die Zusammenhänge auch bei den weiteren Pilzarten. Es gibt zudem Pilzsporen, die ganzjährig in der Außenluft zu finden sind.

Die Landwirtschaft trägt demnach deutlich zur Pilzbelastung in der ländlichen Region bei. In der Stadt befinden sich nicht nur weniger Pilzsporen in der Außenluft, sondern es wird auch das Wachstum durch die stärker verkehrsbedingte Belastung der Außenluft durch Abgase behindert.

Luftverunreinigungen: Konzentration von Schwefeldioxid und Kohlendioxid in der Außenluft

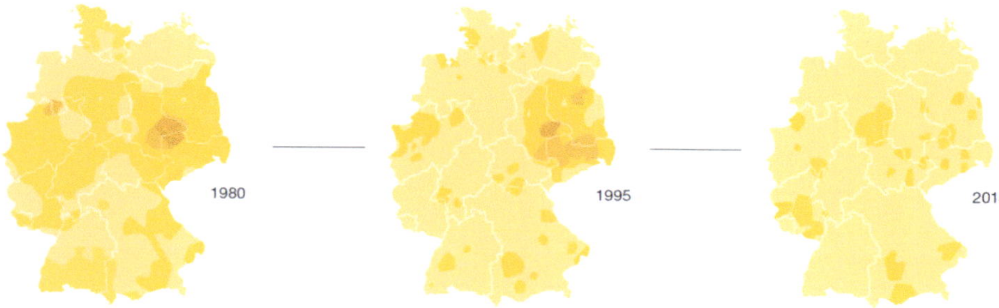

Abbildung 41: Veränderung der Konzentration an Schwefeldioxid in Deutschland über 34 Jahre (quick-mix Gruppe GmbH & Co. KG, 2016)

Algen und Pilze benötigen zum Wachstum Kohlenstoffdioxid. Die steigende Konzentration in der Atmosphäre begünstigt dieses Wachstum.

Die Konzentration an Schwefeldioxid ist in den letzten Jahrzehnten stetig gesunken (siehe Abbildung 41). Diese Stoffverbindung ist der Grund für sauren Regen. Dabei oxidiert Schwefeldioxid mit Sauerstoff erst zu Schwefeltrioxid und dann mit Wasser zu Schwefelsäure. Allerdings hat Schwefelsäure in den zurückliegenden Jahrzehnten das Wachstum von Pilzen und Algen auf Fassadenoberflächen gehemmt. Die kontinuierliche Abnahme von Schwefeldioxid ist ökologisch zu begrüßen, allerdings entfällt damit auch der wachstumshemmende Effekt für Pilze und Algen.

Diese Änderung der Konzentrationen von Kohlenstoffdioxid (ansteigend) und Schwefeldioxid (sinkend) hat das Wachstum von Pilzen und Algen in den letzten 30 Jahren begünstigt. Gerade in Sachsen ist eine starke Änderung zu sehen, die sich nach der Wiedervereinigung vollzogen hat.

2.8.2.2 Bauwerksplanung

Mit der Bauwerksplanung beginnt der Einfluss des Planers auf mögliches biologisches Wachstum an der Gebäudefassade. In Abbildung 42 in Kombination mit Tabelle 13 werden unterschiedliche Feuchtebereiche definiert.

Flächenausrichtung und konstruktive Detailausbildung

Die konstruktive Detailausbildung bestimmt zusätzlich die hygrothermische Belastung der Fassaden- und Dachflächen. So können z. B. Dachüberstände die Fassadenflächen gegen die gesamte Schlagregenbelastung schützen siehe (Abbildung 42, B4).

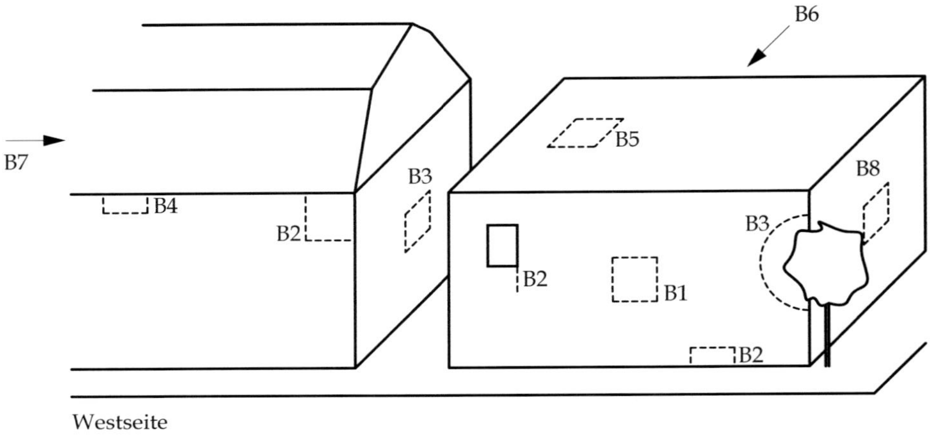

Abbildung 42: Unterschiedliche Feuchtebereiche am Gebäude (idealisiert)

Tabelle 13: Unterschiedliche Feuchtebereiche am Gebäude (idealisiert)

Feuchtebereiche	Beschreibung der Bereiche
B1	Westwand (Referenz)
B2	Bereich mit erhöhter Schlagregenbelastung z. B. unterhalb einer Fensterband, im Spritzwasserbereich, Gebäudeecke durch Windexposition
B3	Bereich ohne Strahlungskomponenten z. B. im Baumschatten oder im Durchgang
B4	ohne Schlagregenbelastung z. B. unter Dachüberstand
B5	Höhenwinkel 0° z. B. Flachdach
B6	Ostseite
B7	Nordseite
B8	Südseite

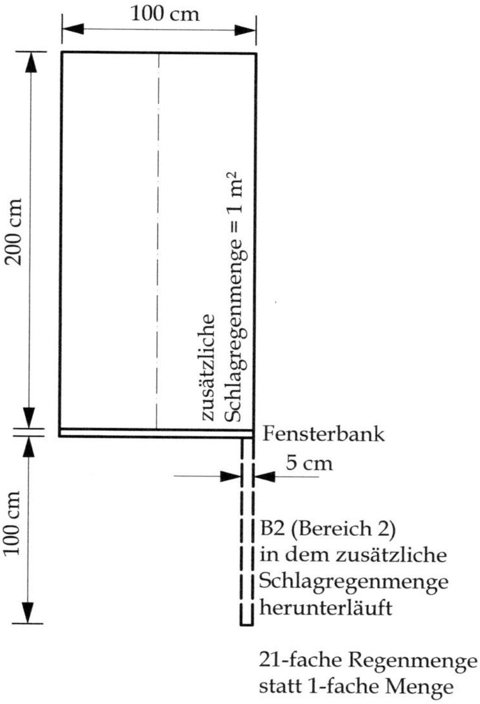

Die erhöhte Wassermenge des Bereiches 2 (siehe Abbildung 42, B2) wurde am Fall einer 2 m² großen Fensterfläche berechnet. Dabei wurde der abfließende Bereich (s. Abbildung 43, gestrichelter Bereich) einseitig der Fensterbank mit einer Größe von 100 cm x 5 cm festgelegt. Die halbe Fensterfläche beträgt 1 m² und hat damit eine 20x größere Fläche als die unter der Fensterbank. Damit errechnet sich eine Schlagregenbelastung die 21x höher ist als die der Normalfläche (siehe Abbildung 42, B1). Der Wert wurde auch für die Fälle Spritzwasserbereich und Gebäudeecke (siehe Abbildung 42, B2) übernommen, obwohl die Schlagregenbelastung hier meist geringer ausfällt.

Abbildung 43: B2 - Erhöhter Feuchteanfall am Fenster infolge von Schlagregen

Lage des Gebäudes

Die Lage eines Gebäudes in Beziehung zu den Nachbargebäuden sowie dessen Ausrichtung in Nordrichtung spielt eine wichtige Rolle in Bezug auf die Feuchtebelastung der Einzelflächen. Diese Gebäudeposition definiert die Verschattung und damit die Strahlungsbilanz von Flächen durch Nachbargebäude und Bäume siehe (Abbildung 42, B3). Auch die Windanströmung wird dadurch festgelegt. Diese führt zum einen zum schnelleren Abtrocknen der Gesamtflächen. Zum anderen kommt es damit aber auch zu einem erhöhten Feuchtespitzen z. B. an Gebäudeecken siehe (Abbildung 42, B2).

Gebäudenahe Vegetation

Die Vegetation kann in direkter Gebäudenähe die Fassadenoberfläche verschatten, was sich ungünstig auf die Strahlungsbilanz auswirkt. Es kann in diesem Bereich nicht mehr zur Erwärmung der Oberfläche durch die Globalstrahlung kommen, wodurch diese schlechter abtrocknet. Die Folgen sind länger anhaftendes Wasser nach Schlagregen oder Taupunktunterschreitung der Oberfläche in den Nachtstunden sowie eine stark erhöhte rel. Luftfeuchtigkeit in diesem Bereich.

Dadurch liegen ideale Bedingungen für Pilzwachstum vor. Zudem ist die Konzentration von Algen- und Pilzsporen im Bereich der Vegetation stark erhöht.

Die Flächenausrichtung nach Himmelsrichtungen oder nach Höhenwinkeln siehe (Abbildung 42, B5) verändert die Schlagregenbelastung, die Strahlungsbilanz und damit alle Temperatur- und Feuchtekomponenten, die das Pilz- und Algenwachstum beeinflussen. Grundstückseigene Vegetation sowie z. B. Durchgänge siehe (Abbildung 42, B3) oder auch zusätzliche konstruktive oder lagebedinge Gegebenheiten wie Wasserablauf über Fensterbänke oder Spritzwasserbereiche siehe (Abbildung 42, B2) sorgen für günstigere Feuchtebedingungen und damit Wachstumsbedingungen für Pilze und Algen.

Abbildung 44: Algen- und Pilzwachstum unterhalb der Baumkrone; Oberputz: Kunstharzputz, Körnung 3 mm; Beschichtung: Silikonharzfarbe, Objekt ID 183 (Krueger et al., 2016)

2.8.2.3 Baukonstruktions-/ Baustoffplanung

Die Grundlage für Betrachtung der Baukonstruktions- und Baustoffplanung bildet der ungestörte Fassadenbereich B2 (Abbildung 42, B2), wobei die Betonmatrix variieren kann. Die hier untersuchten Aspekte sind baupraktisch und bauökologisch sinnvoll und einfach umsetzbar. Eine Betrachtung von Bioziden wie z. B. Algiziden, Selbstreinigungseffekten z. B. durch Titandioxid oder einer zusätzlich aktiven Fassadentemperierung entfallen daher ganz. Ebenfalls entfällt eine Betrachtung unterschiedlicher Oberflächengeometrien von Oberflächenstrukturen, die auch die Bedingungen von Algen- und Pilzwachstum verändern können.

Organische oder anorganische Baustoffe

Die Eigenschaften von Baustoffen können die Lebensbedingungen von Pilzen und Algen begünstigen oder erschweren. Der wesentliche Unterschied ist dabei, ob es sich um einen organischen oder um einen anorganischen (mineralischen) Baustoff handelt. Organische Baustoffe wie Holz bieten Mikroorganismen wie Pilzen eine Nahrungsgrundlage. Anorganische Baustoffe wie Beton dagegen machen es Mikroorganismen schwer, da keine organische Nahrungsgrundlage vorliegt. Diese Baustoffe werden daher meist von Algen als sogenannte Pioniere besiedelt, um organische Pflanzenzellen und Ausscheidungen auf der Oberfläche zu bilden, bis sich Pilze ansiedeln. Eine weitere Möglichkeit ist die Ablagerung von Umweltschmutz, der sich über Jahre ansammelt. Dieser bildet ebenfalls eine organische Wachstumsgrundlage für Pilze. Die Bewertungsschemen der Isoplethen sowie der Mould-Index unterscheiden daher klar organische und anorganische Baustoffe in ihren Wachstumseigenschaften.

Zudem ist es von Bedeutung, welchen pH-Wert ein Baustoff besitzt. Mikroorganismen wie Algen wachsen am besten bei nahezu neutralen pH-Werten zwischen 7 und 8. Bei pH-Werten von über 10 können diese nicht wachsen. Neue Betonflächen haben einen pH-Wert nahe 13. Daher ist eine Ansiedlung z. B. auf mineralischen Oberflächen (zumindest in den ersten Jahren bis zur Carbonatisierung) schwierig. Pilze dagegen können bei pH-Werten zwischen 2 und 12 (je nach Art verschieden) wachen. (Quick-mix Gruppe GmbH & Co. KG, 2016)

Dämmstandard

Im Altbau sorgt der geringe Wärmedurchgangskoeffizient (U-Wert) der Gebäudehülle dafür, dass die Außenoberfläche mit Wärme aus dem Innenraum versorgt wird und damit kaum Taupunktunterschreitungen und hohe rel. Luftfeuchten vorliegen. Überhaupt erscheinen die hygrothermischen Bedingungen wenig kritisch. Neuere Konstruktionen, die nach Energieeinsparverordnung (EnEV) oder besser gedämmt werden, verfügen über keinen merklichen Wärmetransport auf die Außenoberfläche. Damit kühlt diese schneller ab und verzeichnet stärkere Taupunktunterschreitungen mit generell schlechteren hygrothermischen Bedingungen.

Wirksame Speichermasse

Altbaukonstruktionen verfügen meist über sehr massive Wandaufbauten und können damit viel Wärme im Tageszyklus (vom Tag in die Nacht) speichern. Damit fällt die Außenoberflächentemperatur weniger stark ab. Neuere leichte Konstruktionen können nur eine geringere Wärmemenge speichern und kühlen damit nachts stärker aus.

Wasserdampfdiffusion über die Oberfläche

Die Gebäudehülle soll von innen nach außen immer diffusionsoffener gestaltet werden, sodass der höhere Wasserdampfteildruck nicht in die Konstruktion eindringen kann, um dann an einer kälteren Stelle den Sättigungsdampfdruck zu erreichen und als Flüssigwasser auszufallen. Daher sind bereits seit längerem diffusionsoffene Baustoffe und Beschichtungslösungen für die Außenoberfläche Stand der Technik. Eine diffusionsoffene Außenwandoberfläche reduziert aber nicht nur das Schadensrisiko in der Konstruktion, sondern senkt auch aktiv die Untertemperaturstunden, die zur Tauwasserbildung an der Oberfläche führen. Eine diffusionsoffene Oberfläche ist die Grundvoraussetzung für die kurzzeitige Einlagerung von Wasser im äußeren Wandelement bzw. Platte und damit einer Reduzierung der hygrothermisch problematischen Bedingungen auf der Oberfläche, die Algen- und Pilzwachstum begünstigen.

In Kombination zur diffusionsoffenen Oberfläche sollte ein Baustoff eingesetzt werden, der das Potential aufweist, große Wasserdampfmenge schnell einzuspeichern und schnell wieder abzugeben. Dazu ist neben den passenden Speichereigenschaften auch die Dicke der äußeren Schicht maßgebend.

Flüssigwasseraufnahme über die Oberfläche

Altbauwände bestehen aus kapillaraktiven Ziegeln, die größere Mengen Flüssigwasser aufnehmen und abgeben können. Dies war bei diesen Konstruktionen stets unproblematisch, da die oben beschriebene Wärmemenge aus dem Innenraum das Gefüge vor Frost-Tau-Wechselschäden geschützt hat. Durch den Einsatz von Innendämmsystemen kann dies problematisch werden, da die äußere Wandschicht auskühlt und es zu Gefügeschäden infolge von Eisbildung in der Baukonstruktion kommen kann. Ähnlich sieht es bei neueren Konstruktionen aus, da die äußere Wandschicht stets sehr kalt ist. Hoch kapillaraktive Baustoffe sind daher als Außenplatte ohne zusätzliche Beschichtung oder Hydrophobierung nicht geeignet.

Kann die äußere Fassadenschicht eine erhebliche Flüssigwassermenge kapillar transportieren, kommt der Speicherfähigkeit der Platte (Gesamtwasseraufnahme) eine besondere Bedeutung zu. Zwar kann so das Wasser von der Oberfläche schnell abtransportiert werden, was zur Verringerung der Zeiten mit Wasserfilm an der Oberfläche führt, jedoch führt der Rücktransport der erheblichen Flüssigwassermengen zur einer starken Verlängerung der Zeiten mit hoher rel. Luftfeuchtigkeit an der Oberfläche. Dies begünstigt wiederum das Pilz- und Algenwachstum stark.

Einige Baustoffe sind in ihrer Charakteristik meist gleichzeitig mit einem hohen Wasserdampftransport ausgestattet, weisen einen großen kapillaren Wassertragsport auf und können große Wassermengen speichern (Baustoffe mit vielen Kapillarporen). Möchte der Planer dagegen Baukonstruktionen mit Baustoffen entwickeln, die gegenläufige Eigenschaften wie z. B. ein hoher Wasserdampftransport und ein niedriger Flüssigwassertransport aufweisen, so muss er zusätzliche Beschichtungen oder Hydrophobierungen aufbringen.

Absorptionskoeffizient und Emissionskoeffizient

Nach Kirchhoff´schen Gesetz entsprecht der Absorptionsgrad bzw. -koeffizient dem Emissionsgrad bzw. -koeffizient. Dies stimmt aber für unterschiedliche Wellenlängenbereich nur eingeschränkt, da sich der Wellenlängenbereich beim Auftreffen von kurzwelliger Solarstrahlung auf eine Bauteiloberfläche in langwellige Wärmestrahlung ändert. Die meisten Baustoffe haben im kurzwelligen Strahlungsbereich einen kleineren Absorptions-/Emissionskoeffizient als im langwelligen Strahlungsbereich. Da die Solarstrahlung im kurzwelligen Bereich von der Bauteiloberfläche absorbiert wird, spricht man in diesem Bereich vom Absorptionskoeffizienten. Diese wird dabei erwärmet und gibt langwellige Wärmestrahlung an die umgebenden Oberflächen, wie Himmel oder Nachbargebäude ab. Daher spricht man in diesem Wellenlängenbereich von Emissionskoeffizienten.

Beide Begriffe beschreiben damit zwei unterschiedliche Wellenlängenbereiche. In der Bauphysik beschreibt das Spektrum der elektromagnetischen Strahlung Wellenlängen von 0,3 µm bis 30 µm (300 nm bis 30000 nm). Dazu gehört der kurzwellige Bereich (short-wave, SW) von λ_{sw} = 0,3 µm bis 3 µm (300 nm bis 3000 nm), welcher das gesamte Spektrum der Sonnenstrahlung inkl. das sichtbaren Bereiches umfasst, und den langwelligen Bereich (long-wave, LW) von λ_{lw} = 3 µm bis 30 µm (3000 nm bis 30000 nm), welcher die Wärmestrahlung beschreibt.

Die kurzwellige Strahlung (Solarstrahlung) umfasst die direkte und die diffuse Sonnenstrahlung, die zur Globalstrahlung zusammengefasst wird. Die Bezeichnung ist der Absorptionskoeffizient der Oberfläche.

Die langwellige Strahlung (Wärmestrahlung) gehört zur terrestrischen Gegenstrahlung. Bei bedecktem Himmel kompensiert die atmosphärische Gegenstrahlung die langwelligen Strahlungsverluste durch terrestrische Gegenstrahlung. Bei nicht bedecktem Himmel kann es zum Unterkühlen der Bauteiloberflächen und damit zum Anfall von Tauwasser kommen. Die Bezeichnung ist der Emissionskoeffizient der Oberfläche.

„Die Strahlungsbilanz ist die Summe der auf ein Flächenelement auftreffenden kurz- und langwelligen Strahlung abzüglich der von dem Flächenelement ausgehenden (langwelligen) Strahlung." (Deutscher Wetterdienst, 2017, Absatz 1) Tagsüber fällt diese Strahlungsbilanz positiv aus, sodass die Fassade erwärmt und das Algen- und Pilzwachstum gehemmt wird. Entgegen fällt oft die langwellige Strahlungsbilanz in der Nacht aus, da es bei wolkenlosem Himmel zu starken Strahlungsverlusten in Richtung Atmosphäre kommt. Die Folge sind Oberflächen, die unterhalb des Taupunktes absinken und es zum Tauwasseranfall kommt. Damit werden die Lebensbedingungen für Mikroorganismen wie Algen und Pilze begünstigt.

3 Baustoffe

Dieses Kapitel umfasst die experimentelle Bestimmung relevanter Materialdaten, die zur Erstellung einer vollständigen hygrothermischen Charakterisierung erforderlich sind, sowie zusätzliche Eigenschaften, die auf der Grundlage der Labormessungen berechnet werden konnten (wie z. B. Wärmeeindringkoeffizient).

Basiseigenschaften

- Trockenrohdichte, totale und offene Porosität sowie effektive Sättigung

Thermische Eigenschaften

- Wärmeleitfähigkeit und Wärmekapazität

Hygrische Eigenschaften

- Feuchtespeicherung im hygroskopischen und überhygroskopischen Bereich (Sorptionsisotherme, Saugspannungskurve), Wasserdampfdiffusionswiderstand (Dry-Cup, Wet-Cup), Flüssigwasserleitfähigkeit, kapillarer Wasseraufnahmeverlauf und Trocknungsverlauf (Wasseraufnahmekoeffizient)
- Anhand der in diesem Kapitel ermittelten Messdaten wurden am Institut für Bauklimatik der TU Dresden Kapillarwasser- und Wasserdampftransportfunktionen sowie die Feuchtespeicherfunktion für den hygroskopischen und überhygroskopischen Bereich erstellt.

3.1 Trockenrohdichte

Begriffsdefinition

Die Trockenrohdichte ist das Verhältnis der Masse der trockenen festen Stoffe zum Rohvolumen des Materials. Das Rohvolumen schließt das Volumen des festen Stoffes und das Porenvolumen in kg/m³ ein.

Berechnungsformel Trockenrohdichte nach DIN 1306:1984-06

$$\rho = \frac{m}{V} \tag{3.1}$$

ρ Trockenrohdichte in kg/m³

m Trockengewicht der Probe in kg

V Rohvolumen in m³

Erklärung

Die Angabe der Trockenrohdichte beinhaltet das Verhältnis der Gesamtmasse zum Gesamtvolumen inkl. aller Poren. Je höher die Porosität eines Baustoffes ist, desto geringer wird seine Trockenrohdichte ausfallen (inhomogene Stoffportionen). Die Masse ohne Poren würde daher unter Berücksichtigung der Porosität völlig anders ausfallen (homogene Stoffportionen).

Laboruntersuchung

Probengröße Textilbeton: = 7 cm x 7 cm x 0,8 cm

Die Bestimmung der Trockenrohdichte erfolgte im Labor an 20 Einzelproben, die ebenfalls zur Bestimmung der Adsorptionsisotherme verwendet werden. An sechs Proben wurde vor dem Trocknungsvorgang die Geometrie bestimmt. Die Streuung der untersuchten Materialproben geben die Standardabweichung mit den Bereichsgrenzen Minimal- und Maximalwert wieder. Diese Abweichungen sind ein Indikator für die Homogenität der Probenherstellung. Die Masse wird bestimmt, nachdem das Material bei einer bestimmten Temperatur auf konstantes Gewicht heruntergetrocknet wurde: 105 °C bei Beton. Nach der Messung der Proben, der Berechnung der jeweiligen Volumina und der Trocknung der Einzelproben kann die Trockenrohdichte nach Gleichung 3.1 bestimmt werden.

Berücksichtig wurden dabei folgende Normen: (DIN 52170:1980-02; DIN 1306:1984-06; DIN EN 12390-7:2009-07)

Tabelle 14: Trockenrohdichten unterschiedlicher Baustoffe mit DELPHIN ID-Nummern

Baustoff	**Trockenroh-dichte in kg/m³**
Vergleichs- und Konstruktionsbaustoffe	
Holz (Fichte - radial), DELPHIN ID 460	520
Holz (Eiche - radial), DELPHIN ID 457	588
OSB-Platte (oriented structural board), DELPHIN ID 650	595
Hochdichte Faserplatte (HDF), DELPHIN ID 279	1250
Historischer Ziegel, DELPHIN ID 490	1836
Hochlochziegel, DELPHIN ID 508	1400
Kalksandstein, DELPHIN ID 511	1744
Kalkzementputz, DELPHIN ID 145	1270
Kalkzementmörtel, DELPHIN ID 143	1570
Klebemörtel für CS-Platte, DELPHIN ID 407	1473
Kalkputz, DELPHIN ID 148	1800
Silikonharzoberputz, DELPHIN ID 347	1480
Lehmputz, DELPHIN ID 128	1568
Gipskartonplatte, DELPHIN ID 599	745
Dämmstoffe	
Mineralwolle (MW) , DELPHIN ID 645	67
Expandiertes Polystyrol (EPS) , DELPHIN ID 186	35
Extrudiertes Polystyrol (XPS) , DELPHIN ID 188	40
Polyurethan (PU) , DELPHIN ID 193	35
Calciumsilikat (CS) , DELPHIN ID 571	270
Schaumglas (SG) , DELPHIN ID 70	140
Vakuum-Isolations-Paneel (VIP) , DELPHIN ID 577	190
CALOSTAT, DELPHIN ID 625	167
SLENTITE, DELPHIN ID 800	119
Einblasdämmung Zellulose, DELPHIN ID 580	55
Luftschicht (3 mm, vertikal) , DELPHIN ID 13	1,3
Bewehrungen	
Stahl, DELPHIN ID 238	7800
Aluminium, DELPHIN ID 19	2800
Glas, DELPHIN ID 72	2400
Polyamid (PA) , DELPHIN ID 603	588

Tabelle 14: Trockenrohdichten unterschiedlicher Baustoffe mit DELPHIN ID-Nummern (Fortsetzung)

Baustoff	**Trockenrohdichte in kg/m³**
Zuschläge	
Zementkleber, DELPHIN ID 478	1363
Granit, DELPHIN ID 78	2550
Carrera Marmor, DELPHIN ID 462	2614
Sandstein, DELPHIN ID 562	2412
konventionelle Betone	
Normalbeton C20/25 (unbewehrt), DELPHIN ID 411	2320
Bimsbeton, DELPHIN ID 405	668
Leichtbeton (Blähton), DELPHIN ID 293	719
Porenbeton, DELPHIN ID 474	392
Textilbetone	
Textilbeton 1.0 (unbewehrt) , DELPHIN ID 570	1941
Textilbeton 1.1, DELPHIN ID 616	1974
Textilbeton 1.2, DELPHIN ID 617	1945
Textilbeton 1.3, DELPHIN ID 618	1948
Textilbeton 2.0 (unbewehrt) , DELPHIN ID 615	1906
Textilbeton 3.0 (unbewehrt) , DELPHIN ID 619	2327
Textilbeton 3.1, DELPHIN ID 620	2346
Textilbeton 4.0, DELPHIN ID 801	2184
Vergleichsstoffe nach (Langeheinecke, Kaufmann, Langeheinecke, & Thieleke, 2017)	
Luft bei 0 °C	1,29
Luft bei 50 °C	1,08
Wasser bei 0 °C	1000
Wasser bei 20 °C	998

Auswertung

Gruppe 1 Vergleichs- und Konstruktionsbaustoffe

Baustoffe wie Fichte, Eiche oder Holzwerkstoffplatten (OSB-Platten) weisen eine hohe offene Porosität oberhalb von 0,6 m³/m³ auf. Damit liegen mehr Poren als Feststoffgerüst im Material vor. Die Trockenrohdichte liegt dadurch bei sehr geringen ca. 500 bis 600 kg/m³. Alle mineralischen Baustoffe wie z. B. der historische Ziegel und der Hochlochziegel liegen weit oberhalb dieser Werte und weisen eine offene Porosität von ca. 0,3 m³/m³ auf. Damit kommen diese Baustoffe auf Trockenrohdichten von ca. 1400 bis 1800 kg/m³.

Gruppe 2 Dämmstoffe

Alle Baustoffe dieser Gruppe weisen eine offene Porosität von über 0,9 m^3/m^3 auf, d. h., dass sie durch Einschluss von möglichst großen Mengen ruhender Luft den Wärmestrom verringern. Der Feststoffanteil von unter 0,1 m^3/m^3 definiert dabei die resultierende Trockenrohdichte. Die Dämmstoffe expandiertes Polystyrol (EPS), extrudiertes Polystyrol (XPS) und Polyurethan (PU) bestehen aus einem erdölbasierten Kunststoffgerüst, das sehr geringe Trockenrohdichten aufweist (z. B. Polyamid mit 588 kg/m^3). Die Dämmstoffe Mineralwolle (MW), Calciumsilikat (CS), Schaumglas (SG) oder die Kieselsäure der Vakuum-Isolations-Paneele (VIP) haben ein mineralisches Trägergerüst, das eine wesentlich höhere Trockenrohdichte als die vorgenannten hat (z. B. Glas mit 2400 kg/m^3).

Gruppe 3 Bewehrungen, Zuschläge und konventionelle Betone

Die Bewehrungsbaustoffe wie Stahl, Aluminium und Glas weisen eine kaum messbare Porosität auf und werden daher mit einer offenen Porosität von 0 m^3/m^3 angenommen. Zudem weisen metallische Elemente eine sehr hohe Dichte im Festzustand auf. Daher haben sie die höchsten Trockenrohdichten in diesem Diagramm von 2400 bis 7800 kg/m^3. Der thermoplastische Kunststoff Polyamid hat nur eine geringe Dichte von 588 kg/m^3, da er eine offene Porosität von 0,12 m^3/m^3 und eine nichtmetallische Grundstruktur aufweist, die als homogener Feststoff bereits eine geringere Rohdichte hat.

In der Gruppe der Zuschläge und Bindemittel liegt der Zementstein mit einer Trockenrohdichte von 1363 kg/m^3 deutlich unter den Zuschlägen Granit und Sandstein mit 2550 kg/m^3 und 2414 kg/m^3. Hintergrund ist die hohe offene Porosität von ca. 0,5 m^3/m^3 beim Zementstein und nur ca. 0,1 m^3/m^3 bei Granit und Sandstein.

Die Gruppe der konventionellen Betonmischungen zeigt die höchste Trockenrohdichte mit 2320 kg/m^3 (Normalbeton) bei einer offenen Porosität von 0,143 m^3/m^3. Dies liegt an dem hohen Anteil größerer Zuschläge im Vergleich zu dem geringen Zementsteinanteil. Das Größtkorn der Zuschläge liegt hier bei 16 mm. Der Anteil an Zement, der zusammen mit dem Anmachwasser zu Zementleim wird, der wiederum später zum Zementstein erhärtet, ist mit 260 kg/m^3 vergleichsweise gering. Der hohe Masseanteil von Zuschlägen und der geringe Masseanteil von Zementstein sorgen für eine im Vergleich zum hochfesten Beton erhöhte Trockenrohdichte. Porenbeton und Leichtbeton (Blähton) liegen im Bereich von ca. 400 bis 700 kg/m^3, was wiederum auf die erhöhte offene Porosität von 0,871 kg/m^3 und 0,670 m^3/m^3 zurückzuführen ist. Zudem besteht der Feststoffanteil primär aus Zementstein und enthält keine weiteren Gesteinszuschläge.

Gruppe 4 Textilbetone

Die hier vorgestellten Textilbetonplatten werden im Anhang „untersuchte Betonmischungen“ vorgestellt.

In der Gruppe der Textilbetone gibt es zwei Dichtegruppen. In der ersten Gruppe sind zwei hochfeste Betone (Textilbeton 1.0 und 2.0), die ein Größtkorn von nur 1 mm (Sand) enthalten. In der zweiten Gruppe liegt der Textilbeton 3.0, der ein Größtkorn von 5 mm (Naturstein: Labrador) enthält. Die offene Porosität liegt bei den Mischungen mit erhöhtem Zementsteinanteil (Textilbeton 1.0 und 2.0) bei ca. 0,270 m^3/m^3 und bei der Mischung mit geringerem Zementsteinanteil (Textilbeton 3.0) bei nur 0,170 m^3/m^3. Es dominiert damit die höhere Dichte der großen Größtkornzuschläge. Die Textilbetone 1.0 und 2.0 haben eine Dichte von 1941 kg/m^3 bzw. 1906 kg/m^3 und sind damit signifikant leichter als der Textilbeton 3.0 mit 2327 kg/m^3.

Zudem soll hier noch der Einfluss der eingesetzten Bewehrungstextile auf die Trockenrohdichte betrachtet werden. In die Textilbetonprobe 1.1 wurden zwei Bewehrungstextilien aus AR-Glas eingelegt. Diese hatten einen Masseanteil von ca. 8 %. Da die Glasfilamente eine Trockenrohdichte von 2400 kg/m^3 aufweisen und den größten Masseanteil am Biaxialgelege (ca. 85 %) ausmachen, erhöht sich die Trockenrohdichte von unbewehrt 1941 kg/m^3 auf bewehrt 1974 kg/m^3 (Textilbetonprobe 1.1). Das Beschichtungsmittel macht im Schnitt ca. 15 M.-% aus. In der Textilbetonmischung 1.2 wurden im Gegensatz zur Mischung 1.1 nur ein Bewehrungstextil (ca. 4 M.-%) eingelegt, zusätzlich noch 12 mm AR-Kurzfasern mit einem Masseanteil von 1 %, um mögliche Risse in der Oberfläche feiner zu verteilen. Damit erhöht sich die Trockenrohdichte von unbewehrt 1941 kg/m^3 auf bewehrt 1945 kg/m^3. Die Mischung 1.3 gleicht der Mischung 1.2, jedoch wurden 3 M.-% statt 1 M.-% Kurzfasern eingebracht. Dies führt nochmals zur Erhöhung der Trockenrohdichte auf bewehrt 1948 kg/m^3. Schließlich kann man sagen, dass die Einbringung der textilen Bewehrungslagen und der Kurzfaserbewehrung das Gewicht nur geringfügig verändert, da die Glasbewehrung mit 2400 kg/m^3 (ca. 85 M.-%) gemeinsam mit der Beschichtung der Rovings aus Kunststoff mit 588 kg/m^3 (ca. 15 M.-%) eine ähnliche Dichte wie die Betonmatrix hat. Die eingesetzten Bewehrungstextile führen nur zu einer geringfügigen Erhöhung der Trockenrohdichte. Ein ähnliches Bild zeigt sich auch bei dem Drehergewebe, das in der Mischung 3.1 eingesetzt wurde. Diese AR-Glasfaserbewehrung macht in der Mischung einen Masseanteil von 3 % aus. Damit wird die hohe Trockenrohdichte von unbewehrt 2327 kg/m^3 auf bewehrt 2346 kg/m^3 leicht erhöht.

Die Textilbetonmischung 4.0 erreicht ebenfalls eine hohe Dichte mit 2184 kg/m^3. Dies ist auf eine geringe offene Porosität mit 0,176 m^3/m^3 sowie auf Zuschläge mit einem Größtkorn von 8 mm und einer hohen Dichte der Gesteinskörung zurückzuführen.

3.2 Wärmeleitfähigkeit

Begriffsdefinition

Ein Körper mit einer definierten Dicke *d* wird von zwei ebenen, planparallen und isothermen Flächen begrenzt. Die Flächen besitzen die Temperaturen T_1 und T_2 und eine Fläche *A*. Dabei sind die Seitenkanten adiabatisch. Die Eigenschaften des Baustoffes sollen homogen und isotrop sein. Falls es sich um einen anisotropen Werkstoff handelt, sollen die Eigenschaften senkrecht zu der Fläche *A* einheitlich sein. Es gelten dann die abgeleiteten Bedingungen nach Fourier'schem Gesetz unter stationären Bedingungen. (DIN EN ISO 7345:2018-07)

Berechnungsformel Wärmeleitfähigkeit in Anlehnung an DIN EN ISO 7345:2018-07

$$\lambda = \frac{d}{R_{\text{Baustoff}}} = \frac{d}{A\left(\frac{T_1 - T_2}{\Phi}\right)} = \frac{d}{\left(\frac{T_1 - T_2}{\text{q}}\right)} = \frac{d \cdot q}{(T_1 - T_2)} \tag{3.2}$$

$$= d \cdot q \; (bei\ 1\ \Delta K)$$

λ	Wärmeleitfähigkeit in W/(m·K)
d	Dicke in m
A	Fläche in m^2
T	Thermodynamische Temperatur in K
R_{Baustoff}	Wärmedurchlasswiderstand des Baustoffs in $m^2 \cdot K/W = d/\lambda$
Φ	Wärmestrom in W
q	Wärmestromdichte in W/m^2

Berechnungsformel Wärmedurchgangskoeffizient nach DIN EN ISO 6946:2018-03

$$U = \frac{1}{R_{\text{si}} + R_{\text{Baustoff}} + R_{\text{se}}} \tag{3.3}$$

U	Wärmedurchgangskoeffizient in $W/(m^2 \cdot K)$
R_{Baustoff}	Wärmedurchlasswiderstand des Baustoffs in $m^2 \cdot K/W = d/\lambda$
R_{si}	Wärmeübergangswiderstand innen $m^2 \cdot K/W$
R_{se}	Wärmeübergangswiderstand außen $m^2 \cdot K/W$

Tabelle 15: Bemessungswerte der Wärmeübergangswiderstände R_{si} und R_{se} an ebenen Bauteilen nach DIN EN ISO 6946:2018-03

Widerstände	Richtung des Wärmestroms		
	Aufwärts (Dach)	Horizontal (Wand)	Abwärts (Bodenplatte)
R_{si} in $(m^2 \cdot K)/W$	0,10	0,13	0,17
R_{se} in $(m^2 \cdot K)/W$	0,04	0,04	0,04

In den Werten in Tabelle 15 sind die Transportprozesse Konvektion und Strahlung zusammengefasst. Die Werte zum Wärmestrom „Aufwärts“ gelten für Bauteile wie z. B. Dächer mit einer Dachneigung bis zu 60°. Ab diesem Winkel von 60° bis 90° (senkrechte Wand) gilt der Wärmestrom „Horizontal“. Der Wärmestrom „Abwärts“ gilt z. B. für Bodenplatten.

Erklärung

Die Wärmeleitfähigkeit beschreibt den Wärmestrom in Watt, der im statischen Zustand in einer Sekunde durch eine 1 m^2 große Werkstoffschicht fließt, wenn die Temperaturdifferenz zwischen beiden Oberflächen 1 K beträgt. Sie setzt sich bei porösen Baustoffen zusammen aus Wärmeleitung über das Feststoffgerüst (Baustoffmatrix), Wärmeleitung über die Füllgase (Luft in den Poren des Baustoffs), Wärmekonvektion (Luftmoleküle in den Poren des Baustoffs) sowie Wärmestrahlung zwischen den Porenwänden.

Laboruntersuchung

Probengröße Textilbeton: s = 7 cm x 7 cm x 0,8 cm

Die Bestimmung der Wärmeleitfähigkeit erfolgte im Labor an fünf Einzelproben jeweils an der glatten Schalungsseite der 70 mm x 70 mm x 8 mm großen Probekörper. Die Proben wurden vorher bei 105 °C im Ofen getrocknet. Die Messung erfolgte dann bei 23 °C. Zur Messung wurde die Heat-Puls-Technik mit Plattensensoren verwendet. Dies hat einen Messbereich von 0,3 bis 2,0 W/(m·K).

Die vorbereitete Materialprobe (gesättigt, trocken) wird in einem Vakuum aus einem System von Aluminiumfolie verschlossen. Dann wird die Probe in einem Apparat platziert, in dem thermische Stufen angewendet und der resultierende Wärmefluss gemessen werden. (DIN EN ISO 7345:2018-07)

Tabelle 16: Wärmeleitfähigkeiten unterschiedlicher Baustoffe

Baustoff	**Wärmeleitfähigkeit in W/(m·K)**
Vergleichs- und Konstruktionsbaustoffe	
Holz (Fichte - radial)	0,130
Holz (Eiche - radial)	0,156
OSB-Platte	0,130
Hochdichte Faserplatte (HDF)	0,580
Historischer Ziegel	0,528
Hochlochziegel	0,350
Kalksandstein	0,819
Kalkzementputz	0,550
Kalkzementmörtel	0,700
Klebemörtel für CS-Platte	0,918
Kalkputz	0,820
Silikonharzoberputz	0,700
Lehmputz	0,582
Gipskartonplatte	0,177
Dämmstoffe	
Mineralwolle (MW)	0,040
Mineralwolle (MW) (angepasst für neue Baukonstruktionen) (URSA Deutschland GmbH, 2018)	0,032
Expandiertes Polystyrol (EPS)	0,040
Extrudiertes Polystyrol (XPS)	0,030
Polyurethan (PU)	0,028
Calciumsilikat (CS)	0,069
Schaumglas (SG)	0,045
Vakuum-Isolations-Paneel (VIP)	0,007
CALOSTAT	0,021
SLENTITE	0,018
Einblasdämmung Zellulose	0,048
Luftschicht (3 mm, vertikal)	0,030
Bewehrungen	
Stahl	60,000
Aluminium	235,000
Glas	0,800
Polyamid (PA)	0,230

Tabelle 16: Wärmeleitfähigkeiten unterschiedlicher Baustoffe (Fortsetzung)

Baustoff	Wärmeleitfähigkeit in W/(m·K)
Zuschläge	
Zementkleber	0,658
Granit	3,500
Carrera Marmor	2,272
Sandstein	3,277
konventionelle Betone	
Normalbeton C20/25 (unbewehrt)	2,100
Bimsbeton	0,140
Leichtbeton (Blähton)	0,130
Porenbeton (angepasst) (Xella Deutschland GmbH, 2017)	0,080
Textilbetone	
Textilbeton 1.0 (unbewehrt)	0,898
Textilbeton 1.1	0,814
Textilbeton 1.2	0,804
Textilbeton 1.3	0,694
Textilbeton 2.0 (unbewehrt)	0,745
Textilbeton 3.0 (unbewehrt)	0,804
Textilbeton 3.1	0,939
Textilbeton 4.0	2,162
Vergleichsstoffe nach (Langeheinecke et al., 2017)	
Luft bei 0 °C	0,024
Luft bei 50 °C	0,028
Wasser bei 0 °C	0,562
Wasser bei 20 °C	0,600

Auswertung

Gruppe 1 Vergleichs- und Konstruktionsbaustoffe

Die Gruppe mit Eiche, Fichte, OSB-Platte sowie Gipsplatte liegen alle oberhalb von 0,6 m³/m³ offener Porosität. Diese ruhende Luft in den Poren sorgt für die starke Reduzierung der Wärmeleitfähigkeit. Sie kann mit einer Wärmeleitfähigkeit von 0,025 W/(m·K) angenommen werden (DIN EN ISO 10456:2010-05). Die hier dargestellte 3 mm dicke vertikale Luftschicht besitzt eine Wärmeleitfähigkeit von 0,030 W/(m·K), da es in dieser Schicht bereits zu einer geringen Konvektion kommt. Die Ziegel und die Putze haben eine offene Porosität von unter 0,5 m^3/m^3 und damit höhere Wärmeleitfähigkeiten von 0,350 bis 0,750 W/(m·K).

Gruppe 2 Dämmstoffe

Die Wärmeleitfähigkeit aller Dämmstoffe definiert sich über die Festkörperleitung und der Wärmestrahlung eines Werkstoffes. Den Haupteinfluss haben dabei die Anzahl und Größe der eingeschlossenen Luftporen. Die Dichte des Werkstoffes soll zur Verbesserung der Festkörperleitung (Wärmeleitung über Porenwände und Luft) möglichst reduziert werden. Dabei führt diese reduzierte Dichte zur Erhöhung der Wärmestrahlung.

Die Gruppe der Dämmstoffe hat Wärmeleitfähigkeiten von 0,007 bis 0,069 W/(m·K) bei einer offenen Porosität oberhalb von 0,9 m^3/m^3 und der darin eingeschlossenen ruhenden Luft. Daher liegen alle Wärmeleitfähigkeiten oberhalb der 0,25 m^3/m^3 für die Luft. Die Ausnahme bildet nur das VIP. Hier wurden die Luftmoleküle aus dem offenporigen Grundgerüst aus pyrogener Kieselsäue evakuiert, sodass ein Grobvakuum (< 5 mbar) erzeugt wird und damit die Konvektionseigenschaften sowie die Wärmeleitung über die Luftmoleküle nahezu ausgeschaltet werden. Es gibt fast ausschließlich Festkörperleitung und Wärmestrahlung im Feststoffgerüst aus Kieselsäure. Damit kann in der Herstellung die Wärmeleitfähigkeit auf unter 0,005 W/(m·K) abgesenkt werden. Durch die Annahme, dass der Druck im Bereich von wenigen Millibar ansteigen kann, wurde der Zulassungswert mit 0,007 W/(m·K) etwas höher festgelegt. Der Beitrag der Wärmestrahlung (Infrarotstrahlung) vergrößert sich, wenn die Dichte des Dämmstoffes abnimmt. Konventionelle Dämmstoffe wie MW, EPS, XPS und PU haben sehr geringe Dichten von unter 70 kg/m^3. Sie reduzieren damit die Feststoffleitung, erhöhenjedoch gleichzeitig die Wärmeleitung durch Infrarotstrahlung. Beim VIP wird daher auf eine hohe Dichte gesetzt, um die Wärmestrahlung ebenfalls zu reduzieren. Die pyrogene Kieselsäure ist zudem ein amorphes Material, was den Feststoff zu einem schlechten Leiter macht. Eine andere Möglichkeit besteht durch den Einsatz von schweren Gasen, die die Gasleitung von Luft z. B. in eine PU-Dämmung weiter reduzieren.

Gruppe 3 Bewehrungen, Zuschläge und konventionelle Betone

In der Gruppe der Bewehrungen weisen Stahl, Aluminium und Glas keine Porosität auf. Damit gibt es auch keine Poren, die mit ruhender Luft gefüllt sind. Ebenso gibt es keine Wärmeleitung und keine Konvektion über das Gas. Die Wärmestrahlung ist ebenfalls bei den hohen Dichten fast ausgeschaltet. Somit erfolgt die Wärmeleitung fast ausschließlich über die Feststoffleitung der Matrix. Bei den hohen Dichten von Stahl und Aluminium von 7800 kg/m^3 und 2800 kg/m^3 ergeben sich daher sehr hohe Wärmeleitfähigkeiten von 60 W/(m·K) und 235 W/(m·K). Glas hat ebenfalls kaum Poren und eine hohe Dichte, jedoch eine deutlich geringere Wärmeleitfähigkeit von 0,8 W/(m·K). Glas ist ein amorpher Stoff (ungeordnete Atome) und leitet im Gegensatz zu kristallisierten Stoffen (regelmäßig angeordnete Atome) die Wärme nicht so stark. Die Wärmeleitfähigkeit nimmt weiter ab, wenn bei einem amorphen Material auch Makromoleküle vorliegen, so wie es bei Polyamid der Fall ist. Polyamid hat eine offene Porosität von 0,12 m^3/m^3 und damit eingeschlossene ruhende Luft und eine geringe Dichte von 588 kg/m^3, womit der Baustoff eine sehr geringe Wärmeleitfähigkeit von 0,23 W/(m·K) erreicht.

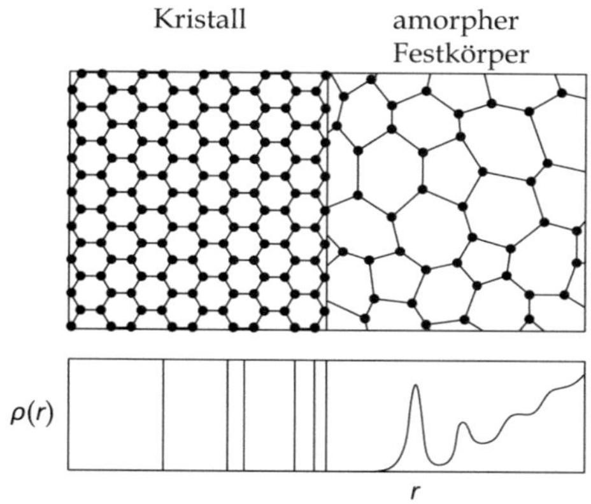

Abbildung 45: Vergleich von kristallinen und amorphen Festkörper (Kilian & Weber, 2003)

In Abbildung 45 ist ein Vergleich von kristallinen und amorphen Festkörpern dargestellt. Die entsprechenden radialen Verteilungsfunktionen $\rho(r)$ geben die Wahrscheinlichkeit an, im Abstand r von einem Atom ein weiteres zu finden.

In der Gruppe der Zuschläge haben Granit und Sandstein die größten Wärmeleitfähigkeiten mit 3,5 W/(m·K) und 3,277 W/(m·K). Die geringe offene Porosität von ca. 0,1 m^3/m^3 sowie die hohen Dichten von 2500 kg/m^3 bzw. 2412 kg/m^3 sorgen für höhere Wärmeleitfähigkeiten. Der Zementstein hat dagegen eine geringe Wärmeleitfähigkeit mit 0,658 W/(m·K) durch die höhere Porosität mit 0,486 m^3/m^3 sowie die geringere Dichte mit 1363 kg/m^3.

Der Normalbeton hat im Vergleich zu allen weiteren Betonen (ausgenommen Textilbeton 4.0) die höchste Wärmeleitfähigkeit mit 2,1 W/(m·K). Dies liegt an der geringen offenen Porosität von 0,143 m^3/m^3 sowie an der hohen Dichte von 2320 kg/m^3. Diese hohe Dichte wird durch die großen Gesteinskörnungen mit einem Größtkorn von 32 mm mit einer hohen Dichte erreicht. Der Zementsteinanteil ist dagegen klein und weist eine geringe Dichte auf. Die geringsten Wärmeleitfähigkeiten oder die beste Isolationswirkung haben dabei der Porenbeton sowie der Leichtbeton mit 0,095 W/(m·K) und 0,130 W/(m·K). Beide haben auch in der

Gruppe der Betone die höchste offene Porosität mit 0,871 m³/m³ bzw. 0,670 m³/m³. Ebenso weisen sie die geringsten Dichten mit 392 kg/m³ bzw. 719 kg/m³ auf.

Gruppe 4 Textilbetone

Bei den Textilbetonmischungen 1.0 und 2.0 sind sehr geringe Wärmeleitfähigkeiten gemessen worden, die im Bereich von 0,7 bis 0,9 W/(m·K) liegen. Dies liegt an der für Beton hohen offenen Porosität von 0,255 bis 0,305 m³/m³ mit der isolierenden ruhenden Luft. Diese hohe Porosität wird durch den großen Anteil an Zementstein erzeugt, der zudem mit 0,658 W/(m·K) auch noch ein schlechter Wärmeleiter ist. Außerdem liegen auch die Dichten unterhalb aller anderen Textilbetonmischungen. Bei dem Textilbeton 3.0 und 3.1 sind höhere Wärmeleitfähigkeiten von 0,804 W/(m·K) und 0,939 W/(m·K) gemessen worden, was an der deutlich reduzierten offenen Porosität von 0,17 m³/m³ und 0,16 m³/m³ liegt. Dies folgt aus der Reduzierung des Zementsteinanteils auf weniger als 50 % zu den Betonen 1.0 und 2.0. Zudem wurde ein Größtkorn von 5 mm eingesetzt. Im Vergleich dazu wurden bei den Betonen 1.0 und 2.0 nur ein Größtkorn von 1 mm eingebracht. Die höhere Wärmeleitfähigkeit dieser Gesteinszuschläge (z. B. Granit 3,5 W/(m·K)) führt im Gegensatz zum Zementstein mit 0,658 W/(m·K) zu höheren Wärmetransporteigenschaften.

Die Wärmeleitfähigkeiten variieren außerdem durch die Eigenschaften der unterschiedlichen Bewehrungen. Die unbewehrten Textilbetone 1.0 und 3.0 bilden die Grundlage für die Vergleiche. Der Beton 1.0 hat eine Wärmeleitfähigkeit von 0,898 W/(m·K). In die Matrix der Variante 1.1 wurden zwei AR-Glastextilien mit 8 M.-% eingelegt. Die Rovings (Faserbündel aus 85 % Glasfilamenten und 15 % Kunststoff) reduzieren die Festkörperleitfähigkeit je nach eingebrachter Fasermenge. Werden diese in Form von Endlosfasern wie bei 1.1 und 3.1 eingebracht, reduzieren diese die offene Porosität, was die Wärmeleitfähigkeit erhöht. Dies wird jedoch durch die gering leitenden Faserbündel überkompensiert, sodass die Leitfähigkeit unterhalb der unbewehrten Matrices liegt. Die mit zwei Biaxiallagen bewehrte Mischung 1.1 erreicht damit eine Leitfähigkeit von 0,814 W/(m·K) im Gegensatz zur unbewehrten Mischung 1.0 mit 0,898 W/(m·K). Die Mischungen 1.2 und 1.3 mit nur einem Biaxialgelege und 1 M.-% AR-Glas Kurzfasern (Mischung 1.2) bzw. 3 M.-% (Mischung 1.3) können die Wärmeleitfähigkeit weiter auf 0,804 W/(m·K) und 0,694 W/(m·K) reduzieren. Dies liegt an der Konsistenzänderung der Betonmatrix, die durch die Zugabe von Kurzfasern eine geringere Viskosität aufweist. Damit entstehen in der Betonmatrix mehr Porenräume.

Diese Textilbetone (1.0 bis 3.1) wurden im Jahr 2010 hergestellt, der anderen Textilbeton (4.0) dagegen erst im Jahr 2015. Dieser Entwicklungsschritt sorgte für eine sichtliche Gefügeverbesserung der Matrix sowie ein optimiertes Nachbehandlungsregime. Der Textilbeton 4.0 zeigt deutliche Unterschiede zu den alten Mischungen. Die Textilbetone 1.0 bis 3.1 erreichen Wärmeleitfähigkeiten von ca. 0,7 bis 0,9 W/(m·K). Sie besitzen eine höhere offene Porosität durch einen höheren Zementsteinanteil, aber auch kleine Gesteinskörnungen, die für eine geringe Wärmeleitfähigkeit sorgen. Der Textilbeton 4.0 besitzt eine sehr geringe offene Porosität (gute Nachbehandlung, optimierte Sieblinie und damit geringerer Zementbedarf) und verfügt über größere Gesteinskörnungen (8 mm Größtkorn und damit erhöhte Feststoffleitung), was zu einer höheren Wärmeleitfähigkeit von 2,162 W/(m·K) führt.

3.3 Wärmekapazität

Begriffsdefinition Wärmekapazität

Die Wärmemenge ΔQ, die durch eine definierte Temperaturerhöhung ΔT zugeführt wird, entspricht der Wärmekapazität. (DIN EN ISO 7345:2018-07)

Berechnungsformel Wärmekapazität nach DIN EN ISO 7345:2018-07

$$C = \frac{\Delta Q}{\Delta T} \tag{3.4}$$

C	Wärmekapazität in J/K
ΔQ	Wärmemengendifferenz in J
ΔT	Thermodynamische Temperaturdifferenz in K

Begriffsdefinition spezifische Wärmekapazität

Die spezifische Wärmekapazität c_p ist eine Materialeigenschaft und gibt an, wie groß die Wärmemenge ist, die 1 kg eines Stoffes aufnimmt oder abgibt, wenn dessen Temperatur um 1 K erhöht oder gesenkt wird.

Berechnungsformel spezifische Wärmekapazität nach DIN EN ISO 11357-1:2010-03

$$c_{\mathrm{p}} = \frac{1}{m}\left(\frac{\Delta Q}{\Delta T}\right)_{\mathrm{p}} \tag{3.5}$$

c_{p}	spezifische Wärmekapazität bei konstantem Druck in J/(kg·K)
ΔQ	Wärmemengendifferenz in J
ΔT	Thermodynamische Temperaturdifferenz in K
m	Masse des Probekörpers in kg

Berechnungsformel flächenbezogene Wärmekapazität in Anlehnung an DIN 4108-6:2003-6 und DIN EN ISO 13786:2018-04

$$\kappa = \sum_i c_i \cdot \rho_i \cdot d_i \cdot A_i \qquad (3.6)$$

κ	flächenbezogene Wärmekapazität in J/K
c_i	spezifische Wärmekapazität der jeweiligen Schicht in J/(kg·K)
ρ_i	Trockenrohdichte des zur jeweiligen Schicht gehörenden Baustoffes in kg/m³
d_i	Dicke der jeweiligen Schicht in m
A_i	Fläche des Bauteile in m²

Erklärung

Gemeinsam mit der Flächenmasse *m* in kg/m² bestimmt sie die Wärmespeicherfähigkeit einer Baukonstruktion.

Laboruntersuchung

Probengröße Textilbeton: s = 7 cm x 7 cm x 0,8 cm

Für die Bestimmung der spezifischen Wärmeleitfähigkeit wurden die Proben vorher bei 105 °C im Ofen getrocknet. Die Messung der Probekörper erfolgte im Wasserbad mit unterschiedlichen Temperaturen.

Berücksichtig wurden dabei folgende Normen: (DIN EN ISO 11357-1:2010-03; DIN V 4108-6:2003-06; DIN 4108-6:2003-6; DIN 4108-2:2013-02; DIN EN ISO 7345:2018-07)

Tabelle 17: Wärmekapazität unterschiedlicher Baustoffe

Baustoff	spezifische Wärmekapazität	volumetrische Wärmekapazität
	$c_{p,Masse}$ $\frac{J}{kg \cdot K}$	$c_{p,Volumen}$ $\frac{J}{dm^3 \cdot K}$
Vergleichs- und Konstruktionsbaustoffe		
Holz (Fichte - radial)	1189	618
Holz (Eiche - radial)	1364	802
OSB-Platte	1500	893
Hochdichte Faserplatte (HDF)	1100	1375
Historischer Ziegel	815	1496
Hochlochziegel	1000	1400
Kalksandstein	850	1482
Kalkzementputz	960	1219
Kalkzementmörtel	1000	1570
Klebemörtel für CS-Platte	1018	1500
Kalkputz	850	1530
Silikonharzoberputz	1000	1480
Lehmputz	488	765
Gipskartonplatte	1326	1360
Dämmstoffe		
Mineralwolle (MW)	840	25
Expandiertes Polystyrol (EPS)	1500	53
Extrudiertes Polystyrol (XPS)	1500	60
Polyurethan (PU)	1500	53
Calciumsilikat (CS)	1158	313
Schaumglas (SG)	850	119
Vakuum-Isolations-Paneel (VIP)	1000	190
CALOSTAT	840	140
SLENTITE	1400	167
Einblasdämmung Zellulose	2544	140
Luftschicht (3 mm, vertikal)	1050	1,365
Bewehrungen		
Stahl	920	7176
Aluminium	897	2512
Glas	1000	2400
Polyamid (PA)	1300	764

Tabelle 17: Wärmekapazität unterschiedlicher Baustoffe (Fortsetzung)

Baustoff	spezifische Wärmekapazität $c_{p,Masse}$ $\frac{J}{kg \cdot K}$	volumetrische Wärmekapazität $c_{p,Volumen}$ $\frac{J}{dm^3 \cdot K}$
Zuschläge		
Zementkleber	855	1165
Granit	700	1785
Carrera Marmor	728	1903
Sandstein	796	1920
konventionelle Betone		
Normalbeton C20/25 (unbewehrt)	850	1972
Bimsbeton	850	568
Leichtbeton (Blähton)	850	611
Porenbeton	850	333
Textilbetone		
Textilbeton 1.0 (unbewehrt)	802	1557
Textilbeton 1.1	808	1595
Textilbeton 1.2	829	1612
Textilbeton 1.3	877	1708
Textilbeton 2.0 (unbewehrt)	880	1677
Textilbeton 3.0 (unbewehrt)	760	1769
Textilbeton 3.1	799	1874
Textilbeton 4.0	709	1548
Vergleichsstoffe nach (Langeheinecke et al., 2017)		
Luft bei 0 °C	1010	13
Luft bei 50 °C	1010	11
Wasser bei 0 °C	4220	4220
Wasser bei 20 °C	4180	4180

Gruppe 1 Vergleichs- und Konstruktionsbaustoffe

In dieser Gruppe erreicht die OSB-Platte mit 1500 J/(kg·K) die größte Wärmespeicherfähigkeit bezogen auf die Masse. Zwar ist das der höchste Wert aller untersuchten Baustoffe, jedoch liegt dieser Baustoff im Mittelfeld hinsichtlich der spezifischen Wärmeleitfähigkeit bezogen auf das Volumen. Dieser Wert drückt das Potential in Bezug auf das Wärmespeicherpotential der Innenraumflächen besser aus, da immer definierte Flächen und Volumina zur Verfügung stehen. Bezogen auf 1 dm^3 liegt Stahl bei 7176 J/(dm^3·K). Die Holzplatten sowie die Gipsplatte liegen im Bereich von ca. 600 bis 900 J/(dm^3·K) und damit signifikant unter dem Kalkzementputz mit 1219 J/(dm^3·K). Der Innenputz hat somit ein deutlich höheres Potential in Bezug auf sommerlichen Überhitzungsschutz sowie nächtliche Auskühlung im Winter im Vergleich zu Gips oder Holzplatten.

Gruppe 2 Dämmstoffe

Die konventionellen Dämmstoffe (MW, EPS, XPS, PU) tragen mit ca. 25 bis 60 J/(dm^3·K) kaum einen Beitrag zur Wärmepufferung im Gebäude bei. Das liegt zum einen an den geringen volumenspezifischen Wärmekapazitäten, die durch die sehr geringe Dichte verursacht werden, und zum anderen an der tieferen Lage innerhalb der Baukonstruktion, die im Vergleich zu den inneren Schichten der Baukonstruktion einen sehr kleinen Beitrag leistet. Wichtig sind primär die massiven Innenwandschichten. Die Dämmstoffe Schaumglas, VIP und Calciumsilikat mit einer Kernschicht aus pyrogener Kieselsäure weisen höhere volumenbezogene Wärmekapazitäten von 119 bis 313 J/(dm^3·K) auf. Damit eigenen sich die CS-Platten ideal, um auch bei einer Innendämmung die Speicherfähigkeit der Außenwände zu erhalten.

Gruppe 3 Bewehrungen, Zuschläge und konventionelle Betone

In der Gruppe der Bewehrungen erreichen Glas, Aluminium und Stahl von 2400 bis 7176 J/(dm^3·K) die höchsten Werte aller untersuchter Baustoffe. Werden diese also flächig (auch bei kleinen Flächen) im Innenraum eingesetzt, erhöhen sie das Wärmespeichervermögen des Raumes bzw. des Gebäudes erheblich. Allerdings nehmen Metalle die Wärmemengen schnell auf und geben diese schnell wieder ab, wodurch kaum eine zeitverzögerte Wirkung bei z. B. sommerlicher Überhitzung eintritt, da diese Prozesse zu schnell ablaufen. Einzig der thermoplastische Kunststoff liegt mit 764 J/(dm^3·K) weit unter den anderen Baustoffen dieser Gruppe.

Zementstein sowie die Gesteinskörnungen Granit und Sandstein erreichen volumenbezogene Wärmespeicherkapazitäten von 1165 bis 1920 J/(dm^3·K). Alle diese Zuschläge bringen damit sehr gute Speichereigenschaften mit.

Normalbeton erreicht mit dem Zementstein und ähnlichen Gesteinskörnungen ein sehr hohes volumenbezogenes Wärmespeichervermögen von 1972 J/(dm^3·K) und ist damit das höchste im Vergleich zu allen anderen mineralischen Baustoffen. Dagegen liegt der Porenbeton mit 333 J/(dm^3·K) und der Leichtbeton mit 611 J/(dm^3·K) weit unter dem Normalbeton und eignet sich damit nur bedingt als wärmepuffender Baustoff.

Gruppe 4 Textilbetone

Alle Textilbetonmischungen liegen oberhalb von 1500 J/(dm³·K) bis hin zur volumetrischen Wärmekapazität von Normalbeton. Somit sind diese ebenfalls sehr gut geeignet, Temperaturspitzen in Innenräumen herabzusetzen. Außerdem reduziert das größere Speichervermögen der Fassade die Untertemperaturstunden, d. h. Stunden, in denen die Oberflächentemperatur der Fassade unter der Außentemperatur liegt. Grundsätzlich gilt, dass die Vergrößerung des Zementsteinanteils mit einem Wert von 1165 J/(dm³·K) die Wärmespeicherkapazität reduziert, wohingegen eine Erhöhung des Anteils sowie des Größtkorns der Gesteinskörnung die Kapazität erhöht (z.B. Granit mit 1785 J/(dm³·K)).

Die Textilbetonmischung 1.0 weist mit 802 J/(kg·K) bzw. 1557 J/(dm³·K) ein geringes Wärmespeichervermögen auf. Durch die Einbringung von AR-Glasfaserbewehrung steigt auch die volumenbezogene Wärmespeicherfähigkeit an (1.1 bis 1.3), da diese mit 2400 J/(dm³·K) deutlich über allen Textilbetonmischungen liegt. Nach gleichen Mechanismen kann das Wärmespeichervermögen der unbewehrten Textilbetonmischung 3.0 von 1769 J/(dm³·K) durch die AR-Glas-Bewehrung des Drehergeleges in der Mischung 3.1 auf 1874 J/(dm³·K) gesteigert werden. Im Vergleich zu den unbewehrten Betonen 1.0 und 3.0 wird deutlich, dass der Beton 1.0 mit seinem hohen Zementsteinanteil und geringen Gesteinskörnungsanteil deutlich weniger Wärme (1557 J/(dm³·K)) speichern kann als der Beton 3.0 mit einem geringeren Betonsteinanteil mit einem größeren Anteil und Größtkorn an Gesteinskörnungen (1874 J/(dm³·K)). Bei dem Textilbeton 1.0 wurde 942 kg/m³ Zement verwendet, bei dem Textilbeton 3.0 war es deutlich weniger (genaue Angabe fehlt wegen der Geheimhaltung mit dem Unternehmen). Der hier untersuchte Normalbeton hat indessen einen Zementanteil von 285 kg/m³.

Schließlich erscheint eine Entwicklung von Textilbetonplatten mit erhöhter Wärmespeicherfähigkeit möglich. Textilbeton liegt derzeit bereits über allen hier dargestellten mineralischen Vergleichsmaterialen.

3.4 Wärmeeindringkoeffizient/-tiefe

Begriffsdefinition

Mit der Wärmeeindringtiefe *b* wird die instationäre Eigenschaft eines Baustoffes beschrieben, in welcher Zeit dieser welche Wärmemenge aufnehmen kann (DIN EN ISO 7345:2018-07).

Die periodische Eindringtiefe beschreibt die Tiefe im Baustoff, an welcher 36,8 % der aufgeprägten Oberflächentemperaturamplitude vorliegen.

Berechnungsformel Wärmeeindringkoeffizient nach DIN EN ISO 7345:2018-07

$$b = \sqrt{\lambda \cdot c_{\mathrm{p}} \cdot \rho} \tag{3.7}$$

b	Wärmeeindringkoeffizient in $J/(m^2 \cdot K \cdot s^{0,5})$
λ	Wärmeleitfähigkeit in $W/(m \cdot K)$
c_{p}	spezifische Wärmekapazität bei konstantem Druck in $J/(kg \cdot K)$
ρ	Trockenrohdichte in kg/m^3

Berechnungsformel Temperaturleitfähigkeit nach DIN EN ISO 7345:2018-07

$$a = \frac{\lambda}{c_{\mathrm{p}} \cdot \rho} \tag{3.8}$$

a	Temperaturleitfähigkeit in m^2/s
λ	Wärmeleitfähigkeit in $W/(m \cdot K)$
c_{p}	spezifische Wärmekapazität bei konstantem Druck in $J/(kg \cdot K)$
ρ	Trockenrohdichte in kg/m^3

Erklärung

Während der Wärmeeindringkoeffizient eine instationäre Materialeigenschaft beschreibt, reicht im stationären Zustand zum Beschreiben des Wärmetransportes die Wärmeleitfähigkeit aus. Dabei können die Wärmekapazität und Dichte ausgeklammert werden. Bei Be- und Entladen von Wärmemengen (z. B. Wandflächen in Räumen) müssen diese beiden Eigenschaften zusätzlich zur Wärmeleitfähigkeit berücksichtigt werden. Sollte der Wärmeeindringkoeffizient eines Baustoffes klein ausfallen, so reagiert dieser auf Temperaturänderungen mit einer schnellen Anpassung der Oberflächentemperatur, d. h., der Wärmefluss in das Bauteil ist gebremst durch z. B. Dämmstoffen. Anders reagieren Baustoffe mit hohem Wärmeeindringkoeffizienten. Sie transportieren die Wärme durch einen hohen Wärmefluss schnell in das Bauteilinnere. Damit bleibt die Oberflächentemperatur relativ konstant (z. B. Metalle, aber auch Beton).

Berücksichtig wurden dabei folgende Normen: (DIN EN ISO 13786:2018-04; DIN EN ISO 7345:2018-07)

Tabelle 18: Wärmeeindringkoeffizient u. wirksame Speichermasse unterschiedlicher Baustoffe

Baustoff	Wärme-leitfähig-keit	spezifi-sche Wärme-kapazität	Dichte	Tempe-raturleit-fähigkeit	Wärme-eindring-koeffi-zient	Periodische Eindringtiefe, Periodendauer	
						1 Tag	1 Woche
	W/(m·K)	J/(kg·K)	kg/m³	·10⁻⁶ m²/s	J/(m²·K·s^0,5)	cm	cm
Vergleichs- und Konstruktionsbaustoffe							
Holz (Fichte - radial)	0,130	1189	520	0,21	284	7,6	20,1
Holz (Eiche - radial)	0,156	1364	588	0,19	354	7,3	19,4
OSB-Platte	0,130	1500	595	0,15	719	6,3	16,7
Hochdichte Faserplatte (HDF)	0,580	1100	1250	0,42	893	10,8	28,5
Historischer Ziegel	0,528	815	1836	0,35	889	9,9	26,1
Hochlochziegel	0,350	1000	1400	0,25	700	8,3	21,9
Kalksandstein	0,819	850	1744	0,55	1102	12,3	32,6
Kalkzementputz	0,550	960	1270	0,45	819	11,1	29,5
Kalkzementmörtel	0,700	1000	1570	0,45	1048	11,1	29,3
Klebemörtel für CS-Platte	0,918	1018	1473	0,61	1173	13,0	34,3
Kalkputz	0,820	850	1800	0,54	1120	12,1	32,1
Silikonharzoberputz	0,700	1000	1480	0,47	1018	11,4	30,2
Lehmputz	0,582	488	1568	0,76	667	14,5	38,3
Gipskartonplatte	0,177	1826	745	0,13	491	6,0	15,8
Dämmstoffe							
Mineralwolle (MW)	0,032	840	67	0,57	47	12,5	33,1
Expandiertes Polystyrol (EPS)	0,040	1500	35	0,76	46	14,5	38,3
Extrudiertes Polystyrol (XPS)	0,030	1500	40	0,50	42	11,7	31,0
Polyurethan (PU)	0,028	1500	35	0,53	38	12,1	32,0
Calciumsilikat (CS)	0,069	1158	270	0,22	147	7,8	20,6
Schaumglas (SG)	0,045	850	140	0,38	73	10,2	27,0
Vakuum-Isolations-Paneele (VIP)	0,007	1000	190	0,04	36	3,2	8,4
CALOSTAT	0,021	840	167	0,15	54	6,4	17,0
SLENTITE	0,018	1400	119	0,11	55	5,5	14,4
Einblasdämmung Zellulose	0,048	2544	55	0,34	82	9,7	25,7
Luftschicht (3 mm, vertikal)	0,030	1050	1,3	21,98	6,4	77,7	205,7
Bewehrungen							
Stahl	60,000	920	7800	8,36	20750	48,0	126,9
Aluminium	235,000	897	2800	93,57	24295	160,4	424,4
Glas	0,800	1000	2400	0,33	1386	9,6	25,3
Polyamid (PA)	0,230	1300	588	0,30	419	9,1	24,1

Tabelle 18: Wärmeeindringkoeffizient u. wirksame Speichermasse unterschiedlicher Baustoffe (Fortsetzung)

Baustoff	Wärme-leitfähigkeit	spezifische Wärme-kapazität	Dichte	Temperaturleit-fähigkeit	Wärme-eindring-koeffizient	Periodische Eindringtiefe, Periodendauer	
						1 Tag	1 Woche
	W/(m·K)	J/(kg·K)	kg/m³	·10⁻⁶ m²/s	J/(m²·K·s^0,5)	cm	cm
Zuschläge							
Zementkleber	0,658	855	1363	0,56	876	12,5	33,0
Granit	3,500	700	2550	1,96	2500	23,2	61,4
Carrera Marmor	2,272	728	2614	1,19	2079	18,1	47,9
Sandstein	3,277	796	2412	1,71	2508	21,7	57,3
konventionelle Betone							
Normalbeton C20/25 (unbewehrt)	2,100	850	2320	1,06	2035	17,1	45,3
Bimsbeton	0,140	850	668	0,25	282	8,2	21,8
Leichtbeton (Blähton)	0,130	850	719	0,21	282	7,6	20,2
Porenbeton	0,080	850	392	0,24	163	8,1	21,5
Textilbetone							
Textilbeton 1.0 (unbewehrt)	0,898	802	1941	0,58	1182	12,6	33,3
Textilbeton 1.1	0,814	808	1974	0,51	1139	11,8	31,3
Textilbeton 1.2	0,804	829	1945	0,50	1139	11,7	31,0
Textilbeton 1.3	0,694	877	1948	0,41	1089	10,6	28,0
Textilbeton 2.0 (unbewehrt)	0,745	880	1906	0,44	1118	11,1	29,2
Textilbeton 3.0 (unbewehrt)	0,804	760	2327	0,45	1192	11,2	29,6
Textilbeton 3.1	0,939	799	2346	0,50	1327	11,7	31,1
Textilbeton 4.0	2,162	709	2184	1,40	1830	19,6	51,8
Vergleichsstoffe nach (Langeheinecke et al., 2017)							
Erdreich, grobkiesig	0,520	1840	2000	0,14	1383	6,2	16,5
Menschliches Körpergewebe (Barna, 2017; Koralewski, 2006)	0,300	3500	1040	0,08	1045	4,8	12,6
Eis bei 0 °C	2,200	1930	920	1,24	1976	18,5	48,8
Wasser bei 0,01 °C	0,562	4220	1000	0,13	1540	6,1	16,0
Wasser bei 20 °C	0,600	4180	998	0,14	1582	6,3	16,6
Wasser bei 40 °C	0,629	4180	992	0,15	1615	6,5	17,1
Luft bei 0 °C (ruhend)	0,0242	1010	1,29	18,57	5,62	71,5	189,1
Luft bei 50 °C (ruhend)	0,0279	1010	1,08	25,58	5,52	83,9	221,9
Argon bei 0 °C (ruhend)	0,016	519	1,78	17,32	3,84	69,0	182,6
Kohlendioxid bei 0 °C (ruhend)	0,0147	826	1,95	9,13	4,87	50,1	132,6

3.5 Feuchtetransport

Welche Feuchtetransportvorgänge betrachtet werden müssen, hängt von der relativen Luftfeuchte ab. Generell können drei Fälle unterschieden werden (Nicolai, 2002):

1. Die Bauteilschicht ist hygroskopisch durchfeuchtet. Der Transport erfolgt ausschließlich über Diffusion. Dies ist bis ca. 95 % rel. Luftfeuchte der Fall. Dabei nimmt im Bereich von 0 bis 95 % rel. Luftfeuchte der zu Verfügung stehende Querschnitt für die Wasserdampfdiffusion in Richtung steigender Luftfeuchte ab, da durch Kapillardruckerniedrigung Wassermoleküle aus der feuchten Luft an den Porenwänden anhaften und mit einer weiteren Zunahme der rel. Luftfeuchte auch einen geschlossenen Film bilden. Dies führt wiederum zu einer Erhöhung des gesamten Dampftransportes durch eine zunehmende Oberflächendiffusion. Zudem verkürzen Wasserinseln (Verengungen der Porengänge, die mit Wasser gefüllt sind, auch Kurzschlüsse genannt) die Weglänge der Wasserdampfdiffusion und erhöhen damit die transportierte Dampfmenge kontinuierlich von 0 bis 95 % rel. Luftfeuchte. Die Wasserdampf-Diffusionswiderstandszahl (μ-Wert) nimmt aus diesem Grund kontinuierlich mit steigender rel. Luftfeuchte ab, da die Diffusion und damit der Wassertransport durch Oberflächendiffusion und Wasserinseln in den Poren zunimmt.

2. Die Bauteilschicht ist teilweise oder vollständig überhygroskopisch durchfeuchtet oder bereits teilweise gesättigt. Die Transportvorgänge von Diffusion und Flüssigwassertransport überlagern sich. Dieser Bereich fängt bei ca. 95 % rel. Luftfeuchte an und endet bei 100 % rel. Luftfeuchte.

3. Die Bauteilschicht ist vollständig gesättigt. Der Stofftransport erfolgt ausschließlich über Flüssigwasser, also kapillarer Leitung. Dies ist bei 100 % rel. Luftfeuchte.

Um die Flüssigwasserleitfähigkeit zusammen mit der Dampfleitfähigkeit in einem Diagramm darstellen zu können, muss dies nach Gleichung 3.9 umgerechnet werden.

$$K_v' = K_v \cdot \frac{\rho_v}{\rho_l} \qquad (3.9)$$

K_v'	Dampfleitfähigkeit mit Bezug Kapillardruck in s
K_v	Dampfleitfähigkeit mit Bezug Dampfdruck in s
ρ_v	Dichte von feuchter Luft in kg/m³ (abhängig von rel. Luftfeuchtigkeit und Temperatur)
ρ_l	Dichte Wasser in kg/m³ = 1000 kg/m³

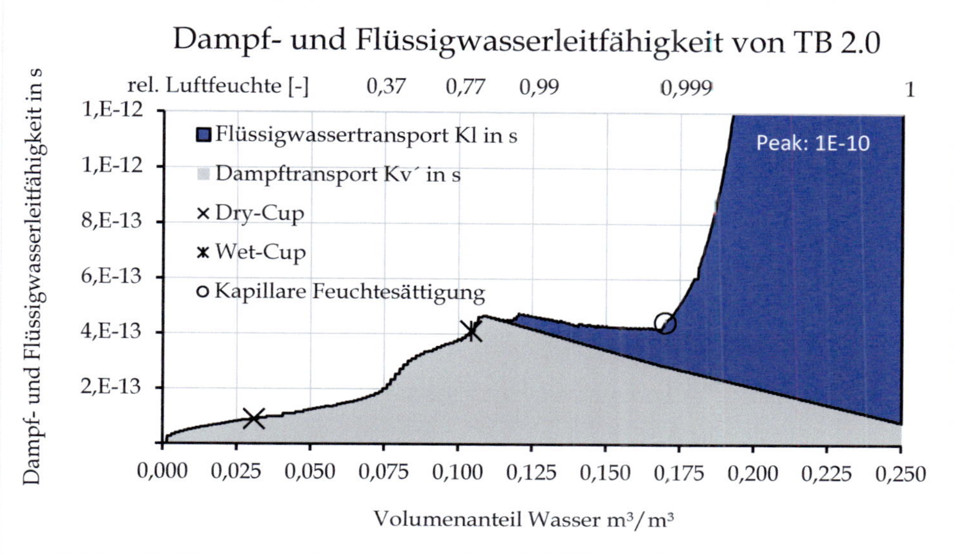

Abbildung 46: Dampf- und Flüssigwasserleitfähigkeit von Textilbeton 2.0

In Abbildung 46 ist die Dampf- und Flüssigwasserleitfähigkeit auf der Ordinate zur Wassersättigung auf der Abszisse dargestellt. Um beide Leitfähigkeiten in einem Diagramm darzustellen, muss die Dampfleitfähigkeit von K_v zu $K_{v'}$ umgerechnet werden. Hintergrund ist der Bezug von K_v zum Dampfteildruck und von $K_{v'}$ zum Kapillardruck. Da K_l auch den Bezug zum Kapillardruck hat, wird für die Darstellung der einheitliche Bezug zum Kapillardruck gewählt.

Die Dampfleitfähigkeit $K_{v'}$ (graue Fläche) beinhaltet den Dampfdiffusionsprozess sowie die Inselbildung in verengten Poren. Die Wasserinseln bilden Kurzschlüsse für den Dampf, womit die Weglänge für die Dampfdiffusion verkürzt wird. Dieser Prozess ist etwa bis zur rel. Luftfeuchte von 95 % zu beobachten. Diesen Punkt markiert etwa der Hochpunkt der Dampfleitfähigkeit. In diesem Bereich findet ein sogenannter serieller Transport statt, d. h., es wechselt sich Dampf- und Flüssigwassertransport in den Inseln ab. Danach beginnen sich die Wasserinseln in den verengten Poren zu einem hydraulischen System zu vernetzen. Ab diesem Punkt (etwa ab 95 % rel. Luftfeuchte) steigt der Flüssigwassertransport sichtbar an (blaue Fläche). Die Wasserinseln sind jetzt über Kapillarleitung der Porenwände miteinander verbunden. Da in den Poren parallel sowohl Wasser über die Kapillarleitung als auch Dampf im Porenkern transportiert wird, findet jetzt ein sogenannter paralleler Transport statt. Die Porenwände sind nun stärker mit einem Wasserfilm bedeckt, was zur Verkleinerung der verfügbaren, offenen Porenräume führt. Damit sinkt der Dampftransport fast linear ab. Dagegen steigt der Flüssigwassertransport exponentiell ab dem Punkt der kapillaren Feuchtesättigung an.

Das ist der gesättigte Feuchtebereich. Diese um den Faktor 100 höheren Transportwerte werden erst nach sehr langer Zeit erreicht. Der Peak wird effektive Feuchtesättigung genannt (siehe Kapitel 3.6.4). Bei Schlagregen wird z. B. nur eine kapillare Feuchtesättigung erreicht.

Der markierte Punkt der Wet-Cup-Messung liegt bei 15 % rel. Luftfeuchte (Mittelwert aus 30 % Klimakammer, < 1 % im Behälter [Cup]). Der markierte Punkt Wet-Cup liegt bei 86,5 % rel. Luftfeuchte (Mittelwert aus 80 % Klimakammer, 93 % im Behälter [Cup]). Der Bereich zwischen diesen Punkten beschreibt den baupraktischen Feuchtebereich, in dem sich das Raumklima primär bewegt.

3.5.1 Dampfleitfähigkeit mit Wasserdampf-Diffusionswiderstandszahl

3.5.1.1 Dampfleitfähigkeit

Begriffsdefinition

Die Dampfleitfähigkeit beschreibt die Transportgeschwindigkeit von Wasserdampf in einem dazugehörigen Porenraum. Hierbei findet ein Stoffausgleich aufgrund eines Dampfdruckgradienten statt. Die Funktion der Dampfleitfähigkeit basiert, wie auch die der Flüssigwasserleitfähigkeit, auf der differenziellen Porenvolumenverteilung (siehe Kapitel 3.6.2).

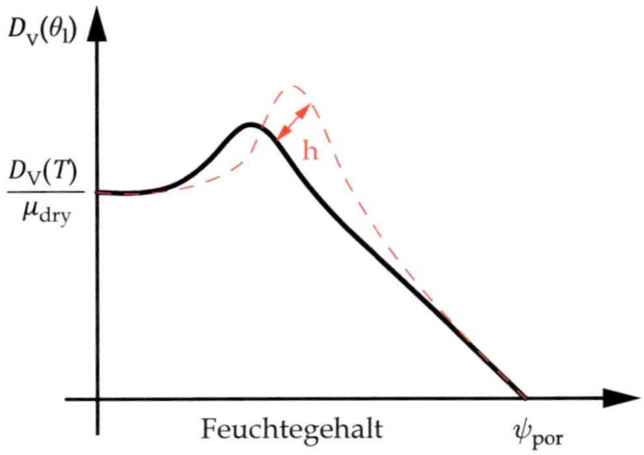

Abbildung 47: Bereiche der Dampfleitfähigkeit (Scheffler, Plagge, & Häupl, 2007)

Der Dampfdiffusionskoeffizient D_v berechnet sich aus dem Bruch $D_v(T)/\mu_{dry}$. Dabei ist $D_v(T)$ der Dampfdiffusionskoeffizient in freier Luft und μ_{dry} der Wasserdampfdiffusionswiderstand des trockenen Baustoffes. Wird dieser konstante Wert mit dem Seriell-Parallel-Modell multipliziert, erhält man die Funktion des Dampfdiffusionskoeffizienten. Das Seriell-Parallel-Modell beschreibt die Wasserdampfdiffusion, wenn die Porenstruktur orthogonal zum Wasserdampfstrom läuft (seriell) und wenn diese in Richtung des Wasserdampfstromes (parallel) verläuft. Es liegen immer beide Richtungen vor, sodass diese zusammen betrachtet werden. Primären Einfluss auf den Wasserdampftransport hat der Flüssigwasseranteil in den Poren, da dieser den Querschnitt der Dampfdiffusion verengt. Der Flüssigwasseranteil ist der maßgebende Parameter im Seriell-Parallel-Algorithmus.

Die Kalibrierung der Funktion erfolgt über die Messergebnisse der Wasserdampfdiffusionswiderstandszahlen (Dry-Cup und Wet-Cup). Hierüber kann der den Dampfdiffusionskoeffizient D_v aber auch die Dampfleitfähigkeit K_v berechnet werden. Dabei enthält die Wet-Cup-Messung sowohl Werte zum Dampf- als auch zum Flüssigwassertransport. So ergibt sich die Summe des Transportes in der Gasphase aus dem Gesamtfeuchtetransport abzüglich des Flüssigwassers.

Berechnungsformel Dampfleitfähigkeit nach Sontag, Nicolai, & Vogelsang, 2013

$$K_\mathrm{v} = \frac{D_\mathrm{v}}{R_\mathrm{v} \cdot T} = \frac{D_\mathrm{v,air}}{\mu \cdot R_\mathrm{v} \cdot T} \tag{3.10}$$

K_v	Dampfleitfähigkeit in s
D_v	Dampfdiffusionskoeffizient im Baustoff in m²/s; $D_\mathrm{v,air}/D_v = D_\mathrm{v,air}\mu$
$D_\mathrm{v,air}$	Dampfdiffusionskoeffizient für Luft in m²/s; 26,1·10⁻⁰⁶ m²/s
R_v	Gaskonstante für Wasserdampf in J/(kg·K); 462 J/(kg·K)
T	Thermodynamische Temperatur in K
μ	Wasserdampfdiffusionswiderstandszahl in [-]

Berechnungsformel Massenstromdichte von Wasserdampf nach Sontag et al., 2013

$$j^\mathrm{v} = -K_\mathrm{v} \cdot \frac{\Delta p_\mathrm{v}}{d} \tag{3.11}$$

$$j^\mathrm{v} = -K_{\mathrm{v}'} \cdot \frac{\Delta p_\mathrm{c}}{d} \tag{3.12}$$

j^v	Massenstromdichte des Wasserdampfs in kg/(m²·s)
K_v	Dampfleitfähigkeit mit Bezug Dampfdruck in s
Δp_v	Wasserdampfdruckgefälle in Pa; $\Delta p_v = p_\mathrm{i} - p_\mathrm{e}$
Δp_c	Kapillardruckgefälle in Pa
d	Schichtdicke in m
$K_{\mathrm{v}'}$	Dampfleitfähigkeit mit Bezug Kapillardruck in s; $K_{v'} = K_v \cdot \frac{\rho_\mathrm{v}}{\rho_\mathrm{l}}$
ρ_v	Dichte des Wasserdampfs in kg/m³; $p_v = \frac{\varphi \cdot p_\mathrm{s}(T)}{R_\mathrm{v} \cdot T}$ z. B. bei 50 % $= \frac{0{,}5\,[-] \cdot 2338\ \mathrm{Pa}\ (23°C)}{462\ \mathrm{J/(kg \cdot K)} \cdot 296{,}15\ \mathrm{K}}$
ρ_l	Dichte des Wassers in kg/m³; ρ_l = 1000 kg/m³

Tabelle 19: Dampfleitfähigkeit und Massenstromdichten infolge Wasserdampfdiffusion

Baustoff	Dampfleitfähigkeit bei 50 % rel. Luftfeuchtigkeit	Massestromdichte[1]
	$K_{v,50\%}$	$j^v = -K_v \cdot \frac{\Delta p_v}{d}$
	in s	in g/(m²·h)
Vergleichs- und Konstruktionsbaustoffe		
Holz (Fichte - radial)	$8{,}08 \cdot 10^{-13}$	-0,019
Holz (Eiche - radial)	$3{,}11 \cdot 10^{-13}$	-0,007
OSB-Platte	$1{,}19 \cdot 10^{-12}$	-0,029
Hochdichte Faserplatte (HDF)	$2{,}19 \cdot 10^{-12}$	-0,053
Historischer Ziegel	$1{,}25 \cdot 10^{-11}$	-0,300
Hochlochziegel	$1{,}02 \cdot 10^{-11}$	-0,245
Kalksandstein	$6{,}40 \cdot 10^{-12}$	-0,154
Kalkzementputz	$1{,}52 \cdot 10^{-11}$	-0,365
Kalkzementmörtel	$1{,}71 \cdot 10^{-11}$	-0,410
Klebemörtel für CS-Platte	$4{,}38 \cdot 10^{-12}$	-0,105
Kalkputz	$1{,}60 \cdot 10^{-11}$	-0,384
Silikonharzoberputz	/	/
Lehmputz	$1{,}74 \cdot 10^{-11}$	-0,418
Gipskartonplatte	$1{,}77 \cdot 10^{-11}$	-0,425
Dämmstoffe		
Mineralwolle (MW)	$1{,}95 \cdot 10^{-10}$	-4,680
Expandiertes Polystyrol (EPS)	$3{,}89 \cdot 10^{-12}$	-0,096
Extrudiertes Polystyrol (XPS)	$1{,}30 \cdot 10^{-12}$	-0,031
Polyurethan (PU)	$1{,}94 \cdot 10^{-12}$	-0,047
Calciumsilikat (CS)	$5{,}06 \cdot 10^{-11}$	-1,214
Schaumglas (SG)	0	0
Vakuum-Isolations-Paneel (VIP)	0	0
CALOSTAT	$5{,}05 \cdot 10^{-11}$	-1,212
SLENTITE	$2{,}32 \cdot 10^{-11}$	-0,557
Einblasdämmung Zellulose	$9{,}51 \cdot 10^{-11}$	-2,282
Luftschicht (3 mm, vertikal) wie MW	$1{,}95 \cdot 10^{-10}$	-4,680

Tabelle 19: Dampfleitfähigkeit und Massenstromdichten infolge Wasserdampfdiffusion (Fortsetzung)

Baustoff	**Dampfleitfähigkeit bei 50 % rel. Luftfeuchtigkeit**	**Massestromdichte**[1]
	$K_{v,50\%}$	$j^v = -K_v \cdot \frac{\Delta p_v}{d}$
	in s	**in g/(m²·h)**
Bewehrungen		
Stahl	0	0
Aluminium	0	0
Glas	0	0
Polyamid (PA)	$3{,}61 \cdot 10^{-14}$	0,001
Zuschläge		
Zementkleber	$2{,}89 \cdot 10^{-12}$	-0,069
Granit	/	/
Carrera Marmor	$5{,}53 \cdot 10^{-13}$	-0,013
Sandstein	$1{,}12 \cdot 10^{-12}$	-0,027
konventionelle Betone		
Normalbeton C20/25 (unbewehrt)	$1{,}37 \cdot 10^{-12}$	-0,033
Bimsbeton	$4{,}70 \cdot 10^{-11}$	-1,128
Leichtbeton (Blähton)	/	/
Porenbeton	$2{,}64 \cdot 10^{-11}$	-0,634
Textilbetone		
Textilbeton 1.0 (unbewehrt)	$4{,}00 \cdot 10^{-13}$	-0,010
Textilbeton 1.1	$5{,}28 \cdot 10^{-13}$	-0,013
Textilbeton 1.2	$8{,}34 \cdot 10^{-13}$	-0,020
Textilbeton 1.3	$6{,}86 \cdot 10^{-13}$	-0,016
Textilbeton 2.0 (unbewehrt)	$3{,}66 \cdot 10^{-13}$	-0,009
Textilbeton 3.0 (unbewehrt)	$6{,}31 \cdot 10^{-13}$	-0,015
Textilbeton 3.1	$4{,}76 \cdot 10^{-13}$	-0,011
Textilbeton 4.0	$2{,}37 \cdot 10^{-13}$	-0,006

/ = fehlender oder nicht korrekter Messwert

*1 = Massestromdichte infolge Wasserdampfdiffusion bei 50 % rel. Luft-feuchtigkeit und 3 K Temperaturunterschied zwischen beiden Oberflächen einer 3 cm Platte

3.5.1.2 Wasserdampf-Diffusionswiderstandszahl

Begriffsdefinition

Die Wasserdampf-Diffusionswiderstandszahl „μ-Wert“ eines Baustoffes beschreibt, um wievielmal höher der Widerstand gegen einen anliegenden Dampfdruckunterschied gegenüber einer gleich dicken, ruhenden Luftschicht ausfällt (DIN EN ISO 12572:2017-05).

Berechnungsformel Wasserdampf-Dif. nach DIN EN ISO 12572:2017-05

$$\mu = \frac{\delta_0}{\delta} \tag{3.13}$$

μ	Wasserdampf-Diffusionswiderstandszahl in [-]
δ_0	Wasserdampf-Diffusionsleitkoeffizient der Luft bezogen auf den Dampfteildruck in g/(m·s·Pa); δ_0 = 1,89 · 10^{-10} kg/(m · s · Pa) (bei 10 °C und 1013,25 hPa) nach DIN 4108-3:2018-10
δ	Wasserdampf-Diffusionsleitkoeffizient des Probekörpers in kg/(m·s·Pa)

Berechnungsformel Wasserdampf-Diffusionswiderstandszahl nach Sontag et al., 2013

$$\mu = \frac{D_{\text{v,air}}}{D_{\text{v}}} = \frac{26{,}1 \cdot 10^{-6}\ \text{m}^2/\text{s}}{K_{\text{v}} \cdot 462\ \text{J}/(\text{kg} \cdot \text{K}) \cdot 296{,}15\ \text{K}} \tag{3.14}$$

μ	Wasserdampf-Diffusionswiderstandszahl des Baustoffs in [-]
D_{v}	Diffusionskoeffizient im Material in m²/s; $D_v = \frac{D_{\text{v,air}}}{\mu} = K_{\text{v}} \cdot R_{\text{v}} \cdot T$
$D_{\text{v,air}}$	Diffusionskoeffizient der Luft in m²/s; $D_{v,air} = 26{,}1 \cdot 10^{-6}\ \text{m}^2/\text{s}$
K_{v}	Dampfleitfähigkeit in s
R_{v}	Gaskonstante für Wasserdampf in J/(kg·K); R_v = 462 J/(kg·K)
T	Thermodynamische Temperatur in K; T = 296,15 K bei 23 °C

Berechnungsformel Wasserdampf-Diffusionsleitkoeffizienten des Probekörpers nach DIN EN ISO 12572:2017-05

$$\delta = \frac{\text{G}}{A \cdot \Delta p_{\text{v}}} \tag{3.15}$$

δ	Wasserdampf-Diffusionsleitkoeffizient des Probekörpers in kg/(m·s·Pa)
G	Wasserdampf-Diffusionsstrom durch den Probekörper in kg/s
A	Probekörperfläche in m²
Δp_{v}	Dampfdruckdifferenz über den Probekörper in Pa

Berechnungsformel wasserdampfdiffusionsäquivalente Luftschichtdicke nach DIN 4108-3, 2018

$$s_\mathrm{d} = \mu \cdot d \tag{3.16}$$

s_d wasserdampfdiffusionsäquivalenten Luftschichtdicke in m

μ Wasserdampf-Diffusionswiderstandszahl in [-]

d mittlere Probekörperdicke in m

Tabelle 20: Baustoffverhalten bei unterschiedlichen wasserdampfdiffusionsäquivalenten Luftschichtdicken (DIN 4108-3:2018-10)

Baustoffverhalten	**wasserdampfdiffusionsäquivalente Luftschichtdicke (s_d - Wert)**
diffusionsoffene Schicht	$s_\mathrm{d} \leq 0{,}5$ m
diffusionsbremsende Schicht	0,5 m < $s_\mathrm{d} \leq 10$ m
diffusionshemmende Schicht	10 m < $s_\mathrm{d} \leq 100$ m
diffusionssperrende Schicht	100 m < s_d < 1500 m
diffusionsdichte Schicht	1500 m ≤ s_d

Im Allgemeinen gilt der Bereich von 0,5 bis 1500 m wasserdampfdiffusionsäquivalenten Luftschichtdicke als Dampfbremse und ab 1500 m als Dampfsperre.

Erklärung

Der Feuchtetransport erfolgt bei geringer Luftfeuchte primär über die Wasserdampfdiffusion in den Poren des Werkstoffes. Der μ-Wert ist damit bestimmend für den Aufbau und die Dauerhaftigkeit der Baukonstruktion. Da der Dampfdruck infolge des höheren Feuchteniveaus in der kalten Jahreszeit im Innenraum über dem des Außenraums liegt, entsteht ein Dampfdruckunterschied zwischen Innen- und Außenraum (von warm zu kalt). Kann sich der Dampfdruck durch Bauschäden oder den Einsatz falscher Werkstoffe (diffusionsoffener Innenbauteile von Außenwänden) ausgleichen, so kann es zum Ausfall von Tauwasser in der Baukonstruktion kommen. Bauschäden in der Konstruktion können dann nicht ausgeschlossen werden. Zu beachten ist, dass Baukonstruktionen grundsätzlich innen diffusionsdichter und außen diffusionsoffener ausgeführt werden sollten. Damit der negativste Fall berücksichtigt wird, müssen für Wasserdampfdiffusionsberechnungen Messergebnisse nach dem Dry-Cup-Verfahren für Bauteile zum Innenraum und nach dem Wet-Cup-Verfahren für Bauteile zum Außenraum hin (z. B. Fassade) genutzt werden.

In der Simulation werden unter den μ-Werten ausschließlich Dampftransportvorgänge gesehen. Dies hat zur Folge, dass bei steigendem Feuchtegehalt auch die

μ-Werte steigen und damit das Gefüge dichter wird. Das betrifft die Vorgänge, bei denen Dampftransport und Flüssigwassertransport getrennt betrachtet werden. Dabei verengen sich mit zunehmendem Feuchtegehalt die Porenräume, da die Porenwände mit einem Wasserfilm belegt oder komplett gefüllt sind und so weniger Fläche für die reine Dampfdiffusion zur Verfügung steht. Anders ist es bei der Labormessung Wet-Cup. Hier wird auch das Flüssigwasser erfasst. Daher sinkt scheinbar der Dampfwiderstand ab. Die Feuchtemasse steigt stetig mit zunehmendem Feuchtegehalt. Beim Referenzbeton Textilbeton 2.0 ergab die Dry-Cup-Messung einen Wert von 483 [-] und die Wet-Cup-Messung einen Wert von 258 [-]. Diese Ergebnisse beeinhalten sowohl den Dampf- als auch den Flüssigwassertransport an den Porenoberflächen. Der reine Dampftransport bei 15 % rel. Luftfeuchtigkeit beträgt 488 [-] und bei 86,5 % rel. Luftfeuchtigkeit 612 [-]. Die Prozentwerte sind die Mittelwerte aus beiden Messungen. Es wird deutlich, dass bei den Messungen der Flüssigwasseranteil enthalten ist und bei der Simulation nicht.

Laboruntersuchung

Probengröße: s = 7 cm x 7 cm x 0,8 cm

Die Messungen erfolgten in Anlehnung an die DIN EN ISO 12572:2017-05 unter Verwendung spezieller μ-Wert-Gefäße und Deckelringe für die Probenaufnahme im Dry-Cup-Verfahren. Die Materialproben werden in den Deckelringen mit Paraffin fixiert und mit Silikonfett abgedichtet. Die Proben werden 30 Tage für das Dry-Cup-Verfahren bei 23 °C und 30 % rel. Luftfeuchte sowie für das Wet-Cup-Verfahren bei 23 °C und 80 % rel. Luftfeuchte vorkonditioniert. Vor der Messung werden die Gefäße mit dem Trocknungsmittel befüllt (z. B. Calciumchlorid). Die Messung erfolgt parallel an drei Probekörpern, die im Anschluss in einer Klimakammer im Dry-Cup-Verfahren bei ca. 30 % rel. Luftfeuchte (abweichend zur DIN EN ISO 12572:2017-05 – 50 %) und 23 °C nochmals gemessen werden. Ziel ist es, die Eigenschaften im trockenen Zustand nachzuweisen (primär Dampfdiffusion). Während der Messung herrscht im Gefäß mit dem Trocknungsmittel eine rel. Luftfeuchtigkeit von < 1 %. Das Wet-Cup-Verfahren soll die Eigenschaften im feuchten Zustand abbilden (inkl. Flüssigwassertragsport an den Porenwänden). Vor der Messung werden die Gefäße mit gesättigten wässrigen Lösungen befüllt (z. B. Ammoniumdihydrogenphosphat). Dabei wird in der Klimakammer eine rel. Luftfeuchte von ca. 80 % (abweichend zur DIN EN ISO 12572:2017-05 – 50 %) und im Gefäß 93 % eingestellt.

Tabelle 21: Wasserdampfdiffusionswiderstandszahl (μ-Wert) unterschiedlicher Baustoffe

Baustoff	μ (Dry-Cup)	μ (Wet-Cup)
	[-]	[-]
Vergleichs- und Konstruktionsbaustoffe		
Holz (Fichte – radial)	236	/
Holz (Eiche – radial)	648	/
OSB-Platte	165	/
Hochdichte Faserplatte (HDF)	80	/
Historischer Ziegel	16	/
Hochlochziegel	19	/
Kalksandstein	28	/
Kalkzementputz	12	/
Kalkzementmörtel	11	/
Klebemörtel für CS-Platte	38	/
Kalkputz	12	/
Silikonharzoberputz	74	/
Lehmputz	11	/
Gipskartonplatte	11	/
Dämmstoffe		
Mineralwolle (MW)	1	/
Expandiertes Polystyrol (EPS)	50	/
Extrudiertes Polystyrol (XPS)	150	/
Polyurethan (PU)	100	/
Calciumsilikat (CS)	4	/
Schaumglas (SG)	700 000	700 000
Vakuum-Isolations-Paneele (VIP)	∞	∞
CALOSTAT	3,9	/
SLENTITE	8,4	/
Einblasdämmung Zellulose	2	/
Luftschicht (3 mm, vertikal)	1 (trockene, ruhende Luft)	/
Bewehrungen		
Stahl	200 000	200 000
Aluminium	10 000	10 000
Glas	200 000	200 000
Polyamid (PA)	5 313	/

Tabelle 21: Wasserdampfdiffusionswiderstandszahl (µ-Wert) unterschiedlicher Baustoffe (Fortsetzung)

Baustoff	**µ (Dry-Cup)**	**µ (Wet-Cup)**
	[-]	**[-]**
Zuschläge		
Zementkleber	68	/
Granit		/
Marmor	353	/
Sandstein	179	/
konventionelle Betonmatrices		
Normalbeton C20/25 (unbewehrt)	110	/
Bimsbeton	4	/
Leichtbeton (Blähton)	7	/
Porenbeton	7	/
Textilbetonmatrices		
Textilbeton 1.0 (unbewehrt)	427	105
Textilbeton 1.1	272	193
Textilbeton 1.2	232	/
Textilbeton 1.3	298	150
Textilbeton 2.0 (unbewehrt)	483	258
Textilbeton 3.0 (unbewehrt)	/	268
Textilbeton 3.1	422	198
Textilbeton 4.0	595	293
/ = fehlender oder nicht korrekter Messwert		

Auswertung

Falls nicht anders beschrieben, beziehen sich die folgenden Angaben auf die Dry-Cup-Messwerte.

Gruppe 1 Vergleichs- und Konstruktionsbaustoffe

Die OSB-Platte sowie die beiden Holzarten (Fichte und Eiche) erreichen die höchsten Wasserdampfdiffusionswiderstandszahlen mit 165 [-] und 236 [-] bis 648 [-]. Damit zählen diese Baustoffe mit 0,02 m Dicke zu den diffusionssperrenden Schichten (100 m < s_d < 1500 m) nach DIN 4108-3:2018-10, obwohl die OSB-Platte eine sehr hohe offene Porosität von 0,9 m³/m³ aufweist. Der dennoch hohe Wasserdampf-Diffusionswiderstand begründet sich im hohen Leimanteil in den Platten und an der Oberfläche. Der historische Ziegel und der Hochlochziegel weisen mit 16 [-] und 19 [-] vergleichsweise niedrige Wasserdampfdiffusionswiderstandszahlen auf. Ähnlich sieht es bei der Gipsplatte und der Kalkzementputz mit 11 [-] und 12 [-] aus. Sowohl die Ziegel als auch die Putze sind mit einer Schichtdicke von 0,02 m in die Gruppe der diffusionsoffenen Schichten einzuordnen (s_d < 0,5 m).

Gruppe 2 Dämmstoffe

Der meistverbaute Dämmstoff, die Mineralwolle (MW), nimmt hier eine Sonderrolle ein, da sie vollständig diffusionsoffen ist und den gleichen Wasserdampf-Diffusionswiderstand wie Luft von 1 [-] besitzt. Mit MW gedämmte Bauteile sind daher sehr anfällig für Tauwasser, wenn die Baukonstruktion unzureichend durch dampfbremsende oder dampfsperrende Schichten geschützt wird. Die konventionellen Schaumdämmstoffe aus Mineralöl expandiertes Polystyrol (EPS), Polyurethan (PU) und extrudiertes Polystyrol (XPS) erreichen Werte von 50 [-], 100 [-] und 150 [-]. Ihre geschossene Zellstruktur allein sorgt für eine dampfhemmende bis dampfsperrende Wirkung. In der Anwendung werden diese Dämmstoffe dennoch mit einer zusätzlichen dampfbremsenden oder dampfsperrenden Schicht überdeckt, da sonst alle Stöße dicht verklebt werden müssten. Dagegen sind die Dämmstoffe Schaumglas und VIP mit einem Wasserdampfdiffusionswiderstand von 700 000 [-] und ∞ [-] dampfdicht. Bei den VIPs werden daher oft nur die Stöße zwischen den Paneelen verklebt, um eine dampfdichte Schicht ($s_d \geq 1500$ m) zu erhalten. Die Baustoffe Glas und Metall sind als einzige völlig dampfdicht. Beim Schaumglas besteht die Grundstruktur aus Glas und bei den VIPs sind mehrere Aluminiumbedampfungen innerhalb der umhüllenden Folie (sog. Hochbarrierefolie) enthalten. Zwei weitere und wie VIP ebenfalls nanoporöse Dämmstoffe, CALOSTAT und SLENTITE, weisen Wasserdampf-Diffusionswiderstände von 3,9 [-] und 8,4 [-] auf. CALOSTAT besitzt auch wie die VIPs einen Kern aus mikroporöser, offenzelliger Kieselsäure. Allerdings ist diese beim CALOSTAT nicht mit einer Hochbarrierefolie umschlossen, da die Kieselsäure hydrophobiert wurde. Der Dämmstoff SLENTITE besteht aus PU, das ebenfalls nanozellig hergestellt wurde. SLENTITE bietet einen erhöhten Wasserdampf-Diffusionswiderstand im Vergleich zu CALOSTAT. Allerdings müssen bei erhöhtem Dämmstandard zusätzliche dampfbremsende Schichten eingebracht werden, damit es nicht zum Tauwasserausfall im Winter kommt. Zum Schluss folgen die beiden Dämmstoffe Calciumsilikat und Zellulose mit den Werten 4 [-] und 2 [-]. Calciumsilikat ist für Sanierungsaufgaben konzipiert, um feuchte Wände nach einer Innendämmmaßnahme zu trocknen. Der Dämmstoff verfügt über sehr viele Kapillarporen, die mehr Flüssigwasser von der Wand zum Innenraum an den Porenwänden transportieren als in gleicher Zeit vom Innenraum zur Wand in Form von Wasserdampf gelangen können. Durch den permanenten Rücktransport des Tauwassers in den Innenraum wird eine zusätzliche dampfbremsende Schicht unnötig. Die Zellulose wird hier als Einblasdämmung angewandt. Daher erreicht sie auch (ähnlich wie die MW) keinen großen Wasserdampf-Diffusionswiderstand.

Gruppe 3 Bewehrung, Zuschläge und Betonmatrix

In der Gruppe der Bewehrungen erreichen Aluminium, Stahl und Glas sehr hohe Wasserdampf-Diffusionswiderstände von 10.000 bis 200.000 [-]. Damit sind alle als dampfdichte Baustoffe einzustufen. Die Baustoffe aus erstarrten und nicht quellfähigen Schmelzen sind auch für Wasserdampf völlig wasserundurchlässig. Ein Korrosionsschutz dieser Baustoffe ist bei hoher Wasserbelastung entweder durch Beschichtungen oder z. B. entsprechende Betondeckungen nötig. Der Kunststoff Polyamid erreicht nur einen Wert von 5.313 [-]. Damit gehört er noch in die Gruppe der dampfdichten Baustoffe. Dennoch erreicht er bei geringer Foliendicke nur dampfbremsende Eigenschaften. Thermoplastische Kunststoffe und Bitumen werden aus organischen Flüssigkeiten hergestellt, die keine Poren enthalten, aber dennoch Wassermoleküle in einem Lösungsvorgang unter Quellung aufnehmen können. Diese können dann durch Diffusion transportiert werden. Eine kapillarer Flüssigtransport ist jedoch ausgeschlossen.

In der Gruppe der Zuschläge weisen Sandstein, Marmor und Granit Wasserdampf-Diffusionswiderstände von 179 [-], 353 [-] und 1.000 [-] auf. Sandsteine und auch Marmor ähneln mit ihrem porigen und hydrophilen Gefüge dem einer mineralischen Matrix wie z. B. von Beton. Dies zeigt sich auch an der offenen Porosität. Sandstein besitzt 0,100 m^3/m^3, Marmor noch 0,014 m^3/m^3 und Granit nur noch 0,009 m^3/m^3 offenes Porenvolumen. In dieser Gruppe erreicht der Zementkleber den niedrigsten Wasserdampf-Diffusionswiderstand mit 68 [-]. Er ist stark kapillarporendurchzogen und kann demzufolge auch sehr gut Wasserdampf transportieren.

Bei den Vergleichsbetonen kommt der Normalbeton noch auf einen Wasserdampf-Diffusionswiderstand von 110 [-]. Die Leichtbetone mit einem Zuschlag aus Bims und Blähton erreichen Werte von 4 [-] und 7 [-], was an der hohen Porosität der Zuschläge von 0,738 m^3/m^3 beim Beton mit Bimszuschlägen und 0,670 m^3/m^3 beim Beton mit Blähtonzuschlägen liegt. Eine noch höhere offene Porosität von 0,871 m^3/m^3 weist Porenbeton auf und erreicht damit immerhin noch einen Wasserdampf-Diffusionswiderstand von 7 [-]. Diese Leichtbetone und der Porenbeton haben sehr geringe Dichten und damit auch wenig Widerstand gegen Dampfdiffusion.

Die untersuchten Textilbetone liegen mit ihren Dry-Cup-Werten von 270 [-] bis 595 [-] alle oberhalb von Normalbeton mit 110 [-] und sind wesentlich diffusionsdichter als dieser. Dies liegt primär an der kapillarporenreduzierten Matrix, die mittels fein abgestimmter Sieblinie sowie einer sehr guten Nachbehandlung erreicht wurde. Mit diesen diffusionssperrenden Eigenschaften kann bereits mit sehr dünnen Schichtdicken auf zusätzliche Folien verzichtet werden. Im Außenbereich sollte allerdings eine Betonmatrix gewählt werden, die einen geringeren Wasserdampf-Diffusionswiderstand aufweist, um bei ungeplantem Feuchteeintritt dennoch Wasserdampf abführen zu können. Eine Weiterentwicklung als diffusionsoffenere Matrix im Anschluss an diese Arbeit ist angestrebt.

Die Betonmischungen 1.0, 2.0 und 4.0 erreichen Werte von 427 [-], 483 [-] und 595 [-]. Die mechanischen Eigenschaften der Textilbetonmischung 1.0 ähneln der Fertigmischung TB 2.0. Beide Mischungen erreichen damit auch bauphysikalisch ähnliche Wasserdampf-Diffusionswiderstandszahlen. Die Mischungen 1.0 und 2.0 mit 8,12 Vol.-% und 7,95 Vol.-% haben somit viele Luft- und Verdichtungsporen. Diese Porenfraktion ist für den Wasserdampftransport bestimmend. Die Textilbetonmischung 3.0 weist etwas weniger Luft- und Verdichtungsporen mit 5,6 Vol.-% auf. Der Textilbeton 4.0 weist dagegen nur 0,18 Vol.-% Luft- und Verdichtungsporen auf und erreicht eine Wasserdampf-Diffusionswiderstandszahl von 595 [-]. Die sehr gute Nachbehandlung dieser Platte trägt erheblich dazu bei. Bei den Wet-Cup-Messwerten passt diese Reihung dann wieder. Der offenporige TB 1.0 kommt auf eine Wasserdampf-Diffusionswiderstandszahl von 105 [-], der Textilbeton 2.0 auf 258 [-], der Textilbeton 3.0 auf 268 [-] und der Textilbeton 4.0 [-] auf 298 [-]. In diesem Bereich dominiert allerdings auch schon der Flüssigwassertransort.

Die textilen Bewehrungen der Mischung 1.0 und 3.0 beeinflussen den Dampftransport erheblich. Grundsätzlich ist dabei festzustellen, dass textile Bewehrungen die Wasserdampftransporteigenschaften begünstigen, also die Wasserdampf-Diffusionswiderstandszahl herabsetzen. Dies ist anders als beim Flüssigwassertransport, bei dem die Bewehrungslagen kapillarbrechend wirken und den Flüssigwassertransport bremsen können. Im Vergleich zu den unbewehrten Textilbetonmischungen 1.0 und 3.0 senken die Mischungen 1.1 mit zwei oder 3.1 mit einer Lage Biaxialgelege die Wasserdampf-Diffusionswiderstandszahl auf 272 [-] und 422 [-] durch die Schaffung neuer Porenräume im Bereich des Porenradius von 0,01 mm (-5 log m). Die Textilbetonmischungen 1.2 und 1.3 werden neben einer Lage Biaxialgelege zusätzlich mit Kurzfasern versehen.

Im Falle der Mischung 1.2 mit zusätzlich 1 M.-% und im Falle der Mischung 1.3 mit zusätzlich 3 M.-%. kann damit die Wasserdampf-Diffusionswiderstandszahl weiter gesenkt werden auf 232 [-] bei Mischung 1.2 und 298 [-] bei Mischung 1.3. Die Mischung 1.2 hat mit 1 M.-% Kurzfasern und einem Biaxialgelege aus AR-Glas mit ca. 10 Vol.-% im Vergleich zum gesamten Baustoffvolumen allein an Luft- und Verdichtungsporen. Somit ist diese Mischung die dampfdiffusionsoffenste Textilbetonmatrix in dieser Arbeit.

Grundsätzlich wird deutlich, dass jegliche textile Bewehrung den Wasserdampf-Diffusionswiderstand senken kann. Beim Einsatz von Kurzfasern bieten nicht nur die Faserzwischenräume eine Transportmöglichkeit für Wasserdampf. Sie verändern auch die Frischbetonfließfähigkeit der Betonmatrix, was zusätzliche Luft- und Verdichtungsporen (≥ 1 µm) innerhalb der Betonmatrix schafft. Dagegen reduzieren Biaxialgelege oder Drehergewebe die Porenfraktion oberhalb von 0,1 mm (-4 log m) leicht, weil diese durch ihr Volumen das gesamte Volumen der Betonmatrix verkleinern. Unterhalb von 0,01 mm (-5 log m) bis 0,001 mm (-6 log m) wird hingegen zusätzliches Porenvolumen durch die Zwischenräume in den Filamenten der Rovings für den Wasserdampftransport bereitgestellt.

3.5.2 Flüssigwasserleitfähigkeit mit Wasseraufnahmekoeffizient

3.5.2.1 Flüssigwasserleitfähigkeit

Begriffsdefinition

Die Flüssigwasserleitfähigkeit beschreibt die Transportgeschwindigkeit von Wasser in einem dazugehörigen Porenraum. Hierbei findet ein Stoffausgleich aufgrund eines Kapillardruckgradienten statt.

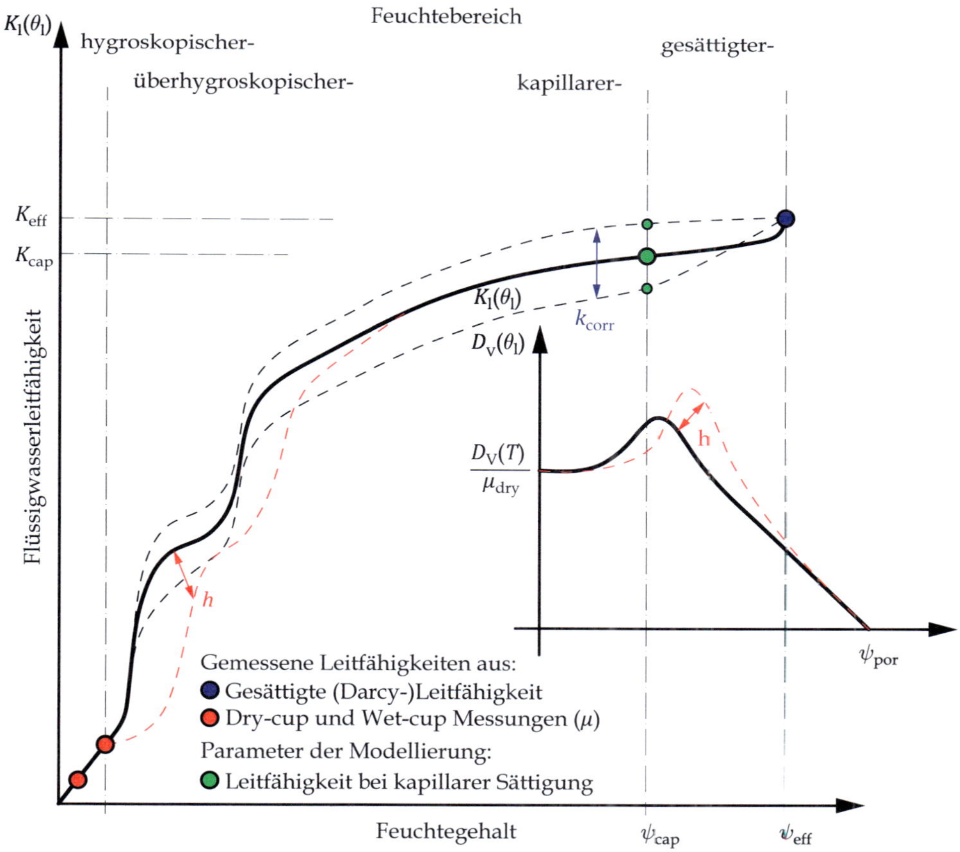

Abbildung 48: Bereiche der Dampf- und Flüssigwasserleitfähigkeit (Scheffler et al., 2007)

Die Funktion der Flüssigwasserleitfähigkeit wird aus dem Porenmodell (siehe Kap 3.6.2) abgeleitet. Das Porenmodell zeigt eine differenzielle Porenvolumenverteilung, die Feuchtespeicherfunktion kumuliert bildet. Im Labor wird der umgekehrte Weg beschritten, da aus der kumulierten Feuchtespeicherfunktion die differenzielle Porenvolumenverteilung erstellt wird. Mit der Porenvolumenverteilung ist bekannt, wo sich welche Poren befinden. Unter Annahme, dass die Porenstruktur aus parallelen, kreisrunden Kapillaren besteht, kann der Wasserstrom aus dem Kapillardruckgradienten, der Oberflächenspannung des Wassers und der Interaktion mit der Porenwand bestimmt werden.

Kalibriert wird die Funktion dann über drei weitere Parameter. Im unteren Bereich werden die Messungen des Wasserdampf-Diffusionswiderstands (Dry-Cup und Wet-Cup) verwendet. Die Leitfähigkeit bei kapillarer Sättigung wird aus der Messung des Wasseraufnahmekoeffizienten bestimmt. Im oberen Bereich wird, falls gemessen, die Darcy-Leitfähigkeit (Strömungsmessung an gesättigten Proben ψ_{eff}) als Ankerpunkt genutzt, um Unstetigkeiten im oberen Bereich der abgeleiteten Flüssigwasserleitfähigkeit zu vermeiden. Das Materialmodell wird iterativ zwischen Messdaten und Simulation kalibriert. Dafür stehen Kalibrierfaktoren, wie h oder k_{corr} zur Verfügung. (Scheffler et al., 2007)

In kapillarporösen Werkstoffen findet der Flüssigwassertransport in den Kapillarporen und der Stoffausgleich dabei aufgrund eines Kapillardruckgradienten statt.

Berechnungsformel Massenstromdichte von Flüssigwasser nach Sontag et al., 2013

$$j^{\mathrm{w}} = -K_{\mathrm{l}} \cdot \frac{\Delta p_{\mathrm{c}}}{d} \tag{3.17}$$

j^{w}	Massenstromdichte des Flüssigwassers in kg/(m²·s)
K_{l}	Flüssigwasserleitfähigkeit in s
Δp_{c}	Kapillardruckgefälle in Pa
d	mittlere Probekörperdicke in m

Tabelle 22: Flüssigwasserleitfähigkeit und Massenstromdichten primär infolge Flüssigwasser

Baustoff	**Flüssigwasserleitfähigkeit bei effektiver Sättigung**	**Flüssigwasserleitfähigkeit bei kapillarer Sättigung**	**Massenstromdichte**[1]
	$K_{l,eff}$	$K_{l,cap}$	j^w
	in s	**in s**	**in g/(m²·h)**
Vergleichs- und Konstruktionsbaustoffe			
Holz (Fichte - radial)	$9{,}53 \cdot 10^{-10}$	$2{,}68 \cdot 10^{-12}$	-37,43
Holz (Eiche - radial)	$2{,}06 \cdot 10^{-11}$	$1{,}37 \cdot 10^{-12}$	-12,62
OSB-Platte	$3{,}00 \cdot 10^{-12}$	$1{,}02 \cdot 10^{-12}$	-0,71
Hochdichte Faserplatte (HDF)	$7{,}37 \cdot 10^{-07}$	$7{,}37 \cdot 10^{-07}$	-0,47
Historischer Ziegel	$1{,}27 \cdot 10^{-09}$	$1{,}22 \cdot 10^{-09}$	-37,43
Hochlochziegel	$2{,}02 \cdot 10^{-09}$	$5{,}92 \cdot 10^{-17}$	-37,43
Kalksandstein	$5{,}91 \cdot 10^{-10}$	$5{,}07 \cdot 10^{-15}$	-35,73
Kalkzementputz	$2{,}75 \cdot 10^{-05}$	$1{,}79 \cdot 10^{-08}$	-37,43
Kalkzementmörtel	$2{,}24 \cdot 10^{-10}$	$2{,}24 \cdot 10^{-10}$	-37,42
Klebemörtel für CS-Platte	$2{,}15 \cdot 10^{-11}$	$1{,}07 \cdot 10^{-13}$	-8,34
Kalkputz	$2{,}85 \cdot 10^{-09}$	$8{,}80 \cdot 10^{-10}$	-37,43
Silikonharzoberputz	/	/	/
Lehmputz	$9{,}66 \cdot 10^{-09}$	$1{,}03 \cdot 10^{-11}$	-37,43
Gipskartonplatte	$1{,}11 \cdot 10^{-09}$	$1{,}11 \cdot 10^{-09}$	-37,43
Dämmstoffe			
Mineralwolle (MW)	0	0	/
Expandiertes Polystyrol (EPS)	0	0	0
Extrudiertes Polystyrol (XPS)	0	0	0
Polyurethan (PU)	0	0	0
Calciumsilikat (CS)	$2{,}33 \cdot 10^{-08}$	$4{,}64 \cdot 10^{-11}$	-37,43
Schaumglas (SG)	0	0	0
Vakuum-Isolations-Paneel (VIP)	0	0	0
CALOSTAT	$1{,}49 \cdot 10^{-15}$	$1{,}49 \cdot 10^{-15}$	-1,48
SLENTITE	$6{,}80 \cdot 10^{-12}$	$5{,}06 \cdot 10^{-15}$	-0,34
Einblasdämmung Zellulose	$3{,}46 \cdot 10^{-06}$	$3{,}46 \cdot 10^{-06}$	-37,43
Luftschicht (3 mm, vertikal)	/	/	/

Tabelle 22: Flüssigwasserleitfähigkeit und Massenstromdichten primär infolge Flüssigwasser (Fortsetzung)

Baustoff	**Flüssigwasserleitfähigkeit bei effektiver Sättigung**	**Flüssigwasserleitfähigkeit bei kapillarer Sättigung**	**Massenstromdichte[1]**
	$K_{l,eff}$	$K_{l,cap}$	j^w
	in s	**in s**	**in g/(m²·h)**
	Bewehrungen		
Stahl	0	0	0
Aluminium	0	0	0
Glas	0	0	0
Polyamid (PA)	$1{,}56 \cdot 10^{-18}$	$1{,}56 \cdot 10^{-18}$	-0,0015
	Zuschläge		
Zementkleber	$4{,}04 \cdot 10^{-12}$	$3{,}51 \cdot 10^{-16}$	-0,08
Granit	/	/	/
Carrera Marmor	$7{,}69 \cdot 10^{-12}$	$7{,}69 \cdot 10^{-12}$	-22,89
Sandstein	$1{,}10 \cdot 10^{-11}$	$1{,}56 \cdot 10^{-13}$	-8,99
	konventionelle Betone		
Normalbeton C20/25 (unbewehrt)	$4{,}40 \cdot 10^{-11}$	$3{,}64 \cdot 10^{-11}$	-37,39
Bimsbeton	$1{,}50 \cdot 10^{-09}$	$1{,}06 \cdot 10^{-13}$	-2,84
Leichtbeton (Blähton)	/	/	/
Porenbeton	$5{,}96 \cdot 10^{-09}$	$6{,}74 \cdot 10^{-12}$	-37,17
	Textilbetone		
Textilbeton 1.0 (unbewehrt)	$1{,}00 \cdot 10^{-11}$	$3{,}47 \cdot 10^{-14}$	-2,25
Textilbeton 1.1	$1{,}00 \cdot 10^{-11}$	$2{,}19 \cdot 10^{-14}$	-0,70
Textilbeton 1.2	$1{,}00 \cdot 10^{-11}$	$7{,}31 \cdot 10^{-14}$	-6,32
Textilbeton 1.3	$1{,}00 \cdot 10^{-10}$	$4{,}98 \cdot 10^{-13}$	-23,61
Textilbeton 2.0 (unbewehrt)	$1{,}00 \cdot 10^{-10}$	$1{,}58 \cdot 10^{-13}$	-6,32
Textilbeton 3.0 (unbewehrt)	$1{,}00 \cdot 10^{-10}$	$6{,}99 \cdot 10^{-14}$	-2,77
Textilbeton 3.1	$1{,}00 \cdot 10^{-10}$	$4{,}90 \cdot 10^{-13}$	-6,35
Textilbeton 4.0	$5{,}19 \cdot 10^{-12}$	$3{,}44 \cdot 10^{-13}$	-0,16

/ = fehlender oder nicht korrekter Messwert
*1 = Massenstromdichte infolge Flüssigwasserstrom und Dampfstrom bei anstehender 1 mm Wasserschicht auf einer 10 cm dicken Platte (Kombination: Flüssig und Dampf)

3.5.2.2 Wasseraufnahmekoeffizient

Begriffsdefinition

Der Wasseraufnahmekoeffizient A_w beschreibt die Wassermenge, die von einer Fläche über einen definierten Zeitraum aufgenommen wird (DIN EN ISO 15148:2018-12).

Berechnungsformel Wasseraufnahmekoeffizient nach DIN EN ISO 15148:2018-12

$$A_{\mathrm{w}} = \frac{\Delta m}{\sqrt{t}} \tag{3.18}$$

A_{w}	Wasseraufnahmekoeffizient in kg/(m²·s^{0,5})
Δm	flächenbezogene (Wasser-)Massenzunahme nach der Zeit in kg/m²
t	Zeit in s

Erklärung

Der Wasseraufnahmekoeffizient charakterisiert die Eigenschaft eines trockenen Baustoffes, Wasser von der Oberfläche (Schlagregen oder anstehendes Wasser) anzusaugen und in der Flüssigphase in tiefer liegende Poren zu transportieren. Liegt Beträgt der Feuchtegehalt unter 95 % rel. Luftfeuchte, liegt sowohl Dampf- als auch Flüssigwassertransport in kombinierter Form vor. Die Wasseraufnahme kann dabei nahezu linear angenommen werden. Oberhalb von 95 % rel. Luftfeuchte (Bereich hoher Luftfeuchte) erfolgt der Feuchtetransport primär in der Flüssigphase.

Laboruntersuchung

Probengröße Textilbeton: 4 cm x 4 cm x 0,8 cm

Die Messung erfolgt in Anlehnung an die DIN EN ISO 15148:2018-12. Der Wasseraufnahmekoeffizienten wird anhand eines eindimensionalen Experiments zur Freiwasseraufnahme einer trockenen Probe ermittelt, die auf einer Freiwasserfläche platziert wird (sog. Aufsaugversuch). Während dieses Imbibitionsexperiments wird der Anstieg des flüssigen Wassers mittels einer Waage gemessen. Die Probe wird dabei in eine isolierte Kammer mit vertikal verstellbaren Wasserbad gelegt, in dem die Temperatur (23 bis 27 °C) stabil ist und die rel. Luftfeuchtigkeit über 95 % liegt. Im Unterschied zur DIN EN ISO 15148:2018-12 erfolgt die Wägung nicht per Hand, sondern automatisch mit einer Überkopfwaage und einem Datenlogger, der die Messwerte kontinuierlich aufzeichnet. Am Ende der Messung stellt sich ein charakteristischer Wassergehalt, der kapillarer Wassergehalt ψ_{cap} in m³/m³ genannt wird. Die Bestimmung des Wasseraufnahmekoeffizienten erfordert die grafische Interpretation der Kurve, die den kumulativen Zufluss darstellt. Wie in Abbildung 49 gezeigt, kann das Wasseraufnahmeexperiment in zwei Bereiche geteilt werden. Der erste Bereich beschreibt den kapillar dominierten Teil und entspricht einer geraden Linie. Der zweite Bereich spiegelt den Einfluss der Ausbreitung der Wasserfront wider, wenn diese das obere Ende der Probe erreicht und es nur noch zur Umverteilung in die eingeschlossenen Luftporen kommt. Die Bruchstelle ist der kapillare Wassergehalt und entspricht meist dem mittleren Feuchtegehalt der Einzelproben. (Plagge et al., 2005; DIN EN ISO 15148:2018-12)

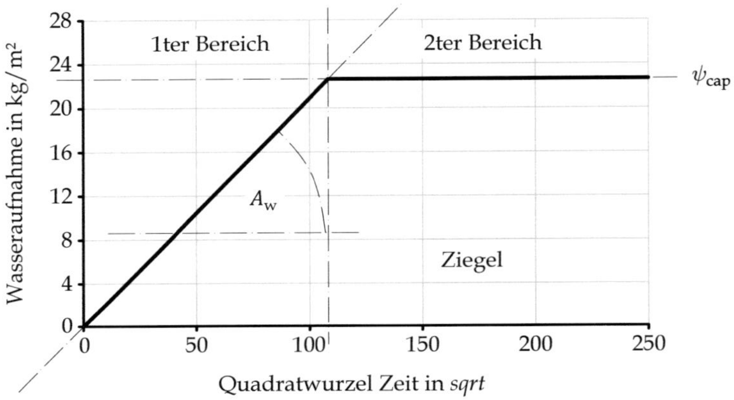

Abbildung 49: Bestimmung des Wasseraufnahmekoeffizienten (Plagge et al., 2005)

Tabelle 23: Wasseraufnahmekoeffizient (A_w-Wert)

Baustoff	**Wasseraufnahmekoeffizient in kg/(m² · s^{0,5})**
Vergleichs- und Konstruktionsbaustoffe	
Holz (Fichte - radial)	0,0582
Holz (Eiche - radial)	0,0088
OSB-Platte	0,0020
Hochdichte Faserplatte (HDF)	0,0024
Historischer Ziegel	0,1824
Hochlochziegel	0,1773
Kalksandstein	0,0497
Kalkzementputz	0,0093
Kalkzementmörtel	0,1760
Klebemörtel für CS-Platte	0,0084
Kalkputz	0,1270
Silikonharzoberputz	0,0002
Lehmputz	0,1757
Gipskartonplatte	0,1790
Dämmstoffe	
Mineralwolle (MW)	0
Expandiertes Polystyrol (EPS)	0
Extrudiertes Polystyrol (XPS)	0
Polyurethan (PU)	0
Calciumsilikat (CS)	1,1146
Schaumglas (SG)	0
Vakuum-Isolations-Paneele (VIP)	0
CALOSTAT	0,000001
SLENTITE	0,0005
Einblasdämmung Zellulose	0,5629
Luftschicht (3 mm, vertikal)	0,0000001
Bewehrungen	
Stahl	0
Aluminium	0
Glas	0
Polyamid (PA)	0,0001

Tabelle 23: Wasseraufnahmekoeffizient (Aw-Wert) (Fortsetzung)

Baustoff	**Wasseraufnahmekoeffizient in kg/(m² · s^0,5)**
Zuschläge	
Zementkleber	0,0067
Granit	0,0008
Carrera Marmor	0,0015
Sandstein	0,0063
konventionelle Betonmatrices	
Normalbeton C20/25 (unbewehrt)	0,0083
Bimsbeton	0,0350
Leichtbeton (Blähton)	0,0200
Porenbeton	0,0434
Textilbetonmatrices	
Textilbeton 1.0 (unbewehrt)	0,0049
Textilbeton 1.1	0,0024
Textilbeton 1.2	0,0042
Textilbeton 1.3	0,0040
Textilbeton 2.0 (unbewehrt)	0,0041
Textilbeton 3.0 (unbewehrt)	0,0045
Textilbeton 3.1	0,0040
Textilbeton 4.0	0,0011
/ = fehlender oder nicht korrekter Messwert	

Auswertung

Gruppe 1 Vergleichs- und Konstruktionsbaustoffe

Den höchsten Wasseraufnahmekoeffizienten hat der historische Ziegel (0,1824 kg/($m^2 \cdot s^{0,5}$)). Dieser sehr kapillaraktive Baustoff sollte daher nicht direktem Flüssigwasser in Form von Schlagregen oder anstehenden Wasser ausgesetzt sein, da er sehr schnell durchfeuchtet. Beispielsweise setzt sich eine Wasserfront in den Ziegeln sehr schnell fort, auch wenn die Platten nur leichten Kontakt zu einer feuchten Bodenplatte haben. Gleich danach folgt die Gipskartonplatte mit 0,1790 kg/($m^2 \cdot s^{0,5}$) und der Hochlochziegel mit 0,1773 kg/($m^2 \cdot s^{0,5}$). Beide transportieren durch die Kapillaren das Wasser sehr gut, auch gegen die Schwerkraft. Daher sollte eine Ziegelwand immer mit einer Feuchtigkeitssperre versehen werden. Um den Ziegel zusätzlich gegen Schlagregen zu schützen, muss ein Putz mit niedrigerem Wasseraufnahmekoeffizienten aufgebracht werden (z. B. Kalkzementputz mit 0,0093 kg/($m^2 \cdot s^{0,5}$)). In der Gruppe der Hölzer besitzt Fichte mit

0,0582 kg/(m²·s⁰,⁵) den höchsten Wasseraufnahmekoeffizienten. Eiche nimmt um den Faktor 7 weniger Wasser in der gleichen Zeitspanne auf und ist daher für den Außenbereich weitaus besser geeignet als Fichte.

Gruppe 2 Dämmstoffe

Alle Baustoffe in dieser Gruppe haben keine Wassertransporteigenschaften. Allein die Calciumsilikatplatte (CS) sowie die Zellulose-Einblasdämmung transportieren Flüssigwasser. Mit diesen Transporteigenschaften eignen sich beide Dämmstoffe ideal, um den Feuchtehaushalt im Raum zu regulieren und z. B. im Altbau Feuchteschäden durch einen schnellen Abtransport zu vermeiden, da diese kapillaraktiv sind.

Gruppe 3 Bewehrung, Zuschläge und Betonmatrix

In dieser Gruppe nehmen Stahl, Aluminium und Glas kein Wasser auf, da diese Materialen ein sehr geschlossenes Gefüge aufweisen. Die thermoplastische Matrix aus Polyamid nimmt dagegen bereits kleine Mengen Wasser auf (0,0001 kg/($m^2 \cdot s^{0,5}$)). Die Bewehrung von Textilbetonplatten besteht ebenfalls aus einer Kunststoffmatrix, die gemeinsam z. B. mit den Glasfilamenten einen Roving bildet.

Das Bindemittel Zement (hier als Zementkleber) weist gute Wassertransporteigenschaften auf (0,0067 kg/($m^2 \cdot s^{0,5}$)). Dagegen transportieren Zuschläge wie Sand oder Granit kaum Wasser. (0,0063 kg/($m^2 \cdot s^{0,5}$) bzw. 0,0008 kg/($m^2 \cdot s^{0,5}$)).Sandstein hingegen transportiert durch seine lose Gefügestruktur größere Wassermengen.

Die Normalbetonmischung hat durch ihr großes Porenvolumen im Vergleich zu den Textilbetonplatten einen hohen Wasseraufnahmekoeffizienten von 0,0083 kg/($m^2 \cdot s^{0,5}$). Jedoch transportieren die sehr offenporigen Betonmischungen wie der Leichtbeton (0,0200 kg/($m^2 \cdot s^{0,5}$)) sowie der Porenbeton (0,0434 kg/($m^2 \cdot s^{0,5}$)) im Vergleich zu anderen Betonmatrices die größte Wassermasse in gleicher Zeiteinheit. Dies liegt an ihren großen Porenvolumen.

Bei den Textilbetonmischungen beeinflussen primär folgende Variablen den Wassertransport: die Menge sowie die Anordnung der textilen Bewehrung, das offene Porenvolumen der unterschiedlichen Mischungen und deren Anteil an kapillaraktiven Poren sowie die Menge des verwendeten Zementsteins und die Menge des Größtkorns der Zuschläge. Beim Standardbeton der TU Dresden (Textilbeton 1.0 bis 1.3) sowie der Textilbeton 2.0 wurde ein sehr hoher Bindemittelgehalt verwendet. Dieser leitet das Flüssigwasser sehr gut, weshalb der Wasseraufnahmekoeffizient dieser Mischungen auch sehr hoch ist. Zudem entstehen durch den hohen Anteil an Zementstein sowie die feinen Zuschläge (max. 1 mm) viele durchgehende Kapillarporen. Die unzureichende Nachbehandlung dieser Mischungen sorgt außerdem für eine hohe offene Porosität (ψ_{por}) und damit auch einen hohen kapillaren Wassergehalt (ψ_{cap}). Die Bewehrungsvariationen Textilbeton 1.1 bis 1.3 reduzieren den Wasseraufnahmekoeffizienten. In der Mischung Textilbeton 1.1

wurden zwei Textillagen eingelegt. Dadurch konnten die Kapillaren teilweise gebrochen und der Wassertransport halbiert werden. In der Mischung Textilbeton 1.2 wurde nur eine Lage Textil eingebracht, jedoch zusätzlich noch 1 M.-% Kurzfaser. Dadurch konnte der Wasseraufnahmekoeffizient von unbewehrt 0,0049 kg/(m²·s^{0,5}) auf 0,0042 kg/(m²·s^{0,5}) verringert werden. Wird der Kurzfaseranteil auf 3 M.-% in der Mischung 1.3 erhöht, werden sogar 0,0040 kg/(m²·s^{0,5}) erreicht. Ein ähnliches Verhalten kann auch beim Textilbeton 3.0 und 3.1 beobachtet werden. Die unbewehrte Mischung 3.0 (0,0045 kg/(m²·s^{0,5})) hat eine höhere Flüssigwasserleitfähigkeit als die bewehrte Mischung 3.1 (0,0040 kg/(m²·s^{0,5})).

Die neue Textilbetonmischung 4.0 konnte durch eine stark optimierte Betonmischung und eine sehr gute Nachbehandlung die Flüssigwasserleitfähigkeit nochmals reduzieren. Ein Grund dafür sind die Neuentwicklungen an Zusatzstoffen und Zusatzmitteln, die das Porenvolumen nochmals erheblich reduzieren konnten. Zudem wurden wesentlich größere Zuschläge (Größtkorn bis zu 8 mm) als bei den Mischungen 1.0 bis 2.0 (Größtkorn max. 1 mm) verwendet. Dies senkt das kapillaraktive Porenvolumen erheblich. Die Textilbetonmischung 4.0 senkt dadurch die Wassertransporteigenschaften auf 0,0011 kg/(m²·s^{0,5}). Damit kann bei dieser Mischung von höchster Dauerhaftigkeit ausgegangen werden.

3.6 Feuchtespeicherung

Baustoffe können je nach Beschaffenheit unterschiedliche Wassermengen speichern. Ausschlaggebend ist dabei die rel. Luftfeuchtigkeit, die sie umgibt, oder das Flüssigwasser, das die Oberfläche der Bauteile in Form von Schlagregen, Tauwasser oder anstehendem bzw. aufsteigendem Wasser erreicht. Je nach differenzieller Porenvolumenverteilung können sich die Dampf- und die Flüssigwassereigenschaften unterschiedlicher Baustoffe stark unterschieden.

3.6.1 Sättigungsgrade

Begriffsdefinition

Die Sättigungsgrade beschreiben die möglichen Wassergehalte, die sich in einem Baustoff einstellen können (beginnend von absoluter Trockenheit bis zur maximalen Porenfüllung mit Wasser).

Erklärung

Es lassen sich unterschiedliche Sättigungsgrade unterscheiden, die sich nach den äußeren Randbedingungen einstellen. Dabei stellt die offene Porosität (ψ_{por}) die obere Grenze aller Sättigungsgrade dar. Sie definiert die max. mögliche Wasseraufnahme durch Aufbringen äußerer Kräfte. Die effektive Sättigung (ψ_{eff}) gibt den Volumenanteil an, der sich bei definierten äußeren Bedingungen (ohne zusätzliche Kräfte, z. B. Vakuum) einstellt. Er liegt zwischen der kapillaren Sättigung und der offenen Porosität. Er variiert nach äußeren Bedingungen (rel. Luftfeuchte, Schlagregen, Dampfdruckunterschiede). Die kapillare Sättigung (ψ_{cap}) in m^3/m^3 definiert die max. Wasseraufnahme, die sich bei kurzzeitigem Wasserkontakt einstellt. Sie wird im Aufsaugversuch bestimmt.

Die kapillare Sättigung beschreibt den Übergang von kapillaren zum gesättigten Bereich. Sie stellt die kleinstmögliche Sättigung dar. Die offene Porosität definiert das obere Ende der Sättigung. Im Bereich zwischen beiden Hüllkurven finden alle Ad- und Desorptionsprozesse der Feuchtespeicherfunktion statt. (Scheffler et al., 2007)

Laboruntersuchung

Probengröße Textilbeton (offene Porosität): 7 cm x 7 cm x 0,8 cm

Probengröße Textilbeton (effektive Wasseraufnahme): d = 5 cm, h = 0,8 cm

Probengröße Textilbeton (kapillare Wasseraufnahme): 4 cm x 4 cm x 0,8 cm

Die offene Porosität (ψ_{por}) (auch als max. Wassersättigung u_{max} bezeichnet) ist das Verhältnis des Volumens der offenen Poren zum Gesamtvolumen der Probe und beschreibt den Umfang des Porenvolumens, das mit Wasser durchtränkt werden kann. Die Messung beginnt damit, dass die Einzelprobe in den Trockenapparat (Desiccator) gelegt wird, der langsam mit entlüftetem Wasser gefüllt wird. Zusätzlich wird mit einer Vakuumpumpe die Luft entzogen, während die Einzelprobe über 24 h unter Wasser bleibt. (DIN EN ISO 12571:2013-12)

Die effektive Sättigung (ψ_{eff}) wird auch als freie Wassersättigung u_f bezeichnet. Diese Sättigung stellt sich ein, indem die Proben einige Zeit (bis zu Monaten) drucklosem Wasser ausgesetzt werden. Grobporige Stoffe durchfeuchten rasch, wohingegen durchfeuchtete, feinporige, hydrophile Stoffe (wie Beton) sehr langsam und erst später den Wert der effektiven Sättigung erreichen. Bei grobporigen Baustoffen entspricht der Wert der effektiven Sättigung dem der offenen Porosität. Bei feinporigen Baustoffen nimmt die effektive Sättigung erst nach Jahren weiter zu und erreicht schließlich den Wert der offenen Porosität. Grund dafür sind eingeschlossene Luftblasen, die erst über längere Zeiträume über Diffusion entweichen können. (Häupl & Willems, 2013)

Die kapillare Sättigung (ψ_{cap}) wurde im Aufsaugversuch bestimmt, in dem auch der Wasseraufnahmekoeffizient bestimmt wird (siehe Kapitel 3.5.2.2).

Tabelle 24: kapillare, effektive und offene Porosität

Baustoff	Sättigungsgrade		
	kapillare Porosität	effektive Porosität	offene Porosität
	ψ_{cap}	ψ_{eff}	ψ_{por}
	m^3/m^3	m^3/m^3	m^3/m^3
Vergleichs- und Konstruktionsbaustoffe			
Holz (Fichte - radial)	0,570	0,692	0,695
Holz (Eiche - radial)	0,485	0,618	0,630
OSB-Platte	0,814	0,847	0,900
Hochdichte Faserplatte (HDF)	0,260	0,260	0,280
Historischer Ziegel	0,170	0,283	0,307
Hochlochziegel	0,265	0,319	0,354
Kalksandstein	0,251	0,333	0,359
Kalkzementputz	0,300	0,450	0,500
Kalkzementmörtel	0,250	0,250	0,408
Klebemörtel für CS-Platte	0,255	0,261	0,444
Kalkputz	0,253	0,285	0,302
Silikonharzoberputz	/	0,440	0,440
Lehmputz	0,330	0,405	0,408
Gipsplatte	0,356	0,575	0,719
Dämmstoffe			
Mineralwolle (MW)	0,900	0,900	0,920
Expandiertes Polystyrol (EPS)	0,0007	0,935	0,935
Extrudiertes Polystyrol (XPS)	/	0,950	0,951
Polyurethan (PU)	/	0,949	0,949
Calciumsilikat (CS)	0,830	0,830	0,910
Schaumglas (SG)	0	0	0,960
Vakuum-Isolations-Paneel (VIP)	0	0	0,950
CALOSTAT	0,0013	0,002	0,937
SLENTITE	0,0868	0,087	0,955
Einblasdämmung Zellulose	0,200	0,780	0,926
Luftschicht (3 mm, vertikal)	/	1,000	1,00
Bewehrungen			
Stahl	0	0	0
Aluminium	0	0	0
Glas	0	0	0
Polyamid (PA)	0,100	0,114	0,120

Tabelle 24: kapillare, effektive und offene Porosität (Fortsetzung)

Baustoff	Sättigungsgrade		
	kapillare Porosität	effektive Porosität	offene Porosität
	ψ_{cap}	ψ_{eff}	ψ_{por}
	m^3/m^3	m^3/m^3	m^3/m^3
Zuschläge			
Zementstein	0,130	0,145	0,486
Granit	/	/	0,009
Carrera Marmor	0,0101	0,0105	0,014
Sandstein	0,063	0,074	0,100
konventionelle Betone			
Normalbeton C20/25 (unbewehrt)	0,136	0,1429	0,143
Bimsbeton	0,294	0,427	0,738
Leichtbeton (Blähton)	/	0,670	0,670
Porenbeton	0,600	0,800	0,871
Textilbetone			
Textilbeton 1.0 (unbewehrt)	0,170	0,263	0,267
Textilbeton 1.1	0,200	0,243	0,255
Textilbeton 1.2	0,170	0,290	0,305
Textilbeton 1.3	0,170	0,263	0,265
Textilbeton 2.0 (unbewehrt)	0,170	0,250	0,281
Textilbeton 3.0 (unbewehrt)	0,111	0,168	0,170
Textilbeton 3.1	0,110	0,158	0,160
Textilbeton 4.0	0,088	0,090	0,176
/ = fehlender oder nicht korrekter Messwert			

3.6.2 Auswertung der Porenvolumenbereiche

Der gesamte Porenraum kann in folgende Porenvolumenbereiche im Zementstein eingeteilt werden:

- Gelporen (1 nm bis 10 nm), die bei der Herstellung des Zementleims entstehen und physikalisch gebunden sind
- Schrumpfporen (0,5 nm bis 30 nm), die durch Schrumpfung (Volumenkontraktion) des Zementsteins während der Hydratation entstehen
- Kapillarporen (0,03 µm bis 100 µm), die durch überschüssiges Anmachwasser entstehen
- Luftporen (1 µm bis 1000 µm), die durch Lufteinschlüsse beim Anmachen des Zementleims eingebracht werden
- sowie Verdichtungsporen (> 1 mm), die durch unzureichende Verdichtung entstehen

Die Gelporen können für den Dampf- und Wassertransport im Baustoff als dicht angesehen werden, da die Wassermoleküle (0,3 nm) nah an den Porenwandungen und damit physikalisch gebunden sind.

Die Kapillarporen beschreiben den Porenvolumenbereich, auf den der größte Teil des Wassertransportes entfällt. Dabei wird unterschieden, ob diese Poren räumlich vernetzt sind oder nicht. Dies ist je nach Hydratationsgrad bei einem w/z-Wert von 0,5 bis 0,6 der Fall.

Die Luft- und Verdichtungsporen beschreiben den Porenvolumenbereich, der für den Wassertransport ungeeignet ist und primär den Dampftransport begünstigt. Der Bereich der Luftporen ist für den FTW und den FTSW von entscheidender Bedeutung, um hydrostatischen und kapillaren Effekten, die unter dem Gefrierpunkt entstehen, entgegenzuwirken und größere Poren als Ausgleichsräume zu schaffen.

In den nachfolgenden Diagrammen wird das Porenvolumen in Vol.-% auf die unterschiedlichen Porenradien verteilt dargestellt. Das gesamte Porenvolumen (Fläche unter dem Graph) beschreibt dabei die effektive Porensättigung, also die Poren, die mit einem definierten Kapillardruck mit Wasser gesättigt werden können. Dabei ist das offene Porenvolumen größer, da dies alle Porenräume beschreibt, die nur mittels Vakuum erreicht werden können.

Gruppe 1 Vergleichs- und Konstruktionsbaustoffe

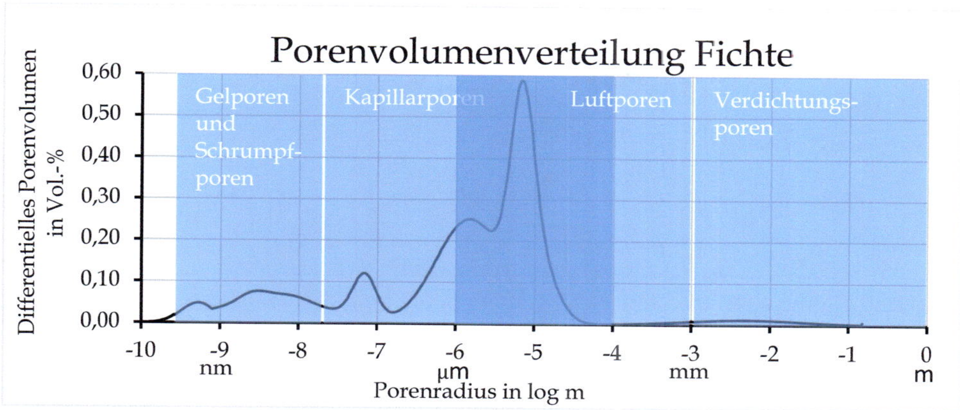

Abbildung 50: Porenvolumenverteilung Fichte

Wie auch andere Holzarten bildet Fichte (siehe Abbildung 50) sehr viele Kapillarporen aus, um Wasser im Stamm zu transportieren. Diese Poren sind richtungsgebunden, was wichtig für den Flüssigkeitstransport, jedoch unerheblich für die Porenvolumenverteilung ist. Größere Luftporen oder Verdichtungsporen werden dagegen in Holz nicht gefunden. Damit besteht eine hohe Speicher- und Transportfähigkeit für Flüssigwasser jedoch nur einen mittleren Dampftransport.

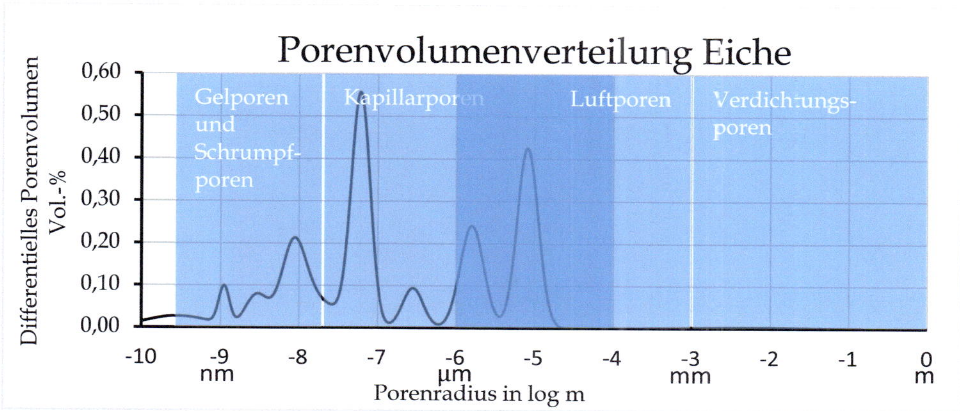

Abbildung 51: Porenvolumenverteilung Eiche

Eiche verhält sich ähnlich wie Fichte, jedoch transportiert sie weniger Wasser, da Fichte weniger Poren im größeren Kapillarporenbereich hat. Eiche kann mehr Feuchtigkeit speichern, da sie bereits bei geringen Raumluftfeuchten Wasser adsorptiv durch die größere Menge an Gel- und Schrumpfporen sowie kleinen Kapillarporen aufweist (siehe 3.6.3 Sorptionsisotherme).

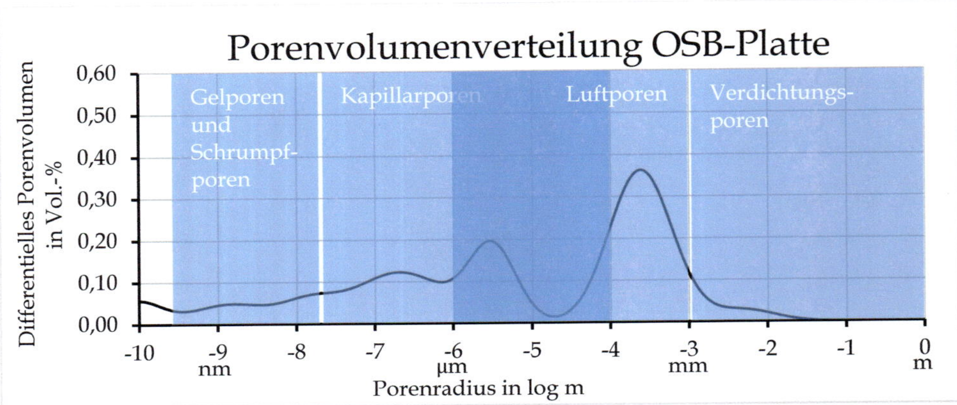

Abbildung 52: Porenvolumenverteilung OSB-Platte

Die Holzwerkstoffplatte hat eine offene Porosität von 0,9 m^3/m^3 (siehe Abbildung 52). Damit liegt sie deutlich über Fichte und Eiche mit 0,695 m^3/m^3 und 0,635 m^3/m^3. Dies und der große Anteil an Luftporen bewirkt, dass der Wasserdampfdiffusionswiderstand stark reduziert wird. Bei Fichte liegt dieser bei 236 [-], bei Eiche bei 648 [-] und bei der OSB-Platte nur bei 165 [-]. Durch die große Porosität über alle Porenradien und der damit verbundenen großen, inneren Oberfläche kann die OSB-Platte sehr viel Wasser in der Dampfphase mono- und multimolekular, aber auch durch Kapillarkondensation speichern.

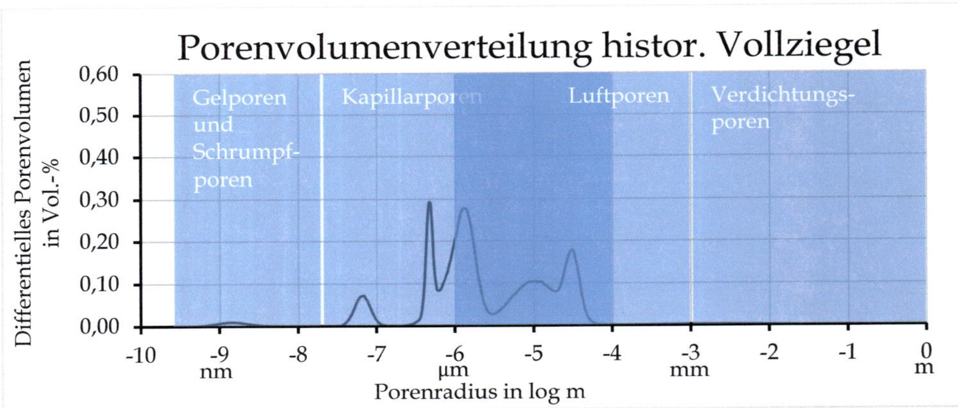

Abbildung 53: Porenvolumenverteilung Historischer Vollziegel

Der historische Vollziegel besitzt eine offene Porosität von 0,307 m^3/m^3 und eine kapillare Feuchtesättigung von 0,17 m^3/m^3 (siehe Abbildung 53). Seine Poren liegen zum Großteil im Kapillarbereich. Es gibt aber noch weitere Poren, die jedoch durch den Brennvorgang verschlossen sind (siehe 3.6.3 Sorptionsisotherme). Durch den Brennvorgang kann das Porengefüge individuell verändert werden. So verschmilzt z. B. bei Klinkern das Gefüge unter den sehr hohen Temperaturen und wird wasserundurchlässig.

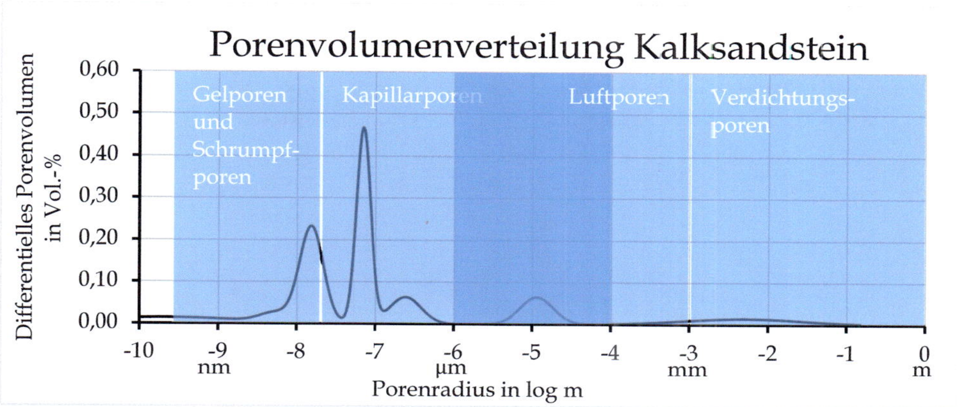

Abbildung 54: Porenvolumenverteilung Kalksandstein

Der Kalksandstein besitzt eine offene Porosität von 0,359 m³/m³ (siehe Abbildung 54). Die Sorptionsisotherme vom Kalksandstein steigt stark im Bereich geringer Raumluftfeuchten an. Dies liegt an dem großen Porenanteil mit kleinen Porenradien, der im Bereich zwischen den Gel- und Schrumpfporen sowie den Kapillarporen liegt.

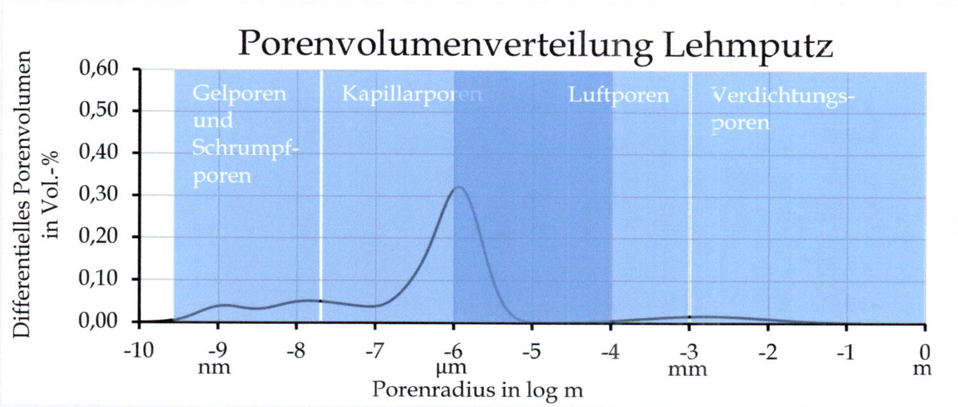

Abbildung 55: Porenvolumenverteilung Lehmputz

Die Porenvolumenverteilung von Lehmputz zeigt, dass ein Großteil der Poren im Bereich um 1 µm liegt (siehe Abbildung 55). Damit weist der Lehmputz zusammen mit der Gipsplatte die größten Wasserdampftransporteigenschaften auf (sowohl Dampftransport als auch Flüssigwasser). Diese liegen bei 0,418 g/(m²·h) beim Lehmputz für eine 3 cm dicke Platte bei 3 K Temperaturunterschied zwischen den Oberflächen und 50 % rel. Luftfeuchte.

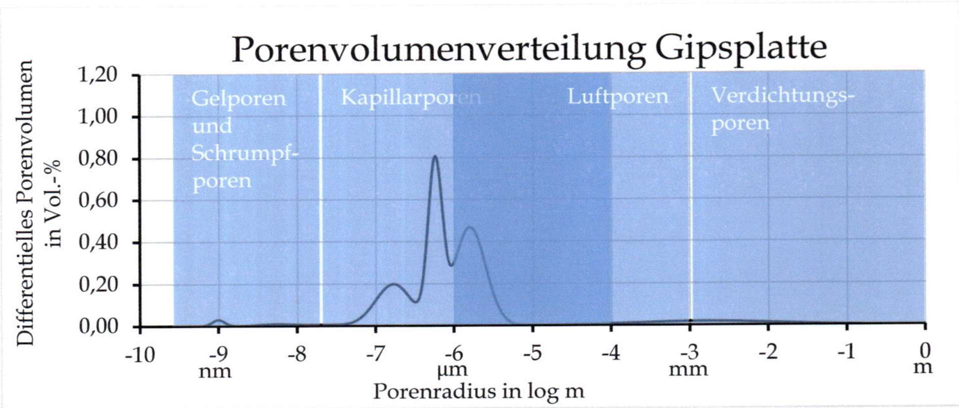

Abbildung 56: Porenvolumenverteilung Gipsplatte

Bei der Herstellung des Gipses aus schwefelsaurem Wasser und Kalkstein entweicht Wasser, das die Kapillarporen erzeugt. Dies führt zu sehr guten Feuchtespeicher- und Transporteigenschaften bei der Gipsplatte (Wasserdampftransport 0,425 $g/(m^2 \cdot h)$) (siehe Abbildung 56).

Gruppe 2 Dämmstoffe

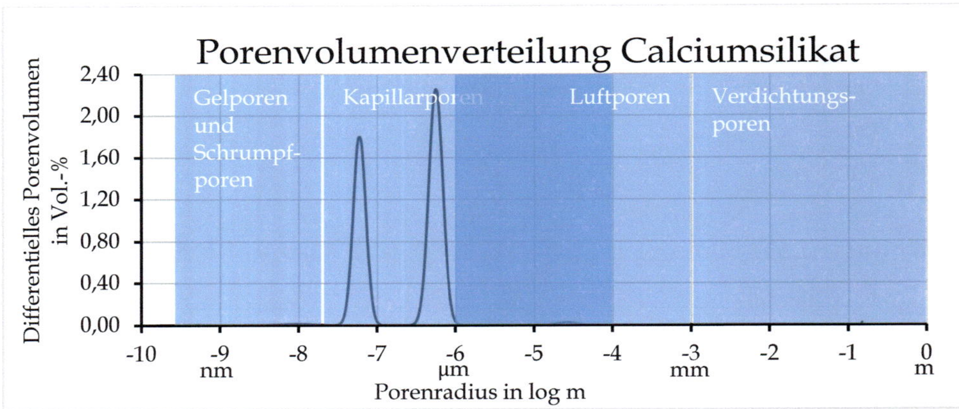

Abbildung 57: Porenvolumenverteilung Calciumsilikat

Die Poren der CS-Platte liegen ausschließlich im Bereich der Kapillarporen (siehe Abbildung 57). Sie besitzt damit eine sehr große offene Porosität von 0,91 m^3/m^3. Die Ordinate wurde hier auf 2,4 Vol.-% vergrößert, um das differentielle Porenvolumen in den relativ kleinen Porenbereich abbilden zu können. Der große Kapillarporenbereich sorgt für sehr große Transportmöglichkeiten von Flüssigwasser, d. h., sobald freies Wasser im Bauteil (z. B. Übergang Dämmung zur Altbauwand) gebildet wird, transportieren die Kapillarporen dieses Flüssigwasser von der Seite höherer Wasserkonzentration an den Porenwänden zum Innenraum hin, der eine niedrigere Wasserkonzentration besitzt. Triebkraft ist dabei die Kapillarkraft, die über den Kontaktwinkel von Wasser zur Porenwand gebildet wird. Aber auch für den Dampftransport sind diese Kapillarporenräume erheblich. Dies sorgt für die vergleichsweise besten Dampftransporteigenschaften von 1,214 g/(m²·h). Damit liegt die CS-Platte auch beim Dampftransport vor allen anderen Baustoffen.

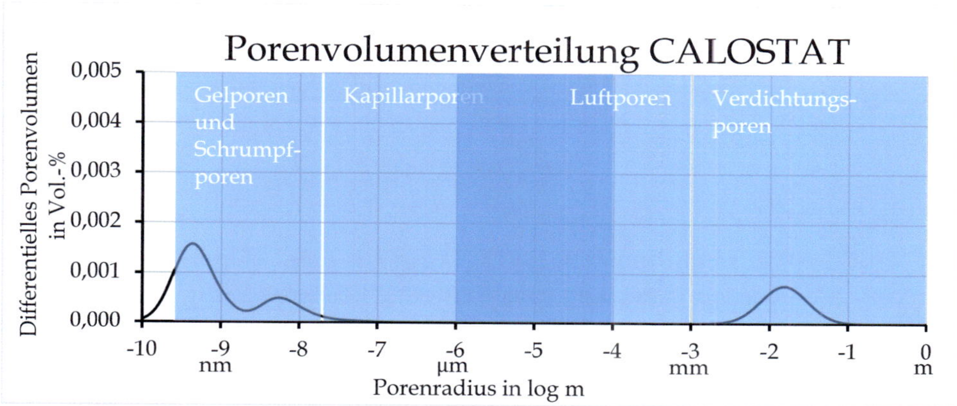

Abbildung 58: Porenvolumenverteilung CALOSTAT

Der Hochleistungsdämmstoff CALOSTAT besitzt eine offene Porosität (oberer Sättigungsgrad) von 0,937 m³/m³, aber nur eine kapillare Sättigung (unterer Sättigungsgrad) von 0,0013 m³/m³ und eine effektive Sättigung von 0,002 m³/m³. Diese entspricht auch dem differenziellen Porenvolumen in Abbildung 58. Der Baustoff besteht aus mikroporöser Kieselsäure. Das ist der gleiche Kernwerkstoff wie bei VIP. Allerdings ist der Werkstoff CALOSTAT hydrophobiert. Aus diesem Grund kann auch nur eine sehr kleine Wassermenge aufgenommen werden, obwohl dieser Dämmstoff sehr porös ist. Da der Baustoff hydrophil ist, benötigt er auch keine Hochbarrierefolie wie VIP zum Schutz vor Feuchtigkeit und zum Aufrechthalten des Vakuums. Der Wasserdampf-Diffusionswiderstand beträgt nur 3,9 [-]. Dies liegt an der hohen Porosität, die hier im nm-Bereich liegt, aber nicht mit Wasser gesättigt werden kann und damit nicht im Diagramm erscheint. Der Flüssigwassertransport beträgt $1{,}49 \cdot 10^{-15}$ s bei kapillarer Sättigung.

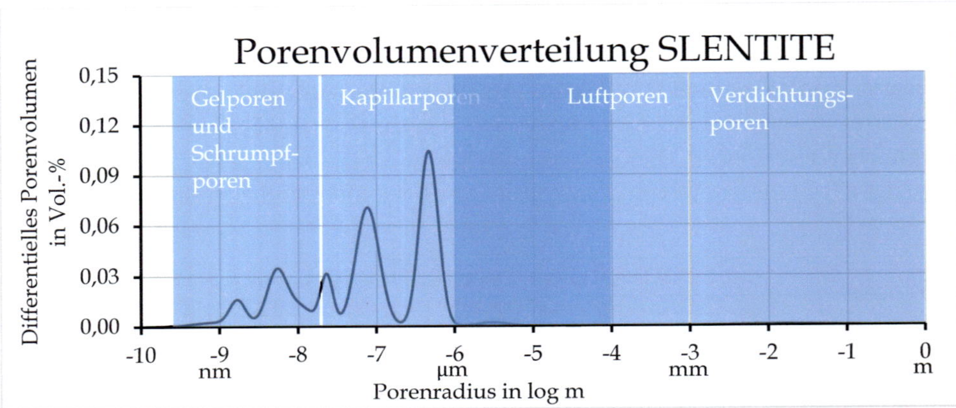

Abbildung 59: Porenvolumenverteilung SLENTITE

Der Hochleistungsdämmstoff SLENTITE besitzt eine offene Porosität von 0,955 m^3/m^3, aber nur eine kapillare Sättigung (unterer Sättigungsgrad) von 0,0868 m^3/m^3. Die größte Porenfraktion (0,0870 m^3/m^3), die bis zur effektiven Sättigung gemessen werden kann, befindet sich damit im Bereich der Kapillarporen (siehe Abbildung 59). Der Wasserdampf-Diffusionswiderstand beträgt nur 8,4 [-]. Dies liegt an der hohen Porosität, die hier im nm-Bereich liegt, aber nicht mit Wasser gesättigt werden kann und damit nicht im Diagramm erscheint (nicht zugängliche Poren). Der Flüssigwassertransport beträgt $5{,}06 \cdot 10^{-15}$ s bei kapillarer Sättigung.

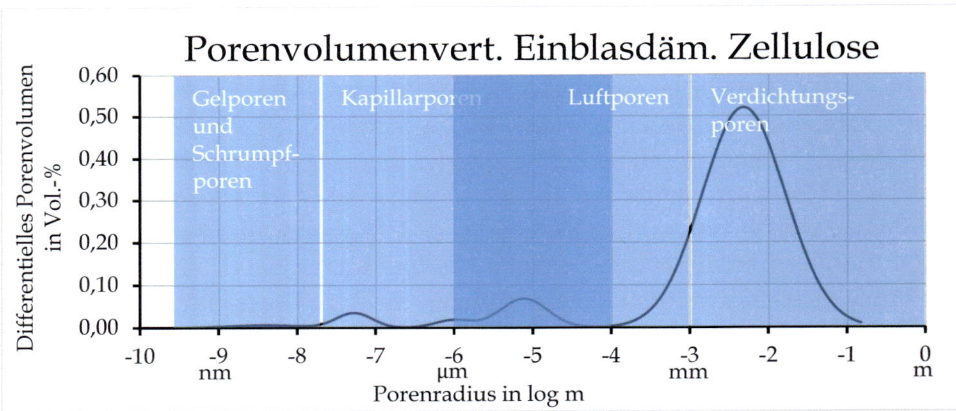

Abbildung 60: Porenvolumenverteilung Einblasdämmung Zellulose

Dominiert werden die Eigenschaften der Einblasdämmung aus Zellulose (siehe Abbildung 60) von der Porenfraktion aus Luft- und Verdichtungsporen. Dies ist verständlich, da die Zellulosefasern lose aufeinanderliegen. Damit entsteht eine offene Porosität von 0,926 m^3/m^3, die in ähnlicher Höhe wie die konventionellen Dämmstoffen liegt. Dennoch besteht 1 m^3 nur aus 0,074 m^3 porenfreiem Feststoff.

Das Ziel, die Luft möglichst zu bremsen und damit den Großteil der möglichen Konvektion zu nehmen, erfüllt dieser Feststoff. Damit wird eine Wasserdampf-Diffusionswiderstandzahl von nur 2 [-] erreicht. Wie MW ist diese Einblasdämmung sehr diffusionsoffen und muss in Bauteilen der Gebäudehülle bzw. der Fassade mit Dichtungsschichten versehen werden. Andernfalls droht dieser Dämmstoff zu durchfeuchten und sich als organischer Baustoff auch zu zersetzen. Zudem sind die Zellulosefasern, ähnlich wie Fichte oder Eiche, sehr kapillaraktiv und saugen Flüssigwasser über eine feuchte Fassade oder aus dem Boden schnell auf und transportieren diese innerhalb der Einblasdämmung weiter.

Gruppe 3 Bewehrungen, Zuschläge und konventionelle Betone

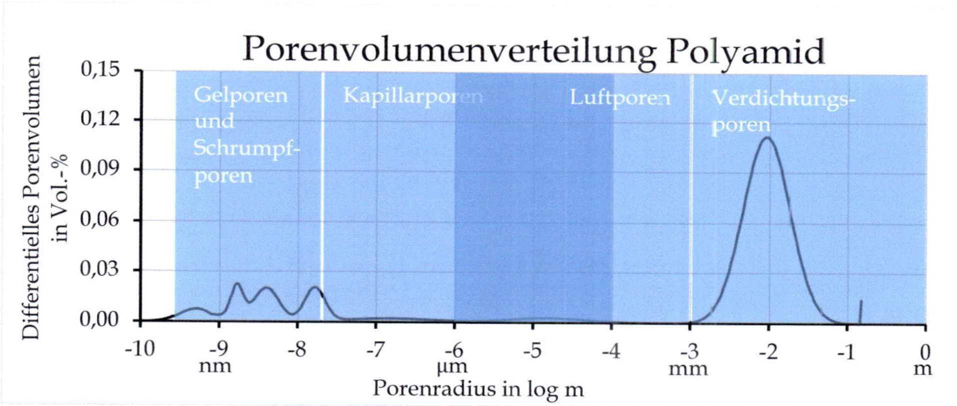

Abbildung 61: Porenvolumenverteilung Polyamid

Polyamid ist sehr dampfdiffusionsdicht, da es keine Kapillar- oder Luftporen besitzt. Es wird nur eine Wasserdampf-Diffusionswiderstandzahl von 5.313 [-] erreicht. Andere Polyamide erreichen den Wert von 50.000 [-]. Der in dieser Arbeit verwendete Kunststoffenthält eine große Menge an Verdichtungsporen, die den Widerstand reduzieren. Für einen Thermoplasten ist diese Struktur allerdings vergleichsweise offen (siehe Abbildung 61). Dennoch ist der kapillare Wassertransport extrem klein bzw. kann bei den meisten Kunstoffen ausgeschlossen werden. Durch die Modifikation mit Füllstoffen können die Wassertransporteigenschaften individuell angepasst werden. Derzeit dominieren aber die Standardanwendungsfälle im Bauwesen zur Verwendung als kapillarbrechende Schichten gegen aufsteigende Feuchte oder als Dampfbremse zur Verringerung des Wasserdampfeintrittes in die Konstruktion.

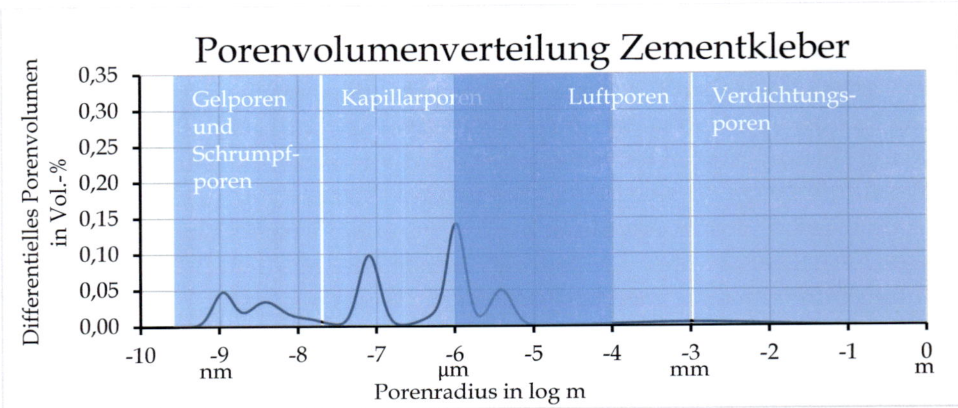

Abbildung 62: Porenvolumenverteilung Zementkleber

Der Zementkleber (siehe Abbildung 62) besitzt im Gegensatz zu den untersuchten Betonen keine Zuschläge/Gesteinskörnungen, die meist sehr dicht sind (Wasserdampf-Diffusionswiderstand von Granit 1000 [-]). Der Zementkleber erreicht damit einen Widerstand von nur 68 [-] und ist damit deutlich diffusionsoffener als Beton mit Zuschlägen.

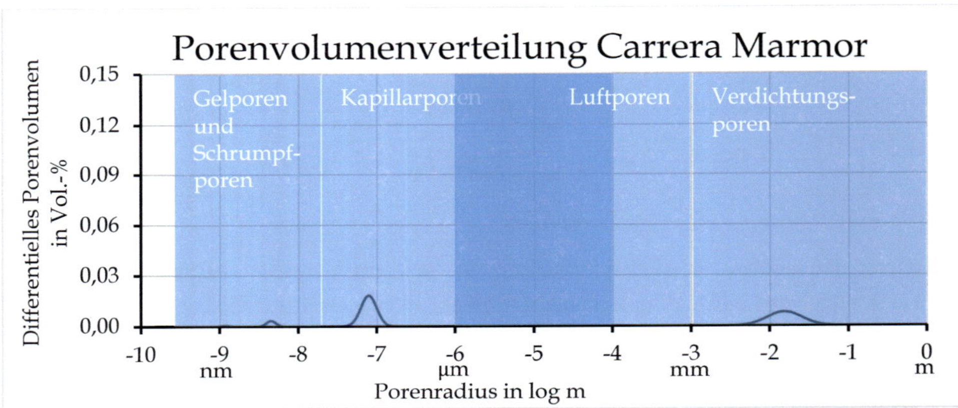

Abbildung 63: Porenvolumenverteilung Carrera Marmor

Marmor hat eine offene Porosität von 0,014 m^3/m^3, und liegt damit zwischen Granit (0,009 m^3/m^3) und Sandstein (0,1 m^3/m^3). Die Wasserdampf-Diffusionswiderstandzahl beträgt 353 [-], was sich ebenfalls zwischen Granit (1000 [-]) und Sandstein (179 [-]) befindet. Es werden 0,013 g/($m^2 \cdot h$) durch eine 3 cm dicke Textilbetonplatte transportiert. Beim Sandstein sind es 0,027 g/($m^2 \cdot h$). Damit ordnet sich das metamorphe Gestein zwischen dem dichten Granit (magmatisches Gestein) und dem offenporigen Sandstein (Sedimentgestein) ein. Als Besonderheit weist Marmor die größte Transportgeschwindigkeit für Flüssigwasser auf, da bei kapillarer Sättigung ca. 97 % des gesamten Porenraumes gesättigt sind (siehe Abbildung 63). Es entsteht eine nahezu verlustfreie Strecke für den Transport von Wasser. Damit ähnelt die kapillare Sättigung sehr der effektiven Sättigung (siehe Kapitel 3.6.4 Saugspannungskurve).

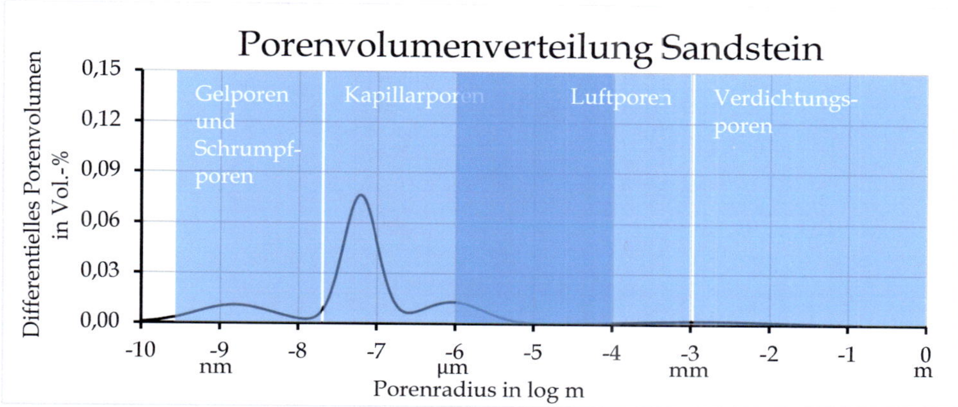

Abbildung 64: Porenvolumenverteilung Sandstein

Wie bereits bei Marmor verdeutlicht, weist der Sandstein die größte offene Porosität der untersuchten Natursteine auf. Das Profil der differenziellen Porenvolumenverteilung ähnelt einem künstlichen mineralischen Baustoff wie Beton. Die größte Porenfraktion weist der Sandstein im Bereich der Kapillarporen mit 5,6 Vol.-% auf (siehe Abbildung 64).

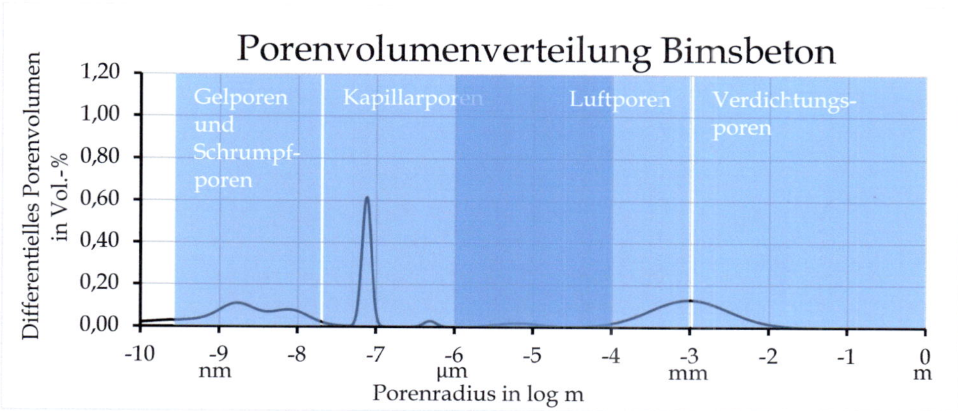

Abbildung 65: Porenvolumenverteilung Bimsbeton

Bimsbeton ist sehr diffusionsoffen. Er weist nur eine Wasserdampf-Diffusionswiderstandszahl von 4 [-] auf. Dies liegt an dem sehr porigen Bimszuschlag. Die größte Porenfraktion befindet sich mit 17,6 Vol.-% zum Gesamtvolumen in den Luft- und Verdichtungsporen (siehe Abbildung 65).

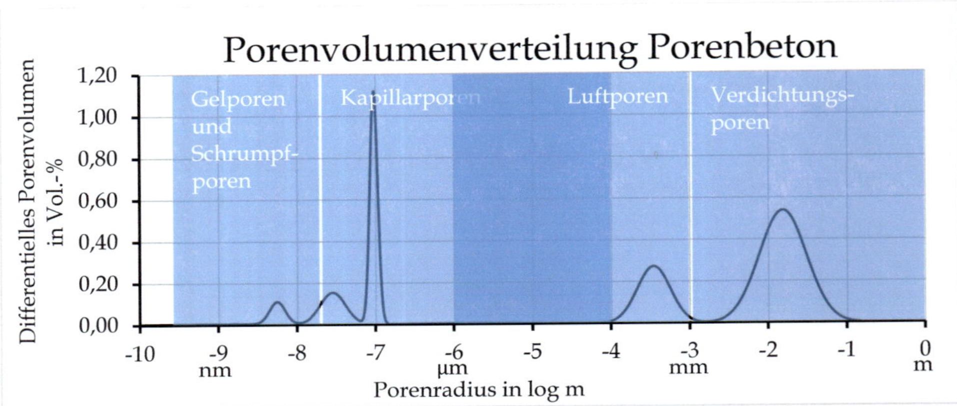

Abbildung 66: Porenvolumenverteilung Porenbeton

Porenfraktionen mit Durchmesser > 0,05 mm sind in großer Häufigkeit im Porenbeton zu finden (siehe Abbildung 66). Jedoch nehmen diese Makroporen am Feuchtetransport nur eingeschränkt teil. Von einer dichten feinporigen Matrix umschlossen, beeinflussen die Makroporen den Dampftransport und die Feuchtepufferung. (Plagge et al., 2005) Der Porenbeton erreicht damit eine Wasserdampf-Diffusionswiderstandszahl von 7 [-]. Dennoch ist es möglich, dass Porenbeton vollständig durchfeuchtet, wenn Flüssigwasser direkt in die Konstruktion eindringt. Für diesen kapillaraktiven Baustoff sind daher schlagregendichte Putzsysteme mit entsprechenden Beschichtungen zu wählen.

Gruppe 4 Textilbetone

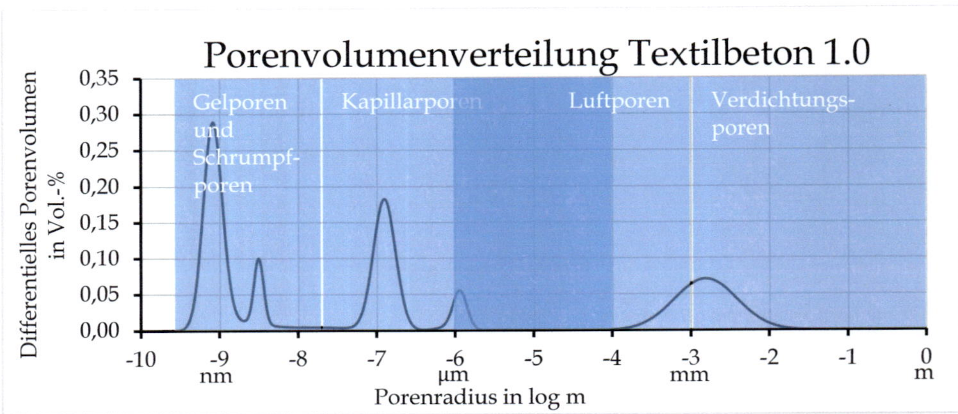

Abbildung 67: Porenvolumenverteilung Textilbeton 1.0

Die offene Porosität der unbewehrten Textilbetonmatrix 1.0 beträgt 0,267 m^3/m^3 und die kapillare Sättigung 0,17 m^3/m^3. Ab einem kapillaren Porenvolumen von

0,25 m³/m³ ist der Flüssigwassertransport stark erhöht, da alle Kapillarporen räumlich miteinander verbunden sind. Dies ist hier jedoch nicht der Fall. Der Wasserdampf-Diffusionswiderstand beträgt 427 [-], da der hochfeste Beton weniger gesamtes Porenvolumen im Vergleich zum Normalbeton mit 110 [-] aufweist. Dies liegt u. a. an dem geringeren w/z-Wert, der primär für die Bildung der Kapillarporen verantwortlich ist. Dennoch ist der vorliegende hochfeste Beton nicht optimal nachbehandelt worden, da er auch 8 Vol.-% Kapillarporen (30 nm bis 0,1 mm) aufweist (siehe Abbildung 67). Im Vergleich dazu besitzt der Normalbeton auch nur 8,1 Vol.-% an Kapillarporen. Im Aufsaugversuch konnte der Textilbeton 1.0 einen Wert von 0,0049 kg/(m²·s^{0,5}) erreichen. Der von Normalbeton liegt bei 0,0083 kg/(m²·s^{0,5}).

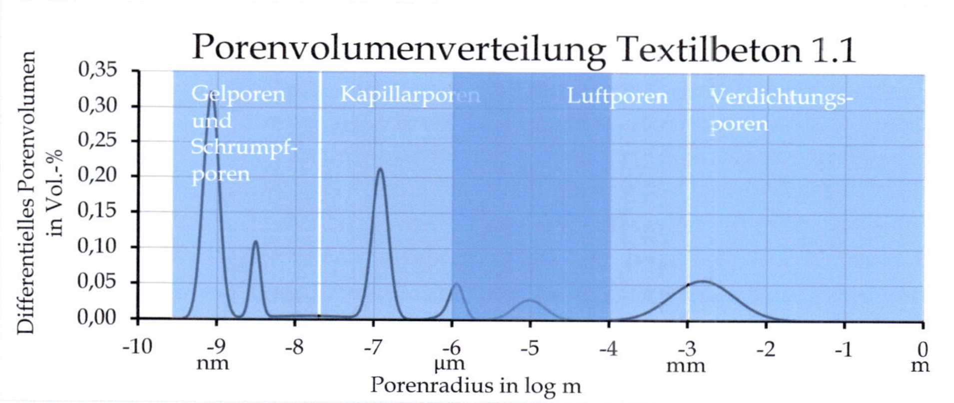

Abbildung 68: Porenvolumenverteilung Textilbeton 1.1

In der Textilbetonmischung 1.1 wurden zusätzlich zwei Biaxilgelege aus AR-Glas eingelegt. Pro Biaxialgelege wird die Fläche auf 77,5 % im Vergleich zur unbewehrten Platte verringert. Zusätzlich verringert die Beschichtung der Rovings eine mögliche Verschiebung zwischen beiden Lagen die Fläche weiter. Es stehen ggf. nur die Hälfte an Kapillarporen zur Verfügung, die als durchgängiges Netz die beiden Plattenoberflächen verbinden. Die andere Hälfte ist durch die Rovings unterbrochen und steht nicht mehr uneingeschränkt für den Flüssigwassertransport zur Verfügung. Die offene Porosität der unbewehrten Textilbetonmatrix 1.1 beträgt 0,255 m³/m³ und die kapillare Sättigung 0,2 m³/m³. Dennoch ist im Vergleich zum unbewehrten Textilbeton 1.0 die kapillare Leitfähigkeit durch die Bewehrungslagen stark reduziert. Er wird nur ein Wasseraufnahmekoeffizient von 0,0024 kg/(m²·s^{0,5}) erreicht, also fast die Hälfte des Wertes ohne Bewehrung. Zusätzlich wird deutlich, dass der Porenraum um 0,01 mm plötzlich um eine neue Porenfraktion ergänzt wird (siehe Abbildung 68). Diese Porenfraktion ist direkt auf die Rovings zurückzuführen, da diese Porenfraktion bei der unbewehrten Platte nicht existiert.

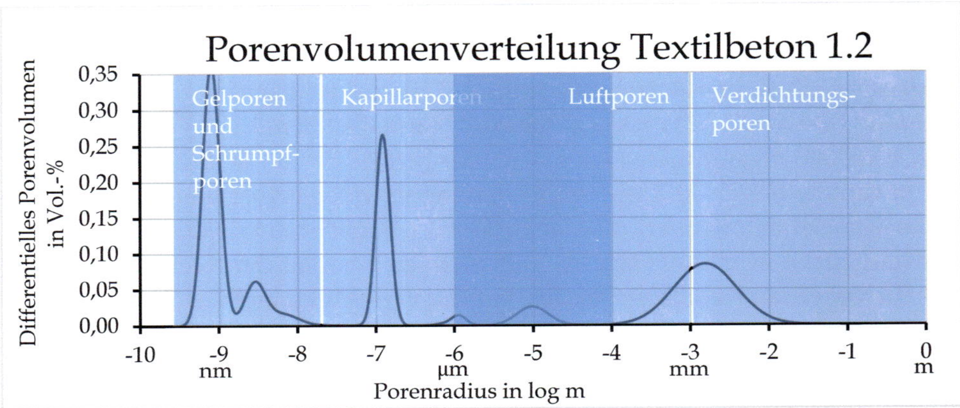

Abbildung 69: Porenvolumenverteilung Textilbeton 1.2

Abbildung 69 zeigt die differenzielle Porenvolumenverteilung der Textilbetonmischung 1.2 mit einem Biaxialgelege und 1 M.-% Kurzfasern, beides aus AR-Glas. Die zusätzlichen Kurzfasern setzen die Fließfähigkeit der Betonmischung herab und erzeugen dadurch auch zusätzliche Luft- und Verdichtungsporen. Die Poren steigen in diesem Bereich gegenüber der unbewehrten Mischung 1.0 um 2 Vol.-% von 8 Vol.-% auf 10 Vol.-% an. Der Wasserdampf-Diffusionswiderstand sinkt durch diese zusätzlichen Luft- und Verdichtungsporen auf geringe 232 [-], den kleinsten Widerstand aller Textilbetonplatten. Bei der Notwenigkeit diffusionsoffener Platten wird der Einsatz von Kurzfasern empfohlen. Dies könnte ein sinnvoller Ansatzpunkt für weitere Forschungsarbeiten im Anschluss an diese Arbeit sein, um eine diffusionsoffene Fassadenplatte zu entwickeln.

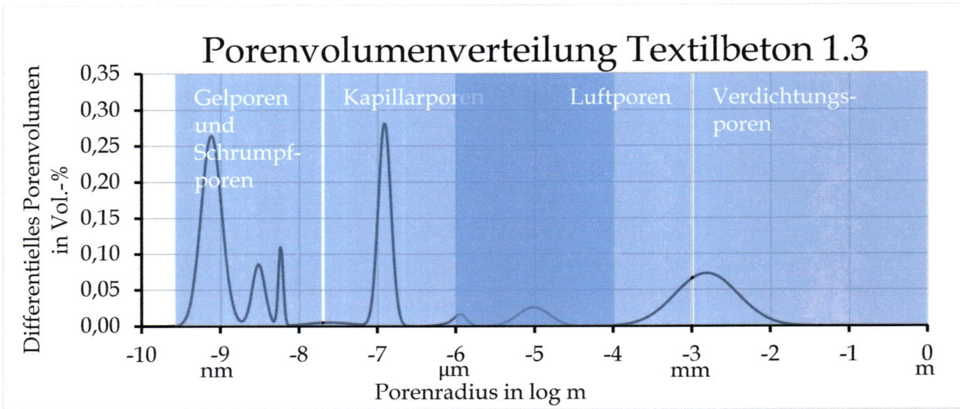

Abbildung 70: Porenvolumenverteilung Textilbeton 1.3

Die Textilbetonmischung 1.3 weist die höchste Flüssigwasserleitfähigkeit mit $4{,}98 \cdot 10^{-13}$ s bei kapillarer Sättigung auf. Dies liegt allerdings nicht an dem Porenvolumen der Kapillarporen mit 7,51 Vol.-% für alle Poren zwischen 30 nm bis

0,1 mm (ähnlich den anderen Mischungen), sondern an der Verbindung dieser Poren zu einem zusammenhängenden Netz mittels der zusätzlichen Transportwege, die durch die 3 M.-% an ungeschichteten AR-Glas-Kurzfasern zur Verfügung stehen (siehe Abbildung 70). Innerhalb des Rovings, die aus etwa 100 Einzelfilamenten zusammengefasst sind, bildet sich ein zusammenhängender (Kapillar-)Porenraum, der als Transportraum für Flüssigwasser dient. Die Einzelfilamente haben jeweils einem Durchmesser von 14 µm.

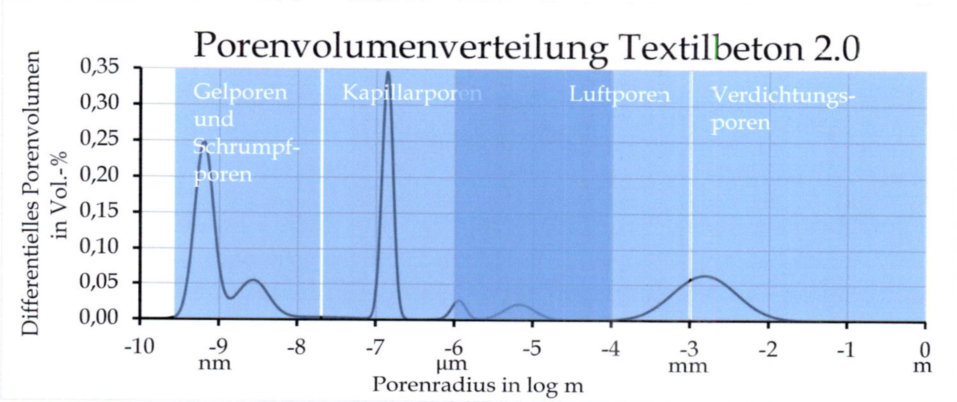

Abbildung 71: Porenvolumenverteilung Textilbeton 2.0

Der Textilbeton 2.0 (siehe Abbildung 71)wurde als Trockenfertigmischung entworfen, die möglichst die gleichen Eigenschaften wie der Textilbeton 1.0 aufweisen sollte. Im Vergleich des differenziellen Porenvolumens kann dies bestätigt werden. Diese befinden sich an ähnlichen Stellen innerhalb der Porenfraktionen. Damit können die jeweiligen Aussagen der untersuchten Textilien auf diesen Feinbeton übertragen werden. Er stellt den Referenzbeton für viele Untersuchungen innerhalb dieser Arbeit dar. Es erfolgte, wie auch bei allen Mischungen der Gruppe TB 1, keine spezielle Nachbehandlung. Zwar wurden die Proben im Klimaraum unter kontrollierten Bedingungen gelagert, die betonierten Platten jedoch nicht zusätzlich wassergelagert, abgedeckt oder mit Wasser besprüht. Im Klimaraum herrschten folgende Bedingungen: 65% rel. Luftfeuchte und eine Temperatur von 20 °C. Daher bildete sich auch ein ausgeprägtes Kapillarporennetz aus.

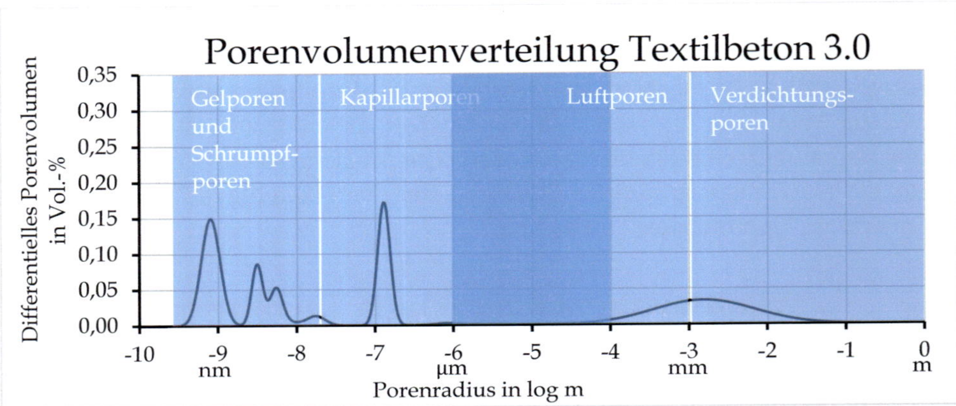

Abbildung 72: Porenvolumenverteilung Textilbeton 3.0

Die Textilbetonmischung 3.0 ist für Fertigteile entwickelt worden. Daher besitzt diese Mischung auch eine erhöhte Fließfähigkeit F6 (sehr fleißfähig) statt F1 (steif). Damit können viel feinporigere Platten, besonders für die Fassade, hergestellt werden. Zudem besitzt diese Mischung ein größeres Größtkorn (genaue Angabe fehlt wegen der Geheimhaltung mit dem Unternehmen) statt 1 mm bei den Mischungen 1.0 und 2.0. Damit kann der Zementanteil deutlich reduziert werden, was die verringerte Porenfraktion der Gel- und Schrumpfporen verdeutlicht. Diese bilden sich ausschließlich während der Hydratation des Zementsteines aus. Ist ein geringerer Zementanteil enthalten, sinkt auch das Porenvolumen. Die Gel- und Schrumpfporenfraktion nehmen 7,6 Vol.-% im Vergleich zum Gesamtvolumen ein (siehe Abbildung 72). Dabei sind es noch beim Textilbeton 1.0 11,1 Vol.-% bzw. beim Textilbeton 2.0 10,6 Vol.-%. Beide besitzen deutlich höhere Zementanteile als der Textilbeton 3.0.

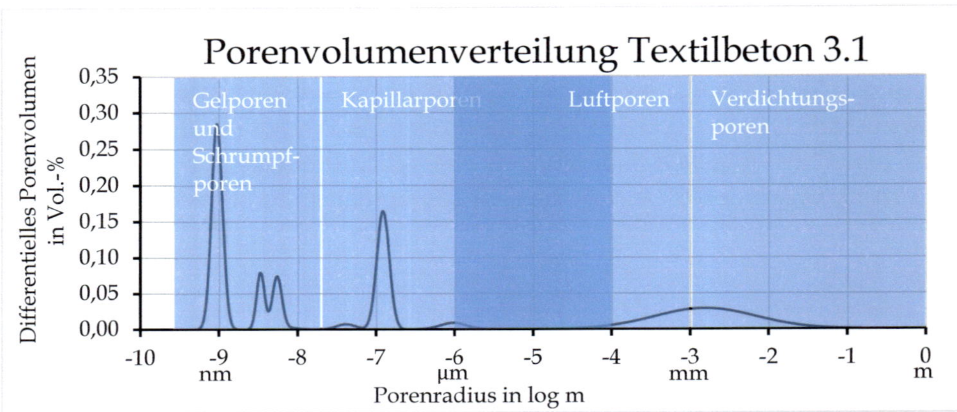

Abbildung 73: Porenvolumenverteilung Textilbeton 3.1

Das offene Porenvolumen wird im Vergleich zum unbewehrten Textilbeton 3.0 von 0,17 m^3/m^3 auf 0,16 m^3/m^3 leicht reduziert, da das offene Drehergewebe das Volumen der Matrix reduziert. Ein Eindringen von Wasser in die textile Bewehrung scheint durch die Beschichtung aus Styrol-Butadien nicht mehr möglich zu sein. Auch die Gel- und Schrumpfporosität nimmt durch den Volumenverlust ab (siehe Abbildung 73). Ebenfalls reduziert sich der Wasseraufnahmekoeffizient von 0,0045 $kg/(m^2 \cdot s^{0,5})$ beim unbewehrten Textilbeton 3.0 auf 0,0040 $kg/(m^2 \cdot s^{0,5})$ beim bewehrten Textilbeton 3.1.

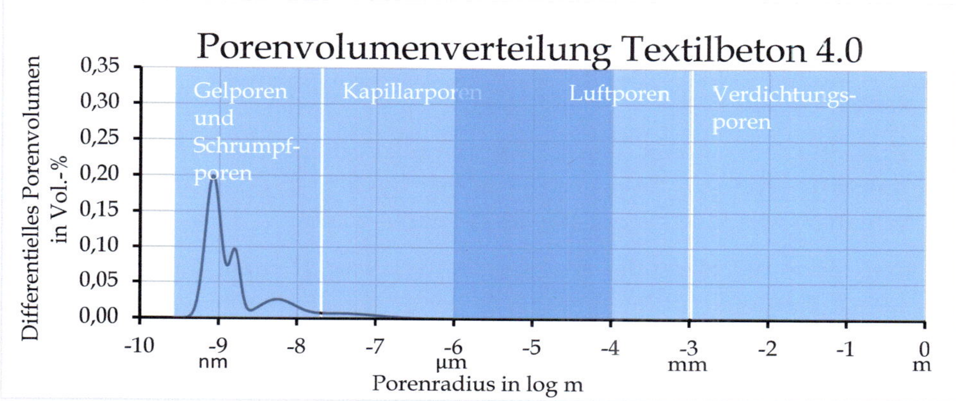

Abbildung 74: Porenvolumenverteilung Textilbeton 4.0

Der im späteren Verlauf der Arbeit entstandene Textilbeton 4.0 sollte die Porenqualität deutlich verringern. Dazu wurde eine Betonmischung einwickelt und ein optimiertes Nachbehandlungsregime durchgeführt. Die entstandene Betonmatrix besitzt eine fließfähige Konsistenz (F6), die für die Fertigteilherstellung geeignet ist. Die Kapillarporenfraktion (30 nm bis 0,1 mm) umfasst lediglich 0,5 Vol.-%, wie auch die Luft- und Verdichtungsporenfraktion (> 1 µm) nur geringe 0,18 Vol.-% besitzt (siehe Abbildung 74). Ebenfalls reduziert sich der Wasseraufnahmekoeffizient auf 0,0011 $kg/(m^2 \cdot s^{0,5})$ und ist damit so gering wie bei keiner anderen untersuchten Betonmischung. In den weiteren Messungen, z. B. zur Frost-Tau-Beständigkeit, wird deutlich, dass diese Mischung auch ohne Hydrophobierung oder Beschichtung deutlich besser als die Vergleichsmischungen oder der Normalbeton ausfällt. Sie wurde auf der Grundlage des Porendesigns aus Kapitel 4.3.3.3 entwickelt.

3.6.3 Sorptionsisotherme

Begriffsdefinition

Die Sorptionsisotherme beschreibt die Beziehung zwischen Feuchtegehalt eines porösen Baustoffes und der rel. Luftfeuchte der Umgebungsluft im Gleichgewichtszustand (DIN EN ISO 9346, 2008).

Dabei gibt es Sorptions- und Desorptionskurven. Die Sorptionskurve beschreibt die Feuchtegehalte des Baustoffes, die bei ansteigenden rel. Luftfeuchten ermittelt werden. Desorptionskurven werden dagegen bei abfallenden rel. Luftfeuchten bestimmt (DIN EN ISO 12571:2013-12).

Erklärung

Die Adsorption beschreibt den Anstieg der rel. Luftfeuchtigkeit in hygroskopischen Baustoffen durch Anlagerung von Feuchtigkeit an den Porenwandungen bei Aufnahme von Feuchtigkeit aus der Umgebungsluft.

Die Desorption beschreibt das Absinken der relativen Luftfeuchtigkeit in hygroskopischen Baustoffen durch die Abgabe der an den Porenwänden angelagerten Feuchtigkeit an die Umgebungsluft. (Willems, Schild, & Stricker, 2016)

Zwischen Adsorptions- und Desorptionsisotherme ist oft eine Hysterese zu beobachten, d. h., bei gleichem rel. Luftfeuchtegehalt werden unterschiedliche Wassergehalte erreicht (siehe Abbildung 75 – Pfeile Adsorption und Desorption liegen nicht übereinander). Sie kann sich durch eine Inhomogenität des porösen Baustoffes einstellen. So kann es beim Desorptionsprozess dazu kommen, dass die quer (90°) zur Transportrichtung liegenden Poren noch mit Wasser gefüllt sind, obwohl jene in Fließrichtung bereits entwässert sind (Plagge, Funk, Scheffler, & Grunewald, 2006). Die Hysterese ist damit sowohl von der Porenraumgeometrie abhängig als auch von den Benetzungseigenschaften bei Adsorption und Desorption (Krus, 1995).

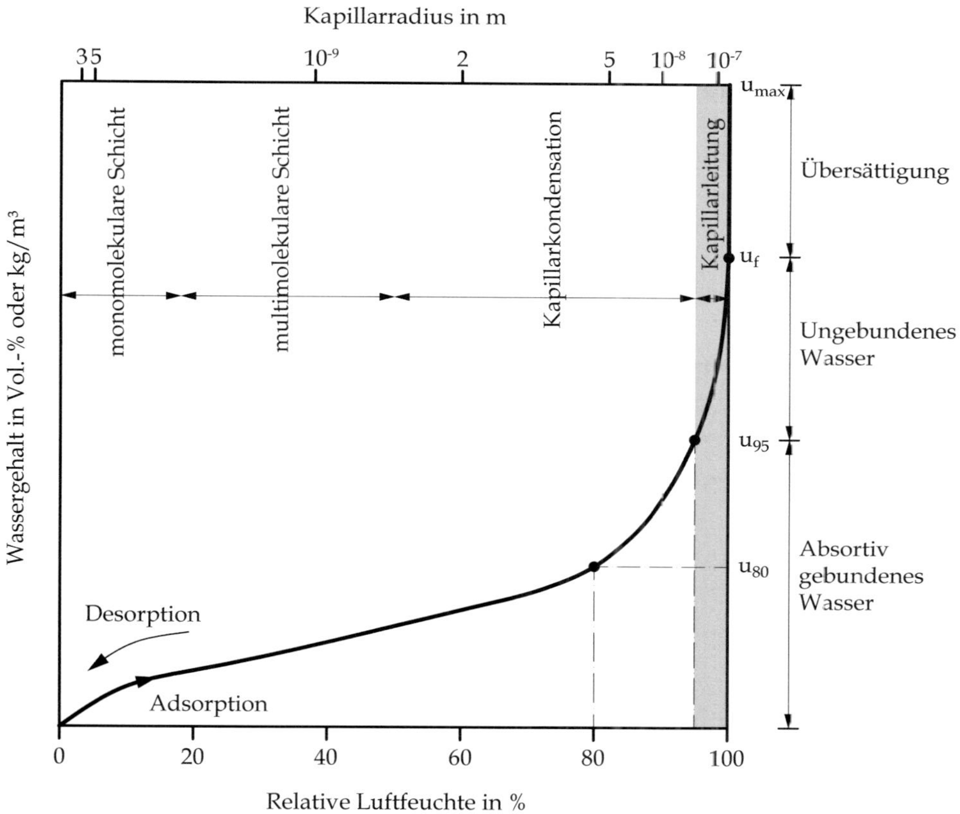

Abbildung 75: Schematische Darstellung einer Sorptionsisotherme (Adsorption- und Desorptionsisotherme) (Willems et al., 2016)

Der untere rel. Luftfeuchtebereich bis etwa 15 % ist gekennzeichnet durch eine monomolekulare Belegung. Wasserdampfmoleküle (~0,3 nm) lagern sich dabei adsorptiv in einer Lage auf den inneren Porenoberflächen an. Der Bereich von etwa 15 % bis 50 % rel. Luftfeuchte ist gekennzeichnet durch eine multimolekulare Belegung und Wasserdampfmoleküle lagern sich in mehreren Schichten auf den inneren Porenoberflächen an. Im Bereich von etwa $1{,}5 \cdot 10^{-9}$ m (~ 50 % rel. Luftfeuchte) bis $2 \cdot 10^{-8}$ m Kapillarradius (95 % rel. Luftfeuchte) tritt eine Kapillarkondensation durch die Erniedrigung des Sättigungsdampfdruckes über konkav gekrümmten Menisken auf, d. h. der Taupunkt wird an den Porenwänden unterschritten und es fällt Tauwasser aus. Feuchtegehalte bis zu diesem Bereich werden als hygroskopischer Feuchtebereich bezeichnet. Hier liegt auch der baupraktische Feuchtegehalt von 80 % rel. Luftfeuchte (u_{80}). Der Bereich ab etwa $2 \cdot 10^{-8}$ m Kapillarradius (95 % rel. Luftfeuchte) kann der Kapillarleitung zugeordnet werden. In diesem Porenvolumenbereich tritt ungebundenes Wasser auf, das durch die Kapillarität transportiert wird. Dieser Bereich des Kapillarwassers wird überhygroskopischer oder kapillarer Feuchtebereich genannt und liegt oberhalb von

95 % rel. Luftfeuchte (u_{95}). Sobald die kapillare Sättigung (ψ_{cap}) erreicht wurde, wird vom gesättigten Bereich gesprochen. Ab einer rel. Luftfeuchte von 100 % (u_f), der sogenannten effektiven Sättigung (ψ_{eff}), beginnt der übersättigte Bereich. Ab hier füllen sich größere und eingeschlossene Porenräume mit Wasser. Dafür ist aber eine äußere Kraft nötig, da die rel. Luftfeuchtigkeit der Umgebung nicht weiter gesteigert werden kann. Dies findet dann mit der offenen Porosität (ψ_{por}) ein Ende. Dann kann kein Wasser mehr aufgenommen werde (u_{max}). (Krus, 1995; Willems et al., 2016)

Laboruntersuchung

Probengröße Textilbeton: d = 5 cm x 0,8 cm

Es ist möglich, die Sorptionsisotherme mit zwei unterschiedlichen Verfahren zu bestimmen:

a) Verfahren unter Verwendung von Exsikkatoren und Wiegebehältern (Exsikkator-Verfahren) oder:

b) Verfahren unter Verwendung einer Klimakammer (Klimakammer-Verfahren) (DIN EN ISO 12571:2013-12)

In dieser Arbeit wird das Exsikkator-Verfahren angewendet.

Begonnen wird mit der Messung der Desorptionsisotherme. Es werden Proben verwendet, die nach Abschluss der Desorption mit der letzten Druckstufe 12 bar oder 15 bar (1.200.000 Pa bis 1.500.000 Pa) aus dem Druckplattenexsikkator nach Beendigung der Messungen der Saugspannungskurve entfernt wurden (siehe Kapitel 3.6.4). Damit wurden die Feuchtespeichereigenschaften im überhygroskopischen Bereich nachgewiesen. Diese Proben werden dann auch im hygroskopischen Bereich zum Nachweis der Sorptionsisotherme genutzt. Nach der Entnahme der Proben aus dem Druckplattenexsikkator werden diese mit Kaliumsulfat (K_2SO_4) bei ca. 97,4 % rel. Luftfeuchte vorkonditioniert. Die Bestimmung erfolgt an vier Einzelproben. Sobald die Massenkonstanz erreicht ist, wird der Wassergehalt der Proben gravimetrisch bestimmt. Laut DIN EN ISO 12571:2013-12 gilt die Massenkonstanz als erreicht, wenn die Massenänderung dreier hintereinander durchgeführter Wägungen (mind. 24 h Abstand) geringer als 0,1 M.-% beträgt. Danach werden die Proben in weiteren sieben Feuchtestufen entwässert. Mit den kontinuierlich abnehmenden Luftfeuchten kann die Desorptionscharakteristik nachgewiesen werden. Obwohl sich Ad- und Desorptionscharakteristik leicht unterscheiden, wird häufig nur die Desorptionscharakteristik nachgewiesen, um den Messaufwand zu verringern.

Bei der Wertermittlung müssen sowohl für die Sorptions- als auch die Desorptionskurve jeweils mind. drei Werte bestimmt und daraus ein Mittelwert gebildet werden. Die gesättigten Lösungen nach Tabelle 25 wurden für die Messungen der Textilbetonplatten zur Herstellung des Gleichgewichtszustands verwendet.

Tabelle 25: Desorptionsstufen mit zugehörigen gesättigten Lösungen

Desorptionsstufe	Gesättigte Lösung	Formelzeichen	Rel. Luftfeuchte in % (Messwerte)	Temperatur in °C (Messw.)
1	Kaliumsulfat	K_2SO_4	97,4 %	19,5 °C
2	Kaliumdihydrogen-phosphat	KH_2PO_4	96,0 %	21,5 °C
3	Magnesiumsulfat-Heptahydrat	$MgSO_4 \cdot 7H_2O$	90,0 %	22,0 °C
4	Kaliumchlorid	KCl	84,7 %	19,5 °C
5	Natriumchlorid	NaCl	75,4 %	21,9 °C
6	Natriumbromid	NaBr	58,2 %	18,0 °C
7	Kaliumcarbonat	K_2CO_3	43,2 %	19,5 °C
8	Magnesiumchlorid	$MgCl_2$	32,9 %	21,0 °C

Die Mischungsmenge der Substanzen mit destilliertem Wasser sind in der DIN EN ISO 12572:2017-05 angegeben. Nicht alle verwendeten Substanzen sind in der Norm aufgeführt. Die rel. Luftfeuchten müssen nach Norm zwischen 30 % und 95 % rel. Luftfeuchte liegen und mind. vier Desorptionsstufen umfassen. In der vorliegenden Arbeit wurden acht Desorptionsstufen gewählt. Die wässrige Lösung muss im Exsikkator zwischen 30 mm und 50 mm tief eingefüllt werden.

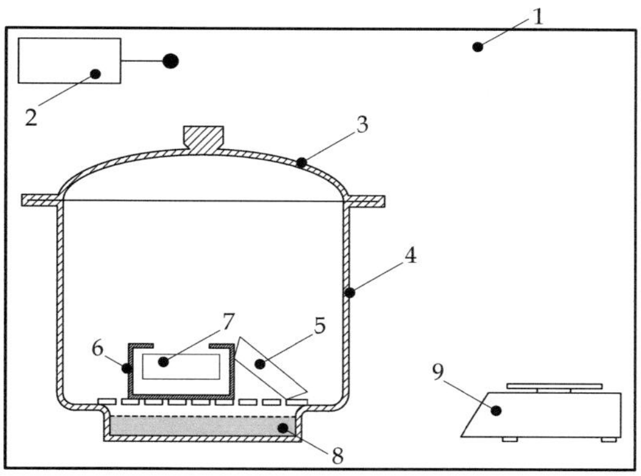

Legende

1 Kammer mit konstanter Temperatur
2 Thermometer
3 Deckel des Exsikkators
4 Exsikkator
5 Deckel des Wiegebehälters
6 Wiegebehälter
7 Probekörper
8 gesättigte Salzlösung
9 elektronische Waage

Abbildung 76: Exsikkator-Verfahren (DIN EN ISO 12571:2013-12)

Auswertung

In diesem Kapitel ist der Bereich der Sorptionsisotherme dargestellt (0 % bis 95 % rel. Luftfeuchte). Da es sich aber bereits um die zusammengesetzte Feuchtespeicherfunktion aus DELPHIN handelt, sind hier auch die hohen rel. Luftfeuchtegehalte oberhalb von 95 % abgebildet. Die 80 %-Marke ψ_{80} (Dreieckssymbol in den folgenden Abbildungen) definiert die obere Grenze der normalen Raumluftfeuchte und wird auch baupraktischer Feuchtegehalt genannt. Anhand diesem Wert werden die Materialien ausgewertet und miteinander verglichen.

Gruppe 1 Vergleichs- und Konstruktionsbaustoffe

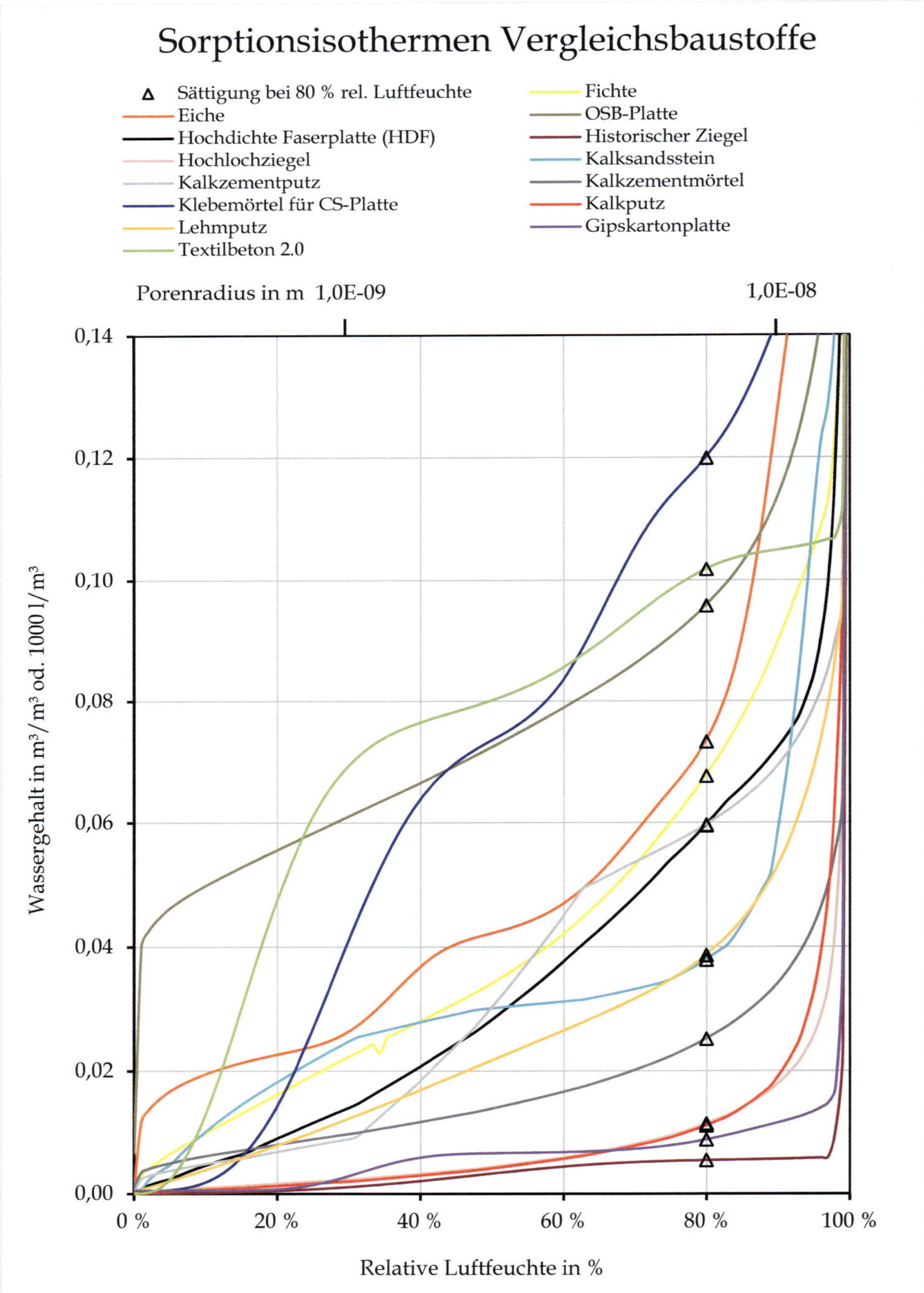

Abbildung 77: Sorptionsisothermen Vergleichs- und Konstruktionsbaustoffe

In Abbildung 77 sind die Sorptionsisotherme der Vergleichs- und Konstruktionsbaustoffe dargestellt. Der Baustoff Silikonharzoberputz fehlt, weil für diesen keine Messwerte ermittelt wurde. Die Wasseraufnahme erfolgt zuerst in den kleinen Porenradien. Mit zunehmender rel. Luftfeuchte im Raum steigt der Wassergehalt in den Baustoffen an und die größeren Porenradien werden gesättigt.

In der Gruppe der Vergleichsmaterialien liegen Holz und Holzwerkstoffe mit den deutlich größten Feuchtespeichereigenschaften vorn. Nur durch den Textilbeton 2.0 wird diese Gruppe noch überboten. Dieser hat bei 80 % rel. Raumluftfeuchte eine Sättigung von 0,102 m^3/m^3. Danach folgt die OSB-Platte mit einem Wassergehalt von 0,096 m^3/m^3 und Eiche mit 0,074 m^3/m^3. Das Zellgerüst der OSB-Platte sowie der Eiche zeigt größere Porenvolumenbereiche die eine Nanoskaligkeit aufweisen. Damit kann der erste steile Anstieg beschrieben werden. Direkt dahinter folgt Fichte mit 0,068 m^3/m^3. U. a. Holz und Holzwerkstoffe liegen so weit oben, weil sie natürliche kapillare Transportwege für Wasser aufweisen, über die Wasser transportiert und angelagert werden kann. Sie eignen sich damit sehr gut, um raumklimatische Spitzen über längere Zeiträume einzuspeichern und wieder abzugeben (Adsorption und Desorption).

Die Gruppe der Ziegel wie der Historische Ziegel (0,005 m^3/m^3) und der Hochlochziegel (0,011 m^3/m^3) weisen sehr geringe adsorptive Eigenschaften auf, da sie bei sehr hohen Temperaturen gebrannt werden und sich so ein Großteil der Poren verschließt (siehe Kapitel 3.6.4). Es stehen nur sehr wenige Porenradien um 1 nm für Adsorptionsprozesse zur Verfügung. Dagegen befinden sich im Kalksandstein mehr Porenradien im Nanobereich. Diese Porenräume sind auf die Dampfhärtung zurückzuführen, bei der auf den Sandkörnern zusammen mit dem Calciumoxid sogenannte Calciumsilikathydrate (CSH-Phasen) mit sehr großen Oberflächen im Nanobereich entstehen. Diese können größere adsorptiv gebundene Wassermengen im niederen Feuchtebereich (< 40 % rel. Luftfeuchte) aufzunehmen. Damit steigt die Sättigung bei 80 % rel. Luftfeuchte auf 0,039 m^3/m^3 an.

Zwischen dem Holz und Holzwerkstoffen und den Ziegeln liegen die Putze und Platten aus Kalkzement, Lehm und Gips. Die größten Feuchtespeichereigenschaften dieser Gruppe besitzt der Kalkzementputz mit 0,060 m^3/m^3. Die Klinkerphasen im Calciumhydroxid erzeugen Poren sowohl unterhalb als auch oberhalb der Nanoradien. Lehmputz besteht aus Sand, Schluff und Ton und ist, anders als reiner Ton, wasserdurchlässig. Zudem können Kalkanteile enthalten sein. Die Feuchtespeichereigenschaften entwickeln sich durch eine sehr gleichmäßige Porenradienverteilung kontinuierlich und betragen bei 80 % rel. Luftfeuchte genau wie Kalksandstein 0,039 m^3/m^3. Weit geringere Feuchtespeichereigenschaften wie die Ziegel besitzt Gips. Er besteht aus Calciumsulfat-Dihydrat ($Ca(SO_4) \cdot 2\,H_2O$) und auch aus kleinen Mengen Calciumcarbonat ($CaCO_3$). Da jedoch keine feinen, nanoskaligen Oberflächen wie beim Calciumhydroxid $Ca(OH)_2$ mit Klinkerphasen vorhanden sind, erreicht die Gipsplatte nur eine Feuchtespeichereigenschaft von 0,009 m^3/m^3.

Gruppe 2 Dämmstoffe

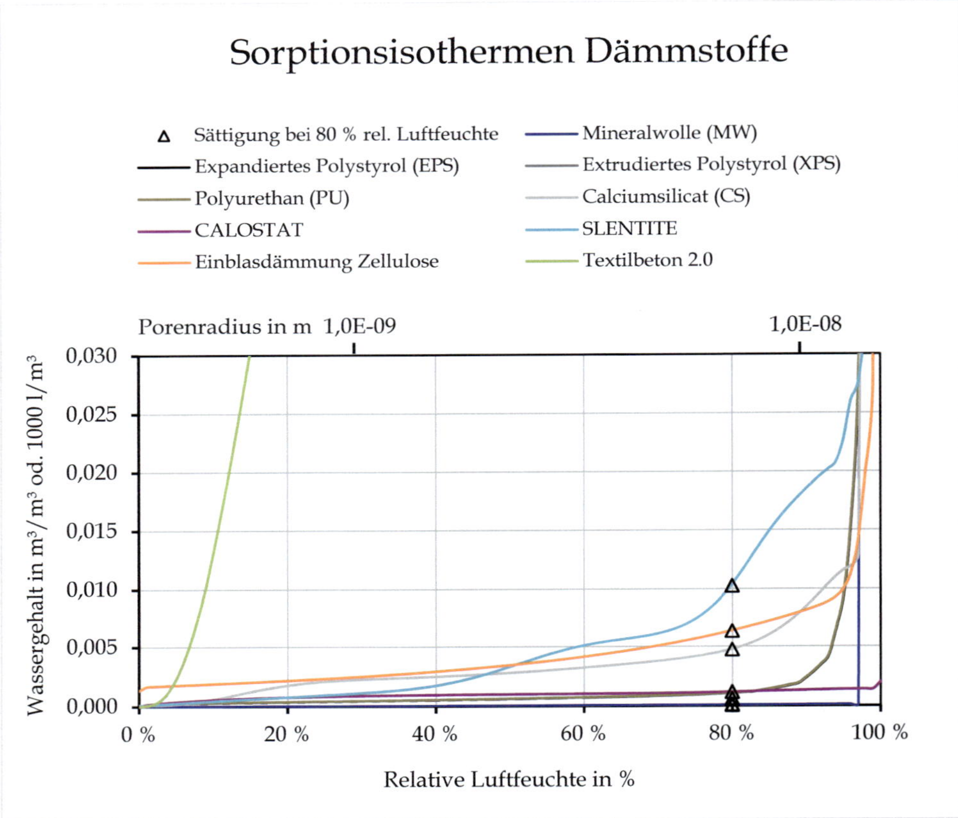

Abbildung 78: Sorptionsisothermen Dämmstoffe

Die Feuchtespeichereigenschaften der Dämmstoffgruppe (siehe Abbildung 78) sind im Vergleich zu anderen Baustoffen sehr gering. Daher wurde in dieser Gruppe der max. Wert der Ordinate auf 0,03 m³/m³ angepasst. Aus diesem Grund steigt der vergleichend dargestellte Textilbeton 2.0 im Bereich bis 20 % rel. Luftfeuchte stark an. Im Bereich der normalen Raumluftfeuchte zeigen die MW oder die Schaumkunststoffe EPS, XPS und PU minimale Speichereigenschaften, wohingegen sie im überhygroskopischen Bereich (> 95 % rel. Luftfeuchte) stark Wasser speichern können. Bei der MW liegt dies am primären Gehalt an Luft sowie den Steinfasern, die mit einem Porenradius von > 1,5 µm wenig Oberfläche für adsorptiv gebundenes Wasser bieten. Erst wenn es in den Flüssigwasserbereich geht, schnellt die Feuchtespeicherung nach oben. Damit kann bei der MW bei 80 % rel. Raumluftfeuchte nur 0,000081 m³/m³ Wasser gespeichert werden. Da auch die Schaumkunststoffe keine offenen Porenräume besitzen, erfolgt die Feuchtezunahme nur über Quellen des eigentlichen Schaumkunststoffes, d. h., Wasserdampf muss durch die Zellwände eindiffundieren, bis er sich anlagern kann. Die Kunststoffe liegen dabei nahezu auf einer Linie. Die Sättigung bei 80 % rel. Luftfeuchte liegt bspw. bei EPS in einer Höhe von 0,001095 m^3/m^3. Sind die Poren hingegen vollständig gesättigt, steigt die Speicherfähigkeit im überhygroskopischen Bereich stark an (siehe Kapitel 3.6.4).

Ein in der Sanierung eingesetzter Dämmstoff ist Calciumsilikat ($CaSiO_3$). Die primäre Porenvolumenverteilung liegt im Bereich der Kapillarporen, sodass die adsorptive Feuchtespeicherung im kleineren Porenbereich gering ist. Dennoch steht mehr Oberfläche als bei MW oder den Schaumkunststoffen zur Verfügung. Das Calciumsilikat erreicht damit eine Feuchtespeicherung von 0,005 m^3/m^3.

Die Einblasdämmung besteht aus Zellulosefasern. Diese besitzen sehr feine Porenradien im Bereich < 1 nm. Damit kann ein starker Anstieg im ersten Bereich der Sorptionsisotherme erreicht werden. Bei 80 % rel. Luftfeuchte kann die Zellulose 0,006 m^3/m^3 Wasser speichern.

Neue Dämmstoffe wie CALOSTAT sind nanoporös und hydrophobiert. Die Adsorption fällt daher sehr gering aus. Die hydrophobierte Kieselsäure im CALOSTAT erreicht nur eine verschwindend geringere Feuchtespeicherung von 0,001176 m^3/m^3. Der Hochleistungsdämmstoff SLENTITE besteht aus nanoporösem Polyurethan (sogenannten Aerogelen, also Festkörper mit sehr hoher Porosität). Dieser ist jedoch nicht hydrophobiert und bietet daher eine große Oberfläche für Adsorptionsvorgänge. Zudem besitzt dieser Dämmstoff sehr dünne Zellwände, die eine wesentlich schnellere Dampfdiffusion als andere Schaumkunststoffe ermöglichen. Damit erreicht SLENTITE im hygroskopischen Feuchtebereich die höchste Feuchtespeicherung von 0,01 m^3/m^3 und eignet er sich für Innendämmmaßnahmen, um eine sehr gute Feuchtespeicherung auch in der Dämmschicht zu erhalten.

Gruppe 3 Bewehrungen, Zuschläge und konventionelle Betone

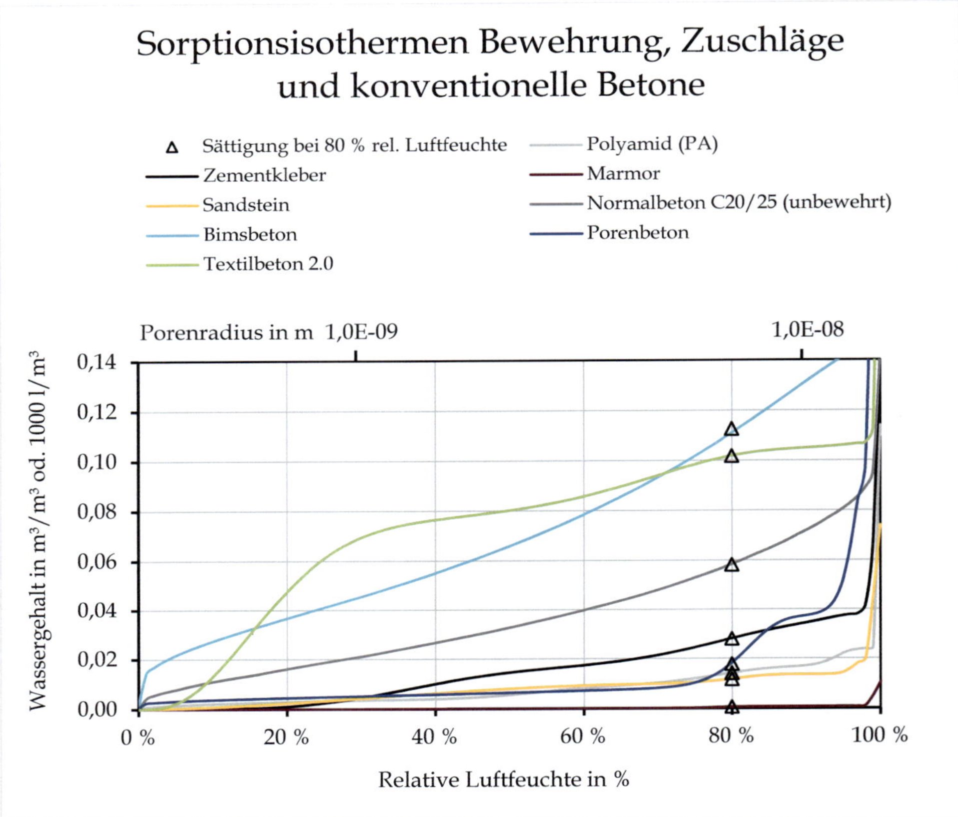

Abbildung 79: Sorptionsisothermen Bewehrung, Zuschläge und konventionelle Betone

Die Bewehrungsmaterialien wie Stahl oder Glas sind wasserundurchlässig und deshalb hier nicht aufgeführt. Dieser Kunststoff Polyamid ist nicht wasserdicht und weist eine Sorptionsisotherme auf (siehe Abbildung 79). Dabei speichert dieser Baustoff ca. 14 Liter Wasser je m^3 (0,014 m^3/m^3) bei 80 % rel. Luftfeuchte.

Der Zuschlag Marmor speichert sehr wenig Wasser im hygroskopischen Bereich. Erst im überhygroskopischen Bereich (> 95 % rel. Luftfeuchte) steigt die Sorptionsisotherme stark an. Zur Feuchtepufferung eignet sich dieser Baustoff demnach nicht. Beim Sandstein ist dagegen eine wesentlich intensivere Feuchtespeicherung abzulesen und das bereits im raumklimatisch relevanten Bereich von 40 % bis 60 % rel. Luftfeuchte (Bläsi, 2008).

Im Vergleich wird deutlich, dass die Sorptionsisotherme vom Textilbeton 2.0 im üblichen raumklimatischen Bereich die größte Feuchtespeicherfähigkeit aufweist. Dies ist auf die starken Porenanteile im Bereich der Gel- und Schrumpfporen zurückzuführen (siehe Kapitel 3.6.2). Diese wiederum wurden maßgeblich durch den hohen Bindemittelanteil dieser Mischung beeinflusst. Die Oberfläche der Zementsteinmatrix beträgt ca. 200 m²/g (Stark & Wicht, 2013). Das Bindemittel besteht aus 942,0 kg/m³ Zement, 628,0 kg/m³ Steinkohlenflugasche sowie 50,2 kg/m³ Mikrosilikasuspension. Alle zusammen vergrößern die innere Oberfläche des Betons maßgeblich. Die Normalbetonmischung liegt mit einem wesentlich geringeren Bindemittelanteil von nur 285 kg/m³ und 65 kg/m³ Steinkohleflugasche weit unter der Feuchtespeicherfähigkeit von Textilbeton. Leicht oberhalb des Normalbetons liegt der Textilbeton 2.0 welcher einen ähnlichen Bindemittelanteil wie der Textilbeton 1.0 mit 628 kg/m³ aufweist. Der Porenbeton weißt im raumklimatischen Bereich die geringste Feuchtespeicherfähigkeit auf. Porenbeton enthält einen sehr geringen Bindemittelanteil. Da die offene Porosität 0,871 m³/m³ beträgt, verbleibt wenig Festkörperanteil, der überhaupt Feuchtigkeit speichern kann. Die großen Poren des Porenbetons transportieren zwar die Feuchtigkeit gut, jedoch kann in der Luft, mit der sie gefüllt sind, wenig Flüssigkeit gespeichert werden.

Ein sogenannter Füllereffekt wird mit sehr feinen Bindemittelanteilen wie bei Silikastaub < 0,2 µm erzeugt, d. h., es werden kleinste Hohlräume zwischen den Zementkörnern ausgefüllt, damit die Packungsdichte erhöht und der feine Porenraum vergrößert werden . Die Zementkörner haben eine Korngrößenfraktion von 0 µm bis 100 µm, wobei die Fraktion 3 µm bis 30 µm für die Festigkeitsentwicklung maßgebend ist. (Stark & Wicht, 2013) Wegen ihrer puzzolanischen Reaktivität wird die Steinkohleflugasche als Bindemittel verwendet. Die Korngrößen liegen im Bereich von 1 µm bis 1 mm. Ebenfalls erzeugen Zusatzmittel wie z. B. Fließmittel ein Herabsetzen der Oberflächenspannung des Zementleims, was ebenfalls zu einer besseren Verdichtung moderner Betonmischungen wie Textilbeton führt. Der Einsatz von sowohl Betonzusatzstoffen (z. B. Silicastaub) als auch von Betonzusatzmitteln (z. B. Fließmittel) bewirkt die Erzeugung von kleineren Porenräumen, die sich im Bereich der Gel- und Schrumpfporen bewegen. Dieser Porenvolumenfraktion kann der Bereich 0 % bis 50 % rel. Luftfeuchte der Sorptionsisotherme zugeordnet werden.

Gruppe 4 Textilbeton

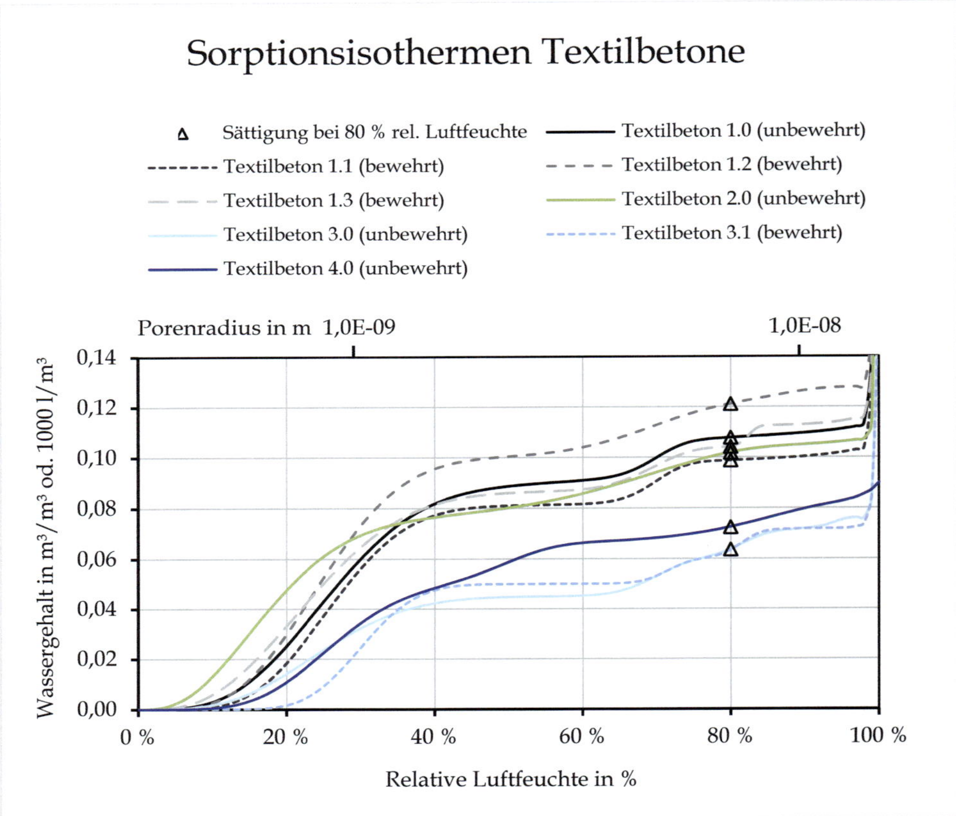

Abbildung 80: Sorptionsisothermen Textilbeton

In Abbildung 80 sind alle Sorptionsisothermen der untersuchten Textilbetonmischungen dargestellt. In der Gruppe 3 wurde bereits der Zusammenhang der Menge sowie die Art des Bindemittels erklärt, der überhaupt zu der erheblichen Feuchtespeicherfähigkeit führt. Die Mischung 2.0 ist dabei als Fertigmischung mit ähnlichen Eigenschaften wie die Mischung 1.0 entwickelt worden. Beide Sorptionsisothermen nehmen einen ähnlichen Verlauf. Lediglich der Startpunkt liegt im Bereich geringerer rel. Luftfeuchten. Dieser kann an der Porenvolumenverteilung abgelesen werden, da die Porenfraktion im Nanometerbereich im Bereich geringerer rel. Luftfeuchten beginnt als die des Textilbetons 1.0. Am deutlichsten wird dies an der Textilbetonmischung 3.1. Hier liegt der Startpunkt des Anstiegs etwa erst bei 20 % rel. Luftfeuchte. Wird die Porenvolumenverteilung betrachtet (siehe Kapitel 3.6.2), so weist diese einen Anstiegsbeginn erst bei etwa 0,8 nm aus. Beim Textilbetonn 2.0 liegt dieser Anstieg bei etwa 0,4 nm. Ein weiterer Zusammenhang mit der Porenvolumenverteilung ist etwa bei 70 % rel. Luftfeuchte zu sehen. Dieser Bereich ist mit den Porenvolumen von etwa 3 nm verknüpft. Hier gibt es in der

Porenvolumenverteilung den zweiten starken Anstieg, der sich in den Sorptionsisothermen als einheitlicher Anstieg des Wassergehaltes ausdrückt. Der letzte starke Anstieg liegt oberhalb von 95 % im überhygroskopischen Bereich. Dort befinden sich etwa die Kapillarporen mit 100 nm, was sich auf im Porenvolumen aller Betonmischungen zeigt. Zudem ist der Anstieg der Sorptionsisotherme mit dem Anstieg der Porenfraktion verknüpft. So steigt die Sorptionsisotherme der Mischung 3.1 im Vergleich zur flach ansteigenden Mischung 3.0 stark an. In der Porenfraktion im nm-Bereich weist die Mischung 3.1 ein differenzielles Porenvolumen von 0,28 l/kg auf, wobei die Mischung 3.0 nur 0,15 l/kg erreicht. Dies führt im Fall der Mischung 3.0 zu einem abgeflachten Anstieg wie bei der Sorptionsisotherme. Die Mischung 4.0 weist im Bereich der rel. Luftfeuchtigkeit von 80 % höhere Werte als die Textilbetonmatrix 3.0 auf. Dies liegt an dem hohen Anteil gebundenen Wassers im Bereich der Schrumpf- und Gelporen. Diese entstehen durch den etwas höheren Zementgehalt der Mischung 4.0 im Gegensatz zur Mischung 3.0 (genaue Werte entfallen wegen Geheimhaltung). Die Mischung 1.0 erzeugt dagegen den höchsten Wert, da diese die größte Schrumpf- und Gelporenfraktion aller unbewehrten Textilbetone besitzt. Dies wird durch den hohen Zementgehalt von 628 kg/m³ verursacht.

Die Mischungen 1.1 sowie 1.3 sind beide mit Biaxialgelegen aus AR-Glas hergestellt. Für die Mischung 1.1 wurde mit zwei Lagen eines Geleges mit folgenden Eigenschaften genutzt: Maschenteilung (lichte Maschenweite plus Textildurchmesser) 7,2 mm x 7,2 mm, Feinheit 2400 tex, Styrol-Butadien-Beschichtung. Je Gelegelage bleibt dabei eine lichte Maschenweite von 6,34 mm x 6,34 mm (77,5 % der Gesamtfläche) erhalten. Die restliche Fläche, die primär aus wasserundurchlässigen Glasfasern besteht, unterbricht die Flüssigwasser- sowie Dampfleitfähigkeit. Dies wird an der Sorptionsisotherme der Mischung 1.1 deutlich, die etwas unter der unbewehrten Mischung 1.0 liegt. Gleiches gilt für die Mischung 3.1 mit einer Maschenteilung von 20 mm x 15 mm. Je Gelegelage bleibt dabei eine lichte Maschenweite von ca. 18,5 mm x 13,5 mm (83,25 % der Gesamtfläche) erhalten. Der übrige Bereich unterbricht die Dampf- und Flüssigwasserleitung in den Poren. In beiden Fällen fällt die Sorptionsisotherme unter die Kurve der unbewehrten Proben 1.0 und 3.0. Im Ergebnis kann man feststellen, dass Biaxialgelege aus AR-Glas die Feuchtespeicherfähigkeit herabsetzen, da sie das Gesamtvolumen durch einen dichteren Baustoff senken. Die Kurzfasern und ihre verändernde Wirkung auf die Fließfähigkeit der Betonmatrix in den Mischungen 1.2 und 1.3 erhöhen die mögliche aufnehmbare Wassermenge wieder.

3.6.4 Saugspannungskurve

Begriffsdefinition

Die Saugspannungskurve beschreibt die Beziehung zwischen Feuchtegehalt eines porösen Baustoffes und dem aufgeprägten Kapillardruck der Umgebung im Gleichgewichtszustand.

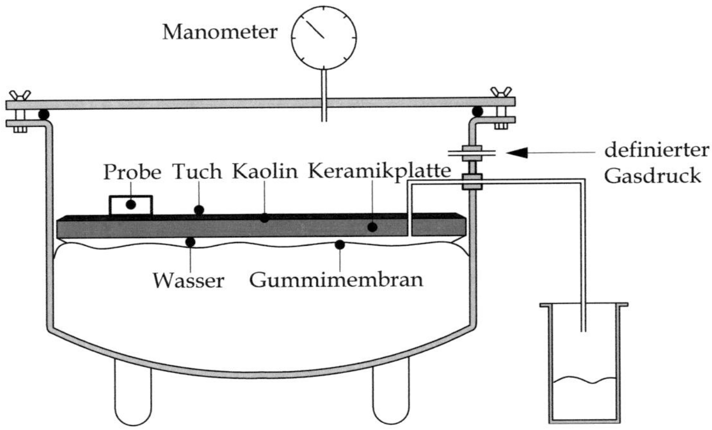

Abbildung 81: Saugspannungsgerät nach (Krus, 1995)

Erklärung

In kleinen Kapillarporen treten größere Kräfte auf als in großen Kapillarporen. In Abbildung 81 ist das Saugspannungsgerät abgebildet, das bereits von Krus (1995) verwendet wurde und noch heute in ähnlicher Weise zur Anwendung kommt. Die Baustoffprobe wird mit dem Sättigungsgrad u_f (freiwillige Wasseraufnahme) in einen Druckplattenexsikkator eingelegt. Dieser Sättigungsgrad entspricht in dieser Arbeit der effektiven Sättigung (ψ_{eff}). Die Probe liegt dabei auf einer Keramikplatte, die mit Kaolinmehl bedeckt ist. Beide sind wassergesättigt. Die Keramikplatte kann dabei Wasser in den unteren Teil des Druckplattenexsikkators abgeben und nach außen abführen. Wird der obere Luftraum mit Überdruck versetzt, verdrängt dieser einen Teil des Porenwassers, bis der Kapillardruck in den Poren mit dem Luftdruck im Exsikkator im Gleichgewicht steht. Es erfolgt eine Drainage bzw. eine Desorption der Baustoffprobe. Dieses Gleichgewicht ist erreicht, sobald das Wiegen im Intervall von drei Tagen einen kleineren Masseunterschied von < 0,1 M.-% anzeigt. Dieses Prozedere hat Krus (1995) für zehn Druckstufen 0,015 bar bis 100 bar wiederholt, was die Porenradien ca. $1 \cdot 10^{-4}$ m bis ca. $1 \cdot 10^{-8}$ m (gesamter Bereich der Kapillarporen) umfasst. Nach aktuellem Forschungsstand hat sich herausgestellt, dass eine leichte Einschränkung dieses Bereiches auch zielführend ist, da die primären Poren in einem schmaleren Bereich liegen. Am Institut für Bauklimatik der TU Dresden werden meist entweder neun Druckstufen

(0,03 bar; 0,3 bar; 0,6 bar; 1,5 bar; 2 bar; 3 bar; 4 bar; 8 bar; 15 bar) oder vier Druckstufen (0,05 bar; 0,9 bar; 4 bar; 12 bar) durchgeführt, was den Porenradien von ca. $3 \cdot 10^{-5}$ m bis ca. $1 \cdot 10^{-7}$ m entspricht. Die im Rahmen dieser Arbeit untersuchten Textilbetonproben wurden mit vier Druckstufen untersucht. Mit höheren Drücken können auch größere Porenbereiche nachgewiesen werden. Dies ist jedoch nicht notwendig, da der Bereich bereits über die Sorptionsisothermen charakterisiert wird. Der gesuchte Kapillardruck kann dabei über die Beziehung zur rel. Luftfeuchte errechnet werden (Thomson'scher Beziehung und Kapillardruckgleichung).

Der Zusammenhang zwischen Kapillardruck und Wassergehalt wird Saugspannungskurve genannt. Damit kann für jede Druckstufe über den Kapillargradienten das entsprechende relative Porenvolumen bezogen auf die Gesamtporosität bestimmt werden. (Häupl & Willems, 2013; Krus, 1995)

Die geprüften Proben der Textilbetonplatten hatten einen Durchmesser von 5 cm und eine Höhe von 0,8 cm.

Kapillarporen

Als Kapillarporen werden die Porenvolumenbereiche zwischen 30 nm bis 0,1 mm Porenradius bezeichnet, die für Wasser zugänglich sind. Da die Poren in kapillarporösen Baustoffen meist nur teilweise gefüllt sind, treten dort, wo sich der Querschnitt einer Pore verengt, Menisken auf. An dieser Stelle treten höhere Kapillarkräfte auf, weil der Porenradius kleiner ausfällt. Aus diesem Grund findet eine Verteilung des Wassers hin zu kleinen Porenradien statt. Dabei saugen die kleineren Poren Wasser aus den größeren Poren, bis ein Kräftegleichgewicht zwischen den unterschiedlichen Poren hergestellt ist. Dies geschieht primär in den Kapillarporen. Bei einer definierten rel. Luftfeuchte im Gleichgewichtszustand (Ausgleichsfeuchte) sind die Poren bis zu einem gewissen Porendurchmesser mit Wasser befüllt. Der von Krus (1995) erstmals beschriebene Zusammenhang ist für die Charakterisierung des Wasserspeichervermögens eines porösen Baustoffes entscheidend. Die von ihm verwendete Saugspannungsanlage bildet die Grundlage für heutige Messungen der Saugspannungskurven von Baustoffen (siehe 3.6.3).

Auswertung

In diesem Kapitel ist der Bereich der Saugspannungskurve dargestellt (oberhalb von 95 % rel. Luftfeuchte). Da es sich aber bereits um die zusammengesetzte Feuchtespeicherfunktion aus DELPHIN handelt, sind hier zusätzlich die geringen rel. Luftfeuchtegehalte dargestellt. Diese werden in diesem Kapitel allerdings nicht ausgewertet (siehe Kapitel 3.6.3).

Gruppe 1 Vergleichs- und Konstruktionsbaustoffe

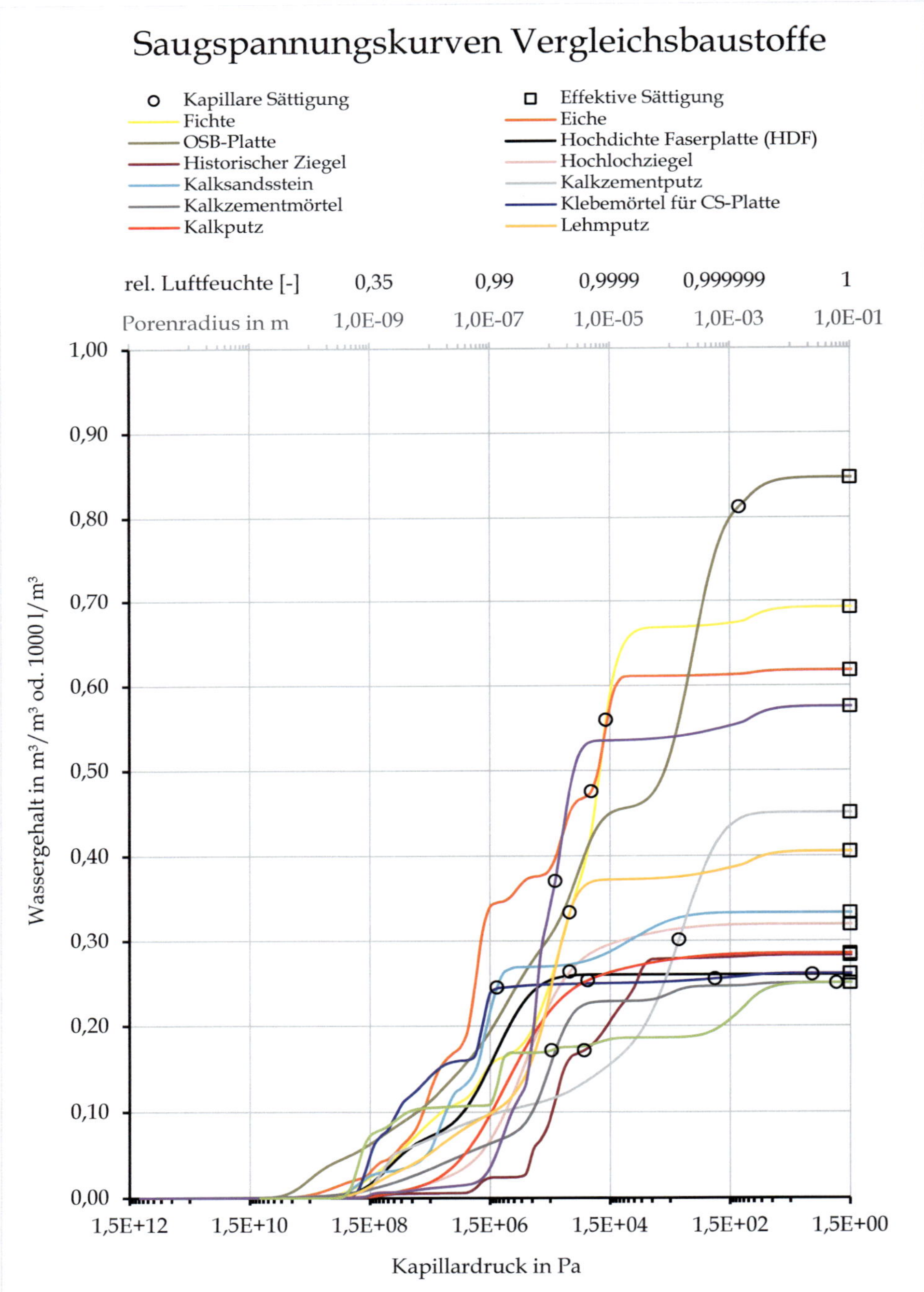

Abbildung 82: Saugspannungskurven Vergleichs- und Konstruktionsbaustoffe

Holz ist mit kapillarförmigen Leitungsbahnen durchsetzt, da es die Zellstruktur eines Lebewesens aufweist. Die kapillare Saugfähigkeit (Feuchtetransport) ist axial am größten, da dies die Transportrichtung des Wassers ist. Die Saugspannungskurve ist unabhängig der Zellausrichtung (axial, radial oder tangential). Daher ist auch die kapillare Sättigung der Fichte mit 0,570 m^3/m^3, ähnlich der von Eiche mit 0,485 m^3/m^3, für alle drei Zellrichtungen gleich. (siehe Abbildung 82).Als Feuchtespeicher für Innenräume ist Holz sehr gut geeignet, da dieser Baustoff auch im Bereich der Sorptionsisotherme und damit im hygroskopischen Feuchtebereich hohe Wassermengen speichern kann. Eine dauerhafte überhygroskopische Wasserbelastung bei Holz ist dagegen zu vermeiden, da es biologisch abbaubar (organisch) ist. Es eignet sich daher sehr gut als Konstruktionswerkstoff, der nicht direkt mit Flüssigwasser wie Schlagregen, aufsteigender Feuchte oder Tauwasser in Kontakt steht. In diese Gruppe gehört auch der Holzwerkstoff OSB-Platte. Durch ihre großen Hohlräume kann sie sogar mehr Wasser als Fichte und Eiche speichern 0,814 m^3/m^3. Verantwortlich sind die größten Poren mit mind. 0,1 mm Porenradius. Sie füllen sich vollständig mit Wasser, wenn direkter Wasserkontakt vorliegt.

Ziegel und andere keramische Baustoffe sind künstliche Baustoffe, die durch ihre Zusammensetzung sowie die Brennprozesse ihre Eigenschaften erhalten. Bei hohen Temperaturen entstehen Klinker, die durch ihr dichtes Gefüge für Wassermoleküle undurchlässig sind. Sie werden bei etwa 1200 °C gebrannt. Dieser Prozess wird Sintern genannt. Dabei schmelzen Teile der Komponenten und füllen die Porenräume. Die Hauptkomponenten bleiben aber erhalten, damit die Grundform stabil bleibt. Daher erreichen sie eine hohe Frostbeständigkeit. Das Schmelzen kann auch auf die Oberfläche beschränkt werden. Dies ist beispielweise bei glasierten Dachziegeln der Fall, dann auch Sinterhaut genannt. Der historische Ziegel ist z. B. bei Temperaturen von ca. 900 °C gebrannt worden. Dabei bleiben die Porenräume erhalten. Er besitzt eine kapillare Feuchtesättigung von 0,170 m^3/m^3. Dagegen hat der moderne Hochlochziegel eine höhere kapillare Feuchtesättigung von 0,265 m^3/m^3. Dieser Wert gilt nur für das Vollmaterial und nicht für die Luftkammern. Die Eigenschaften in der Produktion wurden so verändert, dass im Vergleich mit dem historischen Ziegel mehr feinere Porenräume in der Herstellung erzeugt wurden. Ähnliche Eigenschaften hat auch der Kalksandstein mit $\psi_{cap} = 0{,}251\ m^3/m^3$. Damit soll eine höhere Speicherfähigkeit, eine bessere Wasserdampfdurchlässigkeit und ein reduzierter Wärmetransport erreicht werden. Allerdings reduziert sich durch das porenreiche Gefüge auch die Durchfestigkeit und die Frostbeständigkeit. Um dennoch eine hohe Frostbeständigkeit zu erreichen, sollen intelligente Baukonstruktionen hergestellt werden, die den Feuchtetransport an den Oberflächen durch z. B. geeignete Putze, Hydrophobierungen, Beschichtungen oder Matrixmodifikationen unterbinden.

Die Feuchtespeichereigenschaften von den mineralischen Deckschichten (Gipsplatte, Kalkzementputz und Lehmputz) liegen unterhalb der von Holz und Holzwerkstoffen, aber oberhalb der von Ziegeln. Dabei nimmt die Gipsplatte die größte Wassermenge mit 0,356 m^3/m^3 auf, gefolgt vom Lehmputz mit 0,330 m^3/m^3 und Kalkzementputz mit 0,300 m^3/m^3.

Gruppe 2 Dämmstoffe

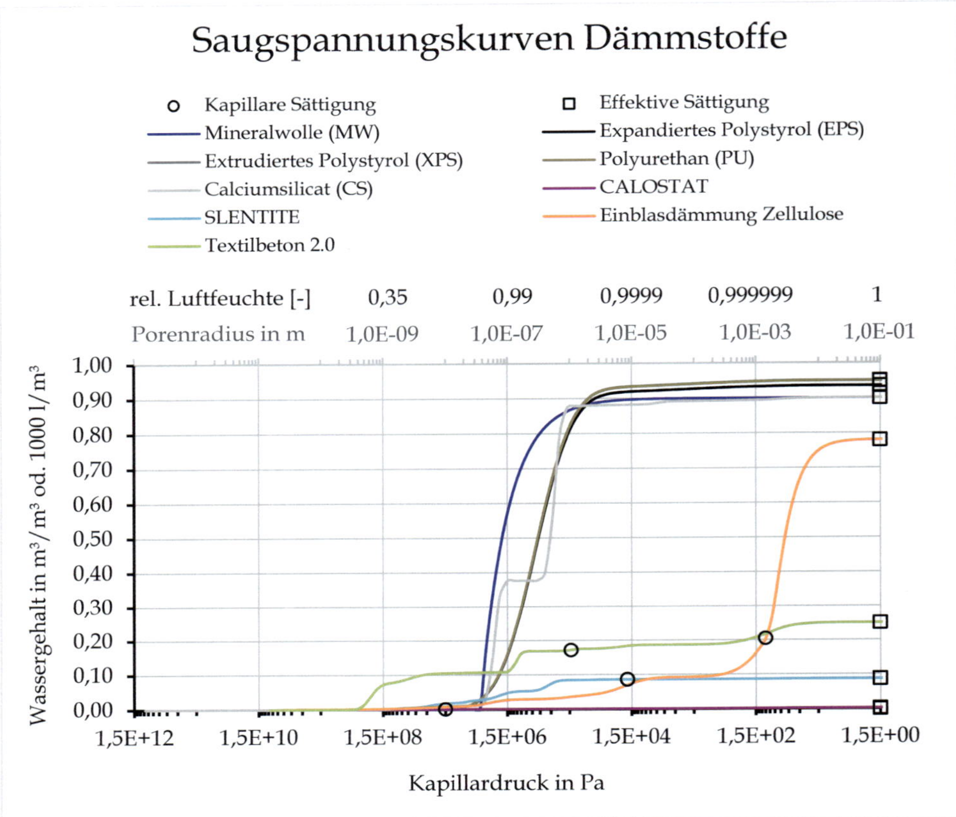

Abbildung 83: Saugspannungskurven Dämmstoffe

Die marktdominierenden Dämmstoffe MW, EPS, XPS und PU haben ähnliche Saugspannungskurven. (siehe Abbildung 83).Mineralische Faserdämmstoffe wie MW wurden aus einer Glas- oder Gesteinsschmelze gewonnen. Die Fasern haben einen Durchmesser von > 3 µm und sind damit nicht gesundheitsgefährdend. Dagegen werden EPS und XPS durch die Polymerisation von Styrol und PU (Polyaddition von Dialkoholen) gewonnen. Diese thermoplastischen Schaumkunststoffe haben ein geschlossenzelliges, hydrophobes Porengefüge. Daher ist eine Durchfeuchtung mit Tauwasserausfall ausschließlich durch Wasserdampfdiffusion möglich. Diese organischen Flüssigkeiten haben selbst keine Poren und können nur durch Diffusionsvorgänge Wassermoleküle weiterleiten. Es kommt zu keinem kapillaren Feuchtetransport. Daher gibt es auch bei diesen Dämmstoffen keine Angabe zum kapillaren Sättigungsfeuchtegehalt. Gemein haben alle Dämmstoffe, dass sie ab einem Feuchtegehalt bei 95 % rel. Luftfeuchte (Übergang hygroskopischem zu überhygroskopischem Bereich) stark Flüssigwasser aufnehmen. Die primäre Porenvolumenverteilung von MW zeigt, dass die Porenradien (halbe

Zwischenräume von einer zur anderen MW-Faser) von 0,05 µm bis 1 µm liegen. Hier ist der Anstieg des Feuchtegehaltes besonders ausgeprägt. Bei den Schaumkunststoffen (EPS, XPS, PU) liegen die Saugspannungskurven fast deckungsgleich übereinander. Der starke Anstieg der Feuchte liegt in einem ähnlichen Bereich wie bei der MW und damit auch die Porenvolumenverteilung. Nur erreichen die Wassermoleküle das Bauteilinnere nicht über die offenen Porenräume, sondern als Dampfmoleküle 0,3 nm über die Zellwände. Im Inneren der Zelle kommt es dann durch Kapillarkondensation zum Tauwasserausfall in den eigentlich geschlossenen Poren.

Einen ähnlichen Verlauf der Saugspannungskurve zeigt CS. Es weist eine kapillare Sättigungsfeuchte von 0,830 m^3/m^3 auf. Die Porenvolumenverteilung liegt wie bei der MW und den Schaumkunststoffen bei 0,05 µm bis 1 µm und damit ausschließlich im Bereich der Kapillarporen. CS ($CaSiO_3$) ist ein Reaktionsprodukt aus Calciumoxid (Branntkalk, CaO) und Siliciumdioxid (Quarz, SiO_2).

Ein erneuerbarer Dämmstoff ist der Einblasdämmstoff aus Zellulosefasern. Der Baustoff ist Hauptbestandteil von pflanzlichen Zellwänden. Die Zellulosefasern bestehen aus Glucose-Molekülen ($C_6H_{12}O_6$). Zellulose ist in Wasser unlöslich. Als Rohstoff für die Papierherstellung dient lignin- und zellulosereiches Holz. Als Einblasdämmstoff wird es meist aus Recyclingpapier gewonnen. Der schnelle Feuchtetransport sorgt auch bei eindringender Feuchte für eine rasche Verteilung innerhalb der Konstruktion und vermeidet damit meist den Tauwasserausfall. Erst im Bereich um 1 mm Porenradien (halbe Zwischenräume von einer zur anderen Zellulosefaser) steigt der Feuchtegehalt stark an und erreicht eine kapillare Sättigungsfeuchte von 0,200 m^3/m^3. Die effektive Sättigung mit 0,780 m^3/m^3 liegt nochmals weit darüber und wird erst nach langer Zeit über weitere Umverteilung erreicht.

Zu der Gruppe von nanostrukturierten Hochleistungsdämmstoffen gehört die hydrophile pyrogene Kieselsäure, wie sie in den VIPs eingesetzt wird. Sie besteht aus Siliciumdioxid. Durch die Hochbarrierefolie gibt es keine Saugspannungskurve, da das Kernmaterial durch die Umhüllung nicht durchfeuchten kann. Zu dieser Gruppe gehört auch die hydrophobierte pyrogene Kieselsäure für das Produkt CALOSTAT von EVONIK sowie das Aerogel auf PU-Basis für das Produkt SLENTITE von BASF. Da das VIP vollkommen dicht ist, gibt es keine kapillare Feuchtesättigung. CALOSTAT hat eine kapillare Feuchtesättigung von 0,0013 m^3/m, während SLENTITE einen Wert von 0,087 m^3/m^3 aufweist. Damit besitzt SLENTITE eine deutlich höhere Feuchtespeicherung als die Baustoffe mit pyrogener Kieselsäure.

Gruppe 3 Bewehrungen, Zuschläge und konventionelle Betone

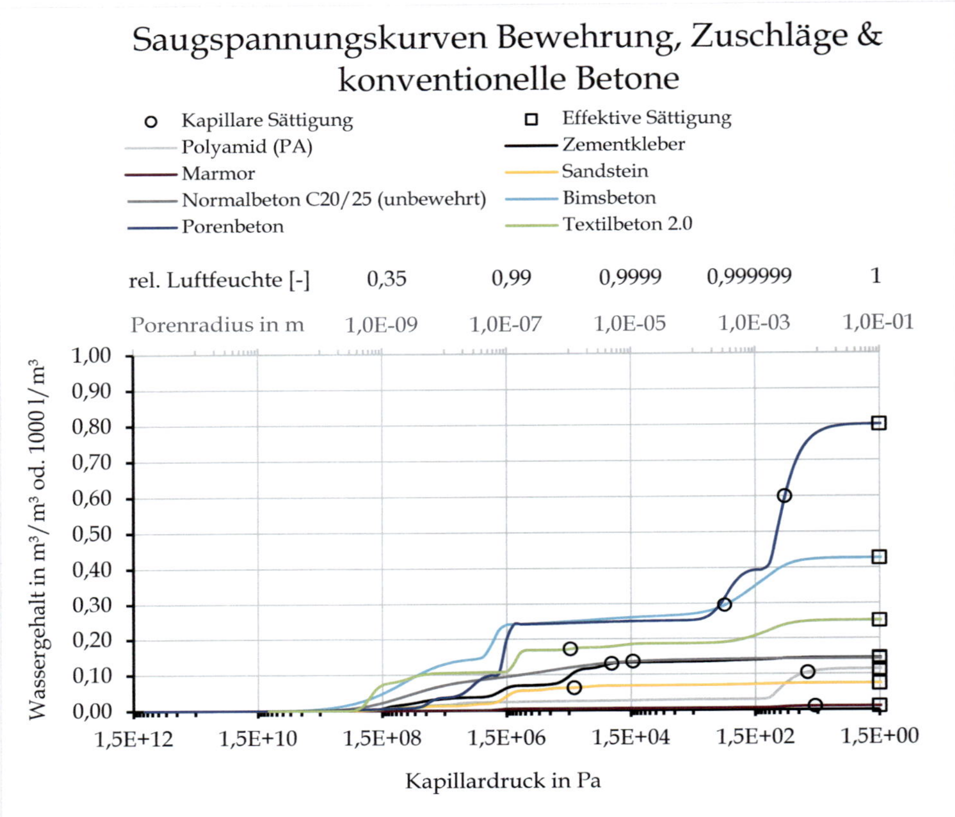

Abbildung 84: Saugspannungskurven Bewehrungen, Zuschläge und konventionelle Betone

Metallische Baustoffe wie Stahl und Aluminium, aber auch Glas sind erstarrte und nicht quell- oder schwindfähige Materialien. Aus diesem Grund sind sie für Wassermoleküle undurchlässig und besitzen keine Feuchtespeichereigenschaften. Diese Baustoffe werden wegen ihrer Eigenschaften auch als Dampfsperren oder als Hochbarrierefolien von VIPs eingesetzt, so z. B. auch als Glasglasuren auf Fliesen, um die Wasseraufnahme zu unterbinden. Einzig das Bewehrungsmaterial PA weist ein Feuchtespeichervermögen auf, wenn dieses auch im Vergleich zu den mineralischen Baustoffen gering ist (0,100 m^3/m^3, siehe Abbildung 84). Thermoplastische Kunststoffe wie PA oder Bitumen haben selbst keine Poren, können dennoch Wassermoleküle über Quellen aufnehmen und über Diffusion weiterleiten. Ein kapillarer Wassertransport ist bei diesen Baustoffen ausgeschlossen und die Weitergabe über Diffusion dauert sehr lange. Daher können bereits sehr dünne thermoplastische Folien als Dampfbremsen oder Dampfsperren eingesetzt werden (z. B. PE 0,2 mm bis 0,4 mm). Beschichtungen und Dichtungsbahnen aus Bitumen bilden den wichtigsten Abdichtungsbaustoff für aufsteigendes Wasser im

Baugrund. Diese relativ dichten Baustoffe können aber durch Füllstoffe ‚abgemagert' werden und ähnliche Eigenschaften wie mineralische Baustoffe erhalten (z. B. Asphalt oder Polymer-Zement-Mörtel). (Häupl & Willems, 2013)

Die Zuschläge aus Natursteinen wie Standstein (Sedimentgestein) ähneln denen mineralischer gebundener künstlicher Steine mit ihrem hydrophilen, porigen Gefüge. Dabei weist der Sandstein eine kapillare Sättigung von 0,063 m^3/m^3 auf. Dagegen ist Granit als vulkanisches Gestein, ähnlich wie Glas, aus einer erstarrten Schmelze hergestellt und für Wassermoleküle praktisch undurchlässig. Eine Mischung stellt Marmor dar. Das metamorphe Gestein enthält sowohl dichte als auch weniger dichte Bereiche und besitzt eine kapillare Sättigung von 0,010 m^3/m^3.

Die Vergleichsbetone weisen die gesamte Bandbreite an Poren auf. Die porigen, hydrophilen Gefüge können durch ihre individuelle Zusammensetzung und Herstellung individuell eingestellt werden. Den oberen Bereich markiert Porenbeton mit einer kapillaren Feuchtesättigung von 0,600 m^3/m^3 und einer Druckfestigkeit von 2 N/mm^2 bis 10 N/mm^2, während den unteren Bereich der Normalbeton mit einer kapillaren Feuchtesättigung von 0,136 m^3/m^3 und 25 N/mm^2 Druckfestigkeit einnimmt. Dabei ist eine Abhängigkeit von Porosität und Druckfestigkeit abzulesen. Mehr Porosität und damit eine höhere kapillare Wasseraufnahme bedeutet eine Abnahme der Druckfestigkeit. Der Bimsbeton hat eine kapillare Feuchtesättigung von 0,294 m^3/m^3 und weist dabei Druckfestigkeiten als haufwerksporiger Leichtbeton von 3 N/mm^2 bis 7 N/mm^2 auf (Scholz, Hiese, Knoblauch, & Bruckner, 2003). Der dargestellte Textilbeton 2.0 nimmt hier eine Sonderrolle unter den hochfesten Textilbetonmatrices ein. Er erreicht eine hohe kapillare Feuchtesättigung von 0,170 m^3/m^3 und eine hohe Druckfestigkeit von 65 N/mm^2. Eine so hohe Porosität und damit auch eine so hohe kapillare Feuchtesättigung ist ungewöhnlich und auf eine hohe Anzahl an nanoporösen Poren zurückzuführen, die sich bei Betonen mit hohen Zementgehalten bilden.

Gruppe 4 Textilbetone

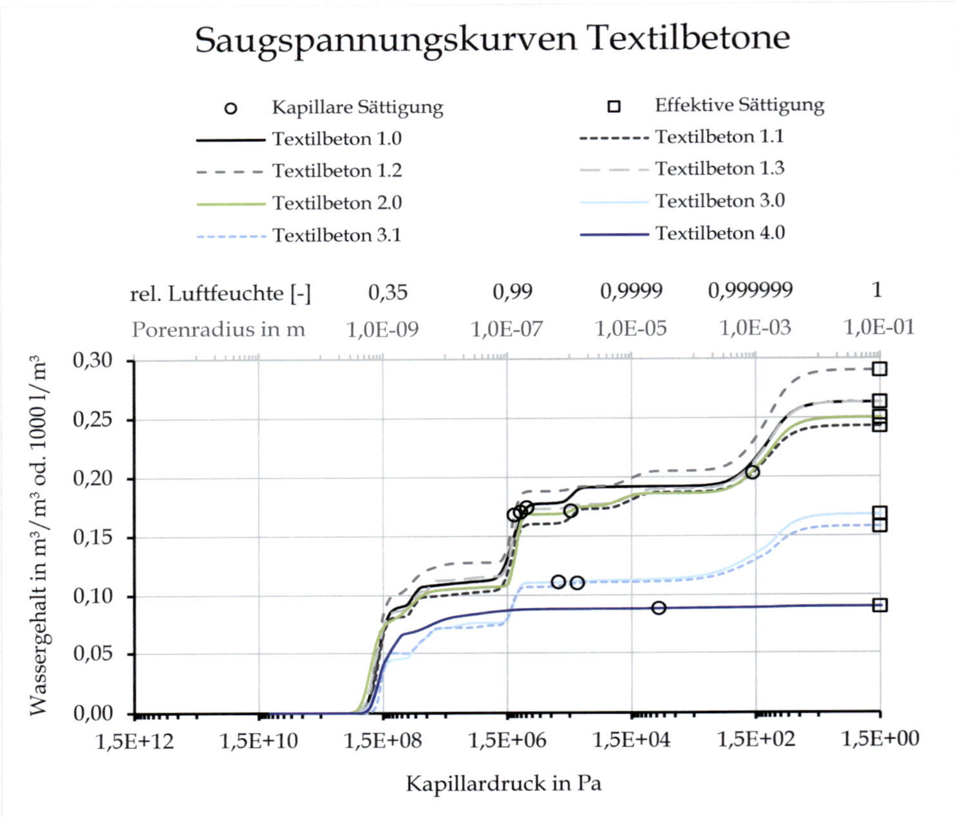

Abbildung 85: Saugspannungskurven Textilbetone

Die Textilbetone 1.0 und 2.0 haben einen ähnlichen Verlauf, da der Textilbeton 2.0 als Fertigmischung an die Standardmischung der Sonderforschungsbereiche zum Textilbeton angelehnt wurde. Mit einem Größtkorn von 1 mm Sand sind die Zuschläge deutlich feiner als die der Mischung 3.0. Diese besitzt ein deutlich größeres Größtkorn (genaue Angaben entfallen wegen Geheimhaltung). Des Weiteren wurden in dieser Mischung vulkanische Gesteine verwendet, die im Hinblick auf den Wassertransport und die Feuchtespeicherung sehr dicht sind. Daher liegt der Textilbeton 3.0 mit 0,111 m^3/m^3 Wassergehalt bei kapillarer Sättigung auch deutlich unter den Feuchtespeicherfunktionen der Textilbetone 1.0 und 2.0 (beide bei 0,170 m^3/m^3 Wassergehalt bei kapillarer Sättigung). Darunter liegt nur noch der im Rahmen dieser Arbeit neuentwickelte Textilbeton 4.0 mit 0,088 m^3/m^3 bzw. 0,088 m^3/m^3 Wassergehalt bei kapillarer Sättigung. Er besitzt nur 0,5 Vol.-% Kapillarporen.

Bei der Bewehrung ist ebenfalls wie bei der Sorptionsisotherme zu erkennen, dass die Mischung 1.1 mit zwei Biaxialgelegen und die Mischung 3.1 mit einem Biaxialgelege deutlich unter ihren unbewehrten Proben 1.0 und 3.0 zurückbleiben. Hintergrund ist, dass die textilen Bewehrungslagen jeweils den offenen Betonquerschnitt für den Flüssigwassertransport sperren und zudem das Speichervermögen durch die dichten Glasfasern in Bezug auf das Gesamtvolumen reduzieren. Dies liegt zum einen an den dichten AR-Glas-Filamenten, aber auch am umhüllenden Styrol-Butadien. Das Elastomer ist dicht und wird nicht von Wassermolekülen durchdrungen. Aus diesem Grund geht die Feuchtespeicherfunktion bei diesen beiden Baustoffen zurück.

Anders sieht es dagegen bei den Baustoffen Textilbeton 1.2 und 1.3 aus. Beide sind neben einer Lage des Biaxialgeleges mit 4,3 M.-% zusätzlich mit Kurzfasern bewehrt. Mischung 1.1 enthält einen zusätzlichen Masseanteil von 1 M.-% und die Mischung 1.3 hat einen zusätzlichen Masseanteil von 3 M.-%. Im Gegensatz zu den textilen Bewehrungslagen nehmen unbeschichtete Kurzfasern in den Zwischenräumen der Filamente Wasser auf, das zwischen den Filamenten transportiert und auch gespeichert werden kann. Daher steigt die Saugspannungskurve bei beiden Textilbetonen mit Kurzfasern auch an. Der Textilbeton 1.2 mit 1 M.-% Kurzfasern steigert durch die hydrophilen Fasereigenschaften die Speicherfähigkeit und liegt damit deutlich über der unbewehrten Mischung 1.0. Nach dieser Logik müsste der Textilbeton 1.3 mit 3 M.-% Kurzfaserzugabe deutlich über der Textilbetonprobe 1.2 liegen. Dies ist jedoch nicht der Fall, da die Viskosität der Mischung durch die Zugabe der Kurzfasern bereits so eingeschränkt wurde, dass mit bloßen Auge sichtbare Verdichtungsporen von mehreren Millimetern Durchmesser entstanden sind. Diese Verdichtungsporen können kaum Wasser speichern. Damit sinkt die Saugspannungskurve auf eine deckungsgleiche Höhe mit der unbewehrten Textilbetonmischung 1.0 ab.

3.6.5 Feuchtespeicherfunktion

Aus der Sorptionsisotherme und der Saugspannungskurve (auch Kapillardruckkurve genannt) wird die Feuchtespeicherfunktion, auch Feuchtespeicherisotherme genannt, zusammengesetzt. Damit kann das Feuchtespeichervermögen sowohl im hygroskopischen als auch im überhygroskopischen Bereich abgebildet werden. Diese Funktion bildet die Grundlage der DELPHIN-Simulation.

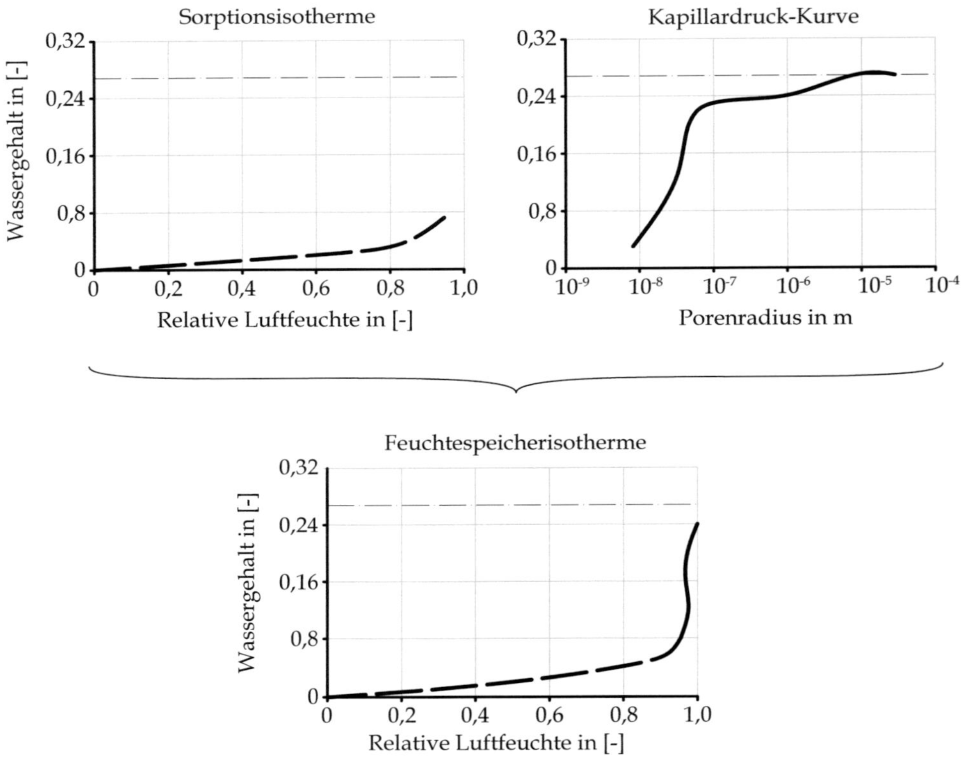

Abbildung 86: Zusammenfügen von Sorptionsisotherme und Saugspannungskurve eines Baustoffes zur Feuchtespeicherfunktion (Häupl & Willems, 2013)

3.6.6 Ausgleichsfeuchte und Feuchtegehalte

Begriffsdefinition

Die Ausgleichs- bzw. Gleichgewichtsfeuchte ist der Feuchtegehalt eines Baustoffes, der sich bei Lagerung in Luft mit einer definierten rel. Luftfeuchte und Temperatur einstellt (Willems et al., 2016).

Der Feuchtegehalt wird meist durch einen Index gekennzeichnet (z. B. u_{50}), der rel. Luftfeuchte entspricht und mit dieser Luftfeuchte im Gleichgewicht steht. Für die Beurteilung des praktischen Feuchtegehaltes wird häufig das Umgebungsklima mit 80 % rel. Luftfeuchte herangezogen, da dieses in 90 % der Fälle nicht überschritten wird.

Klimabedingungen

Als Klimarandbedingungen werden zwei Zustände angenommen, die in der DIN 4108-3:2018-10 definiert sind: 50 % rel. Luftfeuchte und 20 °C als charakteristischen Wert für Innenraumbedingungen (Winter) und 80 % rel. Luftfechte und -5 °C als charakteristischen Wert für das Außenklima in der Tauperiode (Winter). Zudem definiert der letztere Wert auch den baupraktischen Feuchtegehalt, der 90 % aller Nutzungszustände abbildet und damit die Grundlage für die Angaben in der Norm ist.

Volumenbezogener Feuchtegehalt ψ

Der volumenbezogene Feuchtegehalt ist der Quotient aus dem Volumen des verdampfbaren Wassers und dem Volumen des Baustoffes.

Berechnungsformel volumenbezogener Feuchtegehalt nach Grunewald & Kahnt (2019)

$$\psi = \frac{V_w}{V_t} \tag{3.19}$$

Berechnungsformel Umrechnung von massebezogener Feuchtegehalt auf volumenbezogener Feuchtgehalt nach Grunewald & Kahnt (2019)

$$\psi = u \cdot \frac{\rho_t}{\rho_w} \tag{3.20}$$

ψ	volumenbezogener Feuchtegehalt in m³/m³ (x 100 erhält man Vol.-%)
V_w	Volumen des Wassers in m³
V_t	Volumen des trockenen Baustoffes in m³
u	massebezogener Feuchtegehalt in kg/kg
ρ_t	Trockenrohdichte des Baustoffes in kg/m³
ρ_w	Dichte des Wassers in kg/m³ = 1000 kg/m³

Massenbezogener Feuchtegehalt u

Der massebezogene Feuchtegehalt ist der Quotient aus der Masse des verdampfbaren Wassers und der Masse des Baustoffes (meist als Trockengewicht).

Berechnungsformel massebezogener Feuchtegehalt nach Grunewald & Kahnt (2019)

$$u = \frac{m_\mathrm{f} - m_\mathrm{t}}{m_\mathrm{f}} = \frac{m_\mathrm{w}}{m_\mathrm{t}} \tag{3.21}$$

Berechnungsformel Umrechnung von volumenbezogenem Feuchtegehalt auf massebezogenen Feuchtegehalt nach Grunewald & Kahnt (2019)

$$u = \frac{\psi}{\rho_\mathrm{t}} \cdot 1000 \tag{3.22}$$

Volumenbezogene Masse des Feuchtegehaltes **w**

Die volumenbezogene Masse des Feuchtegehaltes beschreibt den Quotienten aus der Masse des verdampfbaren Wassers und dem Volumen des Baustoffes.

Berechnungsformel volumenbezogene Masse des Feuchtegehalts nach Grunewald & Kahnt (2019)

$$w = \frac{m_\mathrm{w}}{V_\mathrm{t}} \tag{3.23}$$

Berechnungsformel Umrechnung von massebezogenem Feuchtegehalt auf volumenbezogene Masse des Feuchtegehaltes nach Grunewald & Kahnt (2019)

$$w = u \cdot \rho_\mathrm{t} \tag{3.24}$$

u	massebezogener Feuchtegehalt in kg/kg
m_f	Masse des feuchten Baustoffs in kg
m_t	Masse des trockneten Baustoffs in kg
m_w	Masse des enthaltenen Wassers in kg
ψ	volumenbezogener Feuchtegehalt in m^3/m^3 (x 100 erhält man Vol.-%)
ρ_t	Trockenrohdichte des Baustoffes in kg/m^3
w	volumenbezogene Masse des Feuchtegehaltes in kg/m^3
V_t	Volumen des trockenen Baustoffes in m^3

Tabelle 26: Ausgleichsfeuchte unterschiedlicher Baustoffe mit Dampfpartialdruck (Institut für Bauklimatik, TU Dresden, 2015)

Baustoff	**Feuchtebereiche**			
	$\psi_{20°C,50\%}$	$u_{20°C,50\%}$	$\psi_{-5°C,80\%}$	$u_{-5°C,80\%}$
	m³/m³	**kg/kg**	**m³/m³**	**kg/kg**
Wasserdampfteildruck in Pa	1168 Pa		321 Pa	
Vergleichs- und Konstruktionsbaustoffe				
Holz (Fichte - radial)	0,034	0,065	0,068	0,131
	~ 3,4 Vol.-%	~ 6,5 M.-%	~ 6,8 Vol.-%	~ 13,1 M.-%
	~ 34 l/m³		~ 68 l/m³	
Holz (Eiche - radial)	0,042	0,071	0,074	0,126
OSB-Platte	0,072	0,121	0,096	0,161
Hochdichte Faserplatte (HDF)	0,028	0,022	0,060	0,048
Historischer Ziegel	0,003	0,002	0,005	0,003
Hochlochziegel	0,004	0,003	0,011	0,008
Kalksandstein	0,030	0,017	0,038	0,022
Kalkzementputz	0,030	0,024	0,060	0,047
Kalkzementmörtel	0,014	0,009	0,025	0,016
Klebemörtel für CS-Platte	0,074	0,05	0,12	0,081
Kalkputz	0,004	0,002	0,011	0,006
Silikonharzoberputz	/	/	/	/
Lehmputz	0,022	0,014	0,039	0,025
Gipskartonplatte	0,007	0,009	0,009	0,012
Dämmstoffe				
Mineralwolle (MW)	0,000050	0,000746	0,000081	0,001209
Expandiertes Polystyrol (EPS)	0,000627	0,017914	0.001095	0,031286
Extrudiertes Polystyrol (XPS)	0.000637	0,015675	0.001113	0,027825
Polyurethan (PU)	0.000636	0,018171	0.001112	0,031771
Calciumsilikat (CS)	0,003000	0,011000	0,005000	0,019000
Schaumglas (SG)	0	0	0	0
Vakuum-Isolations-Paneel (VIP)	0	0	0	0
CALOSTAT	0,001000	0,006000	0,001000	0,006000
SLENTITE	0,003000	0,025000	0,010000	0,084000
Einblasdämmung Zellulose	0,003000	0,055000	0,006000	0,109000
Luftschicht (3 mm, vertikal) Quelle: Recknagel	0,00000871	0,00726	0,00000258	0,001970

Tabelle 26: Ausgleichsfeuchte unterschiedlicher Baustoffe mit Dampfpartialdruck (Institut für Bauklimatik, TU Dresden, 2015) (Fortsetzung)

Ausgleichsfeuchte	**Feuchtebereiche**			
	$\psi_{20°C,50\%}$	$u_{20°C,50\%}$	$\psi_{-5°C,80\%}$	$u_{-5°C,80\%}$
	m³/m³	**kg/kg**	**m³/m³**	**kg/kg**
Bewehrungen				
Stahl	0	0	0	0
Aluminium	0	0	0	0
Glas	0	0	0	0
Polyamid (PA)	0,006	0,010	0,014	0,024
Zuschläge				
Zementkleber	0,01400	0,01000	0,02800	0,02100
Granit	/	/	0,00015	0,00006
Carrara Marmor	0,00014	0,00009	0,00058	0,00036
Sandstein	0,00800	0,00300	0,01200	0,00500
konventionelle Betone				
Normalbeton C20/25 (unbewehrt)	0,033	0,014	0,058	0,025
Bimsbeton	0,066	0,099	0,111	0,166
Leichtbeton (Blähton)	/	/	0,017	0,024
Porenbeton	0,006	0,015	0,018	0,046
Textilbetone				
Textilbeton 1.0 (unbewehrt)	0,089	0,046	0,108	0,056
Textilbeton 1.1	0,081	0,041	0,099	0,050
Textilbeton 1.2	0,100	0,051	0,121	0,062
Textilbeton 1.3	0,086	0,044	0,104	0,053
Textilbeton 2.0 (unbewehrt)	0,080	0,042	0,102	0,054
Textilbeton 3.0 (unbewehrt)	0,045	0,019	0,064	0,028
Textilbeton 3.1	0,050	0,021	0,064	0,027
Textilbeton 4.0	0,059	0,027	0,073	0,033
/ = fehlender oder nicht korrekter Messwert				

3.7 Zusammenfassung

Die Flexibilität der Betonmatrix erlaubt es, die bauphysikalischen Eigenschaften individuell anzupassen und damit flexibler als jeder andere Baustoff auf neue Anforderungen und Anwendungen zu reagieren. Beispielsweise erreichen die Textilbetonmischungen 2.0 und 4.0 Wasserdampfdiffusionswiderstandszahlen von 483 [-] und 595 [-] und sind damit ideal als Dampfbremse geeignet. Vergleichsweise hohe Werte erreichen nur Eiche und Granit.

Schließlich können die Wasseraufnahmekoeffizienten von 0,0011 kg/($m^2 \cdot s^{0,5}$) beim Textilbeton 4.0 nahezu alle kapillaraktiven Baustoffe in der Fähigkeit des Wassertransportes unterbieten. Einzig Granit kann den Wert mit 0,0008 kg/($m^2 \cdot s^{0,5}$) noch leicht unterschreiten.

Die periodische Eindringtiefe (24 h) aller untersuchter Textilbetone liegt im Bereich von 10,6 cm bis 19,6 cm im Tageszyklus. Dieser Bereich liegt oberhalb der untersuchten konventionellen Baustoffe. Historische Ziegel aus einer Altbauwand und Gipskartonplatten erreichen hingegen nur 10,8 cm und 6 cm. Die dazugehörigen Wärmeeindringkoeffizienten betragen damit von 1089 J/($m^2 \cdot K \cdot s^{0,5}$) bis 1830 J/($m^2 \cdot K \cdot s^{0,5}$) bei den Textilbetonplatten sowie nur 889 J/($m^2 \cdot K \cdot s^{0,5}$) bei historischen Ziegeln (Altbauwand) und 491 J/($m^2 \cdot K \cdot s^{0,5}$) bei den Gipskartonplatten. Auf einem vergleichbaren Niveau zu den Textilbetonmischungen bewegt sich z. B. Kalksandstein mit einer periodischen Eindringtiefe (24 h) von 10,8 cm und einem Wärmeeindringkoeffizienten von 1102 J/($m^2 \cdot K \cdot s^{0,5}$).

Demnach sind laut vorangestellter Forschungsfrage die hygrothermischen Eigenschaften von Textilbeton mit denen konventioneller Baustoffe mind. vergleichbar. An einigen Stellen übertreffen sie diese sogar deutlich.

4 Baukonstruktion

Auf den Grundlagen des vorherigen Kapitels 3 Baustoffe werden jetzt die marktüblichsten, konventionellen Baukonstruktionen sowie Gebäudehüllen der Zukunft aus Textilbeton entworfen und nach ausgewählten Kriterien optimiert.

Diese konventionellen sowie neu entwickelten leichten Baukonstruktionen aus Textilbeton sollen dabei auf drei ausgewählte Aspekte (wirksame Speichermasse, Dauerhaftigkeit und biologisches Wachstum) untersucht werden, die exemplarisch die bauphysikalische Leistungsfähigkeit aufzeigen. Diese drei Eigenschaften weisen zudem Zusammenhänge zwischen Bauphysik und Architektur auf.

Definitionsgemäß sind Baukonstruktionen Bauteile mit zusätzlichen Anforderungen an Bauphysik, Statik, Nutzung und Ästhetik. Die folgenden Baukonstruktionen stellen die marktdominierenden Baustoffe und Baukonstruktionen dar und bilden damit repräsentativ die wichtigsten Eigenschaften unterschiedlicher Wandkonstruktionen ab. Die Baukonstruktionen wurden alle im mitteleuropäischen Klima simuliert. Die Wetterdaten beziehen sich auf die Klimaregion Potsdam, wo auch Dresden einbezogen ist.

4.1 Verwendete und entwickelte Baukonstruktionen

Marktlage zu Baukonstruktionen der Gebäudehülle

Die folgenden Baukonstruktionen wurden auf der Grundlage der Studie „Fassadenmonitor" von Kötter (2012) ausgewählt. Hier wurde sowohl die neu errichtete als auch die sanierte Fassadenfläche von Wohn- und Nichtwohnbauten betrachtet. Dabei wurden sechs dominierende Wandbauweisen ausgewählt, die in ihrer Bauweise den Großteil des deutschen Marktes abdecken. Ausgewählt wurden dabei die Altbauwand und die Altbauwand mit Calciumsilikatinnendämmung (in der Studie normaler Ziegelstein genannt) mit einem Marktanteil von 18 %, die Porenbetonwand (13 %), die Kalksandsteinwand (10 %), die Holzwand (3 %), die Ortbetonwand (10 %) sowie die Betonfertigteilwand (38 %). Insgesamt ergibt sich damit ein Marktanteil von 92 % in Deutschland, die mit den hier betrachteten Baukonstruktionen abgedeckt werden. Auf die sonstigen Konstruktionen entfallen weitere 8 %. (Kötter et al., 2012)

Ein ähnliches Vorgehen erfolgte bei der Auswahl der äußeren Fassadenschicht/Baustoff. Der Gesamtmarkt umfasst hier 138,5 Mio. m² Fassadenfläche. Dieser Wert kann gleichermaßen auf Neubau und Sanierung aufgeteilt werden. Der dominierende Baustoff ist der Putz mit 39 % und jährlich 54 Mio. m² verbaute Fassadenfläche in Deutschland. Danach folgen Aluminium (16 %, jährlich

22,5 Mio. m^2) und Klinker (11 %, jährlich 15,5 Mio. m^2). An vierter Stelle stehen die Betonfertigteile (10 %, jährlich 13,5 Mio. m^2). Mit diesen wichtigsten vier abschließenden Fassadenschichten kann der Marktanteil von 76 % abgedeckt werden. Wenn noch Holz (3 %, jährlich 4 Mio. m^2) einbezogen wird, kann ein Marktanteil von 79 % in Deutschland erreicht werden. Hinzukommen die hier nicht betrachteten, abschließenden Schichten Stahl (5 %, jährlich 7,5 Mio. m^2) und Kunststoff-/HPL-Faserplatten (4 %, jährlich 5 Mio. m^2). Auf die sonstigen die übrigen 12 % entfällt der übrige Marktanteil von 12 %. (Kötter et al., 2012)

Die Putze können weiter aufgeteilt werden in 77 % Mineralputze und 12 % Silikonharzputze. Zusammen machen sie 89 % des Marktanteils aus und werden in dieser Arbeit betrachtet. Des Weiteren entfallen noch 3 % auf den Kunstharz- und 5 % auf den Silikatputz. (Kötter et al., 2012)

Die Dämmstoffe wurden auch nach Marktlage ausgesucht. Es werden jährlich ca. 100 Mio. m^2 Dämmstoffe in der Fassadenoberfläche verbaut. Auf MW entfallen dabei 40 % Marktanteil und auf EPS 37 %. Beide werden in den vorliegenden Baukonstruktionen eingesetzt, weil sie einen Anteil von ca. 77 % am Gesamtmarkt haben. Die weiteren sind Polyisocyanurate (PIR, 8 %), PU (4 %) und XPS (2 %). Auf die restlichen 9 % Marktanteil entfallen sonstige Dämmstoffe. (Kötter et al., 2012)

Varianten von konventionellen und entwickelten Baukonstruktionen

Von Abbildung 87 bis zur Abbildung 97 werden alle Baukonstruktionen vorgestellt, die in diesem Abschnitt die Grundlage für alle hygrothermischen Berechnungen bilden. Sie berücksichtigen die aktuelle Marktlage an Baukonstruktionen nach dem Stand der Technik. Zudem zeigen sie die neuentwickelten Baukonstruktionen aus Textilbeton.

Varianten konventioneller Baukonstruktionen der Fassade

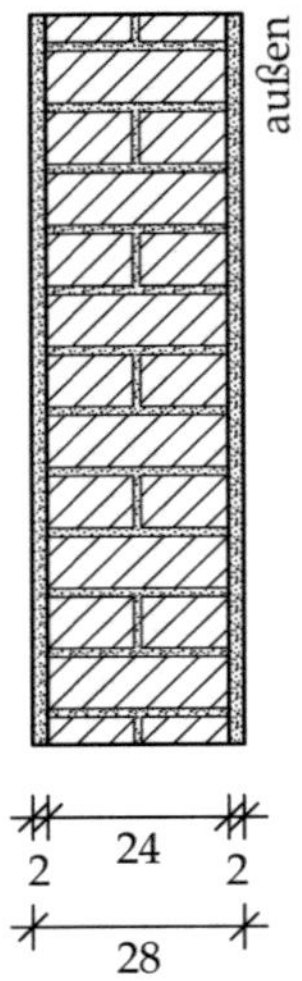

Altbauwand
tragend

von außen:
02,0 cm Kalkzementputz
24,0 cm Vollziegel
02,0 cm Lehmputz
mit Kalkzementmörtel

28,0 cm gesamt

Abbildung 87: Altbauwand tragend

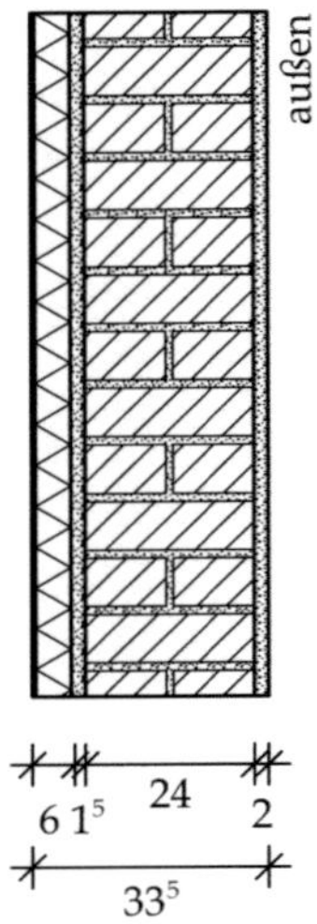

Altbauwand
mit CS-Innendäm.
tragend

von außen:
02,0 cm Kalkzementputz
24,0 cm Vollziegel
01,5 cm Kalkputz
00,5 cm Klebemörtel
05,0 cm CS-Innendämmung
0,05 cm Kalkputz
mit Kalkzementmörtel

33,5 cm gesamt

Abbildung 88: Altbauwand mit CS-I. tragend

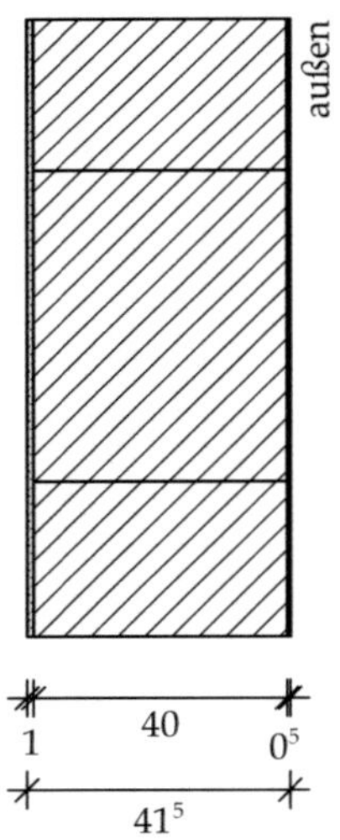

Porenbetonwand
tragend

von außen:
00,2 cm Silikonharzputz
00,3 cm Kalkzementputz
40,0 cm Porenbeton
01,0 cm Kalkputz
mit Kalkzementmörtel

41,5 cm gesamt

Abbildung 89: Porenbetonwand tragend

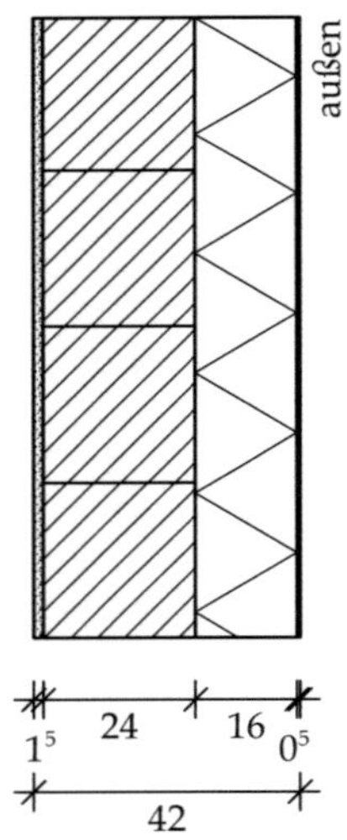

Kalksandsteinwand
tragend

von außen:
00,2 cm Silikonharzputz
00,3 cm Kalkzementputz
16,0 cm Exp. Polystyrol
24,0 cm Kalksandstein
01,5 cm Kalkzementputz
mit Kalkzementmörtel

42,0 cm gesamt

Abbildung 90: Kalksandsteinwand tragend

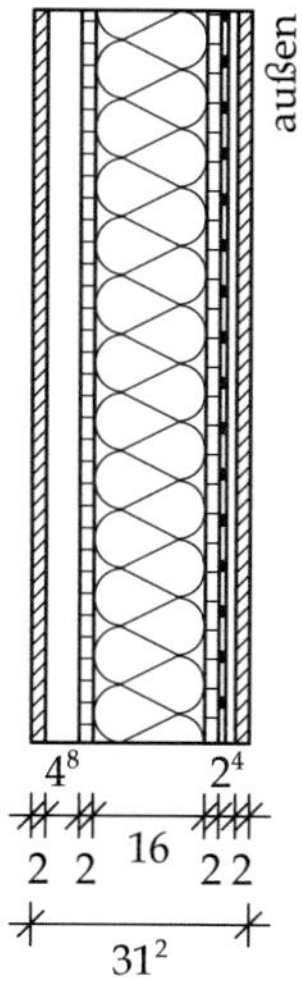

Holzwand
tragend

von außen:
02,0 cm Schichtp. Fichte
02,4 cm Lattung Fichte
00,0 cm Unterspannbahn
02,0 cm Holzfaserplatte
16,0 cm Mineralwolle
02,0 cm OSB-Platte
04,8 cm Lattung Fichte
02,0 cm Schichtp. Fichte

31,2 cm gesamt

Abbildung 91: Holzwand tragend

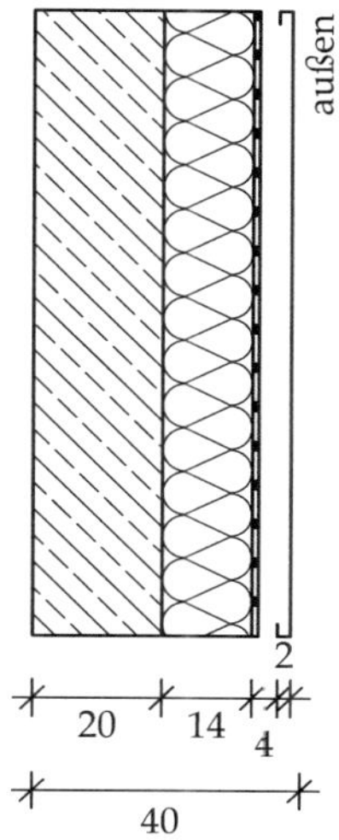

Ortbetonwand
tragend

von außen:
02,0 cm Alukassette
04,0 cm UK, Hinterlüft.
00,0 cm Unterspannbahn
14,0 cm Mineralwolle
20,0 cm Ortbeton

40,0 cm gesamt

Abbildung 92: Ortbetonwand tragend

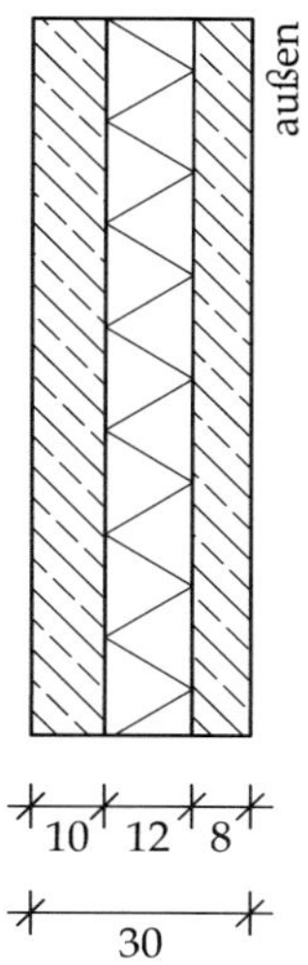

Betonfertigteilwand
nichttragend

von außen:
08,0 cm Stahlbeton
12,0 cm Polyurethan
10,0 cm Stahlbeton

30,0 cm gesamt

Abbildung 93: Betonfertigteilwand nichttragend

Varianten Textilbetonkonstruktionen für die Fassade

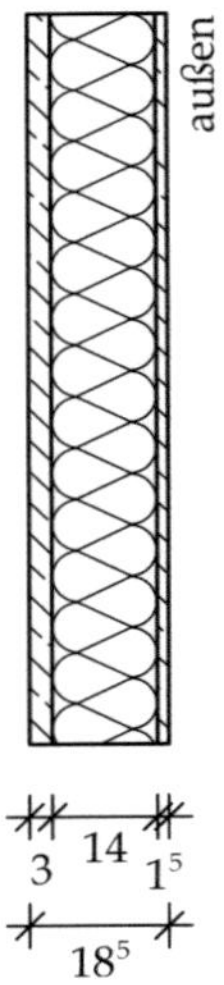

Textilbetonwand 2.0
nichttragend
(Referenz)

von außen:
01,5 cm Textilbeton 2.0
14,0 cm Mineralwolle
03,0 cm Textilbeton 2.0

18,5 cm gesamt

Abbildung 94: Textilbetonwand 2.0 nichttragend (Referenz)

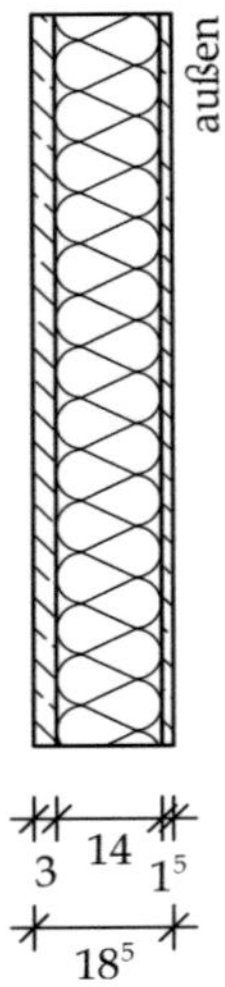

Textilbetonwand 4.0
nichttragend

von außen:
01,5 cm Textilbeton 4.0
14,0 cm Mineralwolle
03,0 cm Textilbeton 4.0

18,5 cm gesamt

Abbildung 95: Textilbetonwand 4.0 nichttragend

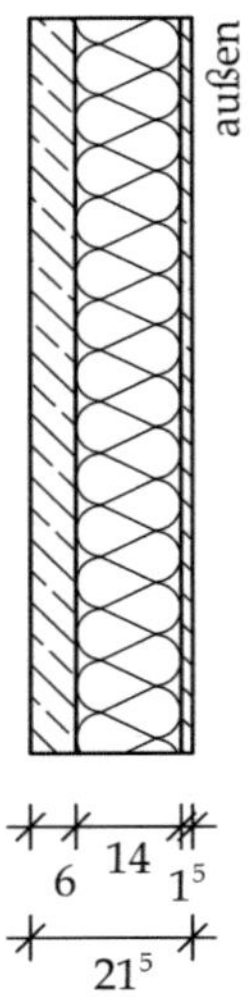

Textilbetonwand 4.0
nichttragend

von außen:
01,5 cm Textilbeton 4.0
14,0 cm Mineralwolle
06,0 cm Textilbeton 4.0

21,5 cm gesamt

Abbildung 96: Textilbetonwand 4.0 nichttragend (finale Variante)

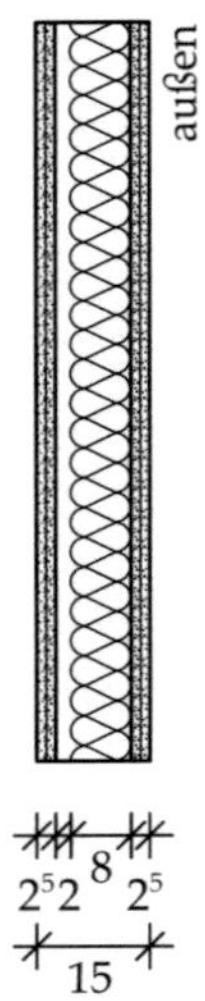

Gipskartoninnenwand
nichttragend

von außen:
02,5 cm Gipskartonplatten
10,0 cm Ständerwerk & 8 cm MW
02,5 cm Gipskartonplatten

15,0 cm gesamt

Abbildung 97: Gipskartoninnenwand nichttragend

Vergleich der Eigenschaften aller Baukonstruktionen (Fassade)

Eine Vergleichbarkeit über die Festigkeitsklassen kann für die tragenden Wände in zwei Anwendungsbereiche eingeteilt werden. Der erste Anwendungsbereich sind Gebäude mit geringen Auflasten wie Einfamilienhäuser. Dazu gehören die tragenden Konstruktionen der Porenbetonwand mit 720 kN/m und der Holzwand mit 430 kN/m (kN pro Meter Wandlänge, die abgetragen werden können). Der zweite Anwendungsbereich sind Gebäude mit hohen Auflasten. Dazu gehören die Altbauwand, die Altbauwand mit CS-Innendämmung, die Kalksandsteinwand sowie die Ortbetonwand mit jeweils ca. 6000 kN/m.

Die nichttragenden Sandwichwände können keine Auflasten (0 kN/m) abtragen. Weitere Auflasten müssen von einem Primärtragwerk geleistet werden.

Berechnungsformel Abschätzen der Zugfestigkeiten über Druckfestigkeiten nach Küchlin & Hersel (2017)

$$f_{ct} = 0{,}9 \cdot \frac{f_c}{8 \text{ bis } 15} \tag{4.1}$$

f_{ct} Zugfestigkeit in N/mm²

f_c Druckfestigkeit Würfel in N/mm²

Tabelle 27: Bauphysikalische und mechanische Eigenschaften der Baukonstruktionen

	U-Wert[1] W/(m²·K)	Druckfestigkeit N/mm²	Lastaufnahme kN/m
Altbauwand	ca. 1,52	25 (Hart & Bogenberger, 1967)	0,24 m · 25000 kN/m² = 6000
Altbauwand mit CS-Innendämmung	ca. 0,74	25 (Hart & Bogenberger, 1967)	0,24 m · 25000 kN/m² = 6000
Porenbetonwand	ca. 0,22	1,8 (Xella Deutschland GmbH, 2017)	0,40 m · 1800 kN/m² = 720
Kalksandsteinwand	ca. 0,22	28 (Xella Deutschland GmbH, 2016)	0,24 m · 28000 kN/m² = 6720
Holzwand	ca. 0,22	21 (DIN EN 338:2016-07)	(0,08 · 0,16 · 2/1,25) m · 21000 kN/m² = 430
Ortbetonwand	ca. 0,22	25 (Küchlin & Hersel, 2017)	0,20 m · 25000 kN/m² = 5000
Betonfertigteilwand	ca. 0,22	25 (Küchlin & Hersel, 2017)	nichttragend
Textilbetonwand 2.0	ca. 0,22	80 (PAGEL Spezial-Beton GmbH & Co. KG, 2019)	nichttragend
Textilbetonwand 4.0	ca. 0,22	90 (eigene Messungen)	nichttragend
[1] Der U-Wert berücksichtigt alle Wärmebrücken z. B. durch Lagerfugen oder Holzständerwerk bei den tragenden Konstruktionen. Die nichttragenden Konstruktionen sowie die Ortbetonwand werden mit 0,01 W/(m²·K) für punktuelle Wärmebrücken aus GFK (Thalheim, 2018) beaufschlagt.			

Alle Baukonstruktionen besitzen vergleichbare U-Werte mit 0,22 W/(m²·K). Ausgenommen sind nur die Altbauwand ohne Dämmung mit 1,52 W/(m²·K) und die Altbauwand mit CS-Innendämmung mit 0,74 W/(m² · K), um die Leistungsfähigkeit von ungedämmten und innengedämmten Konstruktionen aufzeigen sowie die Schädigungsmechanismen von gedämmten und ungedämmten Konstruktionen vergleichen zu können.

4.2 Wirksame Speichermasse

Die wirksame Speichermasse ist die erste Eigenschaft, auf die alle vorgestellten Baukonstruktionen untersucht werden. Aus den Zusammenhängen werden dann innerhalb dieses Kapitels optimierte Textilbetonfassaden entwickelt.

4.2.1 Grundlagen und Methodik im Kapitel

Die wirksame Speichermasse soll zukünftig von Planern so eingesetzt werden, dass die Nutzenergie in der Lebensdauer des Gebäudes möglichst reduziert wird. Dazu ist eine Kenntnis regionaler klimatischer Zusammenhänge erforderlich. In dieser Arbeit wird das deutsche Referenzklima Potsdam genutzt. In diesem mitteleuropäischen Klima rückt die Frage nach einer aktiven Kühlung einerseits durch das Ansteigen der Mitteltemperaturen, aber auch durch eine stärkere Verdichtung im urbanen Gebiet ins Zentrum der Diskussionen. Dennoch ist es auch zukünftig möglich, in diesem Klima mittels intelligenter energetischer Planung komplett auf Kühlenergie zu verzichten. In dieser Arbeit soll ein Ansatz für eine Modelltypologie aufgezeigt werden. Im Speziellen wird dabei auf die wirksame Speichermasse der Baukonstruktionen eingegangen.

4.2.1.1 Hypothese 1

Beziehung zur Gesamtmethodik der Arbeit

Übergeordnete These: Gebäudehüllen aus Textilbeton sind leichter als massive, konventionelle Baukonstruktionen, besitzen aber mindestens die gleiche hygrothermische Leistungsfähigkeit. Nachteilige Aspekte des Leichtbaus auf das Raum- oder Oberflächenklima oder die Dauerhaftigkeit können damit widerlegt werden.

Hypothese 1: Mittels integraler Gebäudeplanung unter Einsatz von Fassadenelementen aus Textilbeton können die Primärenergiemengen in der Betriebsphase reduziert werden. So kann im mitteleuropäischen Klima vollständig auf Kühlenergie in der Nutzung verzichtet werden.

Überprüfen der Hypothese 1

Die Eigenschaft der Wärmespeicherung und phasenversetzte Abgabe von Baukonstruktionen kann im mitteleuropäischen Klima genutzt werden, um vollständig auf Kühlenergie zu verzichten. Auf diese Weise kann die Gebäudetechnik maßgeblich reduziert werden und somit auch die graue Energie. Je weiter der klimatische Standort vom Äquator entfernt liegt, desto größer werden die jahreszeitlichen Schwankungen. Je näher der Standort an den Äquator heranrückt, desto größer werden die Schwankungen zwischen Tag und Nacht. Im mitteleuropäischen Klima sind diese Schwankungen zwar geringer als am Äquator, sind jedoch vorhaben. Diese Schwankungen zwischen hohen Temperaturen am Tag und tiefen Temperaturen in der Nacht können genutzt werden, um Temperaturspitzen am Tag abzuflachen und im mitteleuropäischen Klima komplett auf Kühlenergie zu verzichten.

Dazu ist es erforderlich, möglichst viel unverkleidete, massive Wandfläche dem Raum zugänglich zu machen. Zudem muss die Wärmeaufnahme der Baukonstruktion über den Wärmeeindringkoeffizienten so gut passen, dass der Phasenversatz der Wärmeaufnahme mit dem tageszeitlichen Temperaturverlauf (Lastenverlauf) übereinstimmt. Damit kann eine Energiesenke durch die Baukonstruktionen erzeugt werden, wenn hohe solare und interne Wärmelasten auftreten. Die Leistungsfähigkeit hängt dabei entscheidend vom Nachtluftwechsel ab. Durch diesen kann die tagsüber aufgenommene Wärme in der Nacht an die kühlere Außenluft abgegeben werden. Mit der nachfolgenden Methodik soll dafür eine Lösung aufgezeigt werden.

Der Nachweis erfolgt zum einen über die Betrachtung an exemplarisch ausgewählten Tagen, um die möglichst bedarfsgerechte Energiesenke bereitzustellen. Diese sollte sowohl vom Phasenversatz zwischen Tag und Nacht als auch von der Energiemenge passen. Als Werkzeuge werden dazu die Softwarelösung DesignBuilder/EnergyPlus für die Raumsimulation sowie DELPHIN zur Simulation der Baukonstruktion eingesetzt. Ziel ist hier der Vergleich zwischen den unterschiedlichen Baukonstruktionen (siehe Kapitel 4.2.2).

Zum anderen erfolgt der Nachweis über die Summierung der Gesamtjahresstunden des Testreferenzjahres, die als Überhitzungsstunden definiert werden. Dabei werden die Baukonstruktionen danach bewertet, wie hoch ihr Speicherpotential in diesen Überhitzungsstunden ausfällt. Zudem soll mit diesem Werkzeug die baukonstruktiv-bauphysikalisch optimale Textilbetonplatte vorgeschlagen werden (siehe Kapitel 4.2.3).

4.2.1.2 Übersicht aus Zielgrößen und Werkzeugen

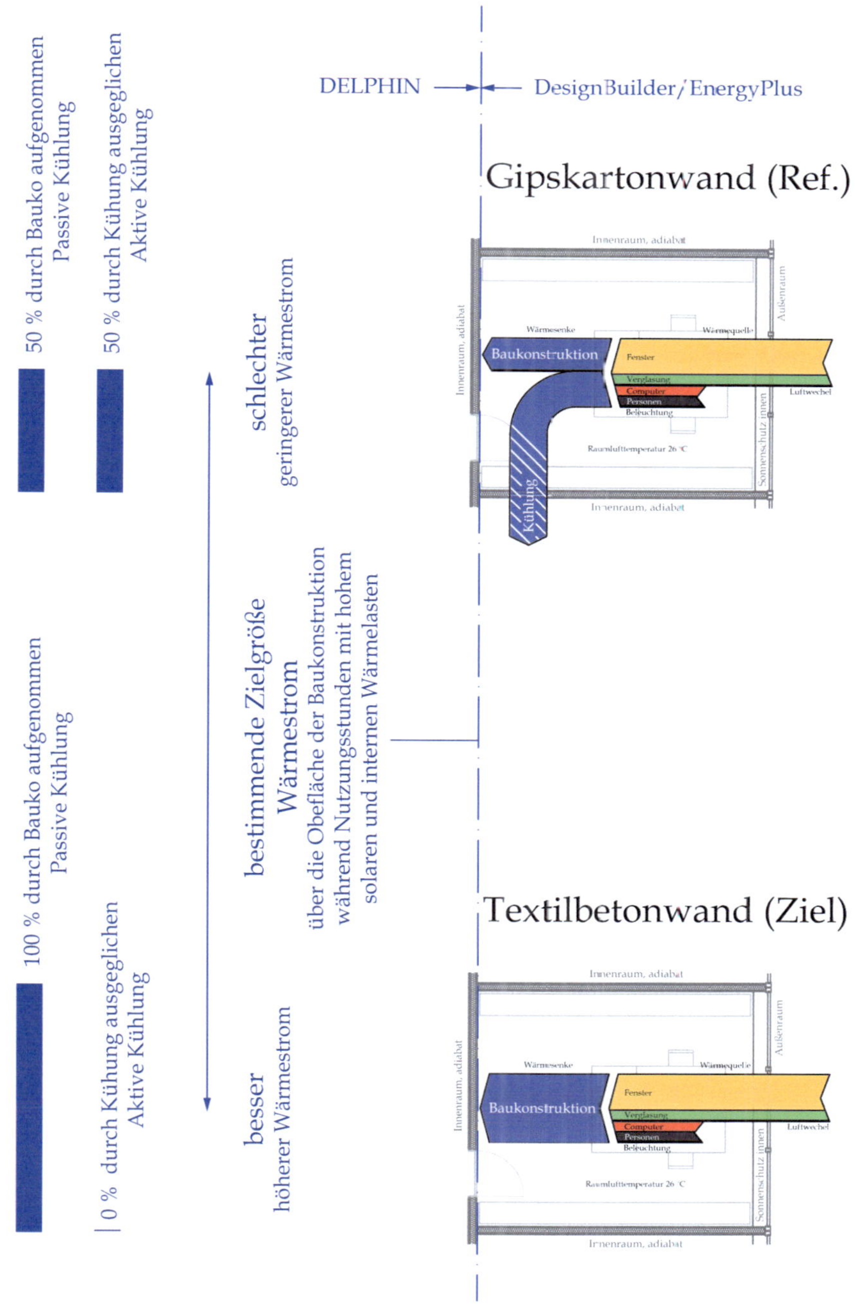

Abbildung 98: Übersicht der Zielgrößen und Werkzeuge für die wirksame Speichermasse

4.2.1.3 Grundlagen: Wetterdaten / Untersuchungszeitraum

Für die vorliegende Untersuchung wurde ein charakteristischer Zeitraum ausgewählt, der die wärmsten Tage das Testreferenzjahres Potsdam aufzeigt.

Als Vergleichszeitraum wurden vier Spätsommertage vom 15. August, 0 Uhr (Mittwoch) bis zum 18. August, 23.59 Uhr (Samstag) des Testreferenzjahres verwendet. Dabei heizt sich das Gruppenbüro ohne Raumklimatisierungsmaßnahmen stark auf.

Daran soll modellhaft das Potential unterschiedlicher Baukonstruktionen aufgezeigt werden. Diese Tage stehen dabei exemplarisch für die hier verwendete Methodik. Es geht primär um die im Tageszyklus vorliegende wirksame Speicherfähigkeit der Baukonstruktionen. Der Einfluss einer über Wochen andauernden Hitze- oder Kälteperiode kann in Bezug auf die hier untersuchte wirksame Wärmespeicherfähigkeit im Tageszyklus als eher gering eingeschätzt werden (siehe Abbildung 99).

Als Wetterdaten wurde der Datensatz des Testreferenzjahres Potsdam verwendet (siehe Kapitel 2.3). Er stellt das deutsche Referenzklima dar. Dieses gehört zur mitteleuropäischen Klimazone. In dieser ist es möglich, komplett auf Kühlenergie zu verzichten, wenn das komplette Potential der passiven Speichermasse der Baukonstruktion genutzt wird. Das muss dann auch in Kombination mit einer energieeffizienten Planung weiterer Komponenten wie z. B. Verschattung und Nachtlüftung erfolgen.

Damit die hier vorgestellte Methodik besonders gut zur Geltung kommt, muss eine Gebäudeausrichtung mit großem Potential gewählt werden. Eine Überhitzung zeigt sich in mitteleuropäischen Breitengraden am besten in Ost- und Westräumen (Ranft & Frohn, 2004). In beide kann die Sonnen tief eindringen und hohe solare Lasten einbringen. Der hier mit DesignBuilder/EnergyPlus simulierte Raum ist nach Westen ausgerichtet. Zudem wurde ein Zeitraum (15. August bis 19. August) ausgewählt, der sehr hohe Außenlufttemperaturen aufweist. Am 16. August werden Außenlufttemperaturen von über 35 °C erreicht.

Einfluss langfristiger Temperaturereignisse auf die Raumlufttemperatur im unklimatisierten Gruppenbüro

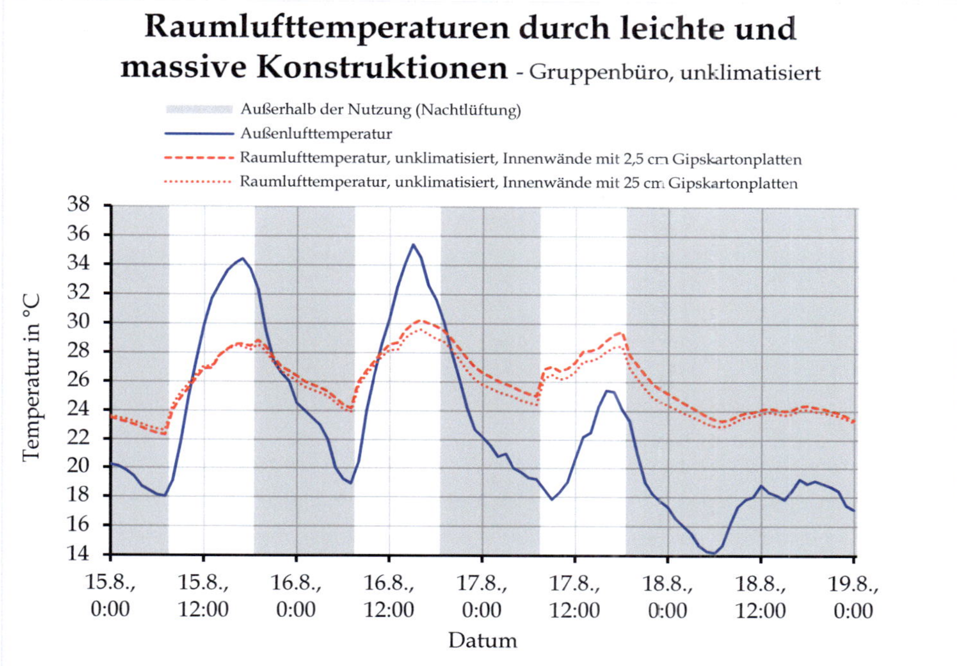

Abbildung 99: Raumlufttemperaturen durch leichte und massive Konstruktionen im Gruppenbüro, unklimatisiert

Abbildung 99 verdeutlicht, dass die Speicherfähigkeit der Referenzvariante mit 2,5 cm Gipskartonplatten im Vergleich zu theoretischen 25 cm Gipskartonplatten zu einer minimal veränderten Raumlufttemperatur führt, obwohl die Temperaturen in der Vorwoche deutlich kühler waren (siehe Abbildung 113). Die periodische Eindringtiefe im Tageszyklus von Gips beträgt 6 cm (siehe Abbildung 17). Dagegen beträgt sie im Wochenzyklus 15,8 cm (siehe Abbildung 18), d. h., die tieferen Wandschichten können Temperaturen aus der Vorwoche transportieren. Im Diagramm wird ersichtlich, dass die kältere Wandtemperatur die Raumtemperatur am 16. August um 16 Uhr um max. 0,75 °C absenken kann, da einige Tage zuvor kühlere Raumlufttemperaturen vorherrschten. Dieser Aspekt der längerfristigen Speicherfähigkeit besitzt einen Einfluss. Da dieser gering ausfällt, wird er bei den folgenden Betrachtungen nicht berücksichtigt, da immer von einer identischen Raumlufttemperatur der Referenzvariante ausgegangen wird.

Der Einfluss längerer Temperaturzyklen wird auch exemplarisch bei der Altbauwand untersucht (siehe Kapitel 4.2.2.2).

Zusammenhang unterschiedlicher Temperaturen im klimatisierten Gruppenbüro

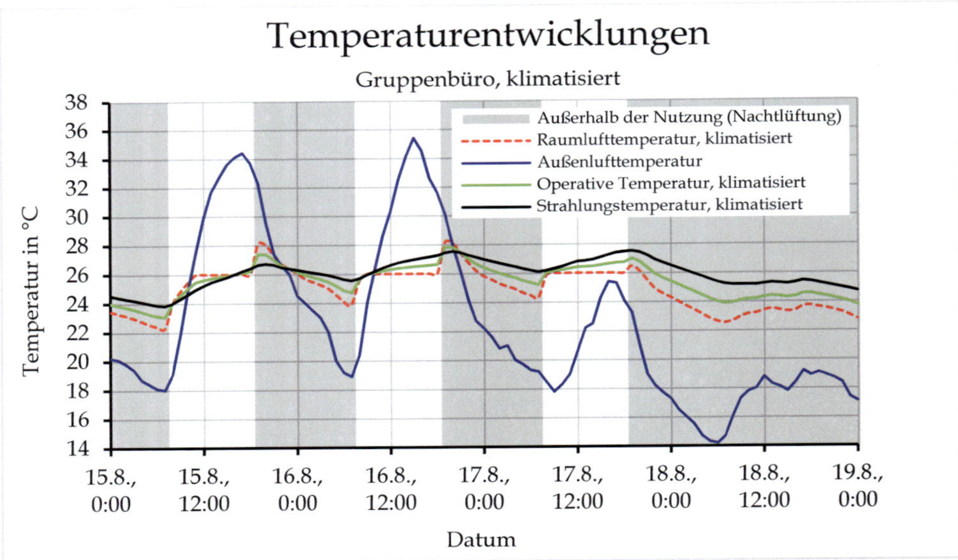

Abbildung 100: Temperaturentwicklungen im Gruppenbüro, klimatisiert

Abbildung 100 zeigt die unterschiedlichen Temperaturen im Gruppenbüro unter Berücksichtigung einer Klimatisierung. Die Außenlufttemperatur (blaue Linie) überschreitet am ersten Tag (15. August, Mittwoch) und am zweiten Tag (16. August, Donnerstag) deutlich die Innenraumtemperatur, wohingegen sie am 17. August (Freitag) und am 18. August (Samstag) deutlich unter dieser zurückbleibt. Dennoch sorgt die Globalstrahlung für einen Anstieg der Innentemperaturen über die definierte Kühlgrenztemperatur von 26 °C der Westfassade des Modellraumes Gruppenbüro. Dies wird bei Betrachtung der Strahlungstemperatur (schwarze Linie) deutlich. Sie steigt innerhalb der Nutzungsstunden (weiße Bereiche, 8 Uhr bis 18 Uhr) an, da die solaren Strahlungsgewinne an der Verglasung die Oberflächentemperatur dieser, aber auch aller weiterer Wand- und Deckenbereiche anhebt. Damit steigt ebenfalls die operative Temperatur (Empfindungstemperatur, grüne Linie – für DIN EN ISO 7730, 2006 maßgebend) an, obwohl die Innenlufttemperatur konstant auf 26 °C gehalten wird.

Vergleich der Referenzraumlufttemperaturen klimatisiertes und unklimatisiertes Gruppenbüro

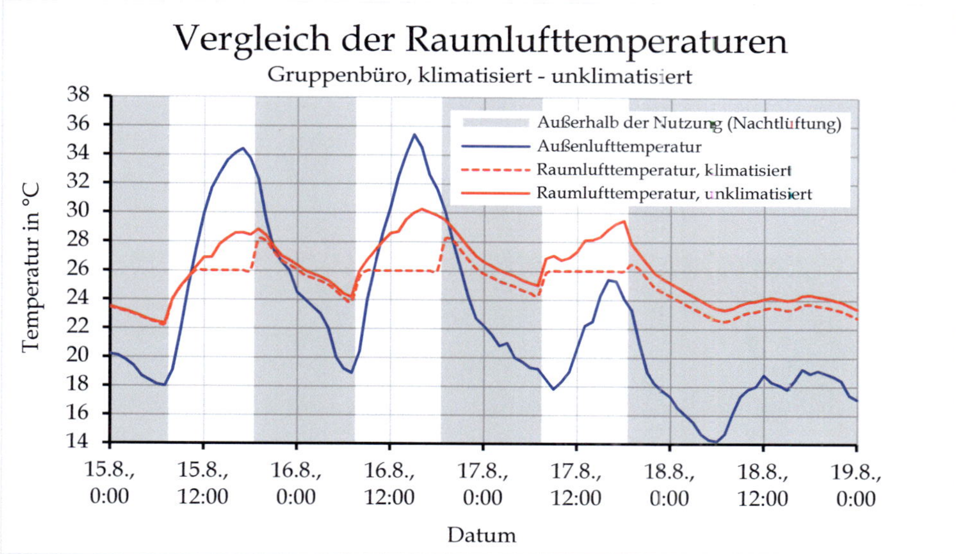

Abbildung 101: Vergleich der Raumlufttemperaturen im Gruppenbüro, klimatisiert - unklimatisiert

Wird das Gruppenbüro unklimatisiert simuliert, so zeigt sich ein verändertes Raumlufttemperaturprofil (rote Linie). Die Linie liegt deutlich über der klimatisierten Raumlufttemperatur (rot gestrichelte Linie), um ein behagliches Innenraumklima zu erreichen. Um in die Nähe der 26 °C-Linie auch ohne zusätzliche Gebäudetechnik zu kommen, müssen andere Baustoffe und Baukonstruktionen mit einer höheren wirksamen Speichermasse eingesetzt werden als der im Gruppenbüro eingesetzte 2,5 cm dicke Gipskarton. Nur so kann die nötige passive Kühlleistung realisiert werden.

Gesamtaußenluftwechsel in Gruppenbüro

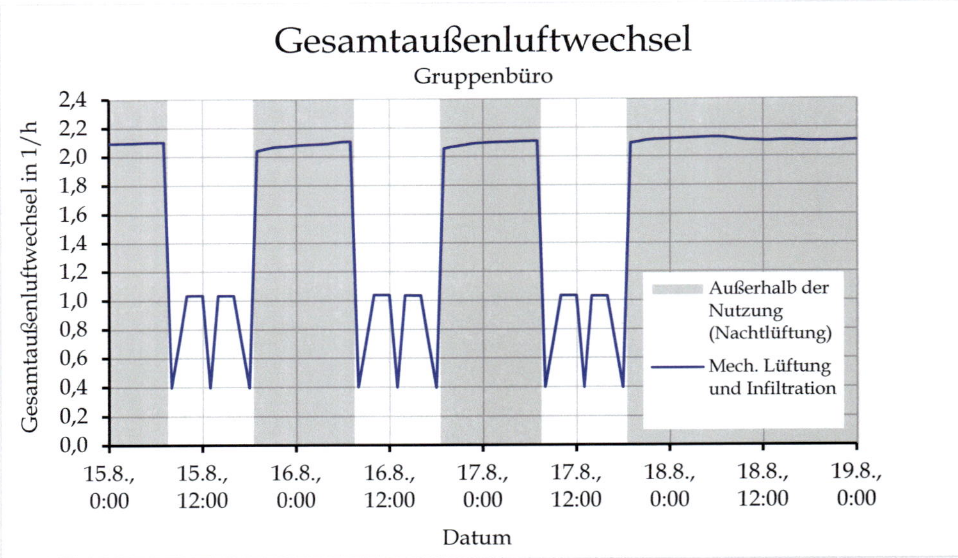

Abbildung 102: Gesamtaußenluftwechsel im Gruppenbüro

Abbildung 102 zeigt den stündlichen Außenluftwechsel in Abhängigkeit zur Nutzung des betrachteten Gruppenbüros nach DIN V 18599-10:2016-10. Dieser Luftwechsel setzt sich dabei aus den Komponenten der mechanischen Lüftung und der Infiltration zusammen. Im vorliegenden Beispiel gibt es nur einen mechanischen Luftwechsel sowie die Infiltration über die Fassade. Die Belegung beträgt nach Tabelle 6, jeweils 10 m² pro Person in der Nutzungszeit. Innerhalb der Nutzungszeit (weißer Bereich, 7 Uhr bis 18 Uhr) wird der mechanische Luftwechsel auf die nötige Frischluftmenge nach Belegung begrenzt. Die Belegung ist in Abbildung 12 dargestellt. Sie berücksichtigt auch die Pausen- und Abwesenheitszeiten der Mitarbeiter. Außerhalb der Nutzungszeiten (grauer Bereich) steigt die mechanische Lüftung auf einen festen Wert von 2 [1/h] und die zusätzliche ungewollte Infiltration an. Der zweifache Nachtluftwechsel sorgt für die Abführung der überschüssigen solaren und internen Wärmelasten aus dem Modellraum. Da sich in dieser Zeit keine Personen im Raum aufhalten, muss die operative Raumtemperatur und die damit verbundene Behaglichkeit der Nutzer nicht berücksichtigt werden.

4.2.1.4 Zielgrößen, Wärmebilanz im Gruppenbüro

Wärmebilanz und Definition der Zielgröße

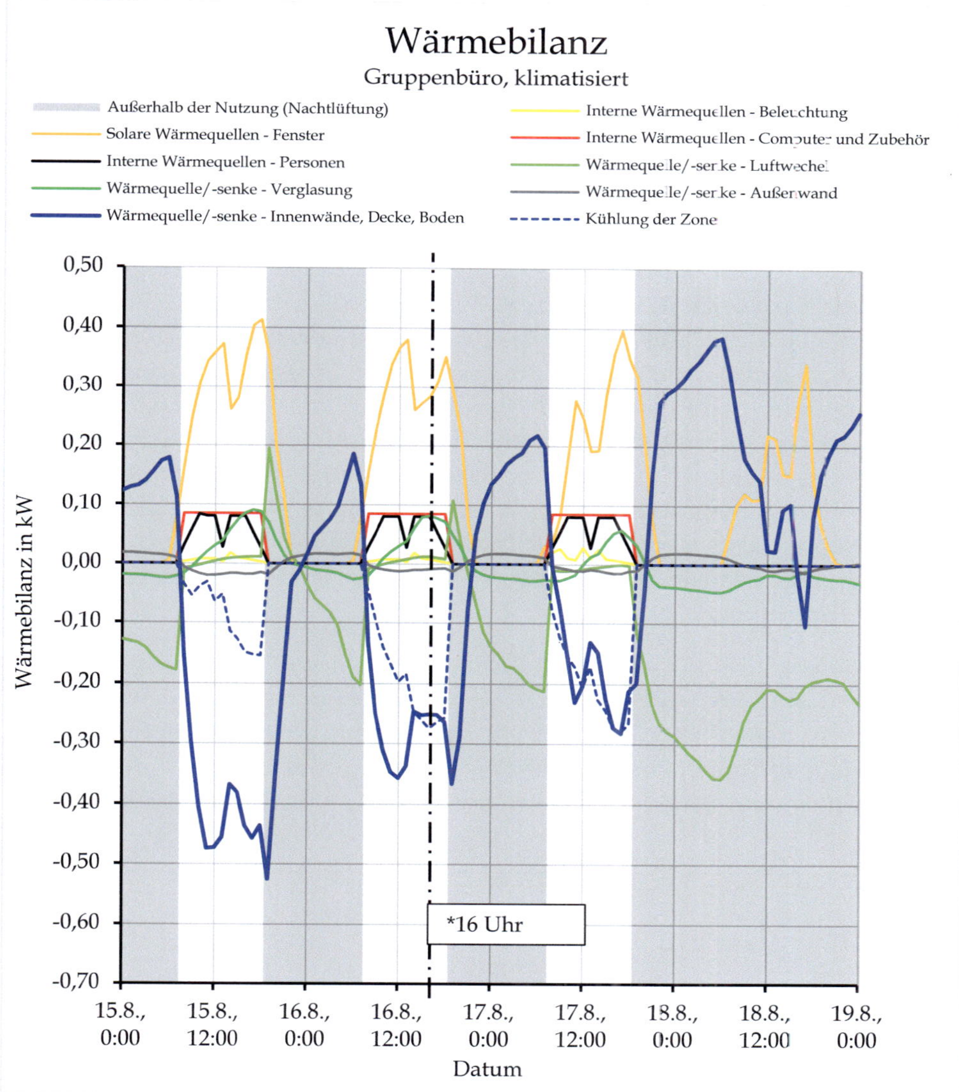

Abbildung 103: Wärmebilanz im Gruppenbüro (DesignBuilder/EnergyPlus), klimatisiert

Abbildung 103 zeigt die Wärmebilanz in kW vom 15. August um 0 Uhr (Mittwoch) bis zum 18. August um 23.59 Uhr (Samstag) im klimtisierten Gruppenbüro. Dabei beinhaltet diese Zone Lasten, die Wärmequellen darstellen wie solare Wärmelasten (orangene Linie), aber auch interne Wärmelasten wie Personen (schwarze Linie), Beleuchtung (gelbe Linie) und Computer und Zubehör (rote Linie). Sie zeigt zudem Lasten, die je nach Tages- oder Nachtzeit sowohl Wärmequellen als auch Wärmesenken darstellen. Dazu gehören alle Baukonstruktionen wie die Verglasung (türkise Linie), die Innenwände, Decke und Boden (blaue Linie) und die Außenwand (graue Linie) sowie der Luftwechsel (grüne Linie). Diese ändern ihr Vorzeichen, je nachdem, ob diese tagsüber Energie aus dem Raum aufnehmen oder diese nachts (infolge der Nachtlüftung) wieder abgeben. Die Kühlung (blau gestrichelte Linie) gleicht zusätzlich die Bilanz aus, falls die Wärmesenke aus Baukonstruktionen die Wärmequellen nicht ausgleichen kann.

Die Hauptgegensätze bilden am Tag (innerhalb der Nutzungszeit des Gruppenbüros) die solaren und die internen Wärmequellen und die Baukonstruktionen als Wärmesenken sowie zum Ausgleich der Bilanz erforderlich Kühlung ebenfalls als Wärmesenke. In der Nacht werden die Baukonstruktionen (blaue Linie) von der Wärmesenke zur Wärmequelle, da die gespeicherte Energie, die tagsüber aufgenommen wurde, nachts wieder abgegeben werden muss. Damit dies möglich wird, muss ein größerer Außenluftwechsel (grüne Linie) durch eine Erhöhung des Luftvolumenstroms auf 2 [1/h] realisiert werden. Damit wird die Lüftung nachts zur Wärmesenke. Somit kann die tagsüber gespeicherte Wärmemenge durch die kalte Außenluft als sogenannte Nachtlüftung abgeführt werden. Am nächsten Morgen sind die Bauteile dann wieder abgekühlt und können wieder erneut Wärmeenergie aufnehmen.

Es soll untersucht werden, welche Baukonstruktionen aus welchen Baustoffen die Speicherprozesse am besten abbilden können. Dabei müssen große Wärmemengen schnell aufgenommen werden, um diese dann zeitversetzt optimal in der Nacht wieder abzugeben. Die Auswertung wird zeigen, ob dies nur von massiven, dicken Baukonstruktionen oder auch von schlanken, leichten geleistet werden kann.

Energieflussdiagramm Gruppenbüro, klimatisiert

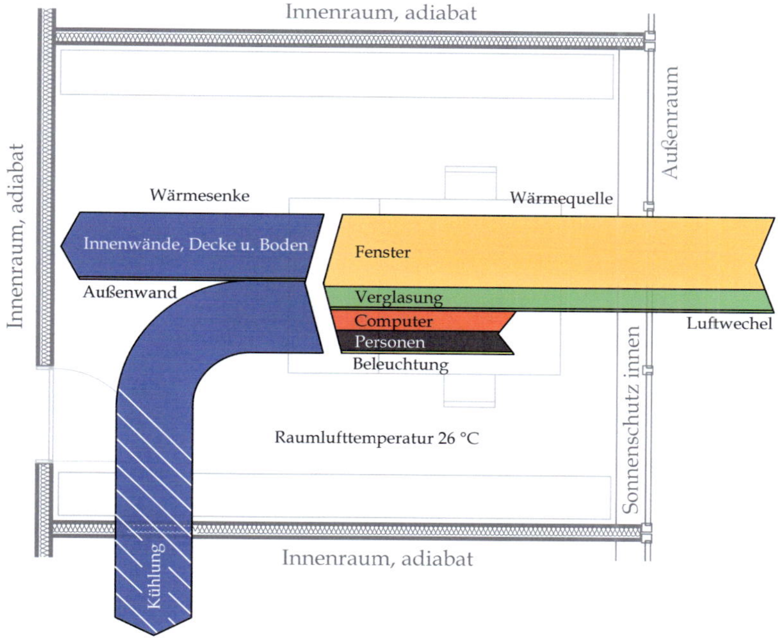

Abbildung 104: Energieflussdiagramm im Gruppenbüro (DesignBuilder/EnergyPlus), klimatisiert

In Abbildung 104 ist das Energieflussdiagramm des klimatisierten Gruppenbüros dargestellt. Es entspricht den Energieflüssen im Gruppenbüro am 16. August um 16 Uhr. Damit die Raumlufttemperatur nicht die Schwelle von 26 °C überschreitet, muss allen Wärmequellen summarisch eine Wärmesenke in gleicher Höhe entgegenstehen. Dabei wird im dargestellten Zeitpunkt etwa die Hälfte von der Baukonstruktion (Innenwände, Decke und Boden sowie Außenwand) aufgenommen. Die andere Hälfte der Wärmelast muss über eine Kühlung dem Raum entzogen werden.

Energieflussdiagramm Gruppenbüro, unklimatisiert

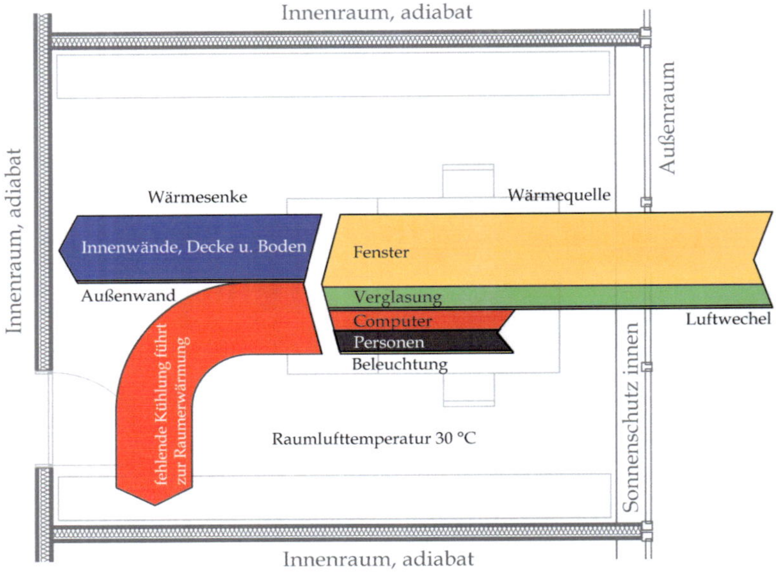

Abbildung 105: Energieflussdiagramm im Gruppenbüro (DesignBuilder/EnergyPlus), unklimatisiert

Existiert keine Kühlung, steigt die Raumlufttemperatur weiter an (siehe Abbildung 105). Zum dargestellten Zeitpunkt werden 30 °C im Raum erreicht. In diesem Referenzfall ist die Baukonstruktion aus Gipskartonplatten nicht ausreichend leistungsfähig, um die zusätzlichen Wärmelasten auszunehmen. Infolgedessen steigen die Raumluft- und die Oberflächentemperatur der Umschließungsflächen an. Um dies zu verhindern, müssen geeignetere Baukonstruktionen entwickelt werden.

Zielgröße: Energieflussdiagramm, unklimatisiert ohne Kühlung

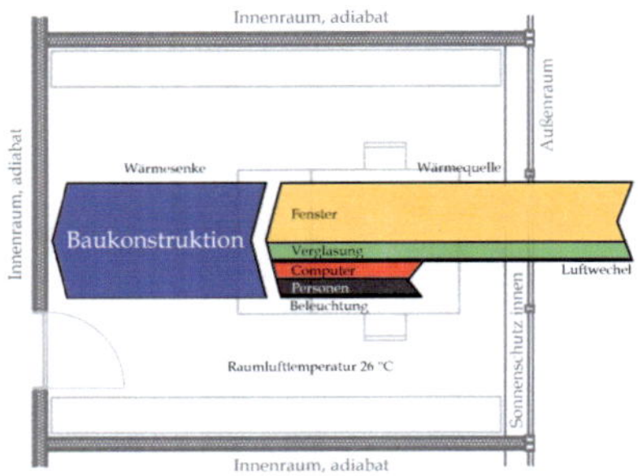

Das Gruppenbüro soll sich auch ohne Kühlung nicht auf 30 °C aufheizen. Dazu ist eine große wirksame Speichermasse erforderlich. Diese sollte schnell zugänglich sein, um Wärme am Abend rausch aufzunehmen und nachts über die Nachtlüftung wieder abzugeben. So soll im mitteleuropäischen Klima vollständig auf Kühlenergie verzichtet werden können. Der Wärmefluss über die Bauteiloberfläche ist dabei die Zielgröße.

Abbildung 106: Energieflussdiagramm im Gruppenbüro, unklimatisiert ohne Kühlung

4.2.1.5 Simulationswerkzeuge: Koppelung DesignBuilder/EnergyPlus und DELPHIN

Zur Durchführung einer qualitativen Einschätzung, welche Baukonstruktion großes Potential in Bezug auf die sommerliche Überhitzung im Tageszyklus ausweist, wurden zwei Softwarelösungen genutzt: DesignBuilder/EnergyPlus und DELPHIN.

Energieflussdiagramm an der Wandoberfläche

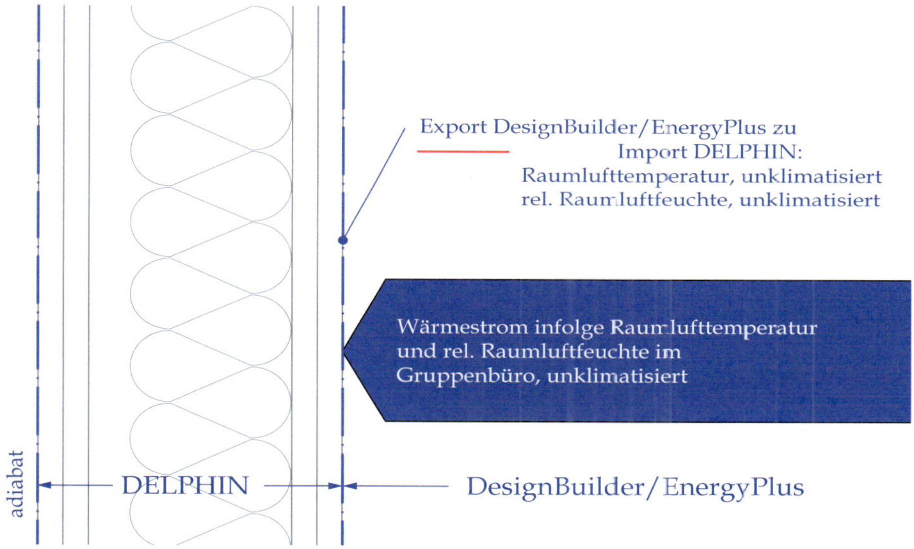

Abbildung 107: Energieflussdiagramm an der Wandoberfläche (DesignBuilder/EnergyPlus und DELPHIN)

Abbildung 107 visualisiert in einem Energieflussdiagramm den für die Vergleiche zwischen den Baukonstruktionen aufgeführten Wärmestrom, der sich infolge der Raumlufttemperatur mit der rel. Raumluftfeuchte bei unterschiedlichen Baukonstruktionen einstellt.

Zudem wird die Koppelung beider Softwarelösungen deutlich. Die Innenraumtemperatur mit der rel. Raumluftfeuchte wird in DesignBuilder/EnergyPlus simuliert und dann exportiert. Diese beiden Kennwerte werden dann in DELPHIN importiert und als Randbedingung für das Innenraumklima gesetzt. Somit können alle Baukonstruktionen quantitativ in Bezug auf den Wärmestrom über die Oberfläche und damit qualitativ in Bezug auf die Raumlufttemperatur bewertet werden. Eine Wechselwirkung in Form von iterativen Übergaben während der Simulation zwischen den Softwarelösungen bestehen nicht.

Tabelle 28: Übergabedaten DesignBuilder/EnergyPlus an DELPHIN

DesignBuilder/EnergyPlus (U.S. Department of Energy, 2020)	**DELPHIN**
Liefert Exportdaten des Raumklimas (Raumlufttemperatur und rel. Raumluftfeuchte)	Importiert die Raumklimadaten (Raumlufttemperatur und rel. Raumluftfeuchte) als Oberflächeninput der Baukonstruktion. Eine Rückkoppelung auf das Raumklima durch Speichereffekte in DesignBuilder/EnergyPlus bleibt unberücksichtigt. Daher sind die Ausgaben qualitativer Natur und bilden nicht das exakte Raumklima ab.

Mit der Softwarelösung DesignBuilder/EnergyPlus können verschiedenste Raum-/Gebäudegeometrien erstellt und simuliert werden (Tindale & Potter, 2017). Die Berechnung von Wärmespeichervorgängen sowie die Modellierung unterschiedlicher Oberflächengeometrien erfolgt mit DELPHIN nach Nicolai & Grunewald (2017), da die Abbildung von Speicherprozessen detaillierter abgebildet werden kann. In Tabelle 29 sind die Besonderheiten der Softwarelösungen aufgeführt.

Tabelle 29: Vergleich Software DesignBuilder/EnergyPlus und DELPHIN

DesignBuilder/EnergyPlus (U.S. Department of Energy, 2020)	**DELPHIN**
DesignBuilder: Simulationssoftware zur einfachen Modellierung von Gebäuden/Räumen für eine energetische Bewertung (Desigbuilder nutzt dabei EnergyPlus als Basis) EnergyPlus: Open-Source-Programm zur Energieanalyse und thermischen Lastsimulation	Simulationssoftware für den gekoppelten Transport von Wärme, Feuchte, Luft und Salz in porösen Materialien/Baukonstruktionen
Gebäude-/Raumsimulation und vereinfachte Simulation von Baukonstruktionen	Detaillierte Simulation von Baukonstruktionen
keine numerischen Lösungsverfahren für Baukonstruktionen: Bauteil wird als Transferelement angenommen und damit Speicherprozesse nur vereinfacht abgebildet Im Zustandsraummodel von EnergyPlus werden nur lineare Systeme (lineare Differenzialgleichungen/Übertragungsfunktionen) berechnet. Nichtlineare Systeme sind im kontinuierlicher Zeitbereich damit nicht mehr geschlossen lösbar. Dies kann über numerische Lösungsverfahren im diskreten Zeitbereich gelöst werden, z. B. DELPHIN.	numerisches Lösungsverfahren für Baukonstruktionen auf der Grundlage von finiten Volumenelementen: Diskretisierung der Bauteilschichten, um instationäre Speicherprozesse exakt abbilden zu können.

4.2.2 Auswertung Baukonstruktionsvergleich an vier einschlägigen Sommertagen

Die Grundlage der untersuchten Wandaufbauten bilden die in Kapitel 4.1 beschriebenen konventionellen Baukonstruktionen im Vergleich zur Textilbetonkonstruktion. Es soll aufgezeigt werden, wie leistungsfähig Textilbetonkonstruktionen im Vergleich zu konventionellen Baukonstruktionen bezüglich der wirksamen Speichermasse sind.

4.2.2.1 Auswertungswerkzeuge: Baukonstruktionsvergleich an vier einschlägigen Sommertagen

Zielkriterium für die Auswertung von Baukonstruktionen an vier einschlägigen Sommertagen ist die Realisierung einer bedarfsoptimierten Energiemenge mit passendem Phasenversatz zwischen Tag und Nacht.

Randbedingungen und Temperaturentwicklung im unklimatisierten Gruppenbüro

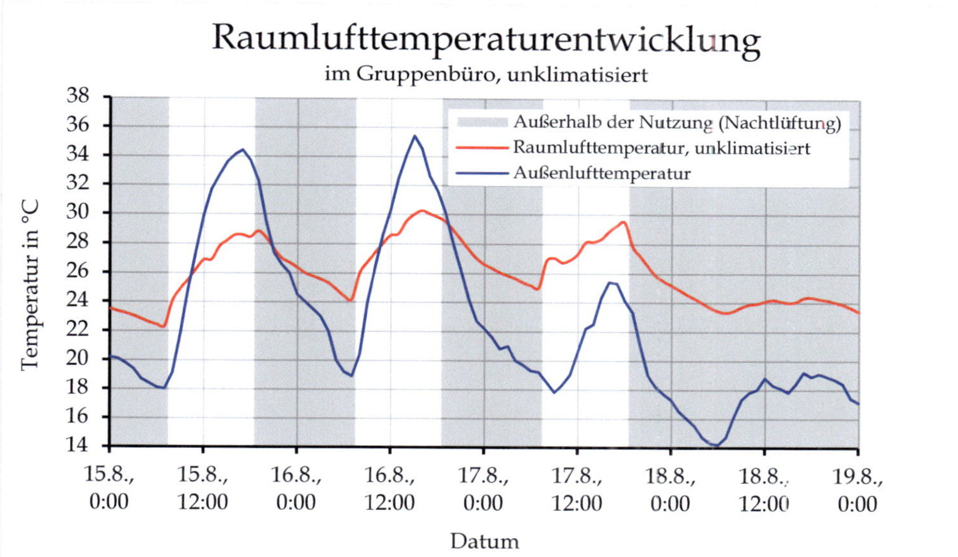

Abbildung 108: Raumlufttemperaturentwicklung im Gruppenbüro, unklimatisiert

In Abbildung 108 sind die vier ausgewählten Sommertage dargestellt. Diese stellen die Tage mit der höchsten Außentemperatur dar. Die betrachtete Westausrichtung ist neben der Ostausrichtung des Modellraums Gruppenbüro die mit den höchsten sommerlichen Lasten. Es wird Sommerzeit angenommen. In dieser Zeit läuft die Nachtlüftung mit einem zweifachen Luftwechsel pro Stunde. In dieser Zeit kann die tagsüber aufgenommene Energie an die kühle Außenluft abgegeben werden. In den Zeiten zwischen 7 Uhr und 18 Uhr (11 h) wird das Gruppenbüro wie im Belegungsplan genutzt (siehe Kapitel 4.2.1.1). Es ist ersichtlich, das die Innentemperatur an den Wochentagen Donnerstag und Freitag Werte um 30 °C erreicht. Für eine behagliche Büronutzung wäre diese Temperatur nicht akzeptabel. Es müsste gekühlt werden. Gerade am Freitag, den 17. August des Referenzjahres wird deutlich, dass bei Außenlufttemperaturen unter 26 °C Innentemperaturen von fast 30 °C erreicht werden. Grund dafür sind die zusätzlichen internen Wärmequellen sowie der Treibhauseffekt, der durch die direkte, abendliche Solarstrahlung im Westen hervorgerufen wird. Diese kurzwellige, elektromagnetische Strahlung wird durch das Glas in langwellige Infrarotstrahlung im Raum umgewandelt.

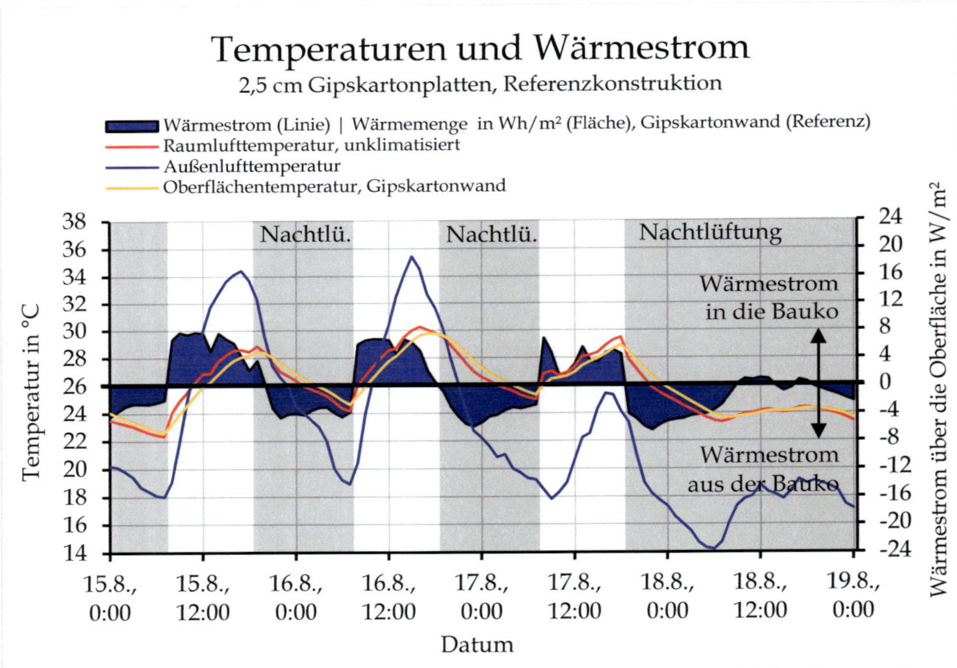

Abbildung 109: Temperaturen und Wärmestrom der Referenzkonstruktion im Gruppenbüro, unklimatisiert

In Abbildung 109 werden die Wärmeströme von 1 m² der Baukonstruktion aus Gipskarton ausgegeben. Dabei sind die Wärmeströme über die Oberfläche der Gipskartonkonstruktion für die dargestellte Raumlufttemperaturentwicklung verantwortlich. Alle weiteren Berechnungen basieren auf dieser Referenzkonstruktion.

Der Wärmestrom über die Oberfläche wird auf der sekundären Ordinate abgebildet. Dabei trennt der Wert Null die beiden unterschiedlichen Wärmestromrichtungen. Der positive Wertebereich beschreibt dabei den Wärmestrom, der in das Bauteil eindringt, d. h., die Baukonstruktion nimmt Wärmeenergie aus dem Raum auf und erbringt im konkreten Fall passive Kühlleistung als Wärmesenke. Der negative Wertebereich beschreibt den Wärmestrom vom Bauteil zum Innenraum, d. h., die aufgenommene und gespeicherte Wärmemenge in der Baukonstruktion wird im konkreten Beispiel an den durch Nachtlüftung gekühlten Innenraum (Wärmesenke) abgegeben. Der Richtungswechsel hängt mit der Oberflächentemperatur zusammen. Steigt diese an, strömt Wärme in die Baukonstruktion hinein. Ab dem Wendepunkt sinkt die Oberflächentemperatur wieder und die Wärmestromrichtung ändert sich. Der Wärmestrom fließ jetzt aus der Baukonstruktion zum Innenraum. Die thermischen Bedingungen sind auf der Rückseite der Baukonstruktion adiabat, sodass Nachbarräume die Bilanz nicht beeinflussen.

Am 15. August kommt es ab 18 Uhr zu einem zusätzlichen Wärmeeintrag in das Gruppenbüro, da die Außenlufttemperaturen noch über den Raumtemperaturen liegen und die Nachlüftung die noch aufgeheizte Außenluft dem Raum zuführt (zusätzlicher Wärmestrom in die Baukonstruktion, blaue Fläche). Am 16. und 17. August ist dieser Effekt nicht zu beobachten, da die Außenlufttemperatur mit einsetzender Nachtlüftung stark absinkt und sich dadurch der Raum nicht weiter aufheizt.

Die Wärmemenge, die in die Gipskartonwand mit den nur 2,5 cm dicken Platten hineinfließt, beträgt am 16. August 58 Wh/m². In der Nacht zum 17. August können davon 50 Wh/m² wieder abgegeben werden (blaue Flächen).

Im Idealfall kann eine Baukonstruktion möglichst viel Wärmeenergie tagsüber (vor allem in den Abendstunden) aufnehmen. Zudem muss diese Baukonstruktion aber die aufgenommene Energie möglichst wieder vollständig in der Nacht abgeben können, damit der passive Speichereffekt auch ausgenutzt werden kann.

Nötige Kühlleistung des gesamten klimatisierten Gruppenbüros

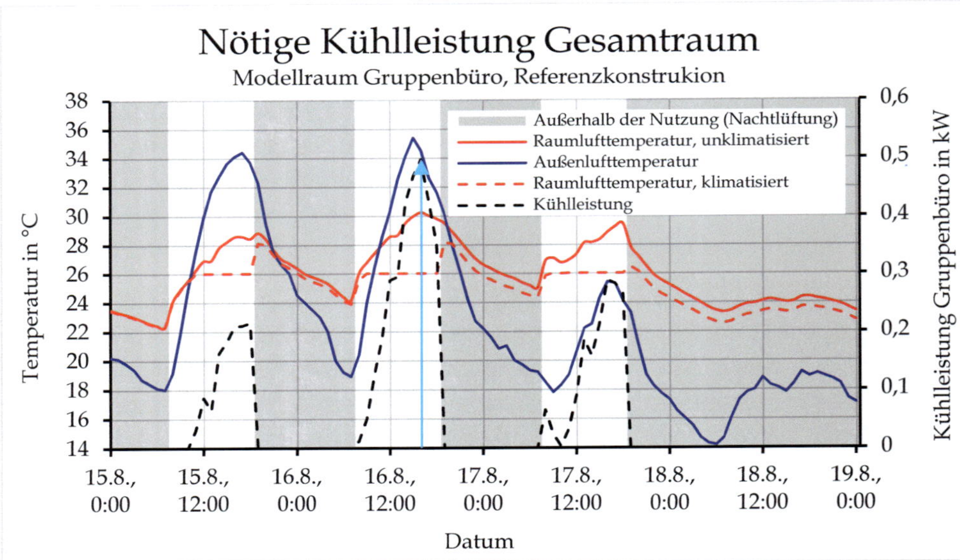

Abbildung 110: Nötige Kühlleistung Gesamtraum

In Abbildung 110 wird neben der Außenlufttemperatur (blaue Linie) und der Raumlufttemperatur im unklimatisierten Zustand (rote Linie) auch die Raumlufttemperatur im klimatisierten Zustand (rot gestrichelte Linie) dargestellt. Innerhalb der Nutzungszeiten wird im klimatisierten Fall die Raumlufttemperatur auf 26 °C begrenzt. Dazu ist eine zusätzliche Kühlleistung (schwarz gestrichelte Linie) nötig. Ordinate In den Morgenstunden beträgt die nötige Kühlleistung noch Null, da die Baukonstruktion über die Nacht etwas abgekühlt ist sowie die solaren Strahlungseinträge aus diffuser und direkter Sonnenstrahlung und die Außenlufttemperatur noch sehr gering sind. Im Tagesverlauf steigt die Kühlleistung im Modellraum (Gruppenbüro) kontinuierlich an. Erst gegen Abend erreicht sie ihren Höhepunkt, wenn die direkte Sonnenstrahlung in den Modellraum mit Westausrichtung eintritt.

Die erforderliche zusätzliche Kühlenergie zur Referenzkonstruktion beträgt beispielsweise am 16. August 3,12 kWh/d im Modellraum. Die erforderliche Kühlleistung beträgt z. B. um 16 Uhr 0,5 kW (hellblauer Pfeil). Diese Kühlleistung sollte im Optimalfall von der Baukonstruktion erbracht werden, um auf aktive Kühlleistung zu verzichten.

Nötige Wärmeströme bezogen auf 1 m² Wandfläche

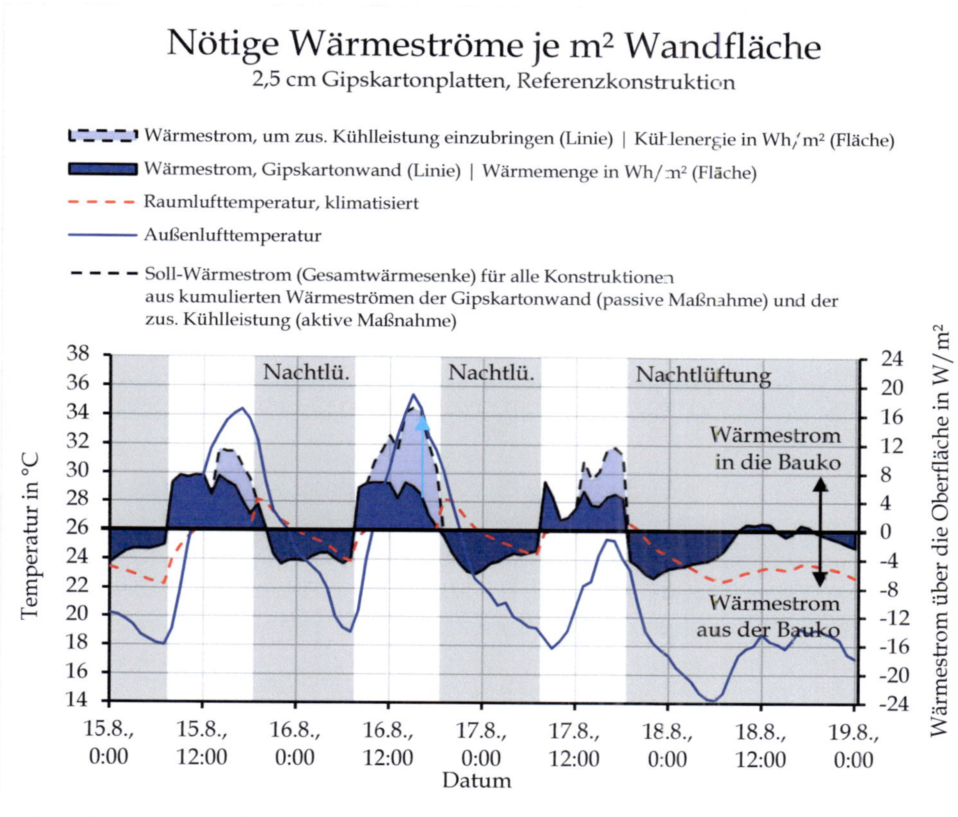

Abbildung 111: Nötige Wärmeströme bezogen auf 1 m² der 43,21 m² Innenwandflächen

In Abbildung 111 ist die Kühlleistung jeder Stunde in Bezug auf 1 m² Wandfläche dargestellt. (z. B. 0,5 kW am 16.8. um 16 Uhr).Dazu wird die Kühlleistung des Raumes (siehe Abbildung 110) durch 43,21 m² Wandfläche geteilt dargestellt (z. B. 11,6 W/m² am 16.8. um 16 Uhr, hellblauer Pfeil). Im Diagramm kann abgelesen werden, welche passive Kühlleistung die Baukonstruktion erbringen muss, um komplett auf Kühlenergie zu verzichten. Dabei ist die Referenzbaukonstruktion aus Gipskarton ständig vorhanden (blaue Fläche, passive Kühlleistung). Zusätzlich ergänzt wird diese durch die nötige Kühlleistung (hellblaue Fläche, aktive Maßnahme) bis zum Erreichen der schwarz gestrichelten Linie, die nötige Gesamtwärmesenke darstellt, um innerhalb des behaglichen Bereiches nach DIN EN ISO 7730:2006-05 zu bleiben. Sollte also eine untersuchte Baukonstruktion die erforderliche Gesamtwärmesenke erbringen können, wäre eine aktive Kühlleistung in Form zusätzlicher Gebäudetechnik überflüssig. Bei den in der Auswertung vorgestellten massigen Bauteilen würde im Tagesverlauf die Wandoberflächentemperatur durch die größere wirksame Speicherfähigkeit absinken und damit auch die

Innentemperatur. Dies hätte dann wieder Auswirkungen auf den Wärmestrom in das Bauteil, der ebenfalls leicht sinken würde. Aus diesem Grund stellt eine größere Überschreitung dieser Linie das größere qualitative Potential für ein kühleres Raumklima dar. Im Ergebnis kann aber keine genaue Raumlufttemperatur ausgegeben werden.

Die erforderliche Kühlenergie am 16. August von 3,1 kWh innerhalb der elf Nutzungsstunden verteilt sich auf 43,21 m^2 Fläche. Damit ergibt sich ein zusätzlicher Kühlenergiebedarf von ca. 72 Wh/m^2 am Tag innerhalb dieser Nutzungsstunden. Die erforderliche, zusätzliche aktive Kühlleistung (hellblaue Fläche) beträgt z. B. um 16 Uhr 12 W/m^2. Die passive Kühlleistung der Gipskartonplatten beträgt zur gleichen Zeit nur 5 W/m^2. Zusammen muss damit zu diesem Zeitpunkt die ideale wirksame Speichermasse von 17 W/m^2 erbracht werden. Dieses Ziel wird in den folgenden Diagrammen immer als schwarz gestrichelte Linie ausgegeben.

In Abbildung 111 ist der Wärmestrom über die Oberfläche des Referenzfalles der doppelt beplankten Gipskartonplatte (2x 1,25 cm) (schwarze Linie) dargestellt. Mit dieser Variante wurde auch die Berechnung der Raumlufttemperatur mittels DesignBuilder/EnergyPlus durchgeführt. Die je m^2 nötige Kühlleistung berechnet sich auf der Grundlage dieses Referenzfalles. Die wirksame Speichermasse der Gipskartonplatten ist unzureichend, um innerhalb des behaglichen Bereiches nach DIN EN ISO 7730:2006-05 zu bleiben. Es fällt zusätzliche aktive Kühlenergie an (hellblaue Fläche mit schwarz gestricheltem Rahmen).

Mit dieser Methodik ist es möglich zu prüfen, wie leistungsfähig die verglichenen Baustoffe und Baukonstruktion sind und welche Menge an Kühlenergie durch intelligente Planung eingespart werden kann. Ziel ist die Begrenzung der Modellraumtemperatur im Behaglichkeitsbereich. Nach DIN EN ISO 7730:2006-05 liegt dieser Bereich für ein Büro im Sommer zwischen 22 °C und 27 °C für Kategorie C, zwischen 23°C und 26 °C für Kategorie B und zwischen 23,5 °C und 25,5 °C in Kategorie A. Damit kommt es zu einem vollständigen Verzicht auf zusätzlich nötige Kühlenergie. Im dem berechneten Szenario mit 26 °C Grenzraumlauftemperatur kann in jedem Fall eine operative Temperatur von max. 27 °C im Modellraum Gruppenbüro eingehalten werden. Damit wird noch Kategorie C der DIN EN ISO 7730:2006-05 erreicht.

4.2.2.2 Altbauwand

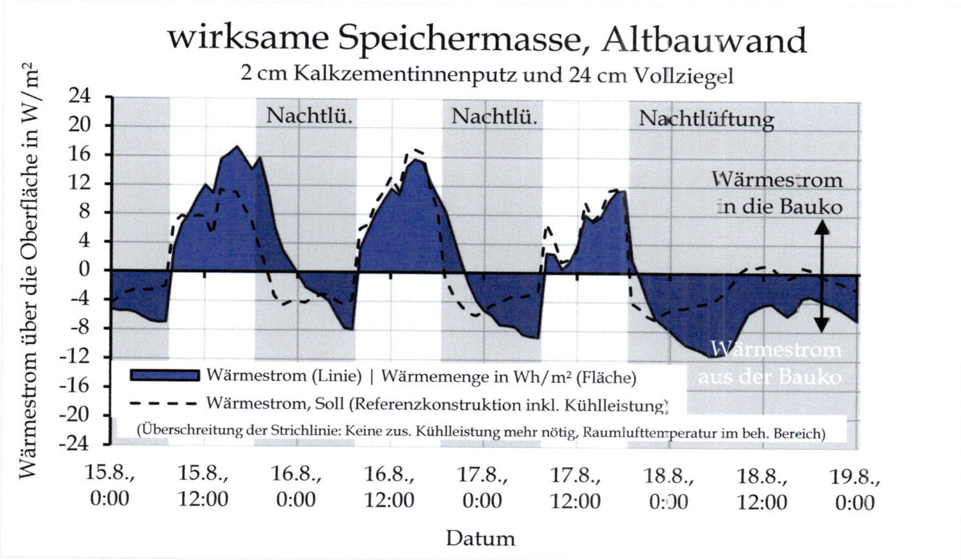

Abbildung 112: Wirksame Speichermasse der Altbauwand im Vergleich zum Soll-Wärmestrom

In Abbildung 112 wird der Wärmestrom über die Oberfläche der Altbauwand an den Sommertagen mit den höchsten Lasten aufgezeigt, um damit eine Aussage zur wirksamen Speichermasse treffen zu können. Dabei wird der Wärmestrom über die Innenoberfläche der Baukonstruktion ausgegeben. Die positiven Werte beschreiben den Wärmestrom in die Konstruktion hinein und damit die Leistungsfähigkeit, Wärmeenergie aus dem Modellraum aufzunehmen (siehe Kapitel 4.2.1.1). Die negativen Werte beschreiben die Fähigkeit einer Baukonstruktion, diese Energie während der Nachtlüftung wieder abzugeben. Die Strichlinie kennzeichnet den Wärmefluss, den die Referenzkonstruktion aus Gipskarton mitsamt der anteilig nötigen Kühlenergie summarisch erreicht, d. h., wenn diese Linie überschritten wird, wird kaum noch Kühlenergie nötig sein, da die passive Kühlleistung als wirksame Speichermasse der Baukonstruktion zur Verfügung gestellt wird.

Am 15. August kann die gestrichelte Linie deutlich überschritten werden. Zusätzliche Kühlenergie wird an diesem Tag nicht mehr nötig sein. Auch der kleine, fehlende Bereich am Morgen ist unerheblich, da die Konstruktion nachts mehr als die Gipskartonwand abkühlt und der erforderliche Wärmestrom durch die kühlere Oberflächentemperatur geringer ausfällt.

In der Nacht vom 15. zum 16. August wird deutlich, dass die aufgenommene Wärmemenge nicht vollständig wieder abgegeben werden kann, da die massive Wandkonstruktion aus historischem Vollziegel eine große periodische Wärmeeindringtiefe im Tag-/Nachtzyklus von 9,9 cm (siehe Kapitel 3.4) besitzt. Zudem liegt der Bereich der Wärmeeindringtiefe im Wochenzyklus bei 26,1 cm. Dieser Bereich wird wichtig, da eine Woche zuvor am 9. August die Tagesdurchschnittstemperatur nur 17,7 °C betragen hat. Diese vergleichsweise kühle Temperatur kann über den Wochenzyklus in der Tiefe von 9,9 cm bis 26,1 cm gespeichert werden (siehe Abbildung 113). In dieser Betrachtung wird die Außenseite als adiabat angenommen. Andernfalls würde es auch zu einer Erwärmung von außen kommen und der kühle Puffer würde etwas kleiner ausfallen. Dies ist auch der Grund, warum noch bis 0 Uhr Wärme in die Konstruktion fließt und erst dann durch das Absinken der Innentemperatur der Wärmestrom in den negativen Bereich wechselt.

Am 16. und 17. August erreicht der Wärmestrom nicht ganz die gestrichelte Linie, sodass der behagliche Bereich nach DIN EN ISO 7730:2006-05 wahrscheinlich leicht überschritten wird.

Im Laufe der Woche können die am Tag gespeicherte Wärmemenge in den Nächten nicht abgegeben werden. Am 16. August werden am Tag 118 Wh/m² aufgenommen, während in der darauffolgenden Nacht nur 50 Wh/m² abgegeben werden. Dies führt zu einer kontinuierlichen Aufheizung der Wandflächen. Dies wird in der Darstellung des Wochenendes (außerhalb der Nutzungszeiten) ersichtlich. Ab Freitag, den 17. August um 18 Uhr läuft die Nachtlüftung komplett bis Montagmorgen durch. Es wird das gesamte Wochenende genutzt, um die gespeicherte Wärmemenge wieder an die kühle Raumluft abzugeben.

Einfluss langfristiger Temperaturereignisse am Beispiel der Altbauwand

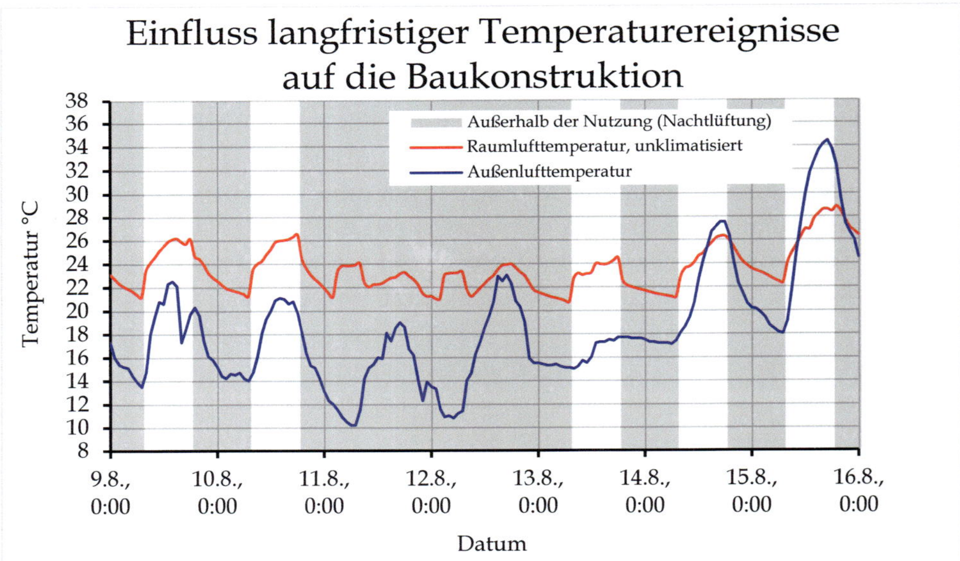

Abbildung 113: Einfluss der wöchentlich periodischen Eindringtiefe der Wärme auf die Senkung der Raumtemperatur

In Abbildung 113 ist ersichtlich, dass es zu einem Effekt über einen längeren Temperaturzyklus (hier wöchentlich) kommen kann. Dies betrifft allerdings nur Baukonstruktionen mit einem großen Wandquerschnitt. Bei der Altbauwand werden primär nur die ersten 10 cm in einem Tageszyklus von 24 h aktiviert. Der Einfluss des dahinterliegenden Wandquerschnittes soll im Folgenden untersucht werden, indem die Altbauwand nur 9,9 cm dick simuliert wird. Dann wird das Ergebnis mit der 28 cm dicken Altbauwand verglichen.

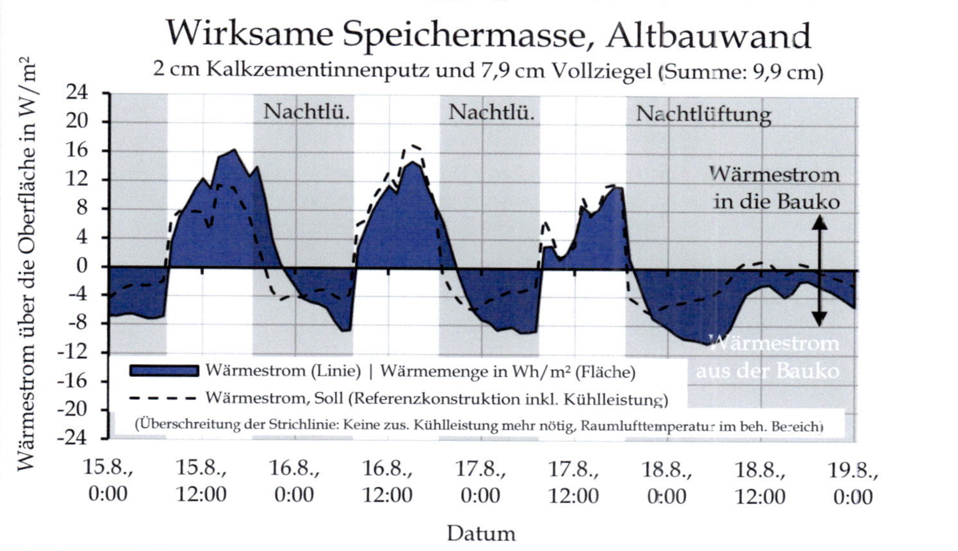

Abbildung 114: Wirksame Speichermasse der Altbauwand (nur ersten 9,9 cm) im Vergleich zum Soll-Wärmestrom

In Abbildung 114 wird ersichtlich, dass es bei der Betrachtung von lediglich dem Bereich, der für die tages-/nachtzyklische Eindringtiefe von 9,9 cm verantwortlich ist, zu Nachteilen gegenüber der massiven Wand in voller Dicke kommt. Der Effekt der wöchentlich periodischen Eindringtiefe, die bis 26,1 cm reicht, soll nicht betrachtet werden. Am 16. August dringt innerhalb der Nutzungszeit einer Wärmemenge von 110 Wh/m² in die Baukonstruktion über die Innenoberfläche ein. Bei der vollen Dicke (siehe Abbildung 112) sind es dagegen 118 Wh/m², was auf den hinteren, kühleren Wandbereich zurückzuführen ist. Massive Wände können demnach einen Mehrwert für das Raumklima leisten, um Wochenzyklen nutzbar zu machen, auch wenn der Effekt nicht sehr groß ausfällt.

An allen Wochentagen überschreitet der Wärmestrom deutlich die gestrichelte Linie. Damit liegen die Temperaturen in den meisten dargestellten Nutzungsstunden innerhalb des Behaglichkeitsbereichs nach DIN EN ISO 7730:2006-05. Es werden keine zusätzlichen passiven oder aktiven Maßnahmen zur Reduktion der Raumtemperatur erforderlich. Lediglich am 16. August kann es zu leicht erhöhten Temperaturen kommen.

4.2.2.3 Altbauwand mit CS-Innendämmung

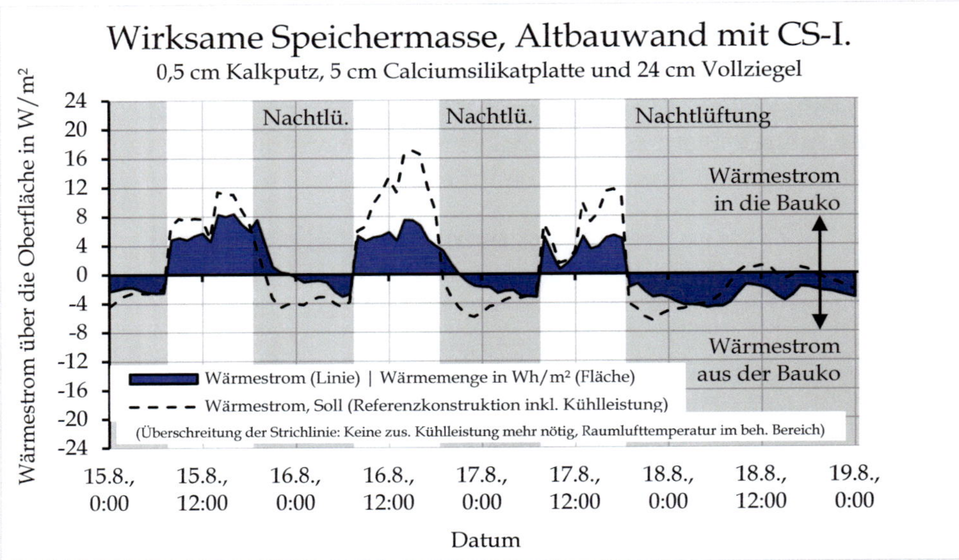

Abbildung 115: Wirksame Speichermasse der Altbauwand mit CS-Innendämmung im Vergleich zum Soll-Wärmestrom

In Abbildung 115 wird der Wärmestrom über die Oberfläche der Altbauwand mit CS-Innendämmung an den Sommertagen mit den höchsten Lasten aufgezeigt im Vergleich zur Referenzkonstruktion inkl. Kühlleistung (schwarz gestrichelte Linie), um damit eine Aussage zur wirksamen Speichermasse treffen zu können.

Die CS-Platte verfügt nur über eine periodischer Wärmeeindringtiefe im Tag-/Nachtzyklus von 7,8 cm (siehe Kapitel 3.4). Raumseitig bestimmt erst die CS-Schicht mit 5 cm. Erst danach folgt die 24 cm dicke Altbauwand. Damit kann angenommen werden, dass die CS-Platte mit der Altbauwand zusammenwirkt.

Da es sich um eine Baukonstruktion handelt, bei der die aktivierbare Dicke (16,75 cm = 33,5 cm/2) größer als die doppelte periodische Wärmeeindringtiefe (15,6 cm = 2 · 7,8 cm) ist, so sind nach DIN EN ISO 13786:2018-04 große Schichtdicken vorhanden (siehe Kapitel 3.3). Damit sind die Parameter der Wärmeleitfähigkeit in Kombination mit der Wärmekapazität und der Dichte in Form des Wärmeeindringkoeffizienten bestimmend. Die Gesamtdicke von 33,5 cm muss halbiert werden, da das Außen- oder Nachbarraumklima die wirksame Speichermasse beeinflussen kann. Falls in anderen Fällen eine Dämmschicht vorliegt, kann bis zu dieser (ohne Beeinflussung des Außen- oder Nachbarraumklimas) gerechnet werden.

Der Wärmeeindringkoeffizient der Altbauwand mit CS-Innendämmung ist mit 147 J/(m²·K·s^{0,5}) deutlich geringer als der der Altbauwand mit 889 J/(m²·K·s^{0,5}).

Dies liegt an der geringeren Dichte und der geringeren Wärmeleitfähigkeit der CS-Platte. Im Vergleich mit anderen Innendämmsystemen weist sie dennoch den größten Wärmeeindringkoeffizienten auf.

An allen Wochentagen wird die gestrichelte Linie nicht erreicht, d. h. die erforderliche wirksame Speichermasse, um auf Kühlenergie zu verzichten, kann nicht erbracht werden. Diese Baukonstruktion wird nicht ohne zusätzliche Gebäudetechnik oder Behaglichkeitseinbußen in der Nutzungszeit auskommen. Am 16. August können nur 61 Wh/m² aufgenommen werden. Das sind ähnlich niedrige Werte wie bei der Holzwand mit 55 Wh/m² oder der Referenzkonstruktion aus Gipskarton mit 58 Wh/m².

In den Nächten kann von der aufgenommenen Wärmemenge kaum etwas abgebeben werden. In der Nacht vom 16. zum 17. August sind das nur 17 Wh/m², der niedrigste Wert aller Baukonstruktionen aus dem Vergleich. Dieser Wandbau bleibt deutlich hinter dem der Altbauwand und dem der Referenzkonstruktion aus Gipskarton zurück (beide mit Wärmeabgabe von 50 Wh/m²).

An allen Wochentagen unterschreitet der Wärmestrom deutlich die gestrichelte Linie. Damit liegen die Temperaturen in den meisten dargestellten Nutzungsstunden außerhalb des Behaglichkeitsbereichs nach DIN EN ISO 7730:2006-05. Es werden zusätzliche passive oder aktive Maßnahmen zur Reduktion der Raumtemperatur erforderlich.

4.2.2.4 Porenbetonwand

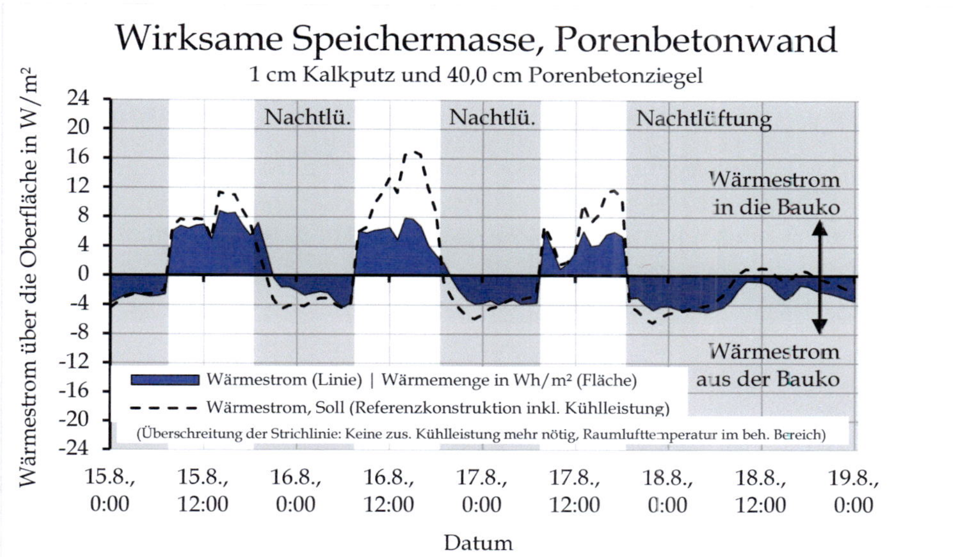

Abbildung 116: Wirksame Speichermasse der Porenbetonwand im Vergleich zum Soll-Wärmestrom

In Abbildung 116 wird der Wärmestrom über die Oberfläche der Porenbetonwand an den Sommertagen mit den höchsten Lasten aufgezeigt im Vergleich zur Referenzkonstruktion inkl. Kühlleistung (schwarz gestrichelte Linie), um damit eine Aussage zur wirksamen Speichermasse treffen zu können.

Die Porenbetonwand verfügt nur über eine periodische Wärmeeindringtiefe im Tag-/Nachtzyklus von 8,1 cm (siehe Kapitel 3.4). Da es sich um eine Baukonstruktion handelt, bei der die aktivierbare Dicke (20,75 cm = 41,5 cm/2) größer als die doppelte periodische Wärmeeindringtiefe (2 · 8,1 cm) ist, sind nach DIN EN ISO 13786:2018-04 große Schichtdicken vorhanden (siehe Kapitel 3.3). Damit sind die Parameter der Wärmeleitfähigkeit in Kombination mit der Wärmekapazität und der Dichte in Form des Wärmeeindringkoeffizienten bestimmend.

Der Wärmeeindringkoeffizient der Porenbetonwand beträgt 163 J/($m^2 \cdot K \cdot s^{0,5}$). Er ist damit deutlich geringer als der der Altbauwand mit 889 J/($m^2 \cdot K \cdot s^{0,5}$). Dies liegt an der geringen Dichte und der geringen Wärmeleitfähigkeit der Porenbetonwand.

An allen Wochentagen wird die gestrichelte Linie nicht erreicht, d. h. die erforderliche wirksame Speichermasse, um auf Kühlenergie zu verzichten, kann nicht erbracht werden. Diese Baukonstruktion wird nicht ohne zusätzliche Gebäudetechnik oder Behaglichkeitseinbußen in der Nutzungszeit auskommen. Am 16. August können nur 65 Wh/m^2 aufgenommen werden. Das sind ähnlich niedrige Werte wie bei der Holzwand mit 57 Wh/m^2 oder der Referenzkonstruktion aus Gipskarton mit 58 Wh/m^2.

In den Nächten kann von der aufgenommenen Wärmemenge kaum etwas abgebeben werden. In der Nacht vom 16. zum 17. August sind das nur 37 Wh/m^2. Dieser Wandaufbau bleibt hinter dem der Altbauwand und dem der Referenzkonstruktion aus Gipskarton zurück (beide mit Wärmeabgabe von 50 Wh/m^2).

An allen Wochentagen unterschreitet der Wärmestrom deutlich die gestrichelte Linie. Damit liegen die Temperaturen in den meisten dargestellten Nutzungsstunden oberhalb des Behaglichkeitsbereichs nach (DIN EN ISO 7730:2006-05). Es werden zusätzliche passive oder aktive Maßnahmen zur Reduktion der Raumtemperatur erforderlich.

4.2.2.5 Kalksandsteinwand

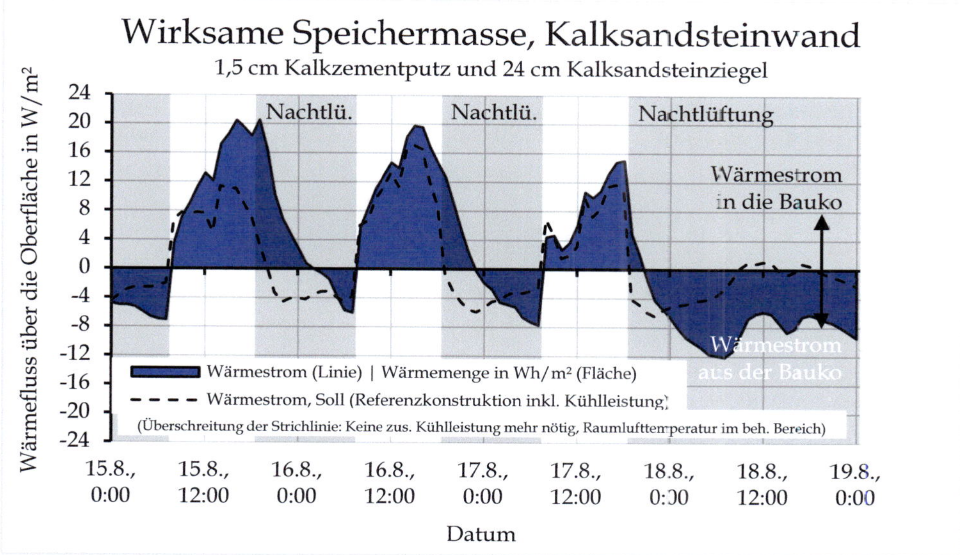

Abbildung 117: Wirksame Speichermasse der Kalksandsteinwand im Vergleich zum Soll-Wärmestrom

In Abbildung 117 wird der Wärmestrom über die Oberfläche der Kalksandsteinwand an den Sommertagen mit den höchsten Lasten aufgezeigt im Vergleich zur Referenzkonstruktion inkl. Kühlleistung (schwarz gestrichelte Linie), um damit eine Aussage zur wirksamen Speichermasse treffen zu können.

Die Kalksandsteinwand verfügt über eine periodische Wärmeeindringtiefe im Tag-/Nachtzyklus von 12,3 cm (siehe Kapitel 3.4). Da es sich um eine Baukonstruktion handelt, bei der die aktivierbare Dicke (25,5 cm) größer als die doppelte periodische Wärmeeindringtiefe ($2 \cdot 12{,}3$ cm) ist, sind nach DIN EN ISO 13786: 2018-04 große Schichtdicken vorhanden (siehe Kapitel 3.3). Damit sind die Parameter der Wärmeleitfähigkeit in Kombination mit der Wärmekapazität und der Dichte in Form des Wärmeeindringkoeffizienten bestimmend.

Der Wärmeeindringkoeffizient der Kalksandsteinwand beträgt 1102 $J/(m^2 \cdot K \cdot s^{0,5})$. Er ist damit deutlich höher als der der Altbauwand mit 889 $J/(m^2 \cdot K \cdot s^{0,5})$. Dies liegt an der deutlich höheren Wärmeleitfähigkeit der Kalksandsteinwand.

An allen Wochentagen wird die gestrichelte Linie deutlich überschritten, d. h. die erforderliche wirksame Speichermasse, um auf Kühlenergie zu verzichten, kann erbracht werden. Diese Baukonstruktion wird ohne zusätzliche Gebäudetechnik oder Behaglichkeitseinbußen in der Nutzungszeit auskommen. Am 16. August können 155 Wh/m² aufgenommen werden. Das sind deutlich höhere Werte als bei der Altbauwand mit 118 Wh/m² oder der Referenzkonstruktion aus Gipskarton mit 58 Wh/m².

In den Nächten im Laufe der Arbeitswoche kann von der aufgenommenen Wärmemenge kaum etwas abgebeben werden. In der Nacht vom 16. zum 17. August sind das nur 50 Wh/m². Damit liegt der Wandaufbau auf der gleichen Höhe wie die Altbauwand und die Referenzkonstruktion aus Gipskarton (beide mit Wärmeabgabe von 50 Wh/m²). Großteile der von der Kalksandsteinwand im Laufe der Arbeitswoche aufgenommenen Wärmemenge werden dagegen am Wochenende außerhalb der Nutzungszeit wieder abgegeben. Dies liegt an der hohen volumetrischen Wärmekapazität von 1482 J/(dm³·K), die ähnlich hoch wie bei der Altbauwand ausfällt 1496 J/(dm³·K) (siehe Kapitel 3.3).

An allen Wochentagen überschreitet der Wärmestrom deutlich die gestrichelte Linie. Damit liegen die Temperaturen in den meisten dargestellten Nutzungsstunden innerhalb des Behaglichkeitsbereichs nach DIN EN ISO 7730:2006-05. Es werden keine zusätzlichen passiven oder aktiven Maßnahmen zur Reduktion der Raumtemperatur erforderlich.

4.2.2.6 Holzwand

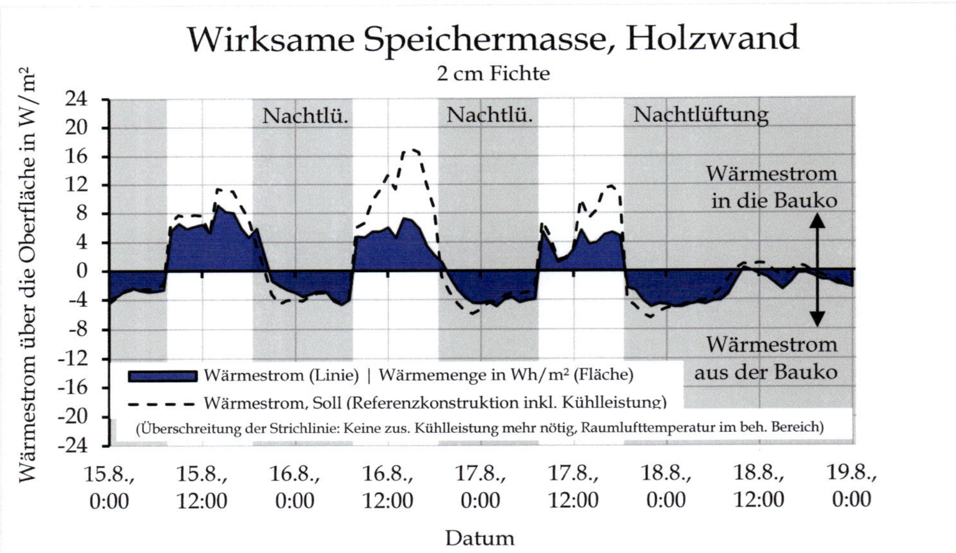

Abbildung 118: Wirksame Speichermasse der Holzwand im Vergleich zum Soll-Wärmestrom

In Abbildung 118 wird der Wärmestrom über die Oberfläche der Holzwand an den Sommertagen mit den höchsten Lasten aufgezeigt im Vergleich zur Referenzkonstruktion inkl. Kühlleistung (schwarz gestrichelte Linie), um damit eine Aussage zur wirksamen Speichermasse treffen zu können.

Die Holzwand verfügt nur über eine periodische Wärmeeindringtiefe im Tag-/Nachtzyklus von 7,6 cm (siehe Kapitel 3.4). Da es sich um eine Baukonstruktion handelt, bei der die aktivierbare Dicke (2 cm) kleiner als die halbe periodische Wärmeeindringtiefe (0,5 · 7,6 cm) ist, sind nach DIN EN ISO 13786:2018-04 „kleine Schichtdicken" vorhanden (siehe Kapitel 3.3). Damit rückt der Parameter der Wärmeleitfähigkeit in den Hintergrund. Es dominieren die für die volumetrische Wärmekapazität wichtigen Parameter der Wärmekapazität und der Dichte.

Die volumetrische Wärmekapazität (spezifische Wärmekapazität · Dichte) der Holzwand beträgt 618 J/(dm³·K). Sie ist damit deutlich geringer als die der Referenzkonstruktion aus Gipskarton mit 1360 J/(dm³·K). Dies liegt an der geringeren Wärmekapazität und Dichte der Holzwand.

An allen Wochentagen wird die gestrichelte Linie nicht erreicht, d. h. die erforderliche wirksame Speichermasse, um auf Kühlenergie zu verzichten, kann nicht erbracht werden. Der Modellraum Gruppenbüro wird mit dieser Baukonstruktion nicht ohne zusätzliche Gebäudetechnik oder Behaglichkeitseinbußen in der Nutzungszeit auskommen. Am 16. August können nur 57 Wh/m² aufgenommen werden. Das sind ähnlich niedrige Werte wie bei der Porenbetonwand mit 65 Wh/m² oder der Referenzkonstruktion aus Gipskarton mit 58 Wh/m².

In den Nächten kann die aufgenommenen Wärmemenge nicht vollständig abgegeben werden. In der Nacht vom 16. zum 17. August sind das nur 44 Wh/m². Dieser Wandaufbau bleibt hinter dem der Altbauwand und dem der Referenzkonstruktion aus Gipskarton zurück (beide mit Wärmeabgabe von 50 Wh/m²).

An allen Wochentagen unterschreitet der Wärmestrom deutlich die gestrichelte Linie. Damit liegen die Temperaturen in den meisten dargestellten Nutzungsstunden außerhalb des Behaglichkeitsbereichs nach DIN EN ISO 7730:2006-05. Es werden zusätzliche passive oder aktive Maßnahmen zur Reduktion der Raumlufttemperatur erforderlich.

4.2.2.7 Ortbetonwand

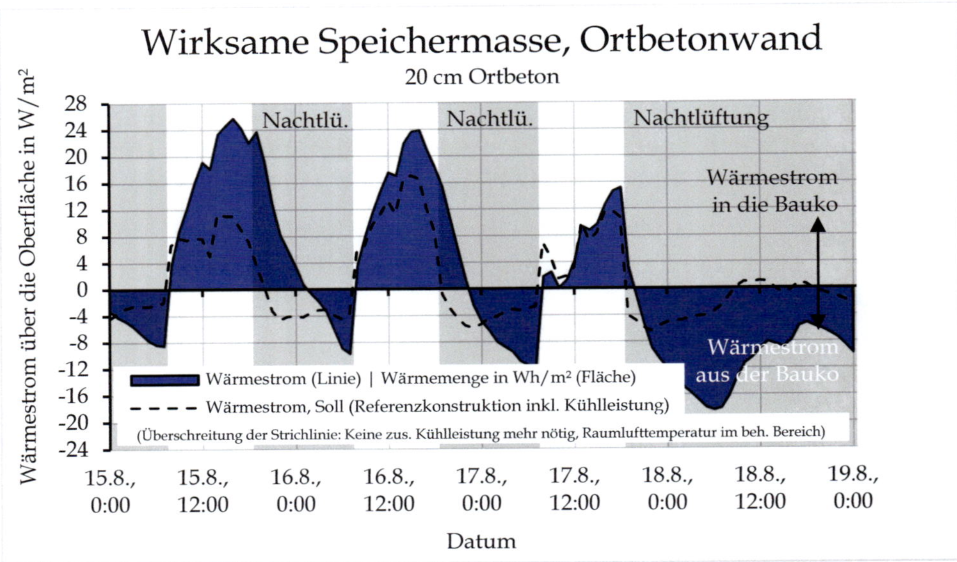

Abbildung 119: Wirksame Speichermasse der Ortbetonwand im Vergleich zum Soll-Wärmestrom

In Abbildung 119 wird der Wärmestrom über die Oberfläche der Ortbetonwand an den Sommertagen mit den höchsten Lasten aufgezeigt im Vergleich zur Referenzkonstruktion inkl. Kühlleistung (schwarz gestrichelte Linie), um damit eine Aussage zur wirksamen Speichermasse treffen zu können.

Die Ortbetonwand verfügt über eine hohe periodische Wärmeeindringtiefe im Tag-/Nachtzyklus von 17,1 cm (siehe Kapitel 3.4). Da es sich um eine Baukonstruktion handelt, bei der die aktivierbare Dicke (20 cm) größer ist als die halbe periodische (0,5 · 17,1 cm), aber nicht größer als die doppelte periodische Wärmeeindringtiefe (2 · 17,1 cm) ist, sind nach DIN EN ISO 13786:2018-04 normale Schichtdicken vorhanden (siehe Kapitel 3.3). Damit sind nicht nur die Wärmekapazität und die Dichte die bestimmenden Parameter (wie bei den kleinen Schichtdicken), sondern mit zunehmender Dicke auch die Wärmeleitfähigkeit.

Der Wärmeeindringkoeffizient der Ortbetonwand beträgt 2035 J/(m²·K·s^{0,5}). Er ist damit deutlich höher als der der Altbauwand mit 889 J/(m²·K·s^{0,5}). Bei der Ortbetonwand sind alle drei bestimmenden Parameter des Wärmeeindringkoeffizienten höher als bei der Altbauwand (Wärmeleitfähigkeit, Wärmekapazität und Dichte).

An allen Wochentagen wird die gestrichelte Linie deutlich überschritten, d. h. die erforderliche wirksame Speichermasse, um auf Kühlenergie zu verzichten, kann erbracht werden. Diese Baukonstruktion wird ohne zusätzliche Gebäudetechnik oder Behaglichkeitseinbußen in der Nutzungszeit auskommen. Am 16. August können 181 Wh/m² aufgenommen werden. Das sind deutlich höhere Werte als bei der Altbauwand mit 118 Wh/m² oder der Referenzkonstruktion aus Gipskarton mit 58 Wh/m².

Im Laufe der Arbeitswoche kann in den Nächten von der aufgenommenen Wärmemenge kaum etwas abgebeben werden. In der Nacht vom 16. zum 17. August sind das nur 42 Wh/m². Damit kann in dieser Nacht weniger Wärme als bei der Altbauwand und der Referenzkonstruktion aus Gipskarton abgegeben werden (beide mit Wärmeabgabe von 50 Wh/m²). Großteile der von der Ortbetonwand unter der Woche aufgenommenen Wärmemenge werden dagegen am Wochenende außerhalb der Nutzungszeit wieder abgegeben. Dies liegt an der hohen volumetrischen Wärmekapazität von 1972 J/(dm³·K), die höher als die der Altbauwand von 1496 J/(dm³·K) ausfällt (siehe Kapitel 3.3). Damit weisen die Betonfertigteilwand und die Ortbetonwand aus Normalbeton die größte volumetrische Energiedichte auf, die bei den Baukonstruktionen verglichen wurden.

An allen Wochentagen überschreitet der Wärmestrom deutlich die gestrichelte Linie, womit die Temperaturen in den meisten dargestellten Nutzungsstunden innerhalb des Behaglichkeitsbereichs nach DIN EN ISO 7730:2006-05 liegen. Es werden keine zusätzlichen passiven oder aktiven Maßnahmen zur Reduktion der Raumtemperatur erforderlich. Die deutliche Überschreitung der Soll-Linie kann in den Morgenstunden zum Unterschreiten der Raumlufttemperaturen und damit des Behaglichkeitsbereiches führen. Hier wäre eine Reduzierung des Nachtluftwechsels zielführend.

4.2.2.8 Betonfertigteilwand

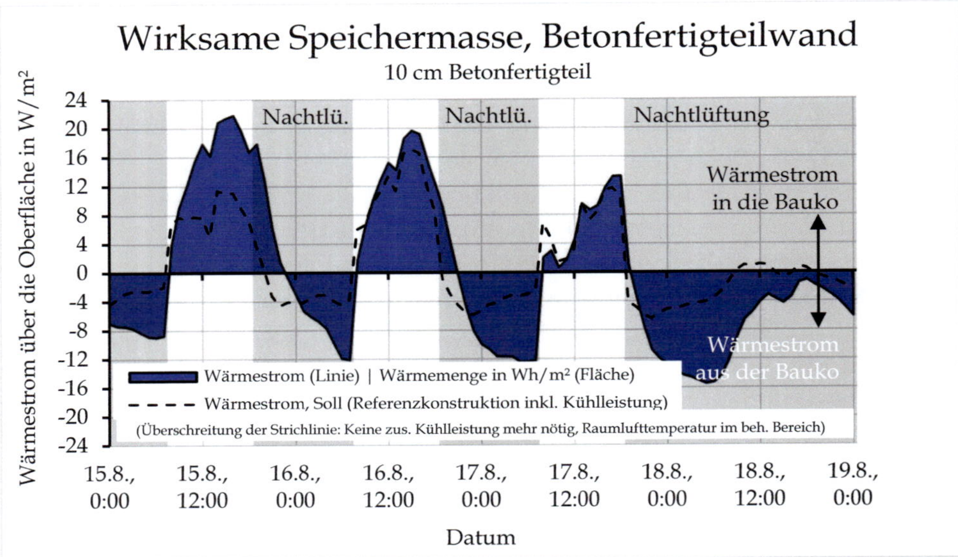

Abbildung 120: Wirksame Speichermasse der Betonfertigteilwand im Vergleich zum Soll-Wärmestrom

In Abbildung 120 wird der Wärmestrom über die Oberfläche der Betonfertigteilwand an den Sommertagen mit den höchsten Lasten aufgezeigt im Vergleich zur Referenzkonstruktion inkl. Kühlleistung (schwarz gestrichelte Linie), um damit eine Aussage zur wirksamen Speichermasse treffen zu können.

Die Betonfertigteilwand verfügt über eine hohe periodische Wärmeeindringtiefe im Tag-/Nachtzyklus von 17,1 cm (siehe Kapitel 3.4). Da es sich um eine Baukonstruktion handelt, bei der die aktivierbare Dicke (10 cm) größer ist als die halbe periodische (0,5 · 17,1 cm), aber nicht größer als die doppelte periodische Wärmeeindringtiefe (2 · 17,1 cm), sind nach DIN EN ISO 13786:2018-04 normale Schichtdicken vorhanden (siehe Kapitel 3.3). Damit sind nicht nur die Wärmekapazität und die Dichte (wie bei den kleinen Schichtdicken), sondern mit zunehmender Dicke auch die Wärmeleitfähigkeit die bestimmenden Parameter.

Der Wärmeeindringkoeffizient der Betonfertigteilwand beträgt 2035 $J/(m^2 \cdot K \cdot s^{0,5})$. Er ist damit deutlich höher als der der Altbauwand mit 889 $J/(m^2 \cdot K \cdot s^{0,5})$. Bei der Betonfertigteilwand sind alle drei bestimmenden Parameter des Wärmeeindringkoeffizienten höher als bei der Altbauwand (Wärmeleitfähigkeit, Wärmekapazität und Dichte).

An allen Wochentagen wird die gestrichelte Linie deutlich überschritten, d. h. die erforderliche wirksame Speichermasse, um auf Kühlenergie zu verzichten, kann erbracht werden. Diese Baukonstruktion wird ohne zusätzliche Gebäudetechnik oder Behaglichkeitseinbußen in der Nutzungszeit auskommen. Am 16. August können 146 Wh/m² aufgenommen werden. Das sind deutlich höhere Werte als bei der Altbauwand mit 118 Wh/m² oder der Referenzkonstruktion aus Gipskarton mit 58 Wh/m².

In den Nächten im Laufe der Arbeitswoche kann von der aufgenommenen Wärmemenge deutlich mehr als bei der Ortbetonwand abgegeben werden. Grund ist die fehlende wirksame Speichermasse, die nur durch die wöchentlichen periodischen Schwankungen im hinteren Wandbereich erreicht wird (bei der Ortbetonwand kann hier zusätzliche Wärme aus dem Raum gespeichert werden). In der Nacht vom 16. zum 17. August sind das 93 Wh/m². Damit liegt der Wandaufbau deutlich vor der Ortbetonwand mit 42 Wh/m², der Altbauwand mit 50 Wh/m² und der Referenzkonstruktion aus Gipskarton mit ebenfalls 50 Wh/m². Großteile der von der Betonfertigteilwand unter der Woche aufgenommenen Wärmemenge werden dagegen am Wochenende außerhalb der Nutzungszeit wieder abgegeben. Dies liegt an der hohen volumetrischen Wärmekapazität von Normalbeton mit 1972 J/(dm³·K), die höher als die der Altbauwand ausfällt 1496 J/(dm³·K) (siehe Kapitel 3.3). Damit weisen die Betonfertigteilwand sowie der Ortbetonwand aus Normalbeton die größte volumetrische Energiedichte auf, die bei den Baukonstruktionen verglichen wurden.

An allen Wochentagen überschreitet der Wärmestrom deutlich die gestrichelte Linie. Damit liegen die Temperaturen in den meisten dargestellten Nutzungsstunden innerhalb des Behaglichkeitsbereichs nach DIN EN ISO 7730:2006-05. Es werden keine zusätzlichen passiven oder aktiven Maßnahmen zur Reduktion der Raumtemperatur erforderlich. In den Morgenstunden des 15. August kann es durch die hohe wirksame Speichermasse zu geringen Unterschreitung des behaglichen Bereiches durch zu kühle Raumlufttempertaturen kommen. Dies kann durch eine reduzierte Nachtlüftung in dieser Nacht korrigiert werden.

4.2.2.9 Textilbetonwand 2.0

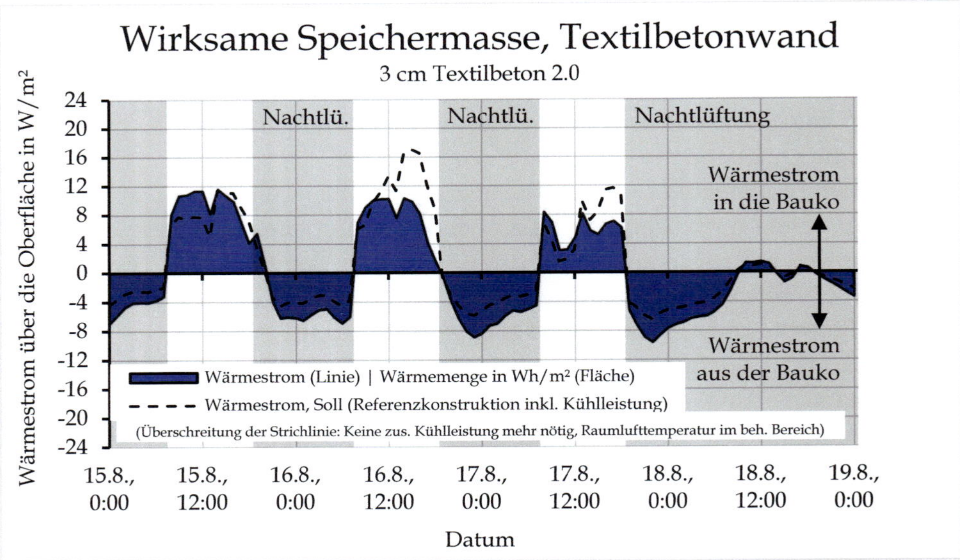

Abbildung 121: Wirksame Speichermasse der Textilbetonwand 2.0 im Vergleich zum Soll-Wärmestrom

In Abbildung 121 wird der Wärmestrom über die Oberfläche der Textilbetonwand 2.0 an den Sommertagen mit den höchsten Lasten aufgezeigt im Vergleich zur Referenzkonstruktion inkl. Kühlleistung (schwarz gestrichelte Linie), um damit eine Aussage zur wirksamen Speichermasse zu treffen.

Die Textilbetonwand 2.0 verfügt über eine periodische Wärmeeindringtiefe im Tag-/Nachtzyklus von 11,1 cm (siehe Kapitel 3.4). Da es sich um eine Baukonstruktion handelt, bei der die aktivierbare Dicke (3 cm) kleiner ist als die halbe periodische Wärmeeindringtiefe (11,1 cm), sind nach DIN EN ISO 13786:2018-04 „kleine Schichtdicken" vorhanden (siehe Kapitel 3.3). Damit rückt der Parameter der Wärmeleitfähigkeit in den Hintergrund. Es dominieren die für die volumetrische Wärmekapazität wichtigen Parameter der Wärmekapazität und der Dichte.

Die volumetrische Wärmekapazität (spezifische Wärmekapazität · Dichte) der Textilbetonwand beträgt 1677 J/(dm³·K). Er ist damit deutlich leistungsstärker als der Referenzkonstruktion aus Gipskarton mit 1360 J/(dm³·K) und der Holzwand mit 618 J/(dm³·K). Zwar besitzen die Gipskartonplatten eine deutlich höhere Wärmekapazität mit 1826 J/(kg·K) als Textilbeton 2.0 mit 880 J/(kg·K), jedoch weisen die Gipskartonplatten mit 745 kg/m³ eine deutlich geringere Dichte auf als der Textilbeton 2.0 mit 1906 kg/m³. In Multiplikation verursacht damit die hohe Dichte die deutlich besseren Eigenschaften in Bezug auf den Wärmeeindringkoeffizienten beim Textilbeton 2.0.

An allen Wochentagen wird die gestrichelte Linie nicht erreicht, d. h. die erforderliche wirksame Speichermasse, um auf Kühlenergie zu verzichten, kann nicht erbracht werden. Diese Baukonstruktion wird nicht ohne zusätzliche Gebäudetechnik oder Behaglichkeitseinbußen in der Nutzungszeit auskommen.

Am 15. August erreicht die Textilbetonkonstruktion 2.0 die gestrichelte Linie. Damit kann an diesem Tag die wirksame Speichermasse erbracht werden, um auf die Kühlenergie verzichten zu können. Am 16. und 17. August kann das jeweils nur in der ersten Tageshälfte erreicht werden. In der zweiten Tageshälfte wird die Linie verfehlt, da die wirksame Speichermasse bei der 3 cm Textilbetonplatte nicht ausreicht. Hier ist zusätzliche Gebäudetechnik erforderlich, um ein Überhitzen des Raumes zu vermeiden. Am 16. August können aber immerhin 88 Wh/m² aufgenommen werden. Das sind bereits deutlich höhere Werte als bei der Holzwand mit 55 Wh/m², der Porenbetonwand mit 65 Wh/m² oder der Referenzkonstruktion aus Gipskarton mit 58 Wh/m².

In den Nächten kann die aufgenommene Wärmemenge abgegeben werden. In der Nacht vom 16. zum 17. August sind das 76 Wh/m². Damit liegt dieser Wandaufbau deutlich vor der Holzwand (Wärmeabgabe: 46 Wh/m²) und der Referenzkonstruktion aus Gipskarton (Wärmeabgabe: 50 Wh/m²) und einigen Massivkonstruktionen wie der Altbauwand (Wärmeabgabe: 50 Wh/m²).

Am 15. August überschreitet der Wärmestrom die gestrichelte Soll-Linie. Damit liegen die Temperaturen innerhalb des Behaglichkeitsbereichs nach DIN EN ISO 7730:2006-05. Dagegen unterschreitet der Wärmestrom am 16. und 17. August deutlich die gestrichelte Soll-Linie damit. Die Temperaturen liegen daher in den meisten dargestellten Nutzungsstunden außerhalb des Behaglichkeitsbereichs nach DIN EN ISO 7730:2006-05. Es werden zusätzliche passive oder aktive Maßnahmen zur Reduktion der Raumtemperatur erforderlich. Es kommt zu Übertemperaturstunden im Modellraum Gruppenbüro.

Im Vergleich mit den Leichtbaukonstruktionen mit dünner Schichtdicke, zu denen die Holzwand (2 cm Fichte) und die Gipskartonwand (2,5 cm zählt, schneidet die Textilbetonwand 2.0 aber mit einer Dicke von 3 cm deutlich besser ab. Dies liegt nicht nur an der geringfügig größeren Plattendicke, sondern auch an den günstigeren Eigenschaften der volumetrischen Wärmekapazität.

Dennoch ist es erforderlich, der Soll-Linie näher zu kommen oder diese besser immer leicht zu überschreiten, um auf eine Kühlung völlig verzichten zu können. Dafür müssen die einzelnen baukonstruktiven und bauphysikalischen Eigenschaften einzeln betrachtet und optimiert werden.

4.2.3 Auswertung Variantenbetrachtung zur Optimierung von baukonstruktiv-bauphysikalischen Eigenschaften – summarische Kühlstunden eines Jahres

Um die optimalen Eigenschaften für die wirksame Speichermasse für die Textilbetonplatten im Tag-/Nachtzyklus herauszufinden, muss eine Variantenbetrachtung zur Optimierung von baukonstruktiv-bauphysikalischen Eigenschaften durchgeführt werden. Sie soll unter der Berücksichtigung einer möglichst geringen Schichtdicke die optimalen Eigenschaften zu Tage bringen, um mindestens die wirksame Speichermasse wie die aufgezeigten Massivkonstruktionen zu erreichen oder sogar zu überschreiten.

Eigenschaften der Betonmatrices

Tabelle 30: Zusammenfassung der stationären und instationären Eigenschaften des Wärmetransportes von Textilbeton

	Wärmeleitfähigkeit	spezifische Wärmekapazität	Dichte	volumetrische Wärmekapazität	Wärmeeindringkoeffizient	Periodische Eindringtiefe, Periodendauer: 1 Tag	Periodische Eindringtiefe, Periodendauer: 1 Woche
	W/(m·K)	J/(kg·K)	kg/m³	·10⁻⁶ m²/s	J(m²·K·s^0,5)	cm	cm
Textilbeton 1.0 (unbewehrt)	0,898	802	1941	1557	1182	12,6	33,3
Textilbeton 2.0 (unbewehrt)	0,745	880	1906	1667	1118	11,1	29,2
Textilbeton 4.0 (unbewehrt)	2,162	709	2184	1548	1830	19,6	51,8

Wie bereits in Kapitel 4.2.2 beschrieben, sind für Schichtdicken der raumseitigen Betonplatte, die nur die halbe Dicke der periodischen Eindringtiefe besitzen (< 5,55 cm bei Textilbeton 2.0), die Eigenschaften der Wärmekapazität und der Dichte als volumetrische Wärmekapazität maßgebend. Wohingegen bei Schichtdicken der raumseitigen Betonplatte, die größer sind als die halbe periodische Eindringtiefe (> 5,55 cm bei Textilbeton 2.0), die Eigenschaft der Wärmeleitfähigkeit mit zunehmender Schichtdicke an Bedeutung gewinnt. Somit verschieben sich die maßgebenden Eigenschaften von dem reinen Produkt aus Wärmekapazität und Dichte für kleine Plattendicken hin zu dem Wärmeeindringkoeffizienten, der das Wurzelprodukt aus Wärmeleitfähigkeit, Wärmekapazität und Dichte abbildet.

4.2.3.1 Auswertungswerkzeuge: Variantenbetrachtung zur Optimierung von baukonstruktiv-bauphysikalischen Eigenschaften – summarische Kühlstunden eines Jahres

Zielkriterium für die Variantenbetrachtung ist die summarisch größte wirksame Speichermasse in den definierten Jahresstunden.

Ziel der Variantenbetrachtung zur Optimierung von baukonstruktiv-bauphysikalischen Eigenschaften ist es, für die Tages-/Nachtschwankungen die optimale Innenplatte einer Wandkonstruktion zu ermitteln, um im regionalen mitteleuropäischen Klima auf Kühlenergie gänzlich zu verzichten. Untersucht werden vier unterschiedliche Textilbetonmatrices, ihre Schichtdicke sowie die konstruktive Ausbildung von sogenannten Kühlrippen, um die optimale Innenplatte zu entwickeln.

Betrachtete Gesamtjahresstunden mit Überhitzungspotential erklärt an beispielhaften Tagen mit höchstem Überhitzungspotential

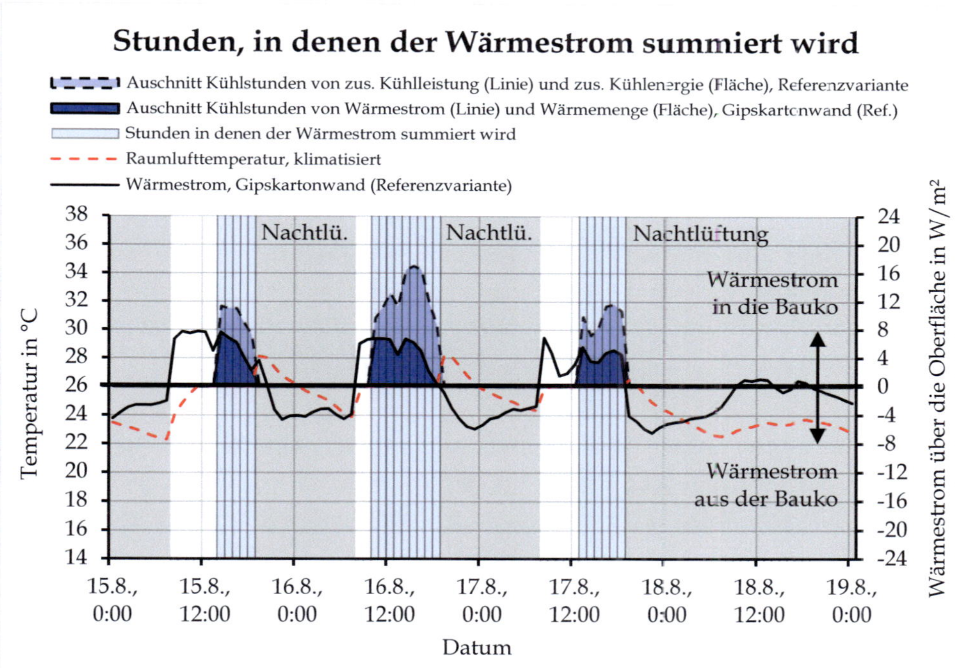

Abbildung 122: Betrachtete Stunden für die Variantenbetrachtung zur Optimierung von baukonstruktiv-bauphysikalischen Eigenschaften

In Abbildung 122 ist die Methodik der Optimierung aufgezeigt. Ausgangspunkt ist die Gipskartonkonstruktion als Referenz für die weiteren Betrachtungen. Diese Konstruktion wird unter Kapitel 4.1 beschrieben und besitzt zwei Beplankungslagen mit je 1,25 cm Gipskartonplatten. Die Gesamtdicke des

Gipskartons beträgt damit 2,5 cm. Danach folgt direkt die Dämmschicht aus MW. Als Pufferspeicher dienen damit nur die 2,5 cm der Gipskartonplatten. Die wirksame Speichermasse (passive Kühlleistung) kann an den drei Modelltagen als Wärmestrom aus der Baukonstruktion abgelesen werden (schwarze Linie). Ergänzt wird dieser Wärmestrom durch die anfallende Kühlleistung in W pro m² an Wandfläche (schwarz gestrichelte Linie).

Für die Variantenbetrachtung zur Optimierung von baukonstruktiv-bauphysikalischen Eigenschaften werden ausschließlich die Zeiten berücksichtigt, in denen die Kühlung aktiv ist (hellblau unterlegtes Gitter, Stunden, in denen der Wärmestrom über die Zeit in eine Wärmemenge aufsummiert wird). Das sind die Stunden der größten Wärmelast im Modellraum Gruppenbüro für das betrachtete Testreferenzjahr. Ausgenommen sind die Jahresstunden, in denen die Kühllast des Modellraumes unter 100 Watt liegt (i. d. R. die ersten bis zu drei Kühlstunden). Diese Einschränkung ermöglicht eine genauere Optimierung der Baukonstruktion auf die problematischen Abendstunden, da hier die größten Lasten auftreten. Dies können nur Baukonstruktionen leisten, die leicht zeitverzögert große Wärmelasten aufnehmen können. Die so berücksichtigten 228 h/a (Kühlstunden) stellen die in Bezug auf den Modellraum Gruppenbüro mit seiner West-Ausrichtung, dem regionalen Klima (Potsdam) und der Referenzkonstruktion der Gipskartonwand exemplarisch einen Auszug problematischer Stunden für eine Überhitzung dar. In der Berechnung wird der für die Überhitzung relevante Zeitabschnitt vom 1. Mai bis zum 30. September (5 Monate) betrachtet. In Abbildung 122 sind exemplarisch die problematischen Stunden am 16. August von 13 Uhr bis 18 Uhr (5 h), am 16. August von 9 Uhr bis 18 Uhr (9 h) und am 17. Ausgust von 12 Uhr bis 18 Uhr (6 h) dargestellt. Berücksichtigt werden aber alle fünf Sommermonate.

Für den Vergleich der wirksamen Speichermasse einer Baukonstruktion werden alle Wärmeströme in die Baukostruktion summiert, die sich im Bereich der größten Lasten befinden (228 h/a). Im Optimalfall wird die gestrichelte Linie leicht übertroffen, damit keine zusätzliche Kühlenergie eingebracht werden muss. Die Baukonstruktion, die in dieser Zeit summarisch die größte Energiemenge aufnehmen kann, besitzt gleichzeitig das größte Kühlpotential für den Raum in den problematischen Stunden. Damit steht das Zielkriterium für die Variantenbetrachtung zur Optimierung von baukonstruktiv-bauphysikalischen Eigenschaften fest: die summarisch größte wirksame Speichermasse im Vergleich zu allen weiteren Baukonstruktionen in den definierten Jahresstunden.

In den 228 h im Modellraum wird eine Kühlenergiemenge von 2107 Wh/(m²·a) nötig, damit der Raum nicht überhitzt. Diese Summe besteht aus der Referenzkonstruktion aus Gipskartonplatten plus der zusätzlich nötigen Kühlenergie.

Insgesamt betrachtete Jahresstunden, die eine Relevanz für die Variantenbetrachtung zur Optimierung von baukonstruktiv-bauphysikalischen Eigenschaften besitzen

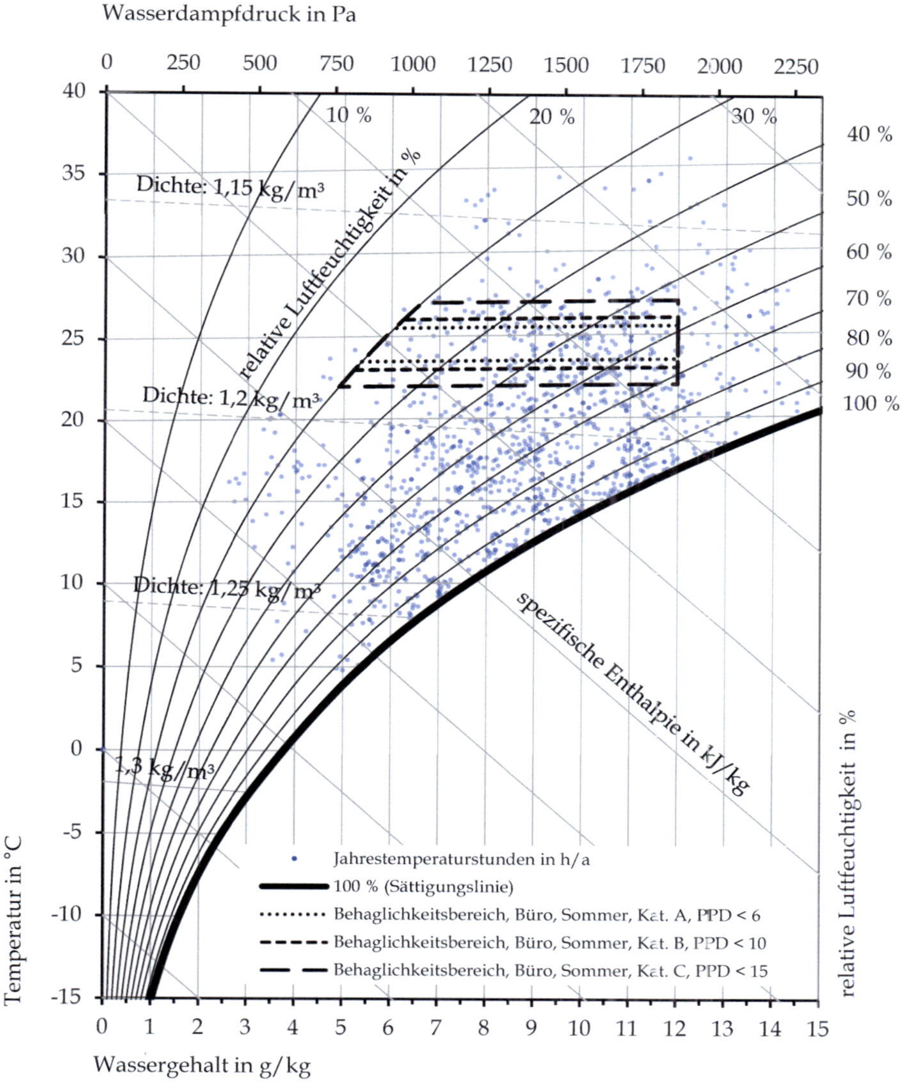

Abbildung 123: Außenklimadaten am Standort Potsdam für den Zeitraum 1. Mai bis 30. Sep. (1199 h)

Dargestellt werden nur die 1199 Nutzungsstunden während der Sommerperiode vom 1. Mai bis zum 30. September, da in diesem Zeitraum die Überhitzungsstunden liegen. Die weiteren Jahresstunden bleiben unberücksichtigt, da sie nicht zur Bilanzierung der sommerlichen Speichermasse herangezogen werden können.

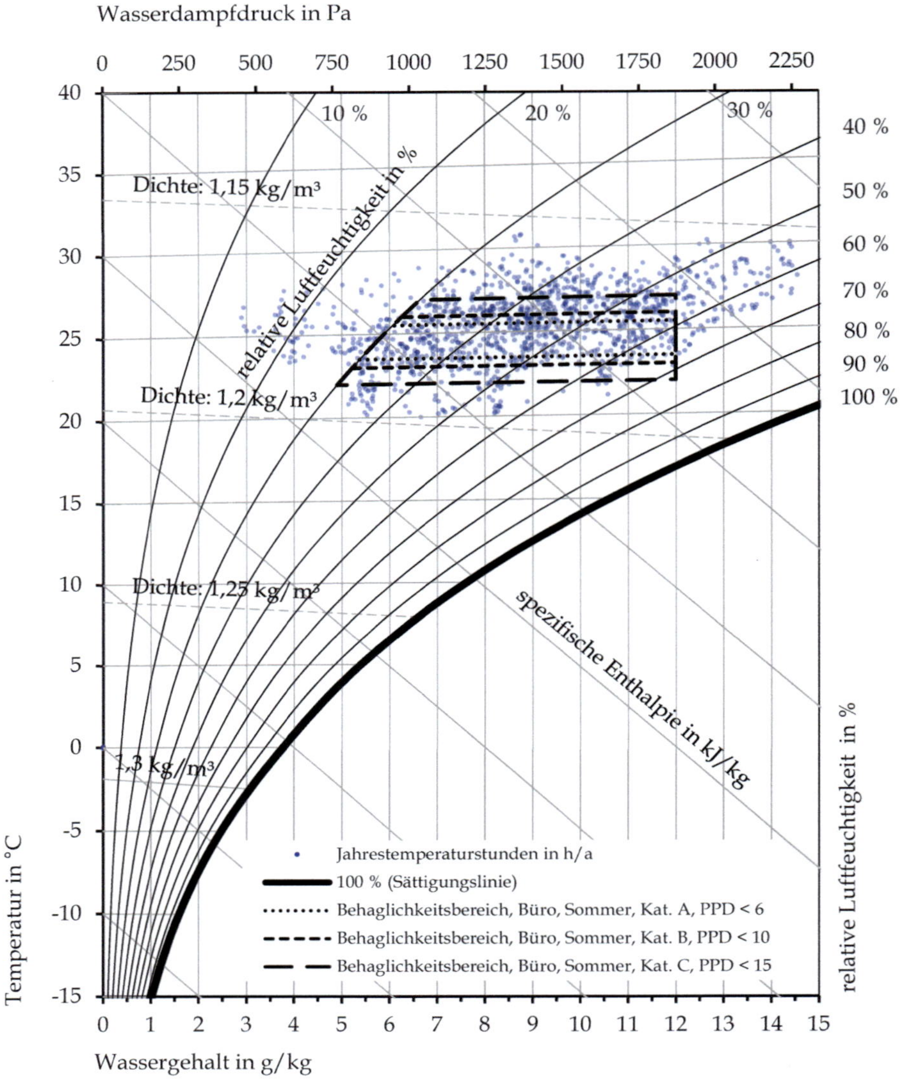

Abbildung 124: Raumklimadaten aus dem unklimatisierten Modellraum für den Zeitraum 1. Mai bis 30. September (1199 h)

Die mit DesignBuilder/EnergyPlus simulierten Daten zeigen bereits im unklimatisierten Zustand eine gute Übereinstimmung mit dem definierten Behaglichkeitsbereich. Dennoch liegt eine Vielzahl der Stunden oberhalb der nach DIN EN ISO 7730:2006-05 definierten Grenzen.

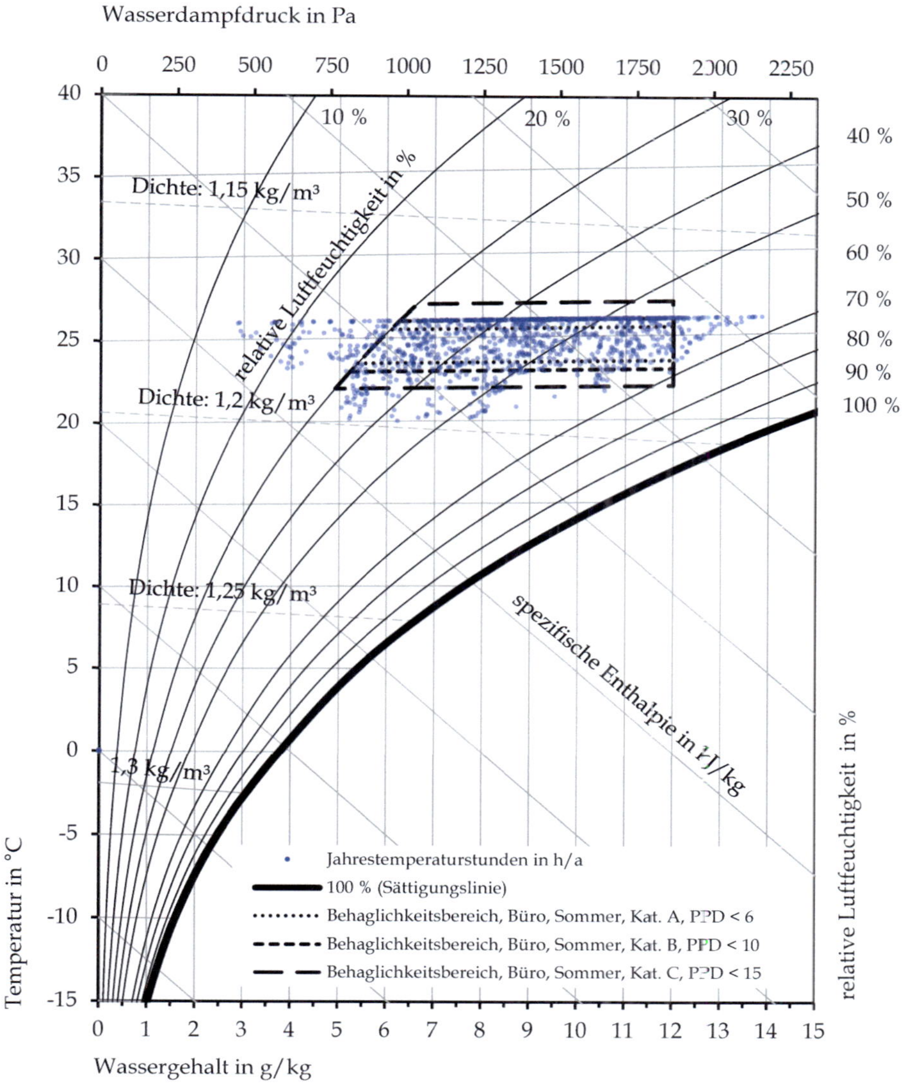

Abbildung 125: Raumklimadaten aus dem auf 26 °C klimatisierten Modellraum für den Zeitraum 1. Mai bis 30. September (1199 h)

Die Abbildung 125 zeigt die Raumklimadaten mit aktiver Kühlung. Hierbei wird die Raumtemperatur auf 26 °C begrenzt. Da es sich bei den 26 °C nur um die Raumlufttemperatur handelt, kann davon ausgegangen werden, dass die operative Temperatur max. um 1 K höher bei 27 °C liegt. Dies entspricht der Maximaltemperatur nach DIN EN ISO 7730:2006-05 der Kategorie C für einen Büroraum. Es treten dabei noch einige wenige Temperaturunterschreitungen mit ausgeschalteter Heizung auf. Zudem wird die rel. Luftfeuchte an einigen Stunden unter- und überschnitten. Diese wenigen Stunden außerhalb des Behaglichkeitsfeldes sind allerdings tolerabel, da sie nicht den Einsatz einer Vollklimatisierung (neben Kühlen und Heizen auch Be- und Entfeuchten) rechtfertigen.

Die notwendige Kühlleistung für die Senkung der Raumtemperatur an den problematischen Sommerstunden bildet die Berechnungsgrundlage für die Variantenbetrachtung zur Optimierung von baukonstruktiv-bauphysikalischen Eigenschaften (siehe Kapitel 4.2.3.1). Die entwickelte finale Variante soll über ausreichend wirksame Speichermasse verfügen, sodass auf eine zusätzliche aktive Kühlung verzichtet werden kann.

4.2.3.2 Konventionelle Baukonstruktionen

Unter den konventionellen Baukonstruktionen kann die Altbauwand 2394 Wh/(m^2·a) Energie aufnehmen. Damit übertrifft sie die in diesen Zeiten nötige Kühlenergie inkl. des passiven Anteils der Gipskartonplatten (979 Wh/(m^2·a)) im Modellraum von 2109 Wh/(m^2·a) innerhalb der 228 h, in denen eine zusätzliche aktive Kühlung erforderlich ist. Die Altbauwand mit CS-Innendämmung erreicht nur 1019 Wh/(m^2·a), die Porenbetonwand 1069 Wh/(m^2·a) und die Holzwand 1025 Wh/(m^2·a). Dagegen erreicht die Kalksandsteinwand 2789 Wh/(m^2·a), die Betonfertigteilwand 3230 Wh/(m^2·a) und die Ortbetonwand 3690 Wh/(m^2·a) im Vergleichszeitraum. Die Referenzkonstruktion aus Textilbeton 2.0 in einer Dicke von 3 cm erreicht noch 1469 Wh/(m^2·a). Damit liegt sie bereits vor der Gipskartonwand, der Porenbetonwand und der Holzwand.

4.2.3.3 Vergleichskriterium Textilbetonmatrix

Plattendicke 3 cm

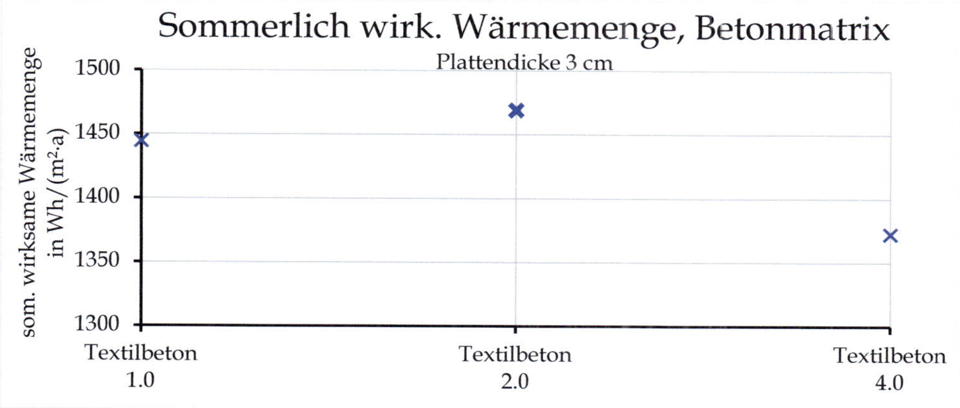

Abbildung 126: Sommerlich wirksame Wärmemenge unterschiedlicher Betone mit einer Dicke von 3 cm

Werden die 228 h betrachtet, in denen bei der Referenzkonstruktion aus Gipskarton Kühlenergie anfällt, so berechnet sich die sommerlich wirksame Speichermasse dieser Konstruktion auf 979 Wh/(m²·a) (passive Kühlenergie der Referenzkonstruktion). Die zusätzlich nötige Kühlenergie beläuft sich in dieser Zeit auf 1130 Wh/(m²·a) (aktive Maßnahme der Referenzkonstruktion). Zusammen sind das dann 2109 Wh/(m²·a), um die volle Leistungsfähigkeit zu erreichen.

Für die Auswertung der Betonmatrices werden nur die Mischungen 1.0, 2.0 und 4.0 betrachtet, da sich diese sehr deutlich voneinander unterscheiden und sich am besten für diese Auswertung eignen.

In Abbildung 126 ist die Variantenbetrachtung zur Optimierung von baukonstruktiv-bauphysikalischen Eigenschaften für die Textilbetonplattendicke von 3 cm dargestellt. Damit dominiert die Eigenschaft der volumetrischen Wärmekapazität. Sie beträgt für den Textilbeton 2.0 1667 J/(dm³·K) und kann somit die sommerlich wirksame Wärmemenge von 1469 Wh/(m²·a) aufbringen. Der Wert liegt vor der Textilbetonmischung 1.0 mit einer volumetrischen Wärmekapazität von 1557 J/(dm³·K). Sie erreicht eine sommerlich wirksame Wärmemenge von 1444 Wh/(m²·a). Auf dem letzten Platz liegt die Textilbetonmischung 4.0 mit einer volumetrischen Wärmekapazität von 1548 J/(dm³·K). Sie erreicht nur noch eine sommerlich wirksame Wärmemenge von 1372 Wh/(m²·a). Anhand dieser Werte wird die Mischung Textilbeton 2.0 für die weiteren Untersuchungen ausgewählt.

Plattendicke 6 cm

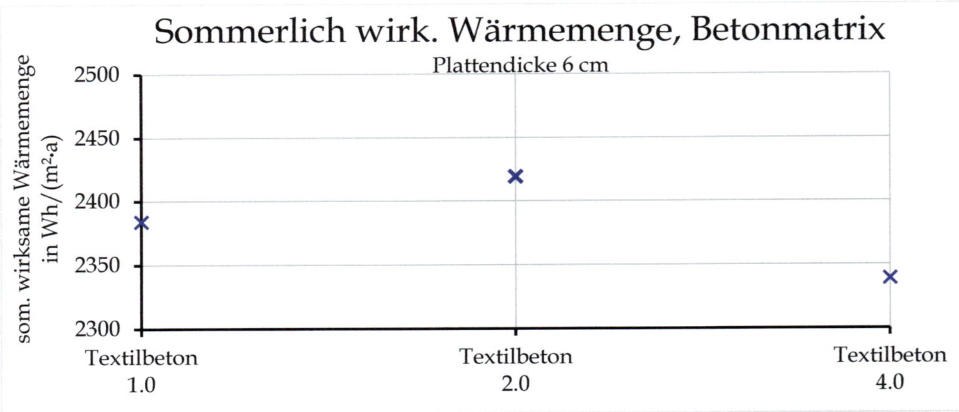

Abbildung 127: Sommerlich wirksame Wärmemenge unterschiedlicher Betone mit einer Dicke von 6 cm

Wird die Dicke der Textilbetonplatten in der Jahressimulation auf 6 cm erhöht, so bleibt die Reihenfolge der Mischungen erhalten. Es dominiert immer noch die volumetrische Wärmekapazität ohne großen Einfluss der Wärmeleitfähigkeit.

Ab dieser Dicke übersteigt die sommerlich wirksame Wärmemenge deutlich diejenige, die in Summe von der Referenzkonstruktion aus Gipskarton inkl. der Kühlenergie eingebracht werden muss (1909 Wh/($m^2 \cdot a$)), um ein behagliches Raumklima herzustellen. Dies bedeutet ein deutlich erhöhtes Potential an wirksamer Speichermasse. Das kann aber auch zu kühlen, unbehaglichen Morgenstunden führen. Dieser Effekt muss über eine angepasste reduzierte Nachtlüftung ausgeglichen werden.

Plattendicke 9 cm

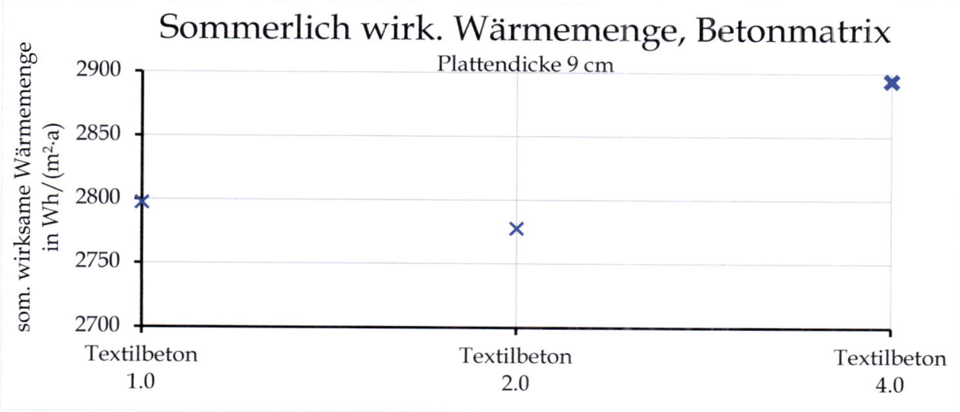

Abbildung 128: Sommerlich wirksame Wärmemenge unterschiedlicher Betone mit einer Dicke von 9 cm

Wird die Dicke der Textilbetonplatten in der Simulation weiter auf 9 cm erhöht, so kehrt sich das Bild der Reihenfolge um. Plötzlich liegt die Textilbetonmischung 4.0 nicht mehr auf dem letzten, sondern auf dem ersten Platz. Dies liegt an der größeren tag-/nachtzeitlichen periodischen Wärmeeindringtiefe. Mit zunehmender Dicke wird die Eigenschaft der Wärmeleitfähigkeit dominanter. Damit muss der Wärmeeindringkoeffizient (Wurzelprodukt aus Wärmeleitfähigkeit, Wärmekapazität und Dichte) das Vergleichskriterium sein. Die Mischung 4.0 weist einen Wärmeeindringkoeffizienten von 1830 J/(m^2·K·$s^{0,5}$) auf und liegt somit auch bei der sommerlich wirksamen Wärmemenge von 2894 Wh/(m^2·a) deutlich vor den anderen beiden Textilbetonmischungen. Danach folgt die Textilbetonmischung 1.0 mit einem Wärmeeindringkoeffizienten von 1182 J/(m^2·K·$s^{0,5}$) und einer sommerlich wirksamen Wärmemenge von 2797 Wh/(m^2·a). An vorher erster und nun letzter Position steht die Textilbetonmischung 2.0 mit einem Wärmeeindringkoeffizienten von 1118 J/(m^2·K·$s^{0,5}$) und einer sommerlich wirksamen Wärmemenge von 2778 Wh/(m^2·a). Damit dreht sich die Platzierung der Leistungsfähigkeit in der Untersuchung ab einer Dicke von 9 cm. Es sind weitere Eigenschaften wie die Wärmeleitfähigkeit wichtig, die bei den geringen Plattendicken noch keine Rolle spielten.

Plattendicke 18 cm

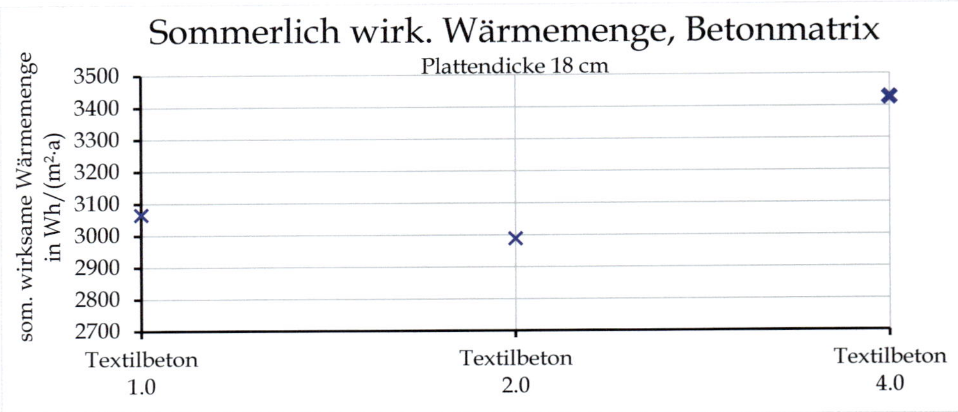

Abbildung 129: Sommerlich wirksame Wärmemenge unterschiedlicher Betone mit einer Dicke von 18 cm

Die Anordnung bleibt gegenüber der Plattendicke von 9 cm unverändert, wenn die Plattendicke 18 cm beträgt. Jedoch erfährt die Textilbetonplatte 4.0 im Vergleich zu den beiden anderen Mischungen einen überproportionalen Zuwachs. Dies liegt an der deutlich größeren periodischen Wärmeeindringtiefe von 19,6 cm über einen Tag. Dagegen erfahren die Mischungen 1.0 und 2.0 mit einer periodischen Eindringtiefe von 12,6 cm und 11,1 cm bei der Erhöhung der Plattendicke von 9 cm auf 18 cm nur noch geringe Zuwächse. Das liegt daran, dass die Wärme die Tiefe von 18 cm bei diesen Mischungen im Tages-/Nachtzyklus nicht mehr erreicht. Dennoch verzeichnen sie auch leichte Zuwächse. Sie stammen zum Großteil aus den kühleren, tieferen Wandtemperaturen, die über die wöchentliche periodische Eindringtiefe entstehen (siehe Abbildung 113). Für sehr dicke Wandkonstruktionen weist damit der Textilbeton 4.0 das größte Potential auch, weil er große Wärmemengen schnell in tiefere Wandbereiche transportieren kann. Für dünne Betonplatten bietet jedoch der Textilbeton 2.0 das größte Potential, da hier die Wärmeleitfähigkeit nicht maßgebend ist.

4.2.3.4 Vergleichskriterium Schichtdicke der Textilbetonplatte

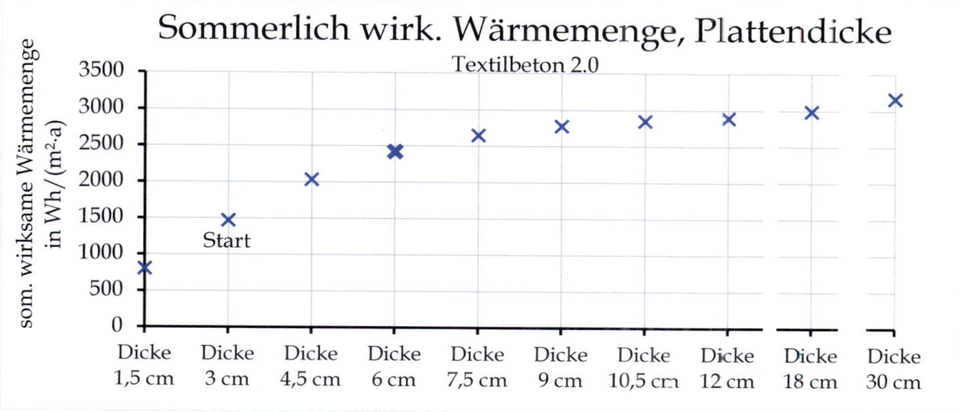

Abbildung 130: Sommerlich wirksame Wärmemenge unterschiedlicher Schichtdicken der Textilbetonmischung 2.0

In Abbildung 130 wird der Einfluss unterschiedlicher Schichtdicken der Textilbetonplatte 2.0 deutlich. Die im ersten Schritt ausgewählte Textilbetonmatrix 2.0 bildet den Startpunkt für diese Untersuchungsreihe. Wie erwartet nimmt mit zunehmender Plattendicke die Leistungsfähigkeit als sommerlich wirksame Wärmemenge (passive Kühlenergie) zu. Dabei spielt, wie bereits im vorherigen Abschnitt beschrieben, die im Tageszyklus eindringende periodische Eindringtiefe der Wärmewelle (hier 11,1 cm von TB 2.0) eine entscheidende Rolle. Bis zu dieser Plattendicke nimmt die Leistungsfähigkeit deutlich zu, auch wenn sie sich von 9 bis 12 cm stark der Geraden angleicht. Die beiden letzten Sprünge von der Plattendicke von 12 cm auf 18 cm und auf 30 cm erfolgten nur durch die im Wochenzyklus endringende periodische Eindringtiefe der Wärmewelle von 29,2 cm bei der Textilbetonmatrix 2.0. Dieser kühlere, hintere Wandbereich wirkt dämpfend auf den vorderen. Wird allerdings der Anteil dieses hinteren Wandbereiches verglichen, so ist zu sehen, dass diese Leistungsfähigkeit für die Überhitzung im Tageszyklus eher untergeordnet erscheint.

Ebenso einen geringen Leistungszuwachs weist der Bereich von 6 cm bis 12 cm auf. Da in dieser Arbeit die Reduzierung der Baukonstruktionsdicke eine übergeordnete Wichtigkeit besitzt, wird die Dicke von 6 cm ausgewählt. Eine Plattendicke von 9 cm könnte ebenfalls noch in Betrachtung kommen. Danach sind die Zuwächse der Leistungsfähigkeit als sehr gering zu bezeichnen.

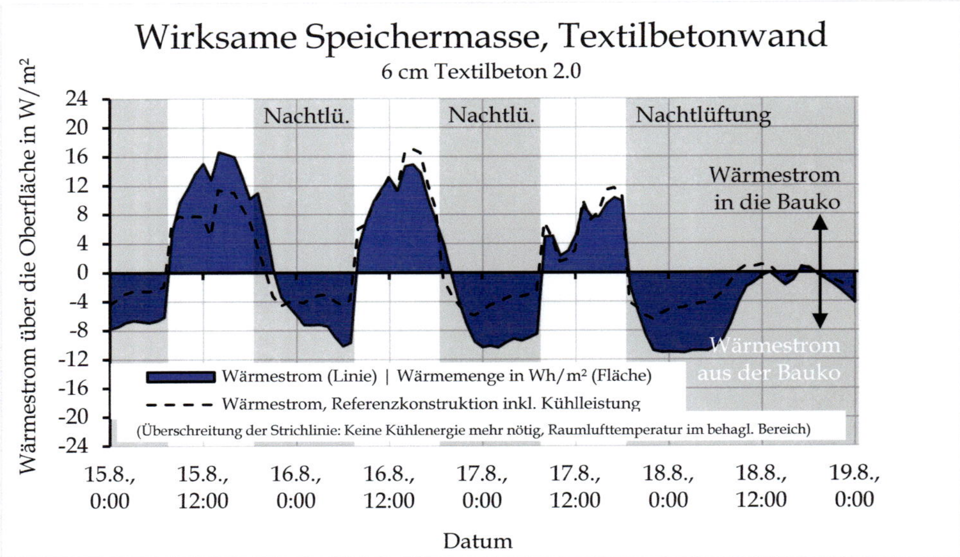

Abbildung 131: Wirksame Speichermasse der Textilbetonwand 2.0 mit einer Plattendicke von 6 cm im Vergleich zur Soll-Linie (Referenzkonstruktion inkl. Kühlleistung)

Dass die Plattendicke von nur 6 cm eine ausreichende Leistungsfähigkeit in Bezug auf die wirksame Speichermasse aufweist, ist sehr gut an der Abbildung 131 zu erkennen. Es wird der Wärmestrom über die Oberfläche der Textilbetonwand 2.0 an den Sommertagen mit den höchsten Lasten aufgezeigt im Vergleich zur Referenzkonstruktion inkl. Kühlleistung (schwarz gestrichelte Linie).

Die Textilbetonwand 2.0 verfügt über eine periodische Wärmeeindringtiefe im Tag-/Nachtzyklus von 11,1 cm (siehe Kapitel 3.4). Da es sich um eine Baukonstruktion handelt, bei der die aktivierbare Dicke von 6 cm in etwa die halbe periodische Wärmeeindringtiefe von 11,1 cm beträgt, sind nach DIN EN ISO 13786:2018-04 kleine Schichtdicken vorhanden (siehe Kapitel 3.3). Damit rückt der Parameter der Wärmeleitfähigkeit in den Hintergrund. Es dominieren die für die volumetrische Wärmekapazität wichtigen Parameter der Wärmekapazität und der Dichte.

Die volumetrische Wärmekapazität (spezifische Wärmekapazität · Dichte) der Textilbetonwand 2.0 beträgt 1677 J/(dm³·K). Sie ist damit deutlich leistungsstärker als die der Referenzkonstruktion aus Gipskarton mit 1360 J/(dm³·K) und auch die der Holzwand mit 618 J/(dm³·K). Zwar besitzen die Gipskartonplatten eine deutlich höhere Wärmekapazität mit 1826 J/(kg·K) als Textilbeton 2.0 mit 880 J/(kg·K), jedoch weisen die Gipskartonplatten mit 745 kg/m³ eine deutlich geringere Dichte als der Textilbeton mit 1906 kg/m³ auf. In Multiplikation verursacht damit die hohe Dichte die deutlich besseren Eigenschaften in Bezug auf die volumetrische Wärmekapazität beim Textilbeton 2.0.

An allen Wochentagen wird die gestrichelte Linie erreicht, wenn auch am 16. und 17. August nur knapp, d. h. die erforderliche wirksame Speichermasse, um auf Kühlenergie zu verzichten, kann in etwa erbracht werden. Diese Baukonstruktion wird daher ohne zusätzliche Gebäudetechnik in der Nutzungszeit auskommen. Dennoch kann es in einzelnen Stunden zu Übertemperaturstunden oberhalb von 27 °C (operative Temperatur) nach DIN EN ISO 7730:2006-05 kommen. Um dies zu vermeiden, muss die 6 cm dicke Textilbetonplatte 2.0 weiter verbessert werden.

Am 15. August erreicht die Textilbetonkonstruktion 2.0 die gestrichelte Linie. Damit kann an diesem Tag die wirksame Speichermasse erbracht werden, um auf die Kühlenergie verzichten zu können. Am 16. und 17. August kann das jeweils nur knapp erreicht werden. Am 16. August können aber immerhin 117 Wh/m² aufgenommen werden. Im Vergleich kann die nur 3 cm dicken Textilbetonplatte 2.0 im selben Zeitraum nur 88 Wh/m² aufnehmen. Das sind auch deutlich höhere Werte als bei der Holzwand mit 55 Wh/m², der Porenbetonwand mit 65 Wh/m² oder der Referenzkonstruktion aus Gipskarton mit 58 Wh/m². Im Vergleich zur massiven Altbauwand (118 Wh/m²) liegt die 6 cm dicke Textilbetonplatte 2.0 etwa auf gleicher Höhe.

In den Nächten kann die aufgenommene Wärmemenge gut abgegeben werden. In der Nacht vom 16. zum 17. August sind das 94 Wh/m². Die Textilbetonplatte 2.0 mit einer Dicke von 3 cm kann im selben Zeitraum nur 76 Wh/m² abgeben. Damit liegt dieser Wandaufbau deutlich vor der Holzwand (Wärmeabgabe: 46 Wh/m²), der Referenzkonstruktion aus Gipskarton (Wärmeabgabe: 50 Wh/m²) sowie auch vor einigen Massivkonstruktionen wie der Altbauwand (Wärmeabgabe: 50 Wh/m²).

Am 15. August überschreitet der Wärmestrom die gestrichelte Linie, womit die Temperaturen in den meisten dargestellten Nutzungsstunden innerhalb des Behaglichkeitsbereichs nach DIN EN ISO 7730:2006-05 liegen. Dagegen berührt der Wärmestrom am 16. und 17. August die gestrichelte Linie nur leicht. Damit wird der Behaglichkeitsbereich nur in einzelnen Stunden verfehlt.

Im Vergleich mit den Leichtbaukonstruktionen mit dünner Schichtdicke, zu denen die Holzwand (2 cm Fichte) und die Gipskartonwand (2,5 cm) zählen, schneidet die Textilbetonwand 2.0 mit einer Dicke von 6 cm deutlich besser ab. Dies liegt nicht nur an der geringfügig größeren Plattendicke, sondern auch an den günstigeren Eigenschaften der volumetrischen Wärmekapazität.

Im Vergleich zu den Massivkonstruktionen wie der Porenbeton- und der Altbauwand mit CS-Innendämmung liegt die 6 cm Textilbetonplatte 2.0 klar vorn und mit der Altbauwand sogar auf gleicher Höhe. Die Leistungsfähigkeit der Kalksandsteinwand, der Ortbetonwand und Betonfertigteilwand wird nicht ganz erreicht.

4.2.3.5 Vergleichskriterium konstruktive (Kühl-)Rippen in der Textilbetonplatte, Rippentiefe

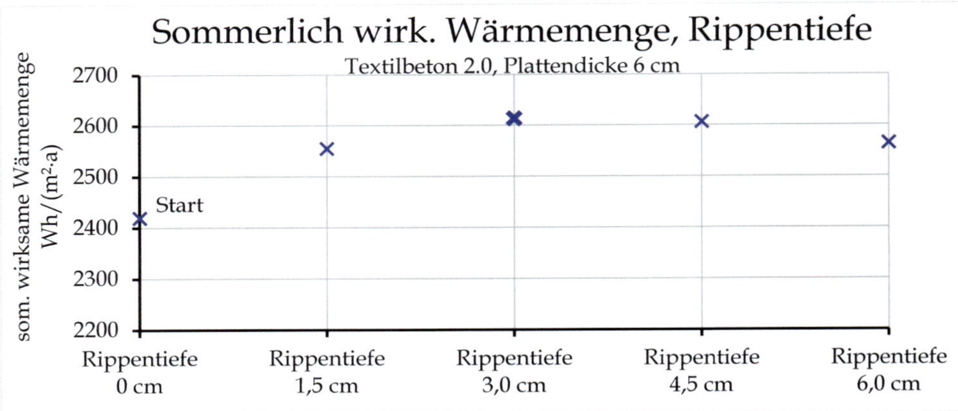

Abbildung 132: Sommerlich wirksame Wärmemenge unterschiedlicher Rippentiefe in der Textilbetonplatte 2.0

Um die Leistungsfähigkeit für die sommerlich wirksame Wärmemenge (passive Kühlenergie) weiter zu steigern, soll die Einbringung von konstruktiven (Kühl-)Rippen untersucht werden. Beginnend bei der im vorherigen Schritt untersuchten 6 cm dicken Textilbetonplatte 2.0 (siehe Abbildung 132, Start bei Rippentiefe 0 cm). Als Ausgangsbasis wird eine massive Rippenbreite in der Ansicht der Baukonstruktion von 10,5 cm und eine Breite des Ausschnittes von 1,5 cm gewählt. Damit wird ein Achsabstand von 12 cm zwischen den Rippen erzeugt. Untersucht werden unterschiedliche Einschnitttiefen in die Textilbetonplatte 2.0.

Der Ausgangsfall (0 cm Rippentiefe = keine Rippen) weist nur eine sommerlich wirksame Wärmemenge von 2419 Wh/(m²·a) auf. Mit einer Rippentiefe von 3 cm kann sie auf einen Wert von 2613 Wh/(m²·a) gesteigert werden. Grund ist die schnellere Eindringgeschwindigkeit der Wärmewelle, die in den wenigen Überhitzungsstunden innerhalb sehr kurzer Zeit erfolgen und die Wärmemenge in der Nacht wieder an die Nachtlüftung ebenfalls schnell abgeben muss. Die geringe Wärmeleitfähigkeit der Textilbetonmatrix 2.0 mit 0,745 W/(m²·K) verstärkt die prozentuale Anhebung gegenüber der normalen Platte ohne Rippen, da die Wärme hier noch länger zum Eindringen benötigt. Ab einer Rippentiefe von 4,5 cm lässt dieser Effekt deutlich nach, da die Masse unter dem 1,5 cm breiten Ausschnitt zu klein ist und bei einer Tiefe von 6 cm sogar auf 0 sinkt. Hier können die auf 6 cm vergrößerten Rippenseiten den Wegfall der Grundplatte unter dem 1,5 cm Ausschnitt nicht kompensieren.

4.2.3.6 Vergleichskriterium konstruktive (Kühl-)Rippen in der Textilbetonplatte, Rippenbreite

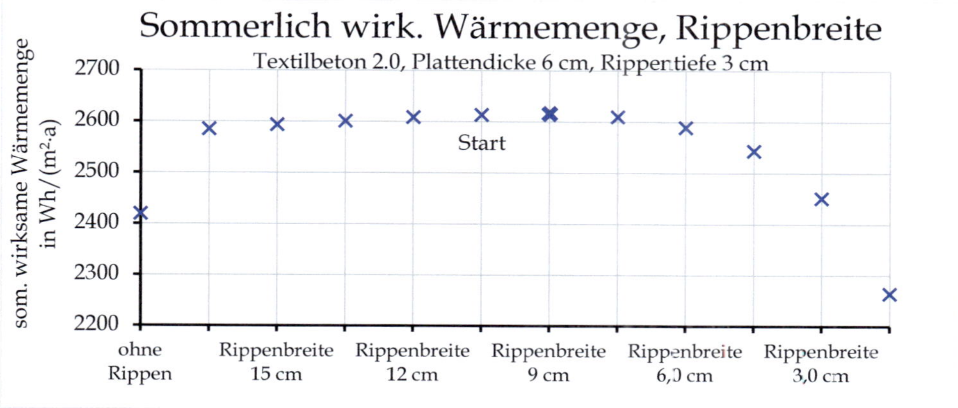

Abbildung 133: Sommerlich wirksame Wärmemenge unterschiedlicher Rippenbreiten in der Textilbetonplatte 2.0

In der Abbildung 133 ist die Textilbetonplatte 2.0 mit einer Dicke von 6 cm und einer Rippentiefe von 3 cm dargestellt. In diesem Vergleich soll die optimale Rippenbreite untersucht werden, beginnend mit der Rippenbreite von 10,5 cm (markiert mit „Start" in der Abbildung 133 und der Bezeichnung „Rippenbreite 10,5 cm"). Neben der Rippe befindet sich immer der 1,5 cm breite und 3 cm tiefe Ausschnitt in der Platte. Daraus resultiert ein Achsabstand von 12 cm (10,5 cm + 1,5 cm).

Der Ausgangsfall (Start mit Rippenbreite 10,5 cm) weist eine sommerlich wirksame Wärmemenge von 2615 Wh/(m^2·a) auf. Es ist erkennbar, dass dieser Wert deutlich oberhalb der Textilbetonplatte ohne Rippen liegt. Wird die Rippenbreite beginnend vom Ausgangswert 10,5 cm vergrößert, so fällt die sommerlich wirksame Wärmemenge deutlich ab, bis sie irgendwann die ungestörte Platte ohne Rippen erreicht (2419 Wh/(m^2·a)). Wird die Rippenbreite hingegen um weitere 1,5 cm verkleinert, steigt die sommerlich wirksame Wärmemenge auf ihr Optimum von 2615 Wh/(m^2·a) an. Danach fällt sie stark bis zur Rippenbreite von 1,5 cm ab. Diesen schlanken Rippen fehlt die Bauteilmasse. Die optimalen 9 cm können von beiden Seiten aus den Rippenausschnitten mit der Wärmewelle belade werden. Ist die Platte etwas dicker als 6 cm, sinkt die Rippentiefe auf ein Optimum von 4,5 cm. Da aber die Baustoffmasse hinter dem Rippenausschnitt zu klein ist, bleibt die optimale Rippentiefe bei 3 cm.

4.2.3.7 finale Variante - inkl. Einfluss der Wärmeleitfähigkeit

Nach Auswertung der oberen Punkte steht die finale Konstruktionsvariante der Textilbetoninnenplatte fest. Im Folgenden wird der Zusammenhang zwischen der Wärmeleitfähigkeit und der vergrößerten Oberfläche durch die konstruktiven Rippen erklärt.

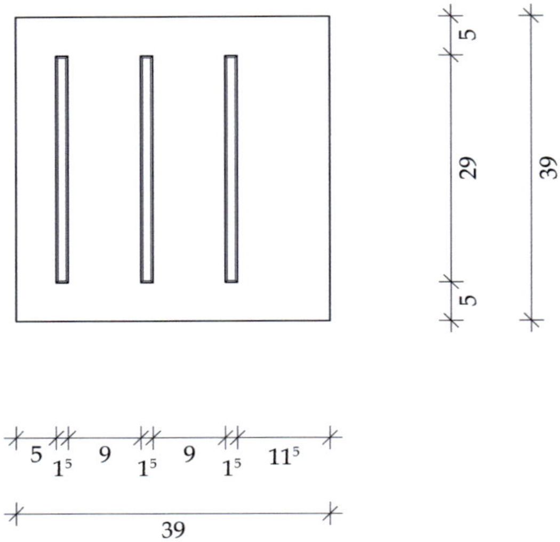

Abbildung 134: Ansicht Baukonstruktion, finale Variante

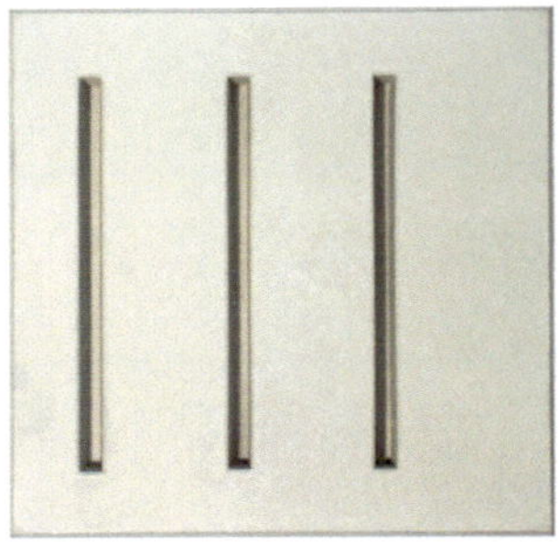

Abbildung 135: Ansicht Modellbauteil, finale Variante

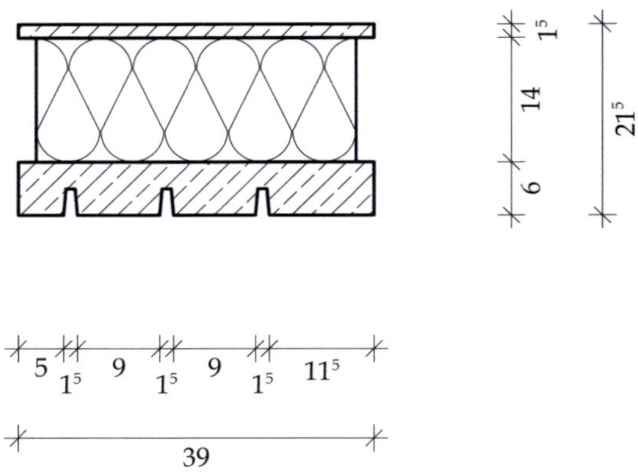

Abbildung 136: Schnitt Baukonstruktion, finale Variante

Abbildung 137: Perspektive Modellbauteil, finale Variante

Einfluss der Wärmeleitfähigkeit auf die finale Variante

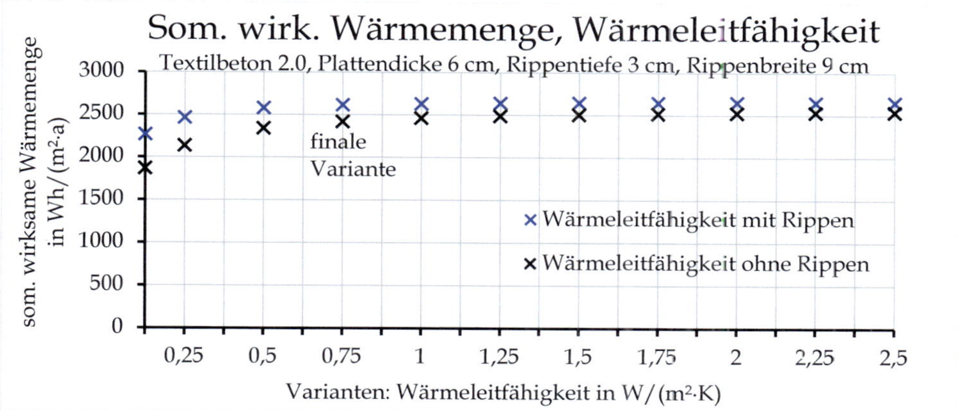

Abbildung 138: Sommerlich wirksame Wärmemenge unterschiedlicher Wärmeleitfähigkeiten in der finalen Textilbetonplatte 2.0

Die Abbildung 138 zeigt die unterschiedlicheren Zusammenhang zwischen unterschiedlichen Wärmeleitfähigkeiten und der Ordinate sommerlich wirksamen Wärmemenge. Dargestellt wird jeweils die Konstruktion mit der ausgewählten Rippengeometrie der finale Variante (blaues Kreuze) und der ohne Rippen als normale Platte (schwarze Kreuze). Die bereits beschriebene finale Variante hat eine Wärmeleitfähigkeit von 0,75 W/(m²·K). Ausgehend von dieser Matrix wurde die Wärmeleitfähigkeit angehoben oder abgesenkt.

Es ist zu erkennen, dass sich sowohl die Variante mit Rippen als auch die ohne Rippen sich einer Linie mit konstantem y-Wert annähern. Im Bereich geringer Wärmeleitfähigkeiten ist der erzielte Effekt durch die Rippenkonstruktion sehr hoch (21 % bei 0,125 W/(m²·K)). Dieser Prozentsatz verringert sich mit zunehmender Wärmeleitfähigkeit stetig (10 % bei 0,5 W/(m²·K) und 8 % bei 0,75 W/(m²·K)) und nähert sich bei einer Wärmeleitfähigkeit von 2,5 W/(m²·K) an.

Es wird deutlich, dass in den betrachteten 228 h, in denen Kühlenergie nötig wäre, die Eindringgeschwindigkeit der Wärmewelle eine Rolle spielt. Die primär zuständigen Effekte bei dünnen Platten bleiben dennoch die volumetrische Wärmekapazität (aus Dichte und spezifischer Wärmekapazität). Die Eindringgeschwindigkeit der Wärmewelle kann entweder über die Vergrößerung der Oberfläche oder die Anhebung der Wärmeleitfähigkeit umgesetzt werden. Es zeigt sich, dass der Wert der finalen Variante mit der Rippenkonstruktion (2615 Wh/(m²·K)) auch durch die Erhöhung der Wärmeleitfähigkeit erreicht werden kann. Das wird mit der zunehmenden Wärmeleitfähigkeit an den steigenden schwarzen Kreuzen im Diagramm deutlich. Liegen also geringe Wärmeleitfähigkeiten bei Baustoffen vor, kann die Einbringung von konstruktiven Kühlrippen ein Mittel sein, um ähnlich hohe Ergebnisse zu erreichen wie durch die Erhöhung der Wärmeleitfähigkeit.

Bei einer Fichtenplatte mit einer Wärmeleitfähigkeit von 0,13 W/(m·K) wird bei der ungestörten Platte 1101 Wh/(m²·K) sommerlich wirksamer Wärmemenge erreicht. Durch die Einbringung von Rippen erhöht sich dieser Wert auf 1143 Wh/(m²·K). Das sind etwa 4 % Zuwachs durch die Rippen. Eine ungestörte Gipskartonplatte mit einer Wärmeleitfähigkeit von 0,177 W/(m·K) erreicht eine sommerlich wirksame Wärmemenge von 1583 Wh/(m²·K). Durch die Rippen erhöht sich dieser Wert auf 1777 Wh/(m²·K). Das sind etwa 12 % Zuwachs durch die Rippen. Dennoch liegt auch mit Rippen die Leistungsfähigkeit der Fichten- und Gipskartonplatte zur Vermeidung sommerlicher Überhitzung deutlich unter der Textilbetonplatte 2.0. Das Potential zur Einbringung von Rippen ist allerdings bei Holz oder Gipskartonplatten noch höher und damit im Innenraum immer empfehlenswert.

Unabhängig vom Werkstoff können durch konstruktive Rippen die passiven Speichermassen zur Vermeidung der sommerlichen Überhitzung erhöht werden. Am deutlichsten ist dies bei Werkstoffen mit hoher volumetrischer Wärmekapazität und geringer Wärmeleitfähigkeit wie Textilbeton 2.0 ausgeprägt.

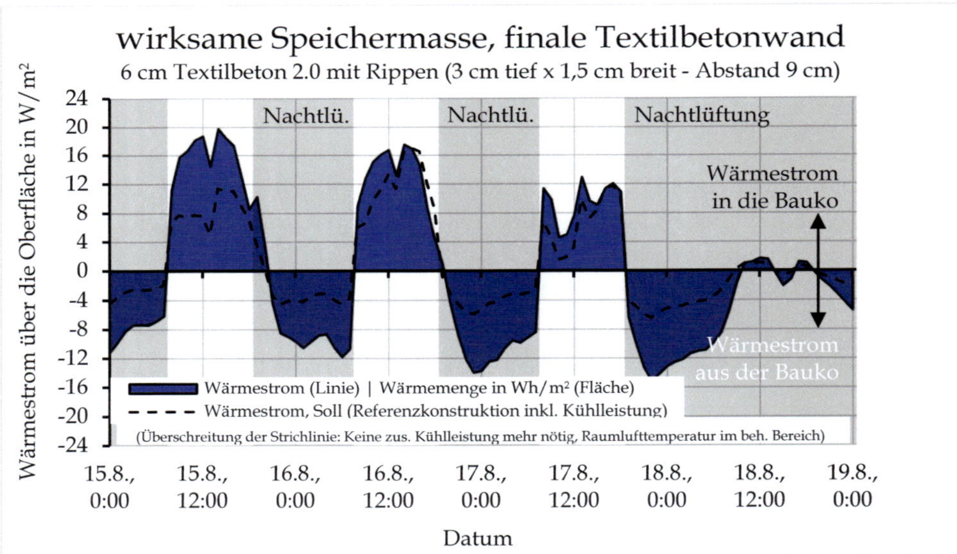

Abbildung 139: Wirksame Speichermasse der Textilbetonwand 2.0 als finale Variante im Vergleich zum Soll-Wärmestrom

In Abbildung 139 sind die Wärmeströme und Wärmemengen über die Oberfläche des finalen Textilbetonbauteils dargestellt. An allen Wochentagen wird die gestrichelte Linie deutlich überschritten, d. h. die erforderliche wirksame Speichermasse, um auf Kühlenergie zu verzichten, kann erbracht werden. Diese Baukonstruktion wird ohne zusätzliche Gebäudetechnik oder Behaglichkeitseinbußen in der Nutzungszeit auskommen. Am 16. August können 145 Wh/m² aufgenommen werden. Das sind deutlich höhere Werte als bei der Altbauwand mit 118 Wh/m² oder der Referenzkonstruktion aus Gipskarton mit 58 Wh/m².

In der Nacht zum 17. August kann eine Wärmemenge von 125 Wh/m² abgegeben werden. Diese kann durch eine Erhöhung der Luftwechselrate der Nachtlüftung weiter gesteigert werden. Dennoch verfügt die Konstruktion über ausreichend Reserven, um in den beiden Folgetagen (Donnerstag, Freitag) eine ausreichende Wärmesenke darzustellen. Vollständig regeneriert sich die Baukonstruktion dann am Wochenende, wenn die gesamte Wärme wieder abgeben kann.

An allen Wochentagen überschreitet der Wärmestrom deutlich die gestrichelte Linie. Damit liegen die Temperaturen in den meisten dargestellten Nutzungsstunden innerhalb des Behaglichkeitsbereichs nach DIN EN ISO 7730:2006-05. Es werden keine zusätzlichen passiven oder aktiven Maßnahmen zur Reduktion der Raumtemperatur erforderlich.

4.2.4 Zusammenfassung wirksame Speichermasse

In diesem Kapitel wurde die wirksame Speichermasse von dünnen Textilbetonplatten im Vergleich zu konventionellen Baukonstruktionen aufgezeigt. Zudem konnte die Textilbetonkonstruktion im Rahmen einer Variantenbetrachtung zur Optimierung von baukonstruktiv-bauphysikalischen Eigenschaften weiterentwickelt werden, um die idealen Eigenschaften der Innenplatte zu bestimmen.

Im Ergebnis konnte aufgezeigt werden, dass die nur 6 cm dicke Textilbetonplatte aus der Betonmischung 2.0 mit Rippen (finale Variante, 145 Wh/m²) die Leistungsfähigkeit im Vergleich zu Massivwänden wie die Altbauwand (118 Wh/m²) und die Porenbetonwand (65 Wh/m²) übertrifft. Vergleichskonstruktionen aus Leichtbauwänden wie die Holzwand (57 Wh/m²) oder die Gipskartonwand (Referenz, 58 Wh/m²) konnten sogar deutlich übertroffen werden. Die 6 cm dicke Textilbetonplatte 2.0 (finale Variante) erreicht eine ähnliche Leistungsfähigkeit die Kalksandsteinwand (155 Wh/m²) und der Betonfertigteilwand (146 Wh/m²). Lediglich die wesentlich dickere Ortbetonwand (181 Wh/m²) erreicht höhere Leistungsfähigkeiten als die Textilbetonwand 2.0 mit Rippen.

Um diese Leistungsfähigkeit zu erzielen, musste die Textilbetonwand und speziell die Textilbetoninnenplatte allerdings im Rahmen einer Variantenbetrachtung zur Optimierung von baukonstruktiv-bauphysikalischen Eigenschaften weiterentwickelt werden. Mit Hilfe dieser Variantenbetrachtung wurden die optimalen Eigenschaften bezüglich Mischung, Plattendicke und Rippengeometrie ermittelt. Dabei konnte gezeigt werden, dass die ideale Betonmischung die Textilbetonmischung 2.0 ist und die ideale Rippengeometrie bei einer 6 cm dicken Platte bei 3,0 cm x 1,5 cm Rippeneinschnitt liegt, die sich im Abstand von 9 cm zueinander befinden. Zudem wurde ersichtlich, dass die zusätzlichen Rippen sehr effizient sind, wenn die volumetrische Wärmekapazität eines Baustoffes hoch ist und die dazugehörige Wärmeleitfähigkeit niedrig ausfällt, wie es bei Textilbeton der Fall ist.

Das mögliche passive Kühlenergiepotential der finalen Variante im Jahresgang beträgt in den 228 Überhitzungsstunden 2615 Wh/($m^2 \cdot a$)) bezogen auf die massiven Wandflächen des Modellraums. Damit fällt das Potential über das Jahr auch höher aus als bei der Altbauwand mit 2394 Wh/($m^2 \cdot a$) oder der Referenzkonstruktion aus Gipskarton mit 979 Wh/($m^2 \cdot a$). Nötig wären 2109 Wh/($m^2 \cdot a$), um weitestgehend ohne Kühlenergie auszukommen. Übertroffen werden die Werte der finalen Variante nur von der Kalksandsteinwand oder beiden Normalbetonwänden.

Die Hypothese 1:" („Mittels integraler Gebäudeplanung unter Einsatz von Fassadenelementen aus Textilbeton können die Primärenergiemengen in der Betriebsphase reduziert werden. So kann im mitteleuropäischen Klima vollständig auf Kühlenergie in der Nutzung verzichtet werden.") kann als verifiziert angesehen werden, da die finale Variante ein deutlich höheres passives Kühlenergiepotentail aufweist als die meisten konventionellen Baukonstruktionen.

Damit kann auch der Forschungsfrage („Leisten Leichtbaukonstruktionen aus Textilbeton einen ähnlichen Beitrag zum sommerlichen Wärmeschutz wie konventionelle Baukonstruktionen?") zugestimmt werden. Einige der konventionellen Konstruktionen können von der Textilbetonwand sogar deutlich übertroffen werden. Ein Umdenken hin zu Leichtbaukonstruktionen mit sehr guten bauklimatischen Eigenschaften hat bereits begonnen. Ein Kooperationsprojekt zum Aufbau von Modellgebäuden befindet sich zur Abgabe dieser Arbeit in Fertigstellung (siehe Kapitel 5.1.4).

4.3 Dauerhaftigkeit

Die Dauerhaftigkeit ist die zweite Eigenschaft, auf die alle vorgestellten Baukonstruktionen untersucht werden. Aus den Zusammenhängen werden dann innerhalb dieses Kapitels optimierte Textilbetonfassaden entwickelt.

4.3.1 Grundlagen und Methodik im Kapitel

Für eine gute Energiebilanz über den Lebenszyklus sollen Baukonstruktionen neben wenig grauer Energie auch eine möglichst lange Nutzungsdauer aufweisen. Dazu ist es erforderlich, dass die entworfene Baukonstruktion eine hohe Dauerhaftigkeit gegenüber dem Außenklima aufweist. Die Dauerhaftigkeit eines Baustoffes hängt u. a. von der Eisbildung in seiner Porenstruktur und den dadurch verursachten Schädigungsmechanismen ab. Man spricht in diesem Zusammenhang vom Frost-Tau-Widerstand (FTW) sowie vom Frost-Tausalz-Widerstand (FTSW). In dieser Arbeit werden nur die hygrothermischen Eigenschaften des Baustoffes sowie die klimatischen Randbedingungen untersucht und nicht das verursachte Abwitterungsverhalten des Baustoffes. Da FTW und FTSW primär vom Frost-Tau-Angriff, d. h. den Klimabedingungen des Standorts durch äußere Einflüsse, sowie von den hygrothermischen Baustoffeigenschaften abhängen, kann eine qualitative Aussage über den Widerstand getroffen werden.

Die Untersuchung verdeutlicht, welchen Einfluss die unterschiedlichen Baustoffe sowie die unterschiedlichen Baukonstruktionen auf den Frost-Tau-Angriff haben. Die Einflussgrößen werden durch die Baustoffzusammensetzung, durch technologische Einflüsse und durch äußere Einflüsse bestimmt. (Stark & Wicht, 2013) Die vollständigen Grundlagen können unter Kapitel 2.7 nachgelesen werden.

4.3.1.1 Hypothese 2

Beziehung zur Gesamtmethodik der Arbeit

Übergeordnete These: Gebäudehüllen aus Textilbeton sind leichter als massive, konventionelle Baukonstruktionen, besitzen aber mindestens die gleiche hygrothermische Leistungsfähigkeit. Nachteilige Aspekte des Leichtbaus auf das Raum- oder Oberflächenklima oder die Dauerhaftigkeit können damit widerlegt werden.

Hypothese 2: Unter Verwendung angepasster Textilbetonmatrices kann die Dauerhaftigkeit der leichten Baukonstruktionen gesteigert und damit die Lebensdauer verlängern werden. Eine Strukturschädigung durch Frost-Tau-Wechsel kann in diesen Baukonstruktionen ausgeschlossen werden.

Wie soll die Hypothese 2 nachgewiesen werden?

Die Kenntnis von hygrothermische Effekten ist bei der Entwicklung von neuen Fassaden sehr wichtig, um die von der Eisbildung erzeugten Schädigungsmechanismen in der Baukonstruktion so gering wie möglich zu halten und damit ihre Dauerhaftigkeit zu erhöhen.

Die bestimmende Zielgröße ist die gebildete Eismasse in den unterschiedlichen Porenfraktionen. Eine Prüfung der Frost-Tau-Wechsel über den Querschnitt der Baukonstruktion gibt dabei Auskunft über den Ort, an dem eine mögliche Schädigung eintreten kann. Eine kleine Eismasse in sehr kleinen Poren ist meist ungefährlich. Dagegen sind große Eismassen in größeren Porenfraktionen ein Indiz für mögliche Schädigungen. Eine kleine Kapillarporenfraktion (30 nm bis 0,1 mm) reduziert dieses Problem, da Feuchtetransportmechanismen verringert werden, sowie eine erhöhte Zugfestigkeit des Baustoffes, da mögliche Drücke durch das Eis schadfrei aufgenommen werden können.

Der Nachweis erfolgt mit der Software DELPHIN und den charakterisierten Baustoffdatensätzen. (Nicolai & Grunewald, 2017) Ziel ist, dabei das Schadrisiko aller Konstruktionen anhand der hygrothermischen Werte einzuschätzen. Ob es wirklich zur Schädigung kommt, kann nicht quantifiziert werden, da hierzu eine weitere mechanische Simulation erforderlich wäre. Es kann aber das Risiko anhand der Vergleichskonstruktionen qualitativ eingeschätzt werden.

Im Kapitel 4.3.3 zur Variantenbetrachtung zur Optimierung des Kapillarporendesigns soll deutlich werden, welchen Einfluss der Ingenieur auf den Entwurf mit seinen Baustoff-, Baukonstruktions- und damit Baukörpereigenschaften nehmen kann. Ziel des Kapitels ist die Entwicklung einer optimierten Baustoff-/Betonmatrix, die einen hohes qualitatives FTW-Potential aufweist, also das Definieren und Anpassen der Porenstruktur, die für hygrothermische Transportvorgänge verantwortlich ist (siehe Kapitel 4.3.3). Final soll auf dieser Grundlage eine Betonmischung entworfen werden, die den definierten Ansprüchen genügt.

4.3.1.2 Übersicht aus Zielgrößen und Werkzeugen

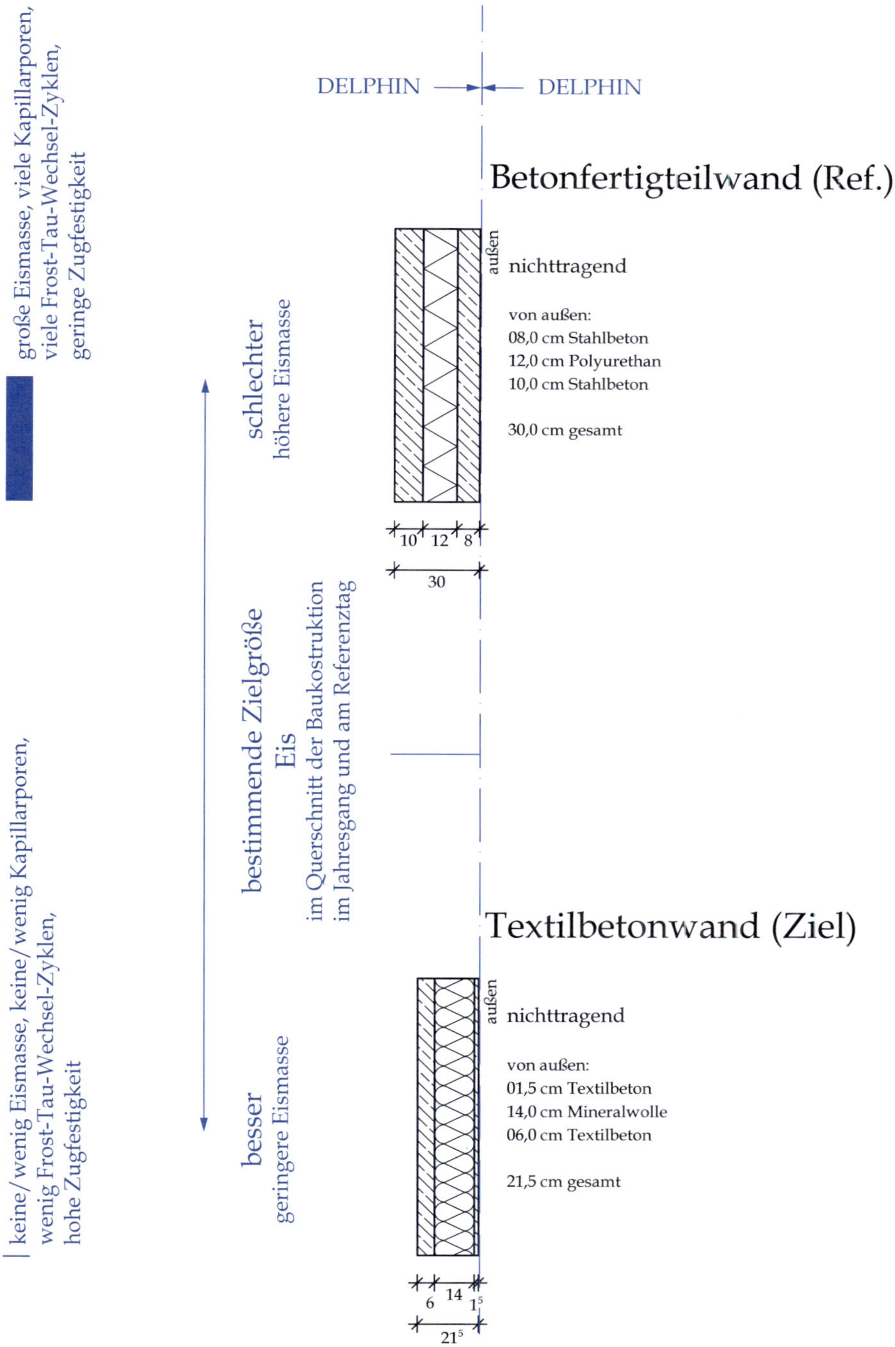

Abbildung 140: Übersicht der Zielgrößen und Werkzeuge, Dauerhaftigkeit

4.3.1.3 Simulationswerkzeug: DELPHIN

Die Simulationen wurden mit der hygrothermischen Software DELPHIN durchgeführt. Betrachtet wurde dabei immer das zweite Jahr, um Einschwingprozesse in ersten Jahr auszuschließen. Alle Ergebnisse wurden mit dem im Kapitel 3 aufgeführten Baustoffe errechnet, sodass alle Ergebnisse nachvollziehbar sind. Als konstruktive Grundlagen dienen die in Kapitel 4.1 beschriebenen Baukonstruktionen. Als Wetterdaten wurde der Datensatz des Testreferenzjahres Potsdam verwendet, der in Kapitel 2.3 beschrieben ist.

4.3.2 Auswertungswerkzeuge: Baukonstruktionsvergleich

Der Baukonstruktionsvergleich soll die Leistungsfähigkeit von konventionellen Baukonstruktionen im Vergleich zu den neuen Textilbetonkonstruktionen aufzeigen. Dabei werden jene Baukonstruktionen, die unter Kapitel 4.1 beschrieben sind, verwendet. Als Wetterdaten dient das Referenzklima Potsdam. Um Einschwingprozesse auszuschließen, wurde das zweite Simulationsjahr für die Auswertung verwendet.

Die Auswertung erfolgte dabei mit der Software DELPHIN vom Institut für Bauklimatik der TU Dresden sowie angeschlossener Tabellenkalkulation zur Überarbeitung der Visualisierungen (Nicolai & Grunewald, 2017).

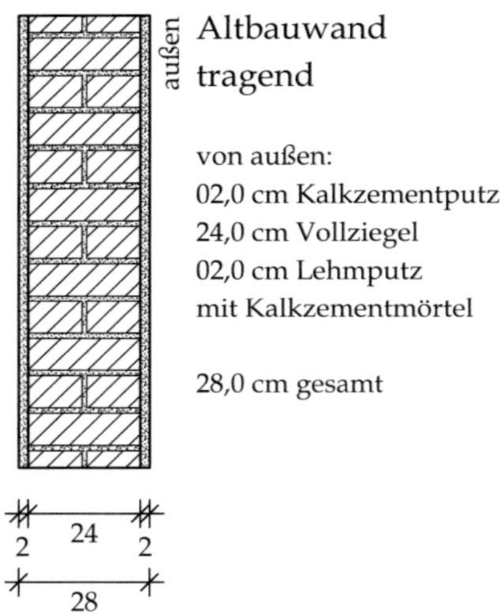

Abbildung 141: Modellhafter Wandquerschnitt

In ist ein modellhafter Wandquerschnitt dargestellt. Auf der rechten Bildseite befindet sich dabei die Außenseite. Diese bildet die Westseite eines Gebäudes im Referenzklima Potsdam ab (siehe Kapitel 2.3). Das Innenklima wurde hier konstant mit 20 °C und 50 % rel. Luftfeuchtigkeit angenommen. Der Wärmeübergangswiderstand beträgt innen 0,125 $m^2 \cdot K/W$ (geringe Luftgeschwindigkeiten) und außen 0,04 $m^2 \cdot K/W$ (hohe Luftgeschwindigkeiten). Dieser Wandquerschnitt wurde in die Simulationssoftware DELPHIN eingepflegt.

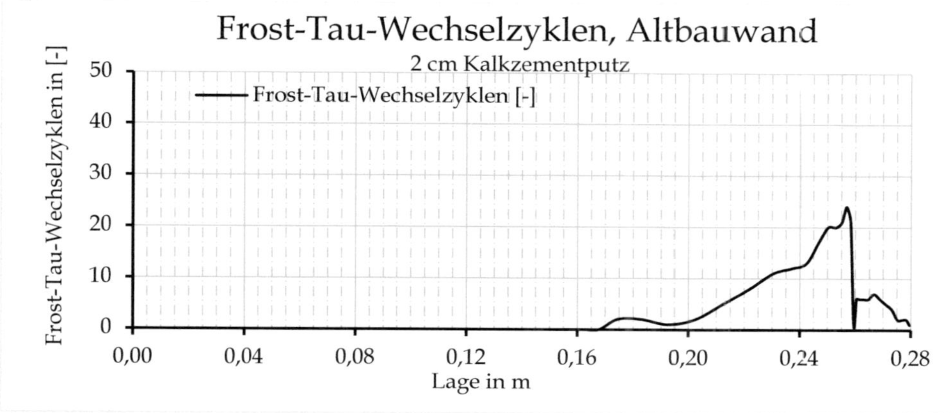

Abbildung 142: Frost-Tau-Wechselzyklen (jährlich) innerhalb eines Wandquerschnittes

In Abbildung 142 wird dieser modellhafte Wandquerschnitt auf der Abszisse von der Außenoberfläche (Diagramm rechts hier bei 0,28 m) bis zur Innenwandoberfläche (Diagramm links hier bei 0,00 m) dargestellt. Auf der Ordinate ist die Anzahl der FTW-Zyklen abgetragen, d. h. wie oft ein Teil des Porenwassers gefriert und wieder auftaut. In Deutschland liegen die FTW-Zyklen in Bauteilen bei 25 bis 90 [-] (Stark & Wicht, 2013). Im Diagramm kann abgelesen werden, an welcher Stelle im Bauteilquerschnitt die häufigsten FTW-Zyklen auftreten. Dort besteht die höchste Gefahr von Frostschäden. Oft sind das Übergangsbereiche zwischen zwei Baustoffen. Hier liegt dieser Bereich zwischen dem Kalkzementputz und dem Vollziegel der Altbauwand. Da dieser Wandquerschnitt nicht gedämmt ist, fließen große Mengen Wärme vom Innenraum (links) in Richtung des Außenraums (rechts), wodurch die inneren Schichten keinen FTW erfahren, aber die äußerste Position des Vollziegels (bei ca. 26 cm) die höchste Zahl von 24 [-] FTW-Zyklen erreicht. Die Maximalzahl ist durch den Wärmefluss stark gedrosselt. Obwohl der Kalkzementputz den höchsten Anforderungen ausgesetzt ist, weist er eine sehr geringe Zahl an FTW-Zyklen auf. Dies liegt an den Baustoffeigenschaften. Dazu erfolgt eine umfangreiche Erklärung im Kapitel 2.7.3.

Mit diesem Diagramm können Schwachstellen innerhalb der Baukonstruktion gut visualisiert werden. Ob dies wirklich kritisch ist, kann nur ein weiterer Blick auf die Porenvolumenverteilung zeigen.

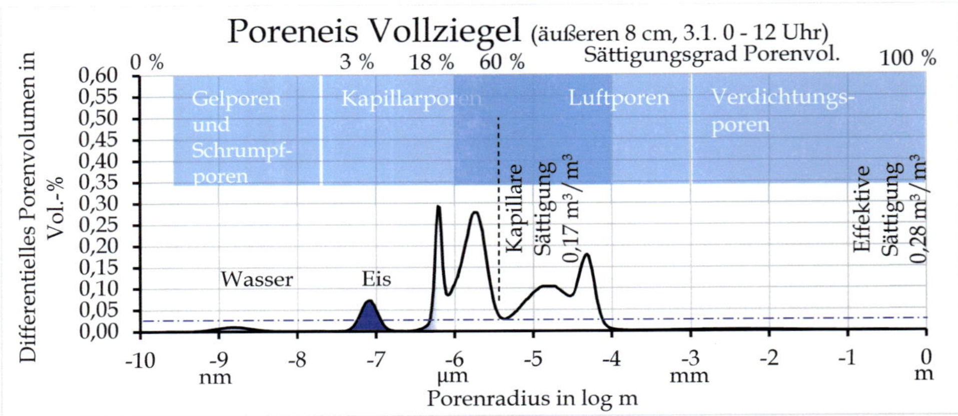

Abbildung 143: Porenvolumenverteilung mit Porensättigung eines Baustoffes am 3. Januar

Abbildung 143 zeigt eine modellhafte Porenvolumenverteilung. Dabei werden die Werte nicht kumuliert, sondern differenziell dargestellt, d. h. das vorliegende Porenvolumen wird auf den jeweiligen Porenradius verteilt, um Rückschlüsse auf die Eigenschaften herstellen zu können. Nach Rudolf Plagge ist dies der „Fingerabdruck eines Baustoffes", an dem er nicht nur erkannt werden kann, sondern auch individuell designt, also die gewünschten Baustoffeigenschaften über eine Veränderung der Porenvolumenfraktion hergestellt werden können (R. Plagge, personal communication, April 19, 2012). Auf der Abszisse sind alle Porenradien als Logarithmus von 10 aufgetragen. Daher müssen diese Werte mit 10^x potenziert werden, um den Wert in m zu erhalten. Dies vereinfacht die Darstellung, da Werte gut abgetragen und auch kleine Porenradien sichtbar werden. Zur Übersichtlichkeit wurden die Einheiten mm, µm und nm an die Achse geschrieben (Umrechnung z. B: log -6 = 10^{-6} = 0,000001 = 1 µm). Auf der Ordinate wird das differenzielle Porenvolumen in Vol.-% abgetragen, d. h., es wird dargestellt, welcher Anteil an Porenvolumen sich im Bereich der jeweiligen Porenfraktion im Vergleich zum Gesamtvolumen des Baustoffes befindet. Würde der Durchschnittswert von beispielsweise 0,028 Vol.-% x 1000 Einzelwerte auf der Ordinate berechnet, ergeben sich 28 Vol.-% = 0,28 m^3/m^3. Der Durchschnittswert (0,028 Vol.-%) ist im Diagramm mit der blauen Strichpunktlinie eingezeichnet.

Zudem sind im Diagramm die Porenvolumenfraktionen (Porenbereiche mit gleichem Porenradius) mit einer hellblauen Fläche markiert. Z. B. nehmen die Kapillarporen den Bereich von 30 nm bis 100 µm ein. Dabei überlappt sich der Bereich etwas mit den anderen Bereichen.

Auf der sekundären Abszisse ist zusätzlich der Sättigungsgrad des Porenvolumens abgetragen, d. h., das differenzielle Porenvolumen entspricht in diesem Fall 100 % und hat bei vollständiger Sättigung einen Wassergehalt von 0,28 m^3/m^3. Für die Definition der vollständigen Porensättigung (100 %) wird der Punkt der effektiven Sättigung gewählt. Zudem wurde im Labor des Instituts für Bauklimatik die kapillare Sättigung für diesen Baustoff gemessen. Sie definiert die max. Wasseraufnahme, die sich bei kurzzeitigem Wasserkontakt einstellt. Beide Messwerte sind im Diagramm eingetragen. Der Sättigungsgrad des Porenvolumens für die effektive Sättigung sowie die kapillare Sättigung sind auf der Sekundärachse der Ordinate abgetragen. Für die effektive Sättigung liegt sie bei 100 % und für die kapillare Sättigung für das Beispiel der Altbauwand bei 60 %.

Für die Auswertung wurde der 3. Januar des Referenzjahres mit dem Mittelwert von 0 Uhr bis 12 Uhr ausgewählt. Es wurde sich für diesen Tag entschieden, da am Vortrag (2. Januar) Temperaturen bis zu 2,6 °C herrschten und ein Regenereignis stattgefunden hat (mit anschließend hoher rel. Luftfeuchtigkeit). Am 3. Januar fällt die Temperatur in der ersten Tageshälfte bis auf – 7,7 °C ab. Für diesen Wintertag kann genau aufgezeigt werden, welche max. Wassermenge sich im Porenvolumen befindet. Da bekannt ist, dass die Wassermoleküle zuerst die kleinen Porenradien befüllen, d. h. sättigen, wird das Porenvolumen immer von den kleinen zu den großen Porenradien befüllt. Hier sind zu diesem Zeitpunkt 18 Vol.-% der gesamten Poren mit Wasser gesättigt. Ebenfalls kann die Eismasse zu diesem Zeitpunkt ausgegeben werden. Sie entspricht ca. 15 Vol.-% in Bezug auf das Gesamtporenvolumen. Daher ist bekannt, dass sich von 0 Vol.-% bis 3 Vol.-% flüssiges Wasser und von 3 Vol.-% bis 18 Vol.-% Eis in den Poren befindet. Jedoch muss beachtet werden, dass sich im Falle von Schlagregen oder einer Tauwasserbildung auf der Oberfläche Teile des Wassers in größeren Poren befinden können. Dies wird hier nicht berücksichtigt.

Am Beispiel beträgt die absolute Eismasse am 3. Januar im Mittel zwischen 0 Uhr und 12 Uhr etwa 42 kg/m^3. Dabei liegt die Eismasse etwa bei 0,1 µm Porenradius. Dieser Zeitpunkt wurde gewählt, da er im Jahresgang die größte Eismasse innerhalb aller Konstruktionen aufweist und somit als Beurteilungsfall herangezogen werden kann.

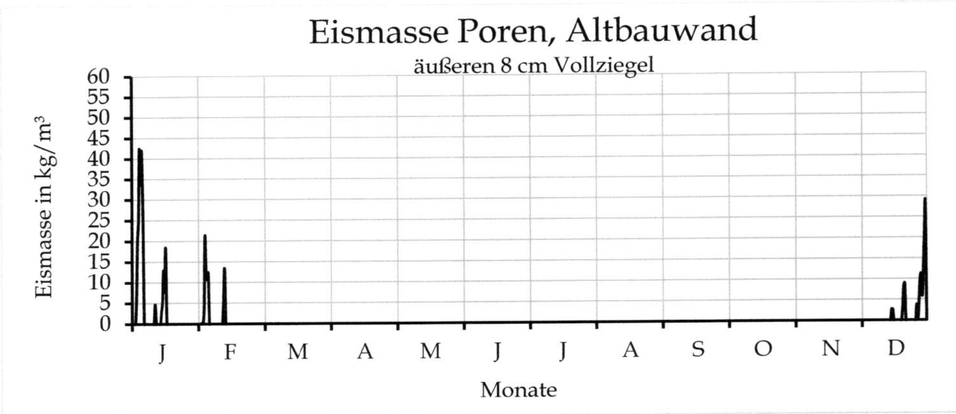

Abbildung 144: Eismasse in den Poren im Jahresgang

Abbildung 144 zeigt die absolute Eismasse in kg/m³ auf der Ordinate innerhalb der Jahresmonate auf der Abszisse des Testreferenzjahres Potsdam. Betrachtet werden entweder nur die äußere Platte bzw. die Bauteilschicht z. B. im Fall der Altbauwand der Kalkzementputz. Allerdings wird dabei immer nur das äußere Drittel der massiven Ziegelschicht betrachtet. Bei der Altbauwand und den NF-Ziegeln (Länge 24 cm), werden nur die äußeren 8 cm betrachtet. In den meisten Konstruktionen kommt es zwischen Dezember und Februar zur Eisbildung im Wandquerschnitt oder zumindest in der äußeren Schicht.

Als Beurteilungsgrößen (Indikatoren) für die unterschiedlichen Konstruktionen sollen die absolute Eismasse, der mittlere Porenradius, in dem die Eismasse auftritt, die Anzahl an FTW-Zyklen, die für diese Ergebnisse u. a. verantwortliche absolute Menge an Kapillarporen, die differenzielle Porenvolumenverteilung sowie die eigenständige Baustoffeigenschaft Zugfestigkeit herangezogen werden. Dabei ist die Konstruktion so zu beurteilen, dass

1. die Eismasse so gering wie möglich ist,
2. diese Eismasse möglichst in kleinen Poren auftritt, damit sie keinen großen Kräften ausgesetzt sind infolge der Ausdehnung des Eises (beim Phasenwechsel von Wasser zu Eis erfolgt eine Volumenzunahme von 9 %),
3. die Frost-Tau-Wechselzyklen so gering wie möglich gehalten werden,
4. die Menge an Kapillarporen im Bereich von 30 nm bis 100 µm möglichst gering gehalten werden,
5. möglichst hohe Zugfestigkeiten des verwendeten Baustoffes vorliegen, die den Kräften des Eises entgegenwirken.

Allerdings verursacht nicht nur die direkte Ausdehnung des Eises den Schaden, sondern auch eine Reihe von Mechanismen, die dadurch ausgelöst werden (siehe Kapitel 2.7.3).

Modellhafte Aufstellung der Indikatoren (Zielgrößen)

Tabelle 31: Indikatorentabelle zum Frost-Tau-Widerstand

Eismasse am 3. Januar 0 bis 12 Uhr	mittlerer Porenradius, in dem die Eismasse am 3. Januar auftritt	Frost-Tau-Wechselzyklen im Jahr, Maximalwert in der Konstruktion	Menge an Kapillarporen 30 nm bis 0,1 mm	Zugfestigkeit (aus der Druckfestigkeit berechnet, 25 N/mm²)
Ziel: wenig Eismasse	Ziel: kleiner Radius	Ziel: wenig Zyklen	Ziel: wenig Poren	Ziel: hohe Festigkeit
kg/m³	log m	[-]	Vol.-%	N/mm²
42,4	-6,8	24	27,2	2

Diese Referenzindikatoren der Altbauwand zeigen Werte, die in ihrer Kombination bewirken, dass keine Schäden auftreten. Damit kann angenommen werden, dass eine Einhaltung aller Indikatoren auf der ungefährlichen Seite (siehe Tabelle 31) eine höchstwahrscheinlich schadfreie Konstruktion bedeutet. Das heißt aber nicht, dass eine Konstruktion schadhaft ist, wenn einzelne Werte überschritten werden. Es kommt immer auf das Zusammenwirken aller Schadmechanismen in der Wandkonstruktion an. Diese Auswertung kann nur eine qualitative Aussage über den FTW liefern und das nur im Vergleich zu den weiteren Konstruktionen.

4.3.2.1 Altbauwand

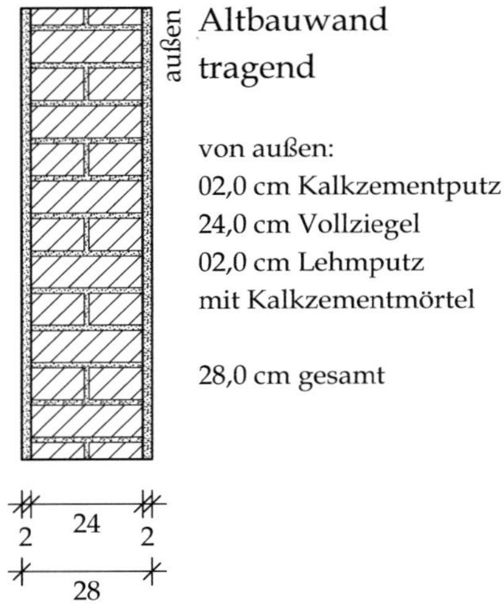

Abbildung 145: Wandquerschnitt Altbauwand

In Abbildung 145 ist ein ungedämmten Querschnitt der Altbauwand mit einer Dicke von 28 cm dargestellt. Die Baukonstruktion ist intakt, d. h., es sind alle konstruktiven Schichten vorhanden und unbeschädigt. Das Innenraumklima wurde wie in der Methodik beschrieben gewählt (siehe Kapitel 4.3.1.1)

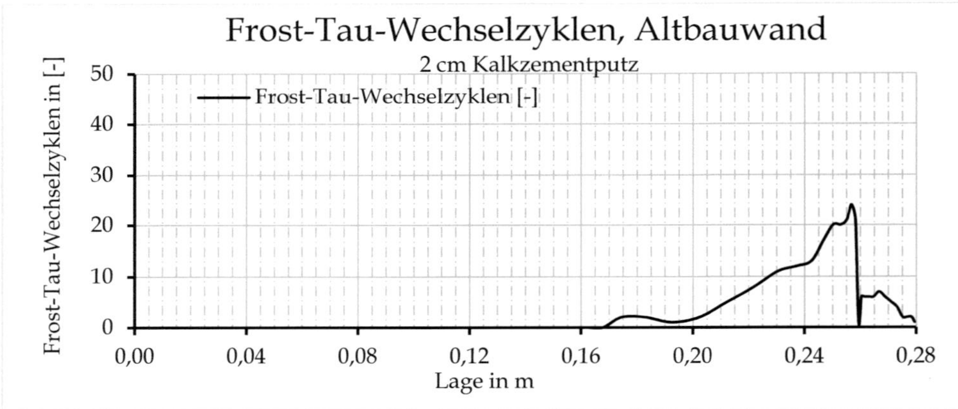

Abbildung 146: Frost-Tau-Wechselzyklen (jährlich) der Altbauwand

In Abbildung 146 ist deutlich ablesbar, dass die häufigsten FTW-Zyklen bei 26 cm zwischen dem Kalkzementputz und dem Vollziegelmauerwerk zu finden sind. An dieser Stelle innerhalb der Baukonstruktion treten 24 [-] FTW-Zyklen auf. Dies liegt daran, dass der Vollziegel an dieser Stelle am kältesten wird und die höchste Wassersättigung aufweist. In Richtung des Innenraumes nehmen die Zyklen ab, da von hier Wärme aus dem Innenraum nachströmt. An dieser Konstruktion wird auch der Einfluss unterschiedlicher hygrothermischer Baustoffeigenschaften deutlich. Obwohl die klimatischen Bedingungen zum Außenraum hin (Abbildung 146)), rechte Diagrammseite) zunehmen, sinkt die Anzahl der FTW-Zyklen stark ab. Dies liegt ausschließlich an den Baustoffeigenschaften. Der Kalkzementputz weist eine offene Porosität von 0,5 m³/m³ auf und ist damit sehr diffusionsoffen. Der μ-Wert beträgt nur 12 [-]. Beim Vollziegel liegt die offene Porosität nur bei ca. 0,31 m³/m³, aber immerhin noch bei einem μ-Wert von 15,7 [-]. Entscheidender Unterschied ist jedoch die Flüssigwassertransportfähigkeit. Hier weist der Kalkzementputz nur einen A_w-Wert von ca. 0,009 kg/(m^2·s^{0,5}) auf. Dies liegt an der geringen Anzahl von Kapillarporen. Der Vollziegel erreicht dagegen einen Wert von etwa 0,182 kg/(m^2·s^{0,5}) mit einer Kapillarporenfraktion von 27,2 Vol.-% im Bereich 30 nm bis 0,1 mm. Der Kalkzementputz schützt damit die feuchteempfindlichen Vollziegel.

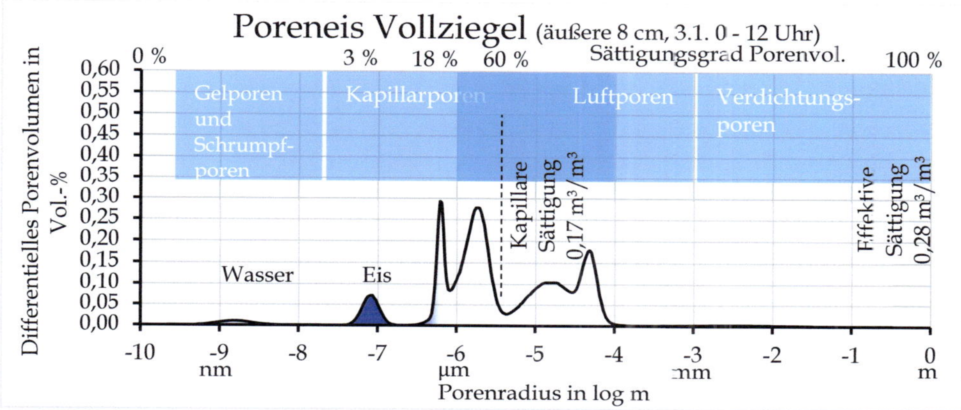

Abbildung 147: Porenvolumenverteilung mit Porensättigung am 3. Januar der Altbauwand

Abbildung 147 zeigt die differenzielle Porenvolumenverteilung des Vollziegels innerhalb der Altbauwand. Durch die Kapillarkondensation (Erniedrigung des Sättigungsdampfdruckes über den konkav gekrümmten Menisken) liegt bei normalen rel. Außenraumluftfeuchten bereits flüssiges Wasser innerhalb der Baukonstruktion vor ohne Schlagregen oder Tauwasser auf der Oberfläche. Die Eisbildung findet in der Porenfraktion um -6,8 log m statt. Ab diesem Bereich steigt auch die Gefrierpunkterniedrigung, die ebenfalls auf die konkav gekrümmten Menisken der kleinen Porenradien zurückzuführen ist. Das sind jedoch in diesem Bereich nur wenige Kelvin, sodass es dennoch zur Eisbildung kommt. Vorteilhaft ist, dass die Größe der Eiskristallansammlung sehr klein ist und damit keine großen Kräfte durch die Volumenausdehnung von ca. 9 % entstehen.

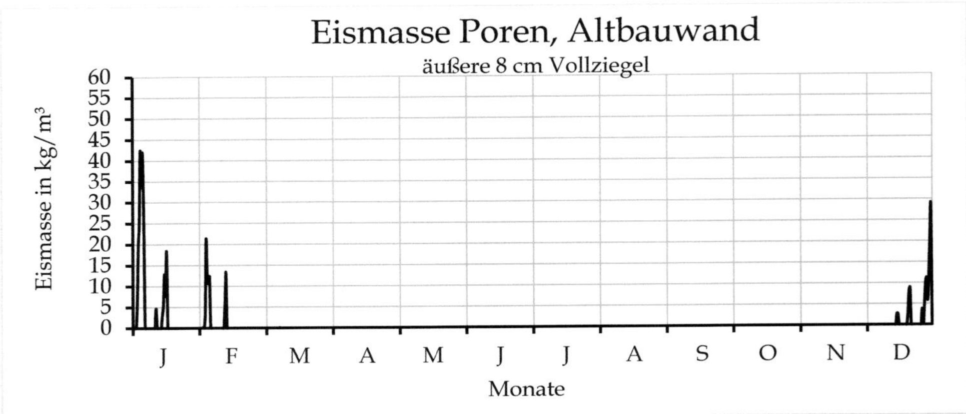

Abbildung 148: Eismasse in den Poren im Jahresgang der Altbauwand

Die Eismasse der Altbauwand wird in dieser Arbeit als Referenzeismenge bezeichnet (siehe Abbildung 148), da davon ausgegangen werden kann, dass es bei dieser Eismasse in der auftretenden Porenfraktion nicht zum Schaden kommt. Ausgegeben wurde hier der Mittelwert der äußeren 8 cm des insgesamt 24 cm dicken Vollziegels. Wie bereits am Diagramm der FTW-Zyklen (siehe Abbildung 146) deutlich wird, ist dieses äußere Drittel der Altbauwand für die Betrachtung der Dauerhaftigkeit am Wichtigsten.

Tabelle 32: Indikatorentabelle Altbauwand (Referenzwerte)

Eismasse am 3. Januar 0 bis 12 Uhr	mittlerer Porenradius, in dem die Eismasse am 3. Januar auftritt	Frost-Tau-Wechselzyklen im Jahr, Maximalwert in der Konstruktion	Menge an Kapillarporen 30 nm bis 0,1 mm	Zugfestigkeit (aus der Druckfestigkeit berechnet, 25 N/mm²)
Ziel: wenig Eismasse	Ziel: kleiner Radius	Ziel: wenig Zyklen	Ziel: wenig Poren	Ziel: hohe Festigkeit
kg/m³	log m	[-]	Vol.-%	N/mm²
42,4	-6,8	24	27,2	2

Die Indikatoren der Altbauwand (siehe Tabelle 32) stellen für Frostschäden die Referenzwerte dar. Diese Werte konnten unter langen Nutzungszeiträumen unter Beweis stellen, dass keine Frostschäden an unbeschädigten und genutzten Gebäuden mit einer ähnlichen Altbauwand auftreten.

4.3.2.2 Altbauwand mit Calciumsilikat-Innendämmung

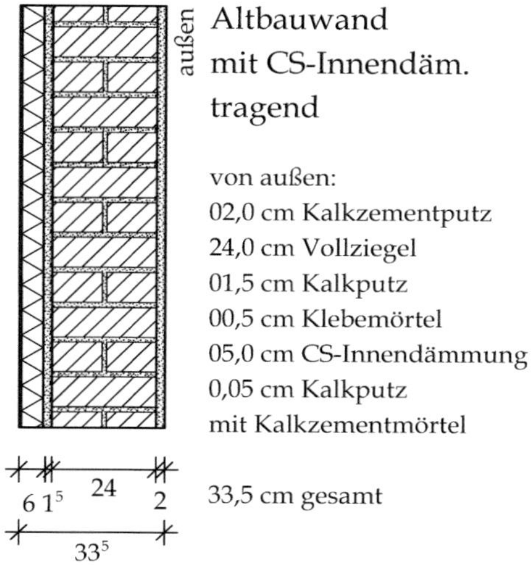

Abbildung 149: Wandquerschnitt Altbauwand mit CS-Innendämmung

In Abbildung 149 ist ein mit einer 5 cm dicken Calciumsilikatplatte gedämmten Querschnitt einer Altbauwand mit einer Dicke von 33,5 cm dargestellt. Die Baukonstruktion ist intakt, d. h., es sind alle konstruktiven Schichten vorhanden und unbeschädigt; ebenso ist das Innenraumklima wie in der Methodik beschrieben gewählt (siehe Kapitel 4.3.1.1). Dennoch sinkt die Temperatur im Wandquerschnitt deutlich ab, da nur ein Teil der Wärme des Innenraumes im äußeren Wandquerschnitt ankommt.

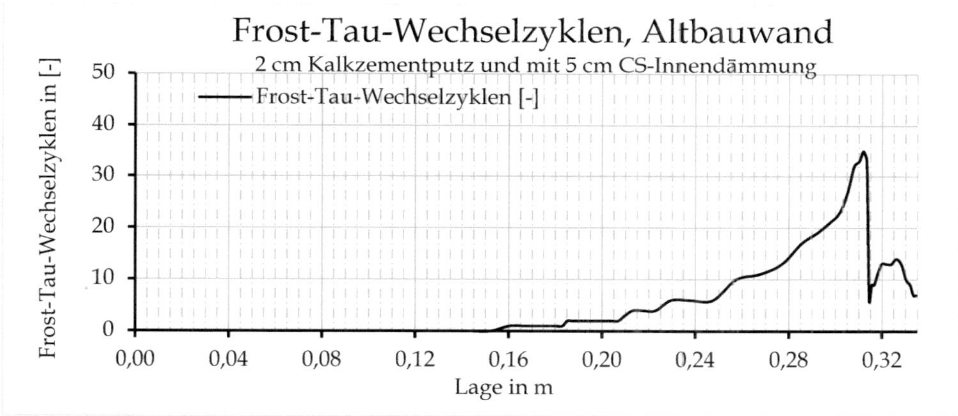

Abbildung 150: Frost-Tau-Wechselzyklen (jährlich) der Altbauwand mit CS-Innendämmung

Im Vergleich zur ungedämmten Altbauwand steigen die FTW-Zyklen auf 35 [-] im Jahr an, da die Temperatur durch die Innendämmung im Querschnitt abfällt. (siehe Abbildung 150).Auch die FTW-Zyklen innerhalb des Kalkzementputzes steigen damit von ursprünglich 6 [-] auf 13 [-] an. Die Schädigung durch Frost und auch das biologische Wachstum auf der Außenoberfläche (siehe Kapitel 4.4) werden primär durch die Dämmung verstärkt.

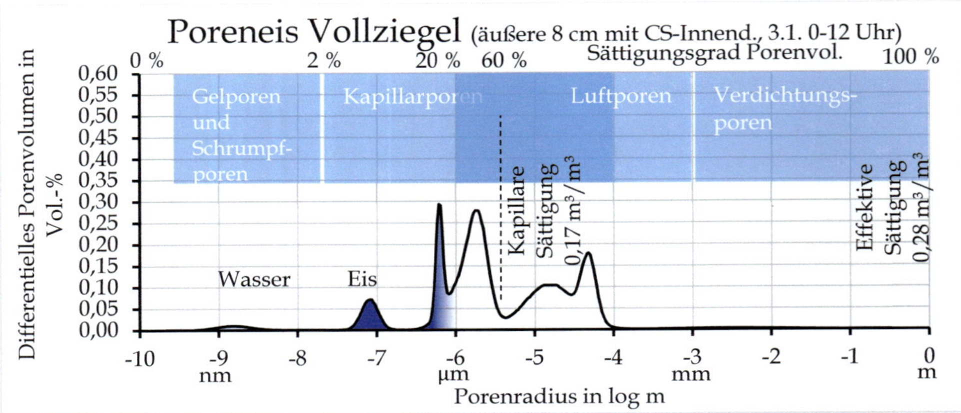

Abbildung 151: Porenvolumenverteilung mit Porensättigung am 3. Januar der Altbauwand mit CS-Innendämmung

Abbildung 151 zeigt die differenzielle Porenvolumenverteilung des Vollziegels innerhalb der Altbauwand mit CS-Innendämmung. Durch die kältere, äußere Konstruktion wird der Sättigungsgrad von 18 % auf 20 % erhöht. Die Eisbildung findet in der Porenfraktion um -7 log m statt. Die absolute Eismasse steigt von 42,4 kg/m³ (ungedämmte Altbauwand) auf 50,8 kg/m³ mit CS-Innendämmung an. Die Eisbildung findet jedoch immer noch in einer sehr kleinen Porenfraktion statt, sodass keine Kräfte durch die Volumenausdehnung zu erwarten sind.

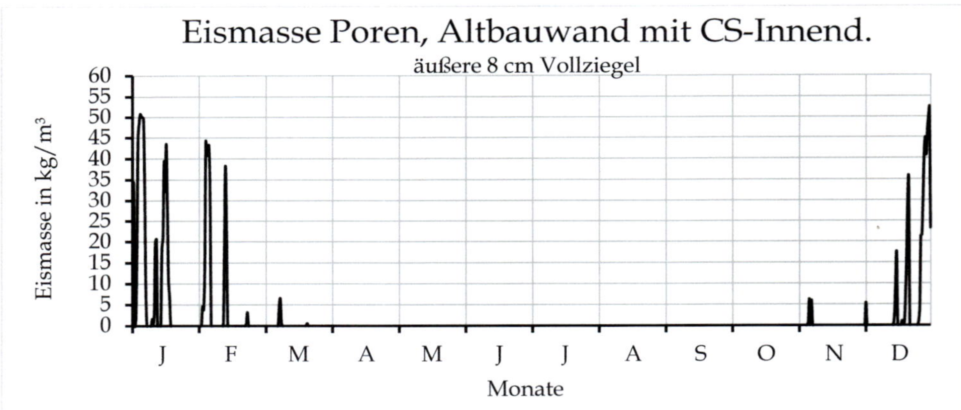

Abbildung 152: Eismasse in den Poren im Jahresgang der Altbauwand mit CS-Innendämmung

Wie bereits im vorherigen Abschnitt beschrieben, steigt die Eismasse gegenüber der ungedämmten Variante an (siehe Abbildung 152). Zudem kommt es in den Monaten März und November ebenfalls zur Eisbildung. Damit gibt es insgesamt fünf Monate mit Eisbildung und nicht nur drei Monate wie bei der ungedämmten Altbauwand. Die Gefahr einer Schädigung steigt deshalb mit einer zusätzlichen Innendämmung an.

Tabelle 33: Indikatorentabelle Altbauwand mit CS-Innendämmung

Eismasse am 3. Januar 0 bis 12 Uhr	mittlerer Porenradius, in dem die Eismasse am 3. Januar auftritt	Frost-Tau-Wechselzyklen im Jahr, Maximalwert in der Konstruktion	Menge an Kapillarporen 30 nm bis 0,1 mm	Zugfestigkeit (aus der Druckfestigkeit berechnet, 25 N/mm²)
Ziel: wenig Eismasse	Ziel: kleiner Radius	Ziel: wenig Zyklen	Ziel: wenig Poren	Ziel: hohe Festigkeit
kg/m³	log m	[-]	Vol.-%	N/mm²
50,8	-7,0	35	27,2	2,0

Die Indikatoren der Altbauwand mit CS-Innendämmung (siehe Tabelle 33) überschreiten die Werte der Eismasse sowie der Frost-Tau-Wechselzyklen. Der mittlere Porenradius der Eismasse wird etwas kleiner, was aber an der größeren Eismasse liegt, die auch im kleinen Porenbereich gefriert. Die Menge an Kapillarporen sowie die Festigkeit bleibt unverändert, da sich nur die Randbedingungen, aber nicht der Baustoff verändert.

Es werden zwei zusätzliche Varianten zur Altbauwand eingefügt, die in den Baukonstruktionen nicht aufgeführt sind.

4.3.2.3 Altbauwand ohne Kalkzementputz

Um die Auswirkungen eines fehlenden Kalkzementputzes auf die Dauerhaftigkeit zu untersuchen, wurde die Altbauwand ohne diesen Putzsimuliert. An sanierungsfähigen Gebäuden sind häufig Bereiche ohne Putz vorzufinden.

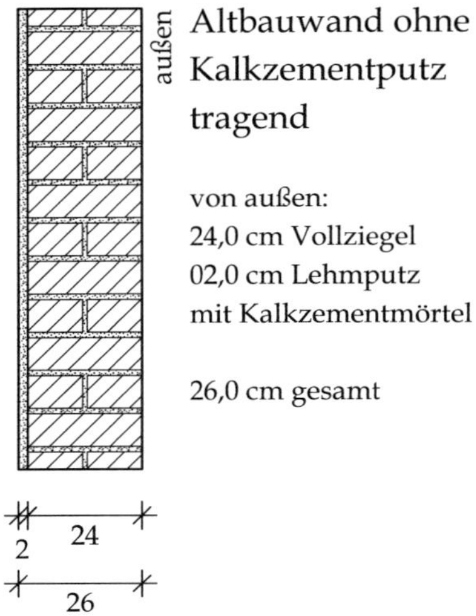

Abbildung 153: Wandquerschnitt Altbauwand ohne Kalkzementputz außen

In Abbildung 153 ist ein Querschnitt der Altbauwand ohne Außenputz aus Kalkzement mit einer Dicke von 26 cm dargestellt. Die Temperatur sinkt durch die fehlende Putzschicht ab. Problematischer ist jedoch der zusätzliche Feuchtegehalt in der Konstruktion, da die schützende Kalkzementschicht fehlt.

Diese Variante soll aufzeigen, worin die Gefahr bei einer Mauerwerkskonstruktion ohne Putzschicht besteht.

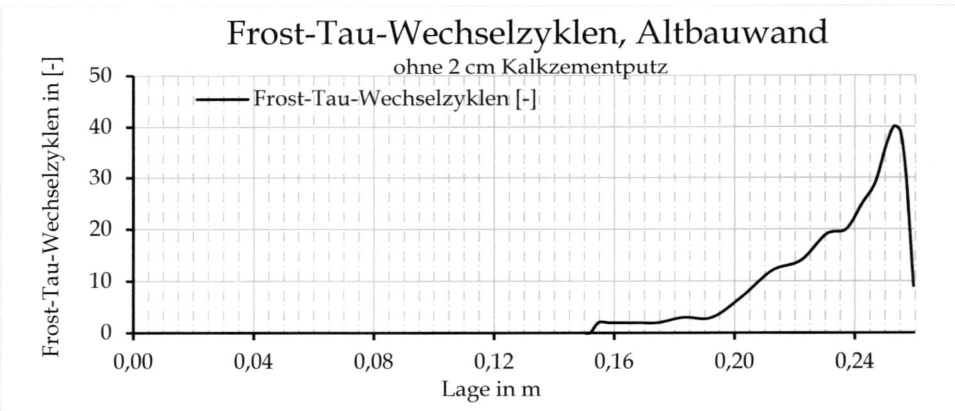

Abbildung 154: Frost-Tau-Wechselzyklen (jährlich) der Altbauwand ohne Kalkzementputz außen

Im Vergleich zur ungedämmten Altbauwand mit Kalkzementputz steigen die FTW-Zyklen von 24 auf 40 [-] im Jahr an (siehe Abbildung 154), da die Temperatur im Querschnitt abfällt und der Feuchtegehalt ansteigt. Die Schädigung wird durch die fehlende Putzschicht verstärkt.

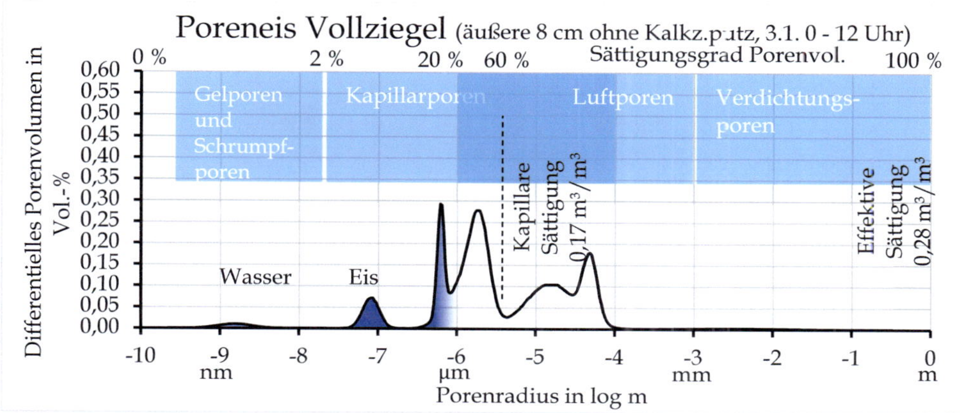

Abbildung 155: Porenvolumenverteilung mit Porensättigung am 3. Januar der Altbauwand ohne Kalkzementputz außen

Abbildung 155 zeigt die differenzielle Porenvolumenverteilung des Vollziegels innerhalb der Altbauwand ohne Kalkzementputz außen. Durch die kältere, äußere Konstruktion sowie den zusätzlichen Feuchteeintrag wird der Sättigungsgrad von 18 % auf 20 % erhöht. Die Eisbildung findet dann in der Porenfraktion um -6,9 log m statt. Die absolute Eismasse steigt von 42,4 kg/m³ (ungedämmte Altbauwand) auf 49,9 kg/m³ ohne Kalkzementputz. Die Eisbildung findet jedoch immer noch in einer sehr kleinen Porenfraktion statt, sodass keine Kräfte durch die Volumenausdehnung zu erwarten sind.

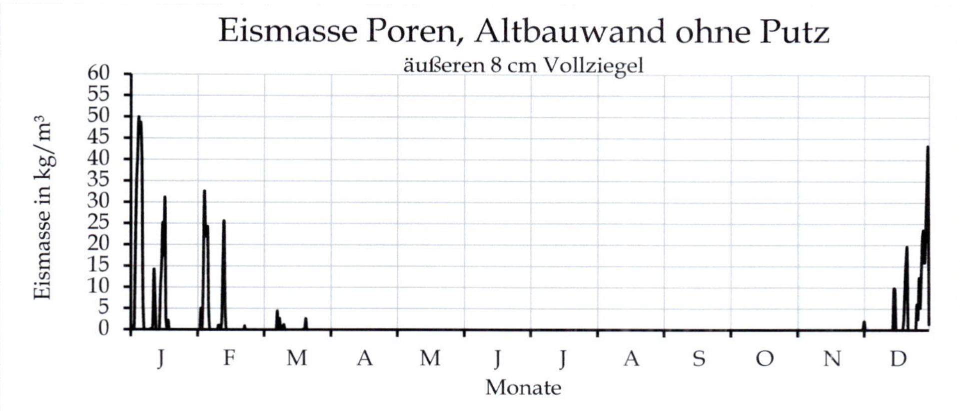

Abbildung 156: Eismasse in den Poren im Jahresgang der Altbauwand ohne Kalkzementputz außen

Im Vergleich zur ungedämmten Variante steigt die Eismasse an (siehe Abbildung 156). Zudem kommt es in den Monaten März und November ebenfalls zur Eisbildung. wie bei der gedämmten Variante. Damit gibt es insgesamt fünf Monate mit Eisbildung und nicht nur drei Monate wie bei der ungedämmten Altbauwand. Die

Gefahr einer Schädigung steigt damit ohne Kalkzementputz auf der Außenseite der Wand an.

Tabelle 34: Indikatorentabelle Altbauwand ohne Kalkzementputz außen

Eismasse am 3. Januar 0 bis 12 Uhr	mittlerer Porenradius, in dem die Eismasse am 3. Januar auftritt	Frost-Tau-Wechselzyklen im Jahr, Maximalwert in der Konstruktion	Menge an Kapillarporen 30 nm bis 0,1 mm	Zugfestigkeit (aus der Druckfestigkeit berechnet, 25 N/mm²)
Ziel: wenig Eismasse	Ziel: kleiner Radius	Ziel: wenig Zyklen	Ziel: wenig Poren	Ziel: hohe Festigkeit
kg/m³	log m	[-]	Vol.-%	N/mm²
49,9	-6,9	40	27,2	2,0

Die Indikatoren der Altbauwand ohne Kalkzementputz (siehe Tabelle 34) überschreiten die Werte der Eismasse sowie der FTW-Zyklen. Der mittlere Porenradius der Eismasse wird etwas kleiner, was aber an der größeren Eismasse liegt, die auch im kleinen Porenbereich gefroren ist. Die Menge an Kapillarporen sowie die Festigkeit bleibt unverändert, da sich nur die Randbedingungen, aber nicht der Baustoff verändert.

Die Verdoppelung der FTW-Zyklen im Vergleich zur Altbauwand verringert die Lebensdauer. Diese Anzahl wird voraussichtlich weiter ansteigen, wenn die unverputzte Wand von Jahr zu Jahr feuchter wird. Dies wurde in dieser Arbeit allerdings nicht untersucht.

4.3.2.4 Altbauwand ohne Kalkzementputz und ohne Nutzung

Zusätzlich kommt zum fehlenden Kalkzementputz noch ein ungenutzter Innenraum hinzu, wodurch sich das Problem der Schädigung durch FTW weiter verschärft.

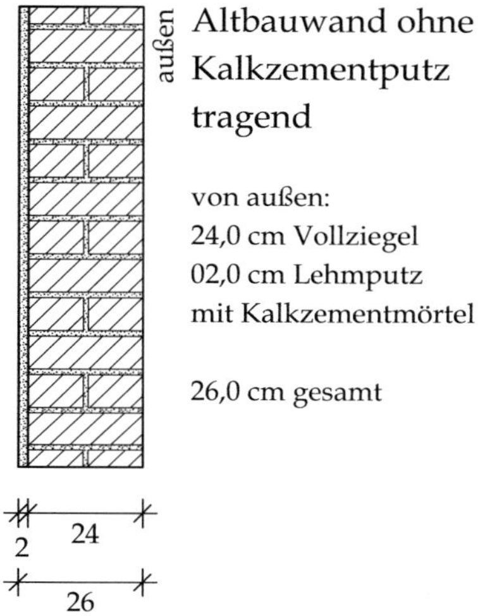

Abbildung 157: Wandquerschnitt Altbauwand ohne Kalkzementputz außen, ungenutzt

In Abbildung 157 ist ein Querschnitt der Altbauwand ohne Außenputz aus Kalkzement in einem ungenutzten Zustand dargestellt, d. h., auch der Innenraum hat als Grundbedingung die Außentemperatur und Außenluftfeuchte des Testreferenzjahres Potsdam. Er repräsentiert die Variante einer leerstehenden Bauruine mit teilweise abgefallenem Putz. Durch den fehlenden Außenputz sowie die geänderten Randbedingungen auf der Innenraumseite sinkt die Temperatur in der Konstruktion ab und der Wassergehalt steigt an. Dies führt zu einer deutlichen Verringerung des Frost-Tau-Widerstands. Diese Variante soll aufzeigen, worin die Gefahr bei einer Mauerwerkskonstruktion ohne Putzschicht und ohne Raumnutzung besteht.

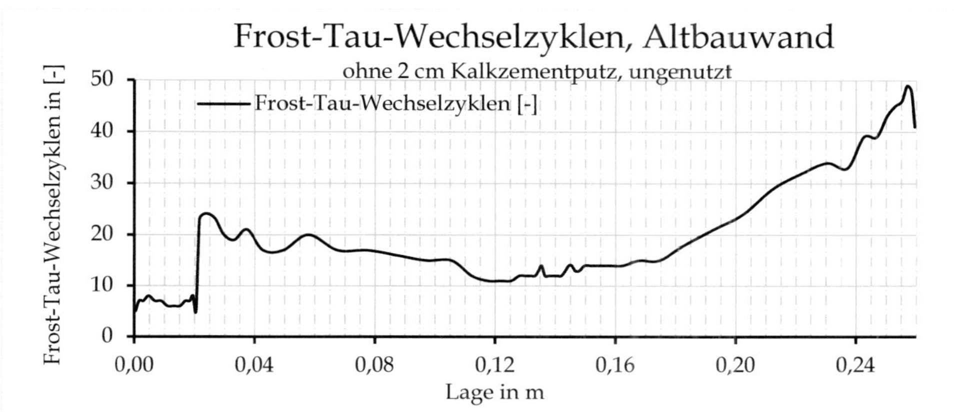

Abbildung 158: Frost-Tau-Wechselzyklen (jährlich) der Altbauwand ohne Kalkzementputz außen, ungenutzt

Im Vergleich zur ungedämmten Altbauwand steigen die FTW-Zyklen von 24 auf 58 [-] im Jahr an (siehe Abbildung 158), da die Temperatur im Querschnitt abfällt und der Feuchtegehalt ansteigt. Die Schädigung wird durch die fehlende Putzschicht verstärkt. Zusätzlich fehlt auch noch der Wärmestrom aus dem Innenraum. Daher sind durchgängig im Wandquerschnitt FTW-Zyklen zu verzeichnen. Es wird deutlich, dass, obwohl rel. Luftfeuchte und Temperatur auf beiden Seiten identisch sind, die Außenseite stärker belastet wird. Dies liegt am Schlagregen (zusätzlicher Feuchteanfall) sowie der stärkeren Abkühlung infolge nächtlicher Abstrahlung gegen wolkenlosen Himmel (zusätzliche Abkühlung der äußeren Schicht).

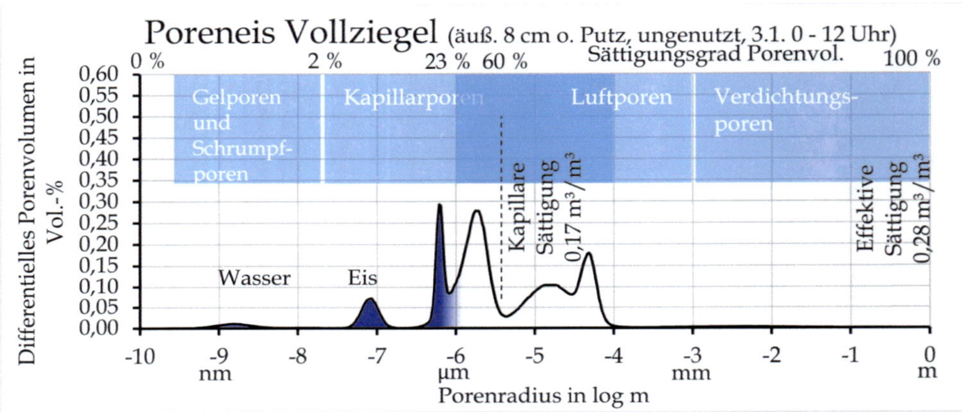

Abbildung 159: Porenvolumenverteilung mit Porensättigung am 3. Januar der Altbauwand ohne Kalkzementputz außen, ungenutzt

Abbildung 159 zeigt die differenzielle Porenvolumenverteilung des Vollziegels ohne Kalkzementputz außen und im ungenutzten Zustand. Durch die kältere, äußere Konstruktion sowie den zusätzlichen Feuchteeintrag wird der Sättigungsgrad von 18 % (Altbauwand), 20 % (ohne Kalkzementputz) auf 23 % (im ungenutzten Zustand) erhöht. Im Diagramm zeigt sich, dass sich im Vergleich zu den weiteren Altbauwänden die größte Eismasse in den größeren Poren befindet. Die Eisbildung findet in der Porenfraktion um -7,1 log m statt. Die absolute Eismasse steigt von 42,4 kg/m³ bei der ungedämmten Altbauwand über 49,9 kg/m³ bei der Altbauwand ohne Kalkzementputz auf 59,6 kg/m³ bei der dargestellten Variante an. Die Eisbildung findet jedoch immer noch in einer sehr kleinen Porenfraktion statt, sodass keine Kräfte durch die Volumenausdehnung zu erwarten sind.

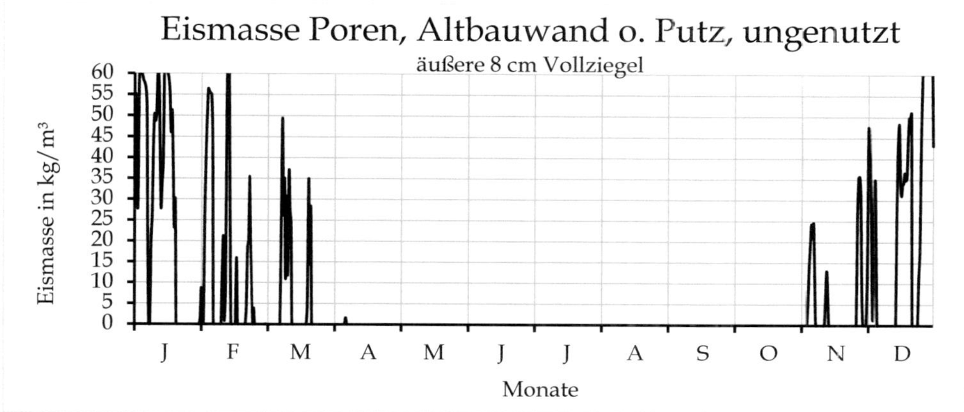

Abbildung 160: Eismasse in den Poren im Jahresgang der Altbauwand ohne Kalkzementputz außen, ungenutzt

Die Eismasse steigt sowohl gegenüber der ungedämmten Variante als auch gegenüber der Variante ohne Kalkzementputz an (siehe Abbildung 160). Zudem kommt es sogar noch im April zur Eisbildung in der Konstruktion. Damit gibt es insgesamt sechs Monate mit Eisbildung und nicht nur drei Monate wie bei der ungedämmten Altbauwand. Die Gefahr einer Schädigung in der Altbauwand durch Frost steigt damit ohne Kalkzementputz in einem ungenutzten Zustand deutlich an. Ein solches Gebäude sollte baldmöglichst wieder in eine Nutzung überführt werden, da sonst Frostschäden an den Vollziegeln drohen, die möglicherweise nicht mehr saniert werden können.

Tabelle 35: Indikatorentabelle Altbauwand ohne Kalkzementputz außen, ungenutzt

Eismasse am 3. Januar 0 bis 12 Uhr	mittlerer Porenradius, in dem die Eismasse am 3. Januar auftritt	Frost-Tau-Wechselzyklen im Jahr, Maximalwert in der Konstruktion	Menge an Kapillarporen 30 nm bis 0,1 mm	Zugfestigkeit (aus der Druckfestigkeit berechnet, 25 N/mm²)
Ziel: wenig Eismasse	Ziel: kleiner Radius	Ziel: wenig Zyklen	Ziel: wenig Poren	Ziel: hohe Festigkeit
kg/m³	log m	[-]	Vol.-%	N/mm²
59,6	-7,1	48	27,2	2,0

Die Indikatoren der Altbauwand ohne Kalkzementputz und ohne Nutzung (siehe Tabelle 35) überschreiten die Werte der Eismasse sowie der FTW-Zyklen. Der mittlere Porenradius der Eismasse wird etwas kleiner, was allerdings an der größeren Eismasse liegt, die auch im kleinen Porenbereich gefroren ist. Die Menge an Kapillarporen sowie die Festigkeit bleibt unverändert, da sich nur die Randbedingungen, aber nicht der Baustoff verändert.

Die aufgezeigte Variante der Altbauwand mit schadhaftem oder fehlendem Außenputz im ungenutztem Zustand und womöglich mit offenen Fenstern zeigt die Empfindlichkeit der Vollziegel. Ausgewertet wurde dabei lediglich das zweite Simulationsjahr. Weitere Jahre würden (durch ein stärkeres Durchfeuchten der Vollziegel) voraussichtlich die Eismasse sowie die FTW-Zyklen erhöhen und damit die Lebensdauer des Bauwerks stark reduzieren.

4.3.2.5 Porenbetonwand

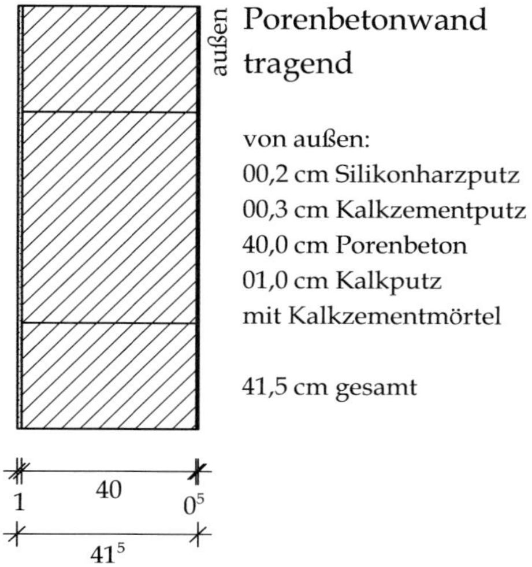

Abbildung 161: Wandquerschnitt Porenbetonwand

In Abbildung 161 ist ein Querschnitt der Porenbetonwand mit einer Dicke von 41,5 cm dargestellt. Die Baukonstruktion ist intakt, d. h., es sind alle konstruktiven Schichten vorhanden und unbeschädigt sowie das Innenraumklima wie in der Methodik beschrieben gewählt (siehe Kapitel 4.3.1.1).

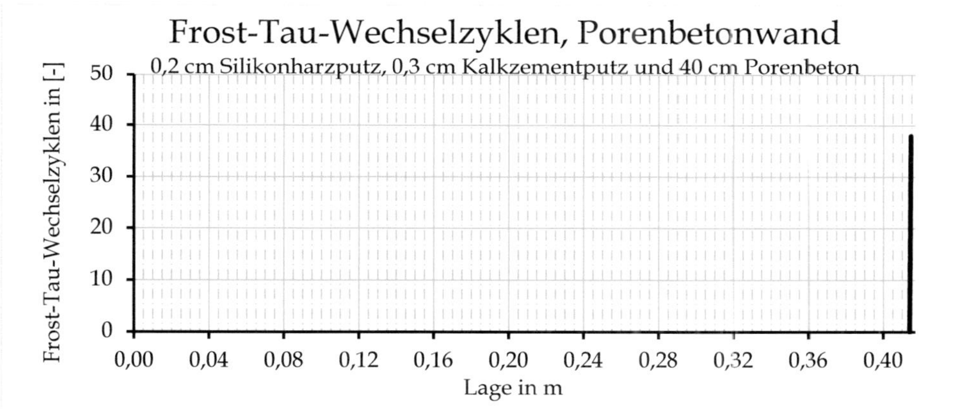

Abbildung 162: Frost-Tau-Wechselzyklen (jährlich) der Porenbetonwand

In Abbildung 162 sind die FTW-Zyklen im Wandquerschnitt der Porenbetonwand zu sehen. Dabei gibt es FTW-Zyklen ausschließlich im Silikonharzoberputz an der Oberfläche. Hier finden sich 36 [-] im Jahresgang (Strich rechts im Diagramm). Innerhalb des Porenbetons gibt es keine FTW-Zyklen. Dies liegt am Silikonharzoberputz, der kaum Flüssigwasser in den Wandquerschnitt transportiert.

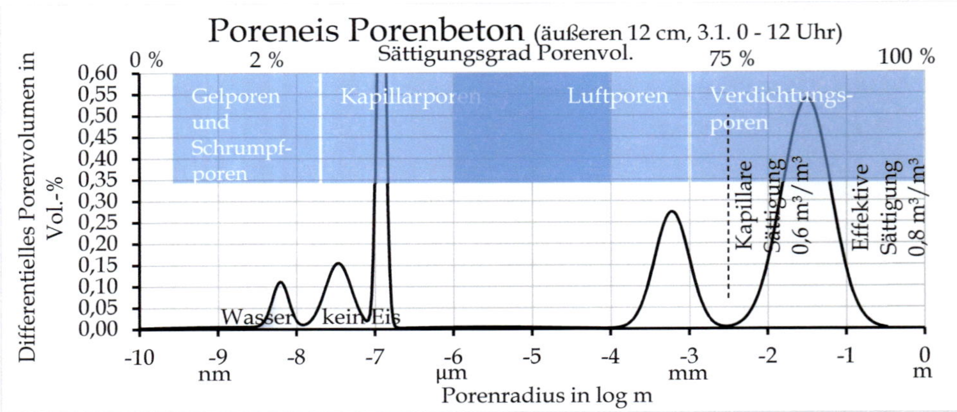

Abbildung 163: Porenvolumenverteilung mit Porensättigung am 3. Januar der Porenbetonwand

Abbildung 163 zeigt die differenzielle Porenvolumenverteilung des Porenbetons. Die Porensättigung beträgt 2 % und liegt damit in einer sehr kleinen Porenfraktion, die nur noch leicht bei -8,3 log m Porenradius sichtbar wird. Eis bildet sich nicht. Damit kann bei einer Porenbetonwand mit einem funktionierenden Silikonharzoberputz von einer hohen Dauerhaftigkeit ausgegangen werden. Dennoch ist der Baustoff anfällig für Schäden, falls es z. B. zu Fehlstellen im Außenputz kommt.

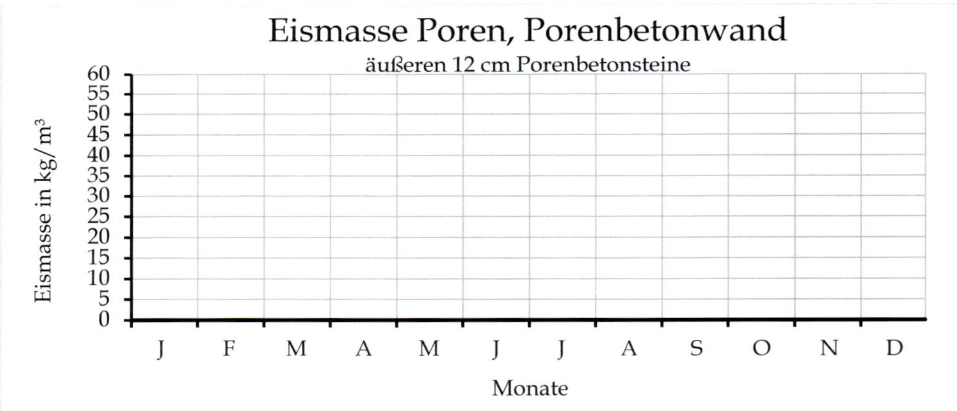

Abbildung 164: Eismasse in den Poren im Jahresgang der Porenbetonwand

Im Jahresverlauf kommt es in keinem Monat zu einer Eisbildung (siehe Abbildung 164). Dies ist, wie bereits beschrieben, auf den Silikonharzoberputz zurückzuführen. Dieser verhindert den Transport von Flüssigwasser durch seinen sehr geringen Wasseraufnahmekoeffizienten fast vollständig.

Tabelle 36: Indikatorentabelle Porenbetonwand

Eismasse am 3. Januar 0 bis 12 Uhr	mittlerer Porenradius, in dem die Eismasse am 3. Januar auftritt	Frost-Tau-Wechselzyklen im Jahr, Maximalwert in der Konstruktion	Menge an Kapillarporen 30 nm bis 0,1 mm	Zugfestigkeit (aus der Druckfestigkeit berechnet, 1,8 N/mm²)
Ziel: wenig Eismasse	Ziel: kleiner Radius	Ziel: wenig Zyklen	Ziel: wenig Poren	Ziel: hohe Festigkeit
kg/m³	log m	[-]	Vol.-%	N/mm²
kein Eis	/	36	11,7	0,15

Die Indikatoren der Porenbetonwand (siehe Tabelle 36) fallen sehr positiv aus, da lediglich im Silikonharzoberputz Flüssigwasser anfällt, das gefrieren kann. Den dahinterliegenden Porenbeton erreicht dieses Flüssigwasser nicht und daher erfolgt dort keine Eisbildung.

Der Porenbeton allein ist nicht schadfrei bei Frostangriff, da dieser auch stark kapillaraktiv ist. Nur in Verbindung mit einem diffusionsoffenen, aber schlagregensicheren Oberputz wie Silikonharzoberputz kann ein Schaden durch Frost vollständig ausgeschlossen werden.

4.3.2.6 Kalksandsteinwand

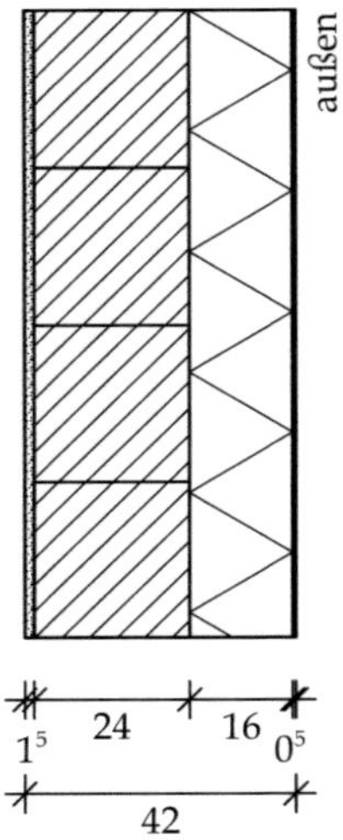

Kalksandsteinwand tragend

von außen:
00,2 cm Silikonharzputz
00,3 cm Kalkzementputz
16,0 cm Exp. Polystyrol
24,0 cm Kalksandstein
01,5 cm Kalkzementputz mit Kalkzementmörtel

42,0 cm gesamt

Abbildung 165: Wandquerschnitt Kalksandsteinwand

In Abbildung 165 ist ein Querschnitt der Kalksandsteinwand mit einer Dicke von 42 cm dargestellt. Die Baukonstruktion ist intakt, d. h., es sind alle konstruktiven Schichten vorhanden und unbeschädigt sowie das Innenraumklima wie in der Methodik beschrieben gewählt (siehe Kapitel 4.3.1.1).

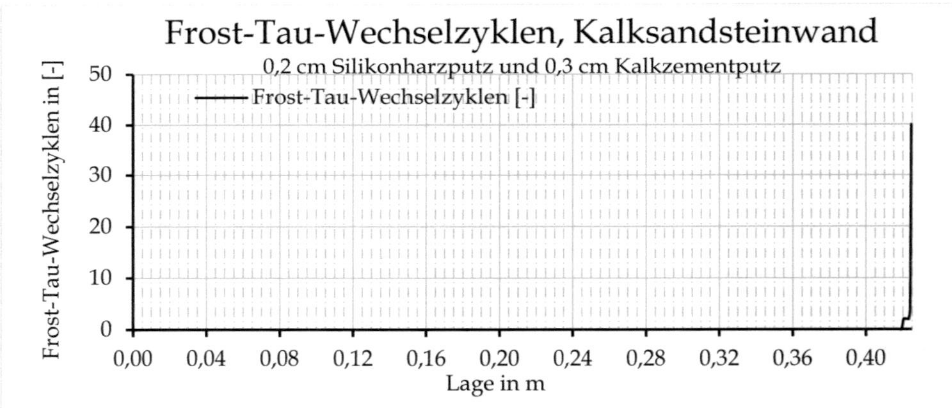

Abbildung 166: Frost-Tau-Wechselzyklen (jährlich) der Kalksandsteinwand

Abbildung 166 zeigt die FTW-Zyklen im Wandquerschnitt der Kalksandsteinwand. Dabei gibt es ausschließlich FTW-Zyklen im Silikonharzoberputz an der Oberfläche. Das sind 40 [-] im Jahresgang (Strich rechts im Diagramm). Innerhalb des Porenbetons gibt es keine FTW-Zyklen. Dies liegt am Silikonharzoberputz, der kaum Flüssigwasser in den Wandquerschnitt transportiert. Im Unterputz kommt es noch zu 2 [-] FTW-Zyklen, aber im Dämmstoff und im Kalkzementstein nicht.

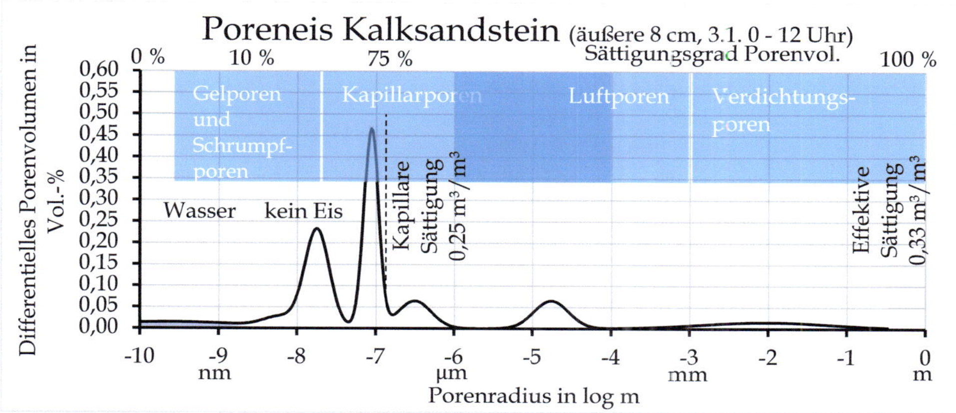

Abbildung 167: Porenvolumenverteilung mit Porensättigung am 3. Januar der Kalksandsteinwand

Abbildung 167 zeigt die differenzielle Porenvolumenverteilung des Kalkzementsteins. Die Porensättigung beträgt 10 % und liegt damit in einer sehr kleinen Porenfraktion, die nur noch leicht bei -8,6 log m Porenradius sichtbar wird. Eis bildet sich nicht. Damit kann bei einer Kalksandsteinwand mit einem funktionierenden Silikonharzoberputz von einer hohen Dauerhaftigkeit ausgegangen werden. Dennoch ist der Baustoff anfällig für Schäden, falls es z. B. zu Fehlstellen im Außenputz kommt.

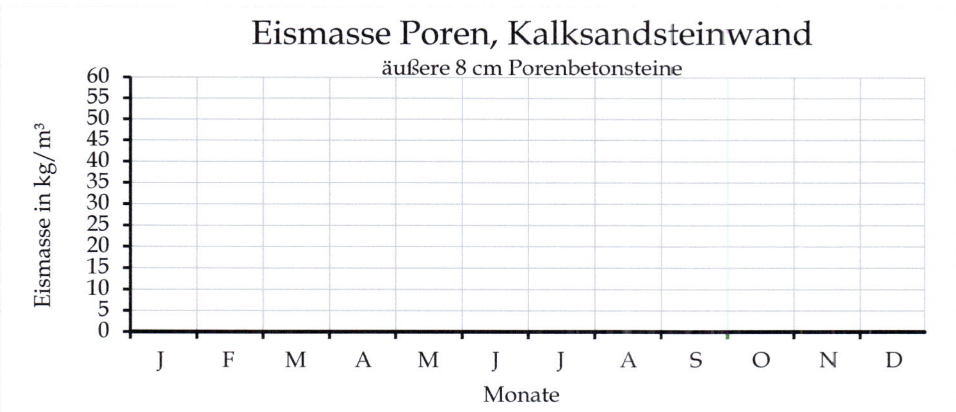

Abbildung 168: Eismasse in den Poren im Jahresgang der Porenbetonwand

Im Jahresverlauf kommt es in keinem Monat zu einer Eisbildung. (siehe Abbildung 168). Das ist, wie bereits oben beschrieben, auf den Silikonharzoberputz zurückzuführen. Dieser verhindert den Transport von Flüssigwasser durch seinen sehr geringen Wasseraufnahmekoeffizienten.

Tabelle 37: Indikatorentabelle Kalksandsteinwand

Eismasse am 3. Januar 0 bis 12 Uhr	mittlerer Porenradius, in dem die Eismasse am 3. Januar auftritt	Frost-Tau-Wechselzyklen im Jahr, Maximalwert in der Konstruktion	Menge an Kapillarporen 30 nm bis 0,1 mm	Zugfestigkeit (aus der Druckfestigkeit berechnet, 28 N/mm^2)
Ziel: wenig Eismasse	Ziel: kleiner Radius	Ziel: wenig Zyklen	Ziel: wenig Poren	Ziel: hohe Festigkeit
kg/m^3	log m	[-]	Vol.-%	N/mm^2
kein Eis	/	40	17,4	2,2

Die Indikatoren der Kalksandsteinwand (siehe Tabelle 37) fallen sehr positiv aus, da lediglich im Silikonharzoberputz Flüssigwasser anfällt, das gefrieren kann. Den dahinterliegenden Kalksandstein erreicht dieses Flüssigwasser nicht und damit erfolgt dort keine Eisbildung.

Der Kalksandstein allein ist nicht schadfrei bei Frostangriff, da dieser stark kapillaraktiv ist. Nur in Verbindung mit einem diffusionsoffenen, aber schlagegensicheren Oberputz wie einem Silikonharzoberputz kann ein Schaden durch Frost vollständig ausgeschlossen werden.

4.3.2.7 Holzwand

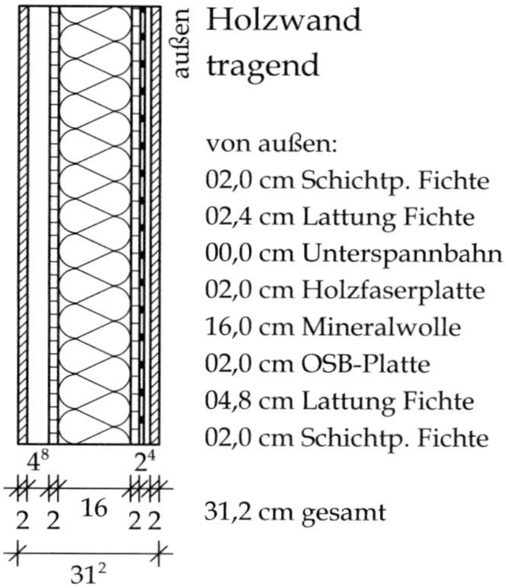

Abbildung 169: Wandquerschnitt Holzwand

In Abbildung 169 ist ein Querschnitt der Holzwand mit einer Dicke von 31,2 cm dargestellt. Die Baukonstruktion ist intakt, d. h., es sind alle konstruktiven Schichten vorhanden und unbeschädigt sowie das Innenraumklima wie in der Methodik beschrieben gewählt (siehe Kapitel 4.3.1.1). Die Dreischichtplatte aus Fichte ist dabei unbehandelt. Auf der Holzfaserplatte liegt eine Unterspannbahn.

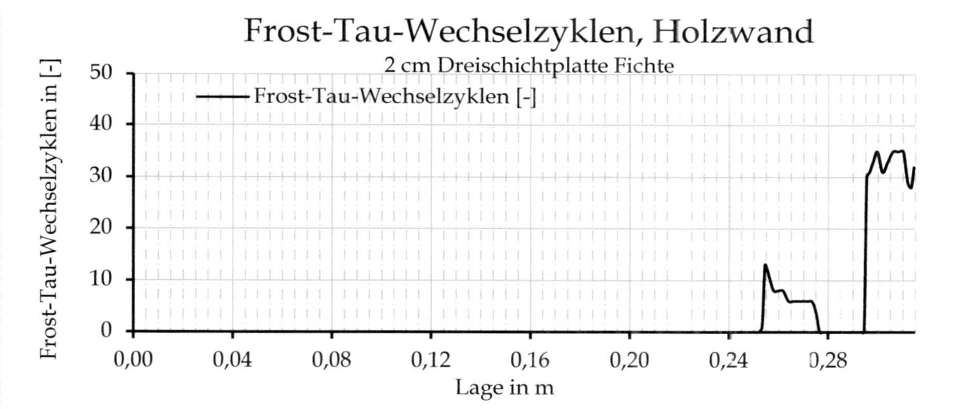

Abbildung 170: Frost-Tau-Wechselzyklen (jährlich) der Holzwand

Abbildung 170 zeigt die FTW-Zyklen im Wandquerschnitt der Holzwand. Dabei kommt es zu 35 [-] FTW-Zyklen. Die dahinterliegende Konterlattung aus Fichte mit einer Dicke von 2,4 cm schafft eine Hinterlüftung der Außenplatte. Da nur diese simuliert wurde, kann in diesem Bereich kein flüssiges Wasser gefrieren. Daran schließt eine Holzfaserplatte an, die mit einer Unterspannbahn belegt wurde. Damit kann von außen kein Flüssigwasser in die Holzfaserplatte eindringen. Die kleine Spitze auf der Innenseite deutet an, dass es sich um Tauwasser handelt, das sich in kalten und wolkenlosen Nächten an der Innenseite der Holzfaserplatte bildet. Damit werden in der Holzfaserplatte ebenfalls 13 [-] FTW-Zyklen im Jahresgang verzeichnet.

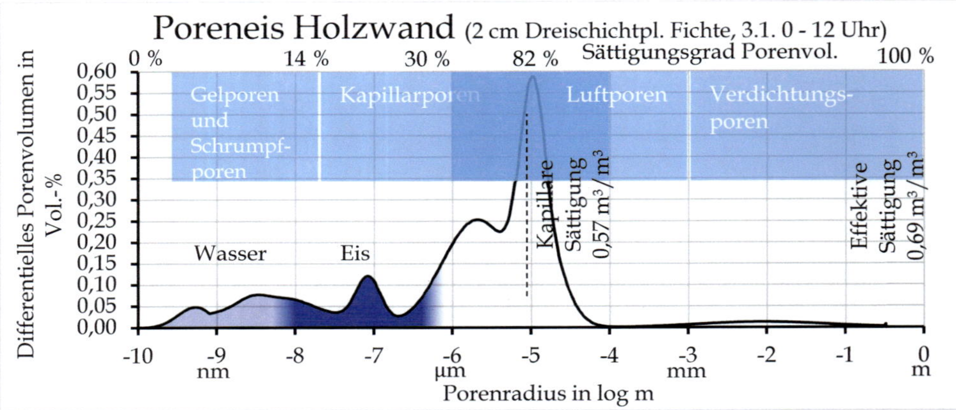

Abbildung 171: Porenvolumenverteilung mit Porensättigung am 3. Januar der Holzwand

Abbildung 167 zeigt die differenzielle Porenvolumenverteilung des Baustoffes Fichte. Die Porensättigung beträgt etwa 30 % zum Gesamtporenvolumen. Am 3. Januar von 0 Uhr bis 12 Uhr sind davon ca. 16 Vol.-% gefroren. Der mittlere Porenradius, in dem sich Eis befindet, beträgt 7,1 log m. Damit liegt er im Bereich der Kapillarporen, die besonders viel Flüssigwasser transportieren. Sowohl der hydrostatische Druck als auch der kapillare Effekt können das Gefüge schädigen (siehe Kapitel 2.7.3), da eine ausreichend große Kapillarporenfraktion vorhanden ist.

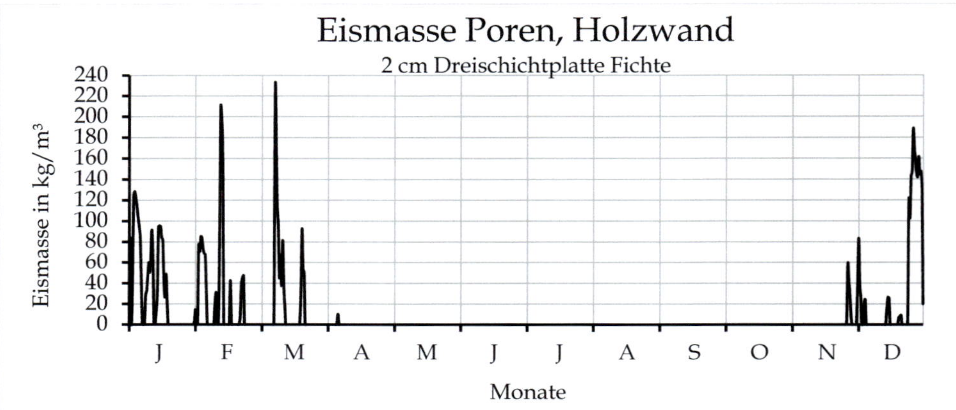

Abbildung 172: Eismasse in den Poren im Jahresgang der Holzwand

Im Jahresverlauf kommt es zu einer Eisbildung in sechs Monaten von November bis April (siehe Abbildung 172). Die größte Eismasse ist dabei im März mit

227 kg/m³ zu verzeichnen. Das ist auch der höchste Wert der Untersuchungen dieser Arbeit. Dies liegt an der großen Menge an Kapillarporen mit ihrem charakteristisch hohen Wasseraufnahmekoeffizienten von 0,058 $kg/(m^2 \cdot s^{0,5})$ sowie der großen Wasseraufnahme von 0,69 m^3/m^3 bei effektiver Sättigung.

Tabelle 38: Indikatorentabelle Holzwand

Eismasse am 3. Januar 0 bis 12 Uhr	mittlerer Porenradius, in dem die Eismasse am 3. Januar auftritt	Frost-Tau-Wechselzyklen im Jahr, Maximalwert in der Konstruktion	Menge an Kapillarporen 30 nm bis 0,1 mm	Zugfestigkeit (Druckfestigkeit parallel zur Faserrichtung, 21 N/mm²; rechtwinklig zur Faserrichtung, 2,5 N/mm²) (DIN EN 338:2016-07)
Ziel: wenig Eismasse	Ziel: kleiner Radius	Ziel: wenig Zyklen	Ziel: wenig Poren	Ziel: hohe Festigkeit
kg/m^3	log m	[-]	Vol.-%	N/mm^2
115,0	-7,1	35	55,7	14,5 (parallel) 0,4 (rechtwinkl.)

Die Indikatoren der Holzwand (siehe Tabelle 38) fallen sehr negativ aus. Die Eismasse beträgt am 3. Januar einen hohen Wert von 115,0 kg/m^3, der auch wie das Kapillarporenvolumen mit 55,7 Vol.-% zum gesamten Porenvolumen in dieser Arbeit unübertroffen ist. Ebenfalls ist der mittlere Porenradius, im dem sich die Eismasse am 3. Januar befindet, mit -7,1 log m sehr groß und kann damit größere Kräfte durch die Volumenausdehnung des Eises von ca. 9 Vol.-% entwickeln als kleinere Porenfraktionen. Dagegen erreichen die FTW-Zyklen ähnlich hohe Werte wie andere konventionelle Baukonstruktionen.

Durch den hydrostatischen Druck und den kapillaren Effekt sind Schädigungen über einige Jahre zu erwarten (siehe Kapitel 2.7.3). Daher sollte die Holzwand mit Holzschutzmitteln behandelt werden, um das Eindringen von Flüssigwasser zu reduzieren.

4.3.2.8 Ortbetonwand

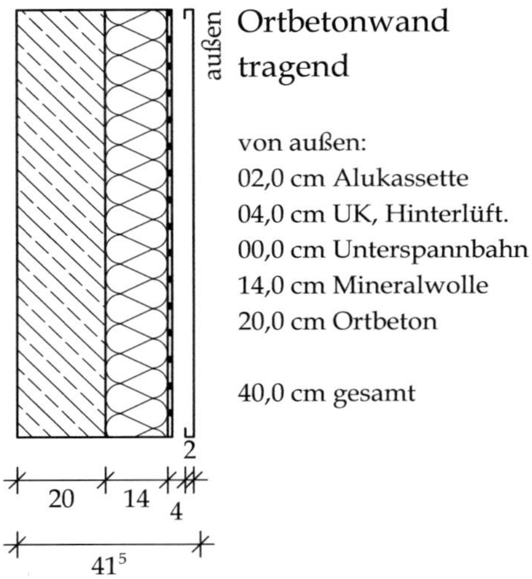

Abbildung 173: Wandquerschnitt Ortbetonwand

In Abbildung 173 ist ein Querschnitt einer Ortbetonwand mit einer Dicke von 40,0 cm dargestellt. Die Baukonstruktion ist intakt, d. h., es sind alle konstruktiven Schichten vorhanden und unbeschädigt sowie das Innenraumklima wie in der Methodik beschrieben gewählt (siehe Kapitel 4.3.1.1). Dabei ist die äußere Aluminiumkassette nicht wasseraufnahmefähig und die Mineralwolle ist ebenfalls mit einer wasserundurchlässigen Unterspannbahn belegt, sodass konstruktiv bereits ein Flüssigwassereintritt ausgeschlossen ist.

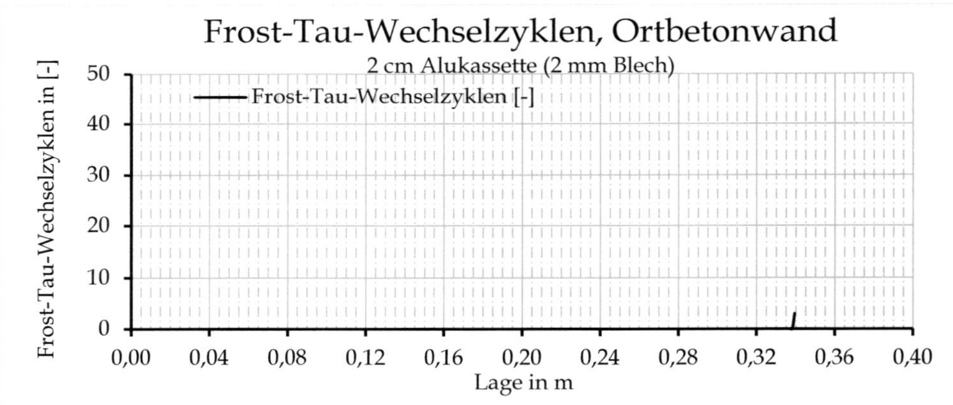

Abbildung 174: Frost-Tau-Wechselzyklen (jährlich) der Ortbetonwand

Abbildung 174 zeigt die FTW-Zyklen im Wandquerschnitt der Ortbetonwand. Wie bereits oben beschrieben, dringt durch die Unterspannbahn kein Flüssigwasser in die Konstruktion ein. Das Flüssigwasser kann nur aus der im Bauteil gespeicherten Feuchtigkeit kommen. In einigen kalten und klaren Winternächten kommt es zum Ausfall von Tauwasser an der Unterspannbahn, wenn die Temperatur der Unterspannbahn (in einigen wenigen Stunden) unter die Taupunkttemperatur fällt. Dies ist hier der Fall. Daher kommt es hinter der Unterspannbahn im Jahresgang zu 3 [-] FTW-Zyklen. Dies ist allerdings ungefährlich, da das Eis keine Schäden hinterlässt. Es kann sich ausdehnen und die feuchte Luft kann im Anschluss über die Unterspannbahn in die hintergelüftete Schicht entweichen.

Eine Porenvolumenverteilung liegt für den Ortbeton (Normalbeton) nicht vor.

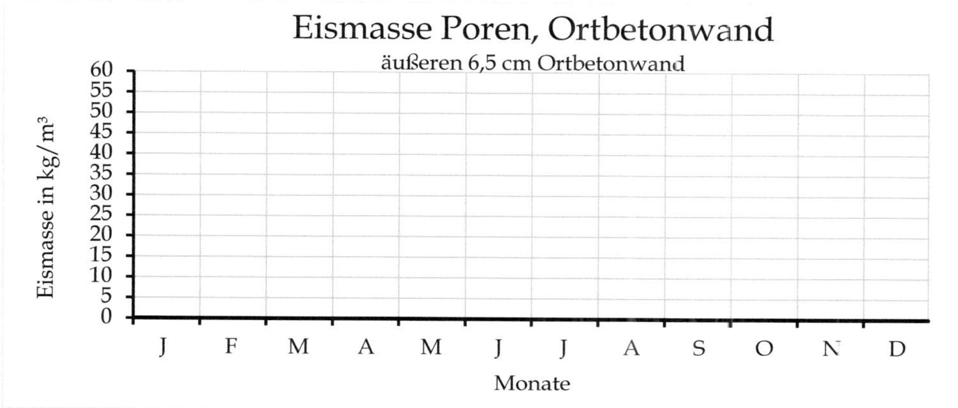

Abbildung 175: Eismasse in den Poren im Jahresgang der Ortbetonwand

Im Jahresverlauf kommt es zu keiner Eisbildung in der Ortbetonwand kommt..(siehe Abbildung 175). Das liegt weniger am Normalbeton, der zwar viele Kapillarporen hat, sondern an der konstruktiven Aluminiumkassette außen und der nahezu wasserundurchlässigen Unterspannbahn auf der Mineralwolle. Daher können Schäden durch Frost in diesem Aufbau ausgeschlossen werden.

Tabelle 39: Indikatorentabelle Ortbetonwand

Eismasse am 3. Januar 0 bis 12 Uhr	mittlerer Porenradius, in dem die Eismasse am 3. Januar auftritt	Frost-Tau-Wechselzyklen im Jahr, Maximalwert in der Konstruktion	Menge an Kapillarporen 30 nm bis 0,1 mm	Zugfestigkeit (aus der Druckfestigkeit berechnet, 25 N/mm²)
Ziel: wenig Eismasse	Ziel: kleiner Radius	Ziel: wenig Zyklen	Ziel: wenig Poren	Ziel: hohe Festigkeit
kg/m³	log m	[-]	Vol.-%	N/mm²
kein Eis	unbekannt	3	8,1	2,0

Die Indikatoren der Ortbetonwand (siehe Tabelle 39) fallen gut aus. Am 3.1 ist keine Eismasse zu verzeichnen. Damit gibt es auch keinen mittleren Porenradius, im dem sich Eis am 3. Januar bilden könnte. Lediglich hinter der Unterspannbahn gibt es 3 [-] FTW-Zyklen im Jahresgang, die unschädlich sind.

Schadensmechanismen wie der hydrostatische Druck und der kapillare Effekt kommen ohne Eisbildung im Ortbeton nicht vor (siehe Kapitel 2.7.3).

4.3.2.9 Betonfertigteilwand

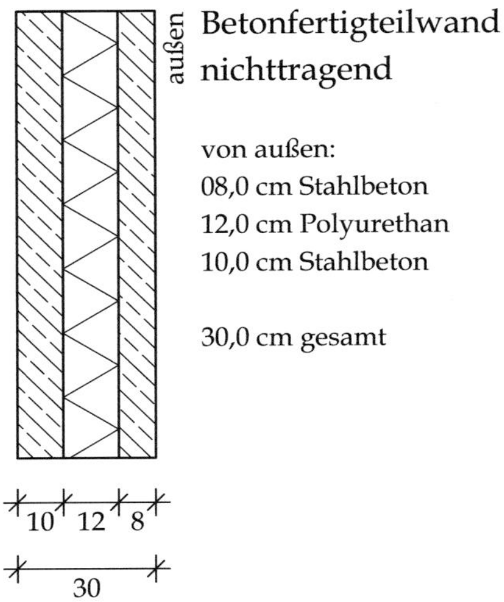

Abbildung 176: Wandquerschnitt Betonfertigteilwand

In Abbildung 176 ist ein Querschnitt der Betonfertigteilwand mit einer Dicke von 30,0 cm dargestellt. Die Baukonstruktion ist intakt, d. h., es sind alle konstruktiven Schichten vorhanden und unbeschädigt sowie das Innenraumklima wie in der Methodik beschrieben gewählt (siehe Kapitel 4.3.1.1). Dabei ist die äußere Normalbetonplatte unbehandelt, d. h. ohne Hydrophobierung und ohne Beschichtung.

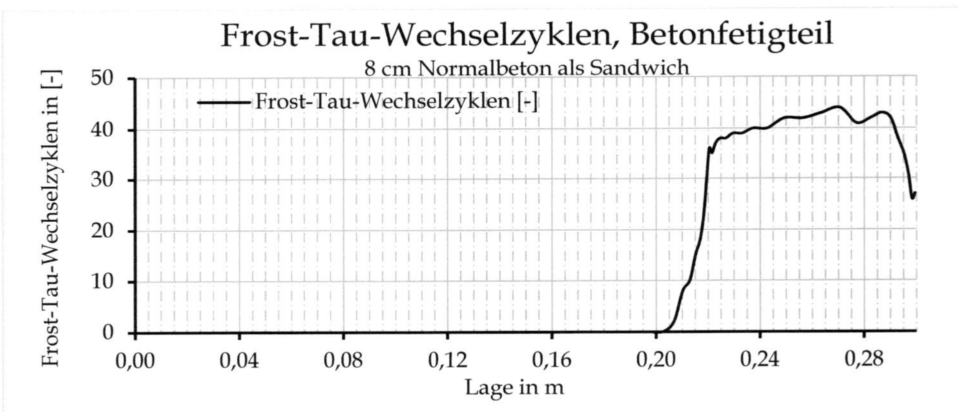

Abbildung 177: Frost-Tau-Wechselzyklen (jährlich) der Betonfertigteilwand

Abbildung 177 zeigt die FTW-Zyklen im Wandquerschnitt der Betonfertigteilwand. Dabei kommt es im gesamten Querschnitt des äußeren Fertigteils zur Eisbildung und im Maximum zu 44 [-] FTW-Zyklen im Jahresgang. Diese gehen sogar in den Bereich des Polyurethans über (unter 22 cm fängt PU an), d. h., es besteht die Gefahr, dass das PU über einige Jahre stärker auffeuchtet und es dann zu mehr FTW-Zyklen kommt, die dann die Baukonstruktion nachhaltig schädigen. Daher muss bei kapillarporösen Baustoffen mit einem dahinterliegenden feuchteempfindlichen Baustoff wie MW eine Behandlung der Oberfläche erfolgen.

Eine Porenvolumenverteilung liegt für das Betonfertigteil (Normalbeton) nicht vor.

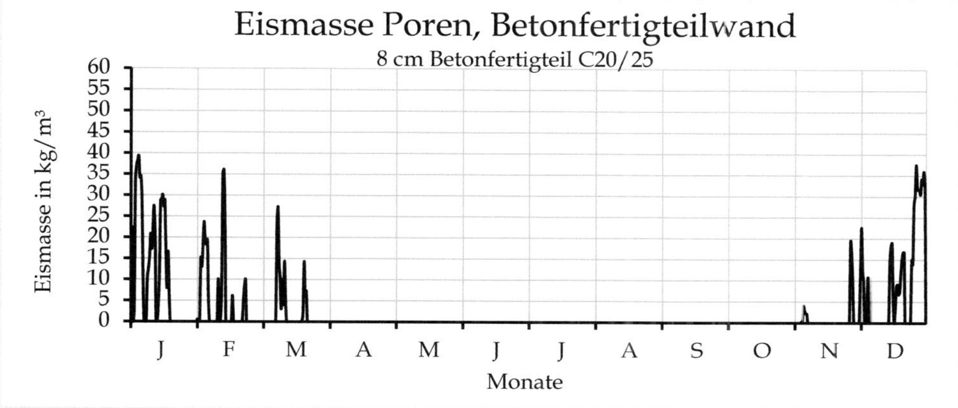

Abbildung 178: Eismasse in den Poren im Jahresgang der Betonfertigteilwand

Abbildung 178 zeigt, dass es im Jahresverlauf in fünf Monaten zur Eisbildung in der äußeren Normalbetonplatte kommt. Der höchste Wert wird im Januar mit 39 kg/m³ erreicht.

Tabelle 40: Indikatorentabelle Ortbetonwand

Eismasse am 3. Januar 0 bis 12 Uhr	mittlerer Porenradius, in dem die Eismasse am 3. Januar auftritt	Frost-Tau-Wechselzyklen im Jahr, Maximalwert in der Konstruktion	Menge an Kapillarporen 30 nm bis 0,1 mm	Zugfestigkeit (aus der Druckfestigkeit berechnet, 25 N/mm²)
Ziel: wenig Eismasse	Ziel: kleiner Radius	Ziel: wenig Zyklen	Ziel: wenig Poren	Ziel: hohe Festigkeit
kg/m³	log m	[-]	Vol.-%	N/mm²
39	unbekannt	44	8,1	2,0

Die Indikatoren der Betonfertigteilwand (siehe Tabelle 40) sind ungünstig. Die Eismasse beträgt am 3. Januar für Beton einen hohen Wert von 39 kg/m³. Der mittlere Porenradius ist nicht bekannt, da die differenzielle Porenvolumenverteilung dieses Baustoffes nicht vorliegt. Dadurch ist auch die Menge an Kapillarporen nicht bekannt. Zudem werden hohe 44 [-] FTW-Zyklen im Jahresgang erreicht.

Schadensmechanismen wie der hydrostatische Druck und der kapillare Effekt nehmen eine bedeutende Rolle ein, da viel Flüssigwasser in der äußeren Platte transportiert wird und sich in diesen Kapillarporen auch das Eis bildet (siehe Kapitel 4.3.1). Hier spielt auch die geringe Zugfestigkeit von 2 N/mm² eine wichtige Rolle, da diese schnell überschritten werden kann.

Gruppe 2: Baukonstruktionen aus Textilbeton

4.3.2.10 Textilbetonwand 2.0 mit Schlagregen (Referenzbeton)

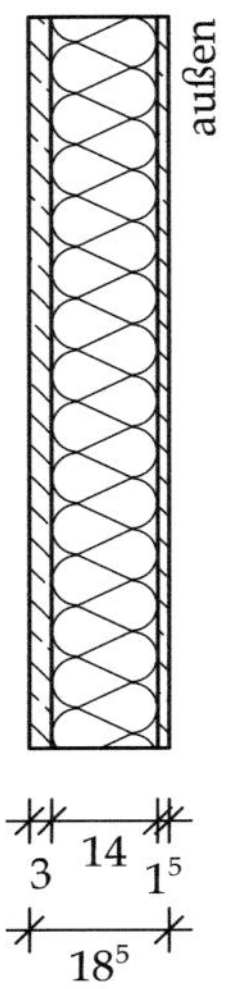

Textilbetonwand 2.0
nichttragend
(Referenz)

von außen:
01,5 cm Textilbeton 2.0
14,0 cm Mineralwolle
03,0 cm Textilbeton 2.0

18,5 cm gesamt

Abbildung 179: Wandquerschnitt Textilbetonwand 2.0

In Abbildung 179 ist ein Querschnitt der Textilbetonwand mit einer Dicke von 18,5 cm dargestellt. Die Konstruktion wird im Kapitel 4.1 beschrieben. Die Methodik zur Auswertung ist im Kapitel 4.3.1.1 beschrieben.

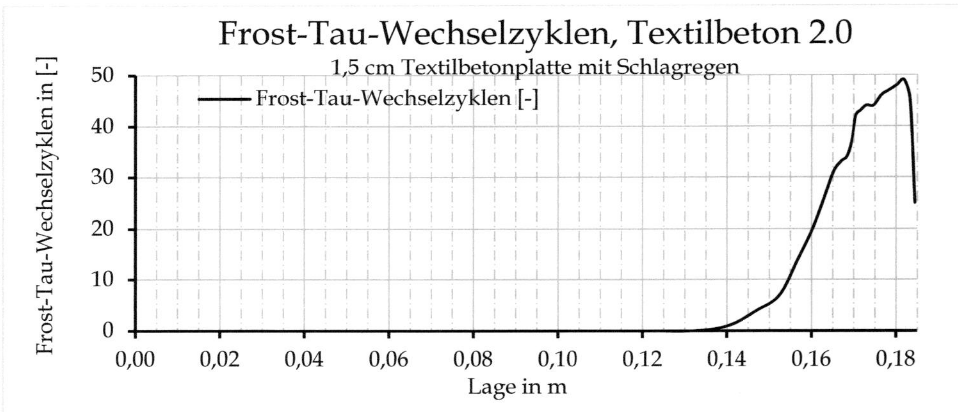

Abbildung 180: Frost-Tau-Wechselzyklen (jährlich) der Textilbetonwand 2.0 mit Schlagregen

In Abbildung 180 ist deutlich erkennbar, dass die häufigsten FTW-Zyklen kurz hinter der Oberfläche liegen (etwa bei 18,25 cm). An dieser Stelle innerhalb der Baukonstruktion treten 49 [-] FTW-Zyklen auf. Dies liegt an der hohen Kapillaraktivität des Baustoffes, denn die Schlagregenereignisse sowie die Tauwasserbildung an der Oberfläche sorgen primär für die Sättigung der Poren, in denen es dann zur Eisbildung kommt. Die Sättigung in den Gel- und Schrumpfporen hat daran keinen Anteil, da es hier durch die Gefrierpunktserniedrigung zu keinen FTW kommt.

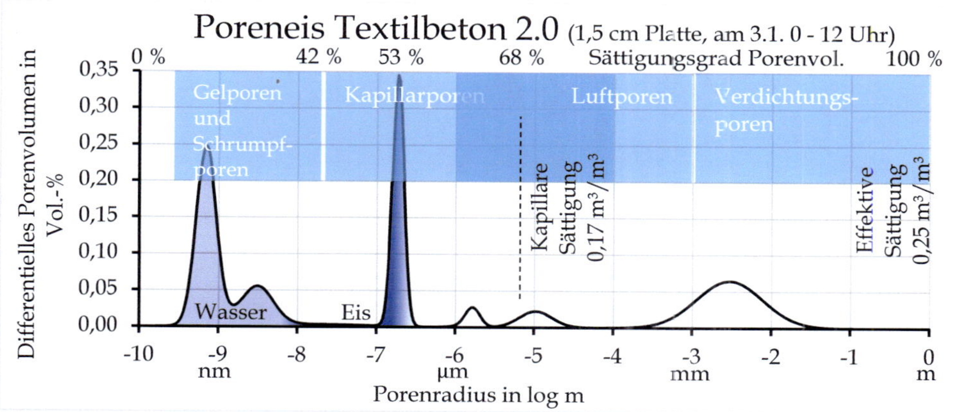

Abbildung 181: Porenvolumenverteilung mit Porensättigung am 3. Januar der Textilbetonwand 2.0 mit Schlagregen

Abbildung 181 zeigt die differenzielle Porenvolumenverteilung der Textilbetonwand 2.0. Der Sättigungsgrad der Poren beträgt 53 %. Damit sind die für den Flüssigwassertransport wichtigen Kapillarporen mit Wasser bzw. zeitweise auch mit Eis gefüllt. Eis liegt zu diesem Zeitpunkt 42 % bis 53 % im Porenvolumen vor. Der mittlere Porenradius, in dem sich die Eismasse befindet, liegt bei -7,4 log m. Dieser kleine Porenradius erscheint unproblematisch, da sich nur kleine Kräfte durch eine Volumenausdehnung entwickeln können. Die Eismasse in den Kapillarporen ist jedoch nicht unproblematisch, da sie Diffusionsprozesse aus den Gel- und Schrumpfporen in Gang setzt. Dieser Schädigungsmechanismus wird kapillarer Effekt genannt. Daher sollte die Eisbildung möglichst in den Kapillarporen beim Beton u. a. wegen diesem Schädigungsmechanismus vermieden werden (siehe Kapitel 2.7.3).

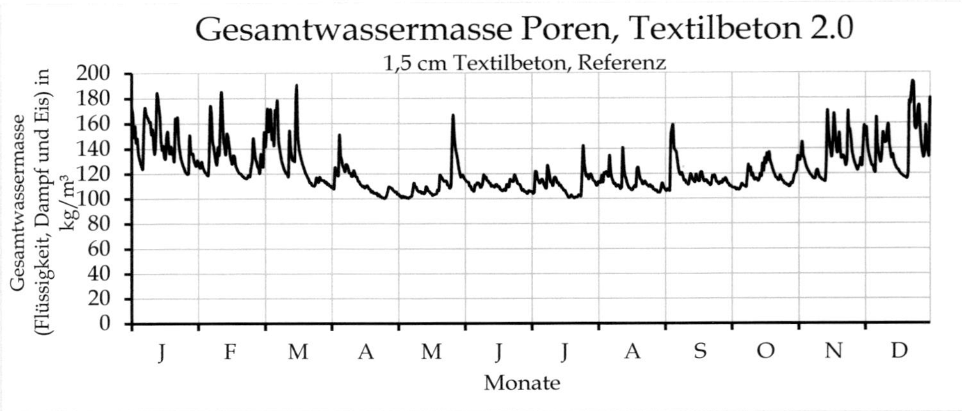

Abbildung 182: Gesamtwassermasse in den Poren im Jahresgang der Textilbetonwand 2.0 mit Schlagregen

In Abbildung 182 ist die Gesamtwassermasse in kg/m³ abgebildet. Dieses Diagramm wird nur für die Textilbetonwand 2.0 aufgestellt, da hieran sehr gut die Aktivität der Kapillarporen in Verbindung mit den Schlagregenereignissen und den Untertemperaturstunden mit Tauwasser auf der Oberfläche sichtbar wird. Etwa 100 kg/m³ beträgt die Wassermasse, die im Mittel ganzjährig in diesem Baustoff vorzufinden ist. Allerdings ist diese Masse primär im Bereich der Gel- und Schrumpfporen (zusammen Gelporosität) zu finden. Dieses Wasser ist durch die Kapillarkondensation (Erniedrigung des Sättigungsdampfdruckes über den konkav gekrümmten Menisken im Bereich von etwa $2 \cdot 10^{-9}$ bis 10^{-7} m) in den kleinen Porenradien gebunden. Hier sind die Oberflächenkräfte so hoch, dass sich durch die Gefrierpunkterniedrigung auch im mitteleuropäischen Klima kein Eis bildet (siehe Kapitel 2.7.1). Die Ausschläge im Diagramm sind durch Schlagregenereignisse, Untertemperaturstunden mit Tauwasserbildung auf der Oberfläche und hohe Luftfeuchten nach Schlagregenereignissen zu erklären.

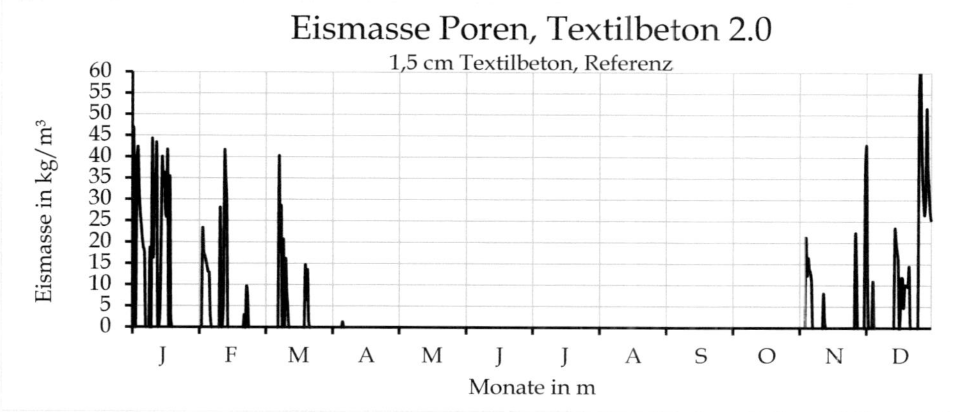

Abbildung 183: Eismasse in den Poren im Jahresgang der Textilbetonwand 2.0 mit Schlagregen

Die Eismasse liegt beim Textilbeton 2.0 unterhalb der absoluten Eismasse der Altbauwand im Vergleichszeitraum (siehe Abbildung 183). Ausgegeben wurde hier der Mittelwert der äußeren 1,5 cm dicken Fassadenplatte. Dennoch finden sich von im November bis April mit Eismengen in der Konstruktion.

Tabelle 41: Indikatorentabelle Textilbetonwand 2.0 mit Schlagregen

Eismasse am 3. Januar 0 bis 12 Uhr	mittlerer Porenradius, in dem die Eismasse am 3. Januar auftritt	Frost-Tau-Wechselzyklen im Jahr, Maximalwert in der Konstruktion	Menge an Kapillarporen 30 nm bis 0,1 mm	Zugfestigkeit (aus der Druckfestigkeit berechnet, 80 N/mm²)
Ziel: wenig Eismasse	Ziel: kleiner Radius	Ziel: wenig Zyklen	Ziel: wenig Poren	Ziel: hohe Festigkeit
kg/m³	log m	[-]	Vol.-%	N/mm²
33,6	-7,4	49	8,0	6,3

Im Vergleich zur Altbauwand, die für dieses Kapitel das Optimum bildet (siehe Kapitel 4.3.2.1), konnten die Werte der Eismasse, des mittleren Porenvolumens sowie die Menge an Kapillarporen positiv übertroffen werden. Einzig die FTW-Zyklen [-] stellen eine Verschlechterung dar. Diesen Wert gilt es mit geeigneten Maßnahmen zu verbessern.

4.3.2.11 Textilbetonwand 2.0 ohne Schlagregen

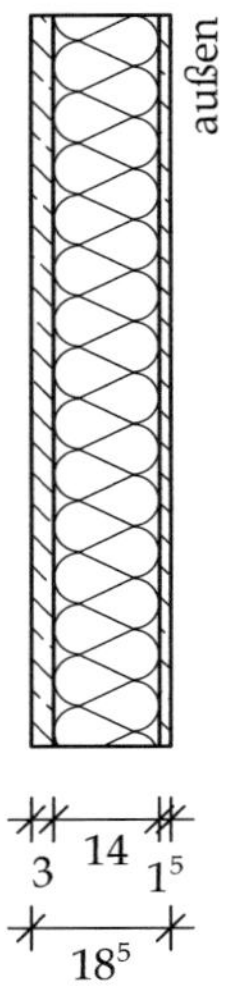

Textilbetonwand 2.0
nichttragend
(Referenz)

von außen:
01,5 cm Textilbeton 2.0
14,0 cm Mineralwolle
03,0 cm Textilbeton 2.0

18,5 cm gesamt

Abbildung 184: Wandquerschnitt Textilbetonwand 2.0

In Abbildung 184 ist ein Querschnitt einer Textilbetonwand mit einer Dicke von 18,5 cm dargestellt. Die Baukonstruktion wird im Kapitel 4.1 beschrieben. Die Methodik zur Auswertung ist unter Kapitel 4.3.1.1 beschrieben. In Änderung der vorherigen Baukonstruktion wird in der Simulation der Schlagregen nicht berücksichtigt. Dabei kann es sich z. B. um einen Bereich direkt unter einem Dachüberstand handeln.

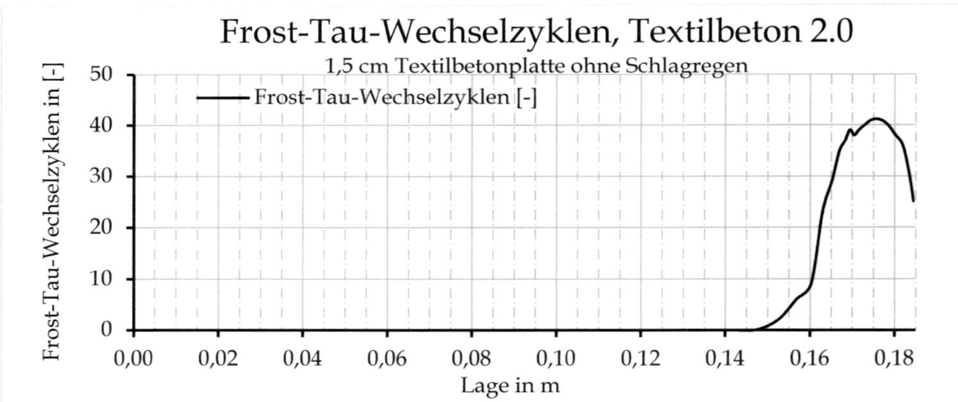

Abbildung 185: Frost-Tau-Wechselzyklen (jährlich) der Textilbetonwand 2.0 ohne Schlagregen

In Abbildung 185 ist deutlich erkennbar, dass die häufigsten FTW-Zyklen weiter hinter der Oberfläche liegen als bei der Variante mit Schlagregen (etwa bei 17,5 cm). An dieser Stelle innerhalb der Baukonstruktion treten 41 [-] FTW-Zyklen auf. Dies sind 9 [-] FTW-Zyklen weniger, als mit Schlagregen auftreten würden. Die Kurve wird durch den Wegfall des Schlagregens kleiner und verschiebt sich weiter innerhalb der Platte. Es kommt ebenfalls in der MW zur Ansammlung von Wasser und damit auch zum FTW im Dämmstoff. Die Feuchteansammlung in diesem Bereich sollte gänzlich vermieden werden. Dazu müssen entsprechende Vorkehrungen mit der Textilbetonplatte getroffen werden. MW wurde als feuchteempfindliche Dämmung für die Textilbetonwände gewählt, um Schwachstellen sichtbar zu machen.

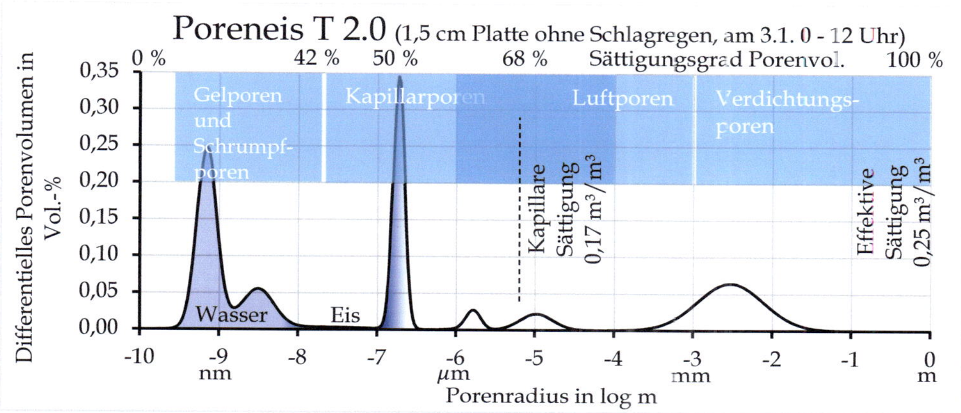

Abbildung 186: Porenvolumenverteilung mit Porensättigung am 3. Januar der Textilbetonwand 2.0 ohne Schlagregen

Abbildung 186 zeigt die differenzielle Porenvolumenverteilung der Textilbetonwand 2.0. Der Sättigungsgrad der Poren beträgt ohne Schlagregen nur 50 % statt 53 % mit Schlagregen. Damit sind die für den Flüssigwassertransport wichtigen Kapillarporen nur leicht mit Wasser bzw. zeitweise auch mit Eis gefüllt. Eis liegt zu diesem Zeitpunkt 42 % bis 50 % im Porenvolumen vor. Der mittlere Porenradius, in dem sich die Eismasse befindet, liegt bei -7,4 log m. Zum Schädigungsmechanismus gilt gleiches wie bei der Konstruktion mit Schlagregen, wobei in diesem Fall deutlich weniger Eismasse in den Kapillarporen vorliegt.

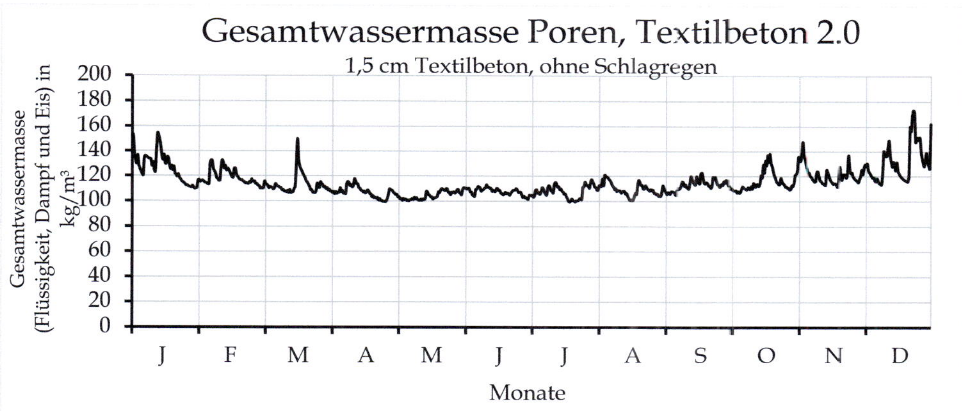

Abbildung 187: Gesamtwassermasse in den Poren im Jahresgang der Textilbetonwand 2.0 ohne Schlagregen

In Abbildung 187 ist die Gesamtwassermasse in kg/m³ dargestellt. Etwa 100 kg/m³ beträgt die Wassermasse, die im Mittel ganzjährig in diesem Baustoff vorzufinden ist. Das ist gut an der nachstehenden Variante mit Hydrophobierung zu sehen. Die Ausschläge im Diagramm sind durch Schlagregenereignisse, Untertemperaturstunden mit Tauwasserbildung auf der Oberfläche und durch hohe Außenluftfeuchten nach Schlagregenereignissen zu erklären. Da in diesem Fall die Baukonstruktion ohne Schlagregen simuliert wurde, sind die weiteren Ausschläge auf die Bildung von Tauwasser in den Untertemperaturstunden in der unbedeckten Nacht (terrestrische Abstrahlung gegen Nachthimmel) zurückzuführen, aber auch auf die hohen Außenluftfeuchten, die durch die Schlagregenereignisse erzeugt werden.

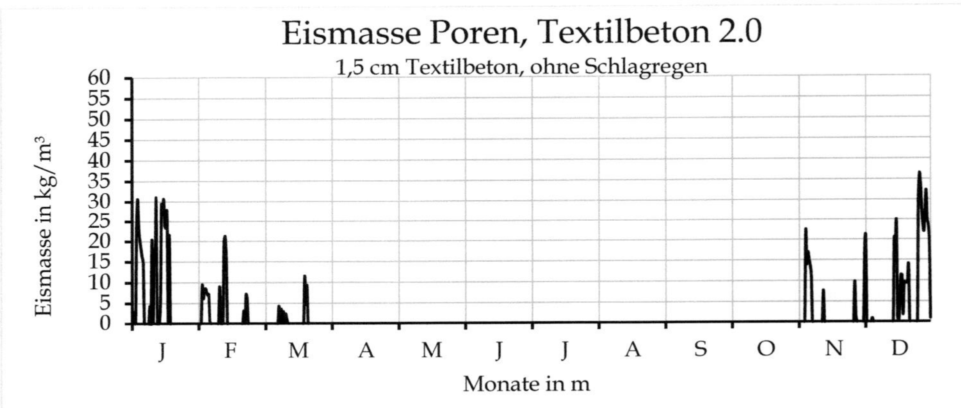

Abbildung 188: Eismasse in den Poren im Jahresgang der Textilbetonwand 2.0 ohne Schlagregen

Die Eismasse der Textilbetonwand ohne Schlagregen (siehe Abbildung 188) liegt unterhalb der absoluten Eismasse der Altbauwand, aber auch deutlich unterhalb der Textilbetonwand mit Schlagregen. Ausgegeben wurde hier der Mittelwert der äußeren 1,5 cm dicken Fassadenplatte. Dennoch finden sich Tage mit Eismengen in der Konstruktion von November bis März.

Tabelle 42: Indikatorentabelle Textilbetonwand 2.0

Eismasse am 3. Januar 0 bis 12 Uhr	mittlerer Porenradius, in dem die Eismasse am 3. Januar auftritt	Frost-Tau-Wechselzyklen im Jahr, Maximalwert in der Konstruktion	Menge an Kapillarporen 30 nm bis 0,1 mm	Zugfestigkeit (aus der Druckfestigkeit berechnet, 80 N/mm²)
Ziel: wenig Eismasse	Ziel: kleiner Radius	Ziel: wenig Zyklen	Ziel: wenig Poren	Ziel: hohe Festigkeit
kg/m³	log m	[-]	Vol.-%	N/mm²
20,3	-7,4	41	8,0	6,3

Im Vergleich zur Referenz Altbauwand konnten die Werte der Eismasse, des mittleren Porenvolumens sowie die Menge an Kapillarporen verbessert werden. Einzig die FTW-Zyklen [-] stellen eine Verschlechterung dar. Sowohl für die Variante der Textilbetonwand 2.0 mit Schlagregen als auch für die ohne Schlagregen sind weitere Verbesserungen anzustreben, um die Zyklen zu reduzieren.

4.3.2.12 Textilbetonwand 2.0 mit Schlagregen und hydrophobiert

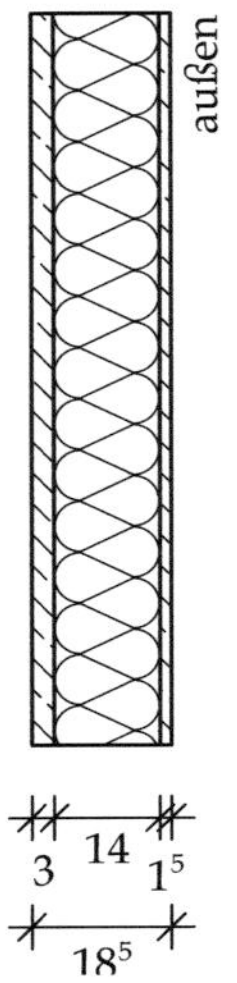

Textilbetonwand 2.0 nichttragend (Referenz)

von außen:
01,5 cm Textilbeton 2.0
14,0 cm Mineralwolle
03,0 cm Textilbeton 2.0

18,5 cm gesamt

Abbildung 189: Wandquerschnitt Textilbetonwand 2.0

In Abbildung 189 ist ein Querschnitt der Textilbetonwand mit einer Dicke von 18,5 cm dargestellt. Die Baukonstruktion wird im Kapitel 4.1 beschrieben. In dieser Variante wird der Schlagregen als Randbedingung angesetzt und die äußeren 2 mm der 1,5 cm dicken Textilbetonplatte 2.0 mit einer Hydrophobierung behandelt. Die übrigen dahinterliegenden 1,3 cm der Platte bleiben unbehandelt. Damit soll der Feuchtetransport über die Kapillarporen stark verringert werden. Dies betrifft nicht nur die durch Schlagregen und Tauwasserbildung entstehenden, vollständig gesättigten Poren, sondern auch die Porenwandungen, die bei hohen Luftfeuchten (etwa ab 95 % rel. Luftfeuchte) Flüssigwasser an der Kapillarporenwand transportieren. Die Hydrophobierung soll diesen Flüssigkeitsstrom stark reduzieren, sodass fast nur noch ein Dampfdiffusionsstrom die Porenfraktion passieren kann. Bei einer Hydrophobierung wird der Randwinkel des Wassertropfens, der in mineralischen Baustoffen unter 90 [°] (hydrophil) beträgt, auf über 90 [°] (hydrophob) angehoben.

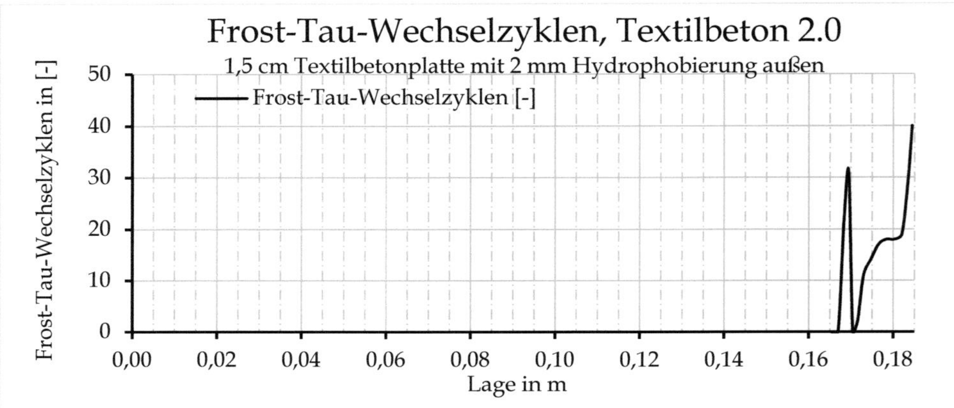

Abbildung 190: Frost-Tau-Wechselzyklen (jährlich) der Textilbetonwand 2.0 mit Schlagregen und 2 mm Hydrophobierung außen

In Abbildung 190 wird der Effekt der Hydrophobierung deutlich. Der Hochpunkt der FTW-Zyklen liegt nicht mehr in der Mitte der Platte, sondern an beiden Oberflächen, d. h., es kann nur noch ein sehr geringer Teil an Flüssigwasser in die Platte eindringen. Da jetzt das Flüssigwasser nicht mehr in das Platteninnere abtransportiert werden kann, steht dieses länger auf der Oberfläche, was zu stärkeren FTW-Zyklen auf der Oberfläche führt. Ebenfalls schlägt sich Tauwasser an der Innenseite aus dem Bereich der MW an der Platte nieder, wodurch ebenfalls Zyklen zu verzeichnen sind. In Plattenmitte liegt der Wert aber deutlich unter dem der Referenz mit 24 [-]. Dadurch kann es an den Oberflächen zu leichten Abwitterungserscheinungen kommen. Aufgrund der hohen Zugfestigkeit des Baustoffes ist das aber nicht zu erwarten. In der MW findet nur noch im Übergangsbereich zum Textilbeton eine leichte Feuchteansammlung aufgrund von einzelnen Taupunktunterschreitungen der Außenplatte unterhalb des Taupunktes statt.

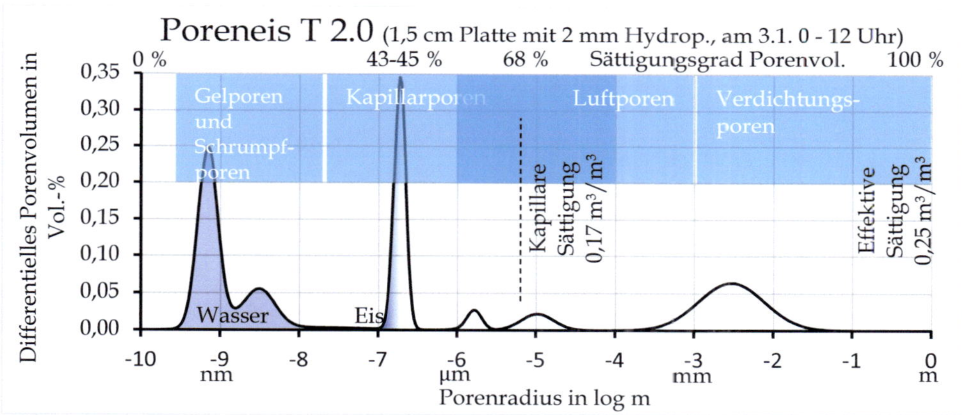

Abbildung 191: Porenvolumenverteilung mit Porensättigung am 3. Januar der Textilbetonwand 2.0 mit Schlagregen und 2 mm Hydrophobierung

Abbildung 191 zeigt die differenzielle Porenvolumenverteilung der Textilbetonwand 2.0. Der Sättigungsgrad der Poren beträgt mit Schlagregen und einer 2 mm dicken Hydrophobierung nur 45 % statt der 53 % mit Schlagregen und ohne Hydrophobierung. Damit beinhaltet die große Kapillarporenvolumenfraktion nur 43 % bis 45 % Eis. Der mittlere Porenradius, in dem sich die Eismasse befindet, liegt bei -7,0 log m. Aus dieser geringen Eismasse in den kleinen Poren werden kaum Kräfte entstehen, die eine Zugfestigkeit des Baustoffes überschreiten, auch nicht an der Oberfläche. Die Hydrophobierung erhöht damit sichtbar die Dauerhaftigkeitsindikatoren der Fassadenplatte aus Textilbeton 2.0.

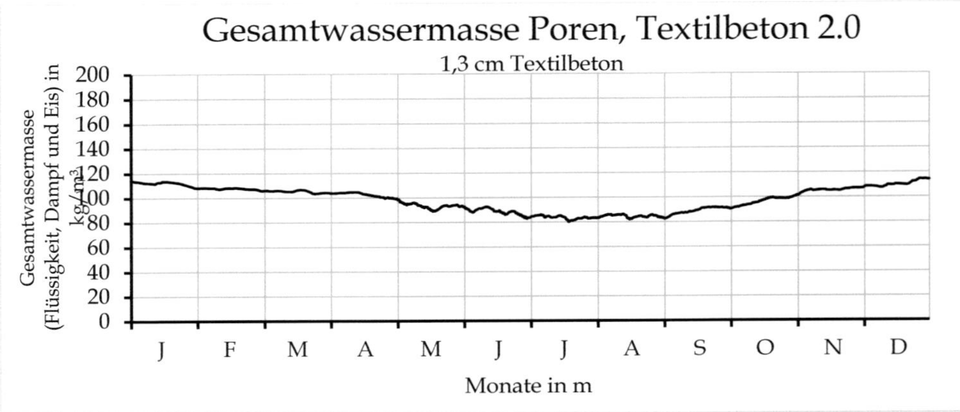

Abbildung 192: Gesamtwassermasse in den Poren im Jahresgang der Textilbetonwand 2.0 mit Schlagregen und 2 mm Hydrophobierung

In Abbildung 192 ist die Gesamtwassermasse in kg/m³ der 1,3 cm dicken Textilbetonschicht hinter der Hydrophobierung dargestellt. Etwa 100 kg/m³ beträgt die Wassermasse, die im Mittel ganzjährig in diesem Baustoff vorzufinden ist. Die Ausschläge durch Schlagregenereignisse, Untertemperaturstunden mit Tauwasserbildung auf der Oberfläche und durch hohe Außenluftfeuchten nach Schlagregenereignissen fehlen nahezu komplett. Die vorhandene Gesamtwassermasse ist dabei fast ausschließlich in den kleinen Porenfraktionen zu finden. Dort ist das Wasser durch die Oberflächenkräfte gebunden. Diese Kräfte sorgen über den Kapillarmenisken zur Erniedrigung der Gefrierpunkttemperatur, sodass sie für die Eisbildung nur einen geringen Einfluss aufweisen.

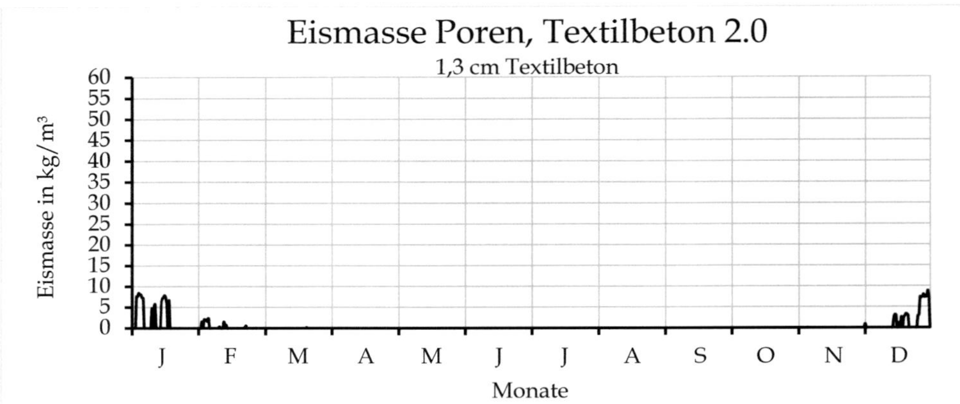

Abbildung 193: Eismasse in den Poren im Jahresgang der Textilbetonwand 2.0 mit Schlagregen und 2 mm Hydrophobierung

Die Eismasse der hydrophobierten Textilbetonwand (siehe Abbildung 193) liegt deutlich unterhalb der absoluten Eismasse der Altbauwand, aber auch deutlich unterhalb der Textilbetonwand mit und ohne Schlagregen. Ausgegeben wird der Mittelwert der äußeren 1,3 cm dicken Schicht hinter der 2 mm Hydrophobierung. Frosttage gibt es nur von Dezember bis Februar. Die max. Eismasse beträgt am 3. Januar von 0 bis 12 Uhr nur 8 kg/m³.

Tabelle 43: Indikatorentabelle Textilbetonwand 2.0 mit Schlagregen und 2 mm Hydrophobierung

Eismasse am 3. Januar 0 bis 12 Uhr	mittlerer Porenradius, in dem die Eismasse am 3. Januar auftritt	Frost-Tau-Wechselzyklen im Jahr, Maximalwert in der Konstruktion	Menge an Kapillarporen 30 nm bis 0,1 mm	Zugfestigkeit (aus der Druckfestigkeit berechnet, 80 N/mm²)
Ziel: wenig Eismasse	Ziel: kleiner Radius	Ziel: wenig Zyklen	Ziel: wenig Poren	Ziel: hohe Festigkeit
kg/m³	log m	[-]	Vol.-%	N/mm²
8,0	-7,0	40	8,0	6,3

Im Vergleich zur Referenz Altbauwand konnten die Werte der Eismasse, des mittleren Porenvolumens sowie die Menge an Kapillarporen positiv übertroffen werden. Einzig die FTW-Zyklen [-] stellen eine Verschlechterung dar. Jedoch übertrifft diese Variante mit Hydrophobierung alle Indikatoren der vorstehenden Textilbetonwände mit und ohne Schlagregen. Daher ist eine Hydrophobierung für Betonplatten mit ausgeprägter Kapillarporenstruktur sowie auch für hochfeste Textilbetonplatten mit einer dichteren Matrix zu empfehlen. Über einen Verzicht einer Hydrophobierung sollte nur dann erwogen werden, wenn die Kapillarporen nahezu eliminiert werden. Diese Möglichkeit soll in der nachstehenden Variantenbetrachtung zur Optimierung des Kapillarporendesigns untersucht werden.

4.3.3 Auswertung Variantenbetrachtung zur Optimierung des Kapillarporendesigns auf Grundlage des Textilbetons 2.0

Die nachfolgend aufgeführten Baukonstruktionen stellen individuell angepasste Baustoffe der Fassadenplatte dar (siehe Kapitel 2.7.3). Diese lediglich modellierten Betone werden im Folgenden auch „Designbetone“ genannt.

4.3.3.1 Auswertungswerkzeuge: Variantenbetrachtung zur Optimierung des Kapillarporendesigns

Die Variantenbetrachtung zur Optimierung hat das Ziel, die Porenfraktionen so zu verändern, dass die gewünschte Eigenschaft erreicht wird. In diesem Zusammenhang wird von „Porendesign“ und von dem „Fingerabdruck eines Baustoffes.“ gesprochen. (R. Plagge, personal communication, April 19, 2012) Damit könnten beliebige hygrothermische Eigenschaften modelliert werden.

Diese Veränderung soll im vorliegenden Fall dafür sorgen, dass die Eisbildung reduziert und damit der FTW erhöht wird. Im Fall anderer Anwendungen könnte z. B. auch die Kapillarporenfraktion vergrößert werden, um die Feuchtespeicherfähigkeit im Innenraum zu erhöhen oder z. B. die Wärmeleitfähigkeit durch das Einfügen von Luft- und Verdichtungsporen verbessert werden.

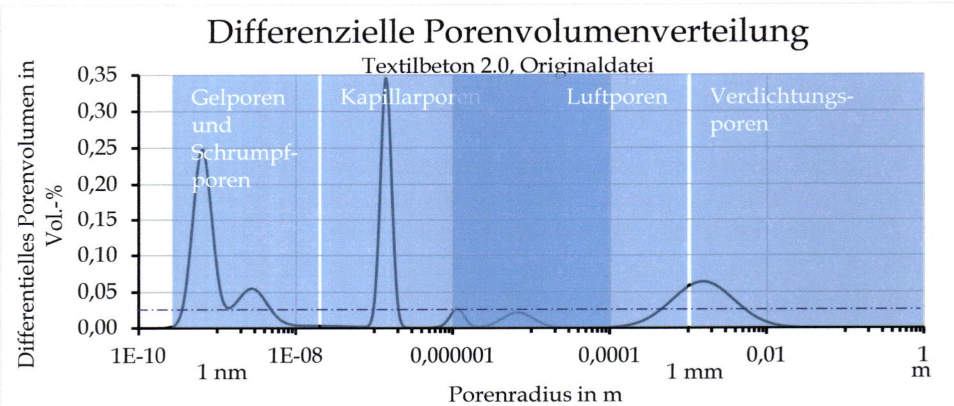

Abbildung 194: Differenzielle Porenvolumenverteilung vom Baustoff Textilbeton 2.0

Ausgangspunkt ist in dieser Arbeit ein bereits vorhandener Baustoff, von dem alle hygrothermischen Daten zur Verfügung stehen: der Textilbeton 2.0, der in der Gruppe der Textilbetone den Referenzbaustoff darstellt. Abbildung 194 zeigt die Charakteristik eines hochfesten Betons. Dabei gibt es eine ausgeprägte Porenfraktion in den Gel- und Schrumpfporen. Diese entstehen gleich mit dem Zementgel. Dabei füllen die durch Oberflächenkräfte stark gebundenen Wassermoleküle die Bereiche zwischen den Hydratationsprodukten aus. Die Kapillarporenfraktion ist ebenfalls ausgeprägt. Sie ist u. a. auf eine unzureichende Nachbehandlung zurückzuführen, da die Proben nach der Herstellung nicht abgedeckt wurden und möglicherweise keinen optimalen w/z-Wert besaßen. Die Porenfraktion der Luft- und Verdichtungsporen ist auf den Produktionsprozess und die Verdichtung zurückzuführen.

Der Fokus liegt auf einer Verbesserung der vorliegenden Porenstruktur zur Verringerung der Eisbildung. Die Basis ist die vorliegende differenzielle Porenstruk-

tur. Dazu wurde eine Tabellenkalkulation erstellt, die den durchgängigen Zusammenhang zwischen der differenziellen Porenstruktur, der kumulativen Porenstruktur und deren Umkehrfunktion herstellt. Die letzten beiden Wertereihen sind das Kernstück jeder DELPHIN-Materialdatei. In der Tabellenkalkulation wurden dabei nicht nur die Ausgabediagramme erzeugt (siehe Abbildung *196* und Abbildung 197 sondern auch die Daten für die DELPHIN-Materialdatei.
Die blaue Strichpunktlinie markiert das durchschnittliche Porenvolumen über alle Porenfraktionen mit 0,025 Vol.-%. Wenn dieser Durchschnittswert mit den hinterlegten 1000 Einzelwerten der unterschiedlichen Porenradien multipliziert wird, ergeben sich 25 Vol.-% bzw. 0,25 m³/m³.

Schritt 1

Die 1000 Einzelwerte aus der differenziellen Porenvolumenverteilung (siehe Abbildung 194) werden in der Abbildung 195 kumuliert. Zudem wird die Ordinate durch 100 dividiert, um von 100 % auf 1 m³/m³ zu gelangen.

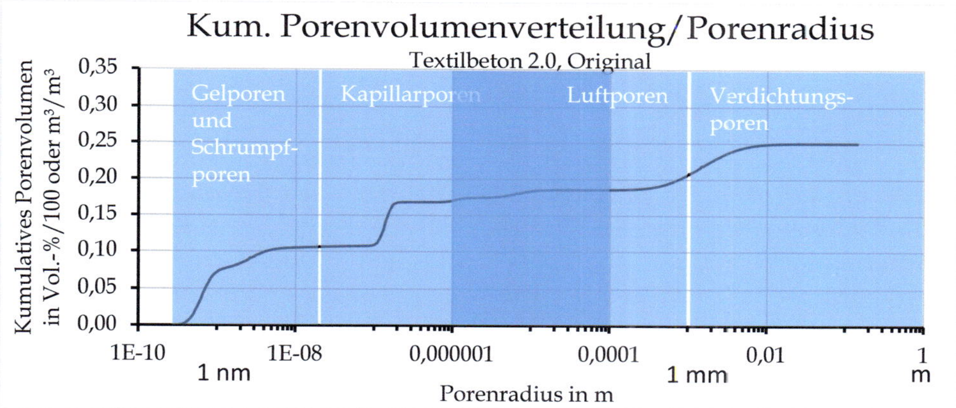

Abbildung 195: Kumulierte Porenvolumenverteilung/ Porenradius, Originaldatei Textilbeton 2.0

Schritt 2

Die Funktion wird auf der Abszisse gespiegelt und der Porenradius wird zum Kapillardruck umgerechnet.

Berechnungsformel Kapillardruck

$$p_K = \frac{2\sigma \cdot \cos\theta_C}{r} = \frac{0{,}145}{r} \sim \frac{0{,}15}{r} \qquad (4.2)$$

p_K	Kapillardruck in Pa od. N/m²
r	Porenradius in m
σ	Oberflächenspannung des Wassers in N/m = 0,07275 N/m bei 20 °C
θ_C	Randwinkel in [°] = Wasser auf mineralischem Baustoff = 0 [°]

Abbildung 196 stellt die zentrale Funktion in den DELPHIN-Materialdateien dar. Sie wird *(Thetal) pC* (water retention curve*)* genannt.

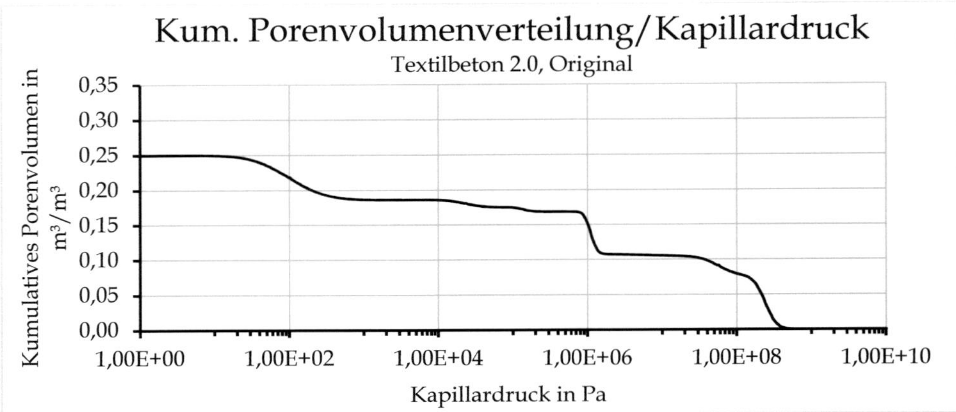

Abbildung 196: Kumulierte Porenvolumenverteilung/Kapillardruck, DELPHIN (Thetal) pC

Nach dem Erzeugen werden die Werte in die Materialdatei integriert.

Schritt 3

Die Achsen werden vertauscht, um die Umkehrfunktion zu erhalten.

Abbildung 197 stellt die Umkehrfunktion der zentralen Funktion in den DELPHIN-Materialdateien dar. Sie wird pC (Thetal) *(*reverse water retention curve*)* genannt.

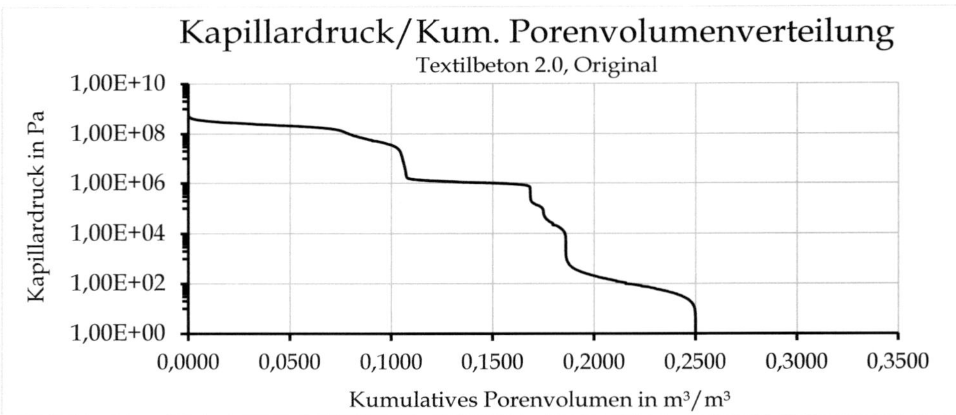

Abbildung 197: Kapillardruck/ kum. Porenvolumenverteilung, DELPHIN pC (Thetal)

Nach dem Erzeugen werden die Werte in die Materialdatei integriert.

Schritt 4

Die offene Porosität wird direkt in DELPHIN angepasst im Verhältnis des Originalbaustoffes „THETA_POR“ (Beispiel: bei Textilbeton 2.0 von 0,28 m^3/m^3 auf den neuen kumulierten Porenraum mit weniger Kapillarporen plus anteilig reduzierte (nur durch äußere Kräfte erreichbare) Porenfraktion). Gleichzeitig wird die automatische Skalierung des Porenraums der Dampfleitfähigkeit Kv (Thetal) *(water vapor permeability)* vorgenommen werden.

Schritt 5

Die effektive Sättigung wird in DELPHIN auf den neuen Wert angepasst (Beispiel: bei Textilbeton 2.0 von 0,25 m^3/m^3 auf den neuen kumulierten Porenraum mit weniger Kapillarporen). Dabei sollen (Thetal) pC und pC *(Thetal)* nicht angepasst werden, da diese bereits in der modifizierten Materialdatei vorliegen. Jedoch sollte die automatische Skalierung des Porenraumes der Flüssigwasserleitfähigkeit Kl (Thetal) *(liquid water conductivity)* ausgewählt werden.

Schritt 6

Die Flüssigwasserleitfähigkeit Kl (Thetal) wird an das neue Porenvolumen in DELPHIN anpassen. Dies kann auch über den Wasseraufnahmekoeffizienten A_W erfolgen. Beide Werte hängen zusammen und einer kann über den anderen skaliert werden. Eine Veränderung dieses Wertes kann nur durch ein Experiment oder durch weitere bekannte Werte aus der Literatur erfolgen (z. B. Werte für einen anderen, hochfesten Beton).

Im Anschluss kann durch die Simulation eine Einschätzung des Verhaltens mit der neuen Porenstruktur gegeben werden. Es liegt ein neues Porendesign vor. Es muss allerdings beachtet werden, dass sich alle Werte auf den Originalbaustoff beziehen. Je näher diese Ursprungsstruktur erhalten bleibt, desto genauere Werte können erwartet werden.

Werden damit die gewünschten Ergebnisse erzielt, muss das Design in eine Mischung mit entsprechendem Herstellungsprozess überführt werden. Ist das Know-how dafür vorhanden, kann der Baustoff (hier Beton) hergestellt werden. Die erneute Charakterisierung bringt dann das Ergebnis zu Tage, ob das DELPHIN-Design und die anschließende Herstellung passen. Dadurch kann dieser Weg als validiert angenommen werden.

4.3.3.2 Textilbeton 2.0 mit reduzierten Kapillarporen

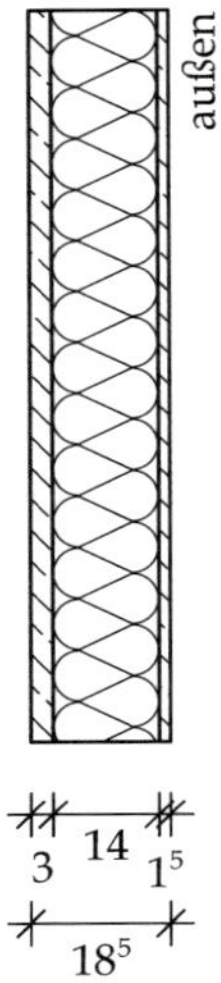

Textilbetonwand 2.0
nichttragend
(Referenz)

von außen:
01,5 cm Textilbeton 2.0
14,0 cm Mineralwolle
03,0 cm Textilbeton 2.0

18,5 cm gesamt

Abbildung 198: Wandquerschnitt Textilbetonwand 2.0

In Abbildung 60 ist den Querschnitt der Textilbetonwand mit einer Dicke von 18,5 cm dargestellt. Die Baukonstruktion wird im Kapitel 4.1 beschrieben. In diesem Fall wurde die Kapillarporenfraktion (30 nm bis 0,1 mm) auf 50 Vol.-% der ursprünglichen Menge reduziert, d. h., der Baustoff Textilbeton 2.0 wurde von ursprünglich 8 Vol.-% Kapillarporen auf 4 Vol.-% abgesenkt. Die Außenplatte hat dabei keine weitere Behandlung erhalten wie z. B. eine Hydrophobierung.

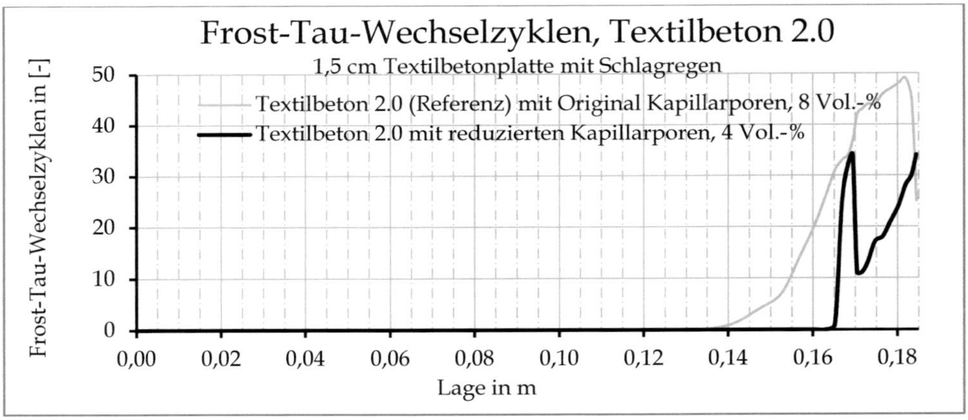

Abbildung 199: Frost-Tau-Wechselzyklen (jährlich) vom Designbaustoff Textilbeton 2.0 mit reduzierten Kapillarporen

Wie in Abbildung 199 deutlich wird, konnten die FTW-Zyklen von 49 [-] auf max. 34 auf der Außen- und Innenoberfläche reduziert werden. Der Transport in das Innere der 1,5 cm dicken Platte konnte stark reduziert werden. In diesem Bereich gehen die Zyklen sogar auf 11 [-] gegenüber der Originalplatte mit Textilbeton 2.0 (Referenzplatte Textilbeton) zurück. Diese weist mit 8 Vol.-% Kapillarporen durchgängig über 40 [-] FTW-Zyklen auf.

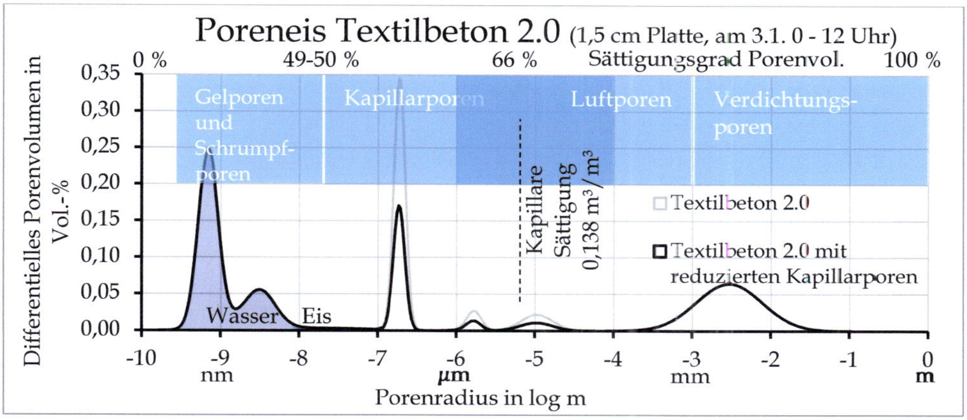

Abbildung 200: differenzielle Porenvolumenverteilung vom Designbaustoff Textilbeton 2.0 mit reduzierten Kapillarporen

Abbildung 200 zeigt die differenzielle Porenvolumenverteilung der Textilbetonwand 2.0 mit auf 50 % der Ausgangsmenge reduzierten Kapillarporen. Der Sättigungsgrad der Poren beträgt 50 % in Bezug zur Gesamtmenge bei effektiver Sättigung. Vereinfachend wird angenommen, dass die kapillare Sättigung in der gleichen Porenfraktion liegt wie beim Referenzbeton (bei 5,21 log m). Damit kann nur 0,138 m³/m³ Flüssigwasser aufgenommen werden statt 0,17 m³/m³ beim Referenzbeton. Damit beinhaltet die große Kapillarporenvolumenfraktion ab 30 nm kein Eis mehr. Wenn überhaupt, entsteht 1 % Eismasse in noch kleineren Poren. Der mittlere Porenradius, in dem sich die Eismasse befindet, liegt bei -7,9 log m. Aus dieser geringen Eismasse in den kleinen Poren werden kaum Kräfte entstehen, die eine Zugfestigkeit des Baustoffes überschreiten, auch nicht an der Oberfläche. Eine Reduzierung der Kapillarporen verbessert damit deutlich die Dauerhaftigkeitsindikatoren der Fassadenplatte aus Textilbeton 2.0.

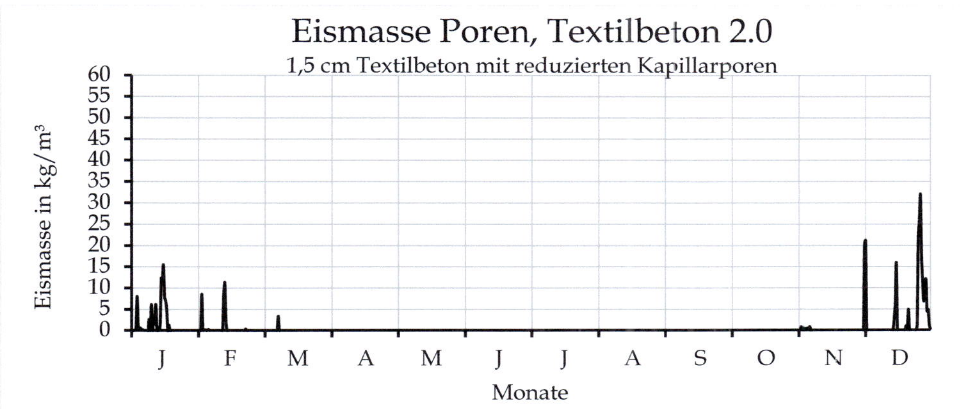

Abbildung 201: Eismasse in den Poren im Jahresgang vom Designbaustoff Textilbeton 2.0 mit reduzierten Kapillarporen

Abbildung 201 zeigt die Eismasse mit reduzierten Kapillarporen. Im Vergleich zum Referenzbeton (siehe Kapitel 4.3.2.10 Textilbetonwand 2.0 mit Schlagregen (Referenz)) konnte die Eismasse in allen Monaten deutlich reduziert werden. Eis tritt nur in fünf statt in sechs Monaten auf.

Tabelle 44: Indikatorentabelle Designbaustoff Textilbeton 2.0 mit reduzierten Kapillarporen

Eismasse am 3. Januar 0 bis 12 Uhr	mittlerer Porenradius, in dem die Eismasse am 3. Januar auftritt	Frost-Tau-Wechselzyklen im Jahr, Maximalwert in der Konstruktion	Menge an Kapillarporen 30 nm bis 0,1 mm	Zugfestigkeit (aus der Druckfestigkeit berechnet, 80 N/mm²)
Ziel: wenig Eismasse	Ziel: kleiner Radius	Ziel: wenig Zyklen	Ziel: wenig Poren	Ziel: hohe Festigkeit
kg/m³	log m	[-]	Vol.-%	N/mm²
0,5	-7,9	34	4,0	6,3

Im Vergleich zum Referenzbeton konnte die auftretende Eismasse am 3. Januar von 0 Uhr bis 12 Uhr von 33,6 kg/m³ auf nur 0,5 kg/m³ reduziert werden. Zudem tritt diese kleine Eismasse nur in einem sehr kleinen Porenvolumen von -7,9 log m auf im Gegensatz zum Referenzbeton mit -7,4 log m. Ebenfalls konnten die FTW-Zyklen im Maximum von 49 [-] beim Referenzbeton auf hier 34 [-] gesenkt werden.

Damit konnte gezeigt werden, dass alle Indikatoren zur Dauerhaftigkeit an der Menge der Kapillarporen hängen und deutlich verbessert werden konnten.

4.3.3.3 Textilbeton 2.0 ohne Kapillarporen

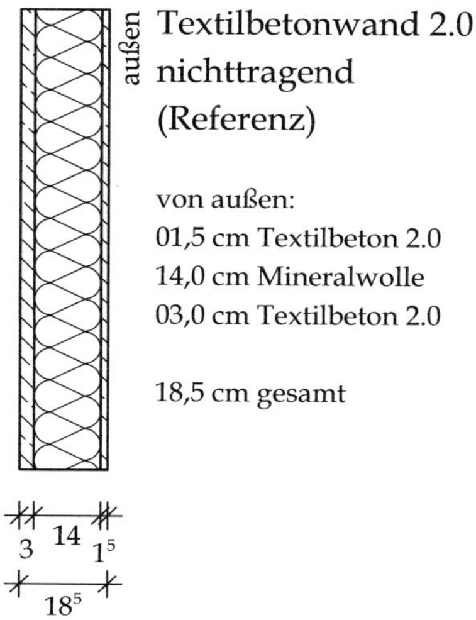

Abbildung 202: Wandquerschnitt Textilbetonwand 2.0

In Abbildung 202 ist ein Querschnitt der Textilbetonwand mit einer Dicke von 18,5 cm dargestellt. Die Baukonstruktion wird im Kapitel 4.1 beschrieben. In diesem Fall wurde die Kapillarporenfraktion (30 nm bis 0,1 mm) auf 50 Vol.-% der ursprünglichen Menge reduziert, d. h., der Baustoff Textilbeton 2.0 wurde von ursprünglich 8 Vol.-% Kapillarporen auf nahezu 0 Vol.-% abgesenkt. Die Außenplatte wurde dabei nicht weiterbehandelt durch bspw. eine Hydrophobierung.

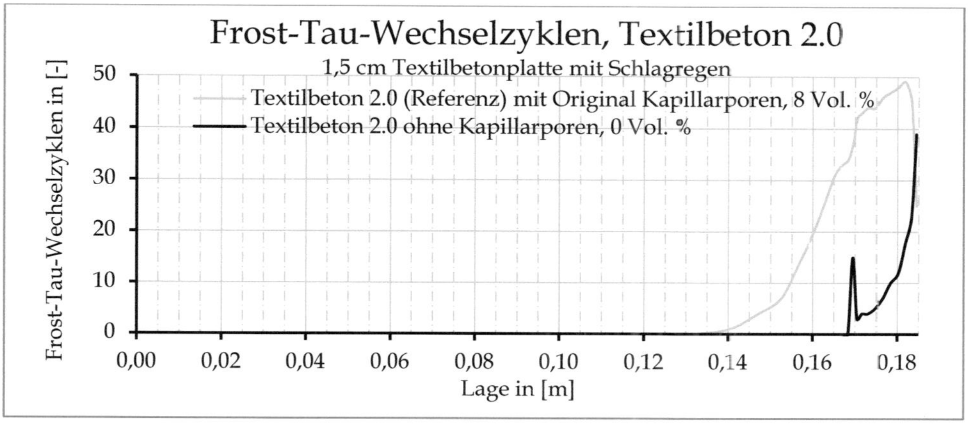

Abbildung 203: Frost-Tau-Wechselzyklen (jährlich) vom Designbaustoff Textilbeton 2.0 ohne Kapillarporen

Abbildung 203 zeigt, dass die FTW an der Oberfläche durch nahezu Eliminierung der Kapillarporen einen ähnlich hohen Wert 39 [-] wie der Referenzbeton oder der Textilbeton 2.0 mit reduzierten Kapillarporen erreichen. Dennoch können an der inneren Oberfläche zur MW die FTW-Zyklen auf 15 [-] gesenkt werden. Gleiches gilt für den Kernbereich. Hier treten im Jahresmittel nur wenige FTW-Zyklen auf. Dies ist auf die Unterbrechung des Flüssigwassertransportes in den Kapillarporen zurückzuführen. Strukturschäden sind daher im Kernbereich ohne Kapillarporen nahezu ausgeschlossen.

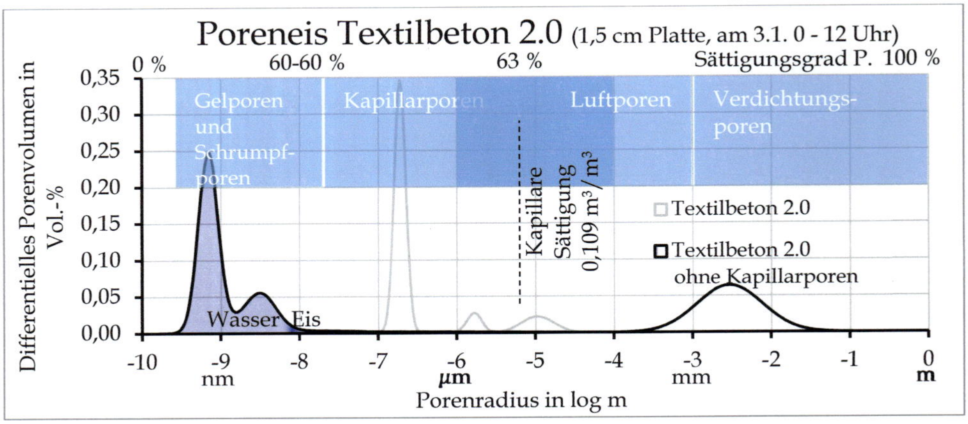

Abbildung 204: Differenzielle Porenvolumenverteilung vom Designbaustoff Textilbeton 2.0 ohne Kapillarporen

Abbildung 204 zeigt die differenzielle Porenvolumenverteilung der Textilbetonwand 2.0 ohne Kapillarporen. Der Sättigungsgrad der Poren beträgt 60 %. Dieser Wert liegt über dem des Referenzbetons mit 53 %. Da sich dieser Wert auf das Gesamtvolumen bei effektiver Sättigung bezieht, liegt er dennoch in der kleineren Porenfraktion im Vergleich zum Referenzbeton. Vereinfachend wird angenommen, dass die kapillare Sättigung in der gleichen Porenfraktion liegt wie beim Referenzbeton (bei 5,21 log m). Damit kann nur 0,109 m^3/m^3 Flüssigwasser aufgenommen werden statt 0,17 m^3/m^3 wie beim Referenzbeton. Der mittlere Porenradius, in dem sich die Eismasse befindet, liegt bei -8,0 log m statt -7,4 log m wie beim Referenzbeton. Ein noch kleinerer Porenradius als beim Referenzbeton. Damit sind die Kräfte infolge der Volumenausdehnung beim Eis noch kleiner. Da es keine Kapillarporen gibt, tritt der Schädigungsmechanismus durch den kapillaren Effekt nicht ein (siehe Kapitel 2.7.3).

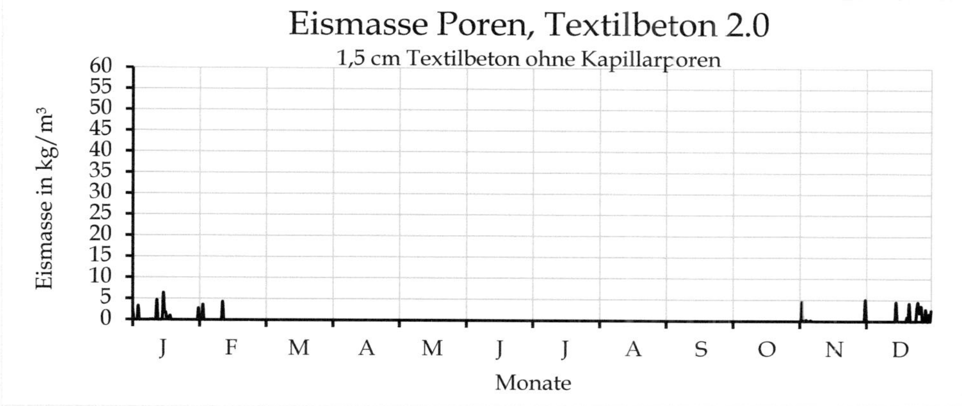

Abbildung 205: Eismasse in den Poren im Jahresgang vom Designbaustoff Textilbeton 2.0 ohne Kapillarporen

Die Eismasse des Designbaustoffs Textilbeton (Abbildung 205) liegt unterhalb der absoluten Eismasse des Referenzbetons und des Textilbetons mit reduzierten Kapillarporen. Die Werte liegen in etwa auf der Höhe der vom Textilbeton 2.0 mit Hydrophobierung (siehe Kapitel 4.3.2.12 Textilbetonwand 2.0 mit Schlagregen und hydrophobiert). Ausgegeben wurde hier der Mittelwert der äußeren 1,5 cm dicken Fassadenplatte. Dennoch finden sich Tage mit Eismengen in der Konstruktion von November bis Februar.

Tabelle 45: Indikatorentabelle Designbaustoff Textilbeton 2.0 ohne Kapillarporen

Eismasse am 3. Januar 0 bis 12 Uhr	mittlerer Porenradius, in dem die Eismasse am 3. Januar auftritt	Frost-Tau-Wechselzyklen im Jahr, Maximalwert in der Konstruktion	Menge an Kapillarporen 30 nm bis 0,1 mm	Zugfestigkeit (aus der Druckfestigkeit berechnet, 80 N/mm²)
Ziel: wenig Eismasse	Ziel: kleiner Radius	Ziel: wenig Zyklen	Ziel: wenig Poren	Ziel: hohe Festigkeit
kg/m³	log	[-]	Vol.-%	N/mm²
0,0014	-8,0	39	~ 0	6,3

Im Vergleich zum Referenzbeton konnten alle Indikatoren verbessert werden. Die Zugfestigkeit bleibt gleich, würde allerdings auch höhere und damit geringfügig bessere Werte annehmen, da der porenfreie Raum höhere Zugfestigkeiten aufweist.

Zusammenfassung

Das Porendesign hat gezeigt, dass gezielt Verbesserungen der Eigenschaften simuliert werden können. Ob diese Ergebnisse valide sind, wird die Überprüfung des danach entworfenen Baustoffes zeigen (siehe Kapitel 4.3.4).

Der Referenzbeton 2.0 (siehe Kapitel 4.3.2.10 Textilbetonwand 2.0 mit Schlagregen (Referenzbeton)) weißt 8 Vol.-% Kapillarporen auf. Die designte Mischung Textilbeton 2.0 mit reduzierten Kapillarporen (siehe Kapitel 4.3.3.1) weist nur 4 Vol.-% auf und die designte Mischung Textilbeton 2.0 ohne Kapillarporen (siehe Kapitel 4.3.3.3) nahezu 0 Vol.-%.

Der Referenzbeton 2.0 besitzt am 3. Januar von 0 Uhr bis 12 Uhr eine Eismasse von 33,6 kg/m^3 auf, der mit reduzierten Kapillarporen nur noch 0,5 kg/m^3 und der ohne Kapillarporen 0,0014 kg/m^3.

Der mittlere Porenradius, in dem sich die Eismasse befindet, beträgt am 3. Januar von 0 Uhr bis 12 Uhr beim Referenzbeton -7,4 log m. Beim Beton mit reduzierten Kapillarporen liegt der Wert bei -7,9 log m und beim Beton ohne Kapillarporen bei -8,0 log m.

Die FTW-Zyklen betragen beim Referenzbeton im Maximum 49 [-], bei dem mit reduzierten Kapillarporen 34 [-] und bei dem ohne Kapillarporen 39 [-]. Der Anstieg der Zyklen auf 39 [-] resultierte aus dem sinkenden Abtransport der Flüssigkeit von der Oberfläche in die Betonplatte. In Plattenmitte und auf der Rückseite nahmen die FTW-Zyklen mit sinkenden Kapillarporen deutlich ab. Nur die Oberfläche wurde davon leicht negativ beeinflusst, da das Wasser nicht so schnell abgeführt werden konnte.

Zusammenfassend kann eine deutliche Steigerung der Dauerhaftigkeit mit abnehmenden Kapillarporen vorausgesagt werden. Um diese Indikatoren in konkrete Schädigungsbilder und damit einer Lebensdauer zu überführen, ist die Einbeziehung von Simulationswerkzeugen nötig, die mechanische Zusammenhänge abbilden können. Hier wäre eine Koppelung von DELPHIN mit einer weiteren Software denkbar.

4.3.4 Auswertung Variantenbetrachtung zur Optimierung der kapillarporenreduzierten Neuentwicklung Textilbeton 4.0

4.3.4.1 Auswertungswerkzeuge: Variantenbetrachtung zur Optimierung des entwickelten Textilbetons 4.0

Die neu entworfene Textilbetonmischung 4.0 soll eine ähnliche Leistungsfähigkeit wie die designte Textilbetonmischungen 2.0 ohne Kapillarporen erzielen. Sie soll nur sehr wenig Kapillarporen besitzen, um die Dauerhaftigkeit der Baukonstruktion signifikant zu steigern. Nach der Herstellung wurde diese Mischung im Labor des Institutes für Bauklimatik charakterisiert und als DELPHIN-Datensatz eingepflegt.

Die Variantenbetrachtung zur Optimierung soll die Leistungsfähigkeit der Textilbetonwand 4.0 im Vergleich zu konventionellen Baukonstruktionen aufzeigen. Dabei werden die Baukonstruktionen, die unter Kapitel 4.1 beschrieben sind, verwendet. Als Wetterdaten wird das Referenzklima Potsdam verwendet (siehe Kapitel 2.3 Verwendeter Wetterdatensatz). Die Auswertung des zweiten Simulationsjahres ermöglicht das Ausschließen von Einschwingprozessen, die noch im ersten Jahr stattfinden. Die Auswertung erfolgte dabei mit der Software DELPHIN sowie angeschlossener Tabellenkalkulation zur Überarbeitung der Visualisierungen.

4.3.4.2 Textilbetonwand 4.0

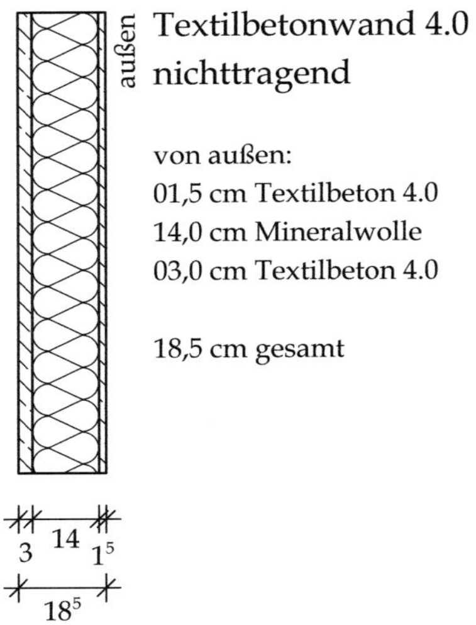

Abbildung 206: Wandquerschnitt Textilbetonwand 4.0

In Abbildung 206 ist ein Querschnitt der Textilbetonwand 4.0 mit einer Dicke von 18,5 cm dargestellt. Die Baukonstruktion wird im Kapitel 4.1 beschrieben.

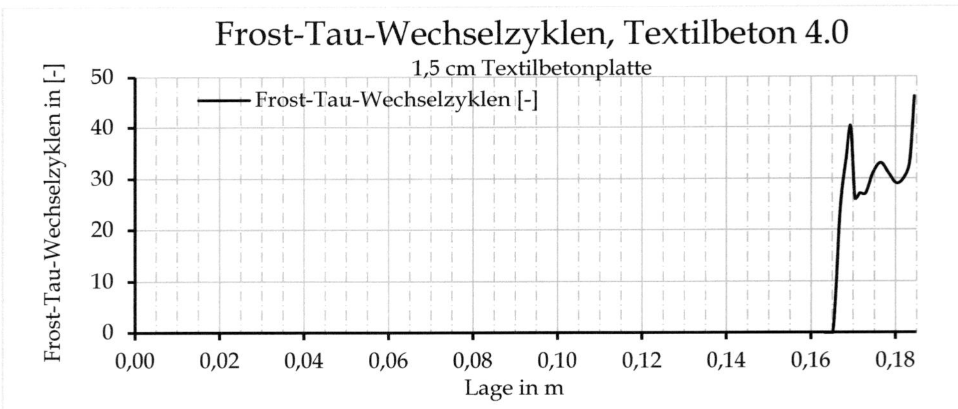

Abbildung 207: Frost-Tau-Wechselzyklen (jährlich) der Textilbetonwand 4.0

Abbildung 207 zeigt die FTW-Zyklen der gesamten Baukonstruktion mit dem neu entwickelten Textilbeton 4.0. An der äußeren Oberfläche entstehen noch 46 [-] Zyklen. Durch den geringen Flüssigwassertransport gehen sie in der Mitte der Außenplatte zurück wie hydrophobierte Produkte. Eine ähnliche Struktur weisen die beiden designten Baustoffe (siehe Kapitel 4.3.3.1 und Kapitel 4.3.3.3) auf.

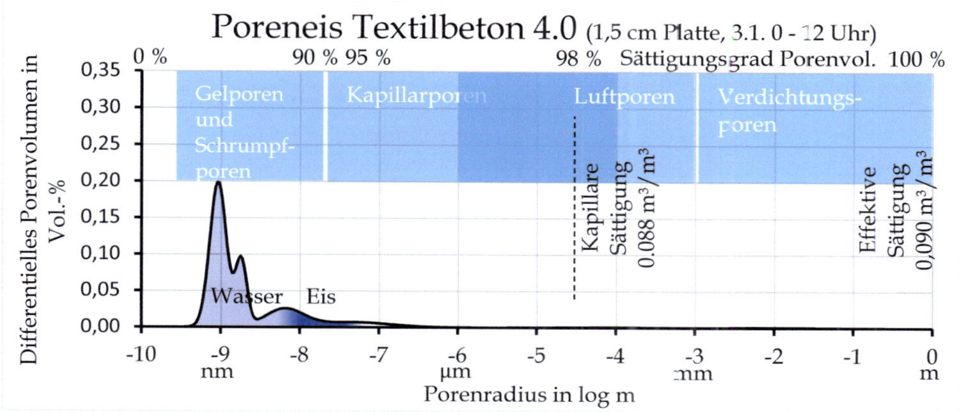

Abbildung 208: Porenvolumenverteilung mit Porensättigung am 3. Januar der Textilbetonwand 4.0

Die differenzielle Porenvolumenverteilung der Textilbetonwand 4.0 (siehe Abbildung 207) zeigt, dass ein Baustoff entwickelt werden konnte, der nahezu keine Kapillarporen aufweist. Im Bereich von 30 nm bis 1 mm existieren nur Kapillarporen von 0,5 Vol.-%. Auch Luft- und Verdichtungsporen sind nahezu nicht vorhanden. Dies zeigt sich anhand der geschlossenen Plattenoberfläche. Daher liegt der Sättigungsgrad am 3. Januar von 0 Uhr bis 12 Uhr bei 95 % und damit immer höher als bei den meisten Baustoffen. Das Eis bildet sich damit zwischen 90 % und 95 % des Porenvolumens, jedoch in einer sehr kleinen Porenfraktion von -7,6 log m. Ohne Kapillarporen kann es nur begrenzt zu den bekannten starken Transportvorgängen wie dem hydraulischen Druck oder dem kapillaren Effekt kommen, die zur Strukturschädigung führen können.

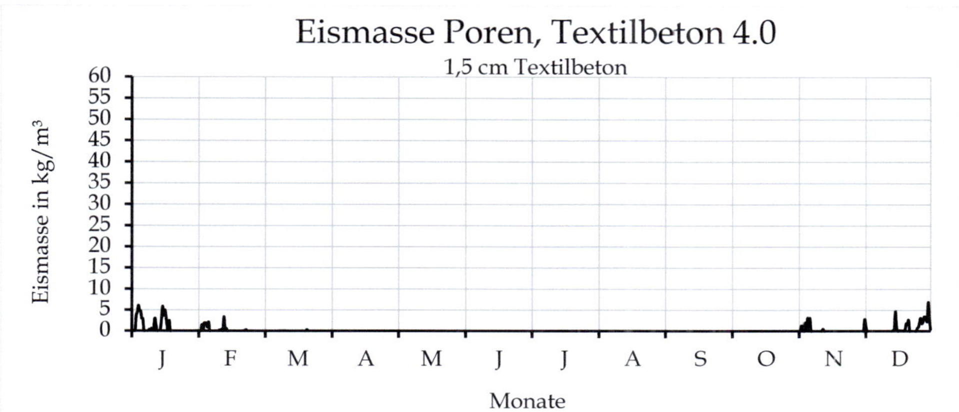

Abbildung 209: Eismasse in den Poren im Jahresgang der Textilbetonwand 4.0

Die simulierte Eismasse der Textilbetonwand 4.0 ist wird in Abbildung 209 dargestellt. Sie entspricht in etwa der Eismasse der designten Betonmatrix ohne Kapillarporen (siehe Kapitel 4.3.3.3 Textilbeton 2.0 ohne Kapillarporen). Dabei wurden auch Werte um 5 kg/m³ erreicht. Außerdem entstehen die Eismassen in den deckungsgleichen Monaten November bis Februar. Auch hier kann der Entwicklungszusammenhang zwischen theoretisch simulierten Werten und wahrem Baustoff nachgewiesen werden.

Tabelle 46: Indikatorentabelle Textilbetonwand 4.0

Eismasse am 3. Januar 0 bis 12 Uhr	mittlerer Porenradius, in dem die Eismasse am 3. Januar auftritt	Frost-Tau-Wechselzyklen im Jahr, Maximalwert in der Konstruktion	Menge an Kapillarporen 30 nm bis 0,1 mm	Zugfestigkeit (aus der Druckfestigkeit berechnet, 90 N/mm²)
Ziel: wenig Eismasse	Ziel: kleiner Radius	Ziel: wenig Zyklen	Ziel: wenig Poren	Ziel: hohe Festigkeit
kg/m³	log m	[-]	Vol.-%	N/mm²
4,8	-7,6	46	0,5	7,0

Im Vergleich zur Variante Textilbeton 2.0 ohne Kapillarporen (Kapitel 4.3.3.3 Textilbeton 2.0 ohne Kapillarporen) kann die Eismasse am 3. Januar von 0 Uhr bis 12 Uhr nur auf 4,8 kg/m³ statt bei der ohne Kapillarporen auf nahezu 0 kg/m³ reduziert werden. Zudem liegt der mittlere Porendurchmesser zu diesem Zeitpunkt nur bei -7,6 log m statt wie bei der designten Variante ohne Kapillarporen bei einem noch kleineren Porendurchmesser von -8,0 log m. Auch die FTW-Zyklen liegen beim neu entwickelten Textilbeton noch bei 46 [-]. Beim Designbeton ohne Kapillarporen waren es nur 39 [-]. Der Designbeton weist eine andere Betonmatrix auf als der neu entworfene Textilbeton 4.0. Außerdem liegen diesem noch 0,5 Vol.-% Kapillarporen vor, während beim Designbeton nahezu keine mehr vorhanden sind.

Beim Vergleich zum Referenzbeton 2.0 (siehe Kapitel 4.3.2.10 Textilbetonwand 2.0 mit Schlagregen (Referenzbeton)) macht sich der große Unterschied deutlich. erkennbar.Dieser weist am 3. Januar eine Eismasse von 33,6 kg/m³ statt 4,8 kg/m³ auf. Ebenfalls verschlechtern sich das mittlere Porenvolumen der Eismasse sowie die FTW-Zyklen im Jahresgang.

4.3.4.3 Textilbetonwand 4.0 mit 2 mm Hydrophobierung außen

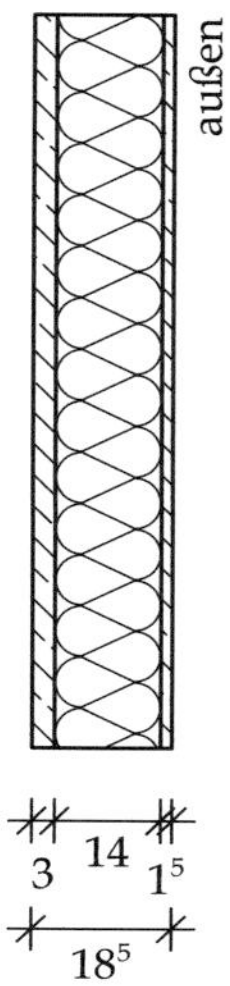

Textilbetonwand 4.0
nichttragend

von außen:
01,5 cm Textilbeton 4.0
14,0 cm Mineralwolle
03,0 cm Textilbeton 4.0

18,5 cm gesamt

Abbildung 210: Wandquerschnitt Textilbeton 4.0

In Abbildung 210 ist ein Querschnitt der Textilbetonwand 4.0 mit einer Dicke von 18,5 cm dargestellt. Die Baukonstruktion wird im Kapitel 4.1 beschrieben. Geändert gegenüber der unbehandelten Textilbetonwand 4.0 (siehe Kapitel 4.3.4.2), werden die äußeren 2 mm der 1,5 cm dicken Textilbetonplatte hydrophobiert. In diesem Fall werden die Baustoffeigenschaften der äußeren Schicht wie folgt modifiziert: Absorptionskoeffizient < 7,5 % im Vergleich mit unbehandelter Probe (Referenz für die DELPHIN-Simulation, um den Faktor 13,3 reduzierter Aw-Wert, Textilbeton 2.0 hydrophobiert = 0,00031 kg/(m^2·s^{0,5})).

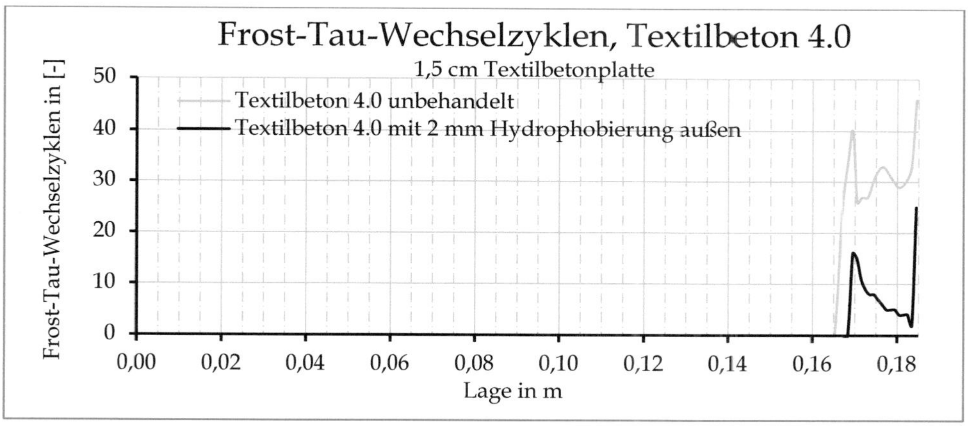

Abbildung 211: Frost-Tau-Wechselzyklen (jährlich) der Textilbetonwand 4.0 mit 2 mm Hydrophobierung außen

In Abbildung 211 wird ersichtlich, dass eine Hydrophobierung der Betonoberfläche die Zahl der FTW-Zyklen im Jahresverlauf im gesamten Querschnitt (Außenplatte) deutlich absenkt. Der höchste Ausschlag wird dabei an der Oberfläche mit 25 [-] erreicht. Durch die Hydrophobierung der äußeren Oberfläche konnte auch der Feuchteanfall auf der inneren Oberfläche der 1,5 cm dicken Textilbetonplatte 4.0 reduziert werden. Es wird dabei viel weniger Flüssigwasser in die MW transportiert. Dennoch kommt es in kalten und unbedeckten Nächten zur Abkühlung der Außenplatte und zum geringfügigen Feuchteanfall hinter der Platte, da der Taupunkt unterschritten wird.

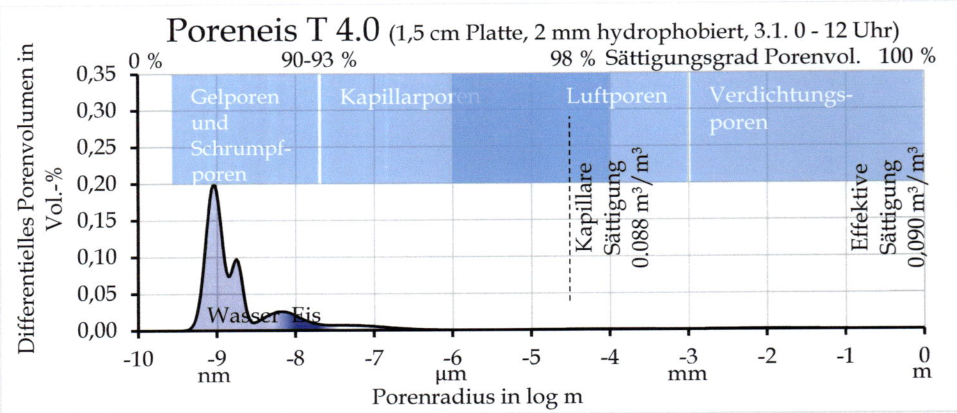

Abbildung 212: Porenvolumenverteilung mit Porensättigung am 3. Januar der Textilbetonwand 4.0 mit 2 mm Hydrophobierung außen

Abbildung 212 zeigt, dass sich beim hydrophobierten Textilbeton 4.0 die Sättigung bei 93 % bezogen auf die Gesamtporen bei effektiver Sättigung befindet. Das sind 2 % weniger als bei der unbehandelten Variante. Die Eismasse liegt auch nur noch bei 2,0 kg/m³ statt 4,8 kg/m³ der unbehandelten Variante (siehe Kapitel 4.3.4.2). Der mittlere Porenradius, in dem sich die Eismasse befindet, beträgt am 3. Januar -7,7 log m statt -7,6 log m der unbehandelten Variante. Durch die geringere Eismasse sowie den kleineren Porenradius, in dem sich das Eis bildet, wird die Schädigung durch die Hydrophobierung deutlich verringert. Daher ist diese Maßnahme immer zu empfehlen.

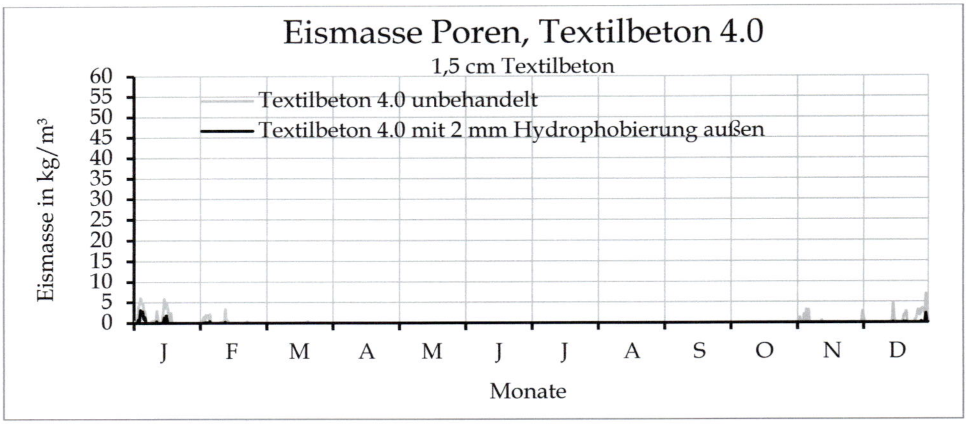

Abbildung 213: Eismasse in den Poren im Jahresgang der Textilbetonwand 4.0 mit 2 mm Hydrophobierung außen

In Abbildung 213 wird deutlich, dass die Eismasse durch die Hydrophobierung gegenüber dem unbehandelten Textilbeton 4.0 nochmals stark abgesenkt werden kann. Eis entsteht nur noch in den drei Monaten Dezember bis Februar. Die bei unbehandelter Betonmatrix 4.0 entstehende Eismasse im November kann vollständig vermeiden werden.

Tabelle 47: Indikatorentabelle Textilbetonwand 4.0 mit 2 mm Hydrophobierung außen

Eismasse am 3. Januar 0 bis 12 Uhr	mittlerer Porenradius, in dem die Eismasse am 3. Januar auftritt	Frost-Tau-Wechselzyklen im Jahr, Maximalwert in der Konstruktion	Menge an Kapillarporen 30 nm bis 0,1 mm	Zugfestigkeit (aus der Druckfestigkeit berechnet, 90 N/mm²)
Ziel: wenig Eismasse	Ziel: kleiner Radius	Ziel: wenig Zyklen	Ziel: wenig Poren	Ziel: hohe Festigkeit
kg/m³	log m	[-]	Vol. %	N/mm²
2,0	-7,7	25	0,5	7,0

Im Vergleich zur unbehandelten Textilbetonwand 4.0 konnten die Werte der Eismasse, des mittleren Porenvolumens sowie die FTW-Zyklen durch die Hydrophobierung deutlich verbessert werden.

4.3.4.4 Textilbetonwand 4.0 mit 2 mm Silikonharzbeschichtung

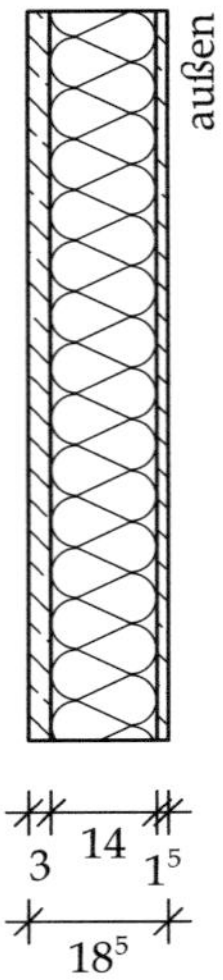

Textilbetonwand 4.0
nichttragend

von außen:
01,5 cm Textilbeton 4.0
14,0 cm Mineralwolle
03,0 cm Textilbeton 4.0

18,5 cm gesamt

Abbildung 214: Wandquerschnitt Textilbetonwand 4.0

In Abbildung 210 ist ein Querschnitt der Textilbetonwand 4.0 mit einer Dicke von 18,5 cm dargestellt. Die Baukonstruktion wird im Kapitel 4.1 beschrieben. Geändert gegenüber der unbehandelten Textilbetonwand 4.0 (siehe Kapitel 4.3.4.2), wird auf die 1,5 cm Textilbetonplatte 4.0 zusätzlich 2 mm Silikonharzbeschichtung appliziert. Das implementierte Produkt StoSilco wurde dabei um die Feuchtespeicherfunktion ergänzt. Der A_w-Wert beträgt 0,00017 kg/(m²·s^{0,5}), was etwa 0,01 kg/(m²·h^{0,5}).).) entspricht.

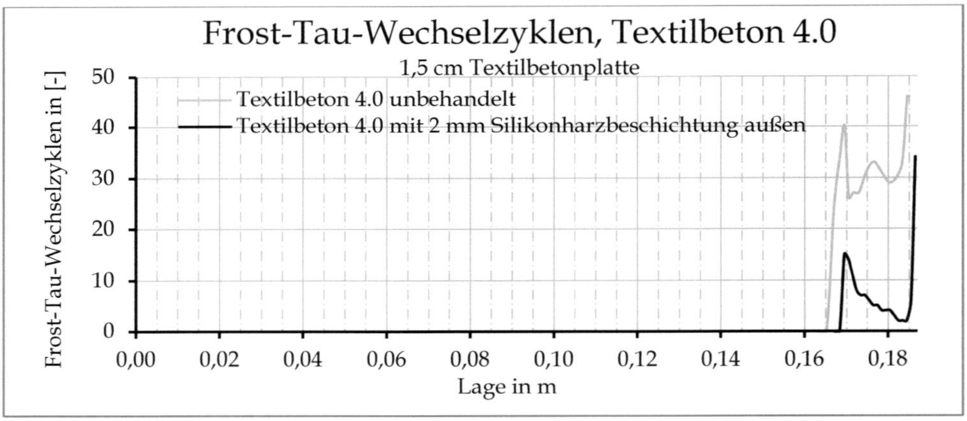

Abbildung 215: Frost-Tau-Wechselzyklen (jährlich) der Textilbetonwand 4.0 mit 2 mm Silikonharzbeschichtung außen

Abbildung 215 zeigt die FTW-Zyklen des Textilbetons 4.0 mit einer Silikonharzbeschichtung. Diese fällt ähnlich zur Hydrophobierung aus (siehe Kapitel 4.3.4.3).Der höchste Ausschlag wird dabei an der Oberfläche mit 34 [-] erreicht.

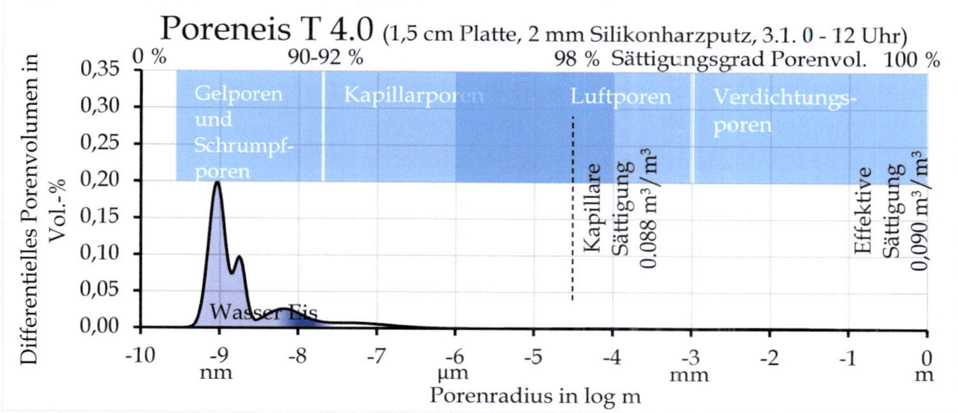

Abbildung 216: Porenvolumenverteilung mit Porensättigung am 3. Januar der Textilbetonwand 4.0 mit 2 mm Silikonharzbeschichtung außen

Abbildung 216 zeigt, dass sich beim Textilbeton 4.0 mit Silikonharzputz die Sättigung bei 92 % bezogen auf die Gesamtporen bei effektiver Sättigung befindet. Das sind 3 % weniger als bei der unbehandelten Variante. Die Eismasse liegt nur noch bei 1,8 kg/m³ statt 4,8 kg/m³ wie bei der unbehandelten Variante (siehe Kapitel 4.3.4.2). Der mittlere Porenradius, in dem sich die Eismasse befindet, beträgt am 3. Januar -7,8 log m statt -7,6 log m der unbehandelten Variante. Durch die geringere Eismasse sowie den kleineren Porenradius, in dem sich das Eis bildet, wird die Schädigung durch eine Silikonharzbeschichtung ähnlich wie bei einer Hydrophobierung deutlich verringert. Daher sind diese Maßnahmen immer zu empfehlen. Gerade bei sehr kapillarporösen Werkstoffen ist eine Kombination der Maßnahmen Hydrophobierung und Beschichtung empfehlenswert, da eine Hydrophobierung eine sehr gute Grundlage für die Beschichtung darstellt.

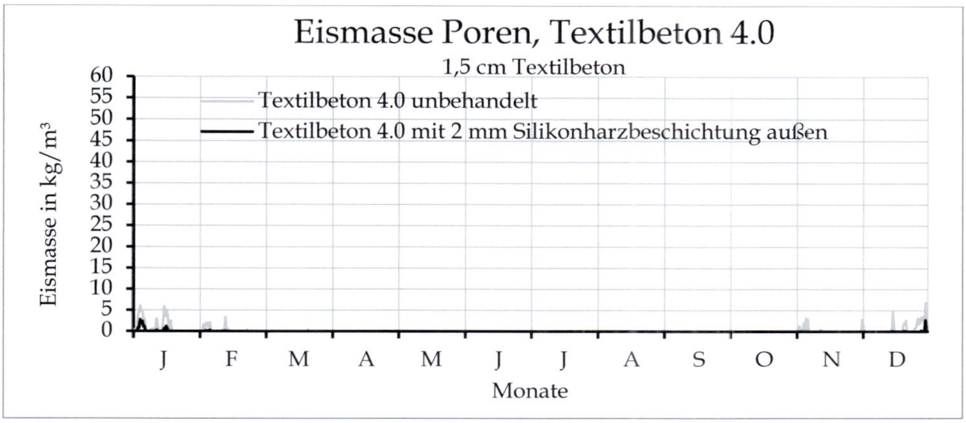

Abbildung 217: Eismasse in den Poren im Jahresgang der Textilbetonwand 4.0 mit 2 mm Silikonharzbeschichtung außen

In Abbildung 217 wird deutlich, dass die Eismasse durch die Silikonharzbeschichtung gegenüber dem unbehandelten Textilbeton 4.0 wie bei der Hydrophobierung stark abgesenkt werden kann. Eis entsteht nur noch in den drei Monaten Dezember bis Februar. Die bei der unbehandelten Betonmatrix 4.0 entstehenden Eismassen im November können vollständig vermieden werden.

Tabelle 48: Indikatorentabelle Textilbetonwand 4.0 mit 2 mm Silikonharzbeschichtung außen

Eismasse am 3. Januar 0 bis 12 Uhr	mittlerer Porenradius, in dem die Eismasse am 3. Januar auftritt	Frost-Tau-Wechselzyklen im Jahr, Maximalwert in der Konstruktion	Menge an Kapillarporen 30 nm bis 0,1 mm	Zugfestigkeit (aus der Druckfestigkeit berechnet, 90 N/mm²)
Ziel: wenig Eismasse	Ziel: kleiner Radius	Ziel: wenig Zyklen	Ziel: wenig Poren	Ziel: hohe Festigkeit
kg/m	log m	[-]	Vol.-%	N/mm²
1,8	-7,8	34	0,5	7,0

Im Vergleich zur unbehandelten Textilbetonwand 4.0 konnten die Werte der Eismasse, des mittleren Porenvolumens sowie die FTW-Zyklen durch die Silikonharzbeschichtung deutlich verbessert werden. Die Maßnahmen Hydrophobierung und Silikonharzbeschichtung sind als gleichwertig zu betrachten und erzeugen ähnliche Ergebnisse.

4.3.4.5 finale Variante – Textilbetonwand 4.0 mit 2 mm Hydrophobierung innen und außen

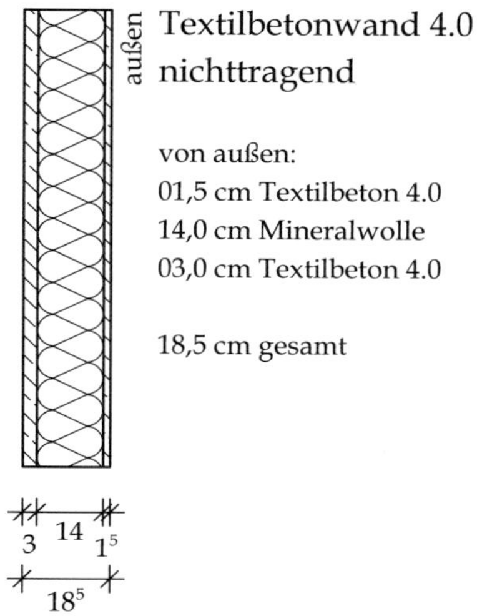

Abbildung 218: Wandquerschnitt Textilbetonwand 4.0

In Abbildung 218 ist ein Querschnitt der Textilbetonwand 4.0 mit einer Dicke von 18,5 cm dargestellt. Die Baukonstruktion wird im Kapitel 4.1 beschrieben. Geändert gegenüber der unbehandelten Textilbetonwand 4.0 (siehe Kapitel 4.3.4.2), wurden beidseitig (innen und außen) die ersten 2 mm der Außenplatte hydrophobiert, sodass im Kern 11 mm des unbehandelten Textilbetons 4.0 erhalten blieben. Die äußere Platte wurde wie folgt modifiziert: Absorptionskoeffizient < 7,5 % im Vergleich mit unbehandelter Probe (Referenz für die DELPHIN-Simulation, um den Faktor 13,3 reduzierter Aw-Wert, TB 4.0 hydrophobiert = 0,00008 kg/(m²·s^{0,5})).

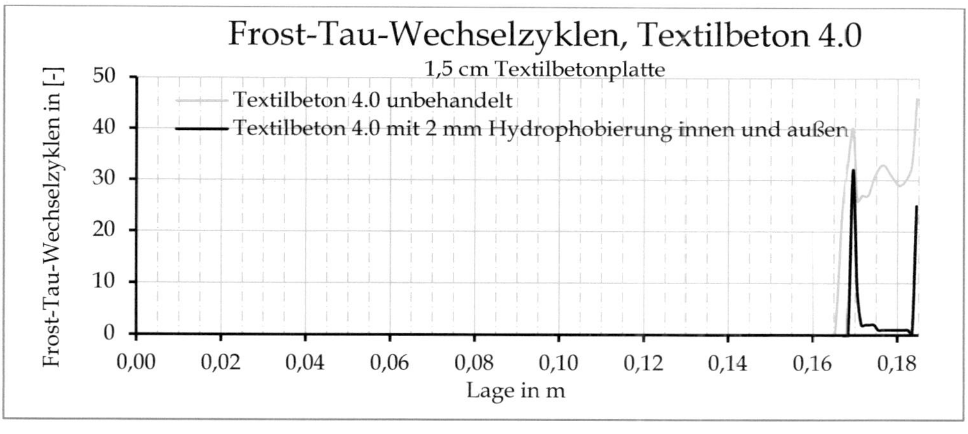

Abbildung 219: Frost-Tau-Wechselzyklen (jährlich) der Textilbetonwand 4.0 mit 2 mm Hydrophobierung innen und außen

Abbildung 219 zeigt die FTW-Zyklen mit einer beidseitigen Hydrophobierung. des Textilbeton 4.0.Der höchste Ausschlag der Zyklen wird dabei an der inneren Oberfläche mit 32 [-] erreicht. Der Grund dafür ist die Oberfläche, die kapillar kaum noch saugfähig ist und dann bei Abkühlungen an klaren Nächten der Taupunkt sowohl an der Innen- als auch an der Außenoberfläche unterschritten wird.

Dann fällt Tauwasser aus, das nicht von der Außenplatte aufgenommen werden kann. Dagegen befindet sich im Kern der Platte (11 mm) kaum Flüssigwasser, sodass hier nahezu keine FTW-Zyklen auftreten.

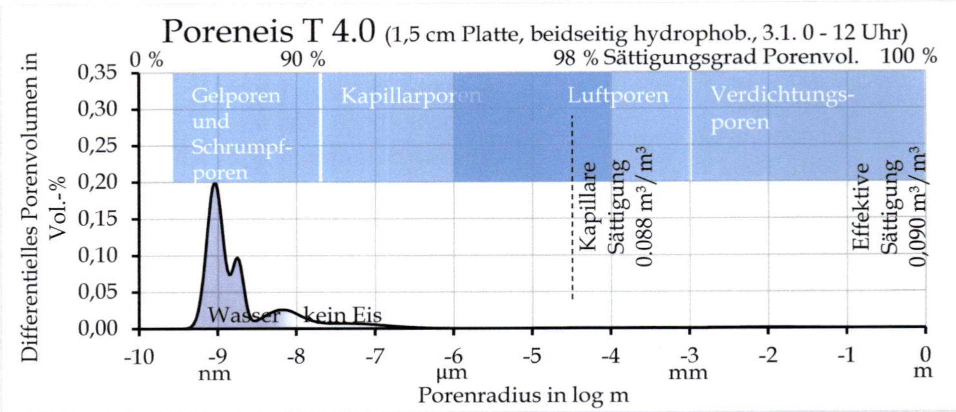

Abbildung 220: Porenvolumenverteilung mit Porensättigung am 3. Januar der Textilbetonwand 4.0 mit 2 mm Hydrophobierung innen und außen

Abbildung 220 zeigt, dass sich beim Textilbeton mit beidseitiger Hydrophobierung die Sättigung bei 90 % bezogen auf die Gesamtporen bei effektiver Sättigung befindet. Das sind 5 % weniger als bei der unbehandelten Variante. Es entsteht am 3. Januar kein Eis im Kernbereich der Platte (11 mm) im Gegensatz zur unbehandelten Variante mit 4,8 kg/m³ (siehe Kapitel 4.3.4.2). Ein Schädigungsmechanismus kann bei dieser Variante für den Kernbereich der 1,5 cm dicken Außenplatte vollständig ausgeschlossen werden, da kein Eis gebildet wird, das eine Strukturschädigung verursachen könnte.

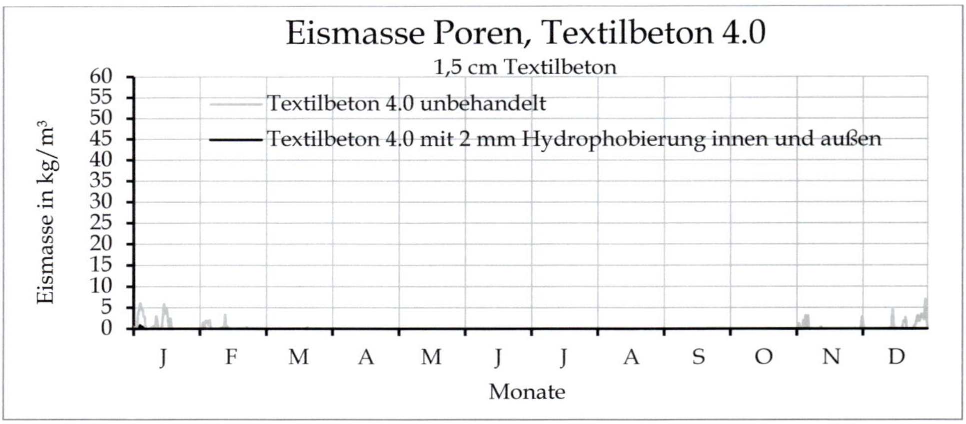

Abbildung 221: Eismasse in den Poren im Jahresgang der Textilbetonwand 4.0 mit 2 mm Hydrophobierung innen und außen

Abbildung 221 zeigt die nahezu nicht vorhandene Eismasse im beidseitig hydrophobierten Textilbeton 4.0, die im Jahresgang im Kern der Textilbetonplatte 4.0 gebildet wird. Dies ist der beste Verlauf in der gesamten FTW-Untersuchung. Lediglich im Januar entsteht noch geringfügig Eis im Querschnitt.

Tabelle 49: Indikatorentabelle Textilbetonwand 4.0 mit 2 mm Hydrophobierung innen und außen

Eismasse am 3. Januar 0 bis 12 Uhr	mittlerer Porenradius, in dem die Eismasse am 3. Januar auftritt	Frost-Tau-Wechselzyklen im Jahr, Maximalwert in der Konstruktion	Menge an Kapillarporen 30 nm bis 0,1 mm	Zugfestigkeit (aus der Druckfestigkeit berechnet, 90 N/mm²)
Ziel: wenig Eismasse	Ziel: kleiner Radius	Ziel: wenig Zyklen	Ziel: wenig Poren	Ziel: hohe Festigkeit
kg/m³	log m	[-]	Vol.-%	N/mm²
kein Eis	kein Eis	32	0,5	7,0

Die vorliegenden Indikatoren der beidseitig hydrophobierten Textilbetonwand 4.0 sind die besten aller verglichenen Textilbetonkonstruktionen. FTW-Zyklen entstehen nur noch an den Oberflächen der äußeren Textilbetonplatte.

Zusammenfassung

Die entwickelte Textilbetonplatte 4.0 konnte ähnliche Ergebnisse wie die designte Textilbetonplatte 2.0 ohne Kapillarporen erreichen. Damit konnte dieses Vorgehen validiert werden, um ein Porendesign für eine Zielanwendung zu kreieren, zu simulieren und danach die Anpassungen am Baustoff vorzunehmen.

Es konnte eine Betonmatrix mit lediglich 0,5 Vol.-% Kapillarporen im Bereich von 30 nm bis 0,1 mm entwickelt werden. Diese kann auch unbehandelt die Eismasse stark reduzieren (4,8 kg/m³ am 3. Januar). Wird zusätzlich die Oberfläche hydrophobiert oder mit einer Silikonharzbeschichtung versehen, können diese Eismassen auf 2,0 kg/m³ bzw. 1,8 kg/m³ gesenkt werden. Werden beide Seiten hydrophobiert, entsteht im Kern der Fassadenplatte am 3. Januar überhaupt kein Eis mehr.

Durch die Entwicklung der finalen Textilbetonplatte 4.0 mit beidseitiger Hydrophobierung (siehe Kapitel 4.3.4.5) kann eine Strukturschädigungen durch FTW-Zyklen ausgeschlossen werden.

4.3.5 Zusammenfassung Dauerhaftigkeit

Die Untersuchungen in diesem Kapitel haben verdeutlicht, welchen Einfluss die unterschiedlichen Baustoffe und -konstruktionen auf den Frost-Tau-Angriff haben. Die Einflussgrößen werden durch die Baustoffzusammensetzung, technologische und äußere Einflüsse bestimmt. (Stark & Wicht, 2013) Es wurde die Baustoffzusammensetzung unter definierten äußeren Einflüssen untersucht, ohne die technologischen Einflüsse zu .berücksichtigen Die Betrachtungen stellten den Baustoff Beton in den Fokus, wodurch die Begrifflichkeiten und Einteilungen auch auf diesen Bereich .zurückzuführen sind. Eine Übertragung auf andere mineralische Baustoffe ist sehr gut möglich. Für organische Baustoffe kann die Einteilung aber vereinfacht übernommen werden.

Im Rahmen der Auswertung des Baukonstruktionsvergleiches konnte gezeigt werden, dass die Altbauwand ohne Dämmung als Optimum angesehen werden kann. Diese weist eine hohe Dauerhaftigkeit durch wenige FTW-Zyklen auf, weil der ständige Wärmetransport vom Innenraum zur Außenoberfläche den Querschnitt dauerhaft temperiert. Fällt bei dieser allerdings die äußere Putzschicht als Regenschutz oder sogar die Nutzung weg, brechen die Werte ein und es kann zur Schädigung kommen. Die Wände aus Kalksandstein mit WDVS oder die aus Porenbeton besitzen eine Putzschicht mit einer Silikonharzbeschichtung, die nahezu kein Flüssigwasser in den Querschnitt transportiert. Diese Wände besitzen allerdings Nachteile in Bezug auf das Oberflächenklima (siehe Kapitel 4.4). Kapillarporöse Baustoffe ohne Beschichtung oder Hydrophobierung müssen in Bezug auf die Dauerhaftigkeit genauer betrachtet werden. Aus diesem Grund wurden die Neuentwicklungen aus Textilbeton auch mit der Referenzvariante der Betonfertigteilwand aus Stahlbeton verglichen. Diese besitzt 8,1 Vol.-% an Kapillarporen, weist am 3. Januar eine Eismasse in den Poren von 39 kg/m³ auf und unterliegt zudem 44 [-] Frost-Tauwechsel in der Mitte der äußeren 8 cm dicken Platte. Sie besitzt nur eine Zugfestigkeit von 2 N/mm. Der Referenzbeton Textilbeton 2.0 weist auch 8 Vol.-% an Kapillarporen auf sowie eine Eismasse von 33,6 kg/m³ am 3. Januar und 49 [-] Frost-Tauwechsel in der Mitte der 1,5 cm dicken Platte, besitzt aber eine erhöhte Zugfestigkeit von 6,3 N/mm². Das Eis sitzt dabei genau in den Kapillarporen, wo es das Gefüge schädigen könnte.

In einem weiteren Bearbeitungsschritt wurde mittels Porenvolumenverteilung ein Baustoff designt. Dazu wurde der Referenzbeton 2.0 von dem ursprünglichen Kapillarporenvolumen von 8 Vol.-% stufenweise auf 4 Vol.-% und später auf 0 Vol.-% geändert, indem die Kapillarporen in der Porenvolumenverteilung angepasst wurden, um diese Daten dann wiederum in die Simulation zu überführen (siehe Kapitel 4.3.3). Damit konnte der mittlere Porenradius, in dem sich die Eismasse befindet, am 3. Januar von 0 Uhr bis 12 Uhr vom Referenzbeton (8 Vol.-%) mit -7,4 log m beim Textilbeton mit reduzierten Kapillarporen (4 Vol.-%)

auf -7,9 log m und beim Textilbeton ohne Kapillarporen (0 Vol.-%) auf -8,0 log m reduziert werden. Die Eismassen reduzieren sich dabei von 33,6 kg/m³ (8 Vol.-%) auf 0,5 kg/m³ (4 Vol.-%) und 0,0014 kg/m³ (0 Vol.-%). Der Referenzbeton 2.0 (siehe Kapitel 4.3.2.10 Textilbetonwand 2.0 mit Schlagregen (Referenzbeton)) weist 8 Vol.-% Kapillarporen auf. Die designte Mischung Textilbeton 2.0 mit reduzierten Kapillarporen (siehe Kapitel 4.3.3.1) besitzt nur 4 Vol.-% und die designte Mischung Textilbeton 2.0 ohne Kapillarporen (siehe Kapitel 4.3.3.3) nahezu 0 Vol.-%.

Die hergestellte Textilbetonmatrix 4.0 konnte ähnliche Ergebnisse wie die designte Textilbetonplatte 2.0 ohne Kapillarporen erreichen. Damit wurde dieses Vorgehen validiert, um ein Porendesign für eine Zielanwendung zu kreieren, zu simulieren und danach die Anpassungen am Baustoff vorzunehmen. Dieser neue Beton weist 0,5 Vol.-% Kapillarporen auf und besitzt am 3. Januar eine Eismasse von 4,8 kg/m³. Durch eine zusätzliche Hydrophobierung oder eine Silikonharzbeschichtung kann die Eismasse am selben Tag weiter auf 2 kg/m³ und 1,8 kg/m³ gesenkt werden. Durch eine beidseitige Hydrophobierung bleibt der Querschnitt sogar völlig eisfrei. Alle aufgeführten konventionellen Vergleichskonstruktionen weisen höhere Kapillarporenanteile von 8,1 Vol.-% (Ortbeton- und Betonfertigteilwand) bis 55,7 Vol.-% (Holzwand) auf. Der neu entwickelte Textilbeton 4.0 besitzt damit die geringste Fraktion an Kapillarporen. Sollte dennoch Eis im Bauteilquerschnitt entstehen, besitzt die entwickelte Textilbetonmischung 4.0 die höchste zentrische Zugfestigkeit aller untersuchten Baukonstruktionen mit 7 N/mm². Die Altbauwand, die Kalksandsteinwand, der normalfeste Beton der Ortbetonwand und des Betonfertigteils besitzen jeweils nur eine Zugfestigkeit von 2 N/mm². Auftretende Zugspannungen durch die Eisbildung sowie damit zusammenhängende Zerstörungsmechanismen können durch die höhere Zugfestigkeit des Textilbetons 4.0 viel besser aufgenommen werden, ohne dass es zur Rissbildung im Gefüge kommt. Wenn Systeme wie das vorgestellte WDVS-System (Silikonharzputz und Kalkzementputz) auf der Kalksandsteinwand oder auf der Porenbetonwand eingesetzt werden, bleiben diese ebenfalls komplett eisfrei.

Die Hypothese 2 („Unter Verwendung angepasster Textilbetonmatrices kann die Dauerhaftigkeit der leichten Baukonstruktionen gesteigert und damit die Lebensdauer verlängern werden. Eine Strukturschädigung durch Frost-Tau-Wechsel kann in diesen Baukonstruktionen ausgeschlossen werden.") kann als verifiziert angesehen werden, da die Schlüsseleigenschaften für den Textilbeton 4.0 (wie z. B. Kapillarporen oder Zugfestigkeit der Matrix) den meisten konventionellen Wandbaustoffen überlegen sind und Schädigungen durch FTW ausgeschlossen werden können.

Die Forschungsfrage, ob Baukonstruktionen aus Textilbeton ähnlich dauerhaft wie konventionelle massive Wandkonstruktionen seien, kann bestätigt werden.

Wenn eine entsprechend dichte Betonmatrix wie die des Textilbetons 4.0 eingesetzt oder die Oberfläche hydrophobiert oder beschichtet wird, ist die Baukonstruktion den meisten konventionellen Konstruktionen sogar überlegen. Dann liegt die Eismasse im Untersuchungszeitraum unterhalb der Eismassen der konventionellen Konstruktionen wie z. B. der Betonfertigteilwand. Ausnahmen sind die Porenbetonwand, die Kalksandsteinwand und die Ortbetonwand, da diese bereits eine schlagregengeschützte Oberfläche in Form einer Beschichtung oder einer vorgehängten, dichten Platte besitzen. Zudem liegt die Zugfestigkeit deutlich über der der Vergleichskonstruktionen. Damit kann das Schädigungsrisiko weiter reduziert werden. Würden alle primären Wandbaustoffe unbeschichtet eingesetzt, so wäre die Textilbetonmatrix 4.0 mit einem Kapillarporenvolumen von ca. 0,5 % am dauerhaftesten.

4.4 Biologisches Wachstum

Das biologische Wachstum ist die dritte Eigenschaft, auf die alle vorgestellten Baukonstruktionen untersucht werden. Aus den Zusammenhängen werden dann innerhalb dieses Kapitels optimierte Textilbetonfassaden entwickelt.

4.4.1 Grundlagen und Methodik im Kapitel

Biologisches Wachstum auf Gebäudefassaden ist in den letzten Jahren immer häufiger zu beobachten. Dies liegt primär an den gestiegenen Anforderungen an den Dämmstandard. Somit wird kaum noch Wärme aus dem Innenraum auf die Fassadenoberfläche transportiert. Damit steigen nicht nur die Zeiten mit Taupunktunterschreitung, sondern auch die Zeiten mit sehr hoher rel. Luftfeuchte. Dadurch entstehen optimale Bedingungen für ein Wachstum von Algen, Pilzen oder Flechten. Aber auch der gesunkene Gehalt an Schwefeldioxid durch Industrieanlagen sowie der gestiegene Gehalt an Kohlenstoffdioxid befördern das Wachstum. Schließlich wird die Lage nochmals durch das veränderte Klima verschärft, da höhere Temperaturen und Niederschläge bessere Lebensbedingungen für Mikroorganismen auf der Fassadenoberfläche schaffen.

Die Auswertung der Bewuchseigenschaften von Pilzen auf Fassaden erfolgt in dieser Arbeit nachdem VTT-Modell nach Ojanen (2010) und die der Algen mittels Interpretation von typischen hygrothermischen Eigenschaften der Baukonstruktionen.

Dabei fallen die Unterschiede nach dem VTT-Modell bei den anorganischen Baustoffen teilweise sehr gering aus und sind damit als qualitative Unterscheide anzusehen. Größere Unterschiede sind bei verschmutzten Oberflächen, bei den organischen Oberflächen oder bei erhöhter Feuchtebelastung der Oberfläche zu beobachten.

Die Auswertung wird in

- regionale Gegebenheiten,
- Bauwerksplanung und
- Baukonstruktions-/Baustoffplanung gegliedert.

Dabei bilden die regionalen Gegebenheiten die Grundlage, deren Kenntnis wichtig ist, jedoch vom Planer nicht verändert werden kann, solange er an den vorliegenden Standort gebunden ist. Dagegen können die Bauwerksplanung und die Baukonstruktions-/Baustoffplanung sehr gut vom Planer bestimmt werden. Er kann mit der Kenntnis der Zusammenhänge das mikrobielle Wachstum von Algen, Pilzen und Flechten reduzieren.

4.4.1.1 Hypothese 3

Beziehung zur Gesamthypothese der Arbeit

Übergeordnete These: Gebäudehüllen aus Textilbeton sind leichter als massive, konventionelle Baukonstruktionen, besitzen aber mindestens die gleiche hygrothermische Leistungsfähigkeit. Nachteilige Aspekte des Leichtbaus auf das Raum- oder Oberflächenklima oder die Dauerhaftigkeit können damit widerlegt werden.

Hypothese 3: Durch den Einsatz von Leichtbaukonstruktionen aus Textilbeton kann die Bildung von biologischem Wachstum auf Außenoberflächen verringert werden. Damit kann das Wachstum von Algen, Pilzen und Flechten über die Nutzungsdauer (auch ohne Verwendung von Algiziden) ausgeschlossen werden.

Wie soll die Hypothese 3 nachgewiesen werden?

Die Kenntnis von hygrothermische Effekten an der Oberfläche von Fassaden kann genutzt werden, um die Bedingungen für biologisches Wachstum zu reduzieren, ohne das Algizide zum Einsatz kommen müssen.

Auf Fassadenoberflächen sollten längere zusammenhängende Zeiten mit hoher rel. Luftfeuchtigkeit möglichst klein ausfallen, um die Wachstumsbedingungen für Algen, Pilzen und Flechten zu verschlechtern. Dies geschieht bei Altbauten mit schlechtem Dämmstandard primär über den Wärmestrom aus dem Innenraum auf die Außenoberfläche. Bei den heutigen hochgedämmten Baukonstruktionen ist der Wärmefluss aus dem Innenraum auf die Fassadenoberfläche nahezu unterbunden. Daher rücken andere Kriterien in den Vordergrund wie eine schnelle Erwärmung der Oberfläche durch einen hohen Absorptionskoeffizienten, eine lange Speicherung der Wärme durch die wirksame Speichermasse der äußeren Schicht, die Verfügbarkeit von organischem Material und Wasserdampftransportvorgänge während nächtlicher langwelliger Abstrahlung in die Baukonstruktion hinein.

Der Nachweis des Pilzwachstums erfolgt unter Verwendung der Simulationssoftware DELPHIN mit dem implementierten VTT-Modell zum Pilzwachstum nach (Ojanen et al., 2010). Zum Nachweis des Algenwachstums wird ebenfalls die Simulationssoftware (Werkzeug) DELPHIN eingesetzt. Dabei werden allerdings nur direkte hygrothermische Größen ausgegeben und interpretiert. Auf einen separaten Nachweis für Flechten wird verzichtet, da diese eine symbiotische Gemeinschaft zwischen Pilzen und Algen oder Cyanobakterien darstellen und damit über die Einzelnachweise zu Pilzen und Algen erfasst sind.

Das Ziel bei den Pilzen und Algen ist der Vergleich zwischen den unterschiedlichen konventionellen Baukonstruktionen mit den neu entwickelten Baukonstruktionen aus Textilbeton (siehe Kapitel 4.4.1.3).

4.4.1.2 Übersicht aus Zielgrößen und Werkzeugen

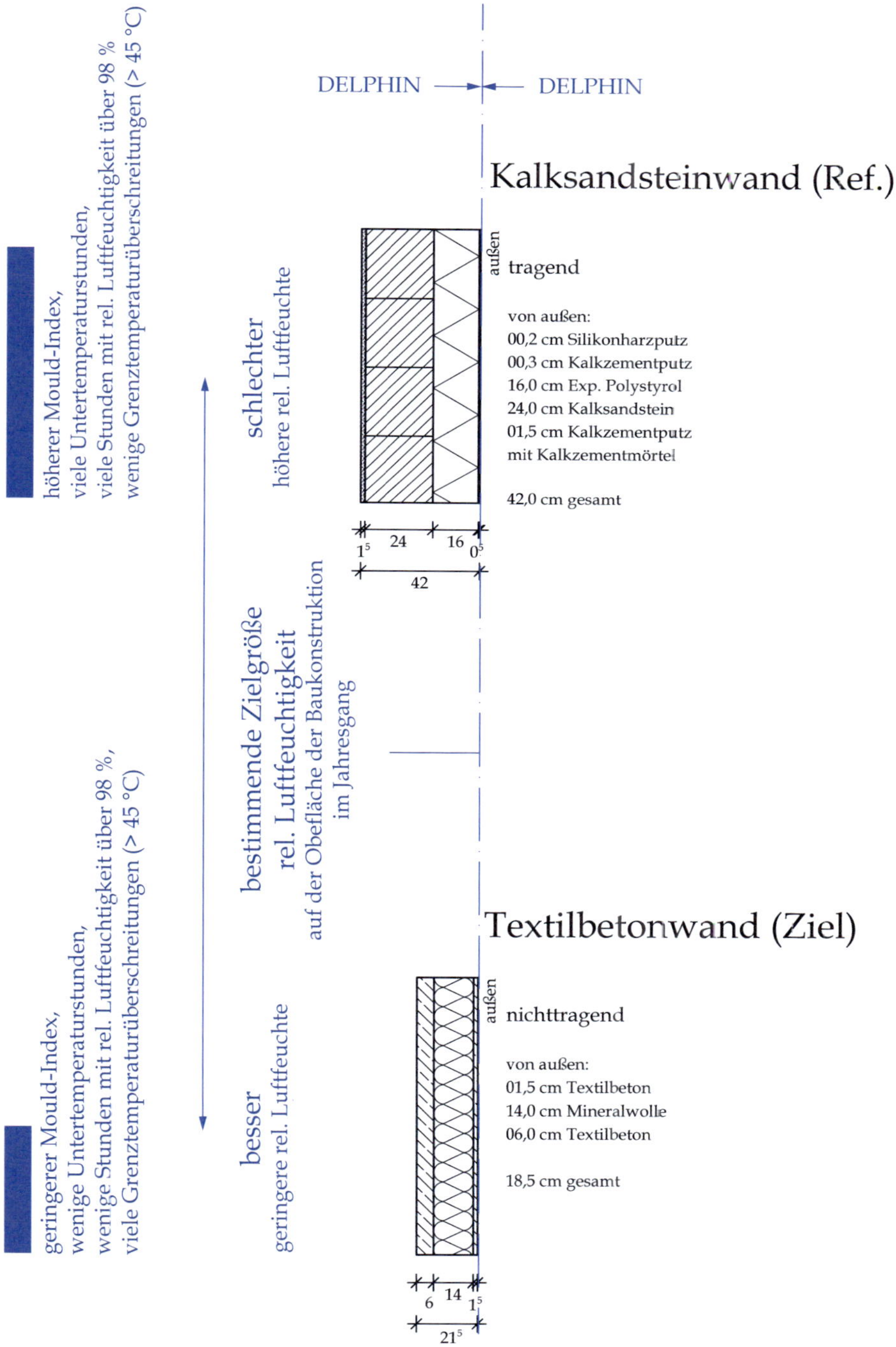

Abbildung 222: Übersicht der Zielgrößen und Werkzeuge, Biologisches Wachstum

4.4.1.3 Simulationswerkzeug: DELPHIN

Die Simulationen wurden mit der hygrothermischen Software DELPHIN durchgeführt. Betrachtet wurde dabei immer das zweite Jahr, um Einschwingprozesse in ersten Jahr auszuschließen. Zudem wird im zweiten Jahr deutlicher, wie sich das mikrobiologische Wachstum langfristig entwickelt und ob sich dieses von Jahr zu Jahr aufaddiert oder komplett zurückgeht, um im nächsten Jahr neu zu beginnen. Alle Ergebnisse wurden mit dem im Kapitel 2.8.2 aufgeführten Baustoffe errechnet, sodass alle Ergebnisse nachvollziehbar sind. Als konstruktive Grundlagen dienen die in Kapitel 4.1 beschriebenen Baukonstruktionen. Geändert wurde zusätzlich zu den Vergleichskonstruktionen nur die Außenplatte der Textilbetonkonstruktion, um eine Variantenbetrachtung zur Optimierung des biologischen Wachstums durchzuführen. Als Wetterdaten wurde der Datensatz des Testreferenzjahres Potsdam verwendet (siehe Kapitel 2.3).

4.4.2 Auswertung Baukonstruktionsvergleich

4.4.2.1 Auswertungswerkzeug Pilze: VTT-Modell zur Bestimmung des Wachstums

Anmerkung: Die Unterschiede nach dem VTT-Modell fallen bei den anorganischen Baustoffen ohne Verschmutzung oder Schädigung gering aus und sind damit als qualitative Unterscheide anzusehen.

Versuchsbedingungen zur Ableitung der Berechnungsgrundlagen, Laboruntersuchung 1 zur Bestimmung des Wachstums und der konstanten Klimata

Es wurden neun verschiedene charakteristische Baustoffe für die Versuchsreihe ausgewählt und für jeden Baustoff neun Proben mit den Maßen 5 cm x 5 cm x 2 cm angefertigt. (siehe Abbildung 223). Als Referenzbaustoff dient das sehr empfindliche Kiefernsplintholz. Für die Laborexperimente wurden die Proben mit Schimmelpilzsuspension besprüht. Danach wurden sie in geschlossenen Kunststoffbehältern über einer gesättigten Salzlösung platziert (siehe Abbildung 223), um die gewünschten konstanten Feuchtigkeitsbedingungen zu realisieren. Zur Validierung wurden zusätzlich Proben im Außenklima platziert.

Abbildung 223: Versuchsanordnung der Baustoffproben mit je neun Versuchskörpern

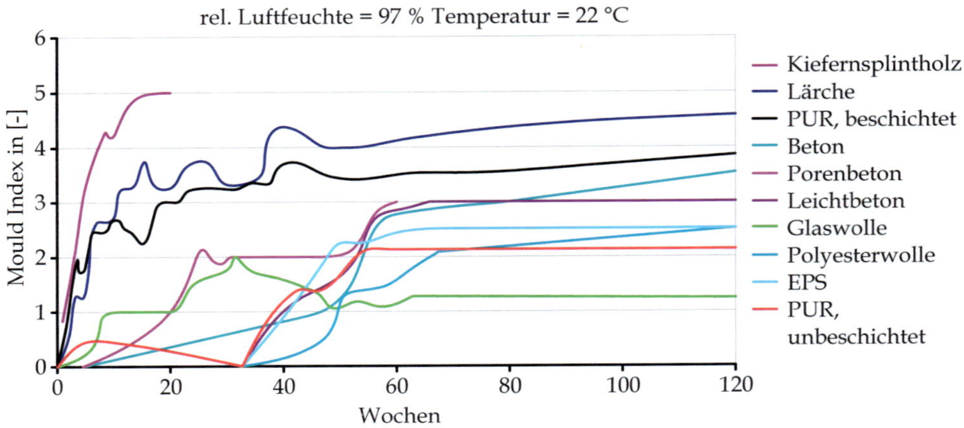

Abbildung 224: Gemessene Werte des Mould-Indexes für unterschiedliche Baustoffe unter konstanten Bedingungen (Ojanen et al., 2010)

In Abbildung 224 werden die Messergebnisse der untersuchten Baustoffe: Kiefernsplintholz, Lärche, Polyurethan-Hartschaum (PUR) beschichtet, Beton, Porenbeton, Leichtbeton, Glaswolle, Polyesterwolle, EPS, PUR unbeschichtet aufgezeigt. Sichtbar wird die Entwicklung anhand dieser charakteristischen Baustoffen. Diese dienten als Grundlage zur Erstellung des vorgestellten Berechnungsmodells. Dabei wuchsen die Pilze auf dem unbehandelten Kiefernsplintholz am schnellsten. Die Glaswolle zeigte das geringste Wachstum und damit im Versuch die höchste Resistenz gegen das Pilzwachstum. Untersucht wurden nur für die ersten 120 Wochen.

Beim Absinken der Temperatur verändert sich das Wachstum der Pilze nur geringfügig. Entscheidende Klimakomponente ist die rel. Luftfeuchtigkeit. Wird sie auf 90 % abgesenkt, erfolgt kein oder nur ein sehr geringes Schimmelpilzwachstum auf allen untersuchten Baustoffen.

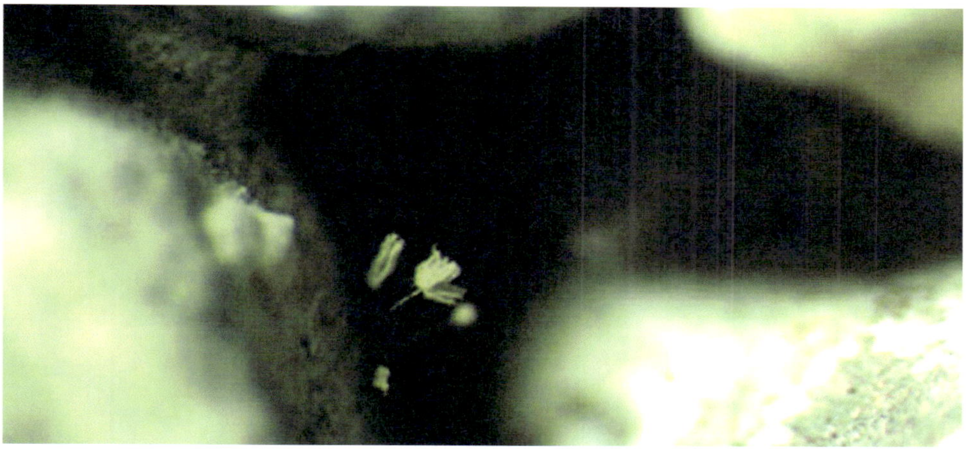

Abbildung 225: Pinselschimmel in den Poren des gemessenen Porenbetons (Ojanen et al., 2010)

Abbildung 226: Dunkle Cladosporium-Schimmelpilze auf dem Gefüge des gemessenen Normalbetons (Ojanen et al., 2010)

Abbildung 225 und Abbildung 226 zeigen mikroskopische Aufnahmen von Poren- und Normalbeton nach 120 Wochen. Dieser Versuchsaufbau definierte die nachfolgenden Stufen des Mould-Indexes (siehe Tabelle 51).

Laboruntersuchung 2 zur Bestimmung des Pilzrückgangs unter veränderten Klimata

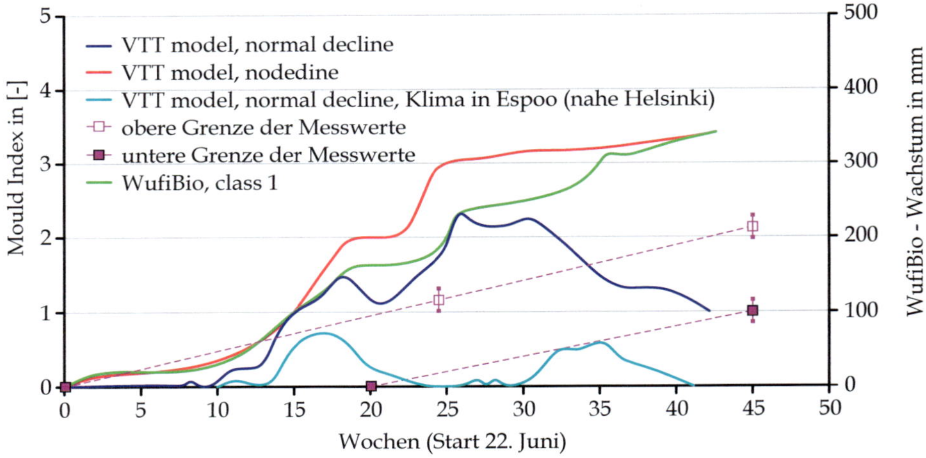

Abbildung 227: Rückgang der Pilzbildung, Vergleich zwischen Messung und Simulationen (Ojanen et al., 2010)

Langzeitperiodische, jahreszeitliche Schwankungen der Feuchtigkeitsbedingungen führen zu einer unterschiedlichen Abnahme des Pilzwachstums. Zudem hat der Baustoff einen signifikanten Einfluss auf den Rückgang des Pilzaufwuchses. Aus diesem Grund wurde das Materialmodell um ein Modell zum Rückgang ergänzt. Die Simulation von monotonem Wachstum korreliert nicht mit den Versuchsergebnissen, wie in Abbildung 227 deutlich wird. Die Versuchsergebnisse liegen unter dem WufiBio-Model (grüne Linie) und unter dem VTT-Modell ohne Rückgang (rote Linie). Damit kommt es in der Berechnung im WufiBio-Model zu einem etwas zu starkem Wachstum. Dagegen endet der Berechnungswert des VTT-Models mit normalem Rückgang (blauer Linie) sehr gut im Bereich der Messwerte.

Tabelle 50: Expositionsbedingungen während der Wandversuche zum Bestimmen der Wachstumsparameter (Ojanen et al., 2010)

Phase	1	2	3	4
Jahreszeit	Sommer/Herbst	Winter	Frühling	hohe Exposition
τ in m	7	4	6	12
φ *in* %	80 bis 100	92 bis 100	60 bis 95	94 bis 100
t in °C	27 bis 18	-5 bis +3	2 bis 10	20 bis 24

Alle Proben wurden wieder mit einer Schimmelpilzsuspension besprüht.

Mould-Index, Erklärung der Stufen

Tabelle 51: Beschreibung der Wachstumsrate (Ojanen et al., 2010)

$\boldsymbol{Mould - Index}$	Beschreibung der Wachstumsrate
0	Kein Wachstum
1	Kleine Mengen Pilz auf der Oberfläche (Mikroskop), Anfangsstadien des lokalen Wachstums
2	Mehrere lokale Pilzwachstumskolonien auf der Oberfläche (Mikroskop)
3	Visuelle Befunde von Pilzen auf der Oberfläche, < 10 % Bedeckung (visuell) oder < 50 % Bedeckung (Mikroskop)
4	Visuelle Befunde von Pilzen auf der Oberfläche, 10 % bis 50 % Bedeckung (visuell) oder > 50 % Bedeckung (Mikroskop)
5	Viel Wachstum auf der Oberfläche, > 50 % Deckung (visuell)
6	Schweres und dichtes Wachstum, ca. 100 % (visuell)

Berechnungsformel Mould-Index nach Ojanen (2010)

$$\frac{dM}{d\tau} = \frac{1}{7 \cdot exp^{(-0{,}68 \cdot \ln t - 13{,}9 \cdot \ln RH + 66{,}02)}} \cdot k_1 \cdot k_2 \tag{4.3}$$

$\frac{dM}{d\tau}$	Änderung des Mould-Indexes über eine Zeitspanne in [-]
t	Celsius-Temperatur in °C
k_1	Faktor, der die Intensität des Wachstums der Pilze repräsentiert, in [-]
k_2	Faktor, der die Mäßigung des Faktors k_1 nahe des Wachstumsmaximums der Pilze beschreibt, in [-]

Berechnungsformel nach Ojanen (2010)

$$k_2 = \max\left[1 - exp^{[(2{,}3 \cdot (M - M_{max})]}\right], 0 \tag{4.4}$$

M	Mould-Index im vorherigen Zeitschritt in [-]
$M_{\max}$	maximaler Mould-Index in [-]

Berechnungsformel nach Ojanen (2010)

$$M_{\max} = A + B \cdot \frac{\varphi_{\text{crit}} - \varphi}{\varphi_{\text{crit}} - 100} - C \cdot \left(\frac{\varphi_{\text{crit}} - \varphi}{\varphi_{\text{crit}} - 100}\right)^2 \qquad (4.5)$$

φ_{crit}	Grenzwert der relativen Luftfeuchte, ab der das Pilzwachstum beginnt, auch kritische Luftfeuchte genannt, in %
φ	vorherrschende rel. Luftfeuchte in %
A, B, C	Koeffizienten, die von der Materialklasse abhängen, in [-]

Tabelle 52: Empfindlichkeitsklassen und zugeordnete Baustoffe (Ojanen et al., 2010)

Sensitivitätsklasse	Beschreibung	Beispiele Baustoffe
very sensitive (vs)	unbehandelt gesägtes Holz, reich an Nährstoffen	Schnittholz aus Kiefernsplintholz
sensitive (s)	unbehandeltes gehobeltes Holz, Produkte und Folien auf Papierbasis, Holzwerkstoffplatten	gehobeltes Holz, Brettschichtholz aus Fichtenbrettschichtholz, papierbeschichtetes Polyurethan (PUR)
medium resistance (mr)	zementbasierte Materialien, kunststoffbasierte Materialien, Mineralwolle	Normalbeton, Porenbeton, Leichtbeton, expandiertes Polystyrol (EPS), unbeschichtetes Polyurethan (PUR), Glaswolle
resistance (r)	Glas, Metall, Baustoffe, die mit Schutzmitteln beschichtet sind	Glas, Metall, Polyurethan (PUR) mit polierter Oberfläche

Tabelle 53: Parameter für die verschiedenen Empfindlichkeitsklassengrenzen des aktualisierten Formenmodells (Ojanen et al., 2010)

Sensitivitätsklasse	k_1		k_2			φ_{min}
Materialebene beachten (falls sich Kernmaterial und Oberfläche im Baustoff unterscheiden)	Oberfläche		Kern			
	$M < 1$	$M > 1$	A	B	C	%
very sensitive (vs)	1	2	1	7	2	80
sensitive (s)	0,578	0,386	0,3	6	1	80
medium resistance (mr)	0,072	0,097	0	5	1,5	85
resistance (r)	0,033	0,014	0	3	1	85

Kritische Luftfeuchte nach Ojanen (2010)

$$\varphi_{\text{crit}} = \begin{cases} -0{,}00267 \cdot t^3 + 0{,}016 \cdot t^2 - 3{,}13 \cdot t + 100, \text{für } t < 20\,°\text{C} \\ \varphi_{\min}, \text{für } t > 20\,°\text{C} \end{cases} \quad (4.6)$$

t	Celsius-Temperatur in °C
$\varphi_{\min}$	Grenzwert der relativen Luftfeuchte, ab der das Pilzwachstum beginnt nach Materialklasse für t > 20 °C in %

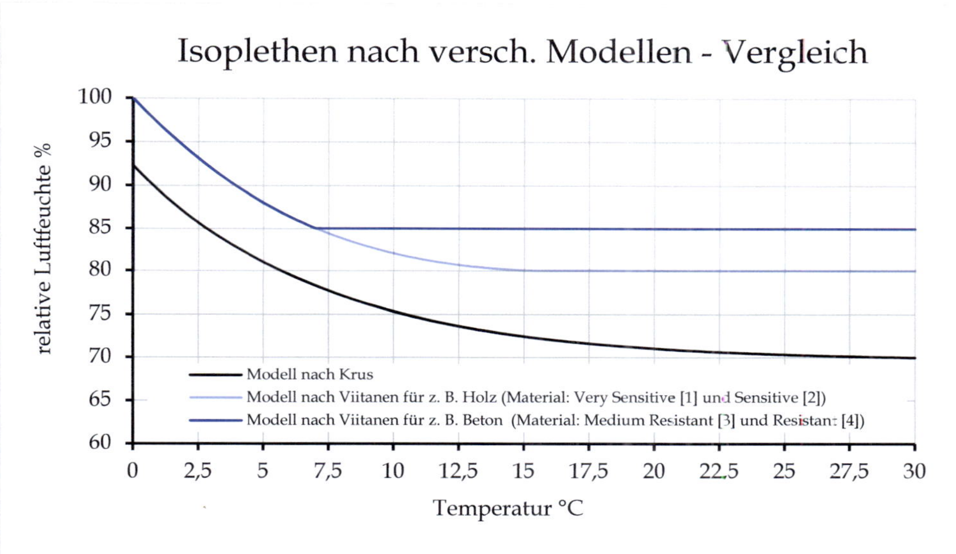

Abbildung 228: Isoplethenmodelle (Grenzwerte) nach verschiedenen Modellen

Unterhalb der dargestellten Isoplethen (siehe Abbildung 228) ist kein Pilzwachstum möglich. Die Höhe des Modells von Vittanen (blau) liegt deutlich über dem von Krus (schwarz).

Trocknungsphase bis zum Rückgang des Aufwuchses

Sollte die Außentemperatur unter 0 °C oder die vorherrschende Raumluftfeuchte (φ) unter der kritischen Raumluftfeuchte (φ_{crit}) liegen, ist mit einem Rückgang des Aufwuchses zu rechnen. Das obere Ende des Schimmelwachstums von > 50 °C wurde nicht modelliert.

Der Abbau der Pilze wurde auf der Grundlage einer Holzoberfläche und unter zyklischen Veränderungen der Feuchtebedingungen bestimmt.

Berechnungsformel Rückgang des Mould-Indexes nach Ojanen (2010)

$$\frac{dM}{d\tau} = \begin{Bmatrix} -0{,}00133, \text{wenn } \tau - \tau_1 \leq 6\text{ h} \\ 0, \text{wenn } 6\text{ h } \leq \tau - \tau_1 \leq 24\text{ h} \\ -0{,}000667, wenn\ \tau - \tau_1 > 24\text{ h} \end{Bmatrix} \tag{4.7}$$

$\frac{dM}{d\tau}$ Änderung des Mould-Indexes über eine Zeitspanne in [-]

$\tau - \tau_1$ Trocknungsperiode in h

τ Aktueller Zeitpunkt in h

τ_1 Ausgangszeitpunkt ab welchem keine kritischen Bedingungen mehr vorliegen ($\varphi < \varphi_{\text{crit}}$) in h

Für längere Zeiträume wie Wochen oder Monate kann von einer linearen Abnahme des Mould-Indexes ausgegangen werden (-0,000667 [-]).

Rückbildungskoeffizient

Da der Rückgang für Holz bestimmt wurde, muss dieser um einen Faktor für andere Baustoffe ergänzt werden.

Berechnungsformel Rückbildungskoeffizient nach Ojanen (2010)

$$\left(\frac{dM}{d\tau}\right)_{\text{mat}} = C_{\text{mat}} \cdot \frac{dM}{d\tau} \tag{4.8}$$

$\left(\frac{dM}{d\tau}\right)_{\text{mat}}$ Änderung des Mould-Indexes materialangepasst über eine Zeitspanne in [-]

C_{mat} Rückbildungskoeffizient in [-]

$\frac{dM}{d\tau}$ Änderung des Mould-Indexes über eine Zeitspanne in [-]

Tabelle 54: Rückbildungskoeffizient (Ojanen et al., 2010)

C_{mat}	Beschreibung
1.0	1 - short periods Starker Rückgang (Originalmodell), z. B. unbehandeltes Holz
0.5	2 - significant relevant decline Signifikanter Rückgang, z. B. Porenbeton
0.25	3 - low decline Relativ geringer Rückgang, z. B. Normalbeton, Polyurethan (PUR), Glaswolle
0.1	4 - almost no decline Fast kein Rückgang, z. B. Leichtbeton, Polyesterfaserdämmung, expandiertes Polystyrol (EPS)

Das vorliegende Modell eignet sich sehr gut als Annäherung für die in dieser Arbeit vorgestellte Variantenbetrachtung zur Optimierung des biologischen Wachstums unterschiedlicher Baukonstruktionen.

4.4.2.2 Auswertungswerkzeug Algen: Hygrothermische Bedingungen des Gesamtjahres zur Einschätzung der Wachstumsbedingungen

Tabelle 55: Feuchtebedingungen aller Varianten zur Beurteilung der Algenkriterien

	Schlagregenmenge $\frac{l}{m^2 \cdot a}$	Schlagregenstunden h/a	Untertemperaturstunden h/a	Gesamtstunden Wasser auf der Oberfläche h/a	Stunden über 98 % rel. Luftfeuchte (ohne Schlagregen) h/a	Überschreitung der Grenztemperatur von 45 °C/a
TB 2.0, 1,5 cm, mit Schlagregen (B1)	112	532	242	774	2594	6

Die Wachstumsbedingungen von Algen werden in dieser Arbeit über die summarischen Jahresstunden verglichen. Damit wird eine qualitative Aussage zwischen den Varianten möglich. Wann genau das Wachstum einsetzt, kann auf diese Weise nicht festgestellt werden, da hier ähnlich zum Mould-Index Messungen und Berechnungsgrundlagen fehlen. Es ist dagegen aber mittels Simulation möglich zu beurteilen, ob die Bedingungen das Algenwachstum begünstigen oder nicht.

Mittels der hygrothermischen Simulation mit der Software DELPHIN wurden für den Standort Potsdam folgende Kennwerte ermittelt:

- Schlagregenmenge auf die Fassadenfläche,
- die Schlagregenstunden in h, die Untertemperaturstunden,
- die Gesamtstunden, in denen Wasser auf der Oberfläche steht,
- die Stunden, in denen die relative Luftfeuchtigkeit über 98 % liegt und
- die Stunden, in denen die Grenztemperatur von 45 °C überschritten wurde.

Dabei wurde wie beim Mould-Index auch nur das zweite, eingeschwungene Jahr für die Betrachtung herangezogen.

Die Schlagregenmenge an der Fassadenfläche wurde nach dem Regenmodell aus DELPHIN berechnet. Die Schlagregenstunden sind dabei die Stunden, in denen wirklich Schlagregen auf der zu betrachtenden Fläche auftrifft. Die Stunden, in denen kein Regen mehr auf die Oberfläche trifft, aber noch Flüssigwasser an der Oberfläche haftet, können in der Simulation nicht erfasst werden. Untertemperaturstunden sind die kumulierten Stunden, in denen die Oberflächentemperatur der Fassade unter die Taupunkttemperatur der Außenluft absinkt. In diesen Stunden fällt Tauwasser auf der Oberfläche aus. Wie aber auch beim Schlagregen können nur die Stunden betrachtet werden, an denen wirklich Tauwasser anfällt. Die Stunden, in denen der Taupunkt von der Fassadenoberfläche nicht mehr unterschritten wird, aber dennoch Flüssigwasser anhaftet, können in der Simulation nicht erfasst werden. Es ist daher davon auszugehen, dass der hier errechnete, kumulierte Stundenwert noch leicht übertroffen wird. Werden die Schlagregenstunden und die Untertemperaturstunden summiert, ergeben sich die Gesamtstunden, in denen Wasser auf der Oberfläche steht.

Die kumulierten Jahresstunden, die über 98 % relativer Luftfeuchtigkeit (nahe 100 % nach Ackerbauer (2017) liegen, geben die optimalen Wachstumsbedingungen für Algen wieder. Sind diese hoch, ist von einem schnelleren Wachstum auf dieser Oberfläche auszugehen als bei einer Vergleichskonstruktion mit einer geringeren Anzahl an kumulierten Stunden.

Abschließend wurde die Überschreitung der kumulierten Grenztemperaturstunden über ein Jahr ausgegeben, d. h,. in wie vielen Stunden der 8760 Jahresstunden die Oberflächentemperatur der Fassade 45 °C überschreitet (40 °C bis 50 °C nach Ackerbauer (2017). Dieser Wert wird als strukturschädigende Temperatur für Algen angegeben. Je mehr kumulierte Stunden erreicht werden, desto größer wird die Schädigung der Algen ausfallen.

4.4.2.3 Bauwerksplanung: Schlagregen

Pilzwachstum

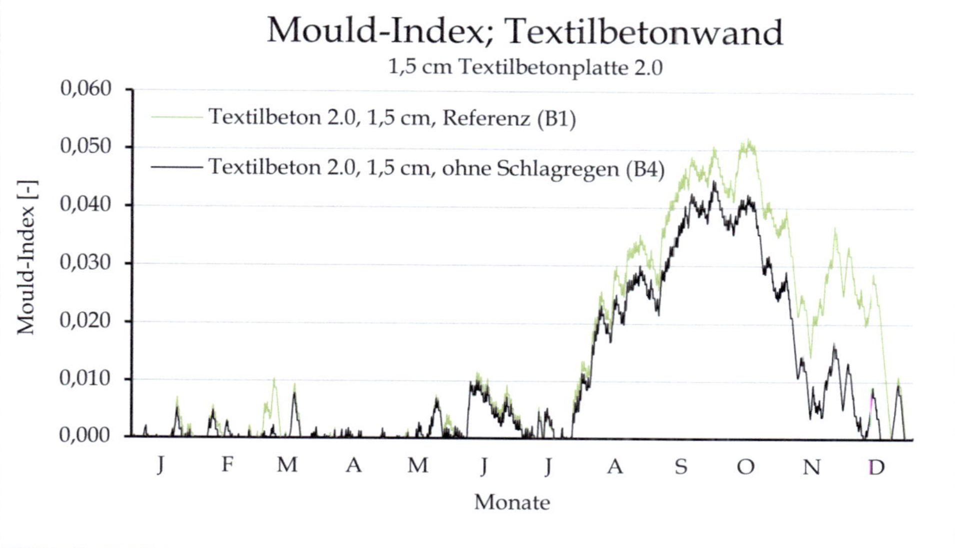

Abbildung 229: Mould-Index; Schlagregen

Abbildung 229 zeigt auf der Abszisse die Monate und auf der Ordinate den Mould-Index, der die entsprechende Wuchsentwicklung der Mikroorganismen beschreibt. In den Herbstmonaten sind die zusammenhängenden, mit hoher rel. Luftfeuchte und Temperatur ausgestatteten Zeitabschnitte besonders ausgeprägt. Daher kommt es in diesen Monaten zum kontinuierlichen Aufwuchs mit Pilzen. In den Wintermonaten sinkt die Temperatur und die Niederschläge lassen nach, was die Schlagregenereignisse und auch die rel. Außenluftfeuchte sinken lässt. Dies sorgt für längere unkritische Bedingungen, die zum Rückgang des Aufwuchses führen. Das Diagramm zeigt den Neubaufall (B1,) der keiner besonderen Feuchtebeaufschlagung ausgesetzt oder bereits infolge Alterung verschmutzt ist.

Es ist ersichtlich, dass die im Jahreszyklus gebildeten Pilze bis zum Jahresende im Wachstum gebremst werden, sodass es zu keinem zyklischen Aufwuchs auf dem Textilbeton kommt. Das Wachstum beginnt bei Jahresbeginn von Neuem. Die Referenzplatte Textilbeton 2.0 mit einer Dicke von 1,5 cm, Westausrichtung und Schlagregenbelastung (grün, B1), zeigt ein intensiveres Wachstum als der Textilbeton 2.0 ohne Schlagregen (schwarz, B4). Die kapillaraktive Betonplatte zeigt eine deutliche Anfälligkeit auf Schlagregen, der in das Platteninnere transportiert und über einen längeren Zeitraum wieder abgegeben wird. Dies sorgt zwar für ein schnelleres Abtrocknen der Außenoberfläche, verlängert aber die Zeiten mit hoher rel. Luftfeuchtigkeit an der Oberfläche. Bereiche unter Auskragungen wie

Dachüberständen (B4) können die Schlagregenbelastung vollständig vermeiden und so den Aufwuchs von Pilzen verzögern oder sogar dauerhaft verhindern. Allerdings bieten die meisten Dachüberstände nur Schutz für einen schmalen Bereich, der bei Bewuchs an der Fassade mit Mikroorganismen deutlich sichtbar wird.

Algenwachstum

Tabelle 56: Feuchtebedingungen aller Varianten zur Beurteilung der Algenkriterien, Vergleich mit und ohne Strahlungskomponenten

	Schlagregenmenge $\frac{l}{m^2 \cdot a}$	Schlagregenstunden h/a	Untertemperaturstunden h/a	Gesamtstunden Wasser auf der Oberfläche h/a	Stunden über 98 % rel. Luftfeuchte (ohne Schlagregen) h/a	Überschreitung der Grenztemperatur von 45 °C/a
TB 2.0, 1,5 cm, Referenz mit Schlagregen (B1)	112	532	242	774	2594	6
TB 2.0, 1,5 cm, ohne Schlagregen (B4)	0	0	82	82	2166	8

Die 112 Liter Schlagregen auf die Westfassade der Referenzvariante (B1) sorgen für eine signifikante Erhöhung der Feuchtebelastung in allen Kategorien (siehe Tabelle 56). Dies ist auf die große Anzahl der Kapillarporen zurückzuführen, die das Flüssigwasser relativ schnell in den Bauteilquerschnitt der 1,5 cm dicken Feinbetonplatte transportieren. Wird das mit der Variante ohne Schlagregen verglichen, die den Standort B4 beispielhaft abbildet, so wird der Schlagregeneinfluss deutlich. Neben dem direkten Schlagregenstunden, die 0 h betragen, sinken auch die Untertemperaturstunden. Grund dafür ist der erhöhte Dampftransport in den kritischen Nachtstunden. Dieser erhöhte Dampftransport in die etwas trockenere Platte bewirkt, dass die Oberflächentemperatur näher an der Außenlufttemperatur liegt und die Taupunkttemperaturstunden gesenkt werden. Damit sinken auch die Gesamtstunden des Flüssigwassers auf der Oberfläche. Dies erklärt u. a. die geringere Neigung zum Algenwachstum unterhalb von z. B. Dachüberständen wie im Fall B4. Zudem sinken die Stunden über 98 % rel. Luftfeuchtigkeit ab, da viel weniger Flüssigwasser zur Verfügung steht, das von der kapillaraktiven Betonmatrix in den Querschnitt transportiert werden kann. Dieses Wasser kommt dann zeitversetzt wieder an die Oberfläche und hält diese länger feucht.

4.4.2.4 Bauwerksplanung: Verschattungen

Pilzwachstum

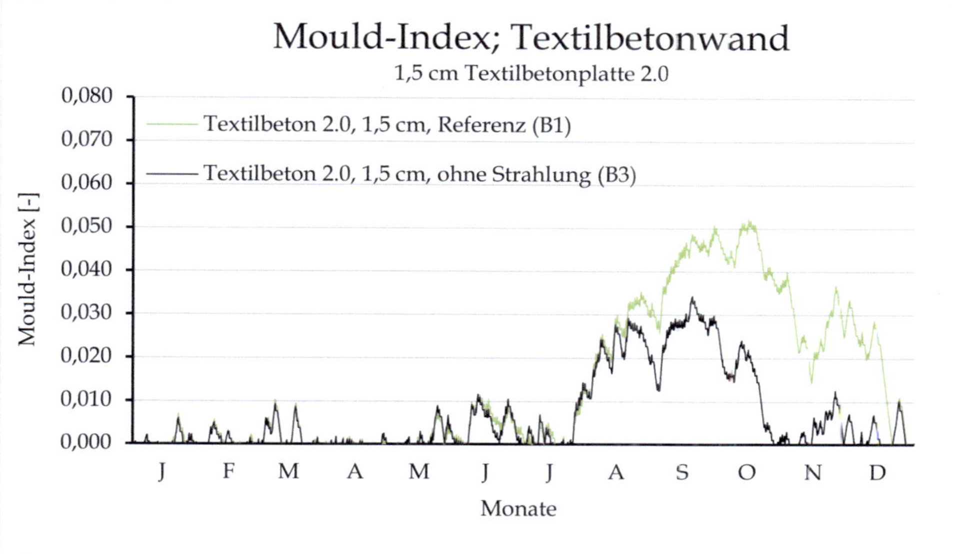

Abbildung 230: Mould-Index; Verschattung

Sowohl bei der Referenzkurve B1 als auch bei der ohne Strahlung B3 kommt es nicht zum Pilzaufwuchs über mehrere Jahre. Dies kann sich jedoch durch die Verschmutzung der Fläche mit organischen Substrat oder durch die Abnahme des pH-Werts verändern. Abbildung 230In ist deutlich ersichtlich, dass sich der Wegfall aller Strahlungskomponenten positiv auswirkt, d. h. den Mould-Index absenkt. Dazu gehört sowohl die direkte und diffuse kurzwellige Strahlung als auch die langwellige terrestrische Gegenstrahlung durch z. B. Gebäude sowie die Himmelsgegenstrahlung. Der kurzwellige Strahlungsanteil wirkt dem Pilzwachstum entgegen, da diese die Oberflächen erwärmt. Der langwellige Strahlungsanteil, der aus der Bilanz aus terrestrischen Gegenstrahlung und Himmelsgegenstrahlung besteht, ist bei klarem Nachthimmel negativ, da die Emission vom Gebäude zum Himmel überwiegt. Dies führt zum Abkühlen der Oberfläche unter die Taupunkttemperatur. Damit fällt Feuchtigkeit auf der Oberfläche aus. All dies verdeutlicht der Referenzfall B1. Ist die Fläche einer Gebäudehülle dagegen durch z. B. Vegetation oder ein Nachbargebäude B3 verschattet, so entfallen große Teile der Strahlungskomponenten, in der Simulation modellhaft vollkommen. Damit fehlt zwar der positive Anteil der kurzwelligen Strahlung, der die Fassade erwärmt, aber auch der negative Anteil der langwelligen Strahlung, der die Fläche auskühlt. Fehlt diese negative Emission, bleibt die Fläche nachts wärmer und es fällt deutlich weniger Tauwasser aus, sodass die Bedingungen zur Pilzbildung deutlich reduziert werden. Der Mould-Index erreicht damit im zweiten Jahr nur

0,03 [-] und nicht wie im Referenzfall im Maximum 0,05 [-]. Grundsätzlich sind damit verschattete Bereiche deutlich widerstandsfähiger gegen Pilzwachstum als nicht unverschattete. In den Bereichen von Vegetation kann die Reduzierung der nächtlichen Abstrahlung allerdings durch die höhere Sporenbelastung überkompensiert werden.

Algenwachstum

Tabelle 57: Feuchtebedingungen aller Varianten zur Beurteilung der Algenkriterien, Verschattung

	Schlagregenmenge $\frac{l}{m^2 \cdot a}$	Schlagregenstunden h/a	Untertemperaturstunden h/a	Gesamtstunden Wasser auf der Oberfläche h/a	Stunden über 98 % rel. Luftfeuchte (ohne Schlagregen) h/a	Überschreitung der Grenztemperatur von 45 °C/a
TB 2.0, 1,5 cm, Ref. mit Strahlungskomponenten (B1)	112	532	242	774	2594	6
TB 2.0, 1,5 cm, ohne Strahlungskomponenten (B3)	112	532	91	623	1411	0

Die Untertemperaturstunden werden beim Textilbeton 2.0 mit einer Dicke von 1,5 cm und ohne Strahlungsbelastung (B3) stark reduziert, da die problematische langwellige Strahlungsemission gegen Nachthimmel entfällt (siehe Tabelle 57). Daher kommt die Variante ohne Strahlungsbelastung auf nur 91 Untertemperaturstunden, wohingegen die Referenzvariante mit Strahlungskomponenten (B1) 242 Untertemperaturstunden erreicht. Dies hat auch eine Verringerung der Gesamtwasserstunden von 774 h/a der Referenzvariante mit Strahlungskomponenten (B1) zu 623 h/a zur Variante ohne Strahlungskomponenten zur Folge. Zudem reduzieren sich dadurch auch die Stunden über 98 % rel. Luftfeuchte von 2594 h/a auf 1411 h/a. Damit können die Bedingungen des Algenwachstums bei der Variante ohne Strahlungskomponenten stark reduziert werden. Zudem muss angemerkt werden, dass ein Algenwachstum ohne Photosynthese ohnehin nicht möglich wäre. Da aber meist eine Teilstrahlung vorhanden ist, wäre ein Wachstum theoretisch auch auf leicht verschatteten Flächen möglich, jedoch nicht wahrscheinlich.

4.4.2.5 Bauwerksplanung: erhöhte Feuchtebelastung

Pilzwachstum

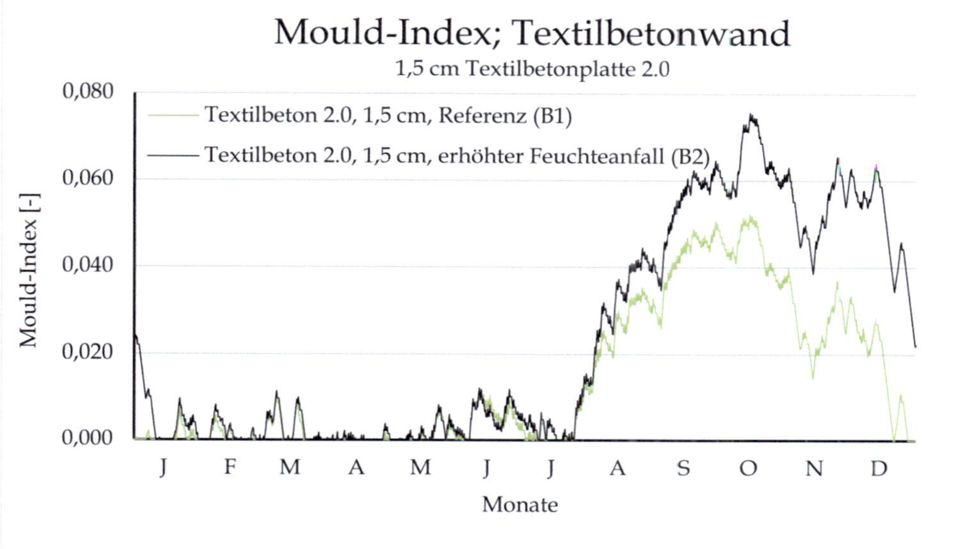

Abbildung 231: Mould-Index; erhöhte Feuchtebelastung

Der Vergleich nach Abbildung 231betrifft die beispielhaften Bereiche mit erhöhter Feuchtebelastung (schwarz, B2) an einem Gebäude wie unterhalb einer Fensterbank, im Spritzwasserbereich oder an einer Gebäudeecke mit starker Windexposition, wWobei der Bereich unterhalb der Fensterbank mit einer 21-fachen Flüssigwasserexposition maßgebend ist.

Der Bereich B2 mit erhöhter Feuchtebelastung erreicht einen maximalen Mould-Index nach zwei Jahren von fast 0,08 [-], wohingegen der Referenzfall B1 lediglich einen maximalen Mould-Index von 0,05 [-] aufweist. Entscheidend ist dabei die Kapillaraktivität des untersuchten Baustoffs Textilbeton 2.0. Dieser ist kapillaraktiv, kann jedoch nur eine begrenzte Menge Flüssigwasser während des Schlagregenereignisses aufnehmen. Dennoch kommt es nicht zum Aufwuchs von Pilzen über die Jahre, zumindest nicht ohne Verschmutzungen mit organischem Material, die in den weiteren Jahren auftritt. Schließlich kann dennoch dargelegt werden, dass Bereiche mit erhöhter Feuchte stärker zum Pilzwachstum neigen und dies daher nach Hinzukommen weiterer Umstände die ersten Bereiche sind, die mit Pilzen besiedelt werden.

Algenwachstum

Tabelle 58: Feuchtebedingungen aller Varianten zur Beurteilung der Algenkriterien, Verschattung

	Schlagregenmenge $\frac{l}{m^2 \cdot a}$	Schlagregenstunden h/a	Untertemperaturstunden h/a	Gesamtstunden Wasser auf der Oberfläche h/a	Stunden über 98 % rel. Luftfeuchte (ohne Schlagregen) h/a	Überschreitung der Grenztemperatur von 45 °C/a
TB 2.0, 1,5 cm, Referenz normaler Feuchteanfall (B1)	112	532	242	774	2594	6
TB 2.0, 1,5 cm, erhöhter Feuchteanfall (B2)	2352	532	466	998	2959	6

Die Bedingungen für das Algenwachstum sind bei allen Bereichen mit erhöhtem Feuchteanfall begünstigt. Dabei konnte in der Simulation nicht die Zeit des Flüssigwasserverbleibs auf der Oberfläche berechnet werden, jedoch die Feuchtebedingungen, die sich in den letzten Millimetern der Oberfläche einstellen. Die stark erhöhte Menge an Schlagregen (2352 $l/(m^2 \cdot a)$ statt 112 $l/(m^2 \cdot a)$) sorgt dabei für eine Erhöhung der Untertemperaturstunden auf 466 h/a statt 242 h/a in der Referenzvariante B1 ohne erhöhte Schlagregenbelastung. Die erhöhte Zahl der Untertemperaturstunden ist auf die große Verdunstungsmenge zurückzuführen, die auch in den problematischen Nachtstunden Wasser aus dem Bauteil an die Außenluft transportiert. In dieser Zeit kann keine Feuchte aus der Umgebung aufgenommen werden, die zur Erwärmung der Oberfläche günstig wäre. Zudem senkt das Verdunstungswasser die Oberflächentemperatur zusätzlich. Diese hohe Flüssigwassermenge in der Betonplatte mit erhöhter Feuchteaufnahme (B2) steigert auch die Stunden über 98 % rel. Luftfeuchte auf 2959 h/a statt 2594 h/a, da die Wassermengen einen längeren Zeitraum für die Abgabe an die Außenluft beanspruchen. Das sind insgesamt sehr positive Bedingungen für Algenwachstum. Algen werden damit zuerst in den Bereichen mit erhöhter Feuchtebelastung sichtbar.

4.4.2.6 Bauwerksplanung: Himmelsrichtungen

Pilzwachstum

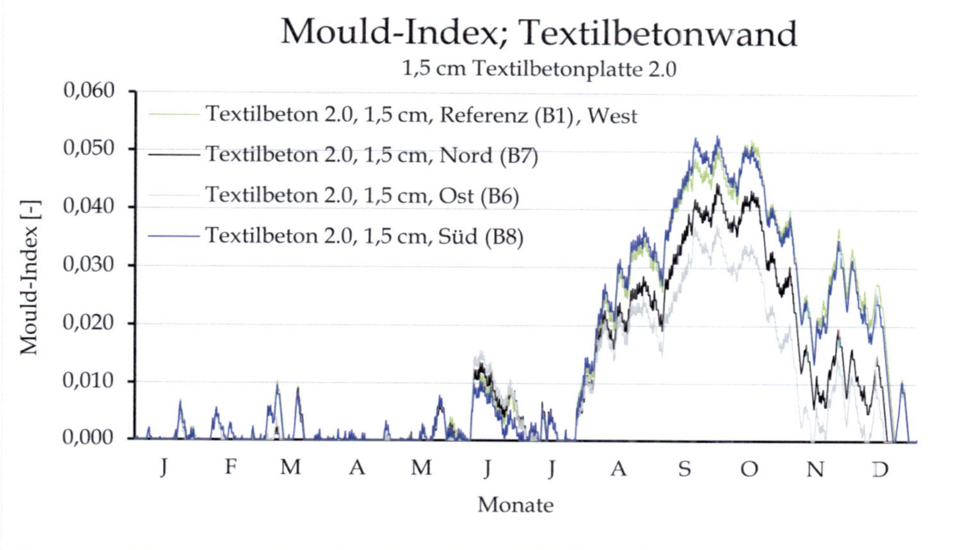

Abbildung 232: Mould-Index; Himmelsrichtungen

Die Textilbetonplatte 2.0 zeigt im Referenzfall mit Westausrichtung (grün, B1) eine ähnliche Aufwuchsneigung wie die Textilbetonplatte 2.0 mit Südausrichtung (blau, B8, wie in Abbildung 232 zu sehen ist). Zwar ist die Schlagregenmenge an der Südfassade signifikant geringer, jedoch nicht die Schlagregenstunden und die Untertemperaturstunden. Außerdem ist es für die kapillaraktive Platte weniger wichtig, welche Menge auf der Platte fließt, sondern eher, wie viele Stunden dort Flüssigwasser steht. Die Betonmatrix mit einer Dicke von nur 1,5 cm kann ohnehin nur eine begrenzte Menge Flüssigwasser aufnehmen. Danach folgt die Textilbetonplatte 2.0 mit Nordausrichtung (schwarz, B7). Die auftreffende Schlagregenmenge ist hier mit 17 l/(m²·a) am geringsten. Dennoch ist der Aufwuchs im Jahresgang höher als bei der Textilbetonplatte mit Ostausrichtung (grau, B6), obwohl diese eine größere Schlagregenmenge abbekommt mit 24 l/(m²·a,) jedoch insgesamt die geringsten Schlagregenstunden. Zudem fehlt der Nordplatte die direkte Sonnenstrahlung, die die zusammenhängenden Zeiträume hoher rel. Luftfeuchtigkeit signifikant reduzieren kann. Aus diesem Grund und den geringsten Schlagregenstunden zeigt sich der geringste Aufwuchs von Pilzen an der Ostfassade.

Algenwachstum

Tabelle 59: Feuchtebedingungen aller Varianten zur Beurteilung der Algenkriterien, Vergleich der Himmelsrichtungen

	Schlagregenmenge $\frac{l}{m^2 \cdot a}$	Schlagregenstunden h/a	Untertemperaturstunden h/a	Gesamtstunden Wasser auf der Oberfläche h/a	Stunden über 98 % rel. Luftfeuchte (ohne Schlagregen) h/a	Überschreitung der Grenztemperatur von 45 °C/a
TB 2.0, 1,5 cm, Ref., West (B1)	112	532	242	774	2594	6
TB 2.0, 1,5 cm, Nord (B7)	17	221	114	365	2259	0
TB 2.0, 1,5 cm, Ost (B6)	24	176	146	322	2114	0
TB 2.0, 1,5 cm, Süd (B8)	69	474	220	694	2428	0

Passend zur Analyse des Pilzwachstums ist auch die Gefahr von Algenwachstum auf der Westfassade B1 am größten (siehe Tabelle 59 B1). Hier liegen sowohl die Gesamtstunden des Wassers an der Oberfläche bei 774 h/a als auch die Stunden über 98 % rel. Luftfeuchte mit 2594 h/a deutlich über denen der anderen Himmelsrichtungen. Lediglich die Überschreitung der 45 °C Grenztemperatur an sechs Jahresstunden kann hier als positiv angesehen werden. Kurz dahinter folgt die Südfassade B8 mit Gesamtwasserstunden von 694 h/a und Stunden über 98 % rel. Luftfeuchte mit 2428 h/a. Die Bedingungen zum Algenwachstum ähneln daher stark denen der Westfassade. Die Gefährdung ist damit in einen ähnlichen Bereich einzustufen. Danach folgt die Nordfassade B7 mit Gesamtwasserstunden von 364 h/a und Stunden über 98 % rel. Luftfeuchte mit 2259 h/a. Abschließend besitzt die Ostfassade (B6) Gesamtwasserstunden von 322 h/a und Stunden über 98 % rel. Luftfeuchte mit 2114 h/a. Damit sind die Wachstumsbedingungen von Algen wie auch beim Pilzwachstum auf der Ostseite am Standort am ungünstigsten.

4.4.2.7 Bauwerksplanung: Flächenneigungen

Pilzwachstum

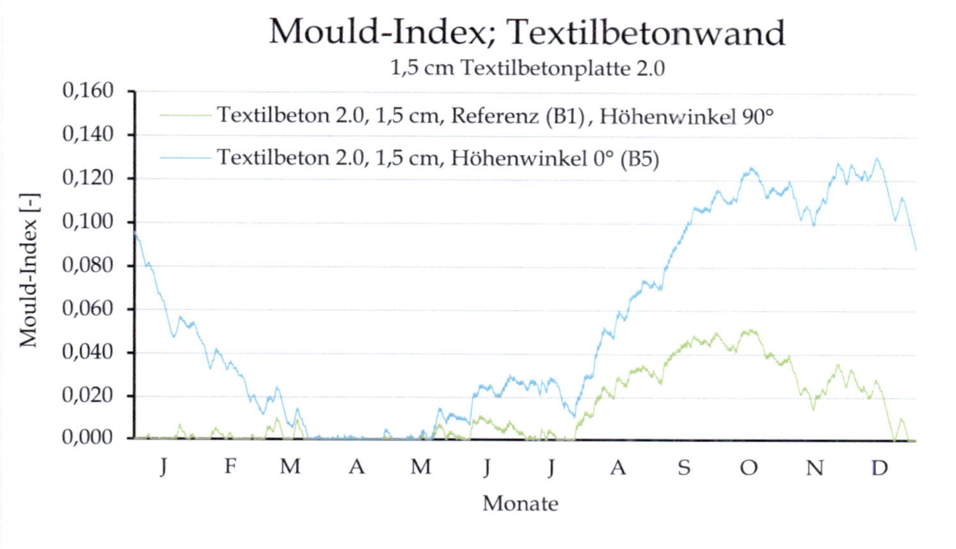

Abbildung 233: Mould-Index; Flächenneigungen

Der Vergleich der Flächenneigungen mit unterschiedlichem Höhenwinkel in Abbildung 233zeigt die Bewuchseigenschaften unterschiedlicher Plattenpositionen (Höhenwinkel h = 90°-Zenitwinkel z) siehe Abbildung 234). Im Referenzfall B1 beträgt der Höhenwinkel 90° zur Fassade. Die Schlagregenmenge der Wand errechnet sich aus der gemessenen Schlagregenmenge auf eine horizontale Fläche, die Windrichtung, der Windgeschwindigkeit und der Ausrichtung der Wand in Bezug zum Azimutwinkel (Bezugsrichtung Norden). Die Variante mit dem Höhenwinkel 0° B5 beschreibt ein Flachdach. Damit errechnet sich eine auftreffende Schlagregenmenge auf die Westfassade von 112 l/(m²·a). Hier wird die Schlagregenmenge, die auf eine horizontale Fläche trifft, direkt aus den Wetterdaten verwendet, jedoch abzüglich der Stunden unter 2 °C. In diesen Jahresstunden fällt der Niederschlag als Schnee und entfällt damit. Somit werden für die untersuchte Westwand im Referenzklima Potsdam nur 557 l/(m²·a) statt der in den Wetterdaten vorhandenen 574,5 l/(m²·a) erreicht. Es entfielen dabei 17,5 l/(m²·a) auf Niederschlagstunden als Schnee.

Es ist zu beobachten, dass der Maximalwert des Referenzfalls B1 mit einem Höhenwinkel von 90° etwa einen Mould-Index von 0,05 [-] aufweist. Dagegen steigt der Pilzaufwuchs mit zunehmenden Höhenwinkel an. Hauptgrund liegt an der langwelligen Abstrahlung (Emission), die bereits bei leichter Veränderung des

Höhenwinkels stark ansteigt. Dies verdeutlichen die sprunghaft steigenden Untertemperaturstunden (siehe Tabelle 60). Die Variante mit einem Höhenwinkel von 0° (B5, Flachdach) erreicht schließlich den größten Pilzaufwuchs mit einem Mould-Index von maximal 0,13 [-]. Dennoch kann im zweiten Jahr kein zyklischer Aufwuchs festgestellt werden, da der Mould-Index auch bei den Varianten mit flachem Höhenwinkel wie das Flachdach in den Monaten März, April und Mai völlig rückläufig ist. Sollte allerdings organische Verschmutzungen oder höheres Sporenbelastungen am Standort hinzukommen, ist von einem zyklischen Aufwuchs über mehrere Jahre auszugehen.

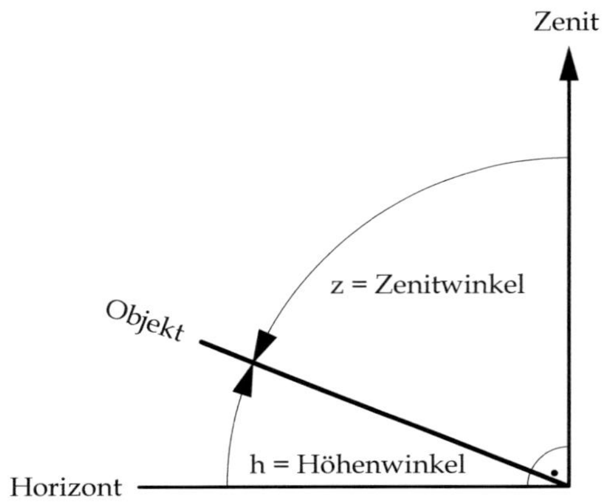

Abbildung 234: Höhen- und Zenitwinkel

Algenwachstum

Tabelle 60: Feuchtebedingungen aller Varianten zur Beurteilung der Algenkriterien, Vergleich der Himmelsrichtungen

	Schlagregenmenge $\frac{l}{m^2 \cdot a}$	Schlagregenstunden h/a	Untertemperaturstunden h/a	Gesamtstunden Wasser auf der Oberfläche h/a	Stunden über 98 % rel. Luftfeuchte (ohne Schlagregen) h/a	Überschreitung der Grenztemperatur von 45 °C/a
TB 2.0, 1,5 cm, Ref. Höhenwinkel 90° (Wand) (B1)	112	532	242	774	2594	6
TB 2.0, 1,5 cm, Höhenwinkel 0° (Flachdach) (B5)	557	708	1554	2262	3702	4

Es wird vom Referenzfall Westfassade B1 mit einem Höhenwinkel von 90° bis zum Flachdach B5 mit einem Höhenwinkel von 0° die Schlagregenmenge von 112 l/(m²·a) auf 557 l/(m²·a) gesteigert. Ebenfalls erhöhen sich die Untertemperaturstunden von 242 h/a auf 1554 h/a und die Gesamtwasserstunden von 774 h/a auf 2262 h/a. Ähnlich stark steigen die Jahresstunden über 98 % rel. Luftfeuchte von 2594 h/a von der Westfassade B1 auf 3702 h/a beim Flachdach (B5) an. Die Gesamtwasserstunden sowie die Stunden über 98 % rel. Luftfeuchte beschreiben wichtige Kriterien zum Algenwachstum. Die Verdreifachung der Gesamtwasserstunden auf der Oberfläche beschreibt sehr gut die gesteigerte Gefahr, dass Algen auf Flächen mit Höhenwinkeln < 90° stark verbesserte Wachstumsbedingungen vorfinden. Die Zahl der Grenztemperaturüberschreibungen über 45 °C von 4 h/a beim Höhenwinkel 0° B5 liegt ebenfalls unter der des Referenzfalles der Westfassade B1 mit 6 h/a beim Referenzfall. Schließlich kann gesagt werden, dass geneigte Fassadenflächen < 90° Höhenwinkel viel stärker von Algenwachstum betroffen sind. Für solche Objekte müssen Maßnahmen z. B. zur regelmäßigen Flächenreinigung eingeplant werden.

4.4.2.8 Baukonstruktions-/ Baustoffplanung: Organische und anorganische Baustoffe

Pilzwachstum

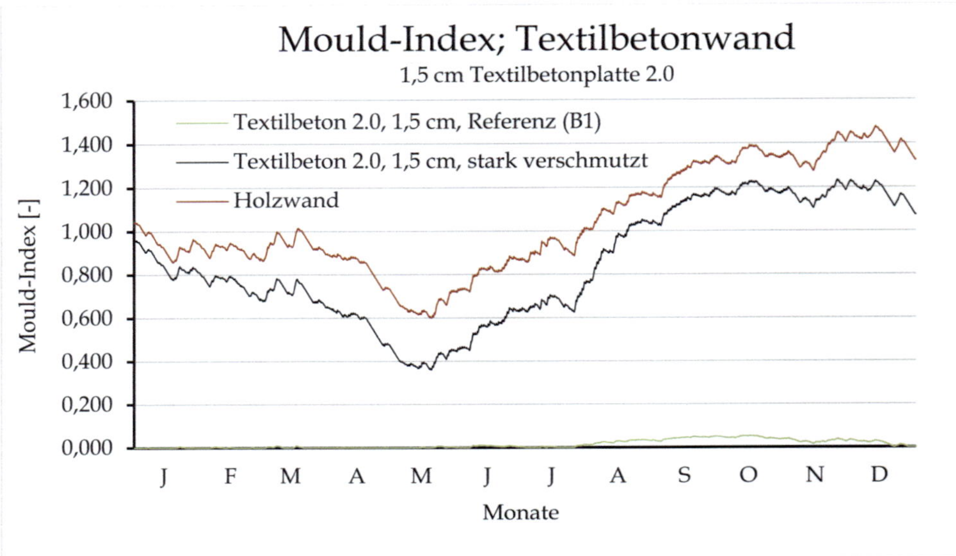

Abbildung 235: Mould-Index; organische und anorganische (mineralische) Baustoffe

Der Vergleich der Baustoffe aus organischen und anorganischen Materialien zeigt die starke Abhängigkeit des Pilzwachstums vom Untergrund (siehe Abbildung 235). In Kapitel 4.4.2.1 wird die Methodik zur Berechnung des VTT-Modells beschrieben. Der Baustoff Holz wird dabei in die Empfindlichkeitsklasse 2 (sensitive) für das Kernmaterial und die Oberfläche eingeteilt. Darin befinden sich organische Baustoffe wie gehobeltes Holz, Brettschichtholz aus z. B. Fichtenbrettschichtholz oder papierbeschichtetes Polyurethan (PUR). Der Aufwuchs auf diesen Baustoffen ist hoch, da organisches Material zur Verfügung steht. Beton wird als anorganischer Baustoff in die Empfindlichkeitsklasse 3 (medium resistance) für das Kernmaterial und die Oberfläche eingeteilt. Darin befinden sich anorganische Baustoffe wie Normalbeton, Porenbeton, Leichtbeton, expandiertes Polystyrol (EPS), unbeschichtetes Polyurethan (PUR) oder Glaswolle. Der Aufwuchs auf diesen Baustoffen ist eher gering, da kein organisches Material zur Verfügung steht. Altert ein Baustoff wie Beton über Jahre oder Jahrzehnte, sinkt sein pH-Wert. Zudem wird seine Oberfläche durch organische Verschmutzungen in der Umwelt bedeckt. Dann muss seine Oberfläche nicht wie ein anorganischer Baustoff (Empfindlichkeitsklasse 3, medium resistance), sondern wie ein organischer Baustoff (2, sensitive) eingestuft werden. Unterhalb von Klasse 2 befinden sich noch empfindlichere organische Baustoffe wie Splintholz und oberhalb von Klasse 3 weitere anorganische Baustoffe wie Glas oder Metall.

Der Rückbildungskoeffizient für den organischen Baustoff Holz liegt bei 1,0 [-] in der Klasse 1 (short periods) mit einem starken Rückgang des Pilzwachstums (z. B. unbehandeltes Holz). Beton als anorganischer Baustoff hat einen Rückbildungskoeffizienten von 0,25 [-] und fällt in die Klasse 3 (low decline) mit einem relativ geringen Wachstumsrückgang der Pilze. Dazu gehören z. B. Normalbeton, unterschiedliche Kleber, Polyurethan (PUR) und Glaswolle. Zwischen beiden liegt nur noch Porenbeton mit einem Rückbildungskoeffizienten von 0,5 [-] und expandiertes Polystyrol (EPS) mit einem geringen Koeffizienten von 0,1 [-].

Die Aufwuchsneigung von Pilzen ist auf organischen Baustoffen wie der Holzwand oder dem Referenzbauteil Textilbeton 2.0, das stark mit organischem Material verunreinigt ist, sehr hoch (schwarze Linie). Die Holzwand erreicht im zweiten Jahr der Simulation einen Mould-Index von über 1,4 [-] (brauen Linie). Ein Mould-Index von 1 bis 2 bedeutet, dass es zu kleinen mPilzengen auf der Oberfläche (Anfangsstadien des lokalen Wachstums) kommt. Die verschmutzte Textilbetonwand 2.0 folgt kurz dahinter mit einem Mould-Index von 1,2 [-]. Das Kernmaterial aus einem anorganischen Stoff wirkt sich positiv auf die Simulation aus. In beiden Fällen ist bereits lokales Pilzwachstum unter dem Mikroskop sichtbar. Ebenfalls ist der jährliche Wachstumsrückgang nicht so hoch, dass er die Wachstumsphasen kompensieren kann. Dadurch kommt es zu einem Pilzaufwuchs über die Jahre. Bei Vorliegen einer Betonoberfläche tritt dieserorganisch verschmutzte Zustand je nach Standort erst nach Jahrzehnten ein. Dagegen erreicht eine neue Betonoberfläche wie die Textilbetonwand 2.0 (Referenz) lediglich im zweiten Simulationsjahr einen Mould-Index von 0,05 [-] und ist damit vollständig rückläufig. Es kommt also bei diesem anorganischen Baustoff nicht zum Aufwuchs von Pilzen. Der Mould-Index im Bereich von 0 bis 1 bedeutet, dass kein Wachstum von Pilzen zu erwarten ist. Im Ergebnis hemmen anorganische Baustoffe das Wachstum von Pilzen deutlich stärker, da die Nährstoffgrundlage fehlt. In diesem Zusammenhang wird deutlich, dass sich Algen häufig auf anorganischen Baustoffen als Pionierpflanze ansiedeln, um dann später im abgestorbenen Zustand für die Pilze eine organische Lebensgrundlage zu bilden.

Langzeituntersuchung über zehn Jahre

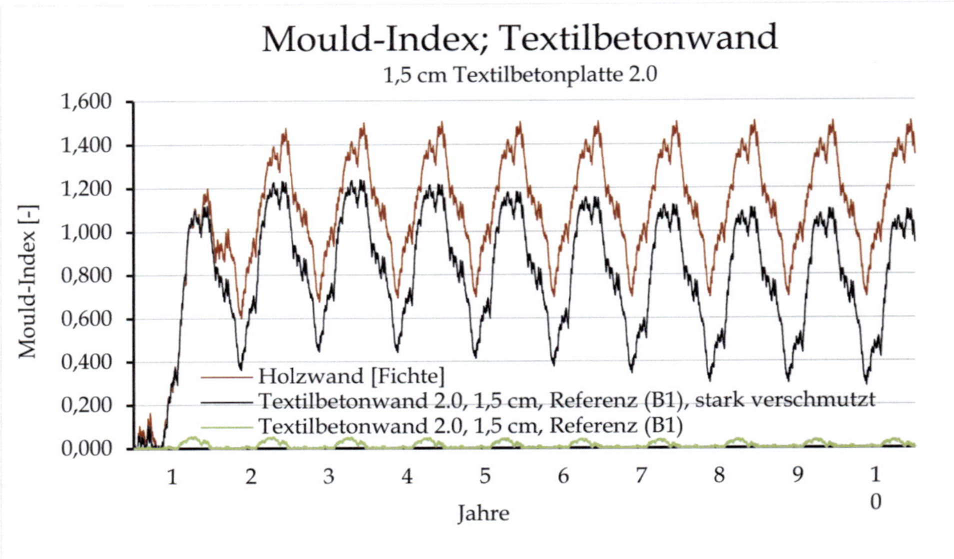

Abbildung 236: Mould-Index; organische und anorganische (mineralische) Baustoffe über zehn Jahre

In Abbildung 236 ist der Simulationsverlauf über zehn Jahre dargestellt. Dabei erreicht die organische Wandkonstruktion mit einer 2 cm dicken Außenplatte aus Fichte einen max. Mould-Index von 1,5 [-] (braue Linie). Dies bedeutet, dass mehrere lokale Pilzwachstumskolonien auf der Oberfläche bei Mould-Index 2 mittels Mikroskopvorhanden sind. Die Referenzkonstruktion Textilbetonwand 2.0 hat allerdings nur einen Wertvon 0,05 [-] (grüne Linie), was keinem Wachstum entspricht. Verschmutzt allerdings die Textilbetonwand 2.0 durch organische Schutzpartikel oder Resten von Algen, so kann der Mould-Index nach einigen Jahren auch bis auf 1,2 [-] ansteigen (schwarze Linie). Da nur die Oberfläche in der organischen Klasse 2 (sensitive) liegt, aber das Kernmaterial noch in der mineralischen Klasse 3 (medium resistance))", erreicht der Wert bei gleichen Klimabedingungen nicht den Wert der vollständig organischen Wand, d. h., wenn Oberflächen von mineralischen Baustoffen nicht regelmäßig gereinigt werden z. B. durch Abstrahlen mittels Wasserstrahl, können sich organische Partikel nablagern, die zu einem Wachsen von Pilzen an der Oberfläche führen können.

Haarrisse in Betonflächen

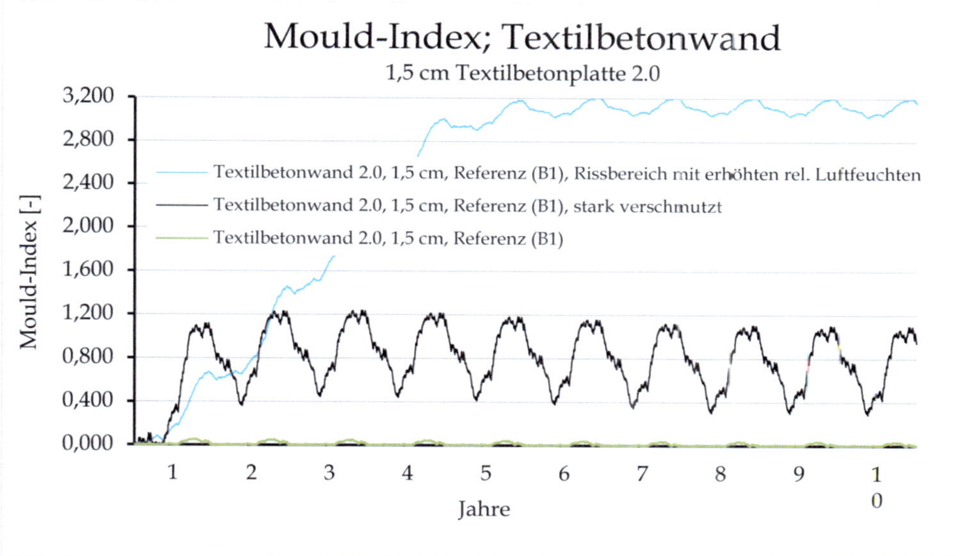

Abbildung 237: Mould-Index; organische und anorganische (mineralische) Baustoffe über zehn Jahre inkl. 0,1 mm Riss im Feinbeton mit erhöhter rel. Luftfeuchte

Kommt es in der für das Pilzwachstum unproblematischen Referenzkonstruktion Textilbetonwand 2.0 (siehe Abbildung 237, grüne Linie) zum Riss innerhalb der Matrix der 2 cm dicken Außenplatte, so kann über die Jahre Feuchtigkeit in den Querschnitt eindringen und die Dämmung (hier Mineralwolle) durchfeuchten. Diese kontinuierliche Auffeuchtung führt dazu, dass der Rissbereich ganzjährig eine sehr hohe rel. Luftfeuchte der Außenoberfläche aufweist, da ständig Flüssigwasser oder Wasserdampf austreten. Dies sorgt im Rissbereich für ideale Wachstumsbedingungen für Pilze, auch ohne zusätzliche organische Partikel. So erreicht der Rissbereich einen Mould-Index von über 3 [-] nach vier bis fünf Jahren Simulationsdauer. Dies entspricht visuellen Befunden von Pilzen auf der Oberfläche, < 10 % Bedeckung (visuell) oder < 50 % Bedeckung (Mikroskop,); d. h. einem sichtbaren Bewuchs des Rissbereiches. Gerade bei mineralischen Matrices ist darauf zu achten, dass die Betonplatten für den Grenzzustand der Gebrauchstauglichkeit (GZG,)" also für den ungerissenen Zustand bemessen werden. Ansonsten führen Haarrisse, die nach der Herstellung kaum sichtbar sind, nach einigen wenigen Jahren zur starken optischen Beeinträchtigung der Sichtbetonflächen.

Algenwachstum

Tabelle 61: Feuchtebedingungen aller Varianten zur Beurteilung der Algenkriterien, organische und anorganische Baustoffe

	Schlagregenmenge $\frac{l}{m^2 \cdot a}$	Schlagregenstunden h/a	Untertemperaturstunden h/a	Gesamtstunden Wasser auf der Oberfläche h/a	Stunden über 98 % rel. Luftfeuchte (ohne Schlagregen) h/a	Überschreitung der Grenztemperatur von 45 °C/a
TB 2.0, 1,5 cm, Referenz anorganischer Baustoff (B1)	112	532	242	774	2594	6
TB 2.0, 1,5 cm, anorganischer Baustoff, stark verschmutzt	112	532	242	774	2594	6
Holzwand, organischer Baustoff	112	532	518	1050	2232	8

Der Referenzbaustoff Textilbetonwand 2.0 weist für die Berechnung (Oberflächenwerte unverschmutzt als anorganischer Baustoff) die gleichen Werte auf wie der stark verschmutzte. Hintergrund ist die Simulation, die nur Veränderungen in der ersten Oberflächenschicht abbilden kann und keine veränderten Oberflächenbedingungen (z. B. Anhaftungen von Wasser). Im Vergleich der anorganischen Textilbetonplatte 2.0 zur Holzwand wird deutlich, dass die Untertemperaturstunden beim Textilbeton auf 242 h/a deutlich geringer ausfallen als bei der Holzwand mit 518 h/a. Grund dafür ist die Wasserdampfdiffusion in den Betonquerschnitt. Jedoch kehrt sich dieser positive Effekt um, wenn die Stunden über 98 % rel. Luftfeuchtigkeit betrachtet werden. Hier dauert die lange Austrocknung vom Textilbeton 2.0 aufgenommenen Wassers länger und verursacht damit auch 2594 h/a gegenüber der Holzwand mit nur 2232 h/a. Die geringere Wärmeleitfähigkeit von Holz sorgt auch für eine erhöhte Anzahl von Übertemperaturstunden über 45 °C von 8 h/a. Diese bauphysikalischen Parameter haben allerdings nichts mit enanorganisch oder en Eigenschaftenorganisch zu tun. Sie sind lediglich das Ergebnis der vorliegenden bauphysikalischen Parameter des Baustoffes. Es gibt weniger Flüssigwasser auf der Textilbetonoberfläche 2.0, jedoch mehr Stunden über 98 % rel. Luftfeuchte, sodass die Wachstumsbedingungen zwischen Holzwand und Textilbetonwand 2.0 etwa ausgeglichen sind.

4.4.2.9 Baukonstruktions-/ Baustoffplanung: Dämmstandard

Pilzwachstum

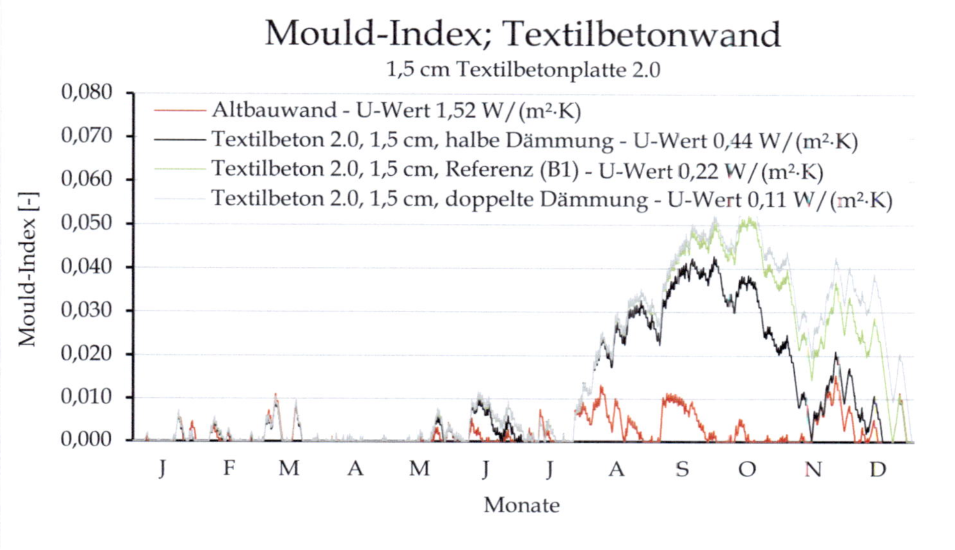

Abbildung 238: Mould-Index; Dämmstandard

Der Vergleich der unterschiedlichen Dämmstandards verdeutlicht Zusammenhänge von Pilz- und Algenwachstum (siehe Abbildung 238). Bei der Altbauwand variieren nicht nur der Dämmstandard im Vergleich zur Textilbetonwand 2.0, sondern auch die Baukonstruktion und die Baustoffe.

Die Altbauwand mit ihrem Wärmedurchgangskoeffizienten (U-Wert) von 1,52 W/(m²·K) weist einen deutlich höheren Wärmefluss vom Innenraum zur Außenoberfläche auf, sodass im Maximum ein Mould-Index von 0,1 [-] erreicht wird. Die Altbauwand ist damit nicht anfällig für Pilzwachstum unter Berücksichtigung der Simulationsbedingungen. An anderen Standorten mit zusätzlich verschmutzten Oberflächen kann es in Ausnahmefällen auch zum Pilzwachstum kommen. Wird bei der Textilbetonwand 2.0 der Dämmstandard auf einen U-Wert von 0,44 W/(m²·K) statt 0,22 W/(m²·K) wie bei der Referenzkonstruktion verschlechtert, kann das Pilzwachstum auf einen Mould-Index von ca. 0,44 [-] gebremst werden statt vorher 0,5 [-] bei der Referenzkonstruktion. Eine Verdoppelung, d. h. Verbesserung des Dämmstandards auf einen U-Wert von 0,11 W/(m²·K) lässt den Mould-Index noch auf max. 0,55 [-] anwachsen. Es wird deutlich, dass der Dämmstandard einer der wichtigsten Parameter für das Pilzwachstum ist, da dieser die Außenoberflächentemperatur sowie die rel. Luftfeuchtigkeit dieser bestimmt. Allerdings steigt dieser bei hohen Dämmstandards wie bei der Referenzkonstruktion von 0,22 W/(m²·K) nur noch minimal an, sodass bei diesen Dämmstandards andere Parameter entscheidender werden.

Algenwachstum

Tabelle 62: Feuchtebedingungen aller Varianten zur Beurteilung der Algenkriterien, Dämmstandard

	Schlag-regen-menge $\frac{l}{m^2 \cdot a}$	Schlag-regen-stunden h/a	Unter-tempera-turstun-den h/a	Gesamt-stunden Wasser auf der Oberflä-che h/a	Stunden über 98 % rel. Luft-feuchte (ohne Schlag-regen) h/a	Über-schrei-tung der Grenz-tempera-tur von 45 °C/a
Altbauwand U-Wert 1,52 W/(m²·K)	112	532	85	617	665	0
TB 2.0, 1,5 cm, U-Wert 0,44 W/(m²·K)	112	532	141	673	2245	5
TB 2.0, 1,5 cm, U-Wert 0,22 W/(m²·K), Ref.	112	532	242	774	2594	6
TB 2.0, 1,5 cm, U-Wert 0,11 W/(m²·K)	112	532	337	869	2727	6

Nach Tabelle 62 weist die Altbauwand die geringsten Untertemperaturstunden mit 85 h/a auf. Danach gefolgt von der Textilbetonwand 2.0 mit einem Dämmstandard von 0,44 W/(m²·K) mit 141 h/a, gefolgt an der Referenzkonstruktion mit einem Dämmstandard von 0,22 W/(m²·K) mit 242 h/a und schließlich der Textilbetonwand 2.0 mit einem Dämmstandard von 0,11 W/(m²·K) mit 337 h/a. Damit wird sichtbar, dass eine kontinuierliche Erhöhung des Dämmstandards die Untertemperaturstunden unterhalb des Taupunkts deutlich steigert. Es gibt längere Zeiten mit stehendem Flüssigwasser auf der Bauteiloberfläche, was das Algenwachstum steigert. Ebenfalls steigen die Stunden über 98 % rel. Luftfeuchte deutlich an. Bei der Altbauwand sind es 665 h/a, bei der Textilbetonwand mit einem Dämmstandard von 0,44 W/(m²·K) 2245 h/a, bei der Referenzkonstruktion mit einem Dämmstandard von 0,22 W/(m²·K) 2594 h/a und bei der Textilbetonkonstruktion mit einem Dämmstandard von 0,11 W/(m²·K) wird der Spitzenwert von 2727 h/a erreicht. Schließlich wird deutlich, dass die Erhöhung des Dämmstandards das Algenwachstum verstärkt, wenngleich auch der Anstieg im Bereich von besser gedämmten Konstruktionen nicht mehr so erheblich ausfällt. Zukünftig sollte auch diskutiert werden, ob bei vorliegenden erneuerbaren Energieformen unter parallelem Einsatz von hocheffizienten Wärmepumpen nicht der Dämmstandard wieder etwas abgesenkt werden könnte, um gesamtökonomisch und -ökologisch sinnvoll zu bauen. Alternativ bzw. zusätzlich müssen geeignete Baustoffe genau für diesen Einsatzbereich entwickelt werden.

4.4.2.10 Baukonstruktions-/ Baustoffplanung: wirksame Speichermasse

Pilzwachstum

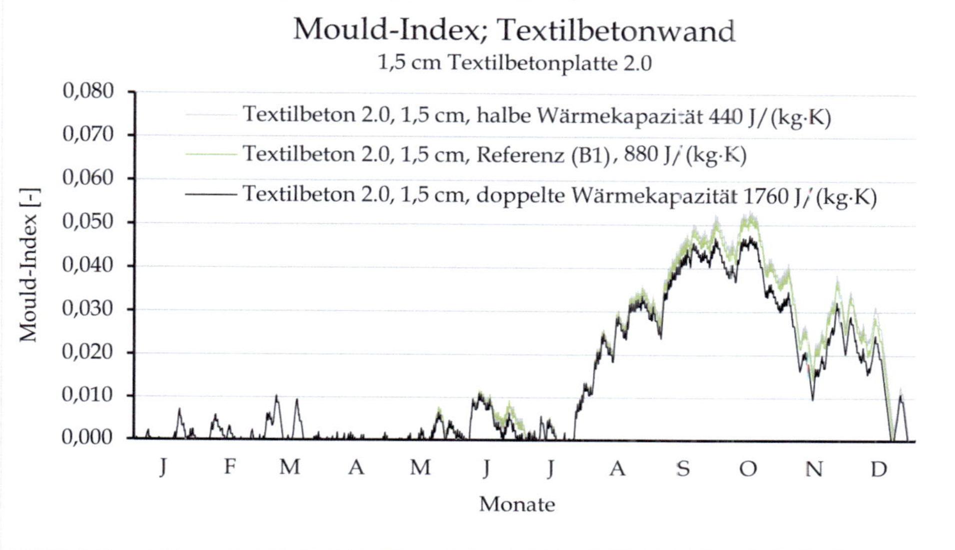

Abbildung 239: Mould-Index; thermische Masse

In diesem Vergleich wird die Bedeutung der thermischen Speichermasse ermittelt (siehe Abbildung 239). Dabei wird lediglich die Wärmekapazität der äußeren Textilbetonplatte verändert. Diese ist 1,5 cm dick und besteht aus der Betonmatrix 2.0. Damit wird sichergestellt, dass kein anderer Einfluss das Ergebnis verfälscht.

In den verschiedensten Publikationen wird der thermischen Speichermasse eine große, wenn nicht sogar die größte Bedeutung für die Pilz- und Algenbildung beigemessen. Dies kann mit dieser Untersuchung widerlegt werden. An dem nur unerheblich veränderten Mould-Index wird deutlich, dass der Einfluss der thermischen Speichermasse auf das Pilzwachstum zwar vorhanden, jedoch klein ist. Am günstigsten schneidet die Textilbetonwand 2.0 mit einer erhöhten Wärmekapazität von 1760 J/(kg·K) ab. Sie erreicht einen Mould-Index von 0,045 [-] im zweiten Simulationsjahr. Danach folgt die Referenzkonstruktion mit einer Wärmekapazität von 880 J/(kg·K) und einen Mould-Index von 0,05 [-]. Etwas schlechter schneidet die Konstruktion mit der geringsten Wärmekapazität von 440 J/(kg·K) und einen Mould-Index von leicht über 0,05 ab[-]. Allein größere Wärmekapazitäten oder damit verbunden dickere äußere Wandschichten bringen damit nicht den entscheidenden Vorteil.

Algenwachstum

Tabelle 63: Feuchtebedingungen aller Varianten zur Beurteilung der Algenkriterien, thermische Masse

	Schlag-regen-menge $\frac{l}{m^2 \cdot a}$	Schlag-regen-stunden h/a	Unter-tempera-turstun-den h/a	Gesamt-stunden Wasser auf der Oberflä-che h/a	Stunden über 98 % rel. Luft-feuchte (ohne Schlag-regen) h/a	Über-schrei-tung der Grenz-tempera-tur von 45 °C/a
TB 2.0, 1,5 cm, CE 440 J/(kg·K)	112	532	239	771	2633	8
TB 2.0, 1,5 cm, CE 880 J/(kg·K), Referenz	112	532	242	774	2594	6
TB 2.0, 1,5 cm, CE 1760 J/(kg·K)	112	532	261	793	2498	6

Die Konstruktion mit der größten Wärmekapazität von 1760 J/(kg·K) weist die meisten Untertemperaturstunden von 261 h/a auf (siehe Tabelle 63). Dies liegt daran, dass diese Konstruktion zwar langsamer auskühlt, sich aber nicht so schnell wie die anderen Konstruktionen wieder erwärmt. Gerade in den Morgenstunden, in denen die Temperatur durch die einsetzende Globalstrahlung stark ansteigt, kommt die Oberflächentemperatur nicht nach und ist damit länger unter der Taupunkttemperatur der Außenluft als die Konstruktionen mit geringerer Wärmekapizität wie die Referenzkonstruktion mit einer Wärmekapazität von 880 J/(kg·K) mit 242 h/a und der noch „leichteren" Konstruktion mit einer Wärmekapazität von nur 440 J/(kg·K) mit 239 h/a Untertemperaturstunden im Jahr. Unter diesem Aspekt fördert die hohe Wärmekapazität das Algenwachstum. Anders sieht es bei den Stunden über 98 % rel. Luftfeuchtigkeit aus. Da kann die Konstruktion mit der größten Wärmekapazität von 1760 J/(kg·K) den geringsten Wert von 2498 h/a erreichen, gefolgt von der Referenzkonstruktion mit einer Wärmekapazität von 880 J/(kg·K) und 2594 h/a. Die besten Wachstumsbedingungen bietet die Konstruktion mit der geringsten Wärmekapazität von 440 J/(kg·K) mit 2633 h/a. Hier ist mit steigender Wärmekapazität eine deutliche Reduzierung der zum Algenwachstum nötigen Bedingungen festzustellen. Grund dafür ist die tagsüber gespeicherte Wärmemenge, die teilweise bis in die ersten Nachtstunden die Wärme speichert und damit die kritischen rel. Luftfeuchtebedingungen reduziert. Im Ergebnis können die Bedingungen für das Algenwachstum deutlich stärker mit zunehmender Wärmekapazität reduziert werden als das beim Pilzwachstum der Fall ist. Baustoffe mit erhöhter Wärmekapazität sind daher zur Verringerung des Algenwachstums zu empfehlen, wenn auch der Effekt gering ausfällt.

4.4.2.11 Baukonstruktions-/ Baustoffplanung: Wasserdampfdiffusion über die Oberfläche

Beschreibung des Zusammenhangs

Um den Zusammenhang des Wasserdampftransports an der Oberfläche zu verstehen, werden in den folgenden drei Diagrammen die Simulationsergebnisse visualisiert. Dabei werden drei charakteristische Tage des Referenzjahres ausgewählt (16.10. bis 19.10.). Dieser Zeitraum wird durch überwiegend wolkenlosem Himmel charakterisiert, d. h., dass die Strahlung gegen Abend vollständig auf der betrachteten Westfassade auftrifft. Zudem bedeutet es auch, dass die langwelligen Strahlungsemissionen in der Nacht hoch sind und damit die Strahlungsbilanz der Oberfläche negativ ist. An diesem Beispiel wird der Einfluss des Wasserdampftransportes über die Oberfläche deutlich. Dargestellt ist in allen Diagrammen die Außenluft-, die Taupunkt- und die Oberflächentemperatur der betrachteten Oberfläche in °C, der Wärmefluss über diese Oberfläche in W/m²sowie der hier maßgebende Wasserdampfdiffusionsstrom in g/(m²·h).

Textilbetonwand 2.0

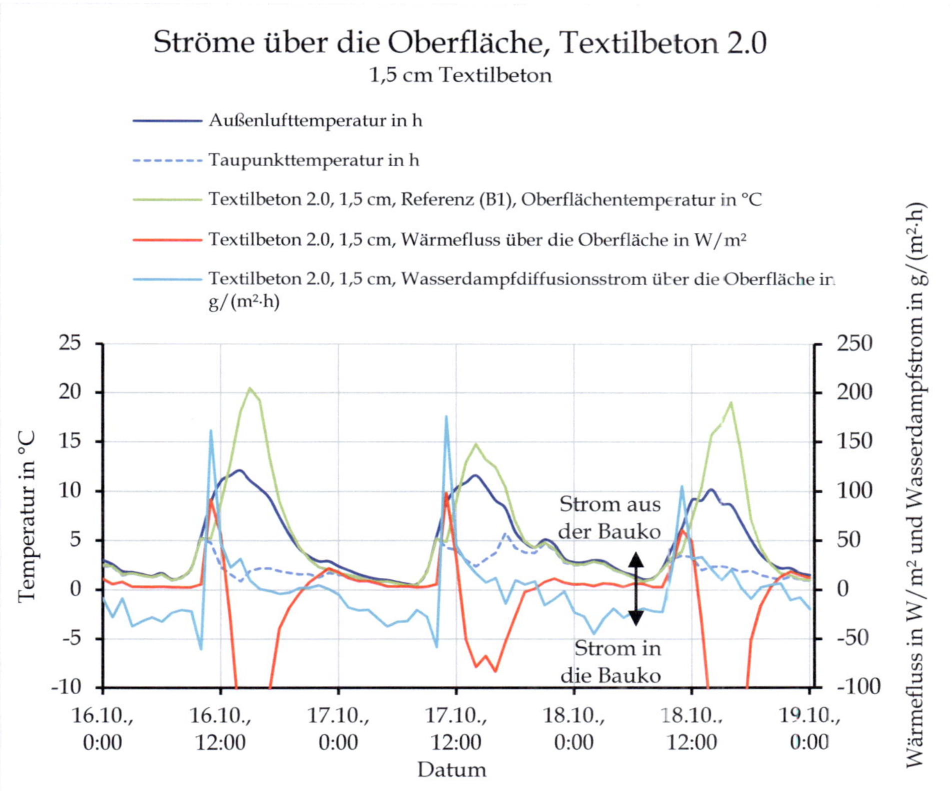

Abbildung 240: Einfluss des Wasserdampfstromes auf die Oberflächentemperatur bei umgeschichtetem Textilbeton 2.0, Referenz

In Abbildung 240 wird die Referenzkonstruktion Textilbeton 2.0 (Dicke 1,5 cm) betrachtet. In den Zeiten, in denen die Oberflächentemperatur (grüne Linie) der Textilbetonplatten die der Taupunkttemperatur (blaue Linie gestrichelt) unterschreitet, würde Feuchtigkeit an der Fassadenfläche ausfallen. Dies passiert in diesem Fall jedoch nur sehr selten und in den betrachteten drei Tage nie. Das liegt an dem ausgeprägten Wasserdampfstrom aus der wärmeren Außenluft in Richtung der kälteren Fassadenoberfläche. Die Oberfläche kühlt sich infolge der langwelligen Abstrahlung ab. Käme der wärmende Wasserdampftransport über die Oberfläche zum Erliegen, würde die Oberflächentemperatur unterhalb der Taupunkttemperatur abkühlen. Folgendes Prinzip liegt diesem wärmenden Wasserdampftransport zugrunde: Die Abkühlung der Betonplatte setzt den Prozess des Dampftransports in Gang. Der höhere Dampfdruck liegt zu diesem Zeitpunkt in der Außenluft vor, womit der Wasserdampf in die Betonplatte hineinfließt. Gut ersichtlich wird dies z. B. am Zeitraum der Nacht zwischen ca. 22 Uhr am 16.10. bis ca. 10 Uhr am 17.10. Hier fällt die Oberflächentemperatur der Textilbetonplatte 2.0 unter die der Außentemperatur ab. Damit strömt Wasserdampf in die diffusionsoffene Betonplatte hinein (Wasserdampfstrom befindet sich im Minus). Sobald dann wieder die diffuse Strahlung die Oberfläche die Westfassade erreicht, kehrt sich der Prozess um und der höhere Wasserdampfteildruck herrscht innerhalb der Betonplatte, weshalb es zu einem Strom aus der Platten an die Außenluft kommt (Wasserdampfstrom befindet sich im Plus). Gut ersichtlich ist dieser Prozess auch an dem Wärmestrom (hier rot dargestellt). Nachts strömt dabei Wärme aus der Textilbetonplatte an die abkühlende Außenluft. Tagsüber kehrt sich dies um und Wärme fließt wieder in die Textilbetonplatten hinein.

Entscheidend ist dabei der abgepufferte Effekt der Auskühlung in der Nacht. Sobald der Wasserdampftransport (türkise Linie) in die Platte einsetzt, wird der Wärmestrom aus dem Bauteil gebremst und geht fast auf null zurück. Dieser Effekt des Wasserdampftransportes wärmt die Oberfläche der Textilbetonplatte, sodass die Abkühlung durch die langwellige Emission gedämpft wird. Es kommt damit zu keinen Taupunktunterschreitungen oder Unterkühlungsstunden der Oberfläche.

Kalksandsteinwand, diffusionsoffene Oberfläche

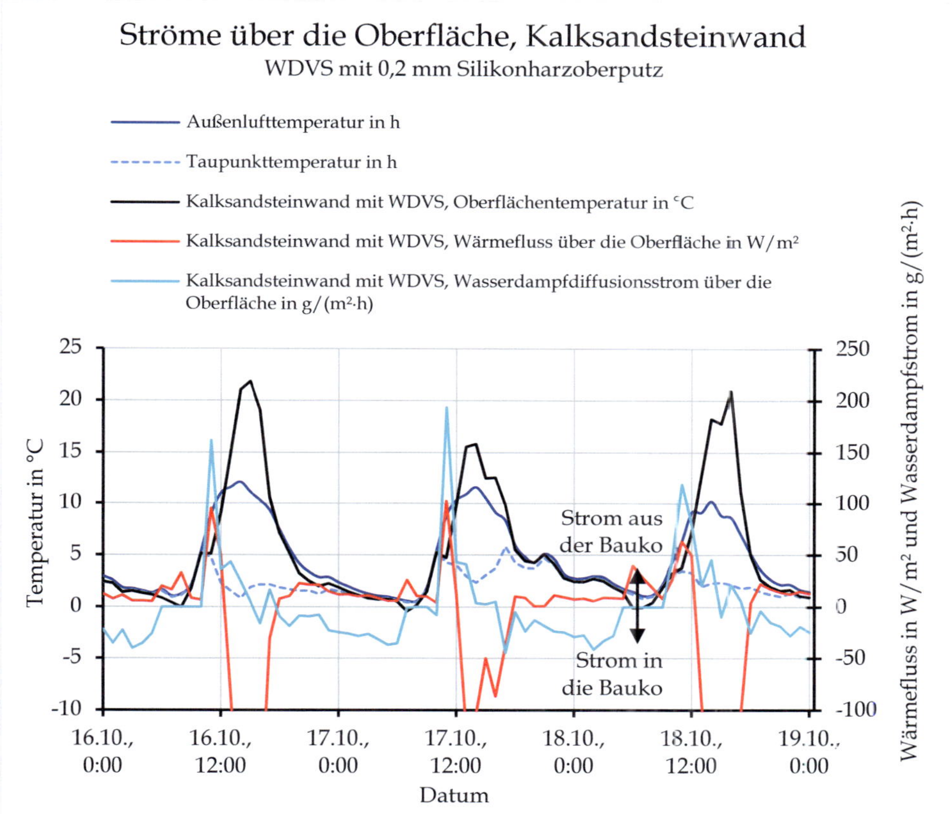

Abbildung 241: Einfluss des Wasserdampfstromes auf die Oberflächentemperatur bei Kalksandsteinwand mit WDVS, diffusionsoffen mit Silikonharzputz

In Abbildung 241 sind die Oberflächentemperatur, der Wärmefluss und der Wasserdampftransport auf einer Kalksandsteinwand mit WDVS dargestellt. Im Unterschied zur Referenzkonstruktion (Textilbetonplatte 2.0) ist der dünne Silikonharzoberputz inkl. Unterputz ab einer gewissen Zeit (ca. 5 bis 7 Uhr morgens) gesättigt und kann keinen zusätzlichen Wasserdampf (türkise Linie) mehr aufnehmen. Der Transport von warmem Wasserdampf kommt damit zum Erliegen, weshalb die Oberfläche wieder durch langwellige Abstrahlung auskühlen kann. Damit fließt wieder mehr Wärme aus der Platte (rote Linie). Dies verursacht die Unterkühlung der Fassadenoberfläche (schwarze Linie) unterhalb der Taupunkttemperatur (blaue Linie gestrichelt) in den Morgenstunden. In dieser Zeit fällt Flüssigwasser auf der Fassadenoberfläche aus.

Kalksandsteinwand, diffusionsdichte Oberfläche

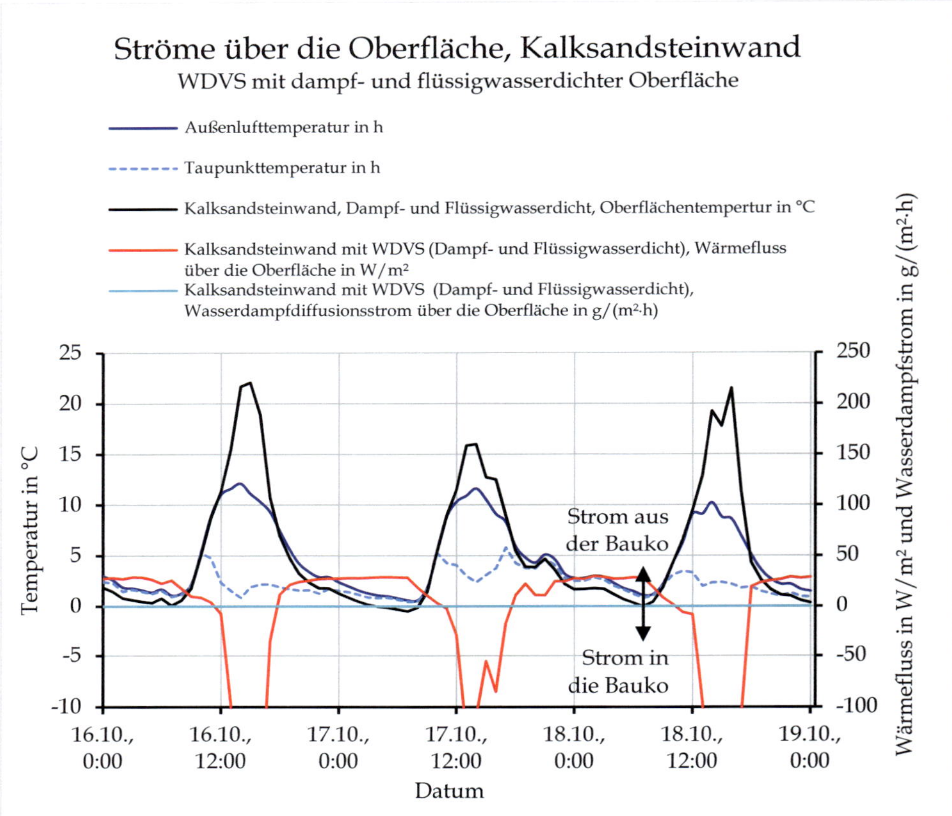

Abbildung 242: Einfluss des Wasserdampfstromes auf die Oberflächentemperatur bei Kalksandsteinwand mit WDVS, dampfdicht

Deutlicher wird der Effekt der Unterkühlung der Fassadenfläche in Abbildung 242. Dargestellt ist wieder die Kalksandsteinwand mit WDVS, diesmal aber mit einer dampf- und flüssigwasserdichten Oberfläche. Der Wasserdampftransport ist dabei null (türkisfarbene Linie), d. h. es gibt in der Nacht keinen warmen Wasserdampfstrom von der Außenluft in die Baustoffmatrix mehr. Damit strömt viel Wärme aus dem Bauteil an die Außenluft (rote Linie). Dies führt zum Auskühlen der Fassadenoberfläche (schwarze Linie) unterhalb der Taupunkttemperatur (blau gestrichelte Linie). Schließlich fällt in allen drei Nächten von ca. 21 bis ca. 8 Uhr Flüssigwasser (Tauwasser) auf der Fassadenoberfläche aus.

An diesem Beispiel wird der bedeutende Einfluss des Wasserdampfstromes auf den Temperatur- und damit auf den Feuchtehaushalt der Fassade deutlich. Die Wahl einer ungeeigneten Beschichtung kann schwere Folgen für den Feuchtehaushalt der Fassadenkonstruktion haben.

Pilzwachstum

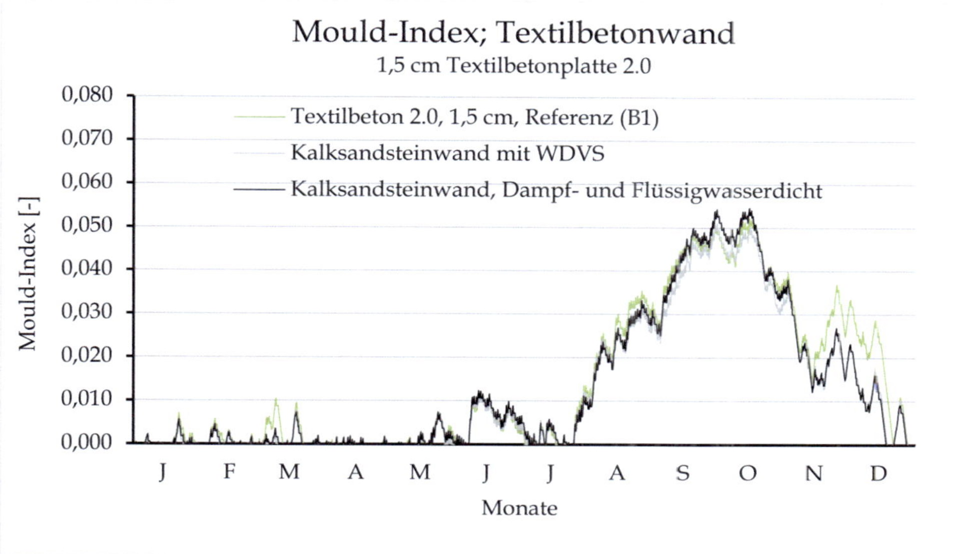

Abbildung 243: Mould-Index; Wasserdampfdiffusion über die Oberfläche

In diesem Vergleich wird die Bedeutung des Wasserdampftransportes untersucht (siehe Abbildung 243). Der Mould-Index variiert in den drei Vergleichskonstruktionen nicht so stark wie erwartet. Die Unterschiede falls vergleichsweise klein aus, sodass damit kein messbarer Unterschied ausgewertet werden kann.

Algenwachstum

Tabelle 64: Feuchtebedingungen aller Varianten zur Beurteilung der Algenkriterien, Wasserdampfdiffusion über die Oberfläche

	Schlagregenmenge $\frac{l}{m^2 \cdot a}$	Schlagregenstunden h/a	Untertemperaturstunden h/a	Gesamtstunden Wasser auf der Oberfläche h/a	Stunden über 98 % rel. Luftfeuchte (ohne Schlagregen) h/a	Überschreitung der Grenztemperatur von 45 °C/a
TB 2.0, 1,5 cm, diffusionsoffen, Referenz	112	532	242	774	2594	6
Kalksandsteinwand mit WDVS, diffusionsoffen mit Silikonharzputz	112	532	591	1123	1933	9
Kalksandsteinwand mit WDVS, dampf- und flüssigwasserdicht	112	532	1363	1895	2083	9

Beim Mould-Index, der das Pilzwachstum charakterisiert, wurden die Unterschiede des Wasserdampftransportes nur geringfügig deutlich, anders jedoch bei den Kriterien für das Algenwachstum (siehe Tabelle 64). Die Textilbetonplatte 2.0 weist durch die Fähigkeit, große Wasserdampfmengen aufnehmen zu können, lediglich 242 Untertemperaturstunden im Jahr h/a auf, d. h. Stunden, in denen Tauwasser auf der Oberfläche anfällt. Bei der diffusionsoffenen Kalksandsteinwand mit WDVS sind es schon 591 h/a. Die dampf- und flüssigwasserdichte Kalksandsteinwand mit WDVS erreicht erhebliche 1363 h/a. Wenn eine Oberfläche nicht in der Lage ist, Wasserdampf aus der Außenluft aufzunehmen, steigen die Unterkühlungsstunden erheblich an, was wiederum das Algenwachstum begünstigt.

4.4.2.12 Baukonstruktions-/ Baustoffplanung: Flüssigwasseraufnahme über die Oberfläche

Beschreibung des Zusammenhangs

Um den Zusammenhang des Flüssigwassertransports an der Oberfläche zu verstehen, werden in den folgenden vier Diagrammen die Simulationsergebnisse visualisiert. Dabei werden drei charakteristische Tage des Referenzjahres ausgewählt (14.11., 0 Uhr bis 17.11., 0 Uhr). In diesem Zeitraum trifft Schlagregen direkt an die betrachtete Westfassade, da auch Westwind vorliegt. Das Beispiel verdeutlicht den Einfluss des Flüssigwassertransportes über die Oberfläche. Dargestellt ist in allen Diagrammen die -Außenlufttemperatur, die Taupunkt- und die Oberflächentemperatur der betrachteten Oberfläche in °C, der Wärmefluss über diese Oberfläche in W/m² sowie der hier maßgebende Flüssigwasserstrom in g/(m²·h).

Textilbetonwand 2.0

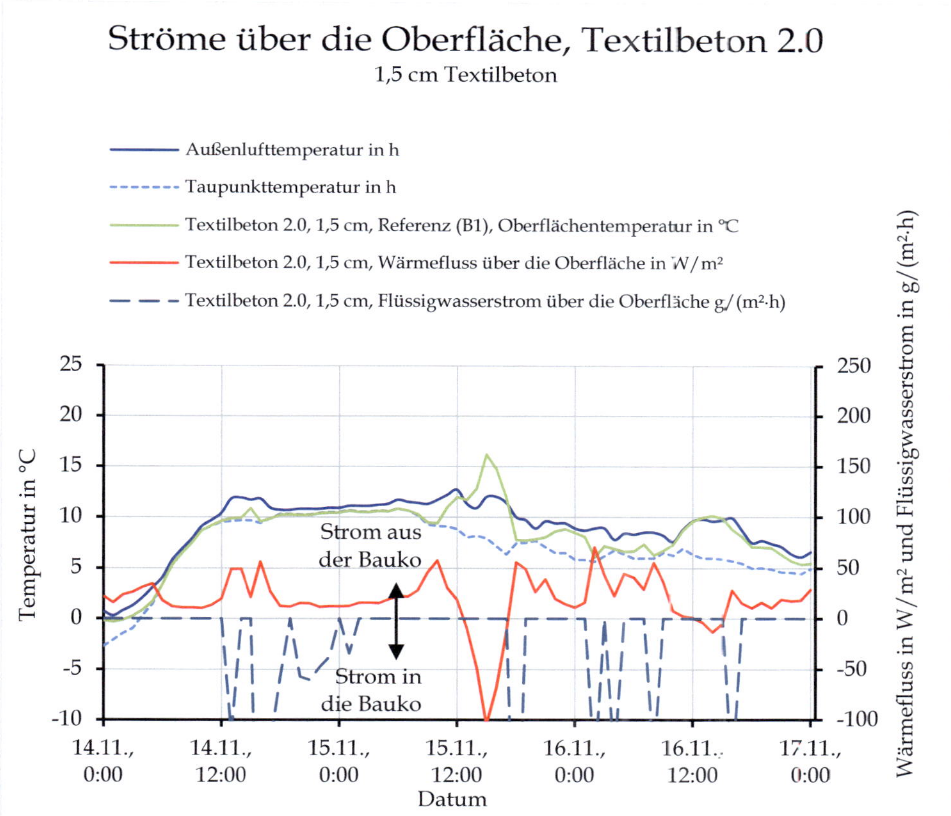

Abbildung 244: Einfluss des Wasserdampfstromes auf die Oberflächentemperatur Textilbeton 2.0 (unbehandelt), Referenz

Die Abhängigkeit der Fassadenoberflächentemperatur von der Wasserdampfdiffusion wurden bereits beschrieben. Inwieweit das Flüssigwasser in Form von Schlagregen einen Einfluss auf die Oberflächentemperatur hat, ist in Abbildung 244 dargestellt. Die Temperatur des Regens entspricht in der Simulation der Umgebungstemperatur des Außenklimas. Auftreffender Schlagregen sorgt für eine Sättigung der Außenluft, aber auch der Luft in den Poren, sodass durch die Verdunstung die Oberfläche abkühlt. Dies wird ersichtlich in den Zeiten, in denen Schlagregen auftrifft (blau gestrichelte Linie). Dann erhöht sich der Wärmefluss über die Oberfläche (rote Linie) durch die Verdunstungskühlung. In diesen Zeiten sinkt die Fassadenoberflächentemperatur (grüne Linie) auf die Linie der Taupunkttemperatur (hellblaue Linie).

Schließlich wird deutlich, dass der Schlagregen eine flüssigwasseroffene bzw. kapillaraktive Oberfläche auskühlen kann, da das Wasser schnell in die Poren eindringt und die enthaltene Luft sättigt.

Textilbetonwand 4.0

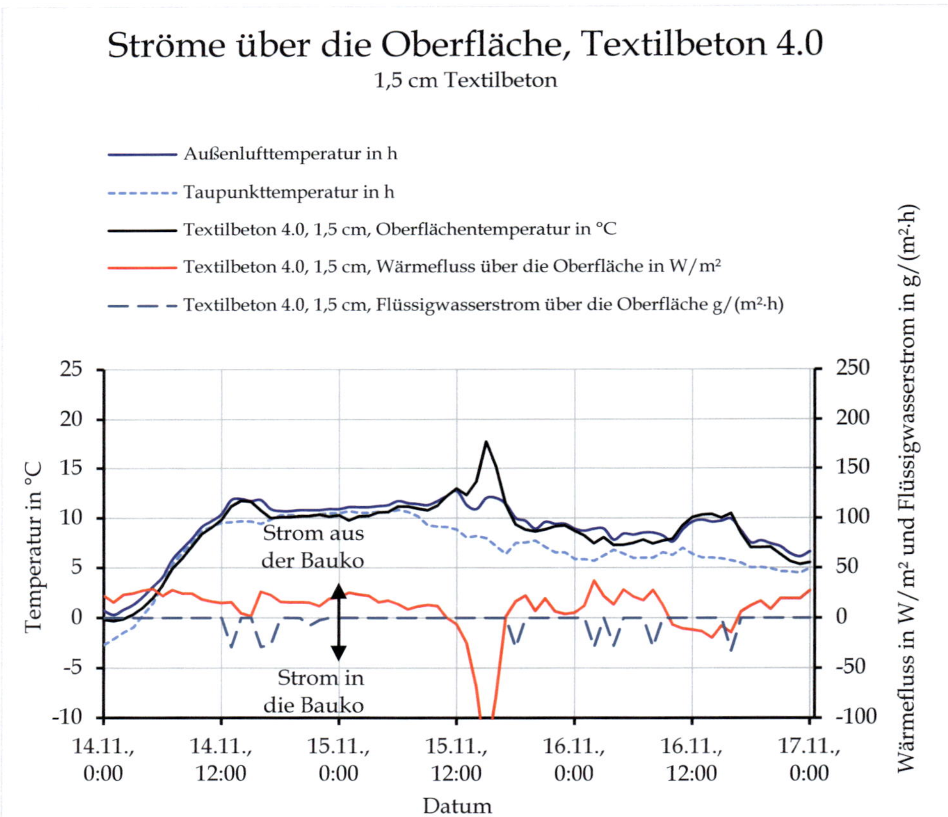

Abbildung 245: Einfluss des Wasserdampfstromes auf die Oberflächentemperatur bei Textilbeton 4.0 (unbeschichtet)

Ändert sich die Betonmatrix von Textilbeton 2.0 zur Neuentwicklung Textilbeton 4.0 (siehe Abbildung 245), wird ersichtlich, dass der Flüssigwasserstrom über die Oberfläche (blau gestrichelte Linie) deutlich zurückgeht. Dies liegt an dem geringeren Anteil an Kapillarporen im Textilbeton 4.0 (siehe Kapitel 3.6.2). Dadurch kommt es durch den Schlagregen nicht mehr zu einer deutlichen Erhöhung der rel. Luftfeuchte in den Poren und damit nicht zu der starken Abkühlung der Oberflächentemperatur im ersten Millimeter der Oberfläche. Dieser wurde für die Simulation ausgewertet.

Textilbetonwand 2.0 mit Silikonharzbeschichtung

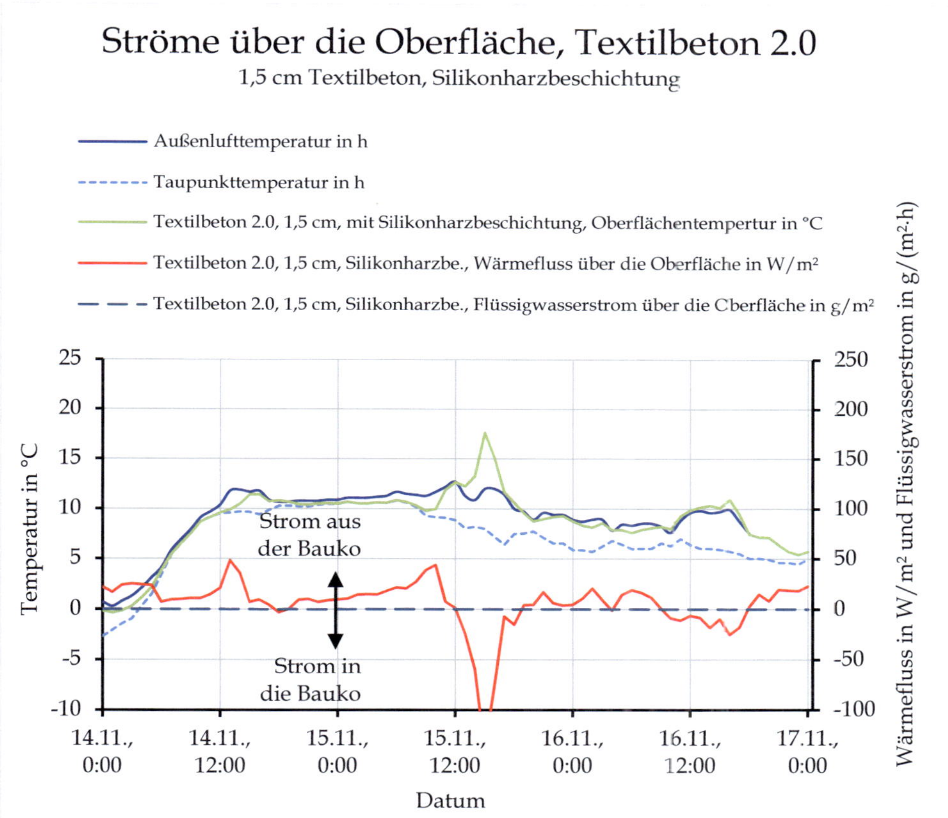

Abbildung 246: Einfluss des Wasserdampfstromes auf die Oberflächentemperatur bei TB 2.0, 1,5 cm, mit Silikonharzbeschichtung

In Abbildung 246 wird die Oberfläche des sehr kapillaraktiven Textilbetons 2.0 mit einer Silikonharzbeschichtung behandelt. Damit kann Wasserdampf nahezu ungehindert die Oberfläche passieren, jedoch nicht das durch den Schlagregen aufgebrachte Flüssigwasser. Dieser Strom (blau gestrichelt) ist daher null. Damit bleibt die Oberflächentemperatur in den Zeiten der Schlagregenereignisse weit von der Taupunkttemperatur entfernt. Es findest also in der ersten Schicht (1 mm) der Fassadenoberfläche keine Abkühlung durch den Schlagregen statt.

Textilbetonwand 2.0 ohne Schlagregen

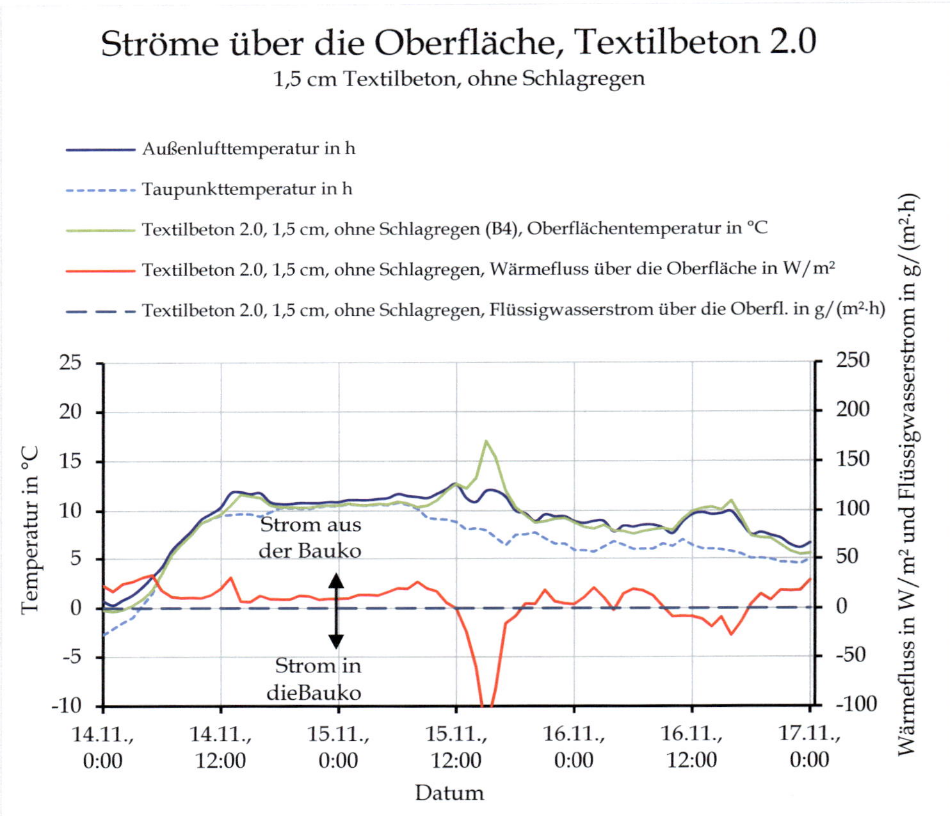

Abbildung 247: Einfluss des Wasserdampfstromes auf die Oberflächentemperatur bei Textilbeton 2.0 (unbeschichtet), ohne Schlagregen

Abbildung 247 zeigt die Oberflächenwerte gänzlich ohne Schlagregen. Diese Werte ähneln denen mit der Silikonharzbeschichtung stark. Damit wird deutlich, dass die Silikonharzbeschichtung eine optimale Behandlungsmethode für Fassadenoberflächen darstellt, weil sie sehr diffusionsoffen und gleichzeitig flüssigwasserdicht ist.

Pilzwachstum

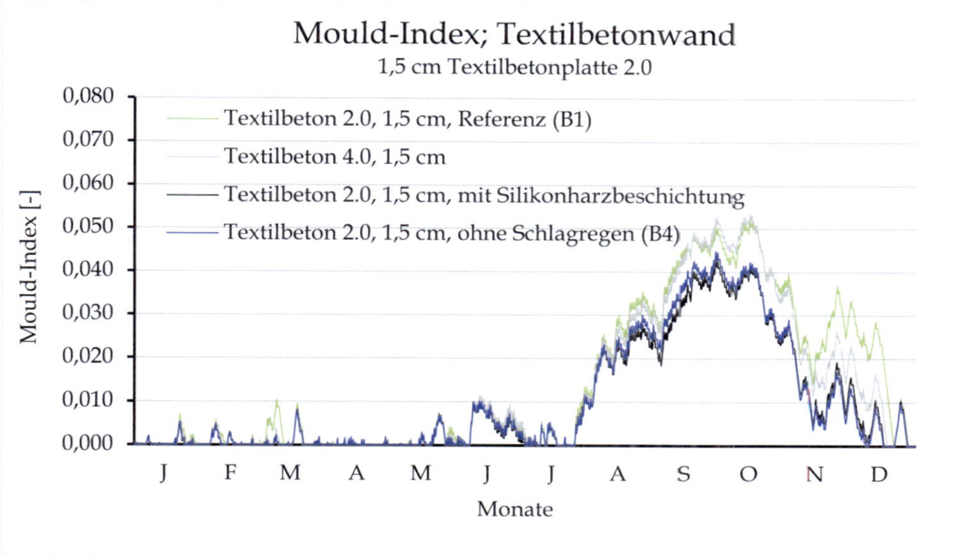

Abbildung 248: Mould-Index; Flüssigwasseraufnahme über die Oberfläche

In diesem Vergleich wird die Bedeutung des Flüssigwassertransportes ermittelt (siehe Abbildung 248). Das Referenzbauteil mit Textilbeton 2.0 (grüne Linie) schneidet am ungünstigen in Bezug auf das Pilzwachstum ab. Dies liegt an der großen Kapillaraktivität der Betonmatrix. Diese kann große Flüssigwassermengen aufsaugen und im Bauteilquerschnitt speichern. Das führt zwar zu einer schnellen Abtrocknung der Oberfläche und damit zu wenig Untertemperaturstunden, jedoch erhöht dies auch die zusammenhängenden Zeiten hoher rel. Luftfeuchtigkeit an der Oberfläche. Grund ist die große Flüssigwassermenge, die auch noch aus dem Bauteil entweicht, wenn das Schlagregenereignis bereits lange zurückliegt. Ähnlich schlecht schneidet der Textilbeton 4.0 (graue Linie) ab, da dieser (wenn auch sehr reduziert) über einige wenige Kapillarporen Schlagregen aufsaugt und wieder abgibt. Fast optimal liegt dabei die Variante Textilbeton 2.0 mit einer Beschichtung aus Silikonharz (schwarze Linie). Dies ist nahezu deckungsgleich mit dem in Bezug auf den Schlagregen optimale Linie ohne Schlagregen (blaue Linie). Damit wird deutlich, dass die mit silikonharzbeschichtete Oberfläche das Bauteil optimal gegen Schlagregen schützt. Eine Behandlung mit einer solchen Beschichtung oder einer Hydrophobierung wird Schlagregen ausgesetzten Bauteilen immer empfohlen, um das Pilzwachstum so gering wie möglich zu halten. Die Silikonharzbeschichtete Variante (schwarze Linie) liegt sogar noch leicht unter der ohne Schlagregen (blaue Linie), da die Variante ohne Schlagregen auch noch Tauwasser in klaren Nachten aufnimmt und wieder abgibt.

Algenwachstum

Tabelle 65: Feuchtebedingungen aller Varianten zur Beurteilung der Algenkriterien, Flüssigwasseraufnahme über die Oberfläche

	Schlagregenmenge $\frac{l}{m^2 \cdot a}$	Schlagregenstunden h/a	Untertemperaturstunden h/a	Gesamtstunden Wasser auf der Oberfläche h/a	Stunden über 98 % rel. Luftfeuchte (ohne Schlagregen) h/a	Überschreitung der Grenztemperatur von 45 °C/a
TB 2.0, 1,5 cm, Referenz	112	532	242	774	2594	6
TB 4.0, 1,5 cm	112	532	1236	1768	2024	9
TB 2.0, 1,5 cm, mit Silikonharzbeschichtung	112	532	403	935	1762	9
TB 2.0, 1,5 cm, ohne Schlagregen (B4)	0	0	82	82	2166	8

Die Referenzkonstruktion Textilbeton 2.0 weist die geringsten Untertemperaturstunden auf. Dies liegt am Wasserdampftransport über die Oberfläche (242 h/a). Sobald dieser Wasserdampftransport leicht gebremst wird wie beim Textilbeton 2.0 mit einer Silikonharzbeschichtung, reduziert sich die wärmende Wasserdampfmenge und die Untertemperaturstunden steigen auf 403 h/a an. Beim Textilbeton 4.0 steigen diese sogar auf 1236 h/a, da sehr wenig Wasserdampf transportiert wird. Ganz ohne Schlagregen sinkt die Feuchtigkeit in der Platte, was wiederum zu einem größeren Dampfdruckgefälle zwischen Betonplatte und Außenluft führt. Damit wird noch mehr wärmender Wasserdampf in den kritischen Stunden transportiert. Zudem sinkt die Oberflächentemperatur nicht durch die Erhöhung der rel. Luftfeuchtigkeit zusätzlich ab. Damit erreicht die schlagregengeschützte Platte nur 82 h/a, in denen der Taupunkt der Fassadenoberfläche unterschritten wird. Bei den Stunden über 98 % rel. Luftfeuchtigkeit liegt die Betonplatte Textilbeton 2.0 mit Silikonharzbeschichtung klar vorn, da der Dampftransport aus der Außenluft in die Platte leicht gebremst wird. Zudem nimmt diese Platte nahezu kein Flüssigwasser aus der Außenluft auf und erreicht nur 1762 h/a. Beiden Platten ohne Beschichtung liegen mit 2024 h/a für die TB 4.0 und mit 2594 h/a für die Referenzkonstruktion TB 2.0 deutlich über der beschichteten Variante, da sie Schlagregenmengen kapillar aufnehmen können. Die Varianten Textilbeton 2.0 mit einer Silikonharzbeschichtung und Textilbeton 4.0 weisen, obwohl sie dem Schlagregen ausgesetzt sind, eine geringere Stundenzahl über 98 % rel. Luftfeuchtigkeit auf als die Variante ohne Schlagregen. Dies liegt einzig an der Aufnahmefähigkeit von Wasserdampft aus der Außenluft, die in diesen beiden Varianten (bei der Silikonharzbeschichtung durch die Beschichtung, bei der Textilbeton 4.0 durch sehr wenige Kapillarporen) deutlich weniger Wasserdampf aus der Umgebung aufnehmen kann. Schließlich ist ersichtlich, dass die Variante Textilbeton 2.0 mit einer Silikonharzbeschichtung deutlich die Wachstumsbedingungen von Algen reduzieren kann.

4.4.2.13 Baukonstruktions-/ Baustoffplanung: Absorptionskoeffizient im kurzwelligen Strahlungsbereich durch die Globalstrahlung und Emissionskoeffizient im langwelligen Strahlungsbereich

Pilzwachstum

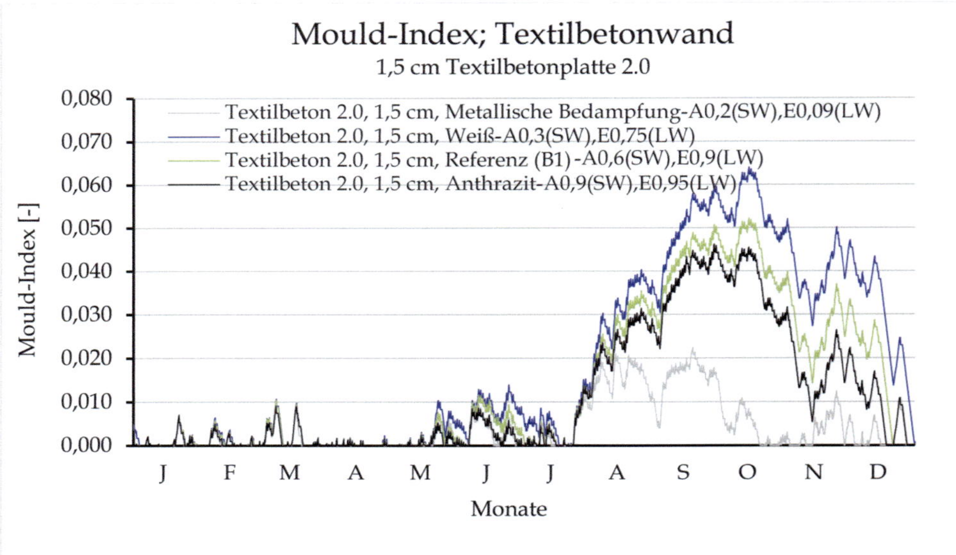

Abbildung 249: Mould-Index; Absorptions- und Emissionskoeffizent

Abbildung 249 zeigt den Mould-Index, der durch den Absorptionskoeffizienten im kurzwelligen Strahlungsbereich durch die Globalstrahlung und den Emissionskoeffizienten im langwelligen Strahlungsbereich beeinflusst werden kann. Die kurzwellige Strahlung (SW) wirkt sich positiv auf die Oberflächenbedingungen aus, d. h., sie reduziert den Mould-Index, wohingegen die langwellige Strahlung (LW) diesen erhöht. Die Emission der langwelligen Strahlung ist dabei der bestimmende Faktor. Die Höhe von kurzwelliger und langwelliger Strahlung sind miteinander verknüpft. Die in der Simulation verwendeten Werte für den Absorptions- und Emissionskoeffizienten werden aus eigenen Messungen ermittelt, aber auch der Literatur entnommen (Bramson & Wolfe, 1968).

Werden die vier unterschiedlichen Varianten verglichen, wird deutlich, dass die Textilbeton 2.0 Variante mit der metallischen Bedampfung den geringsten Mould-Index verzeichnet. Zwar erwärmt sich diese Variante durch den geringen Absorptionskoeffizienten von 0,2 [-] im kurzwelligen Strahlungsbereich von 0,3 bis 3 µm weniger stark als die anderen Varianten, jedoch überwiegt die Verringerung der langwelligen Strahlungsverluste, die für das Pilzwachstum entscheidend sind.

Der Emissionskoeffizient der metallischen Bedampfung beträgt bei der Bedampfung nur 0,09 [-] im langwelligen Strahlungsbereich von 3 bis 30 µm. Es gibt also sehr geringe Emissionsverluste gegen klaren Nachthimmel. Damit sinkt die Oberflächentemperatur kaum unter die Taupunkttemperatur ab, was die Bedingungen des Pilzwachstums stark verringert. Anders sieht es bei den drei weiteren Betonvarianten aus, bei denen lediglich die Oberflächenfarbe mittels Weißzement oder Farbpigmenten in der Betonmatrix variieren. Bei ihnen definiert der kurzwellige Strahlungsanteil das Pilzwachstum und nicht der Emissionskoeffizient im langwelligen Bereich. Grund dafür ist der im langwelligen Strahlungsbereich ansteigende Emissionskoeffizient. Bei metallischen Baustoffen sinkt der Emissionskoeffizient im langwelligen Strahlungsbereich ab. Der Emissionskoeffizient erreicht bei Weißbeton 0,75 [-], bei grauen Normalbeton 0,9 [-] und beim anthrazit eingefärbtem Beton 0,95 [-]. Dies ist aber nicht entscheidend, da sich die Absorptionskoeffizienten im kurzwelligen Strahlungsbereich stark unterscheiden. So konnte beim Weißbeton ein Koeffizient von 0,3 [-], beim grauen Normalbeton 0,6 [-] und bei anthrazit 0,9 [-] gemessen werden. Diese kurzwelligen und damit teilweise im sichtbaren Strahlungsbereich befindlichen Koeffizienten sorgen für eine sehr unterschiedliche Erwärmung der Oberfläche bei vorhandener Globalstrahlung am Tag, d. h,. die Variante mit Weißbeton erwärmt sich tagsüber weniger stark und erhält damit höhere relative Luftfeuchtigkeitszeiträume an der Oberfläche, was zu einer Erhöhung des Mould-Indexes auf über 0,06 [-] im zweiten Simulationsjahr führt. Bereits die Referenzvariante in Betongrau senkt die Wachstumsbedingungen auf einen Mould-Index von 0,05 [-] ab. Am besten schneidet der sehr dunkle, anthrazitfarbene Beton mit nur einem Mould-Index von 0,045 [-] ab. Es wird ersichtlich, dass sich dunkle Oberflächen besser zur Vermeidung von Pilzwachstum eignen, da diese die Globalstrahlung stärker absorbieren und damit günstigere Oberflächenbedingungen für eine geringere relative Luftfeuchtigkeit schaffen.

Algenwachstum

Tabelle 66: Feuchtebedingungen aller Varianten zur Beurteilung der Algenkriterien, Absorptions- und Emissionskoeffizient

	Schlag-regen-menge $\frac{l}{m^2 \cdot a}$	Schlag-regen-stunden h/a	Unter-tempera-turstun-den h/a	Gesamt-stunden Wasser auf der Oberflä-che h/a	Stunden ü. 98 % rel. Luft-feuchte (ohne Regen) h/a	Über-schrei-tung der Grenz-tempera-tur von 45 °C/a
TB 2.0, 1,5 cm, A0,2(SW),E0,09(LW) metallische Bedampfung	112	532	80	612	1337	0
TB 2.0, 1,5 cm, A0,3(SW),E0,75(LW) weiß	112	532	213	745	2614	0
TB 2.0, 1,5 cm, Referenz A0,6(SW),E0,9(LW) grau	112	532	242	774	2594	6
TB 2.0, 1,5 cm, A0,9(SW),E0,95(LW) anthrazit	112	532	235	767	2487	75

Bei den verglichenen Varianten werden nur die Strahlungsbedingungen (kurz- und langwellige Strahlung) verändert. Alle weiteren Bedingungen bleiben in der Simulation unverändert. Die Überschreitung der Grenztemperaturstrahlung von 45° steigt mit zunehmendem Absorptionskoeffizienten im Bereich der kurzwelligen Strahlung an. Bei der metallisch bedampften Oberfläche sowie dem Weißbeton weist diese 0 h/a auf, beim grauen Normalbeton 6 h/a und bei anthrazitfarbenen bereits 75 h/a. Bei anthrazitfarbenen Betonen, die auf Westseiten liegen, ist von starken Zerstörungen der Algenstruktur auszugehen. Die Oberfläche mit metallischer Bedampfung nimmt eine Sonderrolle ein. Ihr Emissionsgrad sinkt mit zunehmender Wellenlänge ab, wohingegen der von den meisten anderen Baustoffen ansteigt wie von eingefärbten Betonen. Bei der metallischen Oberfläche dominiert die langwellige Abstrahlung die Strahlungsbilanz. Da die Abstrahlung sehr klein ausfällt, kommt es nachts kaum zur Unterschreitung der Taupunkttemperatur. Es werden lediglich 80 h/a unterschritten. Damit fallen auch die Stunden über 98 % rel. Luftfeuchte mit 1337 h/a sehr gering aus. Das sind optimale Bedingungen, um Algenwachstum zu vermeiden. Bei den eingefärbten Betonen überwiegt die kurzwellige Strahlung in der Strahlungsbilanz. Zwar weist der Weißbeton mit nur 213 h/a eine geringere Anzahl an Untertemperaturstunden als der anthrazitfarbene Beton mit 235 h/a auf, dennoch dreht sich das Bild bei der Betrachtung der Stunden über 98 % rel. Luftfeuchte. Hier überschreitet der Weißbeton in 2614 h/a diese Marke, wogegen der anthrazitfarbene Beton nur 2487 h/a aufweist. Damit wird deutlich, dass auch die Algenwachstumsbedingungen mit einer dunklen Oberfläche verringert werden können.

4.4.2.14 Finale Variante: Mineralische Vergleichskonstruktionen

Pilzwachstum

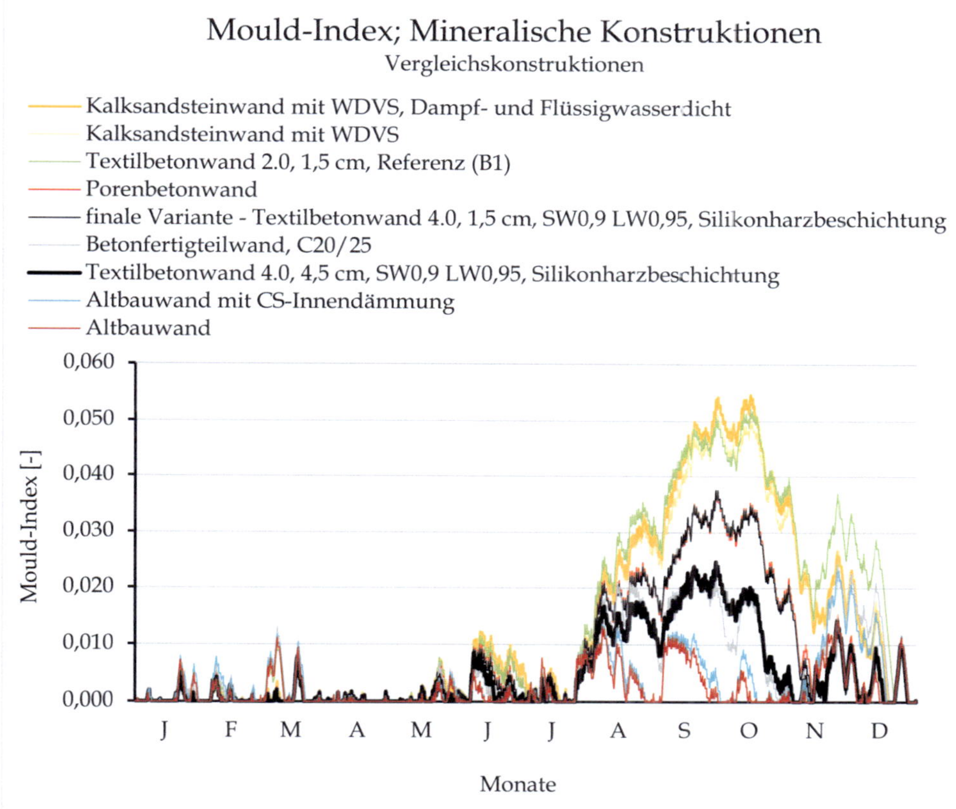

Abbildung 250: Mould-Index; Mineralische Vergleichskonstruktionen

Abbildung 250 zeigt den Mould-Index unterschiedlicher mineralischer Vergleichskonstruktionen sowie dreier ausgewählter Textilbetonwände. Alle mineralischen Fassadenkonstruktionen bewegen sich in einem ähnlichen Bereich des Mould-Indexes. Organische und metallische Fassadenkonstruktionen müssen separat dargestellt werden, da sie einen deutlich größeren Aufwuchs aufweisen.

Die Kalksandsteinwand mit WDVS (orange Linien) fallen unter den mineralischen Konstruktionen am schlechtesten aus. Sie weisen einen Mould-Index von über 0,05 [-] auf. Die WDVS-Konstruktion mit dampf- und flüssigwasserdichter Oberfläche fällt sogar noch ungünstiger aus, da der positive, wärmende Wasserdampf in den Nachtstunden nicht in das Bauteil eindringen kann (siehe Kapitel 4.4.2.11). Danach folgt die Porenbetonwand (rote Linie,) die nahezu deckungsgleich mit der Textilbetonwand 4.0 mit einer äußeren Plattendicke von 1,5 cm liegt (dünne schwarze Linie, finale Variante,) mit einem Mould-Index von über 0,035 [-]. Gegenüber der Kalksandsteinwand mit WDVS erhöht sich die Masse dieser Konstruktionen und gegenüber der Textilbetonwand 2.0 sind die Textilbetonwand 4.0 und die Porenbetonwand mit einer Silikonharzbeschichtung versehen. Diese beiden Baukonstruktionen nehmen mit dieser Beschichtung kein Flüssigwasser z. B. in Form von Schlagregen auf. Zudem wurde der Absorptions- und Emissionsgrad der Textilbetonwand 4.0 an eine anthrazitfarbene Oberfläche angepasst, sodass mehr Wärme gespeichert werden kann. Wird die Dicke der Außenplatte der Textilbetonwand 4.0 zusätzlich von 1,5 cm auf 4,5 cm erhöht, reduziert sich der Mould-Index weiter auf knapp über 0,02 [-]. Einen ähnlichen Wert erreicht die unbeschichtete Betonfertigteilwand aus Normalbeton. Dabei ist dieser Wert auf die große Wärmespeicherfähigkeit in Kombination mit der großen Wasserdampfspeicherfähigkeit zurückzuführen. Die beiden Altbauwände müssen anders gewertet werden. Sie transportieren neben ihrer großen Wärmespeicherfähigkeit und Wasseraufnahmefähigkeit zusätzlich eine größere Wärmemenge vom Innenraum an die Außenoberfläche, sodass die rel. Luftfeuchtigkeit dort stark absinkt und die kritischen Zustände für ein mikrobiologisches Wachstum kaum überschritten werden. Sowohl die Altbauwand (dunkelrote Linie) als auch die Altbauwand mit CS-Innendämmung (türkisfarbene Linie) erreichen max. Werte beim Mould-Index von 0,01 [-], obwohl ihr Dämmstandard nicht mit dem der anderen Wandkonstruktionen vergleichbar ist.

Für schlanke Wandkonstruktionen wurde die Textilbetonwand 4.0 mit Silikonharzbeschichtung oder einer Hydrophobierung und eine Mindestdicke der Außenschale von 1,5 cm (schwarze Linie dünn, finale Variante), aber besser 4,5 cm (schwarze Linie dick), empfohlen. Diese Betonplatte konnte die Klimabedingungen an der Oberfläche, die für biologisches Wachstum förderlich sind, gegenüber allen hier aufgeführten konventionellen Baukonstruktionen mit vergleichbarem Dämmstandard senken.

Algenwachstum

Tabelle 67: Feuchtebedingungen aller Varianten zur Beurteilung der Algenkriterien, mineralische Vergleichskonstruktionen

	Schlagregenmenge $\frac{l}{m^2 \cdot a}$	Schlagregenstunden h/a	Untertemperaturstunden h/a	Gesamtstunden Wasser auf der Oberfläche h/a	Stunden über 98 % rel. Luftfeuchte (ohne Schlagregen) h/a	Überschreitung der Grenztemperatur von 45 °C/a
Kalksandsteinwand mit WDVS dampfdicht	112	532	1363	1895	2083	9
Betonfertigteilwand, C20/25	112	532	573	1105	1941	2
Kalksandsteinwand mit WDVS Silikonharzputz (Ref.)	112	532	591	1123	1933	9
Porenbetonwand mit Silikonharzoberputz	112	532	483	1015	1812	9
TB 4.0, 1,5 cm, A0,9(SW),E0,95(LW), Silikonharzbeschichtung (finale Variante)	112	532	398	930	1699	91
TB 4.0, 4,5 cm, A0,9(SW),E0,95(LW), Silikonharzbeschichtung	112	532	341	873	1509	72
Textilbetonwand 2.0, 1,5 cm, Referenzkonstruktion A0,6(SW),E0,9(LW) grau	112	532	242	774	2594	6
Altbauwand mit CS-Innendämmung	112	532	191	723	1097	0
Altbauwand	112	532	85	617	655	0

Der Vergleich aller Varianten auf das Algenwachstum in Tabelle 67 zeigt, ähnlich den Ergebnissen des Mould-Index, eine ähnliche Reihenfolge von stark gefährdet zu weniger stark gefährdet. Sowohl bei den Untertemperaturstunden als auch bei den Stunden über 98 % rel. Luftfeuchtigkeit stehen die problematischsten Wandkonstruktionen oben und die besten unten. Nur bei der Referenzkonstruktion der Textilbetonwand 2.0 ergibt sich ein etwas verschobenes Bild, da diese Betonmatrix sehr viele Kapillarporen enthält und damit das Wasser von der Oberfläche in Form von Flüssigwasser oder Wasserdampf ins Bauteilinnere transportiert wird. Dort wird es gespeichert und über längere Zeiträume wieder abgegeben. Damit trocknet die Oberfläche zwar schnell ab, besitzt jedoch über längere Zeiten eine hohe rel. Luftfeuchtigkeit an der Oberfläche und bietet optimalere Bedingungen für das Algenwachstum. Die höchsten Untertemperaturstunden weist die Kalksandsteinwand mit WDVS und einer dampfdichten Oberfläche mit 1363 h/a auf und 2083 h/a über 98 % rel. Luftfeuchte. Die geringsten Untertemperaturstunden weit die Textilbetonwand 2.0 auf. Obwohl die geringe Stundenanzahl von 242 h/a nur erreicht wird, weil ein starker Wassertransport in die Matrix vorliegt, erzeugt diesim Umkehrschluss die höchste rel. Luftfeuchtigkeit auf der Oberfläche von 2594 h/a. Die geringsten Untertemperaturstunden in Kombination mit den geringsten Stunden über 98 % rel. Luftfeuchtigkeit erreicht die Textilbetonwand 4.0 mit einer 1,5 cm dicken Außenplatte auf. Diese Werte werden nur noch durch die Textilbetonplatte 4.0 mit 4,5 cm unterboten. Unter den Wandkonstruktionen mit vergleichbaren Dämmstandard ist dies der beste Wert. Er wird nur von den beiden Altbauwandkonstruktionen unterschritten, da hier durch den geringeren Dämmstandard große Wärmemengen auf die Außenoberfläche transportiert werden. Die Altbauwand mit CS-Innendämmung erreicht 191 h/a Untertemperaturstunden und 1097 h/a über 98 % rel. Luftfeuchte. Die Altbauwand ohne Dämmung kommt sogar nur auf 85 h/a Untertemperaturstunden und 665 h/a über 98 % rel. Luftfeuchte. Unter den hochgedämmten Wandkonstruktionen liegt die Textilbetonwand 4.0 mit einer Silikonharzbeschichtung in Anthrazit vorn. Sie weist deutlich die geringste Neigung für Algenwachstum auf.

4.4.2.15 Organische und metallische Vergleichskonstruktionen

Pilzwachstum

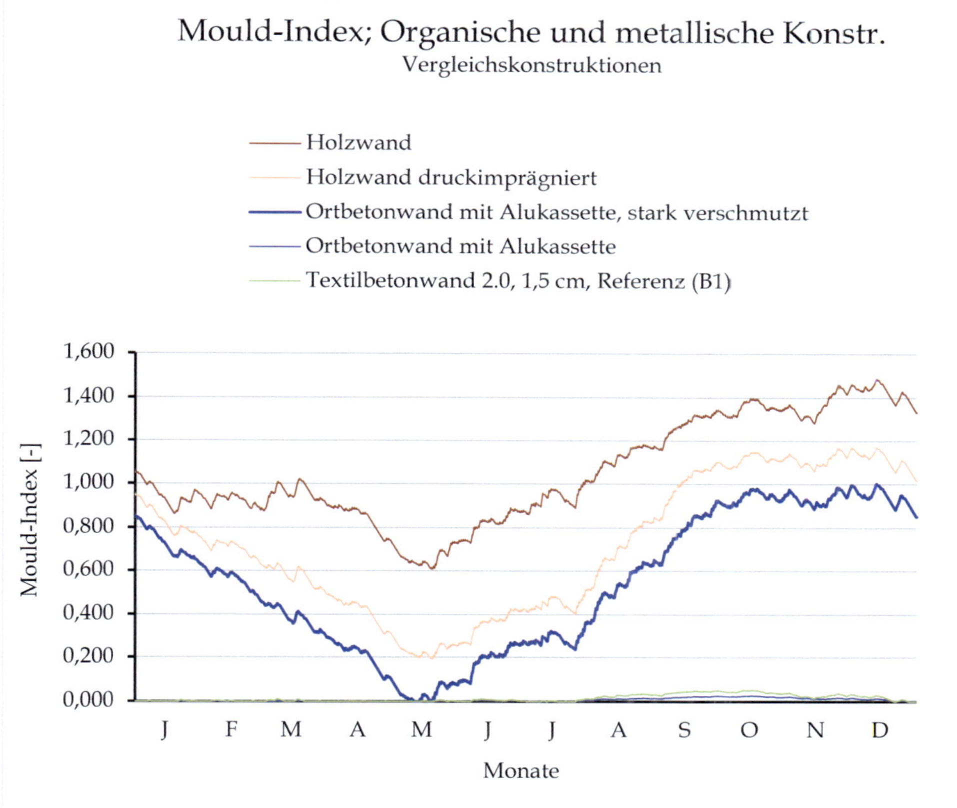

Abbildung 251: Mould-Index; organische und metallische Vergleichskonstruktionen

Abbildung 251 zeigt den Mould-Index unterschiedlicher organischer und metallischer Vergleichskonstruktionen sowie der mineralischen Referenzkonstruktion Textilbeton 2.0. Dargestellt ist das zweite Simulationsjahr, daher konnte sich der Mould-Index bereist aufaddieren. Die hier untersuchten organischen Fassadenkonstruktionen bewegen sich in einem ähnlichen Bereich des Mould-Indexes. Die mineralischen Fassadenkonstruktionen müssen separat dargestellt werden, da sie einen deutlich geringeren Aufwuchs aufweisen. Der organische Untergrund der Holzoberflächen bietet dem mikrobiologischen Aufwuchs im Vergleich zum mineralischen Untergrund deutlich bessere Wachstumsbedingungen, da nötige Nährstoffe bereits vorhanden sind und nicht erst abgelagert werden müssen. Die metallische Oberfläche (nicht bedampft, sondern nur lackiert) emittiert nachts große Energiemengen und kühlt damit häufig unterhalb des Taupunktes ab. Zudem ist sie nicht saugfähig und hat damit längere Zeit Tauwasser auf der Oberfläche. Dennoch bieten metallische Oberflächen einen sehr schlechten Wachstumsgrund an, da keinerlei Nährstoffe vorhanden sind. Sowohl organische als auch metallische Baustoffe weisen zusätzlich neutrale pH-Werte im Bereich um 7 auf. Damit kommt es bei den meisten Pilzen nicht zu einer Wachstumshemmung durch hohe pH-Werte wie bei mineralischen Baustoffen, die sich nach der Herstellung oberhalb von 12 bewegen.

Sowohl die Holzwand als auch die stark verschmutzte Alukassette erreichen im zweiten Simulationsjahr bereits einen Mould-Index von 1,2 [-] bzw. 1,0 [-] zum Ende des Jahres. Damit zeigen diese Oberflächen bereits im zweiten Jahr kleine Pilzmengen auf der Oberfläche unter dem Mikroskop. Die Holzwand ohne -Druckimprägnierung erreicht den höchsten Mould-Index von über 1,4 [-] im zweiten Simulationsjahr, da die kapillare Flüssigwasserleitfähigkeit hoch ist und eine große Wassermenge im Bauteilquerschnitt zwischengespeichert werden kann, die dann zeitversetzt wieder abgegeben wird. Dies führt zu erhöhten Bedingungen mit längeren Zeiten hoher rel. Luftfeuchtigkeit an der Oberfläche. Ist die Holzwand druckimprägniert, sinkt die Flüssigwasseraufnahme durch Schlagregen oder Tauwasserbildung an der Oberfläche stark ab. Es wird nur noch Wasserdampf aufgenommen und wieder abgegeben. Damit sinken auch die zusammenhängenden Zeiten hoher rel. Luftfeuchtigkeit sowie der Mould-Index im zweiten Jahr auf über 1 [-]. Die Wachstumsbedingungen auf der metallischen Oberfläche bei der Ortbetonwand mit vorgehängter hinterlüfteter Alukassette sind grundsätzlich sehr schlecht. Der Mould-Index liegt bei unter 0,03 [-] leicht unterhalb der Referenzkonstruktion Textilbeton 2.0. Dennoch führt bei der Ortbetonfassade mit Alukassette die dicke Oberfläche sowie die fehlende Wärmespeicherfähigkeit durch die sehr dünne Aluplatte (nur 2 mm) deren Emission (Abstrahlung gegen Nachthimmel (langwellige Ausstrahlung)) zu großen Ausfallmengen an Tauwasser. Das begünstigt das Algenwachstum an diesen Oberflächen. Die Algen wären hier die Pionierbesiedler, da sie kaum Nährstoffe aus dem Untergrund benötigen. Haben die Algen ausreichend organisches Material gebildet, siedeln sich nach einigen Jahren auch Pilze an. Dafür steht dann die stark verschmutzte Ortbetonwand mit Alukassette (dicke blaue Linie). Die organischen Reste der Algen bilden sehr gute Wuchsbedingungen für die Pilze, die sonst kaum an metallischen Oberflächen anhaften. Die Referenzkonstruktion Textilbeton 2.0 (grüne Linie) liegt bei einem Mould-Index von nur 0,05 [-]. Zudem ist das Wachstum jahreszeitlich völlig rückläufig. Es kommt nicht zum zyklischen Aufwuchs an der Oberfläche; zumindest solange nicht, bis sich nach Jahren oder Jahrzehnten organisches Material abgelagert hat. Dann sollte eine Reinigung der Oberfläche erfolgen. Bei organischen und metallischen Baustoffen müssen zusätzliche Maßnahmen (z. B. Dachüberstände, Low-E-Beschichtungen) getroffen werden, um von vornherein die Wachstumsbedingungen zu verringern, sonst kann meist der Auswuchs von Pilzen nicht verhindert werden.

Langzeituntersuchung über zehn Jahre

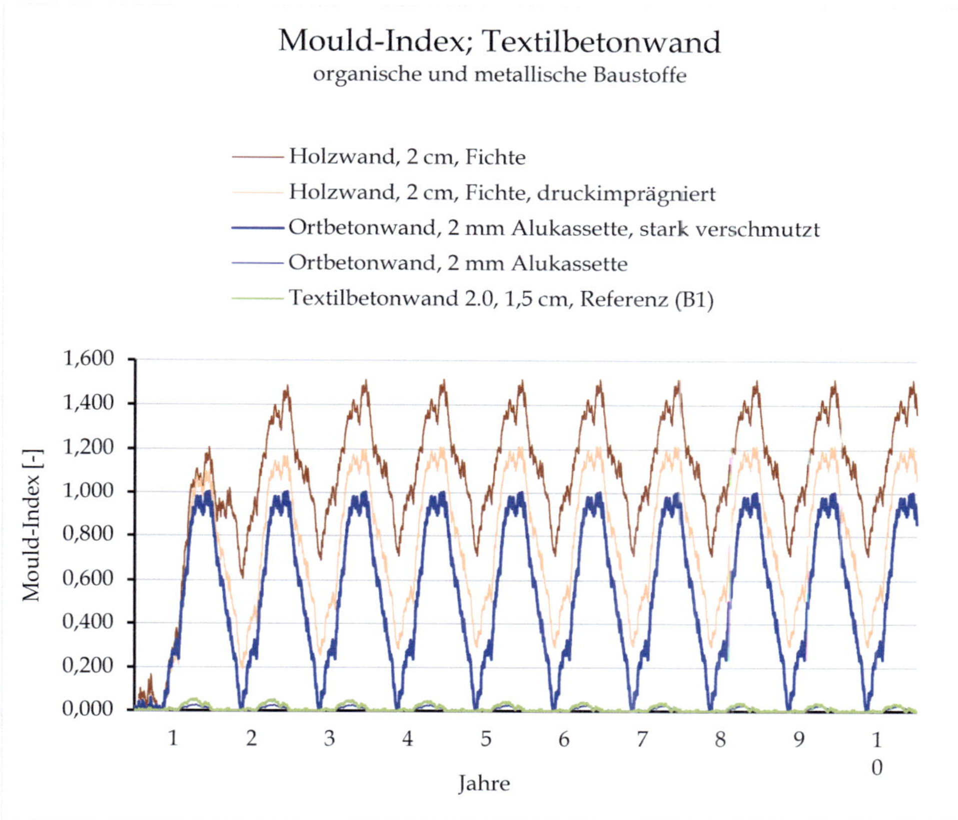

Abbildung 252: Mould-Index; organische und metallische Baustoffe über zehn Jahre

In der Langzeitsimulation über zehn Jahre wird der Aufwuchs der unterschiedlichen Baustoffe deutlich (siehe Abbildung 252). Die Holzwand mit einer 2 cm dicken Außenplatte aus Fichte weist einen max. Mould-Index von 1,5 [-] auf. Ein Mould-Index von 2 bedeutet, dass mehrere lokale Pilzwachstumskolonien auf der Oberfläche unter den Mikroskop zu sehen sind. Danach folgt die druckimprägnierte Holzwand in Fichte (beigefarbene Linie) und danach die stark verschmutze Ortbetonwand mit Alukassette (dicke, blaue Linie). Diese organischen und stark verschmutzten metallischen Baukonstruktionen werden mit Pilzen bewachsen. Dagegen bleibt die unverschmutzte neue Ortbetonwand mit Alukassette und die Textilbetonwand 2.0 bewuchsfrei. Aber auch hier ist die Simulation eine Momentaufnahme, da über die Jahre organische Schmutzpartikel oder organische Reste von Algen die Flächen verunreinigen und damit die Simulationskriterien der Oberfläche von z. B. Metallen von Klasse 4 (resistant) zu Klasse 2 (sensitiv) verändern können, d. h,. die Ortbetonwand mit Alukassette wird mit der dünnen, blauen Linie starten (4, resistant) und langsam in den Verlauf der dicken, blauen

Linie (2, sensitiv) übergehen. Hierfür wäre zu beschreiben, ab wann wie viel organisches Material auf der Oberfläche abgelagert wird. Bei den Bedingungen der metallischen Oberfläche fällt sehr viel Tauwasser auf der Oberfläche aus. D amit kommt es auch zum Anhaften von organischem Material, was das Algenwachstum und damit die Bildung von organischem Material begünstigt.

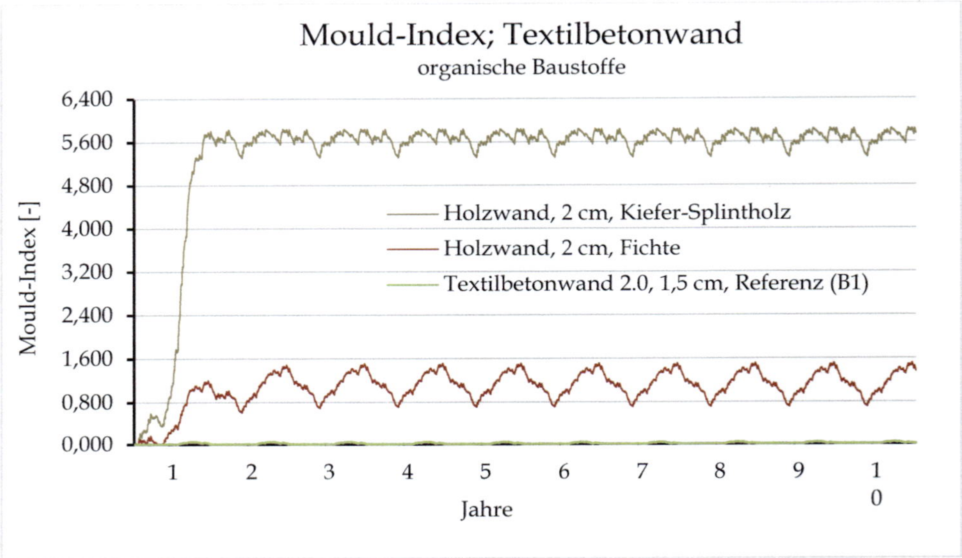

Abbildung 253: Mould-Index; organische und metallische Baustoffe über zehn Jahre mit anfälligem Kiefern-Splintholz

Bei sehr empfindlichen organischen Material kann es zu sehr starkem Pilzaufwuchs kommen, wie in Abbildung 253 zu sehen ist. Dazu zählt auch Kiefern-Splintholz (olivfarbene Linie). Hierbei steigt der Mould-Index bereits im zweiten Jahr auf ca. 5,6 [-] an und bleibt dort stabil bis zum zehnten Jahr. Dieses Wachstum beschreibt ein schweres und dichtes Wachstum bis zu 100 %, das auch mit dem Auge erkennbar ist. Dies ist die höchste Stufe und zeichnet vollständigen Bewuch aus. Um diesen Mould-Index zu erreichen, muss allerdings sowohl das Kernmaterial als auch die Oberfläche aus diesem empfindlichen Baustoff bestehen. Zudem muss eine hohe rel. Luftfeuchte vorliegen. Allein das organische Material Fichte senkt den Mould-Index auf unter 1,4 [-] bei gleichen Temperatur- und rel. Luftfeuchtebedingungen an der Oberfläche. Die mineralische Referenzkonstruktion Textilbeton 2.0 (grüne Linie) ist kaum noch sichtbar und damit bewuchsfrei.

Algenwachstum

Tabelle 68: Feuchtebedingungen aller Varianten zur Beurteilung der Algenkriterien, organische und metallische Vergleichskonstruktionen

	Schlagregenmenge $\frac{l}{m^2 \cdot a}$	Schlagregenstunden h/a	Untertemperaturstunden h/a	Gesamtstunden Wasser auf der Oberfläche h/a	Stunden über 98 % rel. Luftfeuchte (ohne Schlagregen) h/a	Überschreitung der Grenztemperatur von 45 °C/a
Textilbetonwand 2.0, 1,5 cm, A0,6(SW),E0,9(LW) grau Referenzkonstruktion (B1)	112	532	242	774	2594	6
Holzwand	112	532	546	1078	2280	8
Holzwand, druckimprägniert	112	532	596	1128	2028	8
Ortbetonwand mit Alukassette	112	532	992	1524	1934	0
TB 4.0, 1,5 cm, A0,9(SW),E0,95(LW), Silikonharzbeschichtung (finale Variante)	112	532	398	930	1699	91

Bei den Algenwachstumskriterien ist deutlich ersichtlich, dass die beiden saugfähigsten Wandkonstruktionen (Textilbetonwand 2.0/Referenz und die Holzwand ohne Druckimprägnierung) die geringsten Untertemperaturstunden mit 242 h/a und 518 h/a aufweisen, da diese sowohl auftreffendes Flüssigwasser als auch Wasserdampf am schnellsten von der Oberfläche in den Querschnitt transportieren können. Im Gegensatz dazu weisen sie auch die meisten Stunden über 98 % rel. Luftfeuchtigkeit mit 2594 h/a und 2232 h/a auf. Die druckimprägnierte Holzwand sowie die Ortbetonwand mit Alukassette, die kaum oder sehr wenig Flüssigwasser aufnimmt und bei der Alukassette nachts stark auskühlen, erhöhen die Stunden mit Tauwasser (Untertemperaturstunden) auf der Oberfläche mit 546 h/a und 992 h/a deutlich. Damit erreichen sie aber auch die Absenkung der Stunden über 98 % rel. Luftfeuchtigkeit mit 2280 h/a und 1934 h/a, da die Oberfläche schneller abtrocknet. An dieser Stelle muss geklärt werden, ob die Gesamtstunden des Flüssigwassers auf der Oberfläche (Summe aus Untertemperaturstunden und Schlagregenstunden) stärker zu gewichten sind oder die Stunden über 98 % rel. Luftfeuchtigkeit. Im Optimalfall sollten beide Bedingungen so weit wie möglich abgesenkt werden. Dies gelingt mit der Textilbetonwand 4.0 in Anthrazit und mit einer Silikonharzbeschichtung (finale Variante). Sie erreicht nur 398 h/a Untertemperaturstunden im Jahr und nur 1699 h/a über 98 % rel. Luftfeuchtigkeit.

4.4.3 Zusammenfassung Biologisches Wachstum

Im Kapitel wurde das biologische Wachstum auf Oberflächen von konventionellen Baukonstruktionen sowie auf Textilbetonkonstruktionen untersucht. Dabei war das Ziel. möglichst zusammenhängende Zeiten mit hoher rel. Luftfeuchtigkeit an der Oberfläche zu vermeiden bzw. so gering wie möglich zu halten. Da dies bei den heutigen hochgedämmten Baukonstruktionen nicht mehr über den Wärmefluss vom Innenraum zur Außenoberfläche realisiert werden kann, rücken weitere Aspekte in den Vordergrund. Dazu engehörte die Erhöhung des Absorptionskoeffizienten auf 0,9 [-] im kurzwelligen Bereich und auf 0,95 [-] im langwelligen Bereich, um eine rasche Erwärmung der Fassadenoberfläche und viele Grenztemperaturüberschreitungen (> 45 °C, Hitzeschäden bei Algen) im kurzwelligen Bereich umzusetzen. Die wirksame Speichermasse spielt eine nicht so wichtige Rolle wie ursprünglich angenommen, da ihre Speichermasse zwar die Außenoberfläche in den Abendstunden länger warmhält, jedoch in den wichtigen Morgenstunden von dieser Bauteilwärme nicht viel übrig ist. Eine gewisse Plattendicke ist ebenfalls erforderlich, um Dampf- und Flüssigwassermengen in den Morgenstunden aufzunehmen, um die Untertemperaturstunden mit Tauwasserbildung an der Oberfläche zu reduzieren.

Exemplarisch konnte bei der Kalksandsteinwand mit WDVS gezeigt werden, dass eine diffusionsoffene Oberfläche die Stunden mit Wasser an der Oberfläche um knapp 60 % gesenkt werden kann. Der Unterputz sollte allerdings möglichst nicht nur 3 mm, sondern besser 8 mm dick ausgeführt werden, um noch mehr Wasserdampf in den Morgenstunden aufnehmen zu können. Weiterhin sollte ein Flüssigwassertransport über die Oberfläche vermieden werden. Dies kann z. B. über eine kapillarporenreduzierte Betonmatrix, eine Hydrophobierung oder eine Silikonharzbeschichtung erfolgen. Ist dies nicht der Fall, kann Schlagregen schnell in den Baustoff eindringen, diesen durch Verdunstung weiter abkühlen und durch ein späteres Abtrocknen der Wassermassen zu länger anhaltenden hohen rel. Luftfeuchten führen. Werden alle erkannten positiven Effekte zu einer Variante zusammengeführt, ergibt sich die finale Variante. Diese besteht aus der entwickelten Textilbetonmatrix 4.0 mit einem hohen Absorptionskoeffizienten und einer Silikonharzbeschichtung.

Die ungedämmte Altbauwand erreicht den geringsten Mould-Index bzgl. Pilzwachstum mit 0,015 [-], jedoch nur durch den vorhandenen Wärmestrom aus Innenraum. Im Bereich vergleichbarer Dämmstandards erreicht die finale Variante mit einer Textilbetonplatte von 1,5 cm einen max. Mould-Index im Jahresgang von 0,035 [-], was im Bereich von 0 bis 1 nach (Ojanen et al., 2010) keinem Wachstum von Pilzen auf der Oberfläche entspricht. Die Kalksandsteinwand mit WDVS erreicht nur einen Wert von 0,05 [-]. Wird die Außenplatte der finalen Variante auf 4,5 cm verdickt, kann der Mould-Index sogar auf 0,02 [-] abgesenkt werden. Dies ist der geringste Wert aller untersuchten Baukonstruktionen. Lediglich die Vergleichskonstruktion der Betonfertigteilwand aus normalfesten Beton liegt auf gleicher Höhe.

Beim Algenwachstum können Luftzustände mit Zeiten über 98 % rel. Luftfeuchtigkeit summiert werden, um die Varianten zu verglichen. Die Altbauwand erreicht durch den Wärmetransport vom Innen- zum Außenraum nur geringe 665 h im Gesamtjahr (8760 h), in denen 98 % rel. Luftfeuchtigkeit überschritten werden mit allerdings verringertem Dämmstandard. Die Kalksandsteinwand mit WDVS kommt auf 1933 h und die Porenbetonwand auf 1812 h. Die finale Textilbetonwand 4.0 mit einer äußeren Plattendicke von 1,5 cm ist besser und erreicht 1699 h. Die dickere Textilbetonplatte mit 4,5 cm kann die Stunden über 98 % rel. Luftfeuchtigkeit sogar auf 1509 h senken. Damit fällt auch dieses wichtige Kriterium des Algenwachstums bei beiden Textilbetonwänden deutlich günstiger aus als bei den konventionellen Baukonstruktionen mit gleichem Dämmstandard.

Ohne Optimierung können aber auch dünne Betonmischungen sehr schlecht abschneiden, was an der unbeschichteten Textilbetonwand 2.0 gut ersichtlich wird. Diese Mischung wurde nicht für den Außenbereich entwickelt und in diesem Fall auch nicht gut nachbehandelt. Daher nimmt sie viel Feuchtigkeit auf und gibt sie über längere Zeiträume wieder ab. Damit entstehen ideale Wachstumsbedingungen für Pilze und Algen. Es kann also nicht jede Betonmischung überall verwendet werden.

Die Hypothese 3 („Durch den Einsatz von Leichtbaukonstruktionen aus Textilbeton kann die Bildung von biologischem Wachstum auf Außenoberflächen verringert werden. Damit kann das Wachstum von Algen, Pilzen und Flechten über die Nutzungsdauer (auch ohne Verwendung von Algiziden) ausgeschlossen werden.)" kann als verifiziert angesehen werden, da gegenüber den meisten konventionellen Baukonstruktionen sowohl der Mould-Index für das Pilzwachstum als auch as Algenkriterium bzgl. zusammenhängende Zeiten über 98 % rel. Luftfeuchte gesenkt werden konnten.die

Die Forschungsfrage, ob leichte Textilbetonkonstruktionen ähnliche Bedingungen zur Pilz- und Algenbildung auf der Oberfläche wie massive Baukonstruktionen erreichen, kann bestätigt werden. Wenn eine Textilbetonoberfläche mit einer diffusionsoffenen, aber flüssigwasserdichten Oberfläche und einem hohen Absorptionsgrad eingesetzt wird, können diese gegenüber den meisten konventionellen Konstruktionen mit vergleichbaren Dämmstandard sogar verbessert werden.

5 Diskussion

5.1 Ausblick und weiterführende Themen

Der Ausblick behandelt Fragen, die in ihrer Aussage die Thesen zum schlanken und nachhaltigen Bauen stützen, jedoch in ihrer Umfänglichkeit nicht behandelt werden können. Dazu gehört der Themenblock der Ökologie sowie die Optik und Haptik von Fassadenoberflächen. Zudem soll ein Bauwerk kurz erläutert werden, das die erzielten Ergebnisse dieser Arbeit aufgreift und damit experimentell zusammenfasst. Dieses Kapitel schließt mit den auf dieser Grundlage begonnenen Kooperationen ab.

5.1.1 Ökologie

Die Frage nach der Nachhaltigkeit im Sinne der Ökologie floss in alle Entwicklungsphasen dieser Arbeit ein. In diesem Sinne bildet sie die Grundmotivation, um schlank zu bauen (Frenzel & Kahnt, 2013). Die Zusammenhänge, entsprechend schlanke Baukonstruktionen zu schaffen, um die Primärenergiemenge und das Treibhauspotential zu senken, liegt dabei auf der Hand. Im Hauptteil der Arbeit konnte dabei dargestellt werden, dass die Nutzenergie in Form von Kühlenergie reduziert werden kann. Dabei sind diese schlanken Konstruktionen genauso leistungsfähig wie konventionelle Konstruktionen großer Masse. Dennoch bleibt die Frage bestehen, welchen Anteil an grauer, gebundener Energie in der Herstellung eingespart werden kann. Dazu soll an dieser Stelle auch die Ökologie dieser Baukonstruktionen quantifiziert werden, auch wenn von vornherein klar war, dass die dünnen Schalen die ökologischen Aspekte verbessern werden. Um in die korrekte Richtung zu entwickeln, wurden während der Bearbeitung parallel auch immer Ökobilanzen erstellt. Diese Ökobilanzen basieren auf unterschiedlichen Umwelt-Produktdeklarationen (EPD) mit ihren Umweltwirkungen. Die im Folgenden dargestellten Ergebnisse bilden für jeden Baustoff das Hauptentsorgungsszenario ab. Das bedeutet, dass entweder eine thermische Verwertung, eine Deponierung oder im bestenfalls eine stoffliche Verwertung zum Tragen kommt. Die noch hochwertigere Wiederverwendung statt der hier betrachteten Wiederverwertung kommt derzeit kaum zur Anwendung, bietet jedoch großes Potential. Dabei werden Bauteile aufbereitet und in gleicher Anwendung wiedereingesetzt. (Helbig, Kahnt, & Grunewald, 2019)

Treibhauspotential

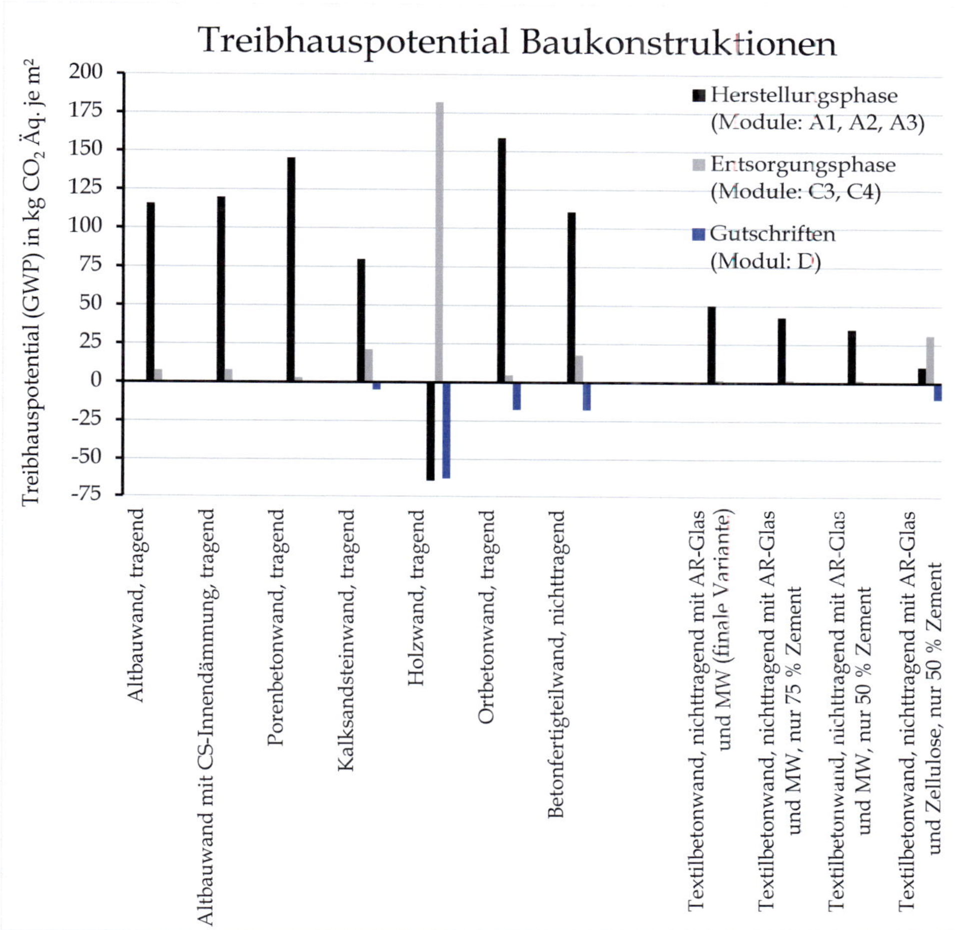

Abbildung 254: Treibhauspotential (GWP) der Baukonstruktionen

Die in Abbildung 254 dargestellten Baukonstruktionen zeigen alle primären Baukonstruktionen, die in dieser Arbeit behandelt werden. Auf der Ordinate steht das Treibhauspotential (global warming potential, GWP). Dabei werden die Emissionen (positive Werte) und die möglichen Einsparungen als Gutschriften (negative Werte) aufgetragen. Dabei sind von links nach rechts die konventionellen Vergleichskonstruktionen sowie die finale Variante einer Baukonstruktion aus Textilbeton (Textilbetonwand, nichttragend mit AR-Glas und MW) und einige Varianten mit reduziertem Zementgehalt und einem alternativen Dämmstoff zu sehen.

Für jede dieser Baukonstruktionen wird eine sogenannte Sachbilanz erstellt, die eine genaue Systemgrenze definiert und sämtliche Energie- und Stoffströme über den Lebenszyklus des Produktes beinhaltet. Das Produkt ist in diesem Fall das

Fassadenelement, das auch als deklarierte oder funktionale Einheit bezeichnet wird. Als Transportmittel wurde ein LKW mit 32 Tonnen gewählt. Die Transportentfernung für alle Rohstoffe zum Werk wurde als gewichtetes Mittel von 100 km angenommen.

Treibhauspotential - Betrachtete Prozesse (Module)

Jeder Baukonstruktion sind drei Prozesskategorien (Module) zugeordnet. Die erste umfasst die Einheitsprozesse, die zur Herstellung (A) gehören. Die zweite mit den Entsorgungsprozessen (C) und die dritte mit den Gutschriften (D). Die Prozesse zur Nutzung (B) werden nicht betrachtet.

Zur Herstellung gehört das Modul A1 „Rohstoffgewinnung und -verarbeitung" sowie Verarbeitungsprozesse von als Input dienenden Sekundärstoffen wie Recyclingprozesse, das Modul A2 „Transport bis zum Werktor und interne Transporte" und das Modul A3 „Herstellung der Verpackung" des Produktes selbst. Beispielsweise beinhaltet das Modul A1 den Abbau der Gesteinskörnung im Kieswerk, A2 den Transport des Kieses in das Betonwerk und A3 das Einbringen des Zuschlages (Sand, Kies, Splitt) in die Betonmatrix (siehe schwarzer Balken in Abbildung 254). Die Bilanzgrenzen sind hier zu Beginn in A1 die Kiesgrube und am Ende in A3 das Werkstor im Betonwerk. Die Einheitsprozesse der Errichtungsphase A4 „Transport vom Werkstor bis zur Baustelle" und „Einbau der Produkte ins Gebäude" werden nicht betrachtet, da die Stoffströme der Baukonstruktionen ähnlich sind und sehr gering ausfallen. (DIN EN 15804:2014-07)

Zur Entsorgungsphase gehören die Module C1, C2, C3 und C4. Die Module C1 und C2 beinhalten den „Abriss" auf der Baustelle und den „Transport" zur Abfallbehandlung (siehe grauer Balken in Abbildung 254) . Da diese Module sehr geringe Ströme verursachen und für alle Fassadenelemente ähnlich ausfallen, werden beide in dieser Bilanz vernachlässigt. Das Modul C3 „Abfallbehandlung zur Wiederverwendung, Rückgewinnung und/oder zum Recycling" verursacht deutlich größere Emissionsströme und muss einbezogen werden wie auch das Modul C4 der „Beseitigung/Deponierung". Beispielweise wird Beton im Modul C3 aufgebrochen (z. B. mit einem Backenbrecher), um dann in entsprechender Größe als Schotter in eine Gründung eingebracht zu werden. Emissionen im Modul C4 zur Beseitigung entstehen dabei nicht, da der Schotter vollständig genutzt wird. (DIN EN 15804, 2014)

Das Modul D beinhaltet alle „Gutschriften und Lasten" jenseits des Produktsystems, die ihre Abfalleigenschaft erreicht haben. Es dient der Information und ist kein Prozess im eigentlichen Sinn. Es soll Transparenz über die Umweltvorteile oder -belastungen schaffen, die bei wiederverwertbaren Produkten, recycelten Stoffen und/ oder nutzbaren Energieträgern (z. B. Baustoffe mit Heizwert) entstehen. Beispielsweise fallen bei der thermischen Verwertung von erdölbasierten

Dämmstoffen wie EPS im Modul C3 während der Verbrennung hohe Mengen von CO_2 an. Diese werden auch in diesem Modul bilanziert. Jedoch kann während des Verbrennungsprozesses elektrische Energie erzeugt werden, die für andere Produkte genutzt werden kann. Dieses dem anderen Produktsystem zugehörende Treibhauspotentialgutschrift wird im Modul D ausgegeben (siehe blaue Balken in Abbildung 254).

Treibhauspotential - Abfalleigenschaften

Primäre Wandbaustoffe wie Ziegel, Kalksandstein und Porenbeton werden zu 100 % deponiert. Dies stellt die konservative Annahme dar. Für Stahlbeton und Textilbeton wird eine stoffliche Verwertung modelliert: Es erfolgt eine Gutschrift im Modul D für die Substitution von Schotter (z. B. Gründung im Straßenbau). Diese fällt allerdings so gering aus, dass sie bereits bei den dünnen Textilbetonplatten im Diagramm nicht mehr sichtbar wird. Primäre Wandbaustoffe mit Heizwert wie Nadelholz oder OSB-Platten werde thermisch verwertet.

Das textile Bewehrungsmaterial AR-Glas wird ebenfalls deponiert. Die Betonstahlbewehrung, aber auch alle weiteren Metalle werden stofflich verwertet. Dies betrifft auch die Bewehrungsverschnitte, die während der Herstellung anfallen. Allerdings enthält nur der Primärstahl (hier 50 %) eine Recyclinggutschrift. Bereits recyceltes Eingangsmaterial (hier 50 %) kann rechnerisch keine weitere Gutschrift erhalten, da bereits das Eingangsmaterial wertfrei in die Sachbilanz eingegangen ist.

Dämmstoffe werden thermisch verwertet (EPS, XPS, PU, Zellulose). Es sei denn, sie besitzen wie Mineralwolle, Calciumsilikat, Schaumglas oder das Kernmaterial der VIPs keinen Heizwert, dann werden sie deponiert. Dazu zählen auch die Verschnittmengen, die während der Herstellung anfallen. Verbindungsmittel z. B. aus Glasfaserkunststoff werden thermisch verwertet.

Treibhauspotential - Auswertung der Gruppe konventioneller Baukonstruktionen

Die Altbauwand, die Altbauwand mit CS-Innendämmung sowie der Porenbetonwand enthalten keine oder nur eine mineralische Dämmung und bestehen damit vollständig aus mineralischen Baustoffen. Daher entfallen nur Emissionen im Modul A der Herstellung sowie im Modul C der Abfallaufbereitung. Da keine brennbaren Teile enthalten sind, gibt es auch keine thermische Verwertung. Der Abbruch wird zu 100 % deponiert.

Die Kalksandsteinwand, aber auch die Betonfertigteilwand enthalten erdölbasierte Dämmstoffe (organische Baustoffe) wie EPS oder PU zusätzlich zu den mineralischen Baustoffen. Während der Verbrennung im Modul C3 werden große Mengen CO_2 frei. Darauf beziehen sich auch die Gutschriften im Modul D, da die erzeugte Energie wieder einem neuen Produktsystem zugeführt werden kann.

Die Holzwand enthält als einzige konventionelle Konstruktion nachwachsende Rohstoffe. Dabei wird das Wachstum der Pflanze in den Bilanzierungszyklus einbezogen. Somit kommt es z. B. in der Herstellungsphase der Holzwand zu einem negativem Wert. Hier wird die Fähigkeit des Baumes im Lebenszyklus CO_2 in Form von Biomasse zu binden eingerechnet. In der Entsorgungsphase wird dieses Bauholz dann verbrannt, d. h. thermisch verwertet, womit das gebundene CO_2 wieder freigesetzt wird. So wird deutlich, woher der deutliche Anstieg kommt. Damit endet der eigentliche Produktlebenszyklus des Fassadenelementes nach der Entsorgungsphase. Während der Verbrennung wird aber Energie erzeugt, die für weitere Prozesse genutzt werden kann (Gutschrift im Modul D).

Die Ortbetonwand enthält keine thermisch verwertbaren Dämmstoffe (hier MW) und besteht primär aus Beton, der deponiert wird. Die Gutschrift im Modul D ist dabei zum Großteil auf die 50 % des verwendeten Primärstahls aus der Bewehrungsstahlproduktion zurückzuführen. Die 50 % Sekundärstahl der Bewehrung (Schrott) sind nicht mehr im Modul D zu finden, da sie bereits recycelt wurden. Ebenfalls befindet sich im Modul D das Recyclingpotential der Aluminiumkassette und ihrer metallischen Unterkonstruktion der vorgehängten hinterlüfteten Fassade. Die Gutschrift kann dabei erst dem nächsten Produktsystem hinzugerechnet werden. Beim aktuellen Ortbetonwand kann dies nicht abgezogen werden. Daher sollte die Gutschrift parallel aufgeführt werden, um wenigstens das Potential für das nächste Produktsystem aufzuzeigen.

Treibhauspotential - Auswertung der Gruppe der neuen Textilbetonkonstruktionen

Die Textilbetonkonstruktionen gehören auch zur ersten Gruppe der mineralischen Baustoffe. Sie könnten wiederverwertet werden z. B. als Recyclingschotter. Dennoch werden alle Baustoffe ohne Heizwert deponiert. Dies stellt die konservative Lösung dar. Hier liegt großes Potential für weitere Forschungsarbeiten zu Recyclingbeton, um die Ökobilanz weiter zu verbessern. Lediglich die enthaltenen punktuellen Verbindungsmittel aus Glasfaserkunstoff (organische Baustoffe) können thermisch verwertet werden und erhalten eine sehr kleine Gutschrift. Die letzte Textilbetonkonstruktion mit Einblasdämmung aus Zellulose kann thermisch verwertet werden und erhält eine größere Gutschrift im Modul D.

Vom Treibhauspotential aus Herstellungs- und Entsorgungsphase (ohne Gutschriften) unterschreiten die entwickelten Textilbetonkonstruktionen mit MW (37 bis 52 kg CO_2-Äquivalente) deutlich die Werte der Vergleichsbaustoffe (101 bis 164 kg CO_2-Äq.). Die nochmals deutliche Reduktion von 52 auf 37 kg CO_2-Äq. könnte durch die Verringerung des Zementeinsatzes erzielt werden. Auch durch eine anteilige Hinzurechnung des Tragsystems (z. B. Skelettbau) zu dieser nichttragenden Textilbetonfassade würden die Werte der konventionellen Baukonstruktionen dennoch unterschritten.

Frischwasserverbrauch

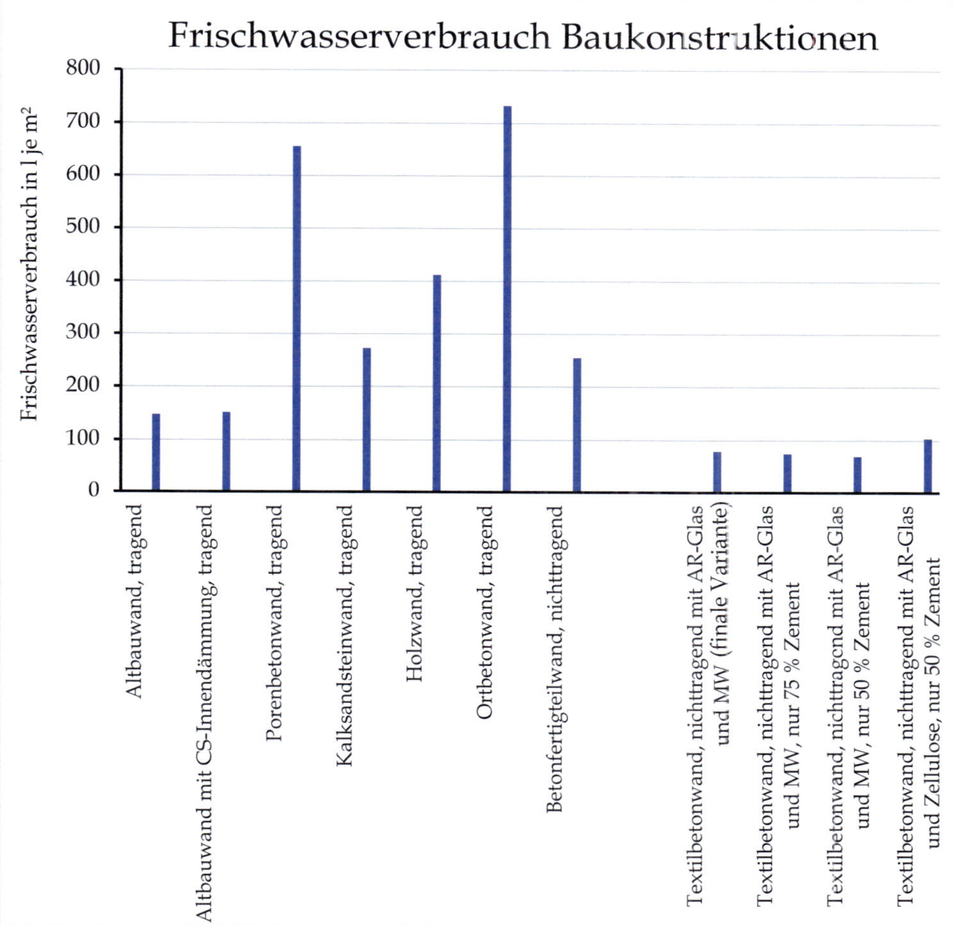

Abbildung 255: Frischwasserverbrauch aller Baukonstruktionen

In Abbildung 255 wird der Frischwasserverbrauch für die deklarierte Einheit von 1 m² Fassade ausgegeben. Dabei beziehen sich die Werte nur auf die bilanzierten Module A1, A2, A3, C3, C4 und D.

Den höchsten Verbrauch haben die Baukonstruktionen der Porenbetonwand und der Ortbetonwand. Die hohe nötige Menge an Anmachwassers (zwischen 55 und 75 M.-% der Feststoffe), der Prozess der Dampfhärtung sowie die große nötige Wanddicke führen zu einem hohen Frischwasserverbrauch bei der Porenbetonwand. Bei der Ortbetonwand ist neben der großen Betonmenge auch die Herstellung der Aluminiumkassette sowie des Bewehrungsstahls für den hohen Wasserverbrauch verantwortlich. Beim Wasserverbrauch der Vergleichskonstruktionen schneidet die Altbauwand am günstigsten ab. Diese besitzt aber auch einen abweichenden Wärmedurchgangskoeffizienten wie auch die Altbauwand mit CS-Innendämmung und deshalb weniger Baustoffmasse. Zudem wird für die Herstellung von Vollziegeln wenig Frischwasser benötigt. Die entwickelte Textilbetonwand kann den Frischwasserverbrauch der Vergleichskonstruktionen (147 Liter bis 733 Liter) mit nur 79 Litern für 1 m² Fassadenfläche deutlich unterschreiten. Es sei nochmals erwähnt, dass es sich um eine nichttragende Fassade handelt. Die nötigen Anteile für die Tragkonstruktion (z. B. Skelettbau) benötigen zusätzlich weitere Liter Frischwasser. Dennoch würden die neuen Textilbetonkonstruktionen immer noch unterhalb aller Vergleichskonstruktionen liegen. Damit kann eine deutliche Reduzierung mit den entwickelten Konstruktionen erreicht werden. Die weitere Verringerung des Zementgehaltes kann die Frischwassermenge nochmals etwas senken. Die Nutzung von Zellulose statt MW steigert diese allerdings wieder, da der Aufbereitungsprozess der Zellulose wasserintensiv ausfällt.

Flächenversiegelung

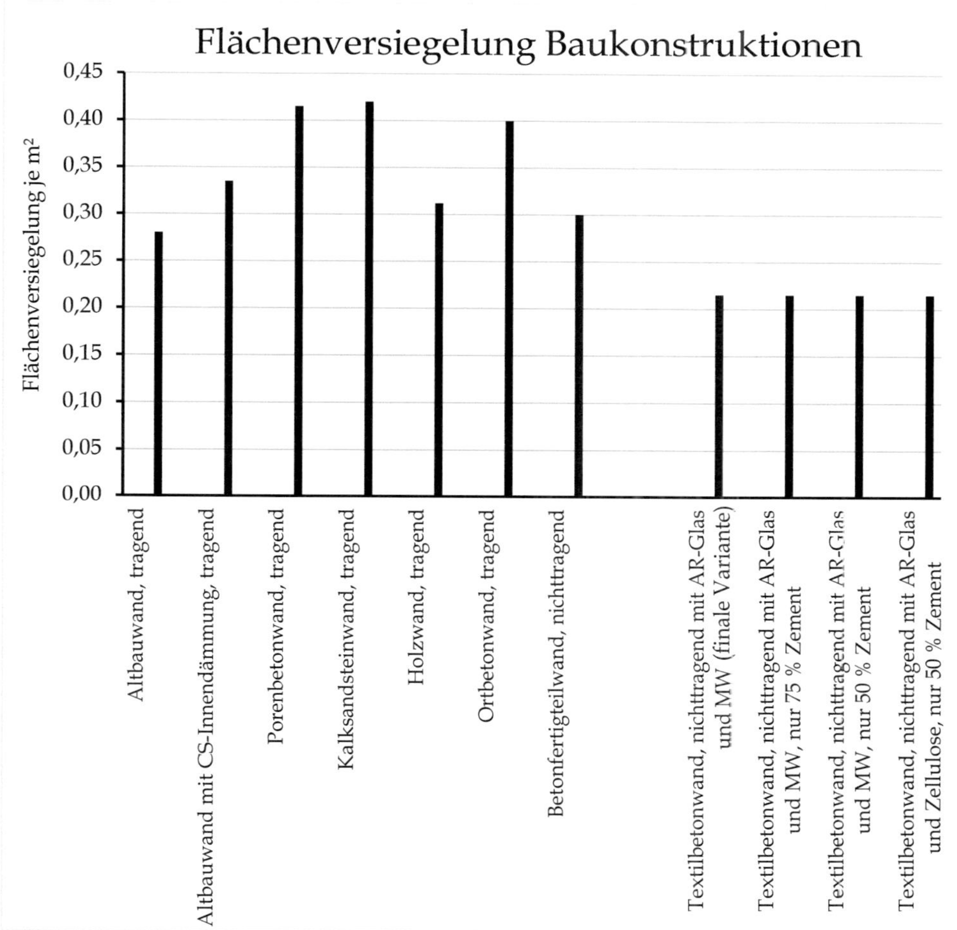

Abbildung 256: Flächenversiegelung aller Baukonstruktionen

Abbildung 256 zeigt die Flächenversiegelung der Vergleichsbaukonstruktionen auf der linken Seite der Abbildung und die entwickelte finale Baukonstruktionen inkl. weiterer ökologischer Varianten auf der rechten Seite.

Die Flächenversiegelung berührt mehrere Aspekte, die auch Motivation für diese Arbeit waren: zum einen die ökologische Zielsetzung, die Flächenversiegelung im Bundesgebiet zu reduzieren, um mehr Naturraum zu erhalten und auf der gleichen Grundfläche mehr Nutzfläche unterzubringen, und zum anderen diese Nutzfläche zusätzlich vermarkten zu können und damit die Wirtschaftlichkeit des gesamten Objektes zu verbessern. Die weiteren Aspekte einer filigranen Architektur, mehr solare Einträge und mehr Tageslichteinträge in den Raum seien an dieser Stelle ebenso erwähnt.

All diese Aspekte können durch die Baukonstruktionen aus Textilbeton am besten erfüllt werden. Mit nur 21,5 cm ist die finale Variante etwa halb so dick wie die konventionelle Porenbetonwand oder die Kalksandsteinwand.

Zusammenfassung Ökologie

Die finale Variante der Textilbetonwand 4.0 ist in Bezug auf das Treibhauspotential deutlich den konventionellen, mineralischen Baukonstruktionen überlegen. Danach folgen die Kalksandstein- und die Betonfertigteilwand. Etwas schlechter schneidet die Altbauwand sowie die Altbauwand mit CS-Innendämmung ab. Am schlechtesten sind die Porenbeton- und die Ortbetonwand. Die Holzwand nimmt eine Sonderrolle ein, da bei ihr bereits die CO_2-Bindung während der Wachstumsphase eingerechnet wird. Allerdings weist sie abzüglich der Gutschriften ähnliche Emissionen im Lebenszyklus wie die Textilbetonwand 4.0 auf. In einer ähnlichen Rangfolge fällt der Frischwasserverbrauch in der Herstellungsphase für die Varianten aus. Die Herstellung der Textilbetonwand 4.0 verbraucht deutlich das wenigste Frischwasser. Auch bei der Flächenversiegelung liegt die Textilbetonwand vorn.

Im Ergebnis ist die Baukonstruktion der Textilbetonwand 4.0 in allen ökologischen Aspekten den konventionellen Baukonstruktionen deutlich überlegen. Mit nur 52 kg CO_2-Äq. statt der 101 bis 164 kg CO_2-Äq. für die konventionellen Baukonstruktionen weist diese Textilbetonbaukonstruktion das geringste Treibhauspotential aus Herstellungs- und Entsorgungsphase ohne Gutschriften auf. Auch wenn diese Variante nichttragend ist, würde sie durch die Hinzurechnung z. B. eines Skelettbaus nicht die Werte der konventionellen Baukonstruktionen erreichen. Aber auch mit nur 79 Litern statt der 147 bis 733 Litern Frischwasserbedarf für 1 m^2 Fassadenfläche der konventionellen Konstruktionen liegt die Textilbetonwand 4.0 deutlich vorn. Zudem besitzt die Textilbetonwand 4.0 nur eine Dicke von 21,5 cm statt der 28 bis 42 cm von konventionellen Konstruktionen. Damit kann eine max. Einsparung an versiegelter Fläche von knapp 50 % erreicht werden.

Die Forschungsfrage, ob leichte Baukonstruktionen aus Textilbeton ökologischer als konventionelle Baukonstruktionen sind, kann beim Betrachten dieser Ergebnisse deutlich bestätigt werden.

5.1.2 Optik und Haptik von Oberflächen

Neben der Geometrie ist die Optik und Haptik von Oberflächen eines der wichtigsten Gestaltungselemente von Architektur. Zusätzlich zur Wirkung von Oberflächen verändern diese auch die Bauphysik maßgeblich.

Abbildung 257: Standardbeton

Die Standardbetonoberfläche (siehe Abbildung 257) ist durch den Zement grau gefärbt. Sie verfügt zudem über größere Poren. Aus den meist hochfesten Textilbetonmischungen können nahezu porenfreie Oberflächen hergestellt werden. Dies liegt zum einen an der ideal eingestellten Betonmischung mit z. B. hohem Feinkornanteil und Fließmittel, aber zum anderen auch an dem Verdichtungs- und Nachbehandlungsregime, wodurch Poren in der Oberfläche vermieden werden können.

Abbildung 258: Normalbeton mit Schwarzpigment

Abbildung 259: Weißbeton

Dunkle Oberflächen (siehe Abbildung 258) wirken elegant und verengen optisch den Raum durch die geringe Lichtreflektion. Bauphysikalisch besitzen sie einen hohen Absorptionsgrad und erwärmen sich dadurch stärker im Sonnenlicht. Helle Oberflächen (siehe Abbildung 259) wirken sauber und rein und erweitern den Raum durch die hohe Lichtreflektion. Bauphysikalisch erwärmen sie sich nicht so stark und bleiben kühler, da kaum auftreffende Strahlung absorbiert wird. Die dunkele Farbe wurde dabei über schwarze Eisenoxidpigmente mit einem Beimischungsanteil von $\geq$ 6 M.-% hergestellt, wohingegen die helle Oberfläche durch einen Weißbeton mit hellen Zuschlägen erzeugt wurde. Weitere Volltonfarben können mittels anorganischen Pigmenten (meist Eisenoxidpigmenten) erzeugt werden. Diese sind alkali-, licht-, feuchte- und temperaturbeständig. Forschungsbedarf besteht für organische Pigmente, die diese Beständigkeit nicht aufweisen, jedoch eine erhöhte Leistungsfähigkeit. So können bspw. thermochrome Pigmente hergestellt werden, die ihre Farbe in Abhängigkeit von der Temperatur verändern. Zur Abgabe der Arbeit läuft an der HTWK Leipzig (FG Nachhaltiges Bauen) das Forschungsvorhaben „Thermocrete - Entwicklung eines neuartigen Herstellverfahrens zur Funktionalisierung von Betonwerksteinelementen durch Einbinden thermochrom reagierender Pigmente in alkalisch wirkenden Betonmatrices" im Programm Zentrales Innovationsprogramm Mittelstand (ZIM), das vom BMWi gefördert wird.

Abbildung 260: Weißbeton mit Faltenrelief

Abbildung 261: Weißbeton Papierrelief

Mit einer Reliefstruktur können die Textilbetonoberflächen zusätzlich mit einer Textur versehen werden, die z. B. an Wellen (siehe Abbildung 260) oder an Papier (siehe Abbildung 261) erinnert. Für die Herstellung dieser Struktur werden Positivstrukturen in Form von Gips oder einer gefalteten Papierstruktur erstellt. Diese dienen dann wiederum zur Abformung der Negativformen mit Epoxidharz. Danach werden in diese Negativformen die eigentlichen Betonmatrices eingebracht.

Prinzipiell können damit alle Reliefstrukturen in unterschiedlichen Formaten hergestellt werden. Forschungsbedarf besteht für vollautomatisiert erzeugte Strukturen, die mit den digitalen Modellen direkt übergeben werden können.

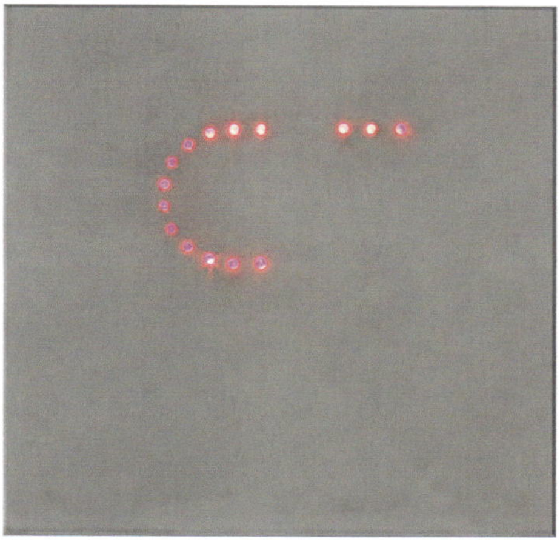

Abbildung 262: Eingebettete Leuchtdioden, hell

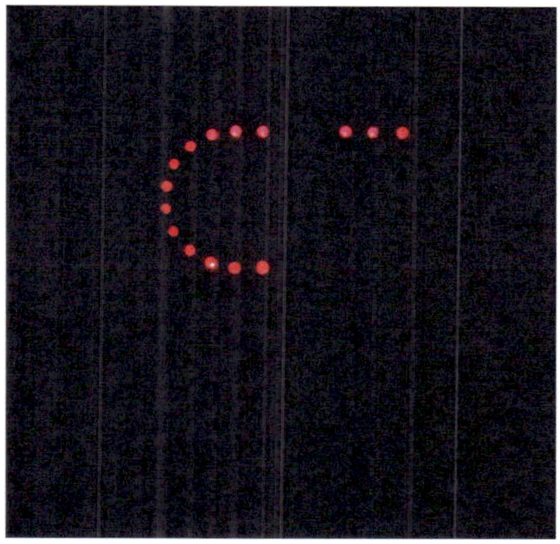

Abbildung 263: Eingebettete Leuchtdioden, dunkel

Mit zusätzlichen Funktionen können die Textilbetonplatten additiv ausgestattet werden. Beispielsweise können Leuchtdioden (siehe Abbildung 262 und Abbildung 263) direkt auf die Bewehrung aus Carbon aufgebracht werden. Damit können Leitsysteme oder Werbetafeln zukünftig ausgestattet werden. Zudem wird es möglich, über die Bewehrung nicht nur elektrische Energie, sondern auch Daten zu übertragen. Mit diesem System können z. B. einzelne Leuchtionen angesteuert und damit individuelle Anzeigen generiert werden. Es kann aber auch die Hauselektrik neugedacht werden, da im Kleinspannungsbereich von $\leq$ 50 Volt die meisten Geräte im Haushalt versorgt werden können. Zudem könnten alle Sensoren und Aktoren vernetzt und als Komponente im sogenannten „Internet der Dinge" integriert werden. Hierzu wurde das deutsche Patent mit der Nummer DE 10 2017 121422.4 mit dem Titel „Bewehrung aus elektrisch leitfähigen Filamenten und die Verwendung zur Übertragung von Daten und Energie in den Filamenten" parallel zu dieser Arbeit verfasst.

Abbildung 264: Bedruckte Oberfläche einer Betonplatte aus Weißbeton (Brüggemann, 2017)

Mit Farbbildern können Informationen oder Texturen aufgedruckt werden. Im Rahmen der Bachelorarbeit von Brüggemann (2017) konnte gezeigt werden, dass es möglich ist, im Inkjetverfahren eine Weißbetonplatte zu bedrucken. Die kaum von einer Papieroberfläche zu unterscheidende Druckqualität ist in Abbildung 264 zu sehen. Der vorhandene gelblichere Untergrund wird dabei durch die Anpassung der Druckfarbe ausgeglichen. So wird eine gleichbleibende Qualität der Bilder sichergestellt, auch wenn der Untergrund etwas variiert. Zur Abgabe der Arbeit läuft an der HTWK Leipzig (FG Nachhaltiges Bauen) das Forschungsvorhaben „BetoPrint - Entwicklung einer neuartigen Herstelltechnologie zur Betonoberflächengestaltung mittels digitaler Druckverfahren“ im Programm Zentrales Innovationsprogramm Mittelstand (ZIM), das vom BMWi gefördert wird.

Zusammenfassung Optik und Haptik

Optik und Haptik können bei der vorgeschlagenen finalen Variante in einer Art und Weise variieren, wie es bei den vorgestellten konventionellen Wandkonstruktionen nicht möglich wäre. Dabei können farbliche Oberflächen mit Weißzement oder Pigmenten hergestellt werden. Diese unterschiedlichen Farbtöne schaffen variierende Absorptionsgrade der Fassadenoberfläche. Damit hängen die Gestaltung und die Bauphysik stark zusammen, da die visuelle Wirkung einer Fassadenoberfläche auch die Temperatur und Feuchte dieser beeinflusst. Durch die papierähnliche Anmutung der Oberflächen können neue Oberflächenveredelungsverfahren wie z. B. Inkjet-Druck zum Applizieren von Mustern, Bildern oder Schriftzügen zur Anwendung kommen. Großes Potential steckt aber auch in der Funktionalisierung der Textilbetonplatten. Diese können sowohl im Bereich der textilen Bewehrung erfolgen als auch in der gedruckten Oberfläche. Ebenso können jegliche Freiformen durch Negativformen hergestellt werden. Dies betrifft z. B. hyperbolische Schalen sowie feingliedrige Oberflächenstrukturen.

Unter Anwendung der in dieser Arbeit entwickelten Fassade der Zukunft wurde die Grundlage für unterschiedlichste Anwendungen im Bereich der Gebäudehülle gelegt. Durch die Möglichkeit, beliebige Freiformen herzustellen, können doppelgekrümmte Fassadenelemente, aber auch Schalendächer von beispielsweise Multifunktionshallen hergestellt werden. Denkbar sind auch ebene Fertigteile für den Industriebau. Diese sind durch die großen Plattendimensionen in den Betonwerken herstellbar bis hin zum sozialen Wohnungsbau, da die verwendeten Rohstoffmengen sowie Fertigungskosten mit dieser Bauweise deutlich reduziert werden können.

Die Forschungsfrage, ob mit Textilbeton vielfältige Fassadenoberflächen realisiert werden können, kann damit bestätigt werden. Es zeigt sich sogar, dass die Möglichkeiten der Optik und Haptik vielfältiger als bei konventionellen Fassadenoberflächen sind.

5.1.3 Modellgebäude - Wohnhaus Leipzig

In der vorliegenden Arbeit konnte gezeigt werden, wie leichte Fassadenelemente aus Textilbeton mit optimierten hygrothermischen Eigenschaften entworfen werden können. Dabei werden die Eigenschaften des Baustoffes Textilbeton bis zur Baukonstruktion und ihrer Wirkung auf das Oberflächen- und Raumklima erarbeitet.

Die letzte Phase dieser Arbeit widmete sich mit einem modellhaften Gebäude. Dazu wurde auf der Grundlage der erarbeiteten Ergebnisse ein Stadthaus entworfen. Nähere Informationen sind im Anhang in der Baubeschreibung hinterlegt.

Abbildung 265: Stadthaus Tietze während der Fertigstellung im Jahr 2019

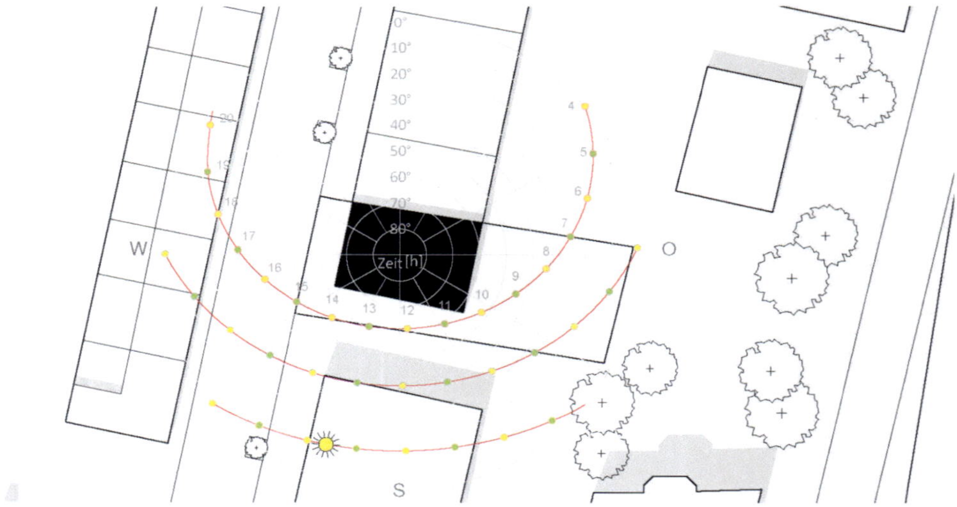

Abbildung 266: Lageplan des Reihenendhauses (schwarz) mit Sonnenstanddiagramm (Kahnt, Tietze, Kirschke, Müller, & Krohne, 2018)

Das Reihenendhaus schließt nur an der Nordseite an ein Nachbargebäude an (siehe Abbildung 266). Dieses anschließende nördliche Reihenmittelhaus existiert zum Stand dieser Arbeit noch nicht. Alle weiteren Seiten sind besonnt und nur in den frühen Morgenstunden oder den späten Abendstunden durch Nachbargebäude verschattet. Die eingebrachte Wärmeenergie kann damit in den Sommermonaten zur Überhitzung gerade der oberen Räume führen, da durch das Flachdach weitere Lasten eingetragen werden. Aus diesem Grund ist eine Ausführung aller Baukonstruktionen mit großer wirksamer Speichermasse erforderlich.

Wie eine optimale massive Ausführung der inneren Wandoberflächen aussehen muss, wird in Kapitel 4.2 aufgezeigt. Dazu wurde in einer Variantenbetrachtung zur Optimierung der wirksamen Speichermasse die optimale Innenwandfläche in Beton entwickelt. Dabei konnte aufgezeigt werden, dass eine Textilbetonplatte mit einer Dicke von nur 6 cm die Leistungsfähigkeit in Bezug auf die Kühlenergieeinsparung in den Sommermonaten im Vergleich zur massiven Altbauwand (28 cm), zur massiven Porenbetonwand (41,5 cm) sowie zu Leichtbauwänden mit Holzinnenschale (2 cm) oder Gipskartoninnenschale (2,5 cm Innenschale) deutlich übertrifft. Die finale Variante der Textilbetonplatte mit einer Rippenkonstruktion erreicht einen ähnlichen Wert wie die Kalksandsteinwand (26 cm Innenschale). Lediglich die Ortbetonwand (20 cm Innenschale) oder die Betonfertigteilwand (10 cm Innenschale) erreichen noch bessere Ergebnisse.

Im Stadthaus wurden alle Flächen (Wand, Decke und Boden) aus Beton ausgeführt (siehe Abbildung 269). Diese Flächen sind allerdings aus Stahlbeton und noch nicht im gerippten Textilbeton. Von einer Leichtbaukonstruktion wie Gipskarton ist abzusehen, um eine hohe wirksame Speichermasse zu erzielen. Aus diesem Grund wurden auch alle Innenwände sowie die Treppen aus massivem Stahlbeton ausgeführt. Die mögliche Oberfläche wurde damit maximiert.

Durch den Einsatz der oberflächenoptimierten Rippenkonstruktion kann nicht nur die wirksame Speicherfähigkeit bei der sommerlichen Überhitzung erhöht, sondern auch die Schallemissionen reduziert werden. Dies wurde aber bisher noch nicht untersucht. Optisch kann die Rippenkonstruktion ideal in die Fertigteilbauweise integriert werden, da auch Fugenstöße deutlich in den Hintergrund treten. Zusätzlich bieten die Rippen vielfältige Möglichkeiten der Funktionalisierung.

Außerdem werden die Fensterbänder nach oben hin so verkleinert, dass diese pro Geschoss die halbe Höhe des darunterliegenden Geschosses betragen (siehe Abbildung 267 und Abbildung 268).

Diesem Aspekt folgend wurden auch die Innenräume angeordnet. Unten beginnen die halböffentlichen Bereiche, die größere Fensterflächen erhalten. In den beiden oberen Geschossen liegen die privaten Bereiche, die kleinere Fensterflächen aufweisen. Somit wird gleichzeitig ein erhöhter Sichtschutz für die privaten Bereiche umgesetzt.

Abbildung 267: Entwurfsansicht Westfassade Stadthaus Tietze

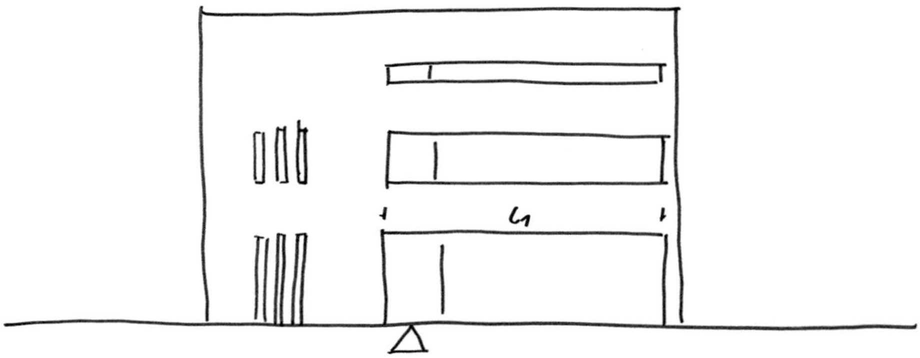

Abbildung 268: Entwurfsansicht Südfassade Stadthaus Tietze

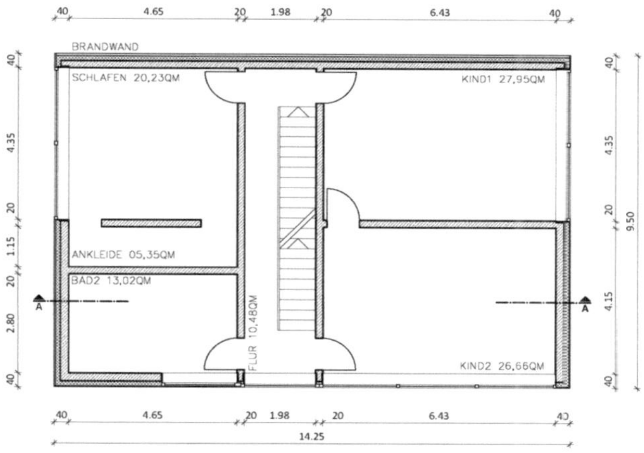

Abbildung 269: Grundriss 1. Obergeschoss (Kahnt et al., 2018)

Die Außenwände wurden als Stahlbeton- bzw. Carbonbetonhybridbauweise ausgeführt. Als Verbindungselemente kamen punktuelle GFK-Verbindungselemente (Produkt: Isolink) von der Firma Schöck Bauteile GmbH zum Einsatz. Damit konnten die Wärmebrücken innerhalb des ungestörten Wandbereiches der Fertigteilfassade auf 0,002 W/(m²·K) gesenkt werden (Thalheim, 2018). Diese besitzen eine allgemeine bauaufsichtliche Zulassung (abZ). Da die Ausführung allerdings nicht für die dünnen Carbonbetonplatten inbegriffen war, musste eine Zustimmung im Einzelfall (ZiE) für dieses Bauobjekt erwirkt werden. Gedämmt werden die Fassadenelemente mit einer 16 cm dicken Mineralwollschicht mit einer Wärmeleitfähigkeit von 0,035 W/(m²·K). Das Produkt betorock von Rockwool erfüllt die Anforderungen an die nötige Druckfestigkeit, damit der Ortbeton eingebracht werden kann (siehe Abbildung 274).

Die Reduzierung der FTW-Zyklen sowie der max. Eismasse im Baustoff war das angestrebte Ziel. Dafür wurden die wichtigsten Eigenschaften mittels Simulation optimiert und danach eine angepasste Betonmatrix entwickelt.

Der entwickelte Textilbeton 4.0 ist eigens für die vorliegende Anwendung als Fassade angepasst. Die Betonmatrix weist nur 0,5 % Kapillarporen auf. Damit kann der Feuchtetransport in der Porenvolumenfraktion von 30 nm – 100 µm nahezu zu unterbunden werden. Die zusätzliche Hydrophobierung auf der Außenseite kann die Eisbildung in der Textilbetonplatte auf max. 3 kg/m³ statt über 40 kg/m³ beim Normalbeton reduzieren. Zudem besitzt der Textilbeton 4.0 eine Druckfestigkeit von 90 N/mm², die weit über dem hier verwendeten Normalbeton von 25 N/mm² liegt. Damit kann eine Schädigung der Betonstruktur ausgeschlossen werden.

Daher wurde beim Stadthaus genau diese Betonmischung Textilbeton 4.0 zur Ausführung der Außenplatten gewählt. Die Anlage im Betonwerk Oschatz musste für die Einbringung der hochfesten Betonmischung allerdings etwas modifiziert werden, da der Beton mit seinem sehr niedrigen w/z-Wert von 0,42 sowie seinen feinen Bestandteilen stark anhaftet, aber dennoch sehr fließfähig ist und in sehr feinen Schichten aufgebracht werden muss (siehe Abbildung 271).

Durch den hohen Feinsandanteil sowie das verwendete Quarzmehl, den angepassten w/z-Wert mit der optimalen Verdichtung und Nachbehandlung konnte der gewünschte, sehr niedrige Kapillarporen- und auch Luft- und Verdichtungsporenanteil erreicht werden. Dieser erzeugt eine fast porenfreie Oberflächenstruktur.

Um die Bildung von biologischem Wachstum durch Algen und Pilze zu verzögern und im Optimalfall gänzlich zu unterbinden, wird in Kapitel 4.4, eine Fassadenplatte mit optimierten Eigenschaften entwickelt. Diese ist den hier verglichenen konventionellen Baukonstruktionen in Bezug auf das hygrothermische Milieu der Oberfläche gleichwertig und bei einigen auch überlegen.

Die vorgeschlagene anthrazitfarbene Textilbetonplatte 4.0 besitzt einen Absorptionskoeffizienten von 0,9 [-] im kurzwelligen Bereich und einen Emissionskoeffizienten von 0,95 [-] im langwelligen Bereich. Damit kann in den Zeiten, in denen solare Strahlung auf die Oberfläche auftrifft (auch diffuse Strahlung), die Temperatur der Oberfläche erhöht werden, was die rel. Luftfeuchte absenkt. Damit werden die zusammenhängenden Zeiten hoher rel. Luftfeuchtigkeit, die für den Mould-Index entscheidend sind, reduziert. So erreicht die 1,5 cm dicke Textilbetonplatte 4.0 im Jahresgang einen max. Mould-Index von knapp über 0,035 [-], die 4,5 cm dicke Platte sogar nur knapp über 0,02 [-].

Die ausgeführte Plattendicke im Stadthaus beträgt 4 bis 4,5 cm. Die Platten wurden mit dem Eisenoxidpigment (bayferrox von Lanxess) schwarz eingefärbt. Der Anteil betrug 7,5 M.-% in Bezug zum Zementgehalt. Damit konnte sichergestellt werden, dass die dunkelste Einfärbung erreicht werden kann.

Die Optimierung dieser bauphysikalischen Eigenschaft hat direkte Auswirkungen auf die Gestaltung des Gebäudes. Mit der charakteristischen anthrazitfarbenen Oberfläche konnte ein massiver Eindruck erzeugt werden. Damit der hochfeste Beton mit seiner kunststoffähnlichen Oberfläche als Beton erkannt wird, erfolgte die Ausführung mit ausgeprägten Wolkenstrukturen (siehe Abbildung 270, Abbildung 275 und Abbildung 276).

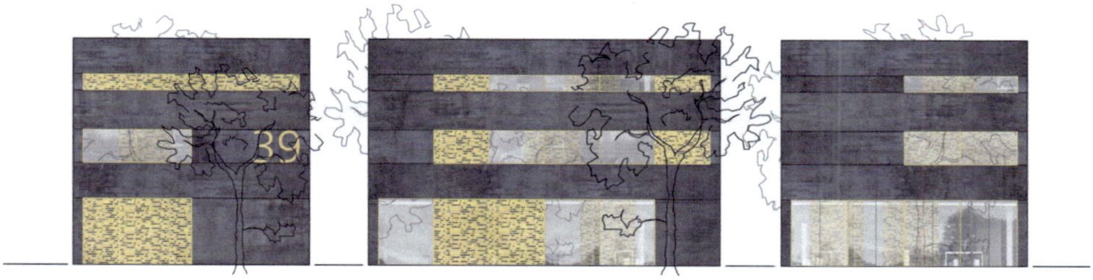

Abbildung 270: Fassadenansichten Stadthaus Tietze (Kahnt et al., 2018)

Abbildung 271: Betonage der Außenplatte im Betonwerk Oschatz

Abbildung 272: Einlagen des Bewehrungstextils aus Carbon

Abbildung 273: Mit Mineralwolle gedämmte Außenplatte inkl. Verbindungspins

Abbildung 274: Elementquerschnitt bei der Montage (Kahnt et al., 2018)

Abbildung 275: Montage der Textilbetonelemente (Kahnt et al., 2018)

Abbildung 276: Fertiggestelltes Erdgeschoss

Abbildung 277: Innenraumansicht vor dem Ausbau mit Estrich

Zusammenfassung Modellgebäude

Durch die Umsetzung eines Modellgebäudes in Leipzig konnten die Ergebnisse dieser Arbeit Anwendung finden. Es konnte gezeigt werden, dass die Außenplatten im Maßstab 1:1 umgesetzt werden konnten, wobei die größte Platte 8 m lang war. Zudem konnten die Textilbetonplatten die Geschossigkeit überspielen, um sich etwas aus dem Fertigteilbau zu lösen. Jede Platte wurde kostenneutral in Losgröße 1 gefertigt. Es wurde damit nachgewiesen, dass sich die Fassadenelemente aus Textilbeton vollautomatisiert und damit sehr kosteneffizient fertigen lassen. Ein laufendes Monitoring an den Wandelementen soll die Ergebnisse dieser Arbeit validieren.

Die Forschungsfrage, ob die in dieser Arbeit entwickelten Baukonstruktionen aus Textilbeton automatisiert produziert und montiert werden können, kann damit bestätigt werden. Die Bauteile wurden alle im Betonwerk Oschatz als Halbfertigteile hergestellt, dann zur Baustelle transportiert und mit einem neuen Montagesystem montiert.

5.1.4 Kooperationen

Der Aspekt der wirksamen Speichermasse hat großes Interesse bei dem Modulbauer KLEUSBERG GmbH & Co. KG geweckt, sodass es seit dem Jahr 2018 eine Kooperation mit der HTWK Leipzig gibt. Das Unternehmen fertigt mit 950 Mitarbeitern u. a. modulare Leichtbauten mit dem Ziel, schlanke Fassadenelemente in die Module einzubringen, die Eigenschaften von Massivbauten aufweisen. Ein entsprechendes Projekt läuft derzeit parallel zur Fertigstellung dieser Arbeit. So werden Ende 2019 drei Raummodule auf dem Freigelände der HTWK Leipzig aufgebaut und einem mehrjährigen Monitoring unterzogen. Dabei soll das Innen- und Außenraumklima der neuen Textilbetonkonstruktionen mit einem Modul, das außen WDVS und innen Gipskartonplatten besitzt sowie einem konventionellen Modul im Holzbau verglichen und die Simulationsergebnisse dieser Arbeit experimentell nachgewiesen werden.

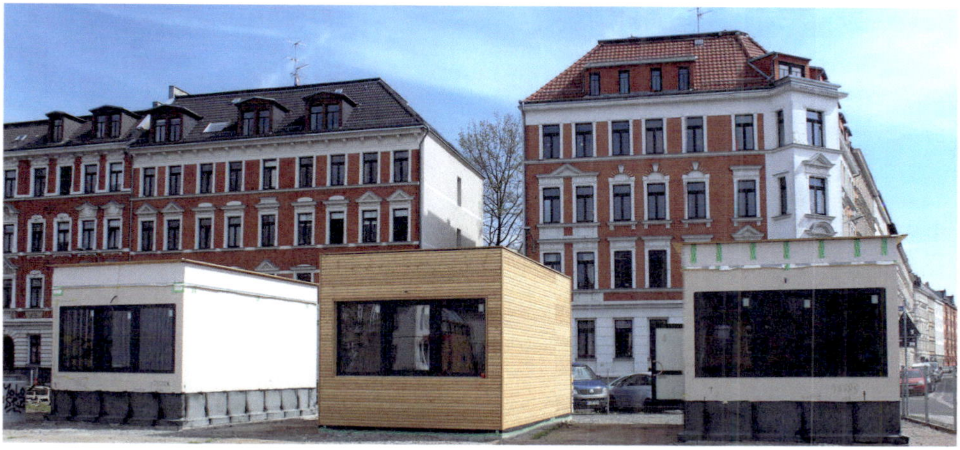

Abbildung 278: Raummodule während der Umsetzung mit der KLEUSBERG GmbH & Co. KG

Der Aspekt der schlanken und intelligenten Bauweise ist auf Interesse bei der BASF SE gestoßen, für die in den vergangenen Jahren einige Modellobjekte mit Zulassungen umgesetzt werden konnten. Die dabei entwickelten Aerogeldämmstoffe (SLENTITE und SLENTEX/Spaceloft A2) können die Schichtdicke im Vergleich zu konventionellen Dämmstoffen halbieren, da sie Wärmeleitfähigkeiten von 17 mW/(m^2·K) bis 19 mW/(m^2·K) besitzen. Aber dennoch sind sie unkompliziert wie konventionelle Dämmstoffe zu verarbeiten. Wenn die Entwicklungen von Carbonbeton und neuartigen Dämmstoffen zusammengeführt werden, können sehr dünne Fassadenelemente in Sichtbetonqualität hergestellt werden. Entwicklungsbedarf besteht in der Integration der Dämmstoffe in die Werksprozesse möglichst vollautomatisiert. Zum Abschluss dieser Arbeit befindet sich die eigenständige Werkshalle „Carbonbetontechnikum“ in Fertigstellung. Dort sollen zukünftig Bauteile im Pilotmaßstab vollautomatisiert gefertigt und geprüft werden können.

5.2 Zusammenfassung

In **Kapitel 1 „Einführung"** werden die Problemstellung, Motivation und die sich daraus ergebenden Fragestellungen und Hypothesen beschrieben.

Die wachsende Weltbevölkerung mit steigender Nachfrage an Energie, Nahrungsmitteln und Wohnraum in Verbindung mit dem globalen Urbanisierungstrend erzeugt einen Bedarf an energieeffizienten, ressourcenschonenden und flächeneffizienten städtischen Bauweisen. (Curbach et al., 2014)

Die Europäische Union (EU) definiert das Ziel, bis zum Jahr 2050 ein dekarbonatisiertes Energiesystems zu entwickeln. Konkret sollen bis zum Jahr 2050 mind. 80 % bis 95 % der Treibhausgasemissionen gegenüber dem Jahr 1990 eingespart werden. Deutschland verfolgt dieses Ziel in gleicher Höhe. Dazu will die Bundesrepublik bis zum Jahr 2050 50 % energieeffizienter gegenüber 1990 werden sowie 60 % der nötigen Bruttoendenergie und 80 % des Bruttostromverbrauchs aus erneuerbaren Energiequellen beziehen. (BMWi & BMU, 2010)

Die Forderung nach Ressourceneinsparungen und Nachhaltigkeit richtet sich insofern besonders an das Bauwesen. Beton als der derzeit meistverwendete Baustoff bietet das Potential, große Mengen Treibhausgasemissionen einzusparen. Auf die Zementproduktion sind 2 % der deutschen und 8 % der globalen Treibhausgasemissionen zurückzuführen (WWF Deutschland, 2019). Dabei sind die Emissionen, die während der Herstellung von einem Kilogramm Beton entstehen, im Vergleich zu anderen Baustoffen als eher gering einzustufen. Grund für die hohen Emissionen sind die großen Betonmengen, die verbaut werden. Im Hinblick auf das Wachstum der Weltbevölkerung sowie den Urbanisierungstrend in den Schwellenländern werden diese Treibhausgasemissionen durch Fortsetzung konventioneller Bauweisen weiter ansteigen.

Innovative Baustoffentwicklungen versprechen hohe Ressourceneinsparungen und damit verbunden auch geringere Baukonstruktionsdicken. Der neu entwickelte Verbundwerkstoff Textilbeton verfügt im Vergleich zu herkömmlichem Stahlbeton über einen hochfesten Feinbeton und ein textiles Bewehrungsgelege. Da dieses nicht korrosionsanfällig ist, können sehr dünne Baukonstruktionen ausgeführt werden. Es konnte durch eine Vielzahl von Projekten nachgewiesen werden, dass dies statisch funktioniert. In seiner Gesamtheitlichkeit ist dieser neue Verbundwerkstoff allerdings noch zu untersuchen.

Daher lautet die grundlegende Forschungsfrage dieser Arbeit, ob Textilbetonfassaden einen Beitrag zum nachhaltigen Bauen leisten können. Daraus wurde die folgende These abgeleitet: „Gebäudehüllen aus Textilbeton sind leichter als massive, konventionelle Baukonstruktionen, besitzen aber mindestens die gleiche hygrothermische Leistungsfähigkeit. Nachteilige Aspekte des Leichtbaus auf das

Raum- oder Oberflächenklima oder die Dauerhaftigkeit können damit widerlegt werden." Auf dieser Grundlage wurden drei Hypothesen entwickelt, die diese verifizieren sollten:

- Mittels integraler Gebäudeplanung unter Einsatz von Fassadenelementen aus Textilbeton können die Primärenergiemengen in der Betriebsphase reduziert werden. So kann im mitteleuropäischen Klima vollständig auf Kühlenergie in der Nutzung verzichtet werden.
- Unter Verwendung angepasster Textilbetonmatrices kann die Dauerhaftigkeit der leichten Baukonstruktionen gesteigert und damit die Lebensdauer verlängern werden. Eine Strukturschädigung durch Frost-Tau-Wechsel kann in diesen Baukonstruktionen ausgeschlossen werden.
- Durch den Einsatz von Leichtbaukonstruktionen aus Textilbeton kann die Bildung von biologischem Wachstum auf Außenoberflächen verringert werden. Damit kann das Wachstum von Algen, Pilzen und Flechten über die Nutzungsdauer (auch ohne Verwendung von Algiziden) ausgeschlossen werden.

Das **Kapitel 2 „Grundlagen"** behandelt die relevanten Grundlagen über die Fassade, den Textilbeton, den verwendeten Wetterdatensatz, die Struktur mineralischer Baustoffe (Porenarten und -größen), die wirksame Speichermasse, die Dauerhaftigkeit sowie das biologisches Wachstum.

Die Aufgaben einer Gebäudehülle sind neben Gestaltung und Repräsentation hauptsächlich technischer Natur. Umwelteinflüsse stellen hohe Anforderungen an die Gebäudehülle wie z. B. Wärme- und Kälteschutz, Wind- und Wasserdichtheit sowie Schall- und Feuerwiderstandsfähigkeit. Insbesondere die hygrothermischen Anforderungen stehen bei leichten Gebäudehüllen im Verdacht, nicht die gewünschte Leistungsfähigkeit aufzuweisen.

In **Kapitel 3 „Baustoffe"** werden die untersuchten Textilbetonmatrices erläutert, hygrothermisch charakterisiert, konventionellen Baustoffen gegenübergestellt und ausgewertet.

Die untersuchten Eigenschaften wie die periodische Eindringtiefe mit den Wärmeeindringkoeffizienten, die Wasserdampf-Diffusionswiderstandszahl oder der Wasseraufnahmekoeffizient fallen im Vergleich zu den konventionellen Baustoffen sehr positiv auf. Sie sind mind. gleichwertig oder leistungsfähiger als die meisten derzeit verwendeten Baustoffe im Bauwesen.

Im Ergebnis konnte eine hohe periodische Eindringtiefe (24 h) aller untersuchter Textilbetone erreicht werden. Die dazugehörigen Wärmeeindringkoeffizienten erreichten etwa doppelt so hohe Werte wie die historischen Ziegel der Altbauwand und sogar dreifach so hohe Werte wie Gipskartonplatten. Dieser Bereich liegt oberhalb der untersuchten konventionellen Baustoffe. D. h., dass in sehr kurzer Zeit sehr viel Wärme eindringen kann.

Zudem erreichen die Textilbetonmischungen sehr hohe Wasserdampf-Diffusionswiderstandszahlen. Bei entsprechender Plattendicke ist sie damit ideal als Dampfbremse geeignet. Vergleichsweise hohe Werte erreichen nur Eiche und Granit. Alle weiteren mineralischen Baustoffe liegen unterhalb der Wasserdampf-Diffusionswiderstandszahlen. Die besten Werte erreichen die Textilbetone 2.0 und 4.0.

Schließlich konnte der Wasseraufnahmekoeffizient von Textilbeton 4.0 nahezu alle kapillaraktiven Baustoffe in der Fähigkeit des Wassertransportes unterbieten. Er transportiert damit kaum Flüssigwasser. Einzig Granit kann den Wert noch leicht unterschreiten.

In **Kapitel 4 „Baukonstruktionen"** werden Lösungsansätze für Baukonstruktionen aus Textilbeton entwickelt, konventionellen Konstruktionen gegenübergestellt und in einer definierten Bewertungsmatrix ausgewertet. Des Weiteren werden die Lösungsansätze optimiert zu einer finalen Variante der Textilbetonwand 4.0, die alle gewünschten Eigenschaften in einer Baukonstruktion vereint. Dabei konnte nachgewiesen werden, dass die leichten Baukonstruktionen aus Textilbeton dem überwiegenden Teil der konventionellen Konstruktionen in allen bauphysikalischen Eigenschaften gleichwertig oder überlegen sind.

Um die drei Hypothesen dieser Arbeit nachzuweisen, wurde der Hauptteil dieser Arbeit in entsprechende Abschnitte unterteilt: wirksame Speichermasse, Dauerhaftigkeit und biologisches Wachstum.

Wirksame Speichermasse

Für die Untersuchung der wirksamen Speichermasse von Innenräumen ist der passende Wärmeeindringkoeffizient (und der daraus resultierenden periodische Eindringtiefe der Wärmewelle in den Baustoff) die bestimmende Kenngröße. Simuliert wurde ein Jahr im Modellraum (Büro mit Westausrichtung).

Ausgewertet wurde als erstes Bewertungskriterium ein Tag mit hoher Wärmelast im Testreferenzjahr (16. August, 11 Nutzungsstunden). Im Rahmen der Bearbeitung und Auswertung konnte eine bauphysikalisch optimierte Variante entwickelt werden. Diese finale Variante besteht aus dem Textilbeton 2.0 und besitzt eine 6 cm Innenplatte, die zusätzlich eine Rippenstruktur von 9 cm Rippenbreite und 3 cm Rippentiefe (bei 1,5 cm breitem Einschnitt) aufweist. Es konnte aufgezeigt werden, dass die Textilbetonwand 2.0 die Leistungsfähigkeit im Vergleich zu Massivwänden wie der Altbau- und der Porenbetonwand übertreffen kann. Leichtbaukonstruktionen wie die Holz- oder die Gipskartonwand können ebenfalls deutlich übertroffen werden. Eine annähernd ähnliche Leistungsfähigkeit erzielen die Kalksandstein- und der Betonfertigteilwand. Lediglich die wesentlich dickere Ortbetonwand erreicht eine deutlich höhere Leistungsfähigkeit.

Im Ergebnis wurde ein weiteres Kriterium ausgewertet, um das mögliche passive Kühlenergiepotential für das Gesamtjahr zu ermittelten. Dazu wurden ausgehend von der Referenzvariante 228 Stunden festgelegt, die für den Modellraum kritisch angesehen werden können. In diesen Zeiten wäre aktive Kühlenergie über Gebäudetechnik nötig, um die DIN EN ISO 7730:2006-05 einhalten zu können. Die Textilbetonwand 2.0 konnte eine passive Kühlleistung von 2615 Wh/(m^2·a) in diesen Stunden erbringen. Nötig wären bezogen auf die Wandflächen des Modellraums 2109 Wh/(m^2·a), um weitestgehend ohne Kühlenergie auszukommen. Übertroffen werden die Werte der finalen Variante nur von der Kalksandsteinwand oder den beiden Normalbetonwänden. Damit fällt das Potential über das Jahr auch höher aus als bei der Altbau-, der Gipskartoninnen- oder der Holzwand.

Die Hypothese 1 („Mittels integraler Gebäudeplanung unter Einsatz von Fassadenelementen aus Textilbeton können die Primärenergiemengen in der Betriebsphase reduziert werden. So kann im mitteleuropäischen Klima vollständig auf Kühlenergie in der Nutzung verzichtet werden.") kann damit als verifiziert angesehen werden, da die finale Variante ein deutlich höheres passives Kühlenergiepotential aufweist als die meisten konventionellen Baukonstruktionen und es sogar ermöglicht, vollständig auf aktive Kühlenergie zu verzichten.

Dauerhaftigkeit

Die Dauerhaftigkeit einer Baukonstruktion wird primär durch den Anteil der Wassermasse in den größeren Poren bestimmt und wie stark die Temperatur im Bauteilquerschnitt infolge von Dämmmaßnahmen absinkt. Alle untersuchten Baukonstruktionen weisen hohe Kapillarporenanteile auf, wodurch Wasser in Form von Dampf, aber vor allem Flüssigwasser transportiert werden kann. Durch zusätzliche Nachbehandlungen wie Hydrophobierung oder Silikonharzbeschichtung kann kaum noch Flüssigwasser von der Oberfläche in das Baustoffgefüge eindringen. Ist diese Behandlung gestört oder fehlt, kann es zu Schäden kommen. Daher war das vorrangige Ziel in diesem Kapitel, eine Betonmatrix zu entwickeln, die kaum Wasser transportieren kann. In den durchgeführten Simulationen konnten die Kapillarporen als die problematischste Porenvolumenfraktion ausgemacht werden.

Im Rahmen der allgemeinen Bearbeitung und Auswertung des Baukonstruktionsvergleiches konnte gezeigt werden, dass die Altbauwand ohne Dämmung als Optimum angenommen werden kann. Diese weist eine hohe Dauerhaftigkeit durch wenige FTW-Zyklen auf, weil der ständige Wärmetransport vom Innenraum zur Außenoberfläche den Querschnitt dauerhaft temperiert. Fällt bei dieser allerdings die äußere Putzschicht als Regenschutz oder sogar die Nutzung weg, verschlechtern sich die Werte deutlich und es kann zur Schädigung kommen. Bei der Altbauwand mit CS-Innendämmung verschlechtern sich alle Werte im Bauteilquerschnitt, da diese insgesamt stärker auskühlt. Den höchsten Anteil an Kapillarporen und damit auch an vorhandener Eismasse im Querschnitt besitzt die unbeschichtete Holzwand. Die unbeschichtete Betonfertigteilwand ist mit einem ebenfalls hohen Anteil an Kapillarporen und damit auch an Eismasse sowie einer geringen Zugfestigkeit gefährdet für FTW-Schäden. Die Wände aus Kalksandstein mit WDVS oder die aus Porenbeton besitzen eine Putzschicht mit einer Silikonharzbeschichtung. Gleiches gilt für die Ortbetonwand mit einer Außenverkleidung aus Aluminiumkassetten, die kein Wasser aufnehmen.

In einem weiteren Bearbeitungsschritt wurde mittels Porenvolumenverteilung ein Baustoff designt. Dazu wurde der Referenzbeton 2.0 von dem ursprünglichen Kapillarporenvolumen von 8 Vol. % stufenweise auf 4 Vol. % und später auf 0 Vol. % verändert, indem die Kapillarporen in der Porenvolumenverteilung angepasst wurden, um diese Daten dann wieder in die Simulation zu überführen.

Auf der Grundlage der Simulationsergebnisse wurde der Textilbeton 4.0 hergestellt, der nur 0,5 Vol. % an Kapillarporen aufweist. Er diente zur Validierung der Simulationsergebnisse. Alle aufgeführten konventionellen Vergleichskonstruktionen weisen deutlich höhere Kapillarporenanteile auf.

Der neu entwickelte Textilbeton 4.0 besitzt die geringste Fraktion an Kapillarporen im Vergleich mit allen Untersuchten konventionellen Wandkonstruktionen. Damit werden deutlich höhere Eismassen am 3. Januar (Auswertetag) in der Betonfertigteilwand, der Altbauwand und der Holzwand erreicht. Sollte dennoch mal Eis im Bauteilquerschnitt entstehen, besitzt die entwickelte Textilbetonmischung 4.0 die höchste zentrische Zugfestigkeit aller untersuchten Baukonstruktionen. Auftretende Zugspannungen durch die Eisbildung sowie damit zusammenhängende Zerstörungsmechanismen können durch die höhere Zugfestigkeit des Textilbetons 4.0 viel besser aufgenommen werden, ohne dass es zur Rissbildung im Gefüge kommt.

Die Hypothese 2 („Unter Verwendung angepasster Textilbetonmatrices kann die Dauerhaftigkeit der leichten Baukonstruktionen gesteigert und damit die Lebensdauer verlängern werden. Eine Strukturschädigung durch Frost-Tau-Wechsel kann in diesen Baukonstruktionen ausgeschlossen werden.“) kann als verifiziert angesehen werden, da die Schlüsseleigenschaften für den Textilbeton 4.0 wie z. B. die Kapillarporen oder die Zugfestigkeit der Matrix den meisten konventionellen Wandbaustoffen überlegen sind und Schädigungen durch FTW ausgeschlossen werden können.

Biologisches Wachstum

Das biologische Wachstum soll auf Fassadenoberflächen möglichst vermieden werden. Dazu müssen die Wachstumsbedingungen, verursacht durch zusammenhängende Zeiten von hoher rel. Luftfeuchten auf der Oberfläche reduziert werden. Daher kommt den hygrothermischen Eigenschaften der äußeren Schicht eine große Bedeutung zu. In dieser Arbeit wurden die wichtigsten Eigenschaften wie Speichermasse, Absorptionsgrad, Dampf- und Wassertransport untersucht, um Abhängigkeiten aufzubereiten. Die Eigenschaft der Speichermasse ist dabei ein Kriterium, das weniger entscheidend ausfällt als vermutet. Eine größere Plattendicke erweist sich dennoch als positiv, da damit eine höhere Speicherfähigkeit für Wasserdampf zur Verfügung steht, die die Taubildung auf der Oberfläche und damit die Bedingungen für biologisches Wachstum senken kann. Zudem kann durch die Erhöhung des Absorptionskoeffizienten auf 0,9 [-] im kurzwelligen Bereich und 0,95 [-] im langwelligen Bereich eine rasche Erwärmung der Fassadenoberfläche und viele Grenztemperaturüberschreitungen erreicht werden.

Im Rahmen der allgemeinen Bearbeitung und Auswertung schneiden im Hinblick auf das biologische Wachstum die Altbauwand und die Altbauwand mit CS-Innendämmung am besten ab, da sie ungedämmt oder nur mit einer geringen Isolationsschicht gedämmt sind. Daher ist ihre Außenoberfläche deutlich wärmer und es treten weniger kritische rel. Luftfeuchtezustände auf der Fassadenoberfläche auf. Im Bereich vergleichbarer Dämmstandards scheidet die finale Variante der Textilbetonwand 4.0 am zweitbesten ab. Auf ähnlichem Niveau liegt die Porenbetonwand mit Silikonharzoberputz. Schlechtere Ergebnisse weisen dagegen die Kalksandsteinwand mit WDVS auf sowie die Ortbetonwand mit einer Verkleidung aus Aluminiumkassetten. Besser schneidet nur die Betonfertigteilwand durch ihre große Plattendicke ab. Alles in allem lässt sich zusammenfassen, dass organische Fassadenoberflächen oder mit organischen Material verschmutze Oberflächen deutlich schlechtere Eigenschaften besitzen als mineralische oder metallische Fassadenoberflächen.

Im Ergebnis wurde als Erstes die Neigung aller Baukonstruktionen untersucht, die Gefährdung im Hinblick auf eine Aufwuchsneigung von Pilzen (Mould-Index) aufweisen. Dabei erreichte die ungedämmte Altbauwand den geringsten Mould-Index mit 0,015 [-], jedoch nur durch den vorhandenen Wärmestrom aus dem Innenraum. Im Bereich vergleichbarer Dämmstandards erreicht die finale Variante mit einer Textilbetonplatte von 1,5 cm den geringsten Mould-Index mit 0,035 [-] im Jahresgang, was nach (Ojanen et al., 2010) in der Skala 0 bis 1: „keinem Wachstum von Pilzen auf der Oberfläche" entspricht. Die Kalksandsteinwand mit WDVS erreicht einen ähnlichen Wert, während sich die Holzwand in der Mould-Index-Skala 1 bis 2 von „kleine Mengen Pilz auf der Oberfläche (Mikroskop)" auf der Oberfläche nach (Ojanen et al., 2010) befindet. Wird die Außenplatte der finalen

Variante auf 4,5 cm verdickt, kann der Mould-Index sogar noch weiter auf den geringsten untersuchten Wert gesenkt werden (0,02 [-]). Lediglich die Vergleichskonstruktion der Betonfertigteilwand aus normalfesten Beton liegt auf gleicher Höhe.

Zudem wurden die Luftzustände mit Zeiten über 98 % rel. Luftfeuchtigkeit summiert, um die Varianten in Bezug auf die Wachstumsneigung von Algen zu vergleichen. Die Altbauwand mit verringertem Dämmstandard erreichte durch den Wärmetransport vom Innen- zum Außenraum nur verhältnismäßig wenige Stunden im Gesamtjahr, in denen 98 % rel. Luftfeuchtigkeit überschritten wird. Die Kalksandsteinwand mit WDVS und die Porenbetonwand kommen auf deutliche höhere (und damit schlechtere) Werte. Die finale Textilbetonwand 4.0 mit einer äußeren Plattendicke von 1,5 cm ist besser als die Kalksandsteinwand und die Porenbetonwand. Die dickere Textilbetonplatte mit 4,5 cm konnte die Stunden über 98 % rel. Luftfeuchtigkeit nochmal deutlich senken und erreicht damit unter allen Varianten mit gleichem Dämmstandard zusammen mit der Betonfertigteilwand aus Stahlbeton den besten Wert. Damit fällt dieses wichtige Kriterium des Algenwachstums bei beiden Textilbetonwänden deutlich günstiger aus als bei den konventionellen Baukonstruktionen mit gleichem Dämmstandard.

Die Hypothese 3 („Durch den Einsatz von Leichtbaukonstruktionen aus Textilbeton kann die Bildung von biologischem Wachstum auf Außenoberflächen verringert werden. Damit kann das Wachstum von Algen, Pilzen und Flechten über die Nutzungsdauer (auch ohne Verwendung von Algiziden) ausgeschlossen werden.“) kann als verifiziert angesehen werden, da sowohl der Mould-Index für das Pilzwachstum als auch die zusammenhängenden Zeiten über 98 % rel. Luftfeuchte als Algenkriterium gegenüber den meisten konventionellen Baukonstruktionen gesenkt werden konnten.

Die **finale Variante** der Textilbetonwand 4.0 ermöglicht den Entwurf von sehr schlanken Konstruktionen, ein kostengünstiges Fertigungsverfahren sowie geringe Treibhausgasemissionen bei einer sehr hohen hygrothermischen Leistungsfähigkeit.

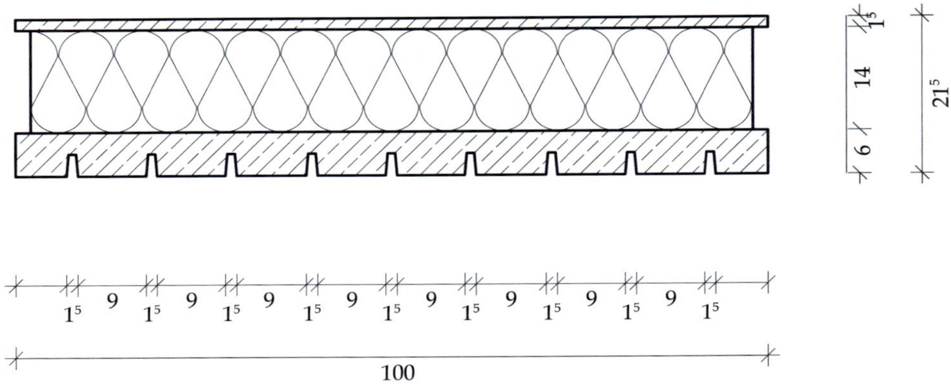

Abbildung 279: Horizontalschnitt Baukonstruktion Textilbetonwand 4.0, finale Variante

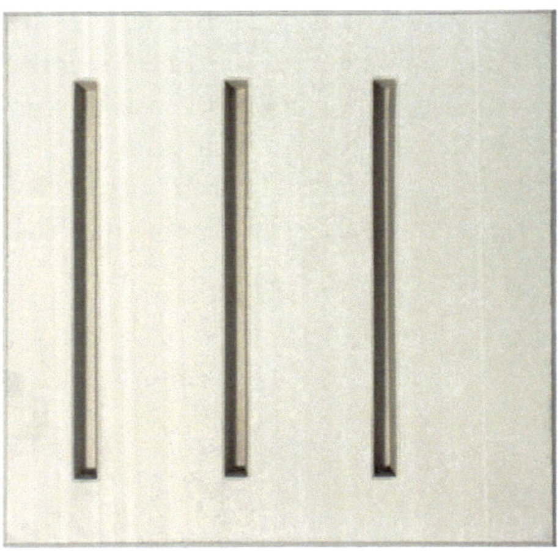

Abbildung 280: Innenraumansicht (weiß) Modellbauteil Textilbetonwand 4.0, finale Variante

Abbildung 281: Fassadenansicht (anthrazit) Modellbauteil Textilbetonwand 4.0, finale Variante

In der finalen Variante kommen alle in dieser Arbeit betrachteten Aspekte zusammen, um daraus eine Textilbetonfassade zu fertigen. Beispielsweise könnte die wirksame Speichermasse des Modellinnenraums optimiert sowie die Pilz- und Algenbildung auf der Außenfassade reduziert werden, wenn die Plattendicke dicker ausgeführt wird. Demgegenüber stand aber die Reduzierung an grauer Energie durch die Reduktion von Zement sowie das Ziel der schlanken Bauweise. Daher wurde stets ein optimaler Kompromiss gefunden. Alle Aspekte folgten dabei einer gesamtheitlichen Betrachtung des nachhaltigen Bauens.

Die hygrothermischen Ergebnisse der finalen Variante fallen außerordentlich positiv aus. Dies liegt zum einen an dem Verbundwerkstoff Textilbeton, der sehr individuell mit definierten Eigenschaften hergestellt werden kann. Damit können diese optimal designt werden, wie in dieser Arbeit nachgewiesen wurde. Dies ist für Baustoffe wie Holz oder Natursteine nur in begrenztem Umfang möglich, da sie nicht oder nur geringfügig modifiziert werden können. Das gleiche gilt für die konventionellen Baukonstruktionen, bei denen die Grenzen durch die Unveränderlichkeit der Baustoffmatrix sowie die dann hygrothermisch nicht optimal zu den Anwendungen passenden Eigenschaften gesetzt werden.

Damit konnten die drei Hypothesen verifiziert und die Forschungsfragen zum Vorteil des Textilbetons bestätigt werden. Daher kann der Schluss gezogen werden, dass Gebäudehüllen aus Textilbeton einen Beitrag zum nachhaltigen Bauen leisten.

Diese Arbeit verknüpft alle Disziplinen des Bauwesens, der Architektur wie auch das Bauingenieurswesen ähnlich der alten Philosophie der Baumeister. Für nachhaltige Bauprodukte wird ein solches Herangehen daher zukünftig erforderlich sein.

Glossar

anorganisch; „zum unbelebten Teil der Natur gehörend, ihn betreffend" (Bibliographisches Institut GmbH, 2019, Absatz 1) oder:
„Sammelbezeichnung für die chemischen Elemente außer dem Kohlenstoff, für die kohlenstofffreien Verbindungen (mit Ausnahme der Kohlenstoffoxide CO_2 [Kohlendioxid] und CO [Kohlenmonoxid] sowie der Carbonate und Carbide) und für Systeme oder Prozesse der unbelebten Natur. In der anorganischen Chemie werden ca. 50 000 chemische Verbindungen beschrieben. Neben den anorganischen Verbindungen Wasser, Kohlendioxid und Sauerstoff (O_2), die von zentraler Bedeutung für fast alle biologischen Systeme sind, üben besonders Salze (anorganische Salze) und deren Ionen als Aktivatoren für Enzyme, bei osmotischen Prozessen (Osmose), bei der Nervenleitung (Erregungsleitung) oder in Ökosystemen wichtige biologische Funktionen aus. Gegensatz: organisch." (Sauermost & Freudig, 1999, Absatz 1)

Bau; „1. Die Gesamtheit der Tätigkeiten im Bauwesen, 2. Bauwerk, 3. Baustelle, 4. Aufbau, Struktur (einer Blüte, einer Maschine) … Das Wort Bau ist erst im sprachlichen Zusammenhang sinnvoll zu erfassen." (Wormuth, Schneider, & Ackermann, 2009, S. 23)

Bauphysik; „wissenschaftlich-technische Grundlage für die Planung und Ausführung von Bauwerken aller Art. Die Bauphysik umfaßt die Sachgebiete Wärmedämmung, Raumheizung bzw. -kühlung, Bauakustik und Lärmschutz, Brandschutz, Feuchteschutz und Grundlagen der Beleuchtungstechnik. […] Die Anforderungen und Methoden der Bauphysik werden in Deutschland weitgehend durch Gesetze, Verordnungen und DIN-Normen geregelt. Eine Sonderstellung nimmt die Baustatik ein, die zwar nicht zum klassischen Fächerkanon der Bauphysik zählt, aber die direkte Anwendung der Regeln der Statik auf die Konstruktion von Bauwerken darstellt." (Greulich, 1998, Absatz 1)

Baustoff; „zum Bauen geeignetes, verwendetes Material" (Bibliographisches Institut GmbH, 2019, Absatz 1)

Bauteil; „Teil eines Bauwerks (z. B.: Dach, Decke, Wand, Stütze, Treppe, Gründung), das aus Baustoffen hergestellt und meist aus mehreren Einzelteilen oder Konstruktionselementen gefügt ist. Die miteinander verbundenen Einzelteile bilden eine funktionelle Einheit. Ein Bauteil ist die materielle Lösung eines oder mehrerer bautechnischer, nutzungsfunktioneller und ästhetischer Probleme." (Wormuth et al., 2009, S. 32)

Baukonstruktion; „der detaillierte Entwurf von Bauteilen und Bauwerken unter Berücksichtigung komplexer Anforderungen der Bauphysik, der Statik, der Nutzung und der Ästhetik. Wichtiges Grundlagenfach in der Ausbildung von Architekten und Ingenieuren." (Wormuth et al., 2009, S. 26)

Bauwerk; „mit dem Erdboden verbundenes aus Bauteilen hergestelltes technisches Gebilde (z. B.: Gebäude, Brücke, Hochspannungsmast, Talsperre, Straße). Es ist die materielle Verwirklichung eines konstruktiven Systems, funktionaler Zielvorstellungen und gestalterischer Ideen (vgl. auch Tragwerk)." (Wormuth et al., 2009, S. 33)

Beton; „Gemisch aus Zement, Wasser (Zugabewasser), Gesteinskörnung und ggf. Betonzusätzen, das im frischen Zustand verformbar (Frischbeton) und durch Hydratation des Zements zunächst erstarrt und dann zu einem künstlichen Stein erhärtet (Festbeton). Nach der Trockenrohdichte werden unterschieden Leicht-, Normal- und Schwerbeton, nach den Leistungsanforderungen Standardbeton, Beton nach Eigenschaften und Beton nach Zusammensetzung, nach der charakteristischen Druckfestigkeit die Betonfestigkeitsklassen, nach dem Ort der Herstellung und Erhärtung Baustellen-, Transport- und Ortbeton. Für bestimmte Anwendungsfälle kann Beton mit besonderen Eigenschaften hergestellt werden. Nach der Konsistenz des Frischbetons werden unterschieden steife, plastische, weiche, sehr weiche, fließfähige und sehr fließfähige Betone." (Wormuth et al., 2009, S. 36)

Recyclingbeton; „Beton, der durch Aufbruch anfällt und ggf. aufbereitet als Mineralstoff wiederverwendet wird." (Wormuth et al., 2009, S. 36)

Betonfertigteile; „Bauteile aus unbewehrtem Beton, Stahl- oder Spannbeton – häufig konstruktiver Art – die im Betonwerk hergestellt und im erhärteten Zustand zur Verwendungsstelle transportiert und dort eingebaut werden." (Wormuth et al., 2009, S. 37)

Betonstahl; „Stahl zur Aufnahme der Zugkräfte in einer Stahlbetonkonstruktion. Er wird zu Betonstahlstab, Betonstahlmatten oder Bewehrungsdraht verarbeitet. Es werden Betonstabstähle mit glatter, profilierter und gerippter Oberfläche hergestellt. Die Oberflächenausbildung hat großen Einfluss bei den Kraftübergängen vom Beton in den Betonstahl oder in umgekehrter Richtung. Mit der neuen, europäisch ausgerichteten Normengeneration gewinnt die Dehnfähigkeit des Betonstahls an Bedeutung (Duktilität)." (Wormuth et al., 2009, S. 37)

Betonzusätze; „Ausgangsstoffe für Beton zur Beeinflussung bestimmter Eigenschaften des frischen und/oder des erhärteten Betons. Nach Art und Zugabemenge unterscheidet man Betonzusatzmittel und Betonzusatzstoffe." (Wormuth et al., 2009, S. 38)

Betonzusatzmittel; „flüssige oder pulverförmige Stoffe, die dem Beton zugesetzt werden, um durch chemische und/oder physikalische Wirkung Eigenschaften des Frisch- oder Festbetons zu ändern, wie z. B. Verarbeitbarkeit, Erstarren, Luftgehalt. Die Zugabemenge ist so gering, dass sie sich volumenmäßig im Beton i. Allg. nicht auswirkt. Nach DIN EN 934 gibt es folgende Betonzusatzmittel: Betonverflüssiger, Fließmittel, Luftporenbildner, Dichtungsmittel, Verzögerer, Erstarrungs-/Erhärtungsbeschleuniger, Einpresshilfen, Stabilisierer, Spritzbetonbeschleuniger, Chromatreduzierer und Recyclinghilfe bedürfen einer allg. bauaufsichtlichen Zulassung." (Wormuth et al., 2009, S. 38)

Betonzusatzstoffe; „fein aufgeteilte Stoffe, wie z. B. Trass, Gesteinsmehl, Steinkohlenflugasche, Silicastaub, Pigmente, die bestimmte Eigenschaften des Frisch- oder Festbetons beeinflussen. Die Zugabemenge ist so groß, dass sie sich volumenmäßig im Beton auswirken." (Wormuth et al., 2009, S. 38)

Betonzuschlag; „frühere Bezeichnung für Gemisch (Haufwerk) von ungebrochenen und/oder gebrochenen Körnern aus natürlichen und/oder künstlichen mineralischen Stoffen. Heutiger Begriff Gesteinskörnung." (Wormuth et al., 2009, S. 38)

Bewehrung; „Stahleinlagen im Beton (Betonstahl) und Mauerwerk, vor allem zur Übernahme der Zugkräfte, die im Bauteil aus äußeren Lasten entstehen." (Wormuth et al., 2009, S. 39)

Dämmstoff; „Stoffe, die zur Wärmedämmung bzw. Schalldämmung verwendet werden." (Wormuth et al., 2009, S. 60)

Energieeffizienz: „Wirkungsgrad bei der Energieumwandlung, also das Verhältnis von erzeugter zu aufgewendeter Energie. Der Wirkungsgrad bei der Erzeugung elektrischen Stromes liegt nur bei rund 30 bis 40%, ähnlich ungünstig ist der Wirkungsgrad eines Ottomotors im Auto." (Schmid, Patzies, & Sibich, 1996, S. 152)

Energieeinsparverordnung (EnEV); „Verordnung über energiesparenden Wärmeschutz und energiesparende Anlagentechnik bei Gebäuden. Anzuwenden auf zu errichtende Gebäude und auf bestehende Gebäude und Anlagen. Enthält Vorschriften über Energie- und Wärmebedarf sowie Energieverbrauchskennwerte, die in einem Energieausweis zusammenzustellen sind." (Wormuth et al., 2009, S. 79)

Energieträger; „Substanz oder Phänomen, das verwendet werden kann, um mechanische Arbeit, Strahlung oder Wärme zu erzeugen oder chemische bzw. physikalische Prozesse ablaufen zu lassen." (Wormuth et al., 2009, S. 79)

Endenergie. „Energie, die dem Endnutzer vorliegt." (Schaefer, 1996, S. 334)

Expositionsklasse; „Klassifizierung der chemischen und physikalischen Umgebungsbedingungen" (Holschemacher, 2019, S. 3.2)

Fassade; „(französisch façade/italienisch facciata, zu: faccia = Vorderseite, Gesicht, Aussehen, über das Vulgärlateinische zu lateinisch facies, Fazies.) vordere, meist der Straße zugekehrte Außenseite eines Gebäudes" (Bibliographisches Institut GmbH, 2019, Absatz 1)

Feine Gesteinskörung (Feinbeton); „Bezeichnung für Korngruppen bis Größtkorn 4 mm" (Wormuth et al., 2009, S. 88)

Fertigteilbau; „auch Montagebau; Bauwerk, dessen tragende und nichttragende Bauteile überwiegend in einem Fertigteilwerk vorgefertigt und auf der Baustelle montiert werden." (Wormuth et al., 2009, S. 92)

Festbeton; „Beton, sobald er erhärtet ist." (Wormuth et al., 2009, S. 92)

Festigkeit; „meist Grenze der von einem Werkstoff übertragbaren Spannung; z. B. Zug-, Druckfestigkeit bei einachsiger Beanspruchung." (Wormuth et al., 2009, S. 93)

Gebäude; „sprachliche Kollektivbildung zu Bau. Überdachte bauliche Anlage, von Menschen benutzbar und dem Schutz von Menschen, Tieren und Gerät dienend." (Wormuth et al., 2009, S. 108)

Graue Energie; Der Begriff graue Energie bezeichnet Energie, die vom Verbraucher nicht direkt eingekauft wird, die jedoch für die Herstellung von Gütern sowie für Transport, Lagerung und Entsorgung benötigt wird. Auf diese Weise entsteht häufig ein erheblicher Energieverbrauch, ohne dass dies für die Verbraucher direkt erkennbar ist. Offenkundig ist die graue Energie relevant im Zusammenhang mit sich erschöpfenden Ressourcen und auch der Klimaproblematik (soweit nicht erneuerbare Energie genutzt wird, siehe unten). Unmittelbar mit grauer Energie verbunden sind nämlich graue Emissionen von Kohlendioxid (CO_2) und anderen Treibhausgasen." (Paschotta, 2019, Absatz 1)

Hochfester Normalbeton; „Beton der Festigkeitsklassen ab C 50/60" (Wormuth et al., 2009, S. 130)

Hochleistungsbeton; „Beton aus Zement, Wasser, Gesteinskörnungen, Fließmittel und häufig Silicastaub mit einem Wasserzementwert deutlich unter 0,40. Die Widerstandfähigkeit eines solchen Betons gegen mechanische Einflüsse, gegen das Eindringen von Flüssigkeiten sowie gegen chemische Angriffe ist besser als bei einem üblich zusammengesetzten Beton." (Wormuth et al., 2009, S. 130)

Hülle; „(mittelhochdeutsch hülle = Umhüllung; Mantel; Kopftuch, althochdeutsch hulla = Kopftuch, zu hüllen); etwas, worin etwas (zum Schutz o. Ä.) verpackt, womit etwas bedeckt, verhüllt ist" (Bibliographisches Institut GmbH, 2019, Absatz 1)

Hygrisch; „(von griech. hygros = feucht, naß), Vorgänge oder Begriffe, die den Niederschlag oder die Luftfeuchtigkeit betreffen." (Martin, 2000, Absatz 1)

Klima; „Der Begriff Klima geht zurück auf das griechische Wort klimatos = Neigung, nämlich die Neigung der Erdachse gegen die Ebene ihrer Umlaufbahn um die Sonne. Das Klima ist definiert als die Zusammenfassung der Wettererscheinungen, die den mittleren Zustand der Atmosphäre an einem bestimmten Ort oder in einem mehr oder weniger großen Gebiet charakterisieren. Es wird repräsentiert durch die statistischen Gesamteigenschaften (Mittelwerte, Extremwerte, Häufigkeiten, Andauerwerte u.a.) über einen genügend langen Zeitraum. Im allgemeinen wird ein Zeitraum von 30 Jahren zugrunde gelegt, die sog. Normalperiode, es sind aber durchaus auch kürzere Zeitabschnitte gebräuchlich." (Deutscher Wetterdienst, 2017, Absatz 1 bis 3)

Kühlenergiebedarf; siehe Nutzkältebedarf

Luftfeuchte; „Als Luftfeuchte (auch: Luftfeuchtigkeit) wird der Anteil des gasförmigen Wassers (Wasserdampf) am Gasgemisch der Erdatmosphäre bezeichnet. Wenn die maximale Menge an Wasserdampf erreicht ist, welche die Atmosphäre aufnehmen kann, dann ist sie mit Wasserdampf gesättigt. Diese maximale Menge hängt von der Temperatur der Luft ab (je höher die Temperatur desto mehr Wasserdampf kann aufgenommen werden). Als „trockene Luft" bezeichnet man in der Meteorologie ein Luftgemisch völlig ohne Wasserdampf. Dies ist für theoretische Überlegungen von Bedeutung, da der Wasserdampfanteil der Atmosphäre zwischen Null (bei extremer Kälte) und 4 Volumenprozent (tropisch-heiße Luft) schwankt und sich daher nur schwer tabellieren lässt. Wird mit Wasserdampf gesättigte Luft unter einen bestimmten Temperaturwert, den Taupunkt abgekühlt, dann scheidet sie flüssiges Wasser durch Kondensation aus. Dieser Effekt findet z. B. beim Beschlagen von Fensterscheiben, bei der Taubildung und ähnlichen Phänomenen statt. Die Menge des Wasserdampfes in der Luft kann man entweder direkt in Gramm Wasser pro Kubikmeter Luft (absolute Feuchte) bzw. in Gramm Wasserdampf pro Kilogramm trockener Luft angeben (Mischungsverhältnis) oder als Relation der vorhandenen zur maximal möglichen Feuchte (relative Feuchte). So hat z. B. dieselbe bei 10 °C völlig gesättigte Luft bei 20 °C eine relative Feuchte von nicht einmal 50 % und ist dann also „relativ" trocken. Weitere Luftfeuchteparameter sind die spezifische Feuchte (in Gramm Wasserdampf pro Kilogramm feuchter Luft) und die Taupunktdifferenz (Differenz zwischen Lufttemperatur und Taupunkt in Kelvin-Skala)." (Deutscher Wetterdienst, 2017, Absatz 1 bis 5)

Material; „Stoff, Werkstoff, Rohstoff, aus dem etwas besteht, gefertigt wird" (Bibliographisches Institut GmbH, 2019, Absatz 1)

Nachwachsende Rohstoffe; „im Sinne des energiesparenden Bauens (Trennung, Wiederverwendung, ggf. thermische Nutzung von Baustoffen) wird auf die Einsparung wertvoller Rohstoffe, u. a. auch nachwachsender Rohstoffe, hingewiesen, die das CO_2 der Luft binden und damit für eine Zeit dem Kreislauf entziehen; siehe regenerative Energien." (Wormuth et al., 2009, S. 187)

Niederschlag; „Unter dem Begriff ‚Niederschlag' versteht man in der Meteorologie die Ausscheidung von Wasser aus der Atmosphäre im flüssigen und/oder festen Aggregatzustand, die man am Erdboden messen oder beobachten kann. Dabei wird unterschieden zwischen fallenden (z. B. Regen), aufgewirbelten (z. B. Schneetreiben), abgelagerten (z. B. Schneedecke) und abgesetzten (z. B. Reif) Niederschlägen. Die fallenden Niederschläge sind definiert als das Ausscheiden von Wasser aus Wolken, das den Erdboden in flüssiger und/oder fester Form erreicht." (Deutscher Wetterdienst, 2017, Absatz 1)

Nutzkältebedarf (Kühlenergiebedarf); „Der Nutzkältebedarf (Kühlbedarf) ist der rechnerisch ermittelte Kühlbedarf, der zur Aufrechterhaltung der festgelegten thermischen Raumkonditionen innerhalb einer Gebäudezone benötigt wird in Zeiten, in denen die Wärmequellen eine höhere Energiemenge anbieten als benötigt wird." (Zilch, Diederichs, Katzenbach, & Beckmann, 2012, S. 120)

Organisch; „zum belebten Teil der Natur gehörend, ihn betreffend" (Bibliographisches Institut GmbH, 2019) oder:
„[von griech. organikos = die Organe betreffend], der belebten Natur angehörend. Organische Verbindungen: Sammelbezeichnung für die von Kohlenstoff abgeleiteten chemischen Verbindungen (mit Ausnahme der Kohlenstoffoxide CO_2 [Kohlendioxid] und CO [Kohlenmonoxid] sowie der Carbonate und Carbide), deren Eigenschaften, Strukturen und Umsetzungen Gegenstand der organischen Chemie und, soweit sie in der belebten Natur vorkommen, der Biochemie sind. Die Mannigfaltigkeit der weit über 1 Million bekannten organischen Verbindungen beruht auf der Vier-Wertigkeit des Kohlenstoffatoms (chemische Bindung), besonders aber auf dessen Neigung, mit seinesgleichen in großer Zahl und vielfältig variabler Verknüpfung (Isomerie) Ketten, Verzweigungen oder Ringe zu bilden (Kohlenstoff). Etwa 90 % der organischen Verbindungen bestehen aus Kohlenstoff, Wasserstoff und Sauerstoff; seltener sind u.a. Stickstoff, Phosphor, Schwefel und die Halogene (Bioelemente). ... Die Bezeichnung "organische Verbindungen" geht auf die frühere Vorstellung zurück, daß diese nur von Organismen aufgrund ihrer besonderen Lebenskraft erzeugt werden könnten, bis es F. Wöhler gelang, 1824 Oxalsäure und 1828 Harnstoff zu synthetisieren. Gegensatz: anorganisch." (Sauermost & Freudig, 1999, Absatz 1)

Primärenergie; „Primärenergie sind die auf der Erde fest, flüssig oder gasförmig natürlich vorkommenden Kohlenwasserstoffe, durch tierisches und pflanzliches

Wachstum vor Jahrmillionen entstandene Energieressourcen wie Kohle, Erdöl und Erdgas, aber auch Torf und Holz." (Wormuth et al., 2009) oder: „Energie, die noch keiner anthropogenen Umwandlung unterworfen wurde: Bei fossilen Energien der Energieinhalt der Energierohstoffe Kohlen, Rohöl, Naturgase, bei nuklearen Energien der der Kernenergierohstoffe Uran- oder Thoriumverbindungen, bei erneuerbarer, energierohstoffloser Energie die solare Strahlung, die Umgebungswärme, die kinetische Energie von Wind- und Wasserkraft, von Meereswellen und Gezeiten, der Energieinhalt der Biomasse, das Enthalpiegefälle ozeanischer Temperaturschichtungen sowie der Energieinhalt des Magmas der Erde. Einsatz von [Primärenergie] ist kein Ziel an sich, er dient einzig der zeit-, orts- und umweltgerechten Bereitstellung der vier Nutzenergien Wärme, Licht, Kraft und Kommunikation, diese der Gewährleistung der Energiedienstleistungen, u. a. Heizung, Kühlung, Beleuchtung, Kraftunterstützung in Produktion, Transport und Verkehr sowie immaterielle Verbindung untereinander. [Primärenergie]-Einsatz und Bruttosozialprodukt (BSP) einer Volkswirtschaft stehen in einem Zusammenhang: Die [Primärenergie]-Intensität beschreibt das Verhältnis von [Primärenergie] und BSP. Wird etwa durch weniger energieintensive Produktion oder rationelle Energiewandlung/Energieanwendung das gleiche BSP mit weniger [Primärenergie] hergestellt, wird von einer Entkopplung gesprochen." (Dreyhaupt, 1994, S. 934)

Strahlung; „Energiefluss, der in der Meteorologie durch die Energieübertragung zwischen Sonne, Erde und Atmosphäre in Form von elektromagnetischen Wellen gekennzeichnet ist. Von fundamentaler Bedeutung ist der Wellenlängenbereich von ca. 0,3 bis etwa 100 µm. Er wird unterteilt in die von der Sonne herrührende kurzwellige Strahlung (Wellenlängen von 0,3 bis 4 µm mit einem Maximum im sichtbaren Bereich bei 0,5 µm) und die langwellige Strahlung der Erde und der Atmosphäre (3,5 bis 100 µm mit einem temperaturabhängigen Maximum bei etwa 10 µm). Die langwellige Strahlung wird auch als Wärmestrahlung oder thermische Strahlung bezeichnet. Bei der auf die Erde auftreffenden kurzwelligen Strahlung ist zu unterscheiden zwischen direkter und indirekter Sonnenstrahlung, welche durch Streuung oder Reflexion entsteht und die die Erde aus allen Himmelsbereichen als diffuse Strahlung erreicht. Die Strahlungsbilanz ist die Summe der auf ein Flächenelement auftreffenden kurz- und langwelligen Strahlung abzüglich der von dem Flächenelement ausgehenden Strahlung." Zitat (Deutscher Wetterdienst, 2017, Absatz 1 bis 4)

Raumklima; „umfasst im weiteren Sinne alle Bedingungen eines Innenraumes, von denen das Wohlbefinden und die Leistungskraft der Benutzer abhängt. Durch Heizungs- (und auch Lüftungs-) Anlagen können – in gewissen Grenzen – folgende Einflussgrößen beeinflusst werden: Raumlufttemperatur, Oberflächentemperatur der Umschließungsflächen, Luftfeuchte, Luftbewegung. Weitere Einflussfaktoren sind: Luftqualität, Lärm, Beleuchtung, Farbgebung des Raumes usw." (Wormuth et al., 2009, S. 220)

Regen; „Als Regen wird Niederschlag in flüssiger Form bezeichnet, der hauptsächlich durch Sublimation in Mischwolken entsteht. Die dabei ursprünglich erzeugten Schneeflocken können durch Anlagerung von Wasserdampf oder kleinen Wolkentröpfchen anwachsen. Wird ihre Masse so groß, dass die in den Wolken vorhandenen Strömungen sie nicht mehr tragen können, fallen sie letztlich in Form geschmolzener Wassertropfen zur Erde. (Durchmesser größer 0,5 mm bis höchstens 5 mm). Bei kleineren Tropfendurchmessern spricht man von Sprühregen, der dadurch entsteht, dass die in reinen Wasserwolken schwebenden Wolkentröpfchen bei verschiedenen wolkenphysikalischen Prozessen zu Wassertropfen bis 0,5 mm Durchmesser anwachsen, welche dann für den Schwebevorgang zu schwer werden und somit zur Erde fallen." (Deutscher Wetterdienst, 2017, Absatz 1 und 2)

Rohstoffe, fossile: „Sammelbezeichnung für gasförmige, feste und flüssige Brennstoffe, die in geologischen Zeiträumen aus organischem Material entstanden sind. Die bedeutendsten [fossile Rohstoffe] sind Erdgas, Erdöl und Kohle. Sie werden in erster Linie zur Energiegewinnung und als Ausgangsprodukte für die chemische Industrie eingesetzt. Bei der Verbrennung der [fossilen Rohstoffe] wird Kohlendioxid freigesetzt, das zur Erwärmung der Atmosphäre und letztlich zum Treibhauseffekt beiträgt. Der weltweit geschätzte Vorrat an Kohle beträgt ca. 600 Mrd. t bei einem jährlichen Abbau von ca. 3 Mrd. t. Die wirtschaftlich förderbaren Mengen an Erdöl werden auf ca. 90 Mrd. t bei einem jährlichen Bedarf von ca. 3 Mrd. t beziffert. Bei den Voraussagen über die Verfügbarkeit von Erdgas wird derzeit davon ausgegangen, dass die Reserven bei derzeitiger Nutzung noch ca. 70 Jahre den Bedarf decken werden." (Schmid et al., 1996, S. 337)

Temperatur „Die Temperatur (lateinisch: temperatura = gehörige Mischung) bezeichnet den messbaren Wärmezustand von Materie / eines Stoffes / eines Stoffsystems. Der Wärmezustand wird durch die mittlere kinetische Energie der ungeordneten Bewegung der Teilchen bestimmt. Für die Temperatur werden hauptsächlich folgende Einheiten verwendet: Kelvin, Grad Celsius oder Grad Fahrenheit. Früher wurde auch die Bezeichnung Grad Reaumur benutzt. In der Meteorologie spielt die Lufttemperatur eine große Rolle. Weltweit wird sie daher regelmäßig unter genau vorgegebenen Bedingungen gemessen. Sie bezeichnet einen thermodynamischen Zustand eines Systems. So kann ein Raum beispielsweise die Systemgrenze darstellen und dessen Zustand beschreiben." (Deutscher Wetterdienst, 2017, Absatz 1 bis 3)

Textil; „(französisch textile/lateinisch textilis = gewebt, gewirkt, zu: textum, Text) 1. aus verspinnbarem Material (hergestellt); gewebt, gewirkt, 2. die Textilindustrie, die Textiltechnik betreffend" (Bibliographisches Institut GmbH, 2019, Absatz 2)

Thermisch; „die Wärme betreffend, durch Wärme verursacht, auf ihr beruhend" (Bibliographisches Institut GmbH, 2019, Absatz 1)

Umwelt-Produktdeklaration (engl. EPD); „Umwelt-Produktdeklarationen benennen die Leistungsfähigkeit eines Baustoffes und die umweltbezogenen Indikatoren, welche je nach Verwendungszweck und Einbau ein unterschiedliches Resultat erzielen. Ergebnis ist eine detaillierte Ökobilanz in allen Lebensphasen eines Gebäudes. Umwelt-Produktdeklarationen bilden die Datengrundlage für die nachhaltige Gebäudebewertung. Dies wird aktuell in dem neuen europäischen Normungsprojekt ‚Nachhaltigkeit von Bauwerken' festgelegt. Zudem basieren sie auf ISO-Normen und sind deshalb international abgestimmt. Sie sind als Nachweis für Umweltansprüche in der öffentlichen Beschaffung geeignet. Umwelt-Produktdeklaration [bilden] die relevante Datengrundlage[,] um Umwelteigenschaften eines Produktes im Marketing oder Verkauf darzustellen. EPDs machen Aussagen zu Produktdefinition und bauphysikalische Angaben, Angaben zu Grundstoffen und zur Stoffherkunft, Beschreibungen zur Produktherstellung, Hinweise zur Produktverarbeitung, Angaben zum Nutzungszustand, außergewöhnlichen Einwirkungen und Nachnutzungsphase sowie Ökobilanzergebnissen." (Wormuth et al., 2009, S. 300)

Umweltwirkung; „Die Umweltwirkung wird über Umweltindikatoren quantifiziert. Diese beschreiben […] die Einflüsse eines Bauproduktes von der Herstellung bis zur Entsorgung/Recycling auf die Umwelt. Es werden dabei die Wirkungsfaktoren Treibhauspotenzial, Versauerungspotenzial, Überdüngungspotenzial, Ozonabbaupotenzial sowie Eutrophierung betrachtet. Die Faktoren beschreiben somit die Umweltwirkung eines Bauproduktes." (Wormuth et al., 2009, S. 301)

Wand; „i. d. R. senkrecht stehendes flächenhaftes Bauteil als Bestandteil von Gebäuden. Das hochdeutsche Wort Wand ist über das althochdeutsche „want" vom indogermanischen „uonedh" herzuleiten. Letzteres bedeutete: Geflecht, das mit Lehm bestrichen wird. Wand war ursprünglich ein Begriff des urtümlichen Holzskelettbaus. Hinsichtlich der statischen Anforderungen wird unterschieden in aussteifende, nichttragende und tragende Wände, hinsichtlich der Anordnung im Gebäude in Außenwände und Innenwände oder Trennwände." (Wormuth et al., 2009, S. 317)

Wasserzementwert (w/z-Wert); Masseverhältnis - wirksamer Wassergehalt/Zementgehalt (Holschemacher, 2019, S. 3.2)

Wetter; „Als ‚Wetter' wird der physikalische Zustand der Atmosphäre zu einem bestimmten Zeitpunkt oder in einem auch kürzeren Zeitraum an einem bestimmten Ort oder in einem Gebiet bezeichnet, wie er durch die meteorologischen Elemente und ihr Zusammenwirken gekennzeichnet ist. Das Wettergeschehen spielt sich in der unteren Atmosphäre ab, die als Troposphäre bezeichnet wird. In höheren Atmosphärenschichten gibt es zwar auch messbare Luftbewegung und Temperatur, aber so gut wie keine Feuchte. Deswegen gibt es dort auch kein Wetter im engeren Sinne, wenn man davon absieht, dass gelegentlich sehr hohe Eiswolken auftreten können. Ursache der Wetterabläufe sind die unterschiedliche Erwärmung der Erdoberfläche und daraus resultierend der darüber liegenden Luftschichten in Abhängigkeit von der geographischen Breite, der Höhenlage über NN, der Land-Meer-Verteilung, der Orographie, des Bewuchses usw. Das Wetter wird mit Hilfe quantifizierbarer Parameter charakterisiert. Diese Parameter sind fundamentale Größen des Wetters (Wetterelemente) wie z. B. Lufttemperatur, Luftfeuchte, Luftdruck, Drucktendenz, Windrichtung und Windgeschwindigkeit, Bewölkung (Wolken), Niederschlag und Sichtweite." (Deutscher Wetterdienst, 2017, Absatz 1 bis 4)

Wind; „Durch den Begriff ‚Wind' (griechisch anemos = Wind) wird ganz allgemein die Verlagerung von Luftteilchen in Bezug auf deren Richtung und Geschwindigkeit beschrieben. Der Wind ist somit eine typische Vektorgröße, da zu seiner vollständigen Beschreibung sowohl ein Betrag (Geschwindigkeit) als auch eine Richtung (die Windrichtung) notwendig ist. In der Meteorologie sind Begriffe wie ‚Höhenwind' oder ‚Bodenwind' geläufig. Wenn bei Höhen- oder Bodenwind der zurückgelegte horizontale Weg der Luftteilchen pro Zeiteinheit anzugeben ist, werden durch Schätzung bestimmte Werte als Windstärke und durch Messung erhaltene Werte als Windgeschwindigkeit bezeichnet. Die Kenntnis über den gewesenen, den herrschenden oder den zu erwartenden Bodenwind ist für viele Zweige der Wirtschaft (z. B. Bauwesen, Industrie, Versicherungen, Schädlingsbekämpfung), des Verkehrs sowie für die Bereiche des alltäglichen Lebens von Bedeutung. Für den Meteorologen oder Wetterberater hat das Wissen über den herrschenden Wind Bedeutung in der operationellen und numerischen Vorhersage. In der Zusammenschau mit anderen Wetterelementen kann die Lage von Fronten und deren Verlagerungstendenz bestimmt werden." (Deutscher Wetterdienst, 2017, Absatz 1 und 2)

Zukunft; „(mittelhochdeutsch zuokunft, althochdeutsch zuochumft, eigentlich = das auf jemanden Zukommende, zum 2. Bestandteil -kunft = Abstammung, Herkunft) 1.a) Zeit, die noch bevorsteht, die noch nicht da ist; die erst kommende oder künftige Zeit (und das in ihr zu Erwartende)" (Bibliographisches Institut GmbH, 2019, Absatz 1)

betreute Arbeiten

Masterarbeiten\Diplomarbeiten\Bachelorarbeiten, die im Rahmen dieser Dissertation betreut wurden:

Leinweber, A. (2019). Recyclingbeton - ein zukunftsweisender Baustoff? Potentiale und Herausforderungen in einer sich wandelnden Recyclingbranche (Masterarbeit). Hochschule für Technik, Wirtschaft und Kultur Leipzig, Leipzig.

Thalheim, D. (2018). Einfluss von unterschiedlichen Verbindungsmitteln auf die energetische Qualität von Betonfertigteilen (Masterarbeit). Hochschule für Technik, Wirtschaft und Kultur Leipzig, Leipzig.

Kraft, R. (2017). Entwicklung und Untersuchung von kapillarrohrbasierten Massivabsorbern hinsichtlich ihrer Leistungsfähigkeit (Masterarbeit). Hochschule für Technik, Wirtschaft und Kultur Leipzig, Leipzig.

Brüggemann, M. (2017). Betondruck – Neue Gestaltung für Bauwerke der Zukunft (Bachelorarbeit). Hochschule für Technik, Wirtschaft und Kultur Leipzig, Leipzig.

Seidel, D. (2015). Untersuchungen zur thermischen Behaglichkeit und Energieeinsparung beim Einsatz von Abstandsgewirken (Masterarbeit). Hochschule für Technik, Wirtschaft und Kultur Leipzig, Leipzig.

Helbig, R. (2015). Chancen der Wiederverwertung von Fassadenelementen aus Carbonbeton: Eine konzeptionelle Untersuchung des kumulierten Energieaufwands unter Berücksichtigung des Gesamtlebenszyklus (Diplomarbeit). Technische Universität Dresden, Dresden.

Literaturverzeichnis

Ackerbauer, H. (2017). Mikrobieller Bewuchs an Fassaden. In N. A. Fouad (Ed.), *Bauphysik-Kalender: 17. Jahrgang. Gebäudehülle und Fassaden* (D 6, pp. 603–640). Berlin: Ernst Wilhelm & Sohn.

Ausschuss für Arbeitsstätten. (2010). *Technische Regeln für Arbeitsstätten - Raumtemperatur - ASR A3.5* (GMBl 2010, S. 751, zuletzt geändert GMBl 2018, S. 474). Bonn: Verlag für die Deutsche Wirtschaft AG.Retrieved from https://www.baua.de/DE/Angebote/Rechtstexte-und-Technische-Regeln/Regelwerk/ASR/pdf/ASR-A3-5.pdf

Barna, I. F. (2017). *Konstanten in der Biophysik.* Biophysik, Berlin.

Beddoe, R. E., & Setzer, M. J. (1990). *Änderung der Zementsteinstruktur durch Chlorideinwirkung. Forschungsberichte aus dem Fachbereich Bauwesen / Universität Essen, Gesamthochschule: Vol. 48.* Essen: Dekan d. Fachbereichs 10 d. Univ. - Gesamthochsch.

Bibliographisches Institut GmbH (2019). Duden. Retrieved from www.duden.de*, last accessed 28.07.2019.

Bläsi, W. (2008). *Bauphysik* (7. Aufl.). *Bibliothek des technischen Wissens.* Haan-Gruiten: Verl. Europa-Lehrmittel.

Blümel, O. W., & Springenschmid, R. (1970). Grundlagen und Praxis der Herstellung und Überwachung von Luftporenbeton. *Straßen- und Tiefbau, 24*(2), 85–98.

BMU (2016). Klimaschutzplan 2050: Klimaschutzpolitische Grundsätze und Ziele der Bundesregierung. BMUB-Hausentwurf vom 06.09.2016. Retrieved from https://www.bmu.de/fileadmin/Daten_BMU/Download_PDF/Klimaschutz/klimaschutzplan_2050_bf.pdf*, last accessed 03.04.2019.

BMWi, & BMU (September 2010). *Energiekonzept für eine umwelt schonende, zuverlässige und bezahlbare Energieversorgung.* BerlinRetrieved from https://www.bmwi.de/Redaktion/DE/Downloads/E/energiekonzept-2010.pdf

Bramson, M.' A., & Wolfe, W. L. (1968). *Infrared radiation. (Optical physics and engineering).* New York: Plenum Pr.

Brüggemann, M. (2017). *Betondruck – Neue Gestaltung für Bauwerke der Zukunft* (Bachelorarbeit). Hochschule für Technik, Wirtschaft und Kultur Leipzig, Leipzig.

Büchli, R., & Raschle, P. (2015). *Algen und Pilze an Fassaden: Ursachen und Vermeidung* (3., durchges. Aufl.). Stuttgart: Fraunhofer IRB Verl.

Cherif, C. (Ed.). (2011). *Textile Werkstoffe für den Leichtbau: Techniken, Verfahren, Materialien, Eigenschaften.* Heidelberg u.a.: Springer.

Curbach, M., Ortlepp, R., Scheerer, S., & Frenzel, M. (2011). Verstärken mit Textilbeton – Weg von der Vision zur Anwendung. *Der Prüfingenieur, 39,* 32–44.

Curbach, M., Schladitz, F., & Kahnt, A. (2014). Revolution im Bauwesen - Carbon Concrete Composite. In Bundesingenieurkammer (Ed.), *Ingenieurbaukunst 2015* (pp. 172–177). Berlin: Wilhelm Ernst & Sohn.

Deutscher Wetterdienst (2017). Wetterlexikon. Retrieved from www.dwd.de/lexikon*, last accessed 06.11.2017.

Deutschland.(2012). *Nationale Nachhaltigkeitsstrategie: Fortschrittsbericht*. Berlin: Presse- und Informationsamt der Bundesregierung.Retrieved from https://www.bundesregierung.de/Content/Infomaterial/BPA/Bestellservice/Deutsche_Nachhaltigkeitsstrategie_Neuauflage_2016.html?nn=437032

DIN 1306:1984-06. *Dichte - Begriffe, Angaben*. Berlin: Beuth.

DIN 276:2018-12. *Kosten im Bauwesen*. Berlin: Beuth Verlag.

DIN 277-1:2016-01. *Grundflächen und Rauminhalte im Bauwesen – Teil 1: Hochbau*. Berlin: Beuth Verlag.

DIN 4108-2:2013-02. *Wärmeschutz und Energie-Einsparung in Gebäuden – Teil 2: Mindestanforderungen an den Wärmeschutz*. Berlin: Beuth.

DIN 4108-3:2018-10. *Wärmeschutz und Energie-Einsparung in Gebäuden – Teil 3: Klimabedingter Feuchteschutz*. Berlin: Beuth.

DIN 4108-6:2003-6. *Wärmeschutz und Energie-Einsparung in Gebäuden - Teil 3: Klimabedingter Feuchteschutz - Anforderungen, Berechnungsverfahren und Hinweise für Planung und Ausführung*. Berlin: Beuth.

DIN 52170:1980-02. *Bestimmung der Zusammensetzung von erhärtetem Beton*. Berlin: Beuth.

DIN EN 12390-7:2009-07. *Prüfung von Festbeton – Teil 7: Dichte von Festbeton*. Berlin: Beuth.

DIN EN 15804:2014-07. *Nachhaltigkeit von Bauwerken – Umweltproduktdeklarationen – Grundregeln für die Produktkategorie Bauprodukte*. Berlin: Beuth.

DIN EN 338:2016-07. *Bauholz für tragende Zwecke – Festigkeitsklassen*. Berlin: Beuth.

DIN EN ISO 10456:2010-05. *Baustoffe und Bauprodukte – Wärme- und feuchtetechnische Eigenschaften – Tabellierte Bemessungswerte und Verfahren zur Bestimmung der wärmeschutztechnischen Nenn- und Bemessungswerte*. Berlin: Beuth.

DIN EN ISO 11357-1:2010-03. *Kunststoffe - Dynamische Differenz-Thermoanalyse (DSC) - Teil 1: Allgemeine Grundlagen*. Berlin: Beuth.

DIN EN ISO 12571:2013-12. *Wärme- und feuchtetechnisches Verhalten von Baustoffen und Bauprodukten – Bestimmung der hygroskopischen Sorptionseigenschaften*. Berlin: Beuth.

DIN EN ISO 12572:2017-05. *Wärme- und feuchtetechnisches Verhalten von Baustoffen und Bauprodukten – Bestimmung der Wasserdampfdurchlässigkeit – Verfahren mit einem Prüfgefäß*. Berlin: Beuth.

DIN EN ISO 13786:2018-04. *Wärmetechnisches Verhalten von Bauteilen – Dynamisch-thermische Kenngrößen – Berechnungsverfahren*. Berlin: Beuth.

DIN EN ISO 15148:2018-12. *Wärme- und feuchtetechnisches Verhalten von Baustoffen und Bauprodukten – Bestimmung des Wasseraufnahmekoeffizienten bei teilweisem Eintauchen*. Berlin: Beuth.

DIN EN ISO 6946:2018-03. *Bauteile – Wärmedurchlasswiderstand und Wärmedurchgangskoeffizient*. Berlin: Beuth.

DIN EN ISO 7345:2018-07. *Wärmeverhalten von Gebäuden und Baustoffen – Physikalische Größen und Definitionen*. Berlin: Beuth.

DIN EN ISO 7730:2006-05. *Ergonomie der thermischen Umgebung - Analytische Bestimmung und Interpretation der thermischen Behaglichkeit durch Berechnung des PMV- und des PPD-Indexes und Kriterien der lokalen thermischen Behaglichkeit*. Berlin: Beuth.

DIN EN ISO 9346 (Februar 2008). *Wärme- und feuchtetechnisches Verhalten von Gebäuden und Baustoffen – Physikalische Größen für den Stofftransport – Begriffe*. (DIN EN ISO, 9346:2008-02). Berlin: Beuth.

DIN V 18599. *Energetische Bewertung von Gebäuden - Teile 1-10*. Berlin: Beuth.

DIN V 18599-10:2016-10. *Energetische Bewertung von Gebäuden - Berechnung des Nutz-, End- und Primärenergiebedarfs für Heizung, Kühlung, Lüftung, Trinkwarmwasser und Beleuchtung – Teil 10: Nutzungsrandbedingungen, Klimadaten*. Berlin: Beuth.

DIN V 18599-3:2016-10. *Energetische Bewertung von Gebäuden – Berechnung des Nutz-, End- und Primärenergiebedarfs für Heizung, Kühlung, Lüftung, Trinkwarmwasser und Beleuchtung – Teil 3: Nutzenergiebedarf für die energetische Luftaufbereitung*. Berlin: Beuth.

DIN V 18599-4:2016-10. *Energetische Bewertung von Gebäuden – Berechnung des Nutz-, End- und Primärenergiebedarfs für Heizung, Kühlung, Lüftung, Trinkwarmwasser und Beleuchtung – Teil 4: Nutz- und Endenergiebedarf für Beleuchtung*. Berlin: Beuth.

DIN V 4108-6:2003-06. *Wärmeschutz und Energie-Einsparung in Gebäuden – Berechnung des Jahresheizwärme- und des Jahresheizenergiebedarfs*. Berlin: Beuth.

Dreyhaupt, F.-J. (Ed.). (1994). *VDI-Lexikon Umwelttechnik*. Düsseldorf: VDI-Verl.

EEWärmeG, Teil 1 Bundesgesetzblatt 1658 (2008).

EnEV 2014, Teil 1 Bundesgesetzblatt 3951 (2014).

Fagerlund, G. (1977). The critical degree of saturation method of assessing the freeze/thaw resistance of concrete. *Matériaux et constructions 10 (1977) 58, 1977,6*.

Frenzel, M., & Kahnt, A. (2013). Ökobilanzielle Betrachtung von leichten Sandwichelementen aus Beton. In R. Breitenbücher & P. Mark (Eds.), *Beiträge zur 1. DAfStb-Jahrestagung mit 54. Forschungskolloquium, Bochum, 7.-8. November 2013* (pp. 23–28). Ruhr-Universität Bochum.

Fritsche, O. (Ed.). (2016). *Springer Lehrbuch. Mikrobiologie*. Berlin, Heidelberg: Springer Spektrum.

Fuchs, G., Schlegel, H. G., & Eitinger, T. (Eds.). (2007). *Allgemeine Mikrobiologie: 53 Tabellen* (8., vollst. überarb. und erw. Aufl.). Stuttgart: Thieme.

Greulich, W. (1998). Lexikon der Physik. Retrieved from https://www.spektrum.de/lexikon/physik/*, last accessed 01.10.2019.

Grunewald, J., & Kahnt, A. (2019). Wärme- und Feuchteschutz. In K. Holschemacher (Ed.), *Bauwerk. Entwurfs- und Berechnungstafeln für Bauingenieure* (8th ed., 7.71-7.170). Berlin: Beuth.

Hart, F., & Bogenberger, E. (1967). *Der Mauerziegel: Ein technisches Handbuch*. München: Oldenbourg.

Häupl, P., & Willems, W. M. (Eds.). (2013). *Lehrbuch. Lehrbuch der Bauphysik: Schall - Wärme - Feuchte - Licht - Brand - Klima* (7., vollst. überarb. und aktualisierte Aufl.). Wiesbaden: Springer Vieweg.

Helbig, R., Kahnt, A., & Grunewald, J. (2019). Chancen der Wiederverwendung von Fassadenelementen aus Carbonbeton. In J. M. Gómez, A. Solsbach, T. Klenke, & V. Wohlgemuth (Eds.), *10. BUIS-Tage - Smart Cities/ Smart Regions: Technische, wirtschaftliche und gesellschaftliche Innovationen* (1st ed., pp. 737–754). Wiesbaden: Springer Fachmedien Wiesbaden GmbH; Springer Vieweg. https://doi.org/10.1007/978-3-658-25210-6_57

Holschemacher, K. (2019). Beton nach DIN EN 206-1 und 1045-2. In K. Holschemacher (Ed.), *Bauwerk. Entwurfs- und Berechnungstafeln für Bauingenieure* (8th ed., 3.1 - 3.160). Berlin: Beuth.

Hülsmeier, F., Kahnt, A., Grauer, O., Huth, S., Kirmse, S., & Tietze, M. (2013). *vakutex. Vakuumgedämmte Fassadenelemente aus Textilbeton. Abschlussbericht. Forschungsinitiative Zukunft Bau: Vol. 2872*. Stuttgart: Fraunhofer IRB Verlag.

Institut für Bauklimatik, TU Dresden(2015). Delphin 5.8.3 (Version 5.8.3) [Computer software].

Jungwirth, D., Beyer, E., & Grübl, P. (1986). *Dauerhafte Betonbauwerke: Substanzerhaltung und Schadensvermeidung in Forschung und Praxis ; dem Buch liegt ein Forschungsvorhaben des Bundesministers für Forschung und Technologie zugrunde*. Düsseldorf: Beton-Verlag.

Kahnt, A., Kirmse, S., & Holschemacher, K. (2014). Global Challenges For The Construction Industry. *Investicii, Stroitel'stvo I Nedvizhimost' Kak Material'nyi Bazis Modernizacyi I Innovacionnovo Razvitya Ekonomiki*, 55–59.

Kahnt, A., Lägel, E., & Holschemacher, K. (2015). Nachhaltig Bauen mit Beton – die Zukunft in der Gegenwart sichern. In K. Holschemacher (Ed.), *Betonbauwerke für die Zukunft: Hintergründe, Auslegungen, Praxisbeispiele – Beiträge aus Praxis und Wissenschaft* (Vol. 1, pp. 169–186). Berlin: Beuth/Bauwerk.

Kahnt, A., Schladitz, F., Tietze, M., Scheerer, S., & Curbach, M. (2016a). Carbonbeton – Hochleistungsbaustoff mit Effizienzpotenzial. *Detail*. (4), 302–308.

Kahnt, A., Schladitz, F., Tietze, M., Scheerer, S., & Curbach, M. (2016b). Carbonbeton – Hochleistungsbaustoff mit Effizienzpotenzial. In C. Schittich (Ed.), *best of DETAIL. best of DETAIL Material + Oberfläche/ best of DETAIL Materials + Finishes: Highlights aus DETAIL / Highlights from DETAIL* (pp. 41–47). München: DETAIL.

Kahnt, A., Tietze, M., Kirschke, M., Müller, B., & Krohne, C. (2018). *Planungsunterlagen zum Stadthaus Tietze*. Leipzig.

Kaneuji, M., Winslow, D. N., & Dolch, W. L. (1980). The relationship between an aggregate's pore size distribution and its freeze thaw durability in concrete. *Cement and Concrete Research, 10*(3), 433–441. https://doi.org/10.1016/0008-8846(80)90119-2

Kilian, U., & Weber, C. (Eds.). (2003). *Lexikon der Physik* (1. Aufl.). Heidelberg, Neckar: Spektrum Akademischer Verlag GmbH.

König, H. u. a. (2009). *Lebenszyklusanalyse in der Gebäudeplanung: Grundlagen, Berechnung, Planungswerkzeuge. Edition Detail green books: 1. Aufl*. München: Inst. für Int. Architektur-Dokumentation, Edition Detail Green Books.

Koralewski, H. E. (2006). *Energiehaushalt und Temperaturregulation: B - Wärmehaushalt und Temperaturregulation*. Bioinformatik, Berlin.

Kötter, B., Storm-Hering, I., & Dahlke, D. (2012). *Fassadenmonitor 2012*. Düsseldorf.

Krueger, N., Schwed, R., & Hofbauer, W. (2016). *Verbesserung der Umwelteigenschaften von Wärmedämmverbund-systemen (WDVS) – Evaluierung der Einsatzmöglichkeiten biozidfreier Komponenten und Beschichtungen. Texte, ISSN 1862-4804*. Dessau-Roßlau: Umweltbundesamt.Retrieved from http://www.umweltbundesamt.de/publikationen

Krus, M. (1995). *Feuchtetransport- und Speicherkoeffizienten poröser mineralischer Baustoffe: Theoretische Grundlagen und neue Messtechniken*. Stuttgart, Univ., Diss., 1995.

Küchlin, D., & Hersel, O. (2017). *Betontechnische Daten* (2017th ed.). Leimen: HeidelbergCement.

Langeheinecke, K., Kaufmann, A., Langeheinecke, K.-J., & Thieleke, G. (2017). *Thermodynamik für Ingenieure: Ein Lehr- und Arbeitsbuch für das Studium* (10., überarbeitete Auflage). *Lehrbuch*. Wiesbaden: Springer Vieweg.

Litvan, G.G. (1972). Phase transitions of adsorbates. III. Heat effects and dimensional changes in nonequilibrium temperature cycles. *Journal of Colloid and Interface Science, 38*(1), 75–83. https://doi.org/10.1016/0021-9797(72)90221-4

Lucius, E. R., Bayrhuber, H., Hildebrandt, K., Lochte, K., Peinert, R., Queisser, C., . . . Starke, K.-H. (2005). Der Kohlenstoffkreislauf: Begleittext für Lehrkräfte, Forschungsdialog: System Erde, Modul 9. In H. Bayrhuber, S. Hlawatsch, & E. R. Lucius (Eds.), *Unterricht Biologie. Forschungsdialog: System Erde: 11 Module*. Kiel.

Martin, C. (Ed.). (2000). *Lexikon der Geowissenschaften: In sechs Bänden*. Heidelberg: Spektrum Akad. Verl.Retrieved from https://www.spektrum.de/lexikon/geowissenschaften/

Nicolai, A. (2002). *Implementierung eines analytischen Verfahrens zur hygrothermischen Bewertung von mehrschichtigen Bauteilen* (Diplomarbeit). TU Dresden, Dresden.

Nicolai, A., & Grunewald, J.(2017). Delphin (Version 5.8.3) [Computer software]. Dresden: TU Dresden.Retrieved from http://www.bauklimatik-dresden.de

Ojanen, T., Viitanen, H., Peuhkuri, R., Lähdesmäki, K., Vinha, J., & Salminen, K. (Eds.) (2010). *Mold growth modeling of building structures using sensitivity classes of materials: Thermal Performance of the Exterior Envelopes of Whole Buildings XI*. FloridaRetrieved from https://web.ornl.gov/sci/buildings/conf-archive/2010%20B11%20papers/104_Ojanen.pdf

PAGEL Spezial-Beton GmbH & Co. KG (2019). *Technisches Merkblatt: TUDALIT - Feinbeton: TF10*. Essen.

Paschotta, R. (2019). Energie-Lexikon. Retrieved from https://www.energie-lexikon.info*, last accessed 28.07.2019.

Plagge, R. (2012, April 19)Materialcharakterisierung (Gespräch mit Protokoll, weiterer Teilnehmer: Dr. Jianhua Zhao).

Plagge, R., Funk, M., Scheffler, G., & Grunewald, J. (2006). Experimentelle Bestimmung der hygrischen Sorptionsisotherme und des Feuchtetransportes unter instationären Bedingungen. *Bauphysik, 28*(2), 81–87. https://doi.org/10.1002/bapi.200610007

Plagge, R., Scheffler, G., & Grunewald, J. (2005). Automatische Messung des Wasseraufnahmekoeffizienten und des kapillaren Wassergehaltes von porösen Baustoffen. *Bauphysik, 27*(6), 315–323. https://doi.org/10.1002/bapi.200590108

Powers, T. C. (1954). *Void spacing as a Basis for Producing Air-Entrained Concrete. ACI Journal 59*. Chicago: Portland Cement Association.

Quick-mix Gruppe GmbH & Co. KG (2016). *Algen und Pilze an der Fassade: Hintergründe, Ursachen und Lösungsansätze* (Nr. 2148). Osnabrück.

Radermacher, F. J., & Beyers, B. (2007). *Welt mit Zukunft: Überleben im 21. Jahrhundert ; [Bericht an die Global Marshall Plan Initiative]* (1 Aufl). Hamburg: Murmann.

Ranft, F., & Frohn, B. (2004). Nachtkühlung. In F. Ranft & B. Frohn (Eds.), *Baupraxis. Natürliche Klimatisierung* (pp. 104–108). Basel: Birkhäuser Basel. https://doi.org/10.1007/978-3-0348-7921-7_13

Richtlinie 2010/31/EU, Amtsblatt der Europäischen Union (2010).

Richtlinie (EU) 2018/844, Amtsblatt der Europäischen Union (2018).

Sauermost, R., & Freudig, D. (Eds.). (1999). *Lexikon der Biologie: In fünfzehn Bänden*. Heidelberg: Spektrum Akad. Verl.Retrieved from https://www.spektrum.de/lexikon/biologie

Schaefer, H. (1996). *VDI-Lexikon Energietechnik*. Düsseldorf: VDI-Verl.

Scheffler, G., Plagge, R., & Häupl, P. (2007). Hygrische Materialmodellierung und ihre Abhängigkeit vom Prozess und der Prozessdynamik. *Bauphysik, 29*(3), 164–177. https://doi.org/10.1002/bapi.200710024

Schmid, G., Patzies, M., & Sibich, K. (1996). *Umwelttechnisches Lexikon* (1. Aufl.). Würzburg: Vogel.

Schober, K., Siever, G., Schmitt, P., Walter G. (2011). *Strategien der deutschen Bauwirtschaft – Chancen nutzen, Risiken meistern: Studie*. München.

Scholz, W., Hiese, W., Knoblauch, H., & Bruckner, H. (Eds.). (2003). *Baustoffkenntnis* (15., neu bearb. u. erw. Neuaufl.). Düsseldorf: Werner.

Setzer, M. J. (2000). Die Mikrolinsenpumpe - Eine neue Sicht bei Frostangriff und Frostprüfung. In J. Stark & H.-B. Fischer (Eds.), *Tagungsbericht: Ibausil, 14. Internationale Baustofftagung, 20. - 23. September 2000, Weimar, Bundesrepublik Deutschland. Bauhaus-Universität Weimar. [hrsg.: F.A. Finger-Institut für Baustoffkunde, J. Stark. Red.: H.-B. Fischer]* (Vol. 1, pp. 691–705). Weimar: Bauhaus-Univ.

Sontag, L., Nicolai, A., & Vogelsang, S.(2013). *Validierung der Solverimplementierung des hygrothermischen Simulationsprogramms Delphin*. Retrieved from http://www.qucosa.de/fileadmin/data/qucosa/documents/12896/DelphinValidierung.pdf

Spektrum Akademischer Verlag (2011). Spektrum - Lexikon der Biologie: Die Wissenschaftszeitung. Retrieved from https://www.spektrum.de/lexikon/biologie/*, last accessed 14.05.2019.

Stahr, M. (Ed.). (2017). *Sanierung von Fassaden, Putzen, Fugen: Verfahren und rechtliche Aspekte*. Wiesbaden: Springer Vieweg. https://doi.org/10.1007/978-3-658-08407-3

Staniek, B., & Staniek, C. (2011). Typologie der Büroorganisationsformen. In *9/2011. Konzept Bürogebäude: DETAIL - Zeitschrift für Architektur + Baudetail : review of architecture + construction details* (2011st ed., 9/2011, pp. 1008–1017). München: Institut für internationale Architektur-Dokumentation GmbH & Co. KG.

Stark, J., & Wicht, B. (2013). *Dauerhaftigkeit von Beton: 2., aktualisierte und erweiterte Auflage*. Heidelberg: Springer Vieweg.

Stark, J., & Wicht, B. (Eds.). (2000). *Baupraxis. Zement und Kalk: Der Baustoff als Werkstoff ; mit 90 Tabellen*. Basel: Birkhäuser.

Statistisches Bundeamt (2020). Anstieg der Siedlungs- und Verkehrsfläche: Fachserie 3 Reihe 5.1.2018. Bodenfläche nach Art der tatsächlichen Nutzung vom 15.11.2019, ergänzt 7.5.2020. Retrieved from https://www.umweltbundesamt.de/daten/flaeche-boden-land-oekosysteme/flaeche/siedlungs-verkehrsflaeche#anhaltender-flachenverbrauch-fur-siedlungs-und-verkehrszwecke-*, last accessed 31.08.2020.

Stockhausen, N. (1981). *Die Dilation hochporöser Festkörper bei Wasseraufnahme und Eisbildung: Norbert Stockhausen*. München.

Thalheim, D. (2018). *Einfluss von unterschiedlichen Verbindungsmitteln auf die energetische Qualität von Betonfertigteilen* (Masterarbeit). Hochschule für Technik, Wirtschaft und Kultur Leipzig, Leipzig.

Tietze, M., Schladitz, F., Kahnt, A., & Curbach, M. (2016). Modular Building Solutions with Carbon Reinforced Concrete. In *IABSE symposium report: volume 106. IABSE Conference Guangzhou 2016: Bridges and Structures Sustainability - Seeking Intelligent Solutions* (242-243 (book of abstracts, full paper on USB: 11 S.)). Zurich: IABSE.

Tietze, M., Schladitz, F., Kahnt, A., Garibaldi, P., Zobel, R., & Curbach, M. (2018). Engineering the Developing World. In *IABSE symposium report: volume 110. IABSE Conference Kuala Lumpur 2018: Future applications in Carbon reinforced concrete (CRC)* (pp. 348–355). Kuala Lumpur: IABSE.

Tindale, A., & Potter, S.(2017). DesignBuilder mit EnergyPlus (Version 5.0.1.020) [Computer software]. Stroud: DesignBuilder Software Ltd.Retrieved from http://www.designbuilder.co.uk

Töpfer, A. (2009). *Erfolgreich Forschen: Ein Leitfaden für Bachelor-, Master-Studierende und Doktoranden. Springer-Lehrbuch.* Berlin u.a.: Springer.

U.S. Department of Energy (2020). *Engineering Reference - EnergyPlus.*

United Nations (2012). *World Urbanization Prospects: The 2011 Revision.* New York.

URSA Deutschland GmbH (2018). *Technisches Merkblatt: URSA GEO Fassadendämmplatte.* Leipzig.

Verbeck, G. J., & Klieger, P. (1957). Studies of Salt Scaling of Concrete. In *Highway Research Board Bulletin.*

Voss, M. (2010). *Der Klimawandel: Sozialwissenschaftliche Perspektiven* (1 Aufl). Wiesbaden: VS Verlag für Sozialwiss.

Wenger, B., & Harnik, A. B. (1977). Temperaturmessungen in Straßenbelägen. *Straße und Verkehr, 63*(11), 427–429.

Willems, W. M., Schild, K., & Stricker, D. (2016). *Formeln und Tabellen Bauphysik: Wärmeschutz - Feuchteschutz - Klima - Akustik - Brandschutz* (4., aktualisierte und erw. Aufl.). *Lehrbuch.* Wiesbaden: Springer Vieweg.

Wormuth, R., Schneider, K.-J., & Ackermann, T. (Eds.). (2009). *Baulexikon: Erläuterung wichtiger Begriffe des Bauwesens* (2., erw. Aufl.). Berlin: Bauwerk.Retrieved from http://deposit.d-nb.de/cgi-bin/dokserv?id=2915281&prov=M&dok_var=1&dok_ext=htm

WWF Deutschland (2019). *Klimaschutz in der Beton- und Zementindustrie: Hintergrund und Handlungsoptionen.* Berlin.

Xella Deutschland GmbH (2016). *Technisches Merkblatt: Silka Kalksandstein: Produktübersicht Ost 2017.* Duisburg.

Xella Deutschland GmbH (2017). *Technisches Merkblatt: Ytong ThermSuper: Planblock.* Duisburg.

Zilch, K., Diederichs, C. J., Katzenbach, R., & Beckmann, K. J. (2012). *Handbuch für Bauingenieure: Technik, Organisation und Wirtschaftlichkeit* (2., aktualisierte Auflage). Berlin, Heidelberg: Springer.Retrieved from http://dx.doi.org/10.1007/978-3-642-14450-9 https://doi.org/10.1007/978-3-642-14450-9

Tabellenverzeichnis

Abbildungsverzeichnis

Anhang

untersuchte Betonmischungen

A.1 Betonmischung Normalbeton (unbewehrt)

Hergestellt: /

Produkt: Standard Ortbetonmischung

Würfeldruckfestigkeit: 25 N/mm² (C20/25)

Ausbreitmaß: 53 cm (Konsistenz: F4)

Tabelle 69: Betonmischung Normalbeton (unbewehrt)

Baustoff		
Sand 0/2 mm	755,20	kg/m³
Kies 0/2 mm	472,00	kg/m³
Splitt 8/16 mm	660,80	kg/m³
Zement (CEM II/A-LL 42,5 N)	260,00	kg/m³
Flugasche (Steinkohlenflugasche mit Faktor 0,4)	70,00	kg/m³
Fließmittel	2,00	kg/m³
Wasser	163,8	kg/m³
w/b (ohne FM)	0,63	-
w/b (inkl. FM)	0,64	-
Frischbetonrohdichte	2383,80	kg/m³
Trockenrohdichte	2320,00	kg/m³
Betonplatte (trocken, 8 mm)	18,56	kg/m²
unbewehrt		

A.2 Betonmischung Textilbeton 1.0 (unbewehrt)

Hergestellt am 22.02.2010

Produkt: Standardmischung SFB 528

Würfeldruckfestigkeit: 76 N/mm²

Ausbreitmaß: 20-21 cm (Konsistenz: F1)

Quelle: (Curbach, Ortlepp, Scheerer, & Frenzel, 2011)

Tabelle 70: Betonmischung Textilbeton 1.0 (unbewehrt)

Baustoff		
Sand	942,00	kg/m³
Zement (CEM III/B)	628,00	kg/m³
Flugasche (Steinkohlenflugasche)	265,60	kg/m³
Mikrosilikasuspension (50 % Feststoffgehalt und 50 % Wassergehalt)	100,50	kg/m³
Fließmittel	10,50	kg/m³
Wasser	214,60	kg/m³
w/b (Gesamtwasser ohne FM, mit Mikrosilika und Flugasche)	0,34	-
w/b (Gesamtwasser inkl. FM, mit Mikrosilika und Flugasche)	0,35	-
Frischbetonrohdichte	2161,20	kg/m³
Trockenrohdichte	1941,20	kg/m³
Betonplatte (trocken, 8 mm)	15,53	kg/m²
unbewehrt		

A.3 Betonmischung Textilbeton 1.1 mit Textil

Hergestellt am 26.02.2010

Produkt: Standardmischung SFB 528 mit Textil

Würfeldruckfestigkeit: 76 N/mm²

Ausbreitmaß: nicht bestimmt

(Curbach et al., 2011)

Tabelle 71: Betonmischung Textilbeton 1.1 mit Textil

Baustoff		
Sand 0/1 mm	942,00	kg/m³
Zement (CEM III/B)	628,00	kg/m³
Flugasche (Steinkohlenflugasche)	265,60	kg/m³
Mikrosilikasuspension (50 % Feststoffgehalt und 50 % Wassergehalt)	100,50	kg/m³
Fließmittel	10,50	kg/m³
Wasser	214,60	kg/m³
w/b (Gesamtwasser ohne FM, mit Mikrosilika und Flugasche)	0,34	-
w/b (Gesamtwasser inkl. FM, mit Mikrosilika und Flugasche)	0,35	-
Frischbetonrohdichte	2161,20	kg/m³
Trockenrohdichte	1941,20	kg/m³
Betonplatte (trocken, 8 mm)	15,53	kg/m²
Textil	1,41	kg/m²
Summe:	16,94	kg/m²
2x Biaxialgelege	1,414	g/m²
Roving: AR-Glas	8,3	M. %
Maschenteilung: 7,2 x 7,2 mm		
Feinheit: 2400 tex, Trikot offen		
Summe:	8,3	M. %

A.4 Betonmischung Textilbeton 1.2 mit Textil

Hergestellt am 09.03.2010

Produkt: Standardmischung SFB 528 mit Textil

Würfeldruckfestigkeit: 76 N/mm²

Ausbreitmaß: nicht bestimmt

(Curbach et al., 2011)

Tabelle 72: Betonmischung Textilbeton 1.2 mit Textil

Baustoff		
Sand	942,00	kg/m³
Zement (CEM III/B)	628,00	kg/m³
Flugasche (Steinkohlenflugasche)	265,60	kg/m³
Mikrosilikasuspension (50 % Feststoffgehalt und 50 % Wassergehalt)	100,50	kg/m³
Fließmittel	10,50	kg/m³
Wasser	214,60	kg/m³
w/b (Gesamtwasser ohne FM, mit Mikrosilika und Flugasche)	0,34	-
w/b (Gesamtwasser inkl. FM, mit Mikrosilika und Flugasche)	0,35	-
Frischbetonrohdichte	2161,20	kg/m³
Trockenrohdichte	1941,20	kg/m³
Betonplatte (trocken, 8 mm)	15,53	kg/m²
Textil	0,705	kg/m²
Kurzfasern	0,17	kg/m²
Summe:	16,41	kg/m²
1x Biaxialgelege	0,707	g/m²
Roving: AR-Glas	4,3	M. %
Maschenteilung: 7,2 x 7,2 mm		
Feinheit: 2400 tex, Trikot offen		
Kurzfasern		
Länge: 12 mm	1	M. %
Feinheit: 45 tex		
Summe:	5,3	M. %

A.5 Betonmischung Textilbeton 1.3 mit Textil

Hergestellt am 26.03.2010

Produkt: Standardmischung SFB 528 mit Textil

Würfeldruckfestigkeit: 76 N/mm²

Ausbreitmaß: nicht bestimmt

(Curbach et al., 2011)

Tabelle 73: Betonmischung Textilbeton 1.3 mit Textil

Feinbeton		
Sand 0/1 mm	942,00	kg/m³
Zement (CEM III/B)	628,00	kg/m³
Flugasche (Steinkohlenflugasche)	265,60	kg/m³
Mikrosilikasuspension (50 % Feststoffgehalt und 50 % Wassergehalt)	100,50	kg/m³
Fließmittel	10,50	kg/m³
Wasser	214,60	kg/m³
w/b (Gesamtwasser ohne FM, mit Mikrosilika und Flugasche)	0,34	-
w/b (Gesamtwasser inkl. FM, mit Mikrosilika und Flugasche)	0,35	-
Frischbetonrohdichte	2161,20	kg/m³
Trockenrohdichte	1941,20	kg/m³
Betonplatte (trocken, 8 mm)	15,53	kg/m²
Textil	0,705	kg/m²
Kurzfasern	0,52	kg/m²
Summe:	16,76	kg/m²
1x Biaxialgelege	0,707	g/m²
Roving: AR-Glas	4,2	M. %
Maschenteilung: 7,2 x 7,2 mm		
Feinheit: 2400 tex, Trikot offen		
Kurzfasern		
Länge: 12 mm	3	M. %
Feinheit: 45 tex		
Summe:	7,2	M. %

A.6 Betonmischung Textilbeton 2.0 (unbewehrt)

Hergestellt am 26.02.2010

Produkt: Pagel TF 10

Würfeldruckfestigkeit: ≥ 65 N/mm²

Ausbreitmaß: ≥ 17 cm (Konsistenz F1)

(PAGEL Spezial-Beton GmbH & Co. KG, 2019)

Tabelle 74: Betonmischung Textilbeton 2.0 (unbewehrt)

Baustoff		
Fertigmischung	1900,00	kg/m³
Wasser	287,00	kg/m³
Frischbetonrohdichte	2187,00	kg/m³
Trockenrohdichte	1906,00	kg/m³
Betonplatte (trocken, 8 mm)	15,25	kg/m²
unbewehrt		

A.7 Betonmischung Textilbeton 3.0 (unbewehrt)

Hergestellt am 06.04.2010

Produkt: unterliegt einer Geheimhaltung

Würfeldruckfestigkeit: ≥ 60 N/mm² (C50/60)

Ausbreitmaß: 63 cm (Konsistenz F6)

Tabelle 75: Betonmischung Textilbeton 3.0 (unbewehrt)

Baustoff		
unterliegt einer Geheimhaltung		kg/m³
		kg/m³
		kg/m³
		kg/m³
		kg/m³
		kg/m³
		kg/m³
		kg/m³
		kg/m³
w/z (ohne FM)	0,43	-
w/z (inkl. FM)	0,46	-
Frischbetonrohdichte	2489,96	kg/m³
Trockenrohdichte	2327,00	kg/m³
Betonplatte (trocken, 8 mm)	18,61	kg/m²
unbewehrt		

A.8 Betonmischung Textilbeton 3.1 mit Textil

Hergestellt am 06.04.2010

Produkt: unterliegt einer Geheimhaltung

Würfeldruckfestigkeit: ≥ 60 N/mm² (C50/60)

Ausbreitmaß: nicht bestimmt

Tabelle 76: Betonmischung Textilbeton 3.1 mit Textil

Baustoff		
unterliegt einer Geheimhaltung		kg/m^3
		kg/m^3
		kg/m^3
		kg/m^3
		kg/m^3
		kg/m^3
		kg/m^3
		kg/m^3
		kg/m^3
w/z (ohne FM)	0,43	-
w/z (inkl. FM)	0,46	-
Frischbetonrohdichte	2489,96	kg/m^3
Trockenrohdichte	2327,00	kg/m^3
Betonplatte (trocken, 8 mm)	18,61	kg/m^2
1x Drehergewebe	0,559	g/m^2
Roving: AR-Glas	3	M. %
Maschenteilung: 16,8 x 16,8 mm		
Feinheit: 3600 tex, offenes Drehergewebe		

A.9 Betonmischung Textilbeton 4.0 (unbewehrt)

Hergestellt am 27.10.2015

Produkt: Neuentwicklung

Würfeldruckfestigkeit: ≥ 90 N/mm² (Messwert ohne Abzüge)

Ausbreitmaß: 69 cm (Konsistenz F6)

Tabelle 77: Betonmischung Textilbeton 4.0 (unbewehrt)

Baustoff		
unterliegt einer Geheimhaltung		kg/m³
		kg/m³
		kg/m³
		kg/m³
		kg/m³
		kg/m³
		kg/m³
w/z (ohne FM)	0,34	-
w/z (inkl. FM)	0,35	-
Frischbetonrohdichte	2333,84	kg/m³
Trockenrohdichte	2184,00	kg/m³
Betonplatte (trocken, 8 mm)	17,47	kg/m²
unbewehrt		

A.10 Biaxialgelege (Mischungen 1.1, 1.2 und 1.3)

Abbildung 282: Biaxialgelege aus AR-Glas mit Maschenteilung 7,2 mm x 7,2 mm

Tabelle 78: Biaxialgelege (in Textilbetonmischung 1.1, 1.2 und 1.3)

Biaxialgelege		
Hersteller:	VEROTEX AG	
Produkt:	NWM3-009-08-p2	
Beschichtung:	15	M. % Styrol-Butadien Beschichtung
Garnfeinheit:	2400	tex
Filamentdurchmesser:	27	µm
Filamentanzahl:	1600	
Bindung:	Trikot gegenlegig	
Wirkfaden:	Polypropylen (PP)	
Garnfläche:	0,89	mm^2 (berechnet)
Garndurchmesser:	1,06	mm (berechnet)
Garnquerschnittsfläche:	123,6	mm^2/m (bere.)
Abstand 90°:	7,2	mm
Abstand 0°:	7,2	mm
Flächengewicht:	707	g/m^2 einschließlich 15 M.-% der Styrol-Butadien Beschichtung
Dichte:	2700	kg/m^3 (Cherif, 2011)
Zugfestigkeit:	2000	N/mm^2 (Cherif, 2011)
Zugfestigkeit pro Meter:	247,200 ($123{,}6\ mm^2/m \cdot 2000\ N/mm^2$)	kN/m
Linearer Wärmeausdehnungskoeffizient:	$5 \cdot 10^{-6}$	K−1 (Cherif, 2011)

Berechnung von textilen Größen

Fläche des unbeschichteten Garns nach Cherif (2011)

$$A_{\mathrm{t,Garn}} = \frac{T_{\mathrm{t,Garn}}}{\rho_{\mathrm{Faser}}} \qquad (A.1)$$

$A_{\mathrm{t,Garn}}$ Bewehrungsfläche eines Garnes in m²

$T_{\mathrm{t,Garn}}$ Garnfeinheit in kg/m (2400 tex = 2400 g/1000 m = 2,4 kg/1000m = 0,0024 kg/m)

ρ_{Faser} Faserstoffdichte kg/m³ (AR-Glas: 2700 kg/m³) (Cherif, 2011)

Beispiel

$$A_{\mathrm{t,Garn}} = \frac{0{,}0024\ \mathrm{kg/m}}{2700\ \mathrm{kg/m^3}}$$

$$A_{\mathrm{t,Garn}} = 0{,}00000089\ \mathrm{m^2} = 0{,}89\ \mathrm{mm^2}$$

Durchmesser des unbeschichteten Garns

$$d_{\mathrm{t,Garn}} = 2\sqrt{\frac{A_{\mathrm{t,Garn}}}{\pi}} \qquad (A.2)$$

$d_{\mathrm{t,Garn}}$ Bewehrungsdurchmesser eines Garnes in m²

$A_{\mathrm{t,Garn}}$ Bewehrungsfläche eines Garnes in m²

Beispiel

$$\text{aus } A = \pi \cdot r^2$$

$$d = 2 \cdot \sqrt{\frac{0{,}89\ \mathrm{mm^2}}{\pi}}$$

$$d = 1{,}06\ \mathrm{mm}\ (unbeschichtet)$$

Die geöffnete Fläche ist damit 6,34 mm x 6,34 mm (40,20 mm²), bei einer Maschenteilung von 7,2 mm x 7,2 mm (51,84 mm²). Dies entspricht 77,5 % der Gesamtfläche.

Die Beschichtung mit Styrol-Butadien erhöht den Garndurchmesser zusätzlich.

A.11 Drehergewebe (Mischung 3.1)

Abbildung 283: Drehergewebe aus AR-Glas mit Maschenteilung 15 mm x 20 mm

Tabelle 79: Drehergewebe (in Textilbetonmischung 3.1)

Drehergewebe		
Hersteller:	unterliegt einer Geheimhaltung	
Produkt:	unterliegt einer Geheimhaltung	
Beschichtung:	15	M. % Styrol-Butadien Beschichtung
Garnfeinheit:	2x 2400	tex
Filamentdurchmesser:	fehlt	µm
Filamentanzahl:	fehlt	
Bindung:	offenes Drehergewebe	
Wirkfaden:	ohne	
Garnfläche:	1,75	mm^2 (berechnet)
Garndurchmesser:	1,49	mm (berechnet)
Garnquerschnittsfläche: (90°-Richtung):	116,5	mm^2/m (bere.)
Bewehrungsquerschnitt (0°-Richtung):	87,6	mm^2/m (bere.)
Abstand 90°:	20	mm
Abstand 0°:	15	mm
Flächengewicht:	559,2	g/m^2 einschließlich 15 M.-% der Styrol-Butadien Beschichtung
Dichte:	2740	kg/m^3
Zugfestigkeit:	685	N/mm^2
Zugfestigkeit pro Meter (90°-Richtung):	79,802 ($116{,}5\ mm^2/m \cdot 685\ N/mm^2$)	kN/m
Linearer Wärmeausdehnungskoeffizient:	$5 \cdot 10^{-6}$	K−1 (Cherif, 2011)

Die geöffnete Fläche ist damit 18,51 mm x 13,51 mm (ca. 250 mm^2), bei einem Achsraster von 20 mm x 15 mm (300 mm^2). Dies entspricht 83,33 % der Gesamtfläche.

A.12 Kurzfasern (Mischungen 1.2 und 1.3)

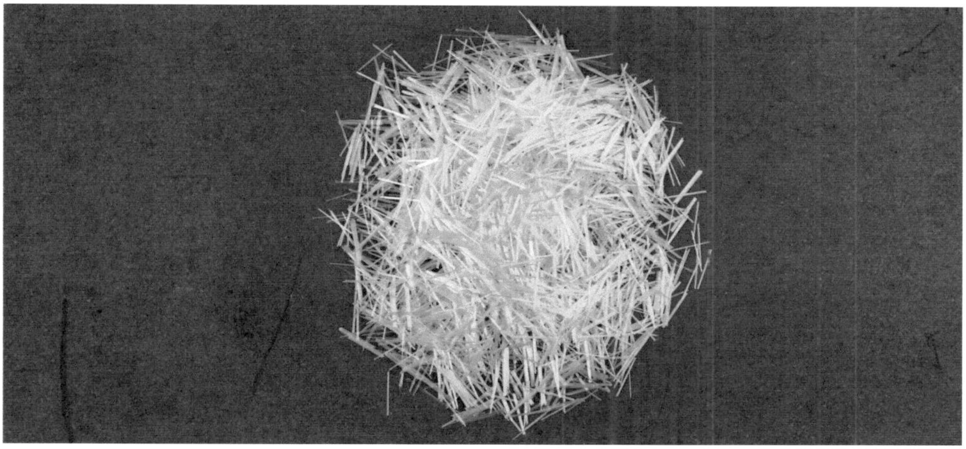

Abbildung 284: Kurzfasern aus AR-Glas

Tabelle 80: Kurzfasern (für Textilbetonmischungen 1.2 und 1.3)

Kurzfasern		
Hersteller:	Owens Corning AG	
Produkt:	Cem-FIL Fibres. 62/3	
Beschichtung:	keine, nur Schlichte auf Einzelfilamenten	
Garnfeinheit:	45	tex
Filamentdurchmesser:	14	µm
Filamentanzahl:	ca. 100 (berechn.) n-Elemente = (0,00073 m Radius)^2 * 1 max. Packungsdichte / 0,000007 m (Filamantradius)^2 bei optimaler Packungsdichte 1	
Garnlänge:	12	mm
Garnquerschnittsfläche:	0,0168	mm^2 (berechnet)
Garndurchmesser:	0,146	mm (berechnet)
Dichte:	2680	kg/m^3
Zugfestigkeit:	1700	N/mm^2
Feuchteaufnahme:	0,5	M. %
Linearer Wärmeausdehnungskoeffizient:	$5 \cdot 10^{-6}$	K−1 (Cherif, 2011)